清华开发者书库

射频噪声理论和工程应用

卜景鹏◎著

清华大学出版社

北京

内 容 简 介

射频噪声本质上为高频率的电子噪声,广泛存在于射频链路的各个环节内,在器件、电路和系统等通信系统的各个层次中均有体现。射频噪声水平是电子器件、模块、系统的重要参数指标,直接决定了电路能够识别和处理的最小信号水平,进而决定了系统的最远通信距离、雷达的极限探测能力以及遥感的探测分辨率等关键指标。

本书是作者基于多年工程设计与科研工作中积累的大量读书笔记而写成,全书共 10 章,内容从基本噪声理论开始,系统地论述半导体噪声、器件噪声、系统噪声以及天线噪声的理论和数学推导,并就噪声源、噪声测试以及噪声在射频工程中的应用展开详细的介绍。

本书可作为通信、雷达、遥感等技术领域的科研人员、工程技术人员的培训教材或工程设计参考书。

图书在版编目(CIP)数据

射频噪声理论和工程应用/卜景鹏著. —北京:清华大学出版社,2022.8(2025.8重印)
(清华开发者书库)
ISBN 978-7-302-60020-6

Ⅰ.①射… Ⅱ.①卜… Ⅲ.①电子系统—噪声—研究 Ⅳ.①TN911.4

中国版本图书馆 CIP 数据核字(2022)第 022309 号

策划编辑:盛东亮
责任编辑:钟志芳
封面设计:李召霞
责任校对:时翠兰
责任印制:丛怀宇

出版发行:清华大学出版社
    网 址:https://www.tup.com.cn,https://www.wqxuetang.com
    地 址:北京清华大学学研大厦 A 座   邮 编:100084
    社 总 机:010-83470000   邮 购:010-62786544
    投稿与读者服务:010-62776969,c-service@tup.tsinghua.edu.cn
    质量反馈:010-62772015,zhiliang@tup.tsinghua.edu.cn
    课件下载:https://www.tup.com.cn,010-83470236
印 装 者:三河市铭诚印务有限公司
经 销:全国新华书店
开 本:186mm×240mm 印 张:24.5   字 数:549 千字
版 次:2022 年 8 月第 1 版   印 次:2025 年 8 月第 3 次印刷
印 数:2001~2200
定 价:95.00 元

产品编号:092988-01

推荐序一

FOREWORD

噪声存在于物理世界的各类过程中，作为扰动影响着各物理域信号的观测、分析和调控的精度水平。考虑当前各物理域信号的分析与调控通常都是以电信号形式实现的，电子噪声相关的科学与技术就显得极为重要，电子信息器件及其系统技术的发展史在某种程度上就是一部与电子噪声做斗争的历史。当代的射频/微波技术涉及半导体晶格或真空中电子等载流子与电磁场的互作用，以及电磁波在有限和自由物理空间中的传播，器件、互连、天线乃至系统等不同集成层级上还存在复杂的热-机械、力-电等跨物理域耦合机制，这些机理、机制都参与了射频噪声的诱导，从而对依赖无线收发实现目标检测和信息传输的雷达、遥感、通信系统的性能水平和可靠性、可用性构成了潜在威胁。噪声因具有强烈的随机性而显得神秘和难以捉摸，如何结合具体工程应用，系统梳理其起源、作用机制，并建立测量与提取、抑制或消除的有效技术手段，对本专业和相关专业(如高速数字信号电互连)以及射频系统应用领域的工程技术人员、学者有着重要的意义，相关知识的传授也对青年人才的成长起到关键的支撑作用。

本书作者卜景鹏长期从事射频微波工程技术研发，从技术骨干逐步成长为总工程师和学科带头人，始终带领团队在研发中攻坚克难，勇担重任，并保持对技术前沿的敏感性，主导研发出各类军、民用射频/微波通信电台、雷达、数据链、侦察与对抗、微波测量等多项获用户好评和市场欢迎的产品，形成了自主可控的成套技术体系。他在多年工程设计与研发工作中收集了大量与射频噪声理论及技术相关的资料，并进行了系统的整理，同时融入与同事攻关时的各类领悟与经验，最终凝练出这本有着独特视角和清晰思路的技术专著。该书从基本的数学理论与工具入手，按半导体物理—器件—电路网络—系统的顺序逐级阐释了各类噪声的物理起源、影响机制，建立了不同抽象层级的噪声源等效模型以及系统噪声性能仿真与评估方法、复杂有源电路网络/天线/收发机面向噪声性能的设计与优化方法、噪声性能测试理论与方法，阐释了噪声理论在工程领域中的应用，分析了电磁干扰的机制与抑制方法。

近年来，我国电子信息硬件技术水平显著提升，同时人才的成长速度很快，但相关技术专著的整理和出版还不尽如人意，特别是既有理论深度，又能从实际工程经验与应用出发进行前沿及关键技术的系统梳理并展现独特思路的书还比较缺乏。作为一名微波技术和高速信号完整性、半导体集成电路与先进封装领域的资深从业者和教师，我很高兴看到这样一部"潜心沉淀之作"。可以说，本书的理论深入而系统，技术方法的阐释扼要而有可操作性，同时能从系统与应用高度给出自己的洞见，对相关专业技术人员有着重要的参考价值，也是一部可供高层次人才培养或者青年工程师进阶自修的优秀教材。故特此推荐，并期待作者后续的专著。

缪旻教授

北京信息科技大学信息微系统研究所所长

2022 年 4 月 1 日于北京

推荐序二
FOREWORD

19 世纪 60 年代贝尔实验室建立了 7cm 波长的微波天线系统,用于地面和卫星之间信息传输。令世人惊叹的是,31 岁的阿诺·彭齐亚斯(Arno Penzias)和 28 岁的罗伯特·威尔逊(Robert Wilson)利用这台地面设备偶然间探测到了不为人知的某种"噪声"。最初他们以为这是射频系统噪声,经过反复研究和测试,最终证明这是来自茫茫宇宙的"背景噪声"。这是人类第一次通过微波测量技术获得"宇宙大爆炸"理论所预测的宇宙微波背景辐射,它的发现为观测宇宙开辟了一个全新的领域,被誉为 20 世纪天文学四大发现之一。工作在贝尔实验室的两位年轻人也因此在 1978 年获得了诺贝尔物理学奖。截至 2021 年,已有 5 项(1983,2002,2006,2011,2019 年)诺贝尔奖被先后授予研究宇宙起源的科学家。

毫无疑问,当代科学家已经成功通过"射频噪声"将我们现在生活的时空与约 150 亿年前宇宙诞生那一刻紧密关联起来。根据 20 世纪 40 年代的"宇宙大爆炸"理论,宇宙的诞生源自一个温度约 100 亿 K 的奇点。当它炸裂的那一刻,我们的世界诞生了;物质、能量和信息,通过电子、运动和光电信号瞬间充满了整个世界。生活在现代的我们无不在寻找自身和这个世界的起源。通过观察 150 亿年后残存的星球和仅仅比 0K 高 3K 的宇宙背景噪声,科学家开始不断挖掘世界诞生那一刻的奇妙。这也让很多人冷静下来思索:人类来自哪里,未来将何去何从。

近代科技进步日新月异,尤其是随着工业革命逐步进入 5G/6G 天地一体化信息时代,信息作为承载这个世界的三大源生物之一,从来没有像今天这样密集、高速、高效而融合。它们正以前所未有的方式融入人们和这个世界的方方面面。在新一代信息社会中,射频微波技术和微弱噪声技术已成为信息和电子学科必不可少的研究内容。《射频噪声理论和工程应用》正是在这样的背景下应运而生,它将为从事通信、传感、雷达、遥感、深空探测、半导体等的科技工作者提供及时有效、切实可行的理论和工程指导。

本书是与我合作多年的老搭档卜景鹏先生所写的第一本专著,也是业界少见的由高新技术企业一线科研人员起草的实用型研究专著。本人先后在美国、欧洲和中国微波无线电领域学习、工作 15 年之久,联合创办了若干微波和射频系统高新技术企业,纵观所有项目,与卜景鹏先生一同开发雷达和高端测试装备的经历最为难忘。卜景鹏先生正是用日积月累的宝贵经验和源自实践的扎实心得才汇集成本书,相信它一定会赢得信息学科专家、射频微波工程师、教授和研究生的青睐!

东君伟博士

香山科技公司创始人

2022 年 4 月 1 日于广东中山

前 言
PREFACE

噪声定义为叠加在有用信号上、影响有用信号接收与检测的不期望扰动。噪声是自然界中普遍存在的现象,任何物理量,无论在什么环境中,无论采用多么精密的测试仪器,观测到的信号中都伴随有噪声。现代科学技术应用中,各种物理量大多转换为电信号进行观测和研究,各种信号伴随的噪声也转换为电子噪声,因此可通过研究电子噪声来探查各种物理量的噪声。本书所介绍的射频噪声实质上为高频电子噪声,是电子噪声的一种,射频噪声主要存在于高频和射频电路中,在通信、雷达、遥感和导航等领域的研究中具有重要地位,射频系统的噪声水平直接影响系统的功能极限。

一般来说,噪声是有害的,较高幅度的噪声会限制接收设备检测微弱信号的能力,降低信号的检测质量,严重时还会淹没有用信号,导致信号无法识别。工程实践和科学研究中各种物理量的检测和信息接收常常由于远距离、高衰减等原因,接收到的有用信号强度很弱,若有用信号功率与噪声功率之比低于一定阈值,系统将无法识别信号,导致检测失灵或通信失败。对于通信和雷达应用来说,一部分系统噪声来自环境,通过天线的接收进入射频电路,同射频电路自身的噪声叠加,共同决定了系统的噪声功率水平。系统电噪声的功率水平决定了系统可检测的最小信号幅度,决定了通信和雷达等系统的最远可用距离。当系统的噪声功率较大、信噪比较低时,为了实现微弱有用信号的检测,不能单纯地依靠幅度放大提高信噪比,而需要采取抑制噪声功率措施,提高信号与噪声功率的比值,才能实现信号的检测和信息提取。

在通信和雷达应用中射频噪声是有害的,但在电子对抗、微波遥感以及射电天文等领域,射频噪声却是有用信号。例如在电子对抗领域,可以利用大功率噪声实现对目标信号的干扰,使得对方的雷达、侦测和其他通信设备不能正常工作,保护己方军事力量。微波遥感和射电天文则是通过接收和识别目标辐射的热噪声,反演获取目标的物性特征。

噪声是一种随时间变化的物理量,但没有明确的数学表达式,其数学本质是一种随机过程,因此只有使用统计学的一些概念才能够准确地描述噪声的性质和参数。本书共 10 章。第 1 章简要地介绍概率、随机变量、随机过程以及统计和功率谱等相关理论,希望读者在阅读其他章节前能够对噪声的基本理论有所了解。射频噪声主要存在于射频电路以及射频系统中,为高频或射频频段的电子噪声,主要表现为电压噪声、电流噪声、射频波或功率波等形式。第 2 章系统地介绍热噪声、散粒噪声、闪烁噪声等射频噪声种类,分析了其来源以及噪声功率谱等重要参数的计算公式。第 3 章讲述射频电路基本电子器件的噪声特性,包含无源器件和有源器件,重点介绍电阻和半导体的噪声表现。第 4 章主要介绍用于衡量噪声强度的两个概念,即等效噪声温度和噪声系数,推导两者的级联公式,简要介绍两者相互换算关系以及两者各自的应用局限性。第 5 章将噪声源引入微波网络,将电子器件特别是有源电路的内部噪声抽象为噪声电压源和噪声电流源,然后将该噪声源作为基本器件纳入电路分析模型,从而能够结合微波网络和线性电路模型对复杂有源电路网络的噪声性能进行分析和计算,本章后半部分则基于微波网络介绍射频放大器的基本分析和设计方法。射频系统的噪声功率水平除了电路的噪声贡献以外,还包含天线的输入噪声,两者之和决定了系统的信噪比。第 6 章系统地介绍天线噪声的来源和功率谱的理论计算。第 7 章介绍噪声背景下有用信号的检测方法,并介绍射频接收机的基本理论。第 8 章介绍人工噪声源和噪声测试理论及测试方法。第 9 章介绍噪声理论在通信、雷达、电子对抗、卫星遥感等领域中的应用,对于通信和雷达而言,噪声是有害的,而对于电子对抗和卫星遥感来说,噪声却是有益的,在实际工程应用中应充分掌握射频噪声这门学科,趋利避害,合理利用噪声、实现工程设计目标。第 10 章简要地介绍电磁兼容理论,分析电磁干扰机理,并提出降低干扰的若干措施。

在时间碎片化、精力分散、信息爆炸、风气浮躁的时期,能够安坐于书房,研读一些书,深耕一门学科,并将所学所悟变成文稿实在是一件有趣且上瘾的事情,若该文稿还能对读者有所裨益,那实在是作者的荣幸。本书基于作者工程设计经验和读书笔记历时三年写成,在此特别感谢 Z-library、知网以及 Alexandra Elbakyan 女士。同时特别感谢中山香山微波科技有限公司总经理东君伟博士,正是在他的大力支持和鼓励下,才有本书的诞生。特别感谢我的夫人马向华女士,作为本书的第一位读者,她提出许多写作建议和意见,并承担了本书文字校对、排版和制图等工作。同时为了支持本书写作,她还独自承担全部的家务和子女抚养的重担。特别感谢我的母亲李业红女士,感谢她多年来对全家的付出和牺牲。另外还要再次感谢缪旻教授、秦三团博士对于本书的贡献。

限于作者的水平,本书内容难免有疏漏和不妥之处,恳请专家和读者批评指正。

作 者

2022 年 4 月于广东中山

目 录
CONTENTS

第 1 章

噪声理论基础

　　人们对噪声的认知最早起源于声学领域,噪声增加了人们沟通的难度,在噪声环境下为了互相听清楚,人们不得不提高各自的嗓门,即提高有用信号的输出幅度,以期望对噪声形成压制。其实不限于声学领域,噪声更是自然界中一种普遍的现象,几乎任何一种物理现象、任何一个物理参数均伴随着噪声的存在,绝对无噪声的物理量是不存在的。经典噪声理论认为,任何一种物理活动均源自大量粒子随机运动,其蕴含着永不停歇且无规则的变化,这种随机变化在宏观上即表现为噪声,具体表现为一种物理量的随机波动和涨落。各种物理量在观测、分析和记录过程中,为了方便直观,均采用传感器等能量转换器将待测物理量转换为电信号,则这些物理量中包含的涨落噪声即随之转换为电噪声成分,因此研究电噪声的性质和规律对理解其物理内涵并进而指导工程应用具有重要的科学意义。

　　噪声因声学而得名,拓展至电子噪声以及射频噪声领域,噪声的频率不仅仅局限于音频等低频频段,还存在于高频、射频和微波等更高的频段。射频噪声在无线电发射、传输和接收过程中无处不在,例如收音机调谐在无广播的频段时,收音机仅输出沙沙的噪声;此外收音机还能够接收并输出突发干扰,产生尖锐的噪声输出。射频噪声具体表现为电流、电压和功率的随机波动,噪声的存在会限制接收系统的灵敏度、降低信道传输容量,并降低测试系统的精度。在通信和雷达探测系统中,噪声是有害的,噪声对有用信号的接收和检波起着限制作用,噪声的水平决定了通信的最远距离和通信质量,噪声功率高会导致通信距离缩短甚至导致通信失败。但在遥感和射电天文学领域,噪声却是待接收和研究的有用信号,辐射计等类型的射频接收机能够接收遥远目标辐射的噪声信号,并从中提取出目标物体或星系的重要信息。

　　电噪声或信号噪声广义上定义为叠加在有用信号上、会对有用信号接收和检波产生不良影响的扰动,本书所讨论的噪声为射频噪声,特指射频频段的电子器件噪声和电路噪声。电噪声产生的根源在于信号传输通道中载流子的随机运动所导致的电压或电流的随机波动,所谓的信号传输通道包括一切电子器件中的导电通道、信号传导通道,甚至包含信号在空间中辐射通道,电信号经过任何的传输通道,均有可能叠加由该通道本地干扰所带来的信号随机波动,即信号中掺入了噪声。按噪声来源,电子噪声可分为外部噪声和内部噪声。外部噪声包括自然环境干扰和人为干扰,环境干扰是指环境中存在的射频信号波动,具体有宇宙噪声、天空噪声、大气噪声、雷电放电带来的电磁辐射噪声等；人为噪声为人类生产和生活所带来的噪声，多为固定频率的干扰源，例如电网中 50Hz 工频及其谐波噪声、大功率无线电广播以及电子对抗等干扰。外部噪声具有不确定性、难以预测，为确保己方通信正常进行，需采取滤波、跳频、扩频等手段降低外部噪声对系统形成干扰的概率。相比于外部噪声，内部噪声由电路自身的电子元器件产生，主要包含热噪声、散粒噪声等种类，内部噪声在表现形式上为不确定的随机过程，但统计上具有平稳和各态历经等特点，统计参数上具有一定的确定性，这为噪声的定量分析提供了理论基础。电路内部噪声为固有噪声，无法完全消除，只能够通过抑制其产生因素来降低噪声的功率水平，或者通过窄带滤波等手段降低进入电路通带的噪声功率。噪声对信号的影响采用信噪比描述，即信号功率与噪声功率的比值，信噪比越高，噪声所占比重越小，信号质量越高。信号处理过程中，电路内部噪声也会叠加在有用信号上，这导致噪声功率的比重变大，信号的输出信噪比恶化，因此电路的设计过程中需要尽量降低自身噪声，以期望信号的输出信噪比尽量接近输入信噪比。

　　本书主要介绍射频噪声的基础理论以及其在工程中的应用，首先讲述各类射频噪声的物理起源、影响机制和定量表示方法，其次描述微波器件、模块以及系统等多个电路层次的噪声模型、噪声度量以及噪声仿真与评估方法，最后简要介绍射频噪声正在通信、雷达以及遥感等工程领域中的应用。本章将介绍有关噪声的基本理论，主要包括概率、统计学、随机过程等基本知识以及定量描述噪声水平的计算公式。

1.1　随机变量

　　在电阻等无源器件以及半导体等有源器件中，器件两端的电压以及其中流过的电流并非恒定不变，而是数值围绕着某一平均值随机波动的随机函数。实践发现，电阻两端会产生一定幅度的随机电压，叠加在确定的直流偏压之上，即便直流偏压为 0，该随机电压也未消失，同时，随机变化的电阻电压也会在电阻内部驱动出随机变化的电流。电流和电压是最常见、也是最容易观测的电学物理量，利用示波器即可以观察到电噪声的时域波形，利用频谱仪则可以观察电噪声的频域波形。典型的电阻两端的噪声电压经放大后显示曲线如图 1.1(a) 所示，同一个电阻在不同时刻的测试曲线完全不重合，未来的波形也完全无法根据其历史波形预测，因而噪声不具有恒定不变的时域波形。

　　电噪声表现为随时间变化的信号，噪声的幅度随机波动，波形永不重复，因而无法像正常信号那样有明确的表达式。在频域上，随机信号的直接傅里叶变换也是随机函数，没有明确的表达式，因此从频谱仪直接观测的噪声频域波形也是时时波动的，如图 1.1(b) 所示。但电噪声一般为平稳的随机过程，其时域的平均值和二阶矩具有明确的表达式，同时噪声的功率谱函数也具有明确的表达式。后面会介绍电噪声的功率谱密度函数为噪声自相关函数（噪声的时域表述）的傅里叶变换，噪声自相关函数在时间参数为 0 的值即为该噪声的二阶矩。

　　虽然随机变量时时变化，随机事件在某时刻发生与否无法预测，但其在统计意义上是遵循一定规律的,根据统计规律,人们能够预测事件发生的可能性有多大,将能够定量地描述事件发生可能性大小的概念称为概率。

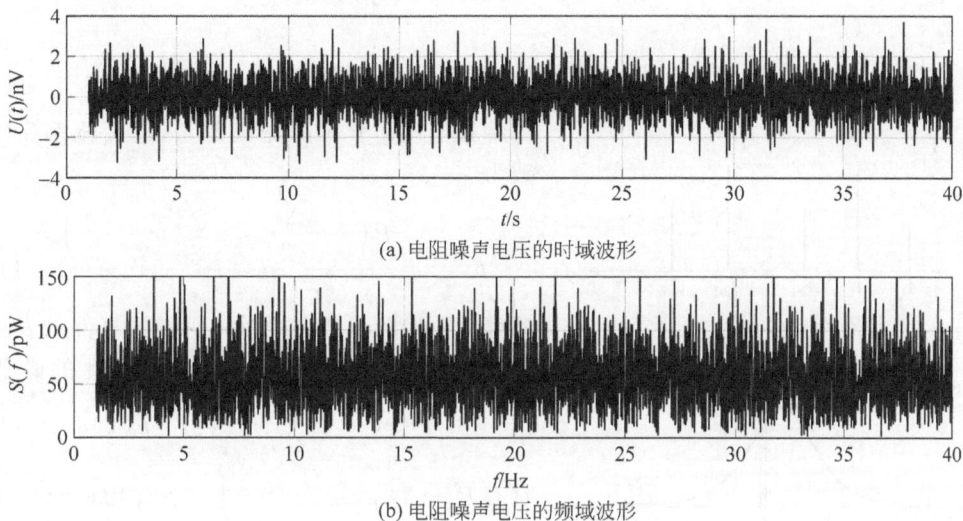

(a) 电阻噪声电压的时域波形

(b) 电阻噪声电压的频域波形

图 1.1 电阻噪声电压的时域波形和频域波形

1.1.1 事件概率

首先介绍概率的基本知识,若一个实验重复 N 次,A 事件发生的次数为 m_A,当 N 的数值足够大时,定义事件 A 发生的概率为

$$P(A) = \lim_{N \to \infty} \frac{m_A}{N} \tag{1.1}$$

若 A_1 事件和 A_2 事件相互独立,则 A_1 事件发生或 A_2 事件发生的概率为

$$P(A_1 + A_2) = P(A_1) + P(A_2) \tag{1.2}$$

同理,若事件 $A_1, A_2, \cdots, A_n$ 相互独立,则有

$$P(A_1 + A_2 + \cdots + A_n) = P(A_1) + P(A_2) + \cdots + P(A_n) \tag{1.3}$$

若事件 $A_1, A_2, \cdots, A_n$ 完备,即覆盖所有可能出现的结果,则式(1.3)结果等于1。

A 事件和 B 事件同时发生的概率可写为

$$P(AB) = P(A)P(B \mid A) = P(B)P(A \mid B) \tag{1.4}$$

其中,$P(B|A)$ 表示在 A 事件成立的前提下 B 事件发生的概率,若事件 A 和 B 相互独立,则 B 事件发生与否与 A 无关,则有 $P(B|A) = P(B)$,式(1.4)可简化为

$$P(AB) = P(A)P(B) \tag{1.5}$$

1.1.2 概率分布和概率密度

绘制完备的离散随机事件 $A_1, A_2, \cdots, A_n$ 的概率分布如图 1.2(a)所示,柱形图的高度

代表事件发生概率的大小,则随机事件位于 A_{m1} 和 A_{m2} 之间的概率表示为

$$P(A_{m1} \leqslant A \leqslant A_{m2}) = \sum_{i=m1}^{m2} P(A_i) \tag{1.6}$$

显然,$P(A_1 \leqslant A \leqslant A_n) = \sum_{i=1}^{n} P(A_i) = 1$。

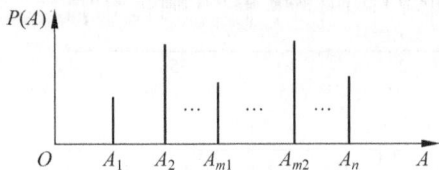

(a) 离散事件的概率分布

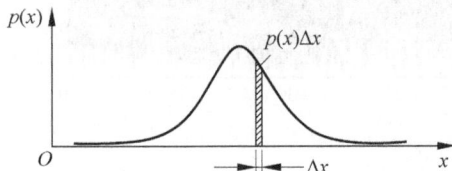

(b) 连续分布随机变量的概率分布

图 1.2 随机变量概率分布

对于连续分布的随机变量,定义概率密度函数为

$$p(x) = \frac{P\left(x - \dfrac{\Delta x}{2} \leqslant x \leqslant x + \dfrac{\Delta x}{2}\right)}{\Delta x} \tag{1.7}$$

概率分布如图 1.2(b)所示,阴影区事件的发生概率约为 $p(x)\Delta x$,事件 $x_1 \leqslant x \leqslant x_2$ 发生的概率为

$$P(x_1 \leqslant x \leqslant x_2) = \int_{x_1}^{x_2} p(x) \mathrm{d}x \tag{1.8}$$

且有 $P(-\infty \leqslant x \leqslant \infty) = \int_{-\infty}^{\infty} p(x) \mathrm{d}x = 1$。对于二维随机变量来说,事件在 $x_1 \leqslant x \leqslant x_2$ 且 $y_1 \leqslant y \leqslant y_2$ 区间内发生的概率为

$$P(x_1 \leqslant x \leqslant x_2, y_1 \leqslant y \leqslant y_2) = \int_{x_1}^{x_2} \int_{y_1}^{y_2} p(x,y) \mathrm{d}x \mathrm{d}y \tag{1.9}$$

其中,$p(x,y)$ 为随机变量 x 和 y 的联合概率分布。

1.1.3 随机变量的特征参数

1. 平均值

平均值也称为一阶矩和期望值,离散分布的随机变量平均值定义为

$$E(A) = \bar{A} = \sum_{i=1}^{n} A_i P(A_i) \tag{1.10}$$

连续分布的随机变量平均值定义为

$$E(x) = \bar{x} = \int_{-\infty}^{\infty} x p(x) \mathrm{d}x \tag{1.11}$$

若随机变量具有各态历经性,则统计平均值可以用时间平均值计算,即

$$\bar{x} = \lim_{T \to \infty} \frac{1}{2T} \int_{-T}^{T} x(t) \mathrm{d}t \tag{1.12}$$

离散的随机变量的时间平均值为

$$\bar{x} = \lim_{n \to \infty} \frac{1}{n} \sum_{i=1}^{n} x(i) \tag{1.13}$$

2. 二阶矩

二阶矩是随机变量平方的期望值,也称为均方值,离散分布的随机变量二阶矩定义为

$$E(A^2) = \overline{A^2} = \sum_{i=1}^{n} A_i^2 P(A_i) \tag{1.14}$$

连续分布的随机变量二阶矩定义为

$$E(x^2) = \overline{x^2} = \int_{-\infty}^{\infty} x^2 p(x) \mathrm{d}x \tag{1.15}$$

二阶矩总是非负的,数值大小反映信号的功率以及信号起伏的剧烈程度。各态历经的平稳随机噪声可采用信号平方的时间平均值来计算随机过程的二阶矩,连续分布的随机变量二阶矩表示为

$$\overline{x^2} = \lim_{T \to \infty} \frac{1}{2T} \int_{-T}^{T} x^2(t) \mathrm{d}t \tag{1.16}$$

离散分布的随机变量的二阶矩为

$$\overline{x^2} = \lim_{n \to \infty} \frac{1}{n} \sum_{i=1}^{n} x^2(i) \tag{1.17}$$

相比于二阶矩,方差更适合用于描述随机变量的起伏程度,连续分布随机变量的方差定义为

$$\sigma_x^2 = E((x - \bar{x})^2) = \int_{-\infty}^{\infty} (x - \bar{x})^2 p(x) \mathrm{d}x \tag{1.18}$$

对于各态历经的平稳随机噪声,方差可以用时间平均值计算

$$\sigma_x^2 = \lim_{T \to \infty} \frac{1}{2T} \int_{-T}^{T} [x(t) - \bar{x}]^2 \mathrm{d}t \tag{1.19}$$

进而,离散的随机变量的方差表示为

$$\sigma_x^2 = \lim_{n \to \infty} \frac{1}{n} \sum_{i=1}^{n} [x(i) - \bar{x}]^2 \tag{1.20}$$

均方值的平方根(RMS)称为随机变量的有效值,随机变量的均值、方差与均方值之间的关系为

$$\overline{x^2} = \bar{x}^2 + \sigma_x^2 \tag{1.21}$$

均方值代表随机变量的功率,$\bar{x}^2$ 为直流分量功率,σ_x^2 为交流分量功率。

3. 三阶矩

噪声的三阶矩可正可负,反映随机变量偏离正态分布的程度,三阶矩的频域表示为信号的双阶谱。

4. 二维随机变量的特征阐述

一维随机变量的特征阐述公式也可推广至二维随机变量,具体由以下公式描述

$$
\begin{cases}
E(x+y) = \int_{-\infty}^{\infty} \int_{-\infty}^{\infty} (x+y)p(x,y)\mathrm{d}x\,\mathrm{d}y = E(x) + E(y) \\
E(xy) = \int_{-\infty}^{\infty} \int_{-\infty}^{\infty} xy p(x,y)\mathrm{d}x\,\mathrm{d}y \\
\sigma_{x+y}^2 = E((x+y-\bar{x}-\bar{y})^2) = \sigma_x^2 + \sigma_y^2 + 2\rho\sigma_x\sigma_y
\end{cases}
\tag{1.22}
$$

其中，相关系数 $\rho = \dfrac{E((x-\bar{x})(y-\bar{y}))}{\sigma_x \sigma_y}$，数值介于 $[-1,1]$，当 $\rho = \pm 1$ 时，随机变量 x 和 y 完全相关，两者呈比例关系，可以相互表示；当 $\rho = 0$ 时，随机变量 x 和 y 不相关。随机变量不相关不意味着相互独立，但相互独立一定不相关。若随机变量 x 和 y 相互独立，则有

$$
E(xy) = \int_{-\infty}^{\infty} x p(x)\mathrm{d}x \int_{-\infty}^{\infty} y p(y)\mathrm{d}y = E(x)E(y)
\tag{1.23}
$$

1.1.4　高斯分布

如果噪声是由许多独立的噪声源叠加而成，无论单个噪声源的概率分布如何，根据中心极限定理，总的噪声服从高斯分布

$$
p(x) = \frac{1}{\sigma\sqrt{2\pi}}\mathrm{e}^{-\frac{(x-\mu)^2}{2\sigma^2}}
\tag{1.24}
$$

其中，μ 为均值，σ^2 为方差，σ 为标准差。噪声幅度概率密度和功率谱密度函数是独立的概念，高斯分布的噪声不一定是白噪声，白噪声也不一定是高斯分布。

随机变量用于描述事件的发生概率，是静态的，一般认为事件发生与否或发生的概率与时间无关。但还有一部分事件发生概率与时间有关，即在不同的时间对该事件进行测量，事件的随机特征不同，因此还需要在随机变量的基础上引入随机过程的概念。随机过程的特点是事件的随机特性是动态变化的，不同时刻特性不同，即便已知当前和过去的全部事件历史，仍无法确定将来事件的确定形式。随机过程将在 1.2 节介绍。

1.2　随机过程

随机过程是随机变量在时间域上的延展，记录随机变量在各个时间点的发生情况，只要记录时间足够长，便可以据此统计随机变量在时域上的分布规律；另一方面，还可统计某个固定时刻随机变量在集合中每个样本上发生情况，如果样本数量足够多，也可以统计随机变量在样本空间上的分布规律，这就是将在 1.2.1 节介绍的随机过程的集分布和时间分布概念。

1.2.1　随机过程集分布和时间分布

对于随机过程 $X(t)$ 来说，X 表示集合，集合内元素可为连续的，也可为离散的。同样地，t 为时间参数，可为连续的，也可为离散的。对于某个样本元素 x 来说，t 时刻的概率分

布函数和概率密度函数分别定义为

$$\begin{cases} F_x(x,t) = P\{X(t) \leqslant x\} \\ f_x(x,t) = \dfrac{\partial F_x(x,t)}{\partial x} \end{cases} \qquad (1.25)$$

一阶平稳随机过程的概率分布密度函数与时间无关,因此其统计特性包含数学期望和方差等参数不随时间的推移而变化。对于任意时间 t_1 和 t_2,有 $f_x(x,t_1) = f_x(x,t_2)$。在此条件下,随机过程的集平均(期望值)表示为

$$\overline{X(t_1)} = E[X(t_1)] = \int x f_x(x,t_1)\mathrm{d}x = \int x f_x(x,t_2)\mathrm{d}x = \overline{X(t_2)} = E[X(t_2)] \quad (1.26)$$

式(1.26)对任意 t_1 和 t_2 均成立,因此随机过程的集平均为常数,不随时间变化。如图 1.3 所示,图 1.3(a)为多个电阻样本的噪声电流随时间的变化曲线,在同一时刻,每个电阻的噪声电流值各不相同,但只要各个电阻阻值相同,且物理温度相同,那么其噪声电流的平均值和功率谱密度函数相同。图 1.3(b)为大量电阻样本的电流噪声在某个时间点的切片。图 1.4(a)为多个独立电阻样本在时间域的电流噪声分布,图 1.4(b)显示为大量电阻样本在某一时间点的电流噪声分布,从图 1.3 和图 1.4 可以看出流经电阻的电流噪声集分布特性与单个电阻电流噪声的时域分布具有相同的统计特性。

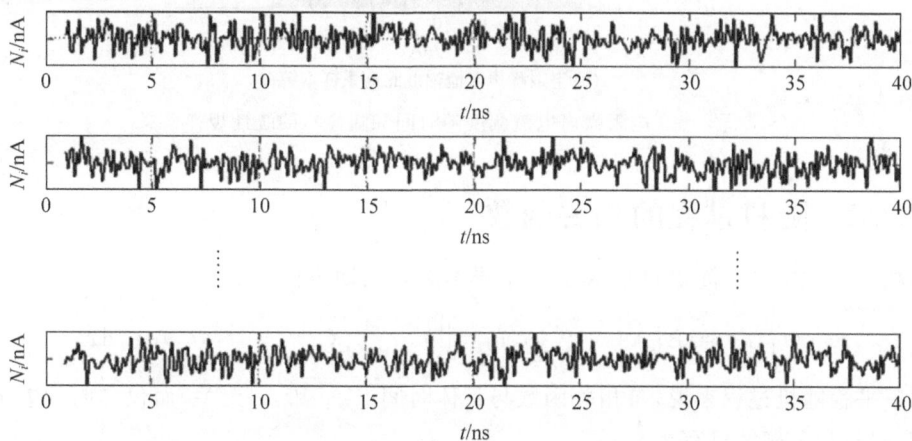

(a) 多个独立的电阻样本噪声电流各自随时间的变化曲线

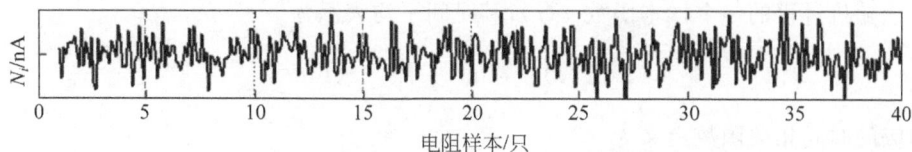

(b) 40 只电阻样本在某一时间切片的噪声电流

图 1.3　电阻噪声随时间和随样本的波形

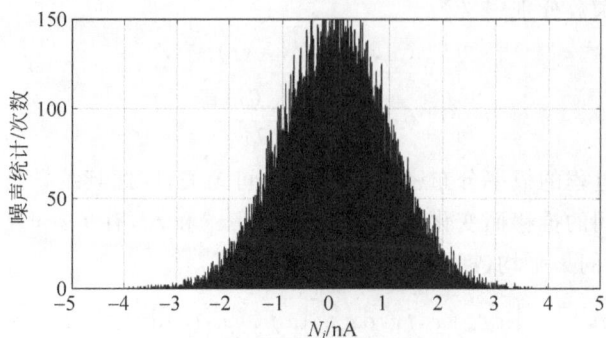

(a) 单个电阻噪声电流幅度的长时间统计

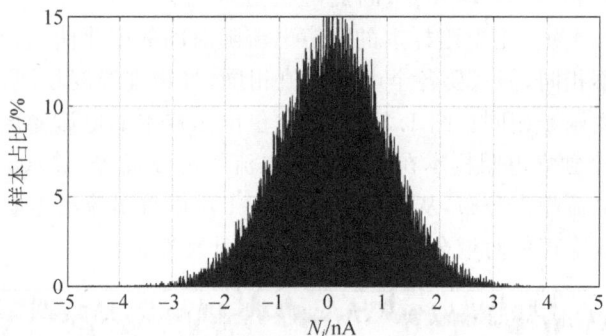

(b) 电阻噪声电流幅度的海量样本统计

图 1.4　电阻噪声电流幅度随时间和随样本的统计规律

1.2.2　随机过程的相关函数

自相关函数定义为随机过程 X 的两个样本乘积的期望值,即

$$R_{xx}(t_1,t_2)=E[X(t_1)X(t_2)]=\iint x_1 x_2 f_x(x_1,x_2,t_1,t_2)\mathrm{d}x_1\mathrm{d}x_2 \tag{1.27}$$

对于平稳随机过程来说,自相关函数与具体时间点 t_1 和 t_2 无关,而仅与时间差 t_1-t_2 有关,此时自相关函数可写为

$$R_{xx}(t_1,t_2)=R_{xx}(t,t+\tau)=R_{xx}(\tau) \tag{1.28}$$

对于随机过程的一个样本函数 $x(t)$,其时间平均表示为

$$T(X(t))=\lim_{T\to\infty}\frac{1}{2T}\int_{-T}^{T}x(t)\mathrm{d}t \tag{1.29}$$

相应的时间相关函数定义为

$$T(X(t)X(t+\tau))=\lim_{T\to\infty}\frac{1}{2T}\int_{-T}^{T}x(t)x(t+\tau)\mathrm{d}t \tag{1.30}$$

若随机过程具有各态历经特性,则随机过程的集平均等于时间平均,集合自相关函数等于其时间相关函数,即

$$\begin{cases} \overline{X(t_1)} = E[X(t_1)] = T(X(t)) \\ R_{xx}(t_1, t_2) = E[X(t_1)X(t_2)] = T(X(t)X(t+\tau)) \end{cases} \quad (1.31)$$

当 $t_1 = t_2$ 时，$R_{xx} = E(x^2(t))$，当 $t_1 - t_2 \to \infty$ 时，$R_{xx} = E(x_1)E(x_2)$，对于零均值随机过程来说远端的自相关系数 $R_{xx} = 0$。自相关函数能够衡量随机过程随时间变化的剧烈程度，变化平缓的随机过程自相关函数幅值低而宽，变化剧烈的随机过程自相关函数高而窄。

互相关函数定义为

$$R_{xy}(t, t+\tau) = E[X(t)Y(t+\tau)] \quad (1.32)$$

对于平稳随机过程，互相关函数与时间起点无关，即 $R_{xy}(t, t+\tau) = R_{xy}(\tau)$。

对于包含多径反射的接收信号来说，信号包含直通信号和反射信号，即

$$Y(t) = X(t) + \alpha X(t - T) \quad (1.33)$$

其中，T 表示多径反射信号所带来的时间延迟，α 为多径信号的相对衰减因子。$Y(t)$ 的自相关函数为

$$\begin{aligned} R_{yy}(\tau) &= E[(X(t) + \alpha X(t-T))(X(t+\tau) + \alpha X(t+\tau-T))] \\ &= E[X(t)X(t+\tau) + \alpha X(t-T)X(t+\tau) + \alpha X(t)X(t+\tau-T) + \\ &\quad \alpha^2 X(t-T)X(t+\tau-T)] \\ &= (1 + \alpha^2)R_{xx}(\tau) + \alpha[R_{xx}(\tau - T) + R_{xx}(\tau + T)] \end{aligned}$$

根据接收信号的频谱分布函数，可以计算出参数 α 和 T。如果进一步定义修正信号 $Z(t) = Y(t) - \alpha Y(t-T)$，写为原始信号 $X(t)$ 的形式为

$$Z(t) = X(t) - \alpha^2 X(t - 2T) \quad (1.34)$$

计算 $Z(t)$ 的自相关函数为

$$R_{zz}(\tau) = (1 + \alpha^4)R_{xx}(\tau) - \alpha^2[R_{xx}(\tau - 2T) + R_{xx}(\tau + 2T)] \quad (1.35)$$

一般情况下，多径反射的信号幅度较小(即 α 较小)，因此 α^2 更小，可见修正信号 $Z(t)$ 的自相关函数的多径成分幅度更低，且时间延迟为 $2T$，相比于 $Y(t)$，$Z(t)$ 的多径成分更容易通过时域滤波滤除。

随机过程无法采用明确的函数表达式来描述，但只要满足一些条件，其自相关函数可以显式表达。例如对于平稳的高斯分布随机过程而言，其自相关函数为狄拉克函数，狄拉克函数在频域为常数，这提示我们这种随机过程具有无限宽的频谱分布，因此研究随机过程在频域的分布具有重要的意义。直接对随机过程进行傅里叶变换得到的函数在频率域没有显式表达，无法有效描述其频域特性，而在满足平稳的条件下，随机过程的自相关函数具有明确的时域表达式和频域表达式，极大地方便了随机过程的特性分析。1.3 节将介绍自相关函数的傅里叶变换，即功率谱分布函数。

1.3　功率谱函数

自相关函数是随机过程的一种时域表述方法，而在射频领域人们更习惯在频域中讨论随机信号的特性，为全面地表述随机过程，还需要建立随机信号的频域表述方法。1.3.1 节

首先介绍自相关函数与协方差函数的关系,指出两者仅相差随机过程直流分量(均值)的平方。1.3.2 节介绍周期性信号的功率表示方法,为 1.3.3 节介绍自相关函数与功率谱函数之间的关系提出了启发式的方法。

1.3.1 自相关函数与协方差函数

实数随机过程的自相关函数定义如式(1.27)所示,复数随机过程的自相关函数定义略有变化,定义为

$$R_x(t_1, t_2) = E[x^*(t_1)x(t_2)] = E[x^*(t-\tau)x(t)] \tag{1.36}$$

用时间平均代替统计平均,式(1.36)可以写为

$$R_x(\tau) = \lim_{T \to \infty} \frac{1}{2T} \int_{-T}^{T} x^*(t-\tau)x(t)\mathrm{d}t \tag{1.37}$$

自相关函数反映随机变量在不同时刻幅值的相关性。平稳随机过程的自相关函数性质归纳如下:① $R_x(\tau)$ 只与时间差 τ 有关,与积分式的时间起点无关;② 对于具有白噪声特征的随机过程,自相关函数在 $\tau \neq 0$ 的情况下,$R_x(\tau) = 0$,在 $\tau = 0$ 的情况下,$R_x(\tau) \neq 0$,即表示为 $R_x(\tau) = A\delta(\tau)$;③ 对于一般的随机过程来说,$\tau = 0$ 时,自相关函数取最大值,此时对应随机噪声的平均功率,即 $R_x(0) = \lim\limits_{T \to \infty} \frac{1}{2T} \int_{-T}^{T} x^2(t)\mathrm{d}t = \overline{x^2}$;④ 对于实随机过程来说,$R_x(\tau)$ 为偶函数;⑤ 互不相关的随机噪声之和的自相关函数为各自自相关函数之和。

协方差函数定义为

$$C_x(t_1, t_2) = E[(x(t_1) - \overline{x})(x(t_2) - \overline{x})] \tag{1.38}$$

对于各态历经且平稳的随机噪声来说,式(1.38)可简化为 $C_x(\tau) = R_x(\tau) - \overline{x}^2$,对于零均值随机噪声来说,上式可进一步简化为 $C_x(\tau) = R_x(\tau)$。

1.3.2 周期函数的功率

对于一个时长为 T 的平稳随机过程来说,将其按周期 T 延展到全部时域,采用傅里叶级数表示为

$$x(t) = \sum a_n \mathrm{e}^{\mathrm{j}\omega_n t} \tag{1.39}$$

其中,傅里叶系数表示为 $a_n = \frac{1}{T} \int_0^T x(t)\mathrm{e}^{-\mathrm{j}\omega_n t}\mathrm{d}t$,其中 $\omega_n = 2\pi \frac{1}{T} n$ 为离散频率,当 $T \to \infty$ 时,ω_n 无限精细,傅里叶系数 a_n 变为连续函数。$x(t)$ 的时域平均功率为

$$\frac{1}{T} \int_0^T |x(t)|^2 \mathrm{d}t = \frac{1}{T} \int_0^T \sum_n a_n \mathrm{e}^{\mathrm{j}\omega_n t} \sum_m a_m^* \mathrm{e}^{-\mathrm{j}\omega_m t} \mathrm{d}t = \sum_n \sum_m a_n a_m^* \frac{1}{T} \int_0^T \sum \mathrm{e}^{\mathrm{j}(\omega_n - \omega_m)t} \mathrm{d}t \tag{1.40}$$

式(1.40)只有在 $m = n$ 时,积分才不为零,因此求和符号可缩减一个,简化为

$$\frac{1}{T}\int_0^T |x(t)|^2 \mathrm{d}t = \sum_n |a_n|^2$$

1.3.3 自相关函数和功率谱密度函数

平稳随机过程的统计特性不随时间和位置变化,其典型的统计参数,例如数学期望、方差和自相关函数等参量也不随时间和位置变化。随机过程 $x(t)$ 的短时傅里叶变换写为

$$X_T(f) = \int_{-\infty}^{\infty} x_T(t) \mathrm{e}^{-\mathrm{j}2\pi ft} \mathrm{d}t = \int_{-T/2}^{T/2} x(t) \mathrm{e}^{-\mathrm{j}2\pi ft} \mathrm{d}t \tag{1.41}$$

其中,$x_T(t)$ 为在函数 $x(t)$ 中截取的 $[-T/2, T/2]$ 一段,将 $X_T(f)$ 幅度平方的期望值定义为短时功率谱密度函数,即

$$\begin{aligned}
E(f) &= E[|X_T(f)|^2] \\
&= E\left[\int_{-T/2}^{T/2}\int_{-T/2}^{T/2} x(t)x^*(t)\mathrm{e}^{-\mathrm{j}2\pi f(t+\tau)}\mathrm{e}^{\mathrm{j}2\pi ft}\mathrm{d}t\,\mathrm{d}\tau\right] \\
&= E\left[\int_{-T/2}^{T/2}\int_{-T/2}^{T/2} x(t+\tau)x^*(t)\mathrm{e}^{-\mathrm{j}2\pi f\tau}\mathrm{d}t\,\mathrm{d}\tau\right]
\end{aligned} \tag{1.42}$$

定义 $S(f) = \lim\limits_{T\to\infty} E(f)/T$ 为随机过程的功率谱密度,将式(1.42)代入得到

$$\begin{aligned}
S_x(f) &= \lim_{T\to\infty}\frac{1}{T}E\left[\int_{-T/2}^{T/2}\int_{-T/2}^{T/2} x(t+\tau)x^*(t)\mathrm{e}^{-\mathrm{j}2\pi f\tau}\mathrm{d}t\,\mathrm{d}\tau\right] \\
&= \int_{-\infty}^{\infty}\lim_{T\to\infty}\frac{1}{T}E\left[\int_{-T/2}^{T/2} x(t+\tau)x^*(t)\mathrm{d}t\right]\mathrm{e}^{-\mathrm{j}2\pi f\tau}\mathrm{d}\tau \\
&= \int_{-\infty}^{\infty} R_x(\tau)\mathrm{e}^{-\mathrm{j}2\pi f\tau}\mathrm{d}\tau
\end{aligned} \tag{1.43}$$

式(1.43)即为维纳辛钦定理,表明随机信号的功率谱与互相关函数为一对傅里叶变换,将式(1.39)代入式(1.37),并进一步代入式(1.43),得到

$$\begin{aligned}
S_x(f) &= \lim_{T\to\infty}\int_{-T}^{T}\frac{1}{2T}\int_{-T}^{T}\sum_n a_n^*\mathrm{e}^{-\mathrm{j}\omega_n(t-\tau)}\sum_m a_m\mathrm{e}^{\mathrm{j}\omega_m t}\mathrm{e}^{-\mathrm{j}2\pi f\tau}\mathrm{d}t\,\mathrm{d}\tau \\
&= \lim_{T\to\infty}\frac{1}{2T}\sum_n\sum_m a_n^* a_m\int_{-T}^{T}\int_{-T}^{T}\mathrm{e}^{-\mathrm{j}(\omega_n-\omega_m)t}\mathrm{d}t\,\mathrm{e}^{-\mathrm{j}(\omega_n-2\pi f)\tau}\mathrm{d}\tau
\end{aligned}$$

上式只有在 $m=n$ 时,积分的极限 $\lim\limits_{T\to\infty}\int_{-T}^{T}\mathrm{e}^{-\mathrm{j}(\omega_n-\omega_m)t}\mathrm{d}t$ 才不为 0,可简化为

$$\begin{aligned}
S_x(f) &= \lim_{T\to\infty}\frac{1}{2T}\sum_n a_n^* a_n\int_{-T}^{T}\int_{-T}^{T}\mathrm{e}^{-\mathrm{j}(\omega_n-2\pi f)\tau}\mathrm{d}t\,\mathrm{d}\tau \\
&= \lim_{T\to\infty}\sum_n a_n^* a_n\int_{-T}^{T}\mathrm{e}^{-\mathrm{j}(\omega_n-2\pi f)\tau}\mathrm{d}\tau
\end{aligned}$$

同样,该式只有在 $\omega_n = 2\pi f$ 时,$\int_{-T}^{T}\mathrm{e}^{-\mathrm{j}(\omega_n-2\pi f)\tau}\mathrm{d}\tau$ 才不为 0,因此可进一步简化为

$$S_x(f) = \lim_{T\to\infty}\sum_n a_n^* a_n\int_{-T}^{T}\mathrm{d}\tau\bigg|_{\omega_n=2\pi f} = \lim_{T\to\infty}2T\sum_n a_n^* a_n\bigg|_{\omega_n=2\pi f} \tag{1.44}$$

即周期为 T 的随机过程的功率谱只有在 $f = \omega_n/(2\pi)$ 频率处的值不为 0,当 $T \to \infty$ 时,随机过程的功率谱弥散至全频率域,成为频率的连续函数。

对功率谱函数做傅里叶逆变换即得到随机过程的自相关函数,$R_x(\tau) = \int S_x(f) e^{j2\pi f \tau} df$,对功率谱密度函数进行全谱域积分得到随机信号的功率值,即 $\overline{x^2} = R_x(0) = \int S_x(f) df$。对于白噪声特征的随机过程来说,其自相关函数为近似的狄拉克函数,在时间为 0 时具有较高的数值,而在其他时间为幅值较低的随机波动,其功率谱函数在频域近似为常数,功率谱的波动源于自相关函数并非理想的狄拉克函数,其在时间非 0 的时域还是具有一定的噪声功率的,如图 1.5 所示。

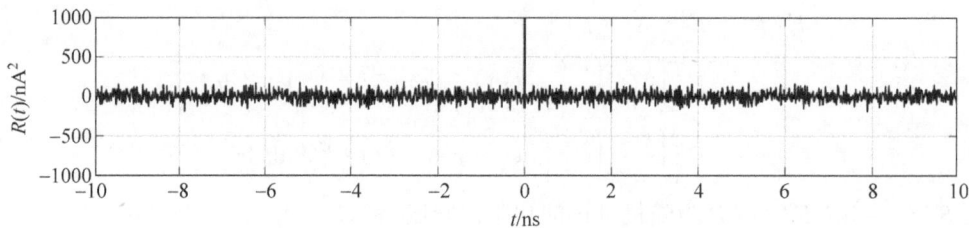

(a) 高斯分布随机过程的自相关函数

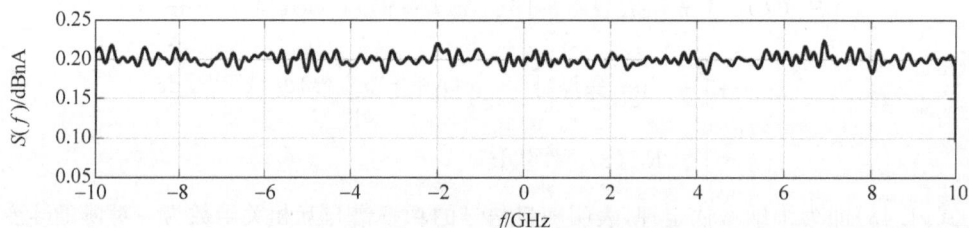

(b) 高斯分布随机过程的功率谱密度函数

图 1.5 高斯分布的随机过程自相关函数和功率谱密度

1.3.4 互相关函数、互协方差函数和互功率谱密度

随机过程 x 和 y 的互相关函数以及互协方差函数定义为

$$\begin{cases} R_{xy}(t_1, t_2) = E[x(t_1)y(t_2)] = E[x(t-\tau)y(t)] \\ C_{xy}(t_1, t_2) = E[(x(t_1)-\bar{x})(y(t_2)-\bar{y})] \end{cases} \tag{1.45}$$

若对任意的 t_1 和 t_2 都有 $R_{xy}(t_1, t_2) = 0$,则称随机噪声 x 和 y 互不相关。相似地,根据维纳辛钦定理,互相关函数 $R_{xy}(\tau)$ 与互功率谱密度 $S_{xy}(f)$ 为傅里叶变换对,具体表达式为

$$\begin{cases} S_{xy}(f) = \int_{-\infty}^{\infty} R_{xy}(\tau) e^{-j2\pi f \tau} d\tau \\ R_{xy}(\tau) = \int_{-\infty}^{\infty} S_{xy}(\omega) e^{j2\pi f \tau} df \end{cases} \tag{1.46}$$

若 $z(t)$ 为两路平稳随机噪声 $x(t)$ 和 $y(t)$ 之和,则 $z(t)$ 的自相关函数为

$$R_z(\tau) = R_x(\tau) + R_y(\tau) + R_{xy}(\tau) + R_{yx}(\tau) \tag{1.47}$$

对其做傅里叶变换得到功率谱密度为

$$S_z(\omega) = S_x(\omega) + S_y(\omega) + S_{xy}(\omega) + S_{yx}(\omega) = S_x(\omega) + S_y(\omega) + 2\mathrm{Re}[S_{xy}(\omega)] \tag{1.48}$$

当 $x(t)$ 和 $y(t)$ 互不相关,$R_{xy}(\tau) = R_{yx}(\tau) = 0$,式(1.47)和式(1.48)简化为

$$\begin{cases} R_z(\tau) = R_x(\tau) + R_y(\tau) \\ S_z(\omega) = S_x(\omega) + S_y(\omega) \end{cases} \tag{1.49}$$

1.3.5 线性系统

对于传输函数为 $H(f)$ 的线性系统来说,系统的输出信号 $Y(f)$ 与输入信号 $X(f)$ 的关系为

$$Y(f) = H(f)X(f) \tag{1.50}$$

输出与输入信号的功率谱关系和相关函数为

$$\begin{cases} S_y(f) = |H(f)|^2 S_x(f) \\ R_y(\tau) = \int |H(f)|^2 S_y(f) \mathrm{e}^{\mathrm{j}2\pi f\tau} \mathrm{d}f \end{cases} \tag{1.51}$$

当传输函数 $H(f)$ 为中心频率为 f_0、带宽为 Δf 的理想窄带带通滤波器时,式(1.51)变为

$$\begin{cases} S_y(f) = \mathrm{Pulse}(f_0, \Delta f) S_x(f) \\ R_y(\tau) = S_x(f_0) \mathrm{e}^{\mathrm{j}2\pi f_0\tau} \Delta f \end{cases} \tag{1.52}$$

其中,Pulse 为单位幅度的脉冲函数,代表理想的带通滤波器波形。对滤波后的随机信号功率谱密度函数进行全谱域积分得到频率 f_0 处带宽为 Δf 的随机信号的功率值,即 $\overline{x_{\Delta f}^2} = R_y(0) = S_x(f_0)\Delta f$。

如图 1.6(a)所示,线性系统 $H(f)$ 后级联窄带调谐滤波器,调谐滤波器的输出信号为

$$Y(f) = H(f)X(f)|_{f=f_c} = H(f_c)X(f_c) \tag{1.53}$$

当输入信号 x 为白噪声时,$X(f)$ 为常数,因此根据输出信号 $Y(f)$ 即可确定线性系统的频域响应 $H(f)$,进一步对其计算傅里叶逆变换,即可获得该线性系统的时域响应。$H(f)$ 的时域响应也可通过如图 1.6(b)所示的测试电路得到。该电路包含两个支路:一个支路通过系统函数;另一支路通过时延电路,并在输出端相乘,相乘后的输出表示为

$$z(t) = x(t - t_d)[h(t) * x(t)] = x(t - t_d)\int h(\tau)x(t-\tau)\mathrm{d}\tau \tag{1.54}$$

对式(1.54)求期望值可得

$$E[z(t)] = E\left[x(t-t_d)\int h(\tau)x(t-\tau)\mathrm{d}\tau\right]$$

$$= \int h(\tau)E[x(t-t_d)x(t-\tau)]\mathrm{d}\tau$$

$$= \int h(\tau)R_x(\tau - t_d)\mathrm{d}\tau \tag{1.55}$$

当输入信号 x 为白噪声时，R_x 为冲激函数，只有当 $\tau = t_d$ 时，R_x 不为 0，因此式（1.55）积分可缩减为

$$E[z(t)] = h(t_d)N_0 \qquad (1.56)$$

其中，N_0 为 x 的功率谱密度，遍历电路的时延参数 t_d 即可获得系统函数的全部时域响应。

利用随机过程的自相关函数为冲击函数这一特征，可以实现无线测距，具体如图 1.7 所示，随机信号通过发射天线进行发射，经目标物体反射之后再由接收天线接收，接收的信号表达式为

$$y(t) = ax(t - 2\tau_d) \qquad (1.57)$$

其中，τ_d 为信号单程传输时间，a 为信号衰减，接收信号与发射信号进行相关运算，得到结果如下

$$R_{xy}(\tau) = aE[x^*(t-\tau)x(t-2\tau_d)] = aR_x(\tau - 2\tau_d) \qquad (1.58)$$

随机信号的自相关函数只有在 $\tau - 2\tau_d = 0$ 的情况下才不为 0，因而可根据收发信号的相关函数方便地确定信号单程传输时延，进而确定目标的距离。

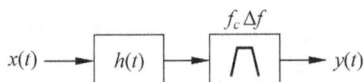

(a) 线性系统频域响应的测试框图

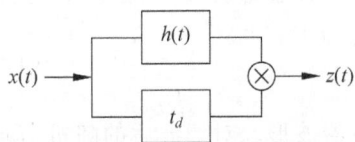

(b) 线性系统时域响应的测试框图

图 1.6 线性系统频域响应和时域
响应的测试框图

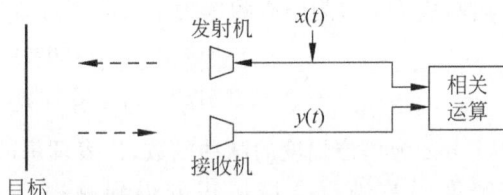

图 1.7 随机信号测距图示

信号在通信链路中传输需要进行波形变换和频谱搬移，虽然一般情况下这两种变换均采用非线性电路完成，但在小信号前提下，仍可视为线性变换，可以采用传输函数和傅里叶变换等工具进行链路计算和性能估计。随机信号一般幅度较低，波形变换和频谱搬移等变换也可采用线性传输函数来计算。波形变换和频谱搬移过程被称为调制，原始信号调制后称为已调信号，已调信号也可解调还原为原始信号。随机信号经调制后仍为随机信号，其统计特性略有改变，将在 1.4 节介绍。

1.4 信号调制

一般情况下携带信息的基带信号称为调制波形，将高频正弦波称为载波，由非线性电路实现调制波形对载波波形的调整，调制输出的信号具有与基带信号相同的信息，但调制后的波形和频带较基带信号更适合传输。

1.4.1 正弦波调制

正弦波调制是一种单频调制方式，其实现形式较为简单，即信号与高频正弦波相乘得到

$$Y(t) = X(t)\cos(\omega_0 t) \tag{1.59}$$

调制函数 $Y(t)$ 的自相关函数按定义有

$$
\begin{aligned}
R_{yy}(t, t+\tau) &= E\big[X(t)\cos(\omega_0 t)X(t+\tau)\cos(\omega_0(t+\tau))\big] \\
&= R_{xx}(t, t+\tau)\overline{\cos(\omega_0 t)\cos(\omega_0(t+\tau))} \\
&= \frac{1}{2}R_{xx}(t, t+\tau)\overline{\cos(\omega_0(t+\tau)) + \cos(\omega_0\tau)} \\
&= \frac{1}{2}R_{xx}(t, t+\tau)\cos(\omega_0\tau)
\end{aligned}
\tag{1.60}
$$

其中，$\overline{\cos(\omega_0(t+\tau)) + \cos(\omega_0\tau)}$ 表示对 t 计算均值，因此第一项为 0，仅剩余第二项。从式(1.60)可知，若 $X(t)$ 为平稳随机过程，即自相关函数与时间起点 t 无关，则 $Y(t)$ 也为平稳随机过程，即

$$R_{yy}(\tau) = \frac{1}{2}R_{xx}(\tau)\cos(\omega_0\tau) \tag{1.61}$$

$Y(t)$ 的功率谱表示如下

$$S_y(\omega) = \frac{1}{4}\big[S_x(\omega+\omega_0) + S_x(\omega-\omega_0)\big] \tag{1.62}$$

从调制信号中恢复原始信号的过程称为解调，将调制信号再次与正弦波信号相乘得到

$$Y_R(t) = Y(t)\cos(\omega_0 t) = \frac{1}{2}X(t) + \frac{1}{2}X(t)\cos(2\omega_0 t) \tag{1.63}$$

采用低通滤波器可将高频项滤除，最终得到解调出的信号为 $Y_R(t) = \frac{1}{2}X(t)$。信号的调制与解调示意图如图 1.8 所示。

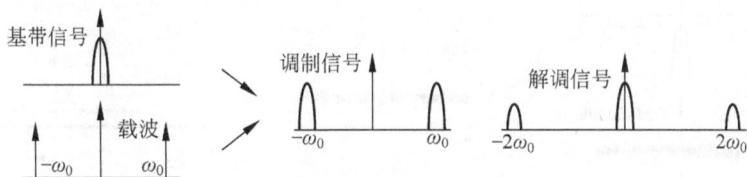

图 1.8 信号的调制与解调

1.4.2 扩频信号调制

正弦波调制方式采用高频正弦波为载波，从频域上看调制是将低频基带信号搬移至载波频率处，原则上射频的有效带宽即为基带信号带宽。扩频通信属于宽带通信技术，调制后的信号传输带宽为基带信号带宽的几百甚至上千倍，这样做的好处是通过宽带传输来提高

信号的处理增益,达到压缩带内噪声的目的。根据香农的信道容量公式 $C=W\log_2(1+S/N)$,在相同的信道容量条件下,增加带宽 W,可以有效地降低系统对信噪比 S/N 的要求,也就是利用大带宽换取信噪比。系统通过扩频和解扩能够得到额外的 $20\sim30\text{dB}$ 的扩频增益,解扩前的信号即便淹没在噪声中也能够通过解扩操作使得输出信噪比超过基带解调门限,有助于系统提高其抗干扰容限。

采用伪随机码直接扩展基带信号的频谱为扩频通信最常用技术,扩频时采用高码率伪随机码与低码率基带信号相乘,得到的信号频谱被扩展,能量被均匀地分布在较宽的频带上,功率谱密度下降,如图 1.9 所示。扩频信号在接收端与相同的扩频码序列相乘,即得到解扩信号,为获得较高的信噪比,需采用低通滤波器滤除带外噪声,最终还原窄带基带信号。

扩频信号调制体制中,将随机信号(伪随机码)$Z(t)$ 作为本振,利用基带信号 $X(t)$ 调制宽带的随机信号,调制后的信号表示为

$$Y(t)=X(t)Z(t) \tag{1.64}$$

其中,$Z(t)$ 为宽带的随机信号,与 $X(t)$ 互不相关,因此调制后的信号功率谱表示为

$$
\begin{aligned}
R_{yy}(t,t+\tau)&=E[X(t)Z(t)X(t+\tau)Z(t+\tau)]\\
&=E[X(t)X(t+\tau)]E[Z(t)Z(t+\tau)]\\
&=R_{xx}(t,t+\tau)R_{zz}(t,t+\tau)
\end{aligned} \tag{1.65}
$$

若 $X(t)$ 和 $Z(t)$ 均为平稳随机过程,则 $Y(t)$ 也为平稳随机过程,即

$$R_{yy}(\tau)=R_{xx}(\tau)R_{zz}(\tau) \tag{1.66}$$

$Y(t)$ 的功率谱表示为基带信号功率谱与宽带的随机信号功率谱的卷积

$$S_Y(\omega)=\frac{1}{2\pi}[S_X(\omega)*S_Z(\omega)] \tag{1.67}$$

$S_Z(\omega)$ 的频谱一般比基带信号宽很多,因此调制后,基带信号频谱被拓展至较宽的频带,如图 1.9 所示。由扩频信号恢复原始基带信号的过程称为解扩,解扩后的信号为

$$Y_R(t)=Y(t)Z(t)=X(t)Z^2(t) \tag{1.68}$$

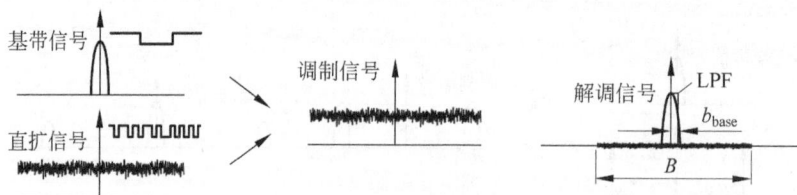

图 1.9 直接扩频

采用低通滤波器可将 $Z^2(t)$ 高频项滤除,留下常数项,最终可得到 $Y_R(t)=\alpha X(t)$,其中 α 为增益因子。若射频带宽为 B,基带信号单边带带宽为 b_{base},解扩后采用的低通滤波器为理想的矩形函数,带宽也为 b_{base},则解扩后的增益因子可写为

$$\alpha=\frac{B}{2b_{\text{base}}} \tag{1.69}$$

直接序列扩频能够将基带信号瞬时频谱宽度大范围扩展,降低了频谱的峰值,从而获得抗干扰、低截获和隐蔽通信等功能,通过延时对齐方式还可以分辨出多径信号,具有有效的抗多径传输的能力。同时还可以采用不等长码片周期以及不等长符号周期等方法,破坏传输信号的平稳特征和各态历经性,进一步地提高系统的抗截获性能。伪随机序列类似随机噪声,当序列周期足够长时,其统计特性和白噪声相似。伪随机序列具有良好的可再生性能和自相关性能,同样长度的伪随机码空间中具有两两相互正交的序列组,每一个随机码都可作为扩频码使用,解扩时也只有该随机码能够解算出有用信号,从而实现码分多址通信。

电路中的有效信号和随机信号都是以电信号为载体存在的,物理世界的自然波动和人为干扰会以电噪声干扰的形式进入电路,对电路的性能造成影响,1.5 节将简要介绍电路中电噪声的定量描述方法。

1.5 电噪声

电噪声是指电路系统中存在的随机过程,一般表现为电压、电流等随时间无规则变化的随机信号。电噪声在数学上表现为具有一定统计特性的随机过程,虽然每一时刻幅度都是随机且不可预测的,但对于平稳的随机过程来说不同时间段内的概率分布规律是一样的,可以用均值和标准差表征其统计特性。噪声测量中采用均方值(标准差的平方)来度量噪声的大小,噪声均方值的频域表示即为噪声的功率谱。噪声功率谱密度函数为频率的函数,定义为单位带宽内的噪声功率,即

$$S(f) = N'(f) = \lim_{\Delta f \to 0} \frac{N(f)}{\Delta f} \tag{1.70}$$

其中,$N(f)$ 表示在频率 f 处、带宽 Δf 内的噪声功率,$S(f)$ 和 $N'(f)$ 具有相同的意义,为单边带功率谱,本书将同时使用这两种符号。噪声功率谱密度按电压或电流的形式分为电压噪声功率谱 $S_v(f)$ 和电流噪声功率谱密度 $S_i(f)$ 两种形式,与噪声电压和噪声电流的均方值关系归纳如下

$$\begin{cases} \overline{v^2(B)} = \int_B S_v(f) \mathrm{d}f \\ \overline{i^2(B)} = \int_B S_i(f) \mathrm{d}f \end{cases} \tag{1.71}$$

其中 B 为噪声带宽,此时噪声电压和噪声电流的均方值仅包含噪声带宽内的噪声功率,带外的噪声谱忽略不计。当带宽极窄时,式(1.71)可简化为

$$\begin{cases} \overline{v^2(B)} = S_v(f) \Delta f \\ \overline{i^2(B)} = S_i(f) \Delta f \end{cases} \tag{1.72}$$

在特征阻抗为 Z 的情况下,噪声电压和噪声电流的均方值关系,以及电压噪声功率谱与电流噪声功率谱的关系为

$$\begin{cases} \overline{v^2(B)} = \mid Z \mid^2 \overline{i^2(B)} \\ S_v(f) = \mid Z \mid^2 S_i(f) \end{cases} \tag{1.73}$$

在通信系统中,经常碰到具有平坦功率谱的白噪声。理想的白噪声具有无限带宽,方便进行数学分析和信号处理,实际上因噪声的功率不可能无限大,现实中的噪声都是具有一定带宽的带限噪声,一般称为有色噪声。一般情况下,若噪声的频谱宽度远大于系统的工作带宽,并且在工作带宽内具有均匀的功率谱密度,即可以将其视为白噪声。在射频电路中,热噪声、散粒噪声和闪烁噪声是最常见的噪声形式。热噪声和散粒噪声是中高频噪声的两种重要形式,在很宽的频率范围内具有均匀的功率谱密度,通常可以考虑为白噪声。闪烁噪声是最常见的低频噪声,具有与频率成反比的功率谱密度,又称为 $1/f$ 噪声,是一种典型的有色噪声,其功率主要分布于低频,也被称为粉红噪声。

相比于噪声,干扰是一种确定性的有害信号,具有极窄的频谱分布。更一般的意义上,将电路中除有用信号以外的一切杂散信号,例如将电路中的电压纹波或自激振荡、外电路的泄露信号等,均称为干扰。某一频率的无线电波信号发射,对于信宿接收机来说为有用信号,对其他接收机来说即视为干扰噪声,是有害的,需要抑制和消除。

当电路中的噪声电压大到足以使正常信号的传输和检波受到影响时,该噪声电压就称为干扰电压。对一个电路或一个器件逐渐增加噪声电压的幅度,电路将呈现正常工作、性能降低、性能失效三个阶段,将电路能保持正常工作时的最大容许噪声电压称为该电路或器件的抗干扰容限或抗扰度。一般说来,噪声很难消除,但可以设法降低噪声的强度或提高电路的抗扰度,以使噪声不会影响电路正常工作。

在通信系统中,发射机往往具有较大的功率,例如手机的辐射功率约为 1W,卫星地面站的发射功率约为 100W,另一方面高动态接收机不仅能够接收并识别 10^{-14}W 量级的微弱射频信号,也能够耐受 1W 大信号输入并正常工作,如此大跨度的信号幅度若采用科学计数法表示将十分不便,因此 1.6 节将介绍利用对数来表示大跨度的信号幅度。

1.6　分贝

分贝是以 10 为底的对数值,相对应的以 e 为底的对数值称为奈培。

1.6.1　分贝计算的优点

在计算和设计射频电路过程中,常常遇到跨度巨大的数字,例如从 10^{-20} 到 10^{10} 量级不等,如果单一地采用科学计数来表示将十分不方便。采用对数数制表示如此大跨度的数字将十分简便,例如上述的数值范围若用对数表示,则为 $-20\sim10$,表示起来十分简洁,在电子学中一般将物理量的数值以 10 为底求对数,然后根据情况在前面乘以 10 或 20 得到该物理量的分贝值。若计算参数为功率或能量,则自然数值与分贝(dB)的换算关系为

$$A(\mathrm{dB}) = 10\lg(a) \tag{1.74}$$

若计算参数为电压、电流等线性值,则有

$$B(dB) = 20\lg(b) \tag{1.75}$$

分贝常用于表示数值间的倍数,自然数值表示中若有功率 a_1 是功率 a_2 的 c 倍,则计算其分贝值有

$$A_1 = 10\lg(a_1) = 10\lg(ca_2) = 10\lg(c) + 10\lg(a_2) = C + A_2 \tag{1.76}$$

分贝表述中称功率 A_1 比功率 A_2 大 $C(dB)$。在科研和工程中为了简化使用,常常将功率 a_2 固定为一个数值,例如 1W 或 1mW,这样表述 A_1 的大小只用 C 来表述,并在 C 的单位加后缀(即 dBW 或 dBm)来区分参考值 a_2 是 1W 还是 1mW。例如,若参考功率 a_2 为 1W,则 2W 功率的对数表示为 3dBW;若参考功率 a_2 为 1mW,则 2W 功率的对数表示为 33dBm。

在传感和精密检测领域,电压常以 μV 和 nV 为单位,类似地,也可采用分贝形式来表示大动态范围的数值,其对数表示如下

$$B_1 = 20\lg(b_1) = 20\lg(cb_2) = 20\lg(c) + 20\lg(b_2) = C + B_2 \tag{1.77}$$

若参考电压 $b_2 = 1\mu$V,则 B_1 表示为 $CdB\mu$V,参考电压 $b_2 = 1$nV,则 B_1 表示为 CdBnV。

1.6.2 分贝的快速计算技巧

工程师需要掌握分贝的快速计算方法,这样能够在没有计算器的条件下快速计算对数。工程师需熟知以下结果

$$\begin{cases} 1dB \rightarrow 10^{\frac{1}{10}} = 1.259 \\ 2dB \rightarrow 10^{\frac{2}{10}} = 1.585 \\ 3dB \rightarrow 10^{\frac{3}{10}} = 1.995 \\ 10dB \rightarrow 10^{\frac{10}{10}} = 10 \end{cases} \tag{1.78}$$

为方便记忆以及快速估算,前三组数可以近似记为 1.25、1.6 和 2,并可根据上式几个基础关系式快速计算其他数值的分贝数,计算过程和结果如表 1.1 所示。

表 1.1　分贝数值的快速计算

分贝值/dB	近似计算过程	近似结果	精确数值
1		1.25	1.259
2		1.6	1.585
3		2	1.995
4	3dB+1dB→2×1.25	2.5	2.512
5	3dB+2dB→2×1.6	3.2	3.162
6	3dB+3dB→2×2	4	3.981
7	6dB+1dB→4×1.25	5	5.012

续表

分贝值/dB	近似计算过程	近似结果	精确数值
8	6dB+2dB→4×1.6	6.4	6.310
9	3dB+3dB+3dB→2×2×2	8	7.943
10		10	10

负数分贝值的自然数值计算也需熟记以下结果

$$\begin{cases} -1\mathrm{dB} \rightarrow 10^{-\frac{1}{10}} = 0.794 \\ -2\mathrm{dB} \rightarrow 10^{-\frac{2}{10}} = 0.631 \\ -3\mathrm{dB} \rightarrow 10^{-\frac{3}{10}} = 0.501 \\ -10\mathrm{dB} \rightarrow 10^{-\frac{10}{10}} = 0.1 \end{cases} \tag{1.79}$$

为方便记忆,前三组数可以近似记为 0.8、0.625 和 0.5,其他负值的分贝数可根据这三个基本数值快速推算,计算过程和结果列于表 1.2 中。

表 1.2　负数分贝值的快速计算

分贝值/dB	近似计算过程	近似结果	精确数值
−1		0.8	0.794
−2		0.625	0.631
−3		0.5	0.501
−4	−3dB−1dB→0.5×0.8	0.4	0.398
−5	−3dB−2dB→0.5×0.625	0.3125	0.316
−6	−3dB−3dB→0.5×0.5	0.25	0.251
−7	−3dB−3dB−1dB→0.5×0.5×0.8	0.2	0.200
−8	−3dB−3dB−2dB→0.5×0.5×0.625	0.1563	0.158
−9	−3dB−3dB−3dB→0.5×0.5×0.5	0.125	0.126
−10		0.1	0.1

小数形式的分贝计算需要引入泰勒展开,当 x 较小,指数公式展开为

$$10^{\frac{x}{10}} \approx 1 + \frac{\ln 10}{10} x \tag{1.80}$$

从 $10^{\frac{1}{10}} \approx 1.25$ 出发,可认为 $\frac{\ln 10}{10} \approx 0.25$,因此对于小数形式的分贝数值有以下近似计算公式

$$10^{\frac{x}{10}} \approx 1 + 0.25x \tag{1.81}$$

近似结果和精确值列于表 1.3 中。

表 1.3　小数分贝值的快速计算

分贝值/dB	简化计算结果	精确值
0.1	1.025	1.023
0.2	1.05	1.047
0.3	1.075	1.072
0.4	1.1	1.096
0.5	1.125	1.122
0.6	1.15	1.148
0.7	1.175	1.175
0.8	1.2	1.202
0.9	1.225	1.230
1	1.25	1.259

1.7　本章小结

本章主要介绍了噪声学习所需了解的概率和统计基础理论,并引出噪声在时域和频率的分析和描述方法。根据相关理论,射频噪声本质为电噪声,属于典型的随机过程,其在时域和频域均不具备明确的表达式,但平稳分布的随机过程的自相关函数具有明确表达式,自相关函数的傅里叶变换也同样具有明确的表达式,称随机过程自相关函数的频域表示为该随机过程的功率谱。自相关函数和功率谱函数是描述电噪声性质的重要手段,这两个概念将贯穿全书。

第2章

射 频 噪 声

2.1 电噪声概述

在电子、通信、电力等领域,电压、电流以及功率等有用信号属于稳定可预测物理量,而电噪声则是不可预测的突变、波动的统称,电噪声叠加于有用信号之上,最终使信号围绕着稳定的均值上下波动。同信号一样,同时在时域和频域观察电噪声,有利于全面了解噪声性质以及其对系统性能所造成的影响。以电源噪声为例,稳定的电源噪声在时域持续存在,而在频域电源噪声的频谱大致覆盖 100Hz~30MHz,电源噪声谱的幅度超过 30MHz 后显著下降;非稳定的电源噪声在时域上表现为瞬态浪涌,其摆率速度快、持续时间短、振幅较高、随机性强,而在频域上则表现为频率丰富且幅度较高的离散杂波成分,瞬态高幅度的噪声会严重干扰数字电路,如果该噪声通过混频进入射频电路,还会严重污染射频链路的信号纯净度、降低射频电路的灵敏度。射频频段的电噪声一般称为射频噪声,在射频电路中主要表现为射频电压噪声、射频电流噪声以及射频功率波等形式。

2.1.1 电噪声分类

太阳的辐射光谱包含各种频率成分,各频率成分的幅度各不相同,不同频率成分表现为不同颜色。类似地,噪声也可按照颜色来定义频谱成分,通信中最常见且方便分析的为白噪声,白噪声的功率谱均匀地分布在全部的频率区间,且功率谱密度与频率无关,即具有平坦的功率谱密度函数。相对于覆盖全频域的白噪声来说,具有窄带频谱分布特征或频谱随频率变化的噪声称为有色噪声,典型的有色噪声有以下诸多种类:

(1) 粉红噪声:噪声谱介于白噪声($1/f^0$)与褐色噪声($1/f^2$)之间,因此称为粉红噪声,其特征是功率谱密度分布与频率呈反比,因此也称为 $1/f$ 噪声。粉红噪声的功率谱主要分布在中低频段,噪声功率从低频向高频不断衰减,通常每十倍频下降 10dB,频谱波形具有频率尺度相似的特征,即噪声谱曲线无论放大或缩小,形状永远相似。

(2) 红色噪声:指一种有关海洋环境的噪声,其噪声谱具有低通波形,噪声功率集中于中低频,高频成分幅度较低。

（3）褐色噪声：功率谱密度与频率的平方成反比，也称为 $1/f^2$ 噪声，功率集中于低频段，功率谱通常每十倍频下降 20dB。典型的粉红噪声和褐色噪声波形如图 2.1 所示。

（4）橙色噪声：在整个连续谱范围内，功率谱有限且零功率窄带信号数量也有限。

（5）蓝色噪声：与粉红噪声频率形状相反，蓝色噪声功率谱与频率成正比，每十倍频上升 10dB。

（6）紫色噪声：与褐色噪声频率形状相反，噪声功率谱与频率平方成正比，每十倍频上升 20dB。

（7）灰色噪声：在给定的频带范围内，噪声功率谱平坦，属于一种经过窄带滤波和幅度加权的白噪声信号。

（8）黑色噪声：又称为静止噪声，属于一种声学噪声，分布于 20kHz 以上的有限频率范围内，功率谱密度为常数，因频率太高而无法被人感知。

(a) 粉红噪声波形

(b) 褐色噪声波形

图 2.1 粉红噪声和褐色噪声波形

太阳是一个功率巨大的辐射源，具有各色各样、种类丰富的噪声，除太阳以外其他的宇宙天体、地球上的自然物体以及人类活动也会产生各种噪声，不同来源的噪声具有各自的特点，其危害也不尽相同。2.1.2 节将简要介绍常见的噪声种类。

2.1.2　噪声的来源

噪声是一种自然现象，是物质的一种运动形式，永不消逝。在航天测控、射电天文、雷达、微波遥感、电子对抗、通信等诸多领域的无线电系统中，除了有用信号外不可避免地存在噪声。一般而言，噪声对无线电系统的正常运作是有害的，因为它使通过网络传输的信号受到干扰、进而使其失真，噪声的存在会影响系统的接收灵敏度，大幅度的噪声甚至会淹没有用信号，导致信号无法有效接收。在通信（特别是深空通信）、雷达探测等领域，为了减小噪声对无线电系统的影响，提高信号的接收灵敏度，首先要确定系统中噪声的来源，并准确估算或测量噪声的幅度，分析其频谱分布范围，然后有针对性地采取措施，通过滤波、干涉相消、调整电路偏置等方法降低噪声电平，减小其对系统的干扰和影响。

电噪声根据来源分为人为噪声和自然噪声两种。人为噪声既包含生产生活中产生的额外电磁辐射，例如电网的工频噪声、发动机点火噪声、开关接触噪声以及外台信号等，也包含有意而为之的电磁干扰，例如无线信号干扰装置、军事通信中的电子对抗等。人为噪声一般占据频带窄，频率相对稳定，信号幅度高，所以也称之为干扰信号，一般可采取加强屏蔽、滤波和良好接地等措施加以消除。除了人为噪声，电路和通信链路中普遍存在的噪声一般来源于自然噪声。自然噪声是指自然界存在的各种电磁波辐射源活动所产生的电磁波动，例如黑体辐射的热噪声、半导体中的散粒噪声、自然界中的闪电、太阳黑子、太阳风暴、月亮等

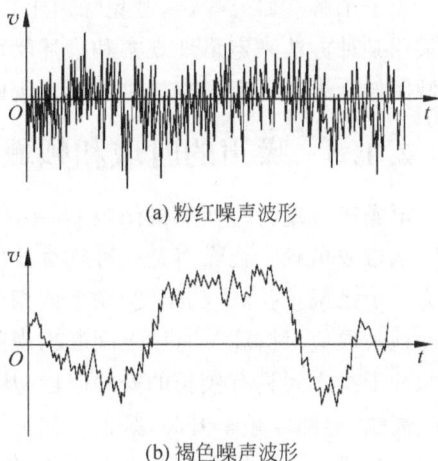

天体的辐射以及各种宇宙辐射源噪声等。自然噪声所占的频谱范围很宽,并不像无线电干扰那样具有固定的频率,相比于人为噪声更加难以消除。

为了了解和研究噪声,避免噪声干扰带来重大危害或利用噪声实现某种特殊用途,就需要采用某种方法来定量地观察和表述噪声,在实践中,使用测量仪器显示噪声的时域图像和频域图像为人们研究噪声提供了最直观的观察方法。

2.1.3　噪声的时域和频域描述

电噪声表现为时变随机函数,利用测试仪器可同时在时域(示波器)和频域(频谱仪)观察。窄带或单频干扰噪声是一种连续波的干扰,这种噪声的主要特点是占有极窄的频带,可视为一个已调正弦波,其幅度、频率或相位是事先不能预知的,但容易实测测定,从而能够针对性地采取应对措施。时域上间断出现的脉冲噪声具有幅度高且持续时间短等特点,相邻的脉冲干扰之间具有较长的安静时段,从频谱上看,脉冲噪声通常有较宽的频谱,覆盖甚低频到高频,但随着频率升高,频谱的幅度迅速下降,对电路的高频性能影响较小。脉冲噪声主要来自机电交换机和各种电气干扰,例如雷电、电火花干扰、电力线感应等,对模拟电路的影响不大,但会给数字通信带来一连串的误码,会严重损害通信质量。电路中广泛存在的噪声是以热噪声、散粒噪声为代表的宽带噪声,这些噪声无论在时域还是在频域都占据宽大的范围,只能采取措施降低其幅度,却不能完全消除。

噪声会影响电路的正常工作,污染电路中正常传输的信号。噪声在无线通信中的影响尤为明显,在无线通信环境下,信号的传输经过复杂的空间,传输路径中和传输路径外的各种噪声均有可能混入正常传输通道从而造成信号质量下降。通信环境的噪声电平是频率的函数,不同频率下处于支配地位的噪声源不同,因而噪声的电平也不同,目前通信所使用的频率下限低至几百千赫(kHz),上限已逼近红外和可见光波段,几乎覆盖全部的电磁波谱。在2.1.4节和2.1.5节将介绍通信环境中的电噪声频谱分布特点以及人类通信活动所应用的电磁波谱。

2.1.4　通信环境中的电噪声

环境中的噪声影响通信的质量,同时也影响着发信机的功率设定、接收机灵敏度以及最大的通信距离。在3~30MHz,环境中大气噪声和人为噪声幅值很高,等效噪声温度达数千开尔文(K);在30~300MHz,环境噪声温度降低至1000K左右;在射频和微波波段,地球表面的噪声温度约为300K,而天空的背景噪声温度仅为3.2K。在野外电台通信、平原移动通信等应用场合,由于收发天线链路位于地平线附近,天线的视在噪声温度约为150K(地面噪声和天空噪声的平均值);在城市和楼宇移动通信应用场合,收发天线处于城市环境,天线波瓣覆盖较宽,天线的视在噪声温度约为300K;在卫星通信中,地面天线指向太空,天线的视在温度为15~25K,而卫星天线指向地面,天线视在温度约为300K。天线的视在噪声温度是接收系统工作噪声的重要组成部分,而天线增益与工作噪声温度的比值为接收机重要的系统参数 G/T 值,G/T 值越高,代表接收机接收微弱信号的能力越高,系统的灵敏度也就越高。

2.1.5　电磁波谱

通信可用的无线电波频率从几百千赫(kHz),波长数千米,延伸至几百太赫(THz)(可见光波段),波长仅数百纳米(nm)。根据电磁波的波长可将各个频段分为长波、中波、短波、射频、微波、毫米波、太赫兹以及可见光波段。如图 2.2 所示,长波频率在 1MHz 以下,波长达数千米;中波频率范围为 1~30MHz,波长数百米;短波频率范围为 30~300MHz,波长范围为 1~10m;射频和微波波段频率范围为 300MHz~30GHz,波长范围为 0.01~1m;毫米波波段频率范围为 30~300GHz,波长范围仅为 1~10mm;太赫兹波段频率范围为 300~1000GHz,波长小于 1mm;红外以及可见光波段的频率超过 1THz,波长为微米量级。

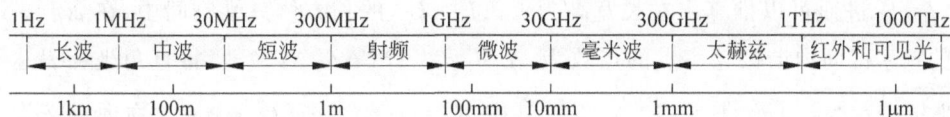

图 2.2　电磁波谱

本节介绍了噪声分类和噪声来源,2.2 节和 2.3 节将分别介绍最基本的电噪声形式,热噪声和半导体噪声,这两种噪声是电路噪声的本源,了解其物理起源和定量表述,有助于读者对射频噪声有更深刻的理解。

2.2　热噪声

热噪声顾名思义,是由于物体具有一定温度而向外辐射功率,具体表现为随机的辐射频谱。理论上认为,物体只要高于绝对零度即对外发射热噪声,由于绝对零度不可达到,宇宙中任何角落也不存在绝对零度的物体,因此可认为宇宙中任何物体均向外辐射热噪声。热噪声是噪声最基本的一种形式,无处不在,并且根据日常经验,还可推断出物体的温度越高,向外辐射功率越高,热噪声也就越大。本节将推导热辐射的理论公式,即普朗克辐射定律,并介绍光谱能量密度和光谱辐射亮度等概念。热辐射定律以及辐射亮度是电路热噪声的理论基础,也是第 6 章天线噪声温度和第 9 章微波遥感应用的理论基础。

2.2.1　热辐射

根据量子力学的相关理论,频率为 f 的光子的能量为 hf(其中 h 为普朗克常量),任何时间段内物体发射的光子数量为整数个,因此该时间段内物体发射的能量为单个光子能量的整数倍。一个平衡的系统,其能量处于 nhf 状态的概率正比于 $e^{-nhf/kT}$,其中,n 取正整数,k 和 T 分别为玻耳兹曼常数和热力学温度,所有能量状态概率之和为 1,因此可计算出,能量为 nhf 状态的概率为

$$p(n) = (e^{\frac{hf}{kT}} - 1)e^{-nhf/kT} \tag{2.1}$$

从而计算物体发射能量的期望值(平均值)为

$$\varepsilon_0 = \sum_{n=1}^{\infty} p(n) nhf = \frac{hf}{\mathrm{e}^{\frac{hf}{kT}} - 1} \tag{2.2}$$

在长度为 L 的一维空间内,为满足两端振幅为 0 的边界条件,谐振子的波长需要满足 $\lambda = 2L/j$,其中,j 为正整数,谐振波函数为 $\sin\frac{j\pi}{L}x$,对应的振荡频率为

$$f(j) = \frac{jc}{2L} \tag{2.3}$$

振荡频率 $f(j)$ 为离散分布,各谐振频率点的间隔为 $c/2L$。在频段 f 至 $f+\Delta f$ 的区间内能够存在的谐振频率点个数为 $2L\Delta f/c$,考虑到频率可正可负,在 Δf 的频率区间内谐振点数为 $L\Delta f/c$。进而可以推算出在长宽高为 L_x、L_y、L_z 的长方体三维空间中,在 Δf_x、Δf_y、Δf_z 的频率区间内谐振频率点的点数为:$L_x L_y L_z \Delta f_x \Delta f_y \Delta f_z / c^3$,将直角坐标表达式化为极坐标表示为:$4\pi f^2 L_x L_y L_z \Delta f / c^3$,其中 $\Delta f = \sqrt{\Delta f_x^2 + \Delta f_y^2 + \Delta f_z^2}$,物理意义为三维频率空间中频率 f 至 $f+\Delta f$ 的薄层。考虑到每个谐振频率具有双极化(两个自由度),计算单位体积内的处于 f 至 $f+\Delta f$ 频率的光子数为

$$\mathrm{d}N = 8\pi f^2 \Delta f / c^3 \tag{2.4}$$

数量为 $\mathrm{d}N$ 的光子对应的辐射能量期望值为

$$\varepsilon_0 \mathrm{d}N = \frac{8\pi h f^3}{c^3(\mathrm{e}^{\frac{hf}{kT}} - 1)} \Delta f \tag{2.5}$$

式(2.5)称为辐射力函数。对波长求微分并令其等于零,得到辐射力最大值所对应的频率 $f_{\max}/T = b'$,其中 $b' = 5.879 \times 10^{10}\,\mathrm{Hz/K}$。随着物理温度升高,最大辐射力对应的频率 $f_{\max}$ 也随之升高,该定律称为最大辐射的频率维恩位移定律。

将式(2.5)的加权部分单独提出,即单位频率宽度的辐射能量,重新定义为黑体光谱辐射出射度函数,具体表示为

$$w_f = \frac{8\pi h f^3}{c^3(\mathrm{e}^{\frac{hf}{kT}} - 1)} \tag{2.6}$$

式(2.6)即为普朗克热辐射定律。根据 $w_f \mathrm{d}f = -w_\lambda \mathrm{d}\lambda$ 以及 $\mathrm{d}f = -\frac{c}{\lambda^2}\mathrm{d}\lambda$,式(2.6)可改写为以波长为参量的辐射能量,称为光谱能量密度,可表示为

$$w_\lambda = \frac{8\pi h c \lambda^{-5}}{\mathrm{e}^{\frac{hc}{\lambda kT}} - 1} \tag{2.7}$$

除了黑体的光谱能量密度定义之外,还可定义黑体光谱辐射出射度函数为

$$E_{b\lambda} = \frac{c_1 \lambda^{-5}}{\mathrm{e}^{\frac{c_2}{\lambda T}} - 1} \tag{2.8}$$

$E_{b\lambda}$ 的单位为 $W/m^2\mu m$，物理意义为黑体在单位时间单位表面积单位波长对上半空间辐射的能量，其中，$c_1=2\pi hc^2=3.743\times10^8\,W\cdot\mu m^4/m^2$ 为普朗克第一常数，$c_2=hc/k=1.439\times10^4\,\mu m\cdot K$ 为普朗克第二常数，w_λ 和 $E_{b\lambda}$ 仅相差常数 $4/c$。

假设黑体在法线方向的光谱辐射亮度为 L_λ，根据兰贝特定律，黑体辐射力在空间中散布的能量在不同方向是不同的，即

$$L_{\lambda\theta}=L_\lambda\cos\theta \tag{2.9}$$

θ 为偏离黑体表面法线的角度，$L_{\lambda\theta}$ 在法线方向上辐射能量值最大，切线方向上为零。对式(2.9)进行上半空间积分，即得到半空间的光谱辐射出射度函数 $E_{b\lambda}$

$$E_{b\lambda}=\int_0^{\pi/2}\int_0^{2\pi}L_\lambda\cos\theta\sin\theta\mathrm{d}\theta\mathrm{d}\varphi=L_\lambda\pi \tag{2.10}$$

因此得到光谱辐射亮度 L_λ 定义为

$$L_\lambda=E_{b\lambda}/\pi \tag{2.11}$$

光谱能量密度与光谱辐射亮度关系为

$$w_\lambda=4\pi L_\lambda/c \tag{2.12}$$

根据普朗克的黑体光谱辐射式(2.6)和式(2.7)，温度越高，同一波长的光谱辐射力越大，不同温度的黑体辐射力函数随波长的变化曲线如图 2.3 所示。一定温度下，不同波段辐射力不同，且在某个波长处达到最大值。式(2.6)对波长求微分并令其等于零，得到辐射强度最大所对应的波长为 $\lambda_{max}T=b$，其中 $b=2897.6\mu m\cdot K$，随着物理温度升高，最大辐射力对应的波长 λ_{max} 越来越短，该定律称为波长维恩位移定律。注意，$f_{max}\lambda_{max}=bb'=0.568c\neq c$，$f_{max}$ 和 λ_{max} 不能通过简单的频率波长变换相互换算。

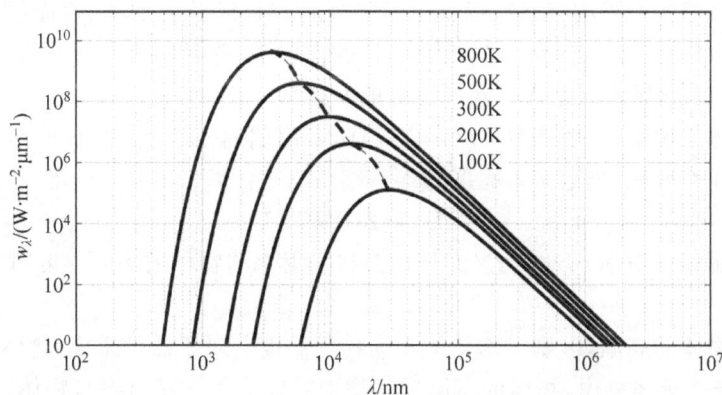

图 2.3　黑体辐射力函数随波长和温度的变化曲线

低频且高温时，$hf\ll kT$，式(2.6)可简化为瑞利金斯定律，即

$$w_f=8\pi f^2c^{-3}kT \tag{2.13}$$

高频且低温时，$hf\gg kT$，式(2.6)可简化为维恩定律，即

$$w_f=8\pi hf^3c^{-3}\mathrm{e}^{-\frac{hf}{kT}} \tag{2.14}$$

黑体光谱辐射力公式在全波长域积分得到斯特潘玻耳兹曼定律,即

$$E_b = \int_0^\infty E_{b\lambda}\,\mathrm{d}\lambda = \sigma T^4 \tag{2.15}$$

其中,E_b 单位为 W/m^2,$\sigma = 5.67 \times 10^{-8}\,W/m^2 \cdot K^4$ 为斯特潘玻耳兹曼常数。

自然界的大部分物体并非具有黑体的理想条件,其热辐射的辐射力相对于黑体要打一个折扣,该折扣称为发射率,即实际物体的辐射力与黑体的辐射力之比

$$\varepsilon = \frac{E}{E_b} = \frac{E}{\sigma T^4} \tag{2.16}$$

因此由式(2.15)延伸出实际物体的全谱辐射力为 $E = \varepsilon \sigma T^4$,但该发射率定义在波长全域上,具有平均的概念。而实际物体的发射率随波长或频率变化,全谱辐射力也并非与热力学温度的四次方严格成正比。定义光谱发射率如下

$$\varepsilon_\lambda = \frac{E_{g\lambda}}{E_{b\lambda}} \tag{2.17}$$

其中,$E_{g\lambda}$ 为物体实际的光谱发射力,式(2.17)中的三个元素都是波长的函数,全谱发射率按下式计算

$$\varepsilon = \frac{\int E_{g\lambda}\,\mathrm{d}\lambda}{\int E_{b\lambda}\,\mathrm{d}\lambda} = \frac{\int \varepsilon_\lambda E_{b\lambda}\,\mathrm{d}\lambda}{\int E_{b\lambda}\,\mathrm{d}\lambda} \tag{2.18}$$

当光谱发射率 ε_λ 与波长无关时,可单独将式(2.18)积分中的 ε_λ 提出,此时得出 $\varepsilon_\lambda \equiv \varepsilon$,若实际物体的光谱发射力与黑体在各个波长条件下相差相同的比例系数,则定义该物体为理想灰体。含水较多的土壤、沥青、混凝土等非金属材料以及粗加工、表面氧化的金属具有较高的发射率;光亮且精加工的金属具有较低的发射率,并且发射率随波长增大而减小,随温度升高而增大;金属表面抛光可获得更低的发射率。

在微波遥感应用中,一般满足 $hf \ll kT$,因此采用瑞利-金斯定律,此时黑体辐射能力随其绝对温度成线性变化,光谱辐射亮度为

$$L_\lambda = 2\lambda^{-2} kT \tag{2.19}$$

考虑到物体的实际发射率 ε,改写式(2.19),并将发射率与物体的绝对温度写在一起,即

$$L_{\lambda\varepsilon} = 2\lambda^{-2} kT_B \tag{2.20}$$

称 $T_B = \varepsilon T$ 为物体的亮温,区别于物体的实际物理温度。对于黑体来说,物体的亮温等于其物理温度;对于非黑体来说,物体的亮温低于物理温度。由于发射率与物体的介电常数、粗糙度、体散射相关,而物体的介电常数往往随频率和温度的不同而变化,这导致发射率与频率和温度具有复杂的函数关系,而且不同频率下物体的亮温与物理温度也不可能是简单的比例关系。

与发射率相对,物体吸收外界辐射的能力称为物体的吸收率 $\alpha(\lambda)$,吸收率定义为物体吸收的能量与投射在其表面的能量之比。吸收率也为波长的函数,当吸收率与波长无关时,称为理想的漫射灰体。对于漫射灰体,在热平衡条件下,物体的辐射导致的功率亏损为

εE_b,外界的辐射被物体所接收带来的功率盈利为 αE,显然为了维持热平衡,要求 $\varepsilon E_b = \alpha E$,当外界辐射源为黑体,且与该物体保持相同的温度,即 $E_b = E$,可得到 $\varepsilon = \alpha$。

电路中的热噪声来源于导体或半导体器件,这些器件只要高于绝对零度,电子的随机运动便会给电路贡献热噪声。2.2.2节将从统计力学的角度介绍导体中电子热运动所产生的噪声以及噪声的自相关函数及其频谱特性。

2.2.2　布朗运动

布朗运动是指悬浮在液体中的微粒在分子随机运动的推动下产生的永不停止的无规则运动,其实不仅在液体中,布朗运动还广泛存在于气体和固体中。在金属中,电子在导体内的随机运动引起导体两端的热噪声。假设导体两端的直流电压为 V,导体流过的电流为 i,导体电感为 L,导体内电子的漂移运动以及电子的散射运动在端口处产生等效电压 $v(t)$,$v(t)$ 可分解为平均电压 $-Ri$ 和电压波动 $n(t)$ 两部分,即 $v(t) = -Ri + n(t)$,得到郎之万方程为[4]

$$L \frac{\mathrm{d}i}{\mathrm{d}t} = V - Ri + n(t) \tag{2.21}$$

波动电压 $n(t)$ 为短时相关的随机变量,特征时间为电子在导体中的自由碰撞时间,大约 $10^{-14}\,\mathrm{s}$,远小于微波波段电磁波的周期(例如 $100\mathrm{GHz}$ 电磁波周期为 $10^{-11}\,\mathrm{s}$),因此波动电压的自相关函数可表示为冲击函数,即

$$\overline{n(t)n(t+\tau)} = 4kTR\delta(\tau) \tag{2.22}$$

$n(t)$ 的傅里叶变换为 $N(\omega)$,计算电压波动频率分量 $N(\omega)$ 的自相关函数为

$$
\begin{aligned}
\overline{N(\omega)N^*(\omega+\Delta\omega)} &= \frac{1}{(2\pi)^2}\overline{\int n(t_1)\mathrm{e}^{-\mathrm{j}\omega t_1}\,\mathrm{d}t_1 \int n(t_2)\mathrm{e}^{\mathrm{j}(\omega+\Delta\omega)t_2}\,\mathrm{d}t_2} \\
&= \frac{1}{(2\pi)^2}\iint \overline{n(t)n(t+\Delta t)}\,\mathrm{e}^{-\mathrm{j}\omega\tau}\,\mathrm{e}^{\mathrm{j}\Delta\omega t}\,\mathrm{d}t\,\mathrm{d}\tau \\
&= \frac{1}{(2\pi)^2}\int \overline{n(t)n(t+\Delta t)}\,\mathrm{e}^{-\mathrm{j}\omega\tau}\,\mathrm{d}\tau \int \mathrm{e}^{\mathrm{j}\Delta\omega t}\,\mathrm{d}t \\
&= \frac{1}{(2\pi)^2}\int 4kTR\delta(\tau)\mathrm{e}^{-\mathrm{j}\omega\tau}\,\mathrm{d}\tau \cdot 2\pi \cdot \delta(\Delta\omega) = \frac{2kTR}{\pi}\delta(\Delta\omega) \tag{2.23}
\end{aligned}
$$

由此可见由电子布朗运动带来的电压热噪声不仅在时域的不同时间段是不相关的,在频域的不同频段也是不相关的。

采用普朗克辐射定律和统计力学描述导体的热噪声输出,其表达式较为复杂,其物理意义也无法与电路或通信领域的相关概念对应。为了方便采用电压、电流或者电功率等电路术语描述热噪声,将在2.2.3节具体推导电阻的热噪声功率输出公式,并将电噪声表示为端口电压或端口电流的形式,这样有助于电子电路相关专业科研人员理解相关的概念。

2.2.3　导体中的热噪声

1927 年,约翰逊研究了导体中热噪声产生的物理机理,并由奈奎斯特进行了理论推导,形成了完备的热噪声理论,因此本领域也将热噪声称为约翰逊-奈奎斯特噪声[7-9]。热噪声理论认为导体中的载流子(大部分情况下为自由电子)在一定温度下受到热激发后,会在导体内部做随机运动,在运动过程中带电粒子相互碰撞或与晶格碰撞,发生能量的交换,从而随机地改变粒子的速度和方向。电子在两次碰撞之间的间隙,按一定速度运行,宏观上在外电路中产生短时脉冲电流,大量短脉冲电流叠加就会在导体内部形成电流起伏。该电流起伏以零为平均值上下波动,电流的幅度分布满足高斯分布,当起伏电流流经电阻时,就会在电阻两端形成电压,并向电阻输出功率。

热噪声的幅度与导体的物理温度相关,根据约翰逊和奈奎斯特的研究结果,导体的物理温度只要高于绝对零度,便会产生热噪声,且导体的物理温度越高,电子的波动越大,产生的热噪声功率越大。热噪声与导体是否施加偏压无关,一个孤立的未与外电路连接的电阻也会在电阻两端产生噪声电压,热噪声幅度也与电阻的制造材料和生产工艺无关,与导电的载流子类型也无关。例如,由碳膜或金属丝制造的电阻、通过正负离子相向运动而导电的液体等导体,其产生的热噪声均只由其阻值和物理温度决定。根据式(2.6)所述的黑体辐射出射度函数 w_f,定义黑体的亮度为 $L_f = cw_f/4\pi$,根据迪克公式,物体接收到的热功率为

$$P = \frac{1}{2} A_r \int_f^{f+\Delta f} \iint \frac{c}{4\pi} \frac{8\pi h f^3}{c^3 (\mathrm{e}^{\frac{hf}{kT}} - 1)} F_n(\theta, \varphi) \mathrm{d}\Omega \mathrm{d}f$$

$$= \frac{hf\Delta f}{\mathrm{e}^{\frac{hf}{kT}} - 1} \frac{A_r}{\lambda^2} \iint F_n(\theta, \varphi) \mathrm{d}\Omega$$

$$= \frac{hf\Delta f}{\mathrm{e}^{\frac{hf}{kT}} - 1} \tag{2.24}$$

其中,A_n 为接收天线的面积,F_n 为归一化的天线波瓣图,因子 1/2 表示单一极化天线只能够接收到一半的辐射功率。式(2.24) 的推导应用到了天线增益的计算公式,即辐射立体角、天线口径面积以及天线增益三方的关系,其中辐射立体角定义为 $\Omega_A = \iint F_n(\theta, \varphi) \mathrm{d}\Omega$,$G_r = \frac{4\pi A_r}{\lambda^2}$,$G_r = \frac{4\pi}{\Omega_A}$,因此无论接收天线口径、波瓣图形状以及增益如何,积分式 $\frac{A_r}{\lambda^2} \iint F_n(\theta, \varphi) \mathrm{d}\Omega \equiv 1$。

物体发射的热功率随物理温度和频率变化曲线如图 2.4 所示,当频率较低,满足 $hf \ll kT$ 时,$P = kT$,此时热辐射的噪声谱密度与频率无关,可近似认定为白噪声。

开路的电阻仅在电阻两端形成噪声电压,由于未与外电路连接,不会形成环路电流,也不会对外输出功率。将辐射电阻作为功率源,而将另一个同样阻值的电阻作为负载,此时匹配负载所吸收的功率即为源电阻的资用功率。假设源电阻的噪声电压为 v_n,则匹配负载所吸收的功率(资用功率)表示为 $\overline{\left(\frac{v_n}{2R}\right)^2} R$,在低频近似条件下资用功率为 $P = kT$,即可得到电

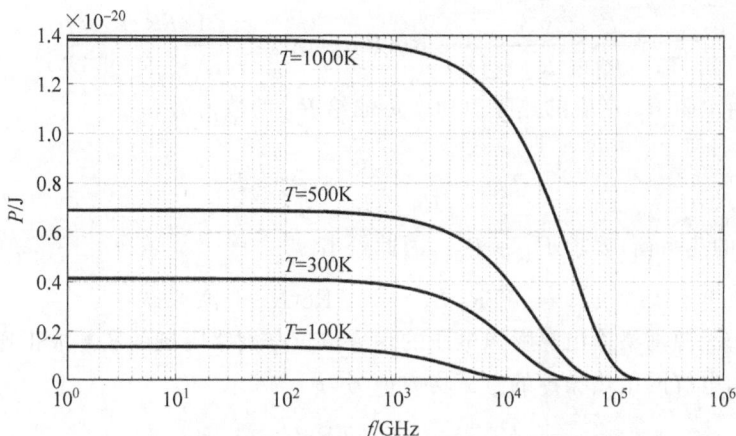

图 2.4 物体发射的热功率随物理温度和频率变化曲线

阻热噪声的开路电压均方值,同时利用变换电路也可得到噪声电流均方值的表示为

$$
\begin{cases}
\overline{v_{n}^{2}} = 4kTR\Delta f \\
\overline{i_{n}^{2}} = 4kT\Delta f/R = 4kTG\Delta f
\end{cases}
\tag{2.25}
$$

其中,k 为玻耳兹曼常数,T 为电阻的绝对物理温度,R 为源电阻阻值,G 为源电阻电导,式(2.25)称为开路形式的约翰逊-奈奎斯特公式。

1. 奈奎斯特公式

奈奎斯特进行热噪声的分析如图 2.5 所示,在图 2.5(a)中两个电阻互为源电阻和负载,在热平衡的条件下,电阻 R_1 传输给 R_2 的热噪声功率必然等于 R_2 传输给 R_1 的热噪声功率,即

$$
\frac{\overline{v_{n1}^{2}}}{(R_1+R_2)^2}R_2 = \frac{\overline{v_{n2}^{2}}}{(R_1+R_2)^2}R_1 = \frac{4kTR_1R_2\Delta f}{(R_1+R_2)^2}
\tag{2.26}
$$

进一步地,还可以推导出在任意频点上,电阻 R_1 传输给 R_2 的热噪声功率必然等于 R_2 传输给 R_1 的热噪声功率。如图 2.5(b)所示,在图 2.5(a)电阻之间插入频率为 f_0、带宽为 Δf 的窄带滤波器,在热平衡的前提下,式(2.26)可以细化为

$$
\frac{\overline{v_{n1}^{2}}}{(R_1+R_2)^2}R_2 \bigg|_{f_0} = \frac{\overline{v_{n2}^{2}}}{(R_1+R_2)^2}R_1 \bigg|_{f_0} = \frac{4kTR_1R_2\Delta f}{(R_1+R_2)^2} \bigg|_{f_0}
\tag{2.27}
$$

同样在热平衡的条件下,在 f_0 频率和 Δf 带宽内,电阻 R_1 传输给 R_2 的热噪声功率必然等于 R_2 传输给 R_1 的热噪声功率,Δf 可以无穷小,可知 R_1 与 R_2 的噪声功率谱在频域处处相等。

进一步地,如图 2.5(c)所示,当电阻 R_2 具有电抗成分,那么根据基本电路理论,由电阻 R_1 产生的热噪声功率传输给 R_2 的数值为

$$P_{12} = \frac{\overline{v_{n1}^2}}{(R_1 + R_2 + jX)^2} \mathrm{Re}(R_2 + jX) = \frac{4kTR_1R_2\Delta f}{(R_1 + R_2 + jX)^2} \tag{2.28}$$

相反地,由电阻 R_2 产生的热噪声功率传输给 R_1 的数值为

$$P_{21} = \frac{\overline{v_{n2}^2}}{(R_1 + R_2 + jX)^2} R_1 \tag{2.29}$$

为了维持系统的热平衡,要求 $P_{12} = P_{21}$,因此得出

$$\overline{v_{n2}^2} = 4kTR_2\Delta f = 4kT\mathrm{Re}(R_2 + jX)\Delta f \tag{2.30}$$

因此得出结论,无源网络输出热噪声电压的均方值仅与网络阻抗的实部成正比,与电抗成分无关。同样地,电抗网络热噪声的电流均方值写为

$$\overline{i_{n2}^2} = 4kTG_2\Delta f = 4kT\mathrm{Re}(G_2 + jB)\Delta f \tag{2.31}$$

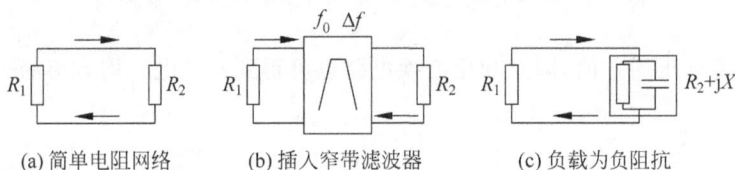

(a) 简单电阻网络   (b) 插入窄带滤波器   (c) 负载为负阻抗

图 2.5   电阻热噪声分析

奈奎斯特公式的适用条件:①非极高频率,非极低温状态,即满足 $hf \ll kT$;②忽略电子的量子效应,电子的能量分布满足玻耳兹曼分布;③电子与晶格处于热平衡状态,即电子的温度与晶格温度相同。当不满足以上条件时,奈奎斯特公式需要乘以修正因子,即

$$S_v(f) = 4kTRp(f)\Delta f \tag{2.32}$$

当不满足条件①时,需使用普朗克公式,相应的修正因子为普朗克因子

$$p(f) = \frac{\dfrac{hf}{kT}}{\mathrm{e}^{\frac{hf}{kT}} - 1} \tag{2.33}$$

进一步地,当不满足条件②时,修正因子需考虑量子效应,即

$$p(f) = \frac{hf}{2kT} + \frac{\dfrac{hf}{kT}}{\mathrm{e}^{\frac{hf}{kT}} - 1} \tag{2.34}$$

由量子修正因子可以看出,当 $hf \gg kT$ 时,普朗克修正因子部分(式(2.34)第二项)可以忽略,因此修正的奈奎斯特噪声公式可简化为

$$S_v(f) = 2hfR\Delta f \tag{2.35}$$

此时噪声的功率谱密度与频率成正比,不再是白噪声。

当不满足条件③时,需采用扩散噪声来描述导体的热噪声,扩散噪声将在下一部分介绍。

2. 扩散噪声

扩散噪声是导体中载流子因热运动而产生的一般噪声形式。在导体或半导体材料中,运动的电子与晶格产生非弹性碰撞,碰撞的结果使得载流子的速度和方向发生随机改变,晶格与电子通过碰撞完成能量交换,由此产生的载流子起伏称为扩散噪声。在导电晶体中,将导电沟道分为许多长方体小格,每个格子的尺寸为 Δx、Δy、Δz,如图 2.6 所示。盒子的标号 (i,j,k) 分别表示盒子位于三轴坐标系中的位置。载流子可以从一个盒子随机跳跃到邻近的盒子中,假设单位时间一个载流子从 x 方向第 i 个盒子跳跃到第 $i+1$ 个盒子的概率为 ρ,则单位时间从第 i 个盒子流入第 $i+1$ 个盒子的粒子流为

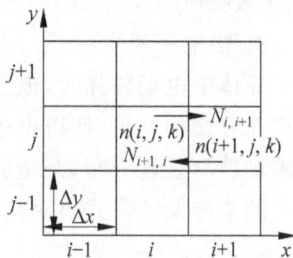

图 2.6　载流子扩散示意图

$$N_{i,i+1} = \rho n(i,j,k)\Delta x \Delta y \Delta z \tag{2.36}$$

其中,$n(i,j,k)$ 为标号为 (i,j,k) 的盒子内载流子的密度,$\Delta x \Delta y \Delta z$ 为盒子的体积。相反地,第 $i+1$ 个盒子内载流子向第 i 个盒子跳跃的粒子流为

$$N_{i+1,i} = \rho n(i+1,j,k)\Delta x \Delta y \Delta z \tag{2.37}$$

净粒子流为两者之差,取其一阶近似为

$$\Delta N = N_{i,i+1} - N_{i+1,i} = \rho \Delta x \Delta y \Delta z [n(i,j,k) - n(i+1,j,k)]$$

$$= \rho \Delta x \Delta y \Delta z \left[n(i,j,k) - n(i,j,k) - \frac{\partial n}{\partial x}\bigg|_{(i,j,k)} \Delta x \right]$$

$$= -\frac{\partial n}{\partial x}\bigg|_{(i,j,k)} \rho (\Delta x)^2 \Delta y \Delta z = -D_n \frac{\partial n}{\partial x}\bigg|_{(i,j,k)} \Delta y \Delta z$$

其中,载流子扩散系数定义为 $D_n = \rho(\Delta x)^2$,热平衡时 $\Delta N = 0$,因此 $\frac{\partial n}{\partial x}\bigg|_{(i,j,k)} = 0$,表示沿 x 轴方向载流子密度在半导体沟道内处处相等,因此载流子密度 n 不再与盒子标号 (i,j,k) 有关。此时式(2.36)和式(2.37)可统一写为

$$N_{i,i+1} = N_{i+1,i} = D_n n \frac{\Delta y \Delta z}{\Delta x} \tag{2.38}$$

形成的电流噪声功率谱输出为

$$S_i = 4q^2 D_n n \frac{\Delta y \Delta z}{\Delta x} \tag{2.39}$$

其中,q 为电子电量。

若扩散系数与电子迁移率满足爱因斯坦关系,即 $\dfrac{D_n}{\mu_n} = \dfrac{kT}{q}$,则式(2.39)可写为

$$S_i = 4q\mu_n kT n \frac{\Delta y \Delta z}{\Delta x} = \frac{4kT}{\Delta R} \tag{2.40}$$

其中,ΔR 为长度为 Δx、横截面积为 $\Delta y \Delta z$ 的半导体沟道的电阻,μ_n 为载流子迁移率。因

此在满足爱因斯坦关系时扩散噪声即为奈奎斯特噪声。在强电场条件下,爱因斯坦关系不成立,扩散噪声与式(2.40)预测值出现偏离。

3. 热电子噪声

导体中电场较强时,电子动能增加,个别电子的动能极大,导致电子在与晶格的碰撞中不能充分交换能量,使得电子的温度高于晶格温度。此时的高能电子称为热电子,电子能量不满足玻耳兹曼分布,奈奎斯特热噪声公式也不再成立。在电场强度微强的情况下,可使用修正的奈奎斯特公式表示热电子噪声,即

$$\begin{cases} S_i = 4kT_e g_D \\ S_v = 4kT_e r_D \end{cases} \tag{2.41}$$

其中,T_e 为电子温度,而非晶格温度(即导体的表观温度),$g_D = q\mu_n(E)n\dfrac{\Delta y \Delta z}{\Delta x}$ 为动态电导,$r_D = 1/g_D$ 为动态电阻,$\mu_n(E)$ 为随电场强度而变化的电子迁移率。修正的奈奎斯特热噪声比常规热噪声大,因此称为增强约翰逊噪声,适合用于半导体沟道中电场较强但电子迁移速度远小于饱和速度的沟道电阻热噪声的计算。当沟道内电场很强,达到电子饱和速度时需采用电子扩散噪声公式(2.39)计算。

热噪声是普遍存在的,任何物理温度高于绝对零度的物体均发射热噪声,电阻等常规器件的热噪声与偏置条件无关,即电路是否流过电流、流通电流大小均不影响其噪声电平。2.3 节将介绍半导体噪声,半导体材料在导通时同样具有一定的电阻,因此其噪声成分也包含热噪声。与导体热噪声不同之处在于,半导体的热噪声与偏置电流相关,因为偏置条件决定导电沟道的宽窄,间接影响导电沟道的阻抗,而不同的沟道阻抗则对应着不同的热噪声输出。另外半导体中还存在散粒噪声和产生-复合噪声(即 G-R 噪声),这两种噪声是半导体所特有的噪声,其功率谱与偏置电流直接相关。只有在偏置电流不为零的情况下,散粒噪声和 G-R 噪声的功率谱才不为零,且两者功率谱均随偏置电流的增大而增大,大部分情况下这两种噪声的功率谱与偏置电流成正比。2.3 节将详细介绍半导体器件的噪声种类以及噪声电平的定量表达式。

2.3 半导体噪声

半导体技术是现代电子技术的基础,其发展经历了以 Ge、Si 等为代表的第一代半导体材料,以 GaAs、InP 等为代表的第二代半导体材料,当前以 SiC 和 GaN 为代表的第三代宽禁带半导体的发展方兴未艾。在微波晶体管领域,硅基 HBT、砷化镓 HEMT 和氮化镓 HEMT 应用广泛,其中,硅基 HBT 是一种双极型晶体管,具有较高的功率增益和较低的噪声,且材料和工艺能够与现有集成电路工艺兼容,便于实现集成微波电路(MMIC);砷化镓 HEMT 具有极低的噪声温度,是低噪声器件设计的首选;氮化镓 HEMT 具有极高的功率增益和功率密度,适合用作高功率放大器,近年来也研制出具有高功率输出能力的低噪声放大器件,一定程度上解决了射频前端动态范围受限的问题。

场效应晶体管是典型的微波三端器件,其沟道中流动的载流子受温度、偏置电压、偏置电流等影响,造成载流子速度大小、方向以及载流子数目的随机起伏,从而引起器件端口处电流或者电压的随机波动。其他类型的半导体器件也同场效应晶体管一样,受多种因素影响,在器件的端口处产生电流或者电压的随机变化,这些现象在行为上定义为器件的本征噪声。半导体的本征噪声是衡量器件性能的重要指标之一,决定了该器件对微弱信号的分辨能力,从而决定了接收系统的灵敏度和动态范围的下限。

半导体器件产生的噪声按照机理可分为热噪声、散粒噪声、闪烁噪声、产生-复合噪声等类型。晶体管中的热噪声主要来源于沟道电阻、栅极和源极寄生电阻、栅源之间的沟道寄生电阻。晶体管沟道中的载流子由于受到各种机制的影响,造成载流子速度大小或者方向的随机改变以及载流子数目的随机起伏,从而导致器件端口的电流或者电压也随之产生随机噪声,该噪声本质上为导电沟道有限电导率所导致的电阻热噪声。散粒噪声源于载流子随机地跨越半导体势垒而产生,噪声功率幅度与跨越势垒的电流成正比。产生-复合(G-R)噪声是半导体器件中特有的噪声,是由于半导体中的复合中心、施主和受主中心、陷阱等半导体缺陷随机地发射与俘获载流子,从而瞬间引起载流子数目起伏而形成的噪声,G-R是半导体低频噪声特别是闪烁噪声的主要来源。热噪声和散粒噪声均覆盖几乎全部的通信频段,近似认为其噪声功率谱密度与频率无关,一般认定为高斯白噪声,是半导体高频噪声的主要来源。另外,沟道中的电势起伏还将通过栅极-沟道电容耦合到栅极上形成噪声电流,称为感应栅极噪声。

2.3.1 半导体中的热噪声

热噪声是耗散性材料的固有噪声,半导体材料产生的热噪声主要由其有限电导率和载流子的随机热运动产生的。半导体材料中的载流子(电子或空穴)与晶格通过频繁碰撞而交换能量,在热平衡的条件下,载流子与晶格的温度相同。载流子热运动引起的噪声功率谱幅值同普通电阻热噪声一样与半导体晶格的温度和导电沟道的电阻成正比。根据约翰逊-奈奎斯特理论,半导体导电通道所产生的阻性热噪声功率谱表示为

$$S_i(f) = 4kTG_C \tag{2.42}$$

其中,T 为半导体晶格(即半导体本体)温度,G_C 为通道电导,式(2.42)是基于平衡统计力学的涨落理论得出的。半导体导电通道的电阻一般为偏置条件的函数,不同偏置条件下,导电通道的电阻不同,因此产生的热噪声功率电平也不同,半导体沟道的热噪声实际是偏置条件的函数,普通电阻的热噪声与流过电阻的电流大小没有直接关系。

在弱电场场合,半导体中的电子迁移率为常数,载流子与晶格处于热平衡状态,因此使用约翰逊-奈奎斯特公式计算半导体沟道热噪声。当沟道中电场渐强,电子漂移速度提高但仍远低于饱和速度时,使用增强约翰逊噪声估算沟道热噪声。当电场很强使电子达到饱和漂移速度时,载流子和晶格碰撞不足以充分交换能量,此时晶格和载流子不满足热平衡条件,一定数量电子的温度高于晶格温度,约翰逊-奈奎斯特理论不再适用,此时需采用扩散噪声描述半导体的热噪声。扩散噪声的功率谱与热噪声功率谱具有相同的形式,但前者应用

范围更广,可在非热平衡的条件下使用。

2.3.2　场效应管的沟道热噪声

在场效应管沟道两端施加一定的偏置电压 V_D,假设沟道长度为 L,在沟道位置不同的位置具有不同的电压。如图 2.7 所示,沟道电压在不同的位置 x 的电压表示为 $v_0(x)$,在沟道起点 $x=0$ 时,$v_0=0$,即以源极为参考,$x=L$ 时,$v_0=V_D$。v_0 随 x 单调变化,因此 v_0 与 x 具有一一对应关系,具有唯一的逆函数,即 $x=f(v_0)$。半导体沟道单位长度的电导是 x 的函数,沟道开启宽度随 x 不同而导致局部电导不同。因此沟道电导也是 v_0 的函数,即写为 $g(x)=g(f(v_0))$。在 x 处,长度为 $\mathrm{d}x$ 的小区间电导为 $\dfrac{g(x)}{\mathrm{d}x}$,两边的电压差为 $\mathrm{d}v_0$,流过电流可以写为

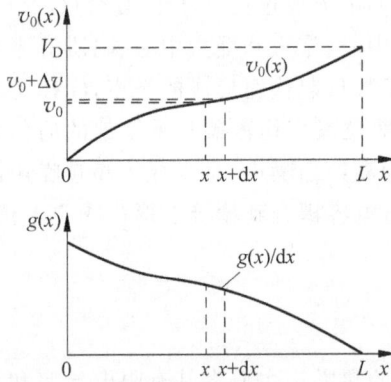

图 2.7　沟道电压分布与电导分布示意图

$$I_D = \frac{g(x)}{\mathrm{d}x}\mathrm{d}v_0 \tag{2.43}$$

沟道内沿 x 轴电流处处相等,因此 I_D 并非 x 的函数,式(2.43)两端在 $[0,L]$ 区间对 x 积分有

$$I_D L = \int_0^L \frac{g(x)}{\mathrm{d}x}\mathrm{d}v_0 \mathrm{d}x = \int_0^L g(x)\mathrm{d}v_0$$

$$= \int_0^{V_D} g(f(v_0))\mathrm{d}v_0 \tag{2.44}$$

令 $i(x,t)$ 为沟道 x 处热噪声电流源,对应在沟道端口处产生的电流波动为 Δi,相应地,x 处电压改写为 $v=v_0+\Delta v$,则式(2.43)可改写为

$$I_D + \Delta i = \frac{g(f(v))}{\mathrm{d}x}\mathrm{d}v + i(x,t) \tag{2.45}$$

将式(2.45)右边第一项泰勒展开,并忽略二阶以上的高阶项,得到

$$\frac{g(f(v_0+\mathrm{d}v))}{\mathrm{d}x}\mathrm{d}(v_0+\Delta v) \approx \frac{1}{\mathrm{d}x}[g(f(v_0))+\frac{\mathrm{d}g}{\mathrm{d}v_0}\Delta v](\mathrm{d}v_0+\mathrm{d}(\Delta v))$$

$$\approx \frac{1}{\mathrm{d}x}[g(f(v_0))\mathrm{d}v_0 + \frac{\mathrm{d}g}{\mathrm{d}v_0}\Delta v \mathrm{d}v_0 + g(f(v_0))\mathrm{d}(\Delta v)]$$

$$= \frac{1}{\mathrm{d}x}[g(f(v_0))\mathrm{d}v_0] + \frac{1}{\mathrm{d}x}[\mathrm{d}g\Delta v + g(f(v_0))\mathrm{d}(\Delta v)]$$

$$= \frac{1}{\mathrm{d}x}[g(f(v_0))\mathrm{d}v_0] + \frac{1}{\mathrm{d}x}\mathrm{d}(g\Delta v)$$

从式(2.45)扣除式(2.43)后可化简为

$$\Delta i = \frac{1}{\mathrm{d}x}\mathrm{d}(g\Delta v) + i(x,t) \tag{2.46}$$

沟道两端直流电压是确定的,可认为交流接地(波动为 0),等效的边界条件为 $\Delta v(0,t) = \Delta v(L,t) = 0$,因此对式(2.46)两端对 x 积分可得

$$L\Delta i = (g\Delta v)\mid_0^L + \int_0^L i(x,t)\mathrm{d}x = \int_0^L i(x,t)\mathrm{d}x \tag{2.47}$$

计算 Δi 的自相关函数为

$$R_{\Delta i}(\tau) = \frac{1}{L^2}\int_0^L\int_0^L\int i^*(x,t)i(x',t+\tau)\mathrm{d}t\,\mathrm{d}x\,\mathrm{d}x' \tag{2.48}$$

进一步地,计算 Δi 的功率谱为

$$S_{\Delta i}(f) = \frac{1}{L^2}\int_0^L\int_0^L S_i(x,x',f)\mathrm{d}x\,\mathrm{d}x' \tag{2.49}$$

其中,$S_i(x,x',f)$ 是自相关函数 $\int i^*(x,t)i(x',t+\tau)\mathrm{d}t$ 对应的傅里叶变换,其物理意义是 x 处和 x' 处沟道热噪声的互功率谱,当 $x \neq x'$ 时,由于两处噪声起源不同,因此两处的噪声互不相关,只有当 $x = x'$ 时,功率谱函数 S_i 的幅值才不为 0,此时的功率谱才按奈奎斯特公式计算,因此 $S_i(x,x',f)$ 综合写为

$$S_i(x,x',f) = 4kTg(x)\delta(x-x') \tag{2.50}$$

因此式(2.49)的二重积分可缩减为一重,即

$$S_{\Delta i}(f) = \frac{1}{L^2}\int_0^L 4kTg(x)\mathrm{d}x \tag{2.51}$$

根据式(2.43)有 $\mathrm{d}x = \dfrac{g(x)}{I_D}\mathrm{d}v_0$,因此将式(2.51)积分元 $\mathrm{d}x$ 替换为 $\mathrm{d}v_0$,写为

$$S_{\Delta i}(f) = \frac{1}{L^2}\int_0^{V_D} 4kT\frac{g^2(x)}{I_D}\mathrm{d}v_0 = \frac{4kT}{L^2 I_D}\int_0^{V_D} g^2(f(v_0))\mathrm{d}v_0 \tag{2.52}$$

为了方便,引入沟道饱和跨导概念 g_{ms},并进一步定义无量纲参数 $\gamma = \dfrac{\displaystyle\int_0^{V_D} g^2(f(v_0))\mathrm{d}v_0}{L^2 I_D g_{ms}}$,则

式(2.52)可改写为[12]

$$S_{\Delta i}(f) = 4kT\gamma g_{ms} \tag{2.53}$$

从参数 γ 的定义式可以看出,x 与 v_0 的函数关系($x = f(v_0)$ 或 $v_0 = v_0(x)$)决定了 γ 数值的大小,不同形式的场效应管具有不同的沟道电压函数,也就具有不同的 γ 参数值。

1. 结型场效应管(JFET)的沟道热噪声

结型场效应管的沟道电导随电压的变化函数为

$$g(f(v_0)) = g_0\left(1 - \sqrt{\frac{v_0 + V_D - V_G}{V_P}}\right) \tag{2.54}$$

其中,V_G 为栅源电压,$V_P = qN_D\alpha^2/2\varepsilon$ 为沟道的夹断电压,N_D 为沟道掺杂浓度,2α 为沟道宽度,ε 为半导体介质的介电常数。在偏压 V_D 下形成的沟道电流为

$$I_D = \frac{g_0 V_P}{L}\left[u - v - \frac{2}{3}(u^{\frac{3}{2}} - v^{\frac{3}{2}}) \right] \tag{2.55}$$

其中，$g_0 = 2W\mu_n q N_D a / L$ 为冶金沟道电导，W 为沟道宽度，μ_n 为电子迁移率。两个无量纲参数分别定义为：$u = (V_G + V_{gp} - V_D)/V_P$，$v = (V_G + V_{gp})/V_P$，$V_{gp} = (kT/q)\ln(N_A N_D / n_i^2)$ 为栅极内建电压，N_A 为栅极掺杂浓度，n_i 为本征半导体的载流子浓度。沟道饱和跨导为

$$g_{ms} = \frac{g_0}{L}(1 - \sqrt{v}) \tag{2.56}$$

利用式(2.54)～式(2.56)得到 γ 参数为

$$\gamma = \frac{u - v - \frac{4}{3}(u^{\frac{3}{2}} - v^{\frac{3}{2}}) + \frac{1}{2}(u^2 - v^2)}{(1 - \sqrt{v})\left[u - v - \frac{2}{3}(u^{\frac{3}{2}} - v^{\frac{3}{2}}) \right]} \tag{2.57}$$

其中，u 和 v 都是偏压的函数，γ 随 V_D 和 V_G 的变化曲线如图 2.8 所示，γ 随 V_D 的增加而单调降低，在 V_D 接近 0 时，u 接近 v，令 $u = v + dv$，取一阶泰勒近似，则式(2.57)化简为

$$\gamma \approx \frac{dv - \frac{4}{3}\left(\frac{3}{2}\sqrt{v}\,dv \right) + \frac{1}{2}(2v\,dv)}{(1 - \sqrt{v})\left[dv - \frac{2}{3}\left(\frac{3}{2}\sqrt{v}\,dv \right) \right]} = 1 \tag{2.58}$$

此时沟道热噪声公式为 $S_{\Delta i}(f) = 4kTg_{ms}$，与奈奎斯特公式一致。当 $V_D = V_G + V_{gp} - V_P$ 时，$u = 1$，此时场效应管处于饱和区，式(2.57)可以化简为

$$\gamma = \frac{1 + 3\sqrt{v}}{2(1 + 2\sqrt{v})} \tag{2.59}$$

当 $V_G + V_{gp} = 0$ 时，沟道无反型层，场效应管处于完全开启状态，此时 $v = 0$，$\gamma = 1/2$。当 $V_G + V_{gp} = V_P$ 时，沟道完全夹断，此时 $v = 1$，$\gamma = 2/3$。这些特殊情况均可在图 2.8 中找到。

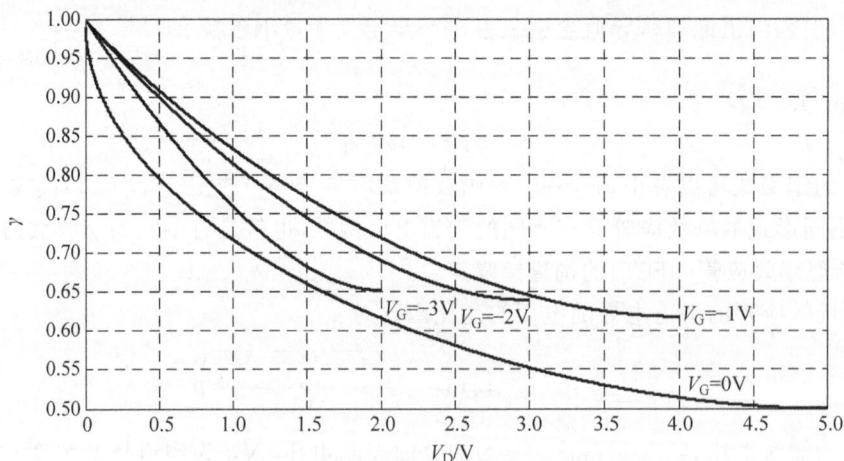

图 2.8 JFET 的 γ 参数随栅压和漏压的变化曲线图

$V_{gp} = 0V$，$V_P = -5V$

2. 金属氧化物场效应管(MOSFET)的沟道热噪声

金属氧化物场效应管(MOSFET)的沟道电导随电压的变化函数为

$$g(f(v_0)) = \mu_n WC_{ox}(V_G - V_T - v_0) \tag{2.60}$$

其中,μ_n 为电子迁移率,V_G 为栅源电压,V_T 为沟道的开启电压,C_{ox} 为单位面积的栅极电容。在漏极偏压 V_D 情况下形成的沟道电流为

$$I_D = \frac{\mu_n WC_{ox}}{L}\left(V_G - V_T - \frac{V_D}{2}\right)V_D \tag{2.61}$$

沟道跨导为

$$g_m = g_0 = \frac{\mu_n WC_{ox}}{L}(V_G - V_T) \tag{2.62}$$

利用式(2.60)~式(2.62)得到 γ 参数为

$$\gamma = \frac{2}{3}\frac{3 - 3\rho + \rho^2}{2 - \rho} \tag{2.63}$$

其中,$\rho = V_D/(V_G - V_T)$,在线性区,$V_D \approx 0$,$\rho \approx 0$,$\gamma \approx 1$;在饱和区,$V_D \approx V_G - V_T$,$\rho \approx 1$,$\gamma \approx 2/3$。γ 随 V_D 和 V_G 的变化曲线如图 2.9 所示,同 JFET 一样,MOSFET 的 γ 值随 V_D 的增加而单调降低。式(2.63)未考虑衬底电阻率和强电场效应,某些特殊结构的场效应管的实际测试结果与式(2.63)的理论预测值出入较大。

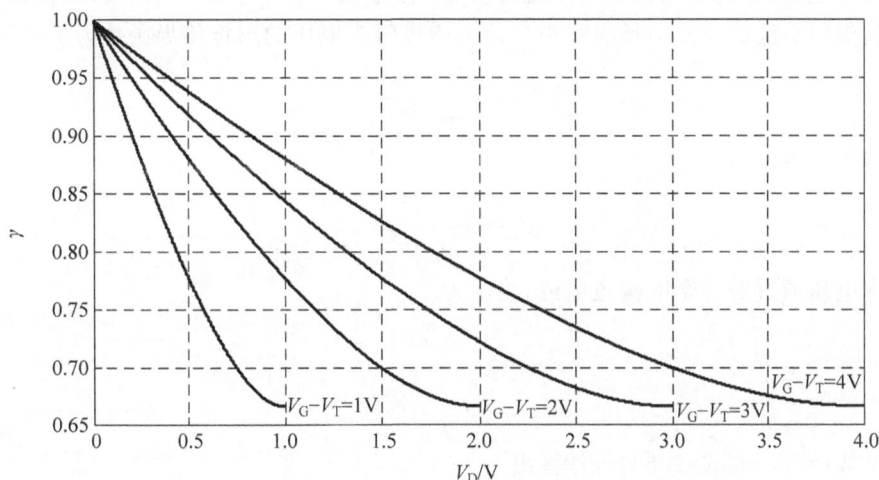

图 2.9 MOSFET 的 γ 参数随栅压和漏压的变化曲线图

当考虑 MOSFET 的衬底电阻率时,沟道电特性的三元素模型为[15]

$$\begin{cases} g\left(f\left(v_0\right)\right)=\mu_{n\_eff}WC_{ox}\left(V_G-V_T-\dfrac{a}{2}V_D\right)V_D \\[3mm] I_D=\dfrac{\mu_{n\_eff}WC_{ox}}{L+\dfrac{V_D}{E_c}}\left(V_G-V_T-\dfrac{a}{2}V_D\right)V_D \\[5mm] g_m=g_0=\dfrac{\mu_n WC_{ox}}{L}\left(V_G-V_T\right) \end{cases} \tag{2.64}$$

其中，μ_{n_eff} 为沟道的等效迁移率，V_T 为沟道开启电压，E_c 为电子漂移速度达到饱和的临界电场强度，$a=1+g_s k_s/\sqrt{\varphi_s-V_{sub}}$，$g_s=1-1/(1.744+0.8364(\psi_s-V_{sub}))$，$k_s=\sqrt{2\varepsilon q N_{sub}}/C_{ox}$，$\psi_s=\dfrac{2kT}{q}\ln\left(\dfrac{N_{sub}}{n_i}\right)$，$V_{sub}$ 为衬底偏压，N_{sub} 为衬底掺杂浓度。利用式（2.64）得到 γ 参数为

$$\gamma=\frac{2}{3}\left[1+\frac{\left(V_G-V_T-aV_{D\_sat}\right)^2}{\left(V_G-V_T\right)^2+\left(V_G-V_T\right)\left(V_G-V_T-aV_{D\_sat}\right)}\right] \tag{2.65}$$

其中，V_{D_sat} 为漏极饱和电压。

2.3.3　栅极感应噪声

沟道载流子无规则的热运动产生沟道热噪声，还能够通过栅极电容耦合至栅极，导致栅极产生噪声电压，进而给栅极带来电流的波动（电流噪声），同时栅极电压波动可进一步通过跨导引起沟道电流的波动。栅极噪声电流与栅极噪声电压的阻抗传导函数为

$$v_G=\frac{i_G}{j\omega LWC_{ox}} \tag{2.66}$$

对应的功率谱关系为

$$\overline{v_G^2}=\frac{\overline{i_G^2}}{\left(\omega LWC_{ox}\right)^2} \tag{2.67}$$

栅极噪声电压通过跨导影响沟道电流，表示为

$$i_D=g_m v_G \tag{2.68}$$

对应的功率谱关系为

$$\overline{i_D^2}=g_m^2\overline{v_G^2} \tag{2.69}$$

因此根据式（2.67）和式（2.69）可计算出

$$\overline{i_G^2}=\left(\omega LWC_{ox}\right)^2\overline{v_G^2}=\frac{\left(\omega LWC_{ox}\right)^2}{g_m^2}\overline{i_D^2}=\frac{\left(\omega LWC_{ox}\right)^2}{g_m^2}4kT\gamma_s g_{ms} \tag{2.70}$$

$\overline{i_G^2}$ 与 $\overline{i_D^2}$ 同源[16]，其相关系数约为 $0.395j$。

2.3.4　双极性晶体管的热噪声

双极性晶体管的导通并非依靠导电沟道，因此不存在沟道热噪声。双极性晶体管的热

噪声源为各个电极的接触电阻以及重掺杂半导体欧姆连接的体电阻,利用奈奎斯特公式即可完全表征。

散粒噪声和闪烁噪声是半导体有源器件所特有的,散粒噪声具有白噪声功率谱,而闪烁噪声具有粉红色功率谱。一般认为闪烁噪声本质上为半导体缺陷所引起的产生-复合噪声,因此研究产生-复合噪声具有更一般的意义。2.3.5～2.3.10节将全面描述半导体器件所涉及的散粒噪声、产生-复合噪声以及源于产生-复合噪声的随机电报噪声和闪烁噪声。

2.3.5　散粒噪声

1918年,肖特基研究真空管载流子传输特性时,发现了电流散粒噪声。肖特基认为真空管的输出电流是由阴极发射的大量离散电子被阳极收集所形成的,在给定的温度下,真空管热阴极每秒发射的电子平均数目是常数,但电子发射的实际数目是随时间随机波动,每个电子到达阳极的时间是随机的。将时间轴划分无限精细,会发现电子是逐个到达阳极的,即在足够窄的时间段,没有任何电子到达阳极的概率为 p,只有一个电子到达的概率为 $1-p$,在这个时间段内不会有两个以上电子到达阳极,因此阴极发射电子形成的电流并不是恒定不变的,根据概率论的中心极限定理,阳极电流是一个围绕中心值上下波动的高斯随机过程,将离散电子运动所带来的电流波动称为散粒噪声。从频域上看,散粒噪声占据非常宽的频率范围,噪声电流的功率谱密度在射频波段是一个恒定值,具有白色谱的特性,所以散粒噪声是射频白噪声中的一种重要类型。

肖特基指出,真空二极管工作在饱和状态时,阴极发射的全部电子到达阳极,且基本不受阳极与阴极之间存在的其他电子影响,电流表示为

$$I(t) = I_{\mathrm{DC}} + i_{\mathrm{ns}}(t) \tag{2.71}$$

其中,I_{DC} 为电流的直流成分(平均值),$i_{\mathrm{ns}}(t)$ 为电流波动成分,噪声电流的均方值为

$$\overline{i_{\mathrm{ns}}^2} = 2qI_{\mathrm{DC}}\Delta f \tag{2.72}$$

其中,q 为电子电量。

固态电子器件特别是半导体器件中的宏观电流可看作大量载流子流动引起的电流脉冲叠加。载流子在仅有耗散性的导体中流动时,载流子的动能会被消耗,但载流子的传输是流畅的,因此电流的流动是平滑连续的。当导体电阻为零时,流通的电流不存在波动,也就不存在噪声。然而当载流子传输通道中存在势垒时,能量低于势垒的载流子将大概率被阻挡,但会有一定概率越过势垒,而能量高于势垒的载流子将大概率通过,但也会有一部分被势垒阻挡,势垒对载流子进行筛选的同时加入了随机性。另外载流子在导电通道中传输,受外界电场赋能以及与晶格碰撞失能,会随时改变动能和方向,当载流子到达势垒处时,其动能和动能方向都是随机的,能否越过势垒也是随机的。这种跨越势垒的随机性使势垒区载流子在平均数附近发生统计起伏,从而引起注入电流的涨落,产生散粒噪声。散粒噪声存在的前提是器件具有不为零的直流电流以及导电通道中存在势垒,缺少任何一个前提,散粒噪声都不会存在,由均一材料构成的导体、半导体、电阻以及晶体管中的半导体导电沟道中均不会产生散粒噪声。

　　PN 结是典型的势垒结构,载流子越过势垒的事件是随机的、独立的,且满足泊松分布。例如对于双极性晶体管来说,当发射结处于正向偏置时,就会有载流子在外加电场作用下越过发射结势垒由发射区注入基区,虽然单位时间内注入基区的载流子平均数是一定的,表现为偏置电流稳定不变,但某一个载流子越过势垒进入基区的事件却是随机的,载流子越过势垒的概率受载流子自身动能的大小以及指向结面方向的速度分量影响,载流子通过势垒的随机性导致偏置电流存在波动,进而在外围电路中产生噪声输出。场效应管的散粒噪声主要由栅极漏电流产生,MOSFET 由于栅极绝缘,栅极电流为 0,因此栅极散粒噪声也为 0;JFET 由于存在一定量值的栅极电流,因此存在相应的散粒噪声分量。

　　半导体中流动的电流是由大量独立的载流子在电场的作用下在随机的时间以一定速度流过而产生的,其电流表达式为

$$I(t) = \sum_{i=1}^{N(t)} q \frac{v_i(t)}{L} = \bar{I} + i_n(t) \tag{2.73}$$

其中,$N(t)$ 为以 t 时刻起始,单位时间内位于切片内的载流子总数,L 为半导体切片厚度,$v_i(t)$ 为第 i 个载流子的速度。平均电流由载流子的平均数量和平均迁移速度等决定

$$\bar{I} = \frac{q\bar{N}\overline{v_d}}{L} \tag{2.74}$$

其中,$\bar{N}$ 为切片中的载流子平均数,$\overline{v_d}$ 为载流子的平均漂移速度。$N(t)$ 和 $v_i(t)$ 均为统计随机变量,其波动直接导致电流噪声,具体可写为

$$N(t) = \bar{N} + \Delta n \tag{2.75}$$

$$v_i(t) = \overline{v_d} + \Delta v_i \tag{2.76}$$

忽略高阶量,电流波动 $i_n(t)$ 可以写为

$$i_n(t) = \frac{q}{L}\left(\overline{v_d}\Delta n + \sum_{i=1}^{\bar{N}} \Delta v_i\right) \tag{2.77}$$

其中,载流子的迁移速度与电场成正比,表示为

$$v_i = \mu_i E \tag{2.78}$$

μ_i 称为载流子迁移率,式(2.77)可以写为

$$i_n(t) = \frac{q}{L}\left(\overline{v_d}\Delta n + E\sum_{i=1}^{\bar{N}} \Delta \mu_i\right) \tag{2.79}$$

可见,电流波动主要取决于载流子数量的波动以及迁移率的波动。

1. 散粒噪声的表达式推导

　　散粒噪声存在于有源器件之中,如电真空管、晶体管、二极管、行波管、变参器件、集成电路等。这些电子器件中的电流波动可理解为某一时间,单个载流子流入或流出,带来的瞬间电量变化,例如空间中流入一个电子,则空间电荷增加 $-q$,电子离开这个空间,空间电荷增加 q,电子的流入流出的事件是随机的,流入和流出的时间也是随机的。若这个过程在足够

短的时间内完成,电子的流入或流出概率满足二项式关系,即称其满足泊松分布条件。假设单位时间 n 个电子流入、m 个电子流出,形成的电流波形函数为

$$i(t) = -q \sum_{i=1}^{n} f(t-t_i) + q \sum_{i=1}^{m} f(t-t_i) \tag{2.80}$$

其中,$f(t)$ 为单个载流子对电流贡献的脉冲波形,理想的冲击形式脉冲波形所形成的电量脉冲和电流波形如图 2.10(a) 和 2.10(b) 所示。此时 $f(t)$ 为简单的方波函数,其中 τ 为载流子被复合前自由运动的寿命,大量载流子的运动形成具有随机时间起点、脉冲持续时间为 τ 的群簇脉冲电流。

由图 2.10(b) 可计算电流脉冲的自相关函数,由于电流脉冲的稀疏性和随机性,群簇脉冲的自相关函数与单个脉冲自相关函数相同,如图 2.10(c) 所示。载流子波动产生的脉冲电流功率谱表示为脉冲电流自相关的傅里叶变换,函数表达式为

$$\overline{i_s^2(\omega)} = 2vq^2 \mid F(\mathrm{j}\omega) \mid^2 + 4\pi I^2 \delta(\omega) \tag{2.81}$$

其中,$F(\mathrm{j}\omega)$ 为电流脉冲函数的傅里叶变换,v 为载流子速度,单位时间流过电量(即电流)为 $I = qv$,$4\pi I^2 \delta(\omega)$ 为直流成分,划归为半导体静态电流,在此讨论的载流子波动(散粒噪声)只考虑交流成分,所以式(2.81)可以简写为

$$\overline{i_s^2(\omega)} = 2qI \mid F(\mathrm{j}\omega) \mid^2 \tag{2.82}$$

群簇脉冲电流的功率谱如图 2.10(d) 所示,散粒噪声并不是理想的全频白噪声,随着频率升高,散粒噪声的功率谱密度也随之下降,在 $f_T = 1/(2\pi\tau)$ 频率处散粒噪声的功率谱过零,其中 τ 为载流子寿命。另外单个载流子的实测电流波形并非方波,但无论电流波形的具体函数如何,其傅里叶变换 $F(\mathrm{j}\omega)$ 仍为低通波形,与方波相比较在频域两者仅在功率谱滚降速率上有所差别,低频处的功率谱密度与过零点位置都是相同的。散粒噪声功率谱的过零点由载流子寿命决定,而低频部分的噪声幅度取决于自相关函数的能量,可见电流脉冲的波形不会影响散粒噪声功率谱的基本形状,采用矩形脉冲波形来近似计算散粒噪声的功率谱密度可以获得足够高的准确性。

在 $f \ll f_T$ 条件下,$\mid F(\mathrm{j}\omega) \mid \approx 1$,散粒噪声具有均匀的功率谱密度,即具有白噪声的特性。散粒噪声的电流噪声谱密度可表示为

$$N'_{\mathrm{shot}} = \overline{i_s^2(\omega)} = 2qI \tag{2.83}$$

图 2.10(d) 中显示载流子寿命越短,能够将散粒噪声认定为白噪声的频带越宽。微波和毫米波波段的固态半导体噪声源正是基于这个原理,极力缩短载流子的寿命而研制成功的。在高频区,$f \ll 1/\tau$ 不再成立,需考虑时间常数的影响,另外还需要考虑量子效应,因而需在式(2.83)的基础上加入普朗克修正因子,即

$$S_{\mathrm{shot}}(f) = 2qI \left(\frac{1}{2} + \frac{1}{\mathrm{e}^{\frac{hf}{kT}} - 1} \right) \frac{hf}{kT} \tag{2.84}$$

2. PN 结的散粒噪声

PN 结结构中流通的载流子在越过势垒后变为少子,与该区域的多子复合形成电流,载

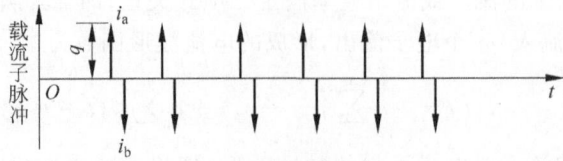

(a) 载流子脉冲波形

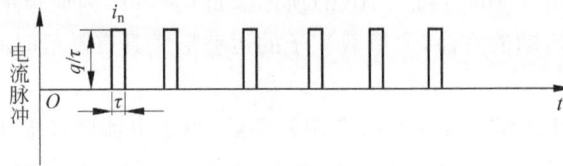

(b) 电流脉冲波形

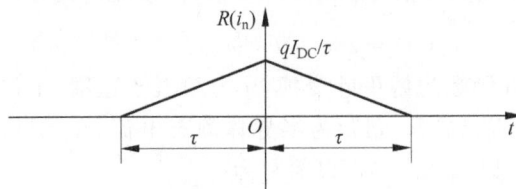

(c) 电流脉冲序列的自相关函数

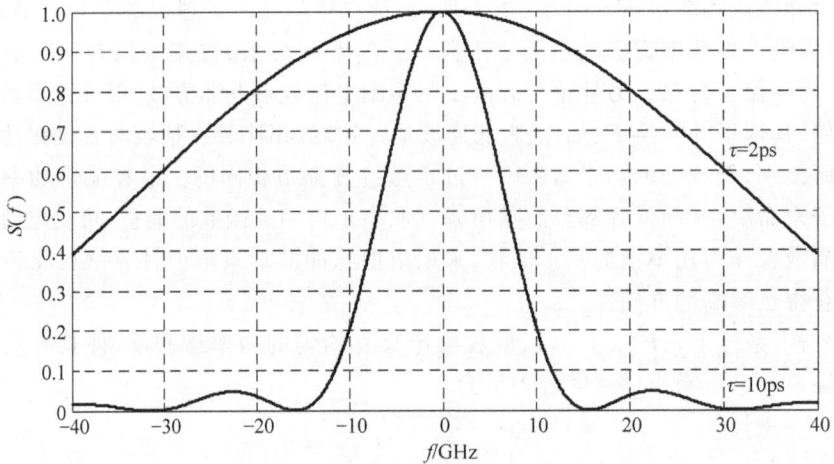

(d) 电流脉冲序列的功率谱

图 2.10　散粒噪声的理论推导

流子的数量在平均数上下波动,形成散粒噪声。二极管的 PN 结在偏置电压 V_d 下形成的导通电流为

$$I = I_0 \mathrm{e}^{\frac{qV_d}{kT}} - I_0 \tag{2.85}$$

二极管电流包含两种电流成分,$-I_0$ 为反偏饱和电流,$I_0 \mathrm{e}^{\frac{qV_d}{kT}}$ 为正向电流。当偏置电压为 0

时，二极管电流 $I=0$，但正向电流和反向电流带来的散粒噪声均为 $2qI_0$，两者互不相关，因此即便从平均值上看，正向电流和反向电流相互抵消，总电流为 0，但总的散粒噪声功率谱为两部分电流贡献之和，即 $4qI_0$。二极管正偏时，正向电流远大于反向电流，因此散粒噪声近似为 $2qI$；反偏时正向电流趋于 0，因此主要由反向饱和电流贡献散粒噪声，即 $2qI_0$。

3．短沟道场效应管的散粒噪声

如前文所述，势垒的存在和非零偏置电流是散粒噪声存在的两个必要条件，二极管 PN 结和双极性晶体管（三极管）的 BE 结都是典型的势垒，当有直流偏置电流时，就会产生噪声谱幅度与偏置电流成正比的散粒噪声。对于场效应管来说，场效应管的源极与沟道之间的低掺杂衬底形成阶跃较低的势垒，产生的散粒噪声占比较低，当导电沟道比较长时，散粒噪声的功率被沟道材料的晶格散射而逐渐消耗，因此场效应管的沟道噪声主要表现为有限导电沟道电导率所对应的热噪声。一般认为长沟道场效应管的导电沟道中不存在散粒噪声，但若场效应管的沟道长度缩小至亚微米级，源区势垒产生的散粒噪声在短沟道中传输，未被消耗的部分将叠加在沟道热噪声上，使沟道的噪声水平高于热噪声的理论值，多出的噪声功率部分称为过剩噪声。对于更短的沟道场效应管来说，由于电子自由程与沟道长度可比拟，源极连同栅极隧穿电流引起的散粒噪声大部分不会被晶格所消耗，此时散粒噪声功率将超过沟道热噪声，成为沟道噪声的主导。

除了短沟道场效应管中能够观察到散粒噪声以外，在电阻器中也能够观察到散粒噪声。研究发现，对于高电阻率电阻，当其材料的介电弛豫时间大于动力学传输时间时，长程库仑作用不能引起电流涨落之间的相关性，器件的电中性将被破坏，从而导致散粒噪声的存在，另外随着电阻器尺寸的不断减小，当尺寸接近于电子-声子相互作用长度时，也会有散粒噪声产生。

2.3.6 短沟道场效应管的沟道噪声

长沟道场效应管的沟道较长，沟道电阻大，载流子的传输以漂移运动为主，噪声主要表现为沟道电阻的热噪声。场效应管的源区势垒高度很低，产生的散粒噪声微弱，且输运过程中被晶格所耗散，因此宏观上未表现出散粒噪声，导电沟道中的噪声几乎全部由有限的沟道电导所产生的热噪声成分构成。当场效应管的典型沟道尺寸缩短时，沟道电阻的作用逐渐减弱，但源区势垒作用却显著增强，因此产生的散粒噪声逐渐显现。实验测量和理论研究证明场效应管强反区的沟道噪声为受热噪声抑制的散粒噪声。进入纳米尺度后，场效应管沟道高频噪声已完全由热噪声转变为散粒噪声。另外在薄栅氧化层条件下，栅极的量子隧穿现象显著，部分高能载流子能够随机地穿过氧化层势垒，形成隧穿电流，进而引起栅极隧穿散粒噪声。

短沟道场效应管的沟道噪声大于理论上（基于长沟道的噪声模型）的热噪声值，多出的噪声部分定义为过剩噪声。针对过剩噪声，学者们陆续提出热载流子、载流子速度饱和、沟道长度调剂效应等模型对长沟道热噪声模型进行修正，修正的长沟道热噪声模型为

$$S_{lc} = 4kT \frac{\mu_{\text{eff}}}{L_C^2} Q_{\text{inv}} \qquad (2.86)$$

其中,μ_{eff} 为载流子有效迁移率,L_C 为沟道长度,Q_{inv} 为反型层电量。改进的噪声模型能够与亚微米(沟道长度约 $1\mu m$)场效应管噪声响应吻合,但仍无法准确预测 100nm 尺度场效应管的过剩噪声。近些年来,学者发现短沟道场效应管的沟道噪声中散粒噪声的成分较高,并证实随着沟道长度变短,散粒噪声在总噪声中的比重增大,在 10nm 极短沟道的场效应管中散粒噪声成为沟道噪声的主要成分,为分析极短沟道的场效应管噪声,需引入半导体介观模型。

场效应管的沟道一般由低掺杂或本征半导体构成,载流子在沟道中流动时与晶格碰撞散射,并与晶格交换能量,载流子自身携带的噪声特性将被淹没。载流子散射概率随温度的升高而上升,单个载流子的平均自由程与散射概率成反比。当沟道的长度远大于载流子的自由程,且器件温度较高导致散射概率增大,自由程变得更短,载流子在沟道中受到大量非弹性散射,电子的一部分能量耗散变为导体的热能。当系统处于局部热平衡时,载流子能量分布函数变窄,削弱了散粒噪声的频谱,这样源区势垒所产生的散粒噪声被抑制[38-40],因此沟道的噪声主要表现为热噪声。当导体长度小于相位相干长度但大于电子弹性散射平均自由程时,导体处于宏观到介观的过渡阶段,电子弹性散射造成导体的散粒噪声上升。介观导体的尺寸小于相位相干长度,半导体中的载流子输运需采用介观输运模型,载流子的输运由传统的漂移转变为准弹道输运或弹道输运,载流子输运时受到的非弹性散射较少,晶格对散粒噪声的抑制作用减弱,因此在短沟道场效应管的沟道噪声中,散粒噪声逐步显现[41-42],并随着沟道长度的进一步变短而占噪声的主导地位。介观尺度的载流子相关性会引起介观散粒噪声抑制或增强,采用 Fano 加权因子将介观散粒噪声表示为[43]

$$S_s = 2qIF \qquad (2.87)$$

其中,F 反映介观散粒噪声的增强或抑制程度。介观导体的总噪声功率谱密度表示为

$$S_t = 4\gamma kT g_{d0} s + 2qI(1-s) \qquad (2.88)$$

总噪声由平衡的热噪声以及部分抑制的散粒噪声组成,其中,s 为载流子散射系数,在长沟道情况下,散射系数接近于 1,因此散粒噪声成分被完全抑制。

2.3.7 衬底噪声

场效应管的衬底一般不采用本征半导体,而采用低掺杂的 P 型或 N 型半导体,因此具有一定的导电性能。假设衬底的 P 型和 N 型掺杂浓度分别为 N_p 和 N_n 时,衬底的电导率为

$$\sigma = q(N_p \mu_p + N_n \mu_n) \qquad (2.89)$$

其中,μ_p 和 μ_n 分别为空穴和电子的迁移率,q 为电子电量,若衬底厚度为 d,则衬底顶和底之间的电阻为 d/σ。衬底掺杂浓度不高,表现为典型的半导体特性,衬底顶和底之间的半导体材料具有一定的电荷存储能力,因此等效表现为电容,衬底顶到底的单位面积电容表示为

$$C = \frac{\varepsilon_r \varepsilon_0}{d} \tag{2.90}$$

其中,$\varepsilon_r \varepsilon_0$ 为衬底材料的绝对介电常数。衬底表现出的电阻和电容为并联结构,单位面积的导纳表示为

$$Y = \frac{\sigma}{d} + j\omega C \tag{2.91}$$

场效应管在强电压偏置的条件下,沟道内的载流子获得较高的动能,称为热载流子。一方面,热载流子会在栅极氧化层界面产生界面态,当载流子射入氧化层中,会产生氧化层缺陷;另一方面,热载流子与晶格碰撞电离会产生新的电子和空穴对。当器件尺寸缩短至纳米尺度时,沟道中纵向电场显著增强,电离出的电子被漏极吸引,而空穴则就近被低电势衬底吸引,如图 2.11 所示。同时源极发射的热载流子会渗出沟道进入衬底,再由衬底返回漏极,由于衬底的电导率远低于沟道,衬底电阻高于沟道,这导致场效应管的沟道噪声有所增加。

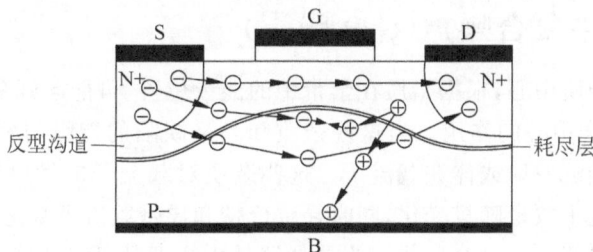

图 2.11 热载流子在短沟道场效应管中的运动

衬底电阻以及漏极与衬底耦合会显著降低射频放大器的增益、最高工作频率以及噪声性能。根据建模的精细程度,衬底的等效电路有单电阻等效、双电阻等效、三电阻甚至更多电阻等效网络。场效应管在衬底处由于源衬结和漏衬结存在势垒,电流流过时将产生一定的散粒噪声,对于长沟道场效应管来说,衬底也较长,该散粒噪声在长距离的传输中因碰撞而消弭殆尽,因而衬底噪声主要体现为衬底的电阻热噪声。衬底电阻与沟道电阻为并联关系,由于衬底电阻较沟道大得多,因此衬底表现的热噪声可忽略不计。而对于短沟道场效应管来说,衬底表现出的散粒噪声较强,导致其噪声水平高于其热噪声模型。在零偏置的条件下,对称漏源结构场效应管的漏极等效电路如图 2.12 所示,衬底采用三电阻网络等效,因此从漏极观察到的衬底噪声谱密度表示为

$$S_{iD\_SUB} = 4kT\,\mathrm{Re}(R_{D\_SUB}) \tag{2.92}$$

随着集成电路密度的增大,数字电路、模拟电路甚至是射频电路集成在一个衬底芯片上,组成具有完整功能的系统级芯片。由于芯片的衬底为掺杂的半导体,具有一定的电导

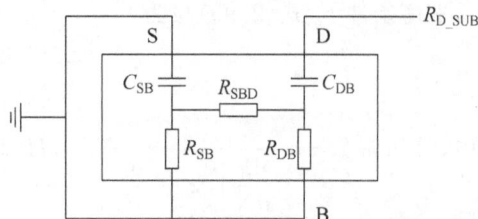

图 2.12 场效应管的漏极等效电路

率,数字电路产生的噪声会通过衬底直接流入模拟电路和射频电路,使电路的噪声环境严重恶化。同时衬底的电导率又非很大,导致芯片的衬底不能处理为单一电位的节点,必须处理为分布式电路,即不同的衬底位置具有不同的电压,对其进行完全地分析具有较高的复杂性。

衬底噪声同时升高或降低信号和信号地的电平,因此若信号和电路采用差分形式,则可将衬底噪声作为共模噪声进行有效地抑制。另外,改变噪声电流的传输路径,将衬底噪声电流就近接地,或采用保护环隔离、深沟道隔离以及深阱隔离等措施使衬底噪声远离易感电路,也可有效降低衬底噪声的影响。其中供电引线中电阻和电感带来的电压差为

$$\Delta v = iR + L \frac{di}{dt} \tag{2.93}$$

对于电源来说,电流突变给用电电路电源电压带来瞬间的拉低,而对地来说,电流突变会产生地电压的尖峰,这些瞬间信号具有丰富的高频分量,若耦合进入射频电路,进入有效接收带宽,将成为杂散信号,极大地恶化电路的信噪比。

2.3.8 产生-复合噪声(G-R 噪声)

半导体中存在杂质中心,根据杂质在禁带中的能级位置,可能起到受主中心、施主中心、陷阱中心和产生-复合中心的作用。当这些杂质和晶格缺陷的能级与费米能级接近或重合时,成为能级陷阱,能够发射或俘获载流子。这些杂质对载流子的发射和俘获是随机的,因而占据该能级的载流子数量随机变化,同时导致价带和导带载流子数量的随机变化,由此产生了产生-复合(G-R)噪声。G-R 噪声是半导体器件中主要的低频噪声来源,随机电报噪声和猝发噪声是 G-R 噪声的一种特殊形式,闪烁噪声也被认为是大量 G-R 噪声叠加的结果。

半导体中载流子数量 N 的变化率表示为

$$\frac{dN}{dt} = g(N) - r(N) + \Delta g - \Delta r \tag{2.94}$$

其中,g 为单位时间载流子的生成数量,r 为单位时间载流子的复合数量,Δg 和 Δr 分别为单位时间载流子生成数量和复合数量的波动。定义 $N = N_0 + \Delta N$,其中,N_0 为载流子平均数量,ΔN 为载流子波动,在平衡条件下 $g(N_0) = r(N_0)$,则载流子数量变化率可改写为

$$\frac{dN_0 + \Delta N}{dt} = \frac{d\Delta N}{dt} = g(N_0) + \frac{dg}{dN}\bigg|_{N_0} \Delta N - r(N_0) + \frac{dr}{dN}\bigg|_{N_0} \Delta N + \Delta g - \Delta r \tag{2.95}$$

平衡条件下,式(2.95)写为

$$\frac{d\Delta N}{dt} = \frac{\Delta N}{\tau} + H(t) \tag{2.96}$$

其中,时间常数 $\tau = \dfrac{1}{\dfrac{dg}{dN}\big|_{N_0} - \dfrac{dr}{dN}\big|_{N_0}}$,$H(t)$ 表示噪声源随机涨落的函数,具有白噪声属性。在 $[0, T]$ 区间将 H 和 ΔN 展开为傅里叶级数,即 $H = \sum \alpha_n \exp\left(\dfrac{i2\pi nt}{T}\right)$ 和 $\Delta N =$

$\sum \beta_n \exp\left(\dfrac{\mathrm{j}2\pi nt}{T}\right)$,代入式(2.96)并令两边各个频率分量分别相等得到

$$\beta_n = \frac{\alpha_n \tau}{\dfrac{\mathrm{j}2\pi n}{T}\tau - 1} \tag{2.97}$$

H 和 ΔN 的功率谱定义为傅里叶系数的自相关,即 $S_H(f) = \lim\limits_{T \to \infty} 2T\overline{\alpha_n \alpha_n^*}$ 和 $S_N(f) =$

$\lim\limits_{T \to \infty} 2T\overline{\beta_n \beta_n^*}$,$H(t)$ 为白噪声,因此 $S_H(f) \equiv S_H(0)$ 为常数,因此

$$S_N(f) = \lim_{T \to \infty} 2T\overline{\beta_n \beta_n^*} = \lim_{T \to \infty} \frac{\tau^2}{1 + \left|\dfrac{\mathrm{j}2\pi n}{T}\right|^2 \tau^2} \lim_{T \to \infty} 2T\overline{\alpha_n \alpha_n^*} = \frac{\tau^2}{1 + (2\pi f)^2 \tau^2} S_H(0) \tag{2.98}$$

式(2.98)应用了 $\lim\limits_{T \to \infty} \dfrac{n}{T} = \lim\limits_{T \to \infty} f_n = f$,利用 $\overline{\Delta N^2} = \displaystyle\int_0^\infty S_N(f)\mathrm{d}f = \dfrac{S_H(0)\tau}{4}$,建立了 $\overline{\Delta N^2}$ 和

$S_H(0)$ 的联系,因此洛伦兹型谱函数式(2.98)的待定参量为 $\overline{\Delta N^2}$ 和 τ,根据文献[66],$\overline{\Delta N^2} = g_0 \tau$,$g_0 = g(N_0)$ 为平衡状态下的产生率,因此式(2.98)可简化为

$$S_N(f) = 4\overline{\Delta N^2} \frac{\tau}{1 + (2\pi f)^2 \tau^2} = 4g_0 \frac{\tau^2}{1 + (2\pi f)^2 \tau^2} \tag{2.99}$$

当 $2\pi f\tau \ll 1$ 时,G-R 噪声的功率谱为常数;当 $2\pi f\tau \gg 1$ 时,G-R 噪声的功率谱随频率以 $1/f^2$ 为斜率下降,式(2.99)对 $4g_0\tau^2$ 归一化函数随频率的变化曲线如图 2.13 所示。

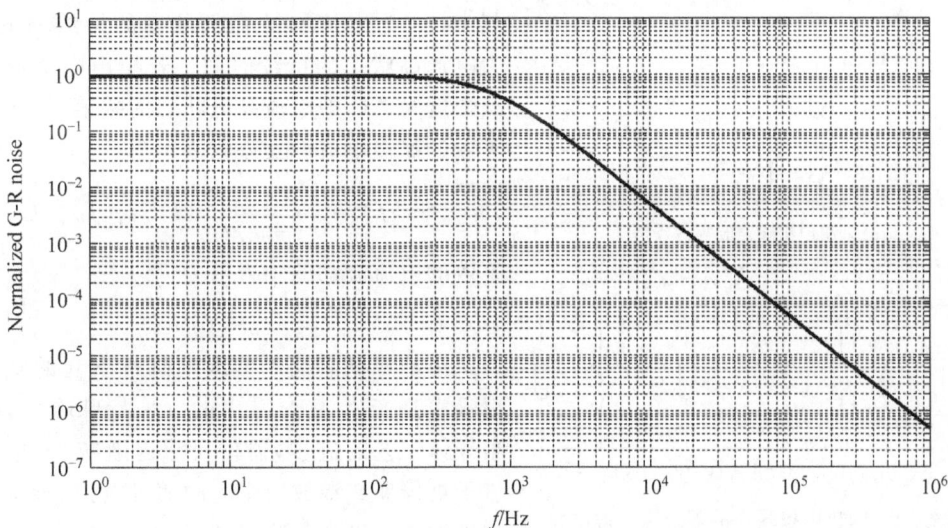

图 2.13 G-R 噪声的功率谱示意图

2.3.9 随机电报噪声

随机电报噪声是 G-R 噪声的一种特殊形式,也被称为爆米花噪声、猝发噪声,在三极管中表现为基极电流的突发跳跃脉冲,在场效应管中表现为阈值电压的跳跃脉冲。随机电报噪声发射概率与半导体中缺陷的密度有关,高频时每秒钟可以发生数次噪声脉冲,低频时数分钟才发生一次噪声脉冲。根据文献[64],随机电报噪声的自相关函数为

$$R(\tau) = \frac{A^2}{4}(e^{-2\mu|\tau|}+1) \tag{2.100}$$

其中,A 为脉冲幅度,μ 为单位时间脉冲重复率,根据维纳-辛钦定理,随机电报噪声的功率谱表示为

$$S(f) = \frac{A^2}{4\mu\left[1+\left(\frac{\pi f}{\mu}\right)^2\right]} + \frac{A^2}{4}\delta(f) \tag{2.101}$$

三极管(或场效应管)的基极(或栅极)中的缺陷所引起的随机电报噪声的等效噪声源电路如图 2.14 所示,其中,缺陷采用电流噪声源描述,以 i_{bn} 表示,r_s 表示缺陷的接入电阻,r_d 表示缺陷的内阻。对于两个电流状态,根据文献[64,67],满足泊松分布的单位幅度电流跳跃随机电报噪声的功率谱密度表示为

$$S_{bn}(f) = \frac{2}{(\tau_L + \tau_H)\left[\left(\frac{1}{\tau_L}+\frac{1}{\tau_H}\right)^2 + 4\pi^2 f^2\right]} \tag{2.102}$$

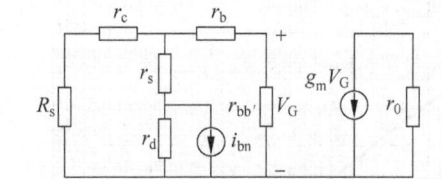
(a) 随机电报噪声的等效噪声源

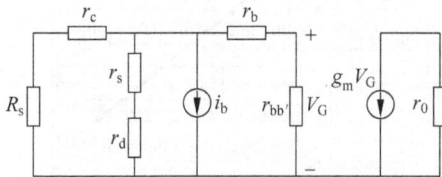
(b) 随机电报噪声等效电路的变换

图 2.14　随机电报噪声的等效噪声源电路

其中,τ_L 为电流脉冲在低状态的持续时间,τ_H 为电流高状态的持续时间。若噪声电流源的跳跃幅度为 ΔI,即电流高低状态的差值,则输入端等效的噪声电流源功率谱表示为

$$S_b(f) = \left(\frac{r_d}{r_s+r_d}\right)^2 \Delta I^2 S_{bn}(f) \tag{2.103}$$

等效的电流波动的均方值为

$$\overline{i_b^2} = 2S_b(f)\Delta f$$

由绝缘栅表面的能级陷阱所引起的随机电报噪声是产生-复合噪声的一种特殊形式,随着半导体工艺的进步,器件尺寸逐渐减少,单个载流子被俘获或释放所引起的随机电报噪声(具体表现为电压和电流的波动)是相当显著的。绝缘栅氧化层中的陷阱具有两个状态,满状态和空状态,满状态表示陷阱俘获了一个载流子,空状态表示陷阱释放了载流子。当氧化层中的陷阱俘获一个载流子时,沟道中载流子数目减少,相应电荷总量降低,造成电流减小;相反地,当氧化层陷阱释放载流子时,沟道中载流子数量增

加,导致电流增大。实验还证实同一时间氧化层陷阱中仅一个能级陷阱处于激活状态,因此导致电流的涨落在两个电流水平上往复跳动,产生的电流涨落时域波形如图2.15(a)所示。

随机电报噪声一般采用三个参数描述:①平均俘获时间,是指在陷阱为空状态时,陷阱俘获电荷的平均时间;②平均释放时间,是指在陷阱为满状态时,陷阱释放电荷的平均时间;③陷阱为空状态或满状态的电压波动差值,主要由半导体特性和特性尺寸决定。载流子被俘获或释放带来的电压和电流波动如下

$$\begin{cases} \Delta v = -\dfrac{q}{C_{ox}} \\ \Delta i = g_m \Delta v \end{cases} \quad (2.104)$$

其中,q 为单个载流子电荷,C_{ox} 为栅极绝缘电容。栅极尺寸越小,单个载流子被俘获或释放带来的电压和电流波动越剧烈,表现的随机电报噪声幅度越高。随机电报噪声两个电流

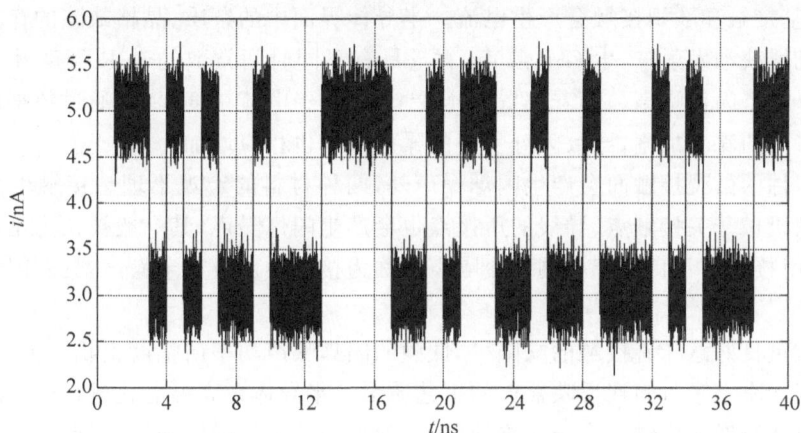

(a) 随机电报噪声的时域波形

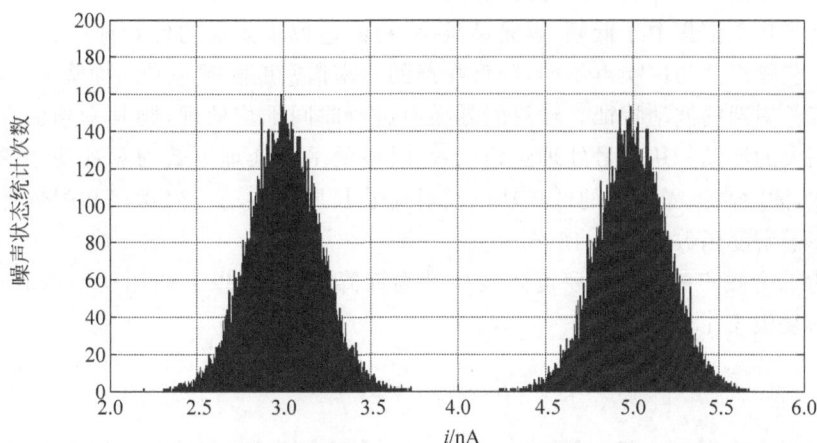

(b) 随机电报噪声的电流值统计分布

图 2.15 随机电报噪声的时域波形以及两个电流状态的统计图

状态的统计图如图 2.15(b)所示[68]。

2.3.10 半导体的闪烁噪声

闪烁噪声于 1925 年首先由约翰逊在电子管中发现,约翰逊观察到电子管低频噪声的功率谱密度与频率 f 成反比,因此也常称闪烁噪声为 $1/f$ 噪声。1957 年 Mcwhorter 提出了闪烁噪声的载流子涨落模型,他认为闪烁噪声是由半导体的载流子通过隧道贯穿与表面氧化层陷阱的相互作用引起的[66]。人们还发现闪烁噪声不局限于半导体器件中,电阻等无源器件在有电流流过的情形下也表现出闪烁噪声。在半导体有源器件以及电阻等无源器件的微观结构中存在晶体缺陷、孔隙、纳米晶界和晶粒等缺陷结构,这些晶格缺陷一般分布在器件细微结构的不同材料界面上,例如金属与半导体材料的欧姆接触面、半导体与绝缘栅的连接界面等。金属与轻掺杂半导体形成肖特基接触,与重掺杂半导体形成欧姆接触,在一定偏压下,肖特基接触和欧姆接触会产生电流。半导体界面中的杂质、晶格缺陷的存在导致对载流子的随机俘获和发射,产生 G-R 噪声,大量具有不同时间常数的 G-R 噪声叠加所引起的电流涨落形成了闪烁噪声。随着偏置电压的增加,流经电流幅度提升,通过势垒区的载流子数目和迁移率的涨落加剧,导致闪烁噪声的噪声幅度也相应增加。

除了器件的微观接触面会产生闪烁噪声外,两种材料的宏观不理想接触也会产生闪烁噪声。例如机械开关接触点、导线的压接点也会产生闪烁噪声,其一般被认为是由导电率波动造成的,由接触面不良所产生的电流噪声也称为接触噪声或冗余噪声,具有闪烁噪声的频谱特征。

界面质量良好意味着接触的缺陷少,低频的闪烁噪声功率谱幅度也相应很低,因此器件闪烁噪声的功率水平可间接反映器件的工艺质量。半导体在高温老化过程中,金属/半导体接触面上会逐渐形成位错等多种晶格缺陷,导致表面的闪烁噪声激增,因此工艺检查采用闪烁噪声水平来标记半导体器件的老化进程。

闪烁噪声功率谱集中于低频,以光谱类比,粉红色位于光谱的低频处,因此也将闪烁噪声称为粉红色噪声。与白噪声不同,闪烁噪声的功率谱密度随频率升高而降低,在时域上闪烁噪声具有长周期的波动特征。若对闪烁噪声进行时间平均处理,则其平均值在长周期时间内具有较大的波动。从信号处理的角度看,时域的平均处理等效为对其功率谱密度函数的低通滤波,滤除高频噪声后的低频功率谱对应着长周期波动。白噪声和闪烁噪声的时域波形和功率谱密度函数如图 2.16 所示。

广义的 $1/f$ 噪声的功率谱密度随频率升高而降低,具有以下通用功率谱表达式,频率指数 γ 并非局限于 1,即

$$S_{1/f}(f) = \alpha \frac{I_{\mathrm{DC}}^{\beta}}{f^{\gamma}} \tag{2.105}$$

其中,I_{DC} 为器件的偏置电流,可见 $1/f$ 噪声为一种有源噪声,当偏置电流为零时,噪声也为零,偏置电流越大,则有源噪声越大。频率指数取值范围为 0.8~1.2,从数学上可知,$\gamma \leqslant 1$ 时,功率谱在频域上积分会在极大频率处发散;$\gamma \geqslant 1$ 时,功率谱在频域上积分会在零频发

散；$\gamma = 1$ 作为临界值，在零频和极大频率处均发散。因此 $1/f$ 特性的噪声不可能存在于全频率域，在极高频处，$1/f$ 特性噪声的频率指数必然大于1，以满足高频噪声功率收敛条件，在零频处，频率指数必然小于1，以满足低频噪声功率收敛条件，因此频率指数在全部频率域是一个变化的参数。$1/f$ 噪声功率谱密度随频率下降，将 $1/f$ 噪声与器件基底白噪声相交的频点，定义为高频极限。频率高于高频极限，闪烁噪声功率谱将低于器件的基底白噪声，高频极限一般约为兆赫（MHz）量级。$1/f$ 噪声的低频极限一般由实测测定，目前已有的实测低频极限达 10^{-9} Hz[66]。

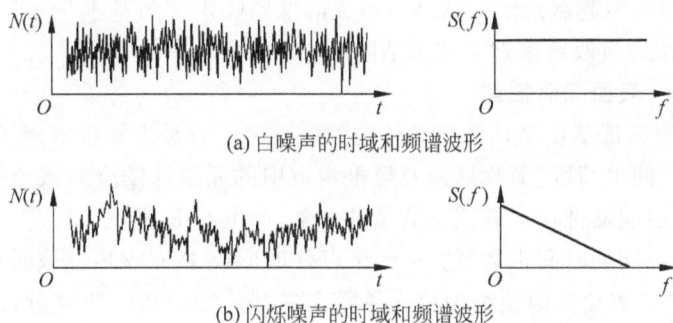

(a) 白噪声的时域和频谱波形

(b) 闪烁噪声的时域和频谱波形

图 2.16 白噪声和闪烁噪声的时域波形和功率谱密度函数示意图

$1/f$ 噪声具有统计自相关性，即时域上具有如下特征

$$n(t) = a^{0.5(\gamma-1)} n(at) \tag{2.106}$$

频域上具有如下特征

$$N'(f) = a^{\gamma} N'(af) \tag{2.107}$$

符合统计自相似性的 $1/f$ 噪声，在不同观察尺度下的波形近似相同。$1/f$ 噪声的另外一个特征是长程相关性，即噪声的自相关函数随时延缓慢降低，由功率谱密度函数的傅里叶变换得到其自相关函数为

$$R(\tau) = \frac{\tau^{\gamma-1}}{2\Gamma(\gamma)\cos(\gamma\pi/2)} \tag{2.108}$$

其中，$\Gamma(\gamma)$ 为伽马函数，当 γ 接近1时，自相关函数随 τ 衰减很慢。

1. 闪烁噪声模型

$1/f$ 噪声是半导体器件低频噪声的主要成分，虽发现已近百年，但目前人们尚未充分理解其本质，也未就统一的理论模型达成共识。人们从闪烁噪声的现象出发，在半导体器件两端施加固定的偏压，若电流表现出 $1/f$ 噪声，那便是器件电导率波动带来的，而电导率正比于载流子数量和迁移率的乘积，故认为 $1/f$ 噪声起源于器件中载流子数量的波动或迁移率的波动或两者兼而有之。

载流子数量的波动或迁移率的波动一般被认为是材料缺陷和工艺加工不良造成的，存在于所有半导体器件和基本无源元器件中。通常描述 $1/f$ 噪声的模型有 McWhorter 的表面模型和 Hooge 的体模型，前者基于载流子数量的涨落模型，认为氧化层以及导电沟道中的晶格缺陷对载流子产生随机的俘获或发射导致载流子数量发生波动；而后者基于载流子迁移率的涨落模型，认为载流子在半导体的输运中发生散射导致了载流子的迁移率涨落。Mcwhorter 表面模型能够很好地解释场效应管等表面电荷传输的器件 $1/f$ 噪声，但无法解释体材料的 $1/f$ 噪声。1969 年，Hooge 提出了基于迁移率涨落模型的体 $1/f$ 噪声模型。1988 年，Ziel 将半导体中的 $1/f$ 噪声分为基本 $1/f$ 噪声和非基本 $1/f$ 噪声成分，将位于导电沟道、空间电荷区、表面氧化层的陷阱中心对载流子的随机俘获与发射所引起的载流子涨落称为非基本 $1/f$ 噪声，其噪声功率可通过改善工艺减少或消除陷阱中心而降低，而将载流子输运中的散射所引起载流子的涨落所造成的低频噪声称为基本 $1/f$ 噪声，这种机制引起的 $1/f$ 噪声无法通过改善制造工艺来消除。

2. McWhorter 表面涨落模型

McWhorter 表面涨落模型认为半导体的闪烁噪声一般是由器件载流子弛豫造成的，位于半导体器件的空间电荷区、氧化层以及导电沟道中的晶格缺陷会对载流子的输运产生随机的俘获或发射，引起器件输运载流子数量的涨落，产生 G-R 噪声，McWhorter 认为大量不同转折频率（对应不同的时间常数）的 G-R 噪声叠加形成 $1/f$ 噪声。该假想基于以下几个假定：①硅表面的二氧化硅薄层均匀分布着能带陷阱；②距离陷阱越近，载流子被捕获的概率越大，与距离陷阱尺度成指数型关系；③载流子寿命随距离半导体表面的厚度的增加而延长；④各陷阱之间的捕获与释放事件相互独立。有源区表面积比较大的器件，表面 $1/f$ 噪声贡献较大，例如 MOSFET 等效应管，而 JFET 基于体效应，表面 $1/f$ 噪声很低。由 2.3.8 节可知 G-R 噪声具有洛伦兹形式的功率谱密度函数，若陷阱中心的时间常数分布较宽，则大量不同时间常数的洛伦兹谱叠加得到以下结果

$$S_{\text{GR}\tau}(f) = 4\overline{\Delta N^2} \int_{\tau_1}^{\tau_2} \frac{\tau}{1 + (2\pi f)^2 \tau^2} p(\tau) \mathrm{d}\tau \tag{2.109}$$

其中，$p(\tau)$ 为时间常数的分布概率，时间常数分布的上下限为 $[\tau_1, \tau_2]$，因此 $\int_{\tau_1}^{\tau_2} p(\tau)\mathrm{d}\tau = 1$。当时间常数概率分布正比于 $1/\tau$ 时，其概率分布密度函数为

$$p(\tau) = \frac{1}{\ln(\tau_2/\tau_1)} \frac{1}{\tau} \tag{2.110}$$

代入式（2.109），可得以下结果

$$S_{\text{GR}\tau}(f) = \frac{1}{\ln(\tau_2/\tau_1)} 4\overline{\Delta N^2} \int_{\tau_1}^{\tau_2} \frac{1}{\tau} \frac{\tau}{1 + (2\pi f\tau)^2} \mathrm{d}\tau \tag{2.111}$$

式（2.111）积分后有

$$
\begin{aligned}
S_{\text{GR}\tau}(f) &= \frac{2(\overline{\Delta N})^2}{\ln(\tau_2/\tau_1)\pi f} \arctan\left[\frac{2\pi f(\tau_2 - \tau_1)}{1 + (2\pi f)^2 \tau_2 \tau_1}\right] \\
&= \frac{2(\overline{\Delta N})^2}{\ln(\tau_2/\tau_1)\pi f}[\arctan(2\pi f\tau_2) - \arctan(2\pi f\tau_1)]
\end{aligned}
\tag{2.112}
$$

当 $2\pi f\tau_1\ll 2\pi f\tau_2\ll 1$ 时,利用 $\lim\limits_{x\to 0}\arctan x = x$,式(2.112)近似为

$$S_{1/f}(f)\approx\frac{2(\overline{\Delta N})^2}{\ln(\tau_2/\tau_1)\pi f}2\pi f(\tau_2-\tau_1)=\frac{4(\overline{\Delta N})^2(\tau_2-\tau_1)}{\ln(\tau_2/\tau_1)} \tag{2.113}$$

功率谱密度不包含频率因子,因此为均匀白噪声部分。当只满足 $2\pi f\tau_1\ll 1$ 时,式(2.112)简化为

$$S_{1/f}(f)\approx\frac{2(\overline{\Delta N})^2}{\ln(\tau_2/\tau_1)\pi f}\arctan(2\pi f\tau_2)-\frac{4(\overline{\Delta N})^2\tau_1}{\ln(\tau_2/\tau_1)} \tag{2.114}$$

当 $2\pi f\tau_1\ll 1\ll 2\pi f\tau_2$ 时,式(2.112)简化为

$$\begin{aligned}S_{1/f}(f)&\approx\frac{2(\overline{\Delta N})^2}{\ln(\tau_2/\tau_1)\pi f}\arctan\left[\frac{2\pi f\tau_2}{1+(2\pi f)^2\tau_2\tau_1}\right]\\&=\frac{2(\overline{\Delta N})^2}{\ln(\tau_2/\tau_1)\pi f}\arctan\left(\frac{1}{\frac{1}{2\pi f\tau_2}+2\pi f\tau_1}\right)\approx\frac{(\overline{\Delta N})^2}{\ln(\tau_2/\tau_1)f}\end{aligned} \tag{2.115}$$

此时功率谱密度随频率按 $1/f$ 衰减。当只满足 $1\ll 2\pi f\tau_2$ 时,式(2.112)简化为

$$S_{1/f}(f)\approx\frac{2(\overline{\Delta N})^2}{\ln(\tau_2/\tau_1)\pi f}\left[\frac{\pi}{2}-\arctan(2\pi f\tau_1)\right] \tag{2.116}$$

当 $1\ll 2\pi f\tau_1\ll 2\pi f\tau_2$ 时,式(2.112)简化为

$$\begin{aligned}S_{1/f}(f)&\approx\frac{2(\overline{\Delta N})^2}{\ln(\tau_2/\tau_1)\pi f}\arctan\left[\frac{2\pi f(\tau_2-\tau_1)}{(2\pi f)^2\tau_2\tau_1}\right]\\&=\frac{2(\overline{\Delta N})^2}{\ln(\tau_2/\tau_1)\pi f}\arctan\left(\frac{\tau_2-\tau_1}{2\pi f\tau_2\tau_1}\right)\approx\frac{2(\overline{\Delta N})^2}{\ln(\tau_2/\tau_1)\pi f}\frac{\tau_2-\tau_1}{2\pi f\tau_2\tau_1}\\&=\frac{(\overline{\Delta N})^2(\tau_2-\tau_1)}{\ln(\tau_2/\tau_1)\pi^2\tau_2\tau_1}\frac{1}{f^2}\end{aligned} \tag{2.117}$$

频率极高时,功率谱随 $1/f^2$ 下降。

实验测得的半导体的表面陷阱的时间常数范围为 $10^{-8}\sim 10^5\,\text{s}$,$1/f$ 噪声频率范围满足 $2\pi f\tau_1\ll 1\ll 2\pi f\tau_2$,计算得到相应的 $1/f$ 噪声频率范围为 $10^{-6}\sim 10^7\,\text{Hz}$。高于 $10^7\,\text{Hz}$,闪烁噪声大概率地以 $1/f^2$ 下降,迅速低于器件的热噪声,可以忽略不计。而低于 $10^{-6}\,\text{Hz}$ 时,闪烁噪声与频率相关性减弱,变为白噪声,频率指数变为 0。

文献[77]推导出场效应管的漏极电流的噪声功率谱密度为

$$\frac{S_{I_D}}{I_D}=\frac{\rho}{f}\frac{\mu_{\text{eff}}}{C_{\text{ox}}L^2}\frac{V_{\text{DS}}}{V_{\text{GS}}-V_{\text{Th}}} \tag{2.118}$$

其中,$\rho=q^2D_T(E_F)kT/\ln(\tau_2/\tau_1)$,$E_F$ 为费米能级,$D_T(E_F)$ 为费米能级附近的陷阱态密度,τ_2 和 τ_1 分别为陷阱俘获或释放载流子的最大和最小时间常数。线性区场效应管的漏极电流表示为

$$I_{\mathrm{D}} = \frac{\mu_{\mathrm{eff}} C_{\mathrm{ox}} W}{L} \left[(V_{\mathrm{GS}} - V_{\mathrm{Th}}) V_{\mathrm{DS}} - \frac{V_{\mathrm{DS}}^2}{2} \right] \tag{2.119}$$

其中，μ_{eff} 为载流子的有效迁移率，C_{ox} 为单位面积的绝缘栅电容，L 和 W 分别为沟道的长度和宽度，V_{Th} 为开启电压，一般将 $V_{\mathrm{GS}} - V_{\mathrm{Th}}$ 简化为 V_{G}。将漏极电流的噪声功率谱密度按漏极电流归一化为

$$\frac{S_{I_{\mathrm{D}}}}{I_{\mathrm{D}}^2} = \frac{\rho}{f} \frac{1}{C_{\mathrm{ox}} L W} \frac{1}{V_{\mathrm{G}}^2 - \dfrac{V_{\mathrm{G}} V_{\mathrm{DS}}}{2}} \tag{2.120}$$

当 $V_{\mathrm{DS}} \ll V_{\mathrm{G}}$ 时，$\dfrac{S_{I_{\mathrm{D}}}}{I_{\mathrm{D}}^2} \approx \dfrac{\rho}{f} \dfrac{1}{C_{\mathrm{ox}} L W} \dfrac{1}{V_{\mathrm{G}}^2}$；当 $V_{\mathrm{DS}} = V_{\mathrm{G}}$ 时，$\dfrac{S_{I_{\mathrm{D}}}}{I_{\mathrm{D}}^2} = 2 \dfrac{\rho}{f} \dfrac{1}{C_{\mathrm{ox}} L W} \dfrac{1}{V_{\mathrm{G}}^2}$。两种情况下归一化的漏极电流噪声谱密度均与 V_{G}^2 成反比。

不同类型的产生-复合中心、不同的载流子寿命导致每个独立的载流子波动所产生的 G-R 噪声的转折频率不同，随机电报噪声谱具有洛伦兹谱型，当一系列事件的洛伦兹谱具有相同的时间常数，其功率谱合成具有 G-R 噪声特性，如果谱型的噪声时间常数具有一定范围的分布，那么各个时间常数对应的洛伦兹谱的拐点不同，对所有时间常数的洛伦兹谱求和，得到的噪声总功率谱分布具有 $1/f$ 特征。大量 G-R 噪声的叠加会形成 $1/f$ 下降区，如图 2.17 所示。

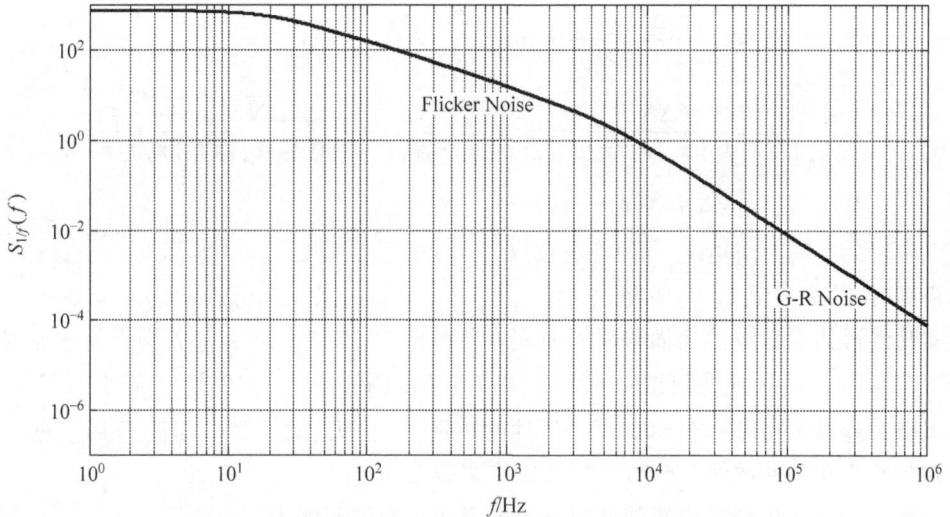

图 2.17　大量 G-R 噪声叠加形成闪烁噪声功率谱

1986 年，Uren 对 Mcwhorter 表面模型做出了重要修正，他认为小尺寸场效应管氧化层的陷阱时间常数的宽范围分布并非由于隧道效应，而是由于热激发过程导致的陷阱俘获截面的宽范围分布引起的[66]。根据 Uren 的实验结果，小尺寸场效应管更多呈现 G-R 噪声功率谱，随着器件尺寸的增大，$1/f$ 噪声分量逐渐增大，G-R 噪声成分减小；对于大尺寸场效

应管来说,大量 G-R 噪声功率谱相互叠加,时间分布常数弥散度大,因而低频噪声以 $1/f$ 噪声为主。

产生-复合噪声、随机电报噪声、闪烁噪声等低频噪声与半导体制造工艺的可靠性和工艺质量息息相关,因此工程上通过测试半导体的低频噪声特性来评估器件微观性质、质量和可靠性。

3. Hooge 体模型

Mcwhorter 噪声模型被认为是一种与界面相关的表面模型,而 Hooge 提出的基于迁移率涨落模型则将闪烁噪声看作一种体效应。Hooge 体模型将载流子的输运分为两种散射效应,即晶格散射和杂质散射,Hooge 认为半导体在结晶时会产生一定数量的不理想晶格结构,致使载流子流过时发生迁移率波动,进而导致半导体产生噪声[78-79]。Hooge 提出了基于体模型的噪声经验公式,用于描述金属、半导体中的体 $1/f$ 噪声,可表示为

$$\frac{S_{I_D}}{I_D^2} = \frac{\alpha_H I^\beta}{f^\gamma N} \tag{2.121}$$

其中,α_H 为 Hooge 常数,大约在 10^{-3} 量级;I 为导体通过的偏置电流;β 与 γ 为与半导体相关的参数;N 为载流子数量,在场效应管中可表示为

$$N = C_{ox} W L V_G / q \tag{2.122}$$

因此式(2.121)可进一步表示为

$$\frac{S_{I_D}}{I_D^2} = \frac{\alpha_H I^\beta q}{f^\gamma C_{ox} W L V_G} \tag{2.123}$$

可见 Hooge 体模型的噪声功率谱密度与栅极偏置电压 V_G 成反比。已经证实,绝大多数微电子工艺中用到的金属和半导体材料符合 Hooge 体噪声模型[81]。

4. 统一的闪烁噪声模型

根据式(2.120)和式(2.123),基于载流子数量涨落和基于迁移率涨落的闪烁噪声模型分别与 V_G^{-2} 和 V_G^{-1} 成正比,为了统一,将闪烁噪声的功率谱写为[81]

$$\frac{S_{I_D}}{I_D^2} \propto \frac{1}{f} \frac{1}{V_G^\beta} \tag{2.124}$$

载流子的涨落模型和迁移率模型均能解释一部分的实验结果,但实际对场效应管的测试中,常发现 β 值介于 1 和 2 之间,基于此,Hung 提出了一种统一的闪烁噪声模型理论,该模型认为载流子迁移率的涨落与载流子数量的涨落存在一定关系[82],例如,场效应管的栅极绝缘层中存在的陷阱随机地俘获或发射电子不仅会造成载流子数量的波动,也会对沟道中正常流动的载流子产生库仑散射作用,从而导致载流子迁移率的变化。根据 Mahhtiessen 迁移率定律[83],场效应管的等效迁移率表示为

$$\mu_{eff} = \frac{1}{\dfrac{1}{\mu_C} + \dfrac{1}{\mu_{PH}} + \dfrac{1}{\mu_{SR}}} \tag{2.125}$$

其中，μ_C 为只存在库仑散射时的载流子迁移率，μ_{PH} 为只存在声子散射的载流子迁移率，μ_{SR} 为只存在表面散射时的载流子迁移率。这三种散射机制中一般只有一种占优势，决定整体的有效迁移率。如果半导体沟道中载流子迁移率主要由库仑散射决定，那么栅极绝缘层中的缺陷造成的载流子数量波动也会进一步地导致库仑散射，进而导致载流子迁移率的变化，此时产生的闪烁噪声兼有载流子涨落和迁移率涨落两种因素。

场效应管的漏极电流表示为

$$I_D = W\mu_{eff}qNE_x \tag{2.126}$$

其中，E_x 为沿沟道方向的电场强度。在漏源沟道某位置 x 的电流涨落表示为[84]

$$\frac{\delta I_D}{I_D} = -\left(\frac{1}{\Delta N}\frac{\partial \Delta N}{\partial \Delta N_T} \pm \frac{1}{\mu_{eff}}\frac{\partial \mu_{eff}}{\partial \Delta N_T}\right)\delta\Delta N_T \tag{2.127}$$

其中，$\Delta N = NW\Delta x$ 为长度为 Δx 沟道的载流子数量，$\Delta N_T = N_T W\Delta x$ 为单位面积界面上满状态陷阱的数量，若沟道载流子迁移率由库仑散射决定，则 $\mu_{eff} \approx \mu_C = \dfrac{1}{\alpha_{sc}N_T}$，其中 α_{sc} 表示单位数量的陷阱与载流子库仑作用的强度。参考文献[84]，库仑散射载流子迁移率可写为经验公式 $\mu_{eff} \approx \mu_C = \alpha_0\sqrt{N}/N_T$，其中 α_0 为比例常数，与 N 和 N_T 无关。考虑到 $\partial\Delta N \approx \partial\Delta N_T$，因此式(2.127)可写为

$$\frac{\delta I_D}{I_D} = -\left(\frac{1}{N} \mp \frac{1}{\alpha_0}\frac{\mu_{eff}}{\sqrt{N}}\right)\frac{\delta\Delta N_T}{W\Delta x} \tag{2.128}$$

在漏源沟道位置 x 处，由陷阱产生的 G-R 噪声的功率谱为[85]

$$S_{\Delta N_T}(x,f) = N_T(E_{fn})\frac{kTW\Delta x}{\gamma f} \tag{2.129}$$

其中，$N_T(E_{fn})$ 为费米能级附近的陷阱密度，γ 为隧穿常数，则在 x 处的漏电流功率谱表示为

$$S_{\Delta I_D}(x,f) = \left[\frac{I_D}{\Delta N}\left(1 \pm \frac{\mu_{eff}\sqrt{N}}{\alpha_0}\right)\right]^2 S_{\Delta N_T}(x,f) \tag{2.130}$$

将式(2.130)沿 x 积分，即可得到器件的漏极电流功率谱密度

$$S_{I_D}(x,f) = I_D^2\frac{kT}{\gamma fWL}\left(\frac{1}{N} \mp \frac{1}{\alpha_0}\frac{\mu_{eff}}{\sqrt{N}}\right)^2 N_T(E_{fn}) \tag{2.131}$$

式(2.131)一般取加号，且 $N = C_{ox}V_G/q$，若 α_0 比较大，则第一项远大于第二项，载流子数量的涨落是闪烁噪声的主要来源，绝缘层中的陷阱对载流子的库仑散射较小，此时对应 $\beta \approx 2$；反之若 α_0 较小，则载流子的迁移率涨落是闪烁噪声的主要来源，$\beta \approx 1$。

2.4 本章小结

本章对高频电子噪声(即射频噪声)种类进行了归纳：①按频谱分类，噪声可分为白色噪声和有色噪声两大类，其中热噪声和散粒噪声具有均匀功率谱分布特性，为典型的白色噪

声,半导体中的闪烁噪声是一种典型的有色噪声,其功率谱与频率成反比,称为粉红色噪声;②按噪声来源分类,可将噪声分为热噪声、散粒噪声和 G-R 噪声三类,其中热噪声是最基本的射频噪声,任何高于绝对零度的物体均发射热噪声,散粒噪声为半导体器件特有,且仅在半导体偏置电流不为零和载流子跨越势垒的条件下才不为零,半导体器件特有的随机电报噪声和闪烁噪声的本质均为 G-R 噪声。

第 3 章

器 件 噪 声

电子器件是电路的基本元素,电路和系统的噪声表现行为和噪声功率输出均与单个电子器件的噪声息息相关。本章将介绍各种电子器件的噪声来源、噪声类型以及噪声输出功率谱,包括电阻、电容等无源器件和二极管、晶体管等有源器件。

3.1 电阻

电阻是最基本的电子器件,广义上金属、导电液体以及半导体中的导电沟道在电学上均可视为电阻,实际上电路中广泛使用的贴片电阻大都是以高阻金属为基本材料制成的。第2 章分析了电阻的热噪声表达式,并且指出电阻的热噪声与电阻是否偏置、是否有电流流过无关。实际上电阻除了热噪声以外,还存在一种依赖于偏置电流的噪声成分,因为其只在电流不为零时才存在,所以称为电流噪声。3.1.2~3.1.4 节将介绍电阻中电流噪声的起源、测试方法以及电阻生产工艺对电流噪声的影响。3.1.5 节和 3.1.6 节将介绍电阻的小信号高频等效电路以及电阻的噪声模型。

3.1.1 电阻热噪声

电阻是最基本的电子器件,也是最典型的耗散器件,其热噪声功率谱采用约翰逊-奈奎斯特公式表示为

$$S(f) = 4kTR \qquad (3.1)$$

其中,R 为电阻阻值,T 为电阻的物理温度。

3.1.2 电阻的闪烁噪声

电阻热噪声不依赖于外部偏置电流而存在,因此被称为平衡噪声,而依赖于偏置电流的噪声被称为非平衡噪声。热噪声是电阻的基本噪声源,其噪声功率谱密度只与温度和电阻阻值有关,与电阻处于什么偏置条件无关。电阻非平衡噪声来源于电阻内部电子流动的不连续性以及非均匀性,不连续性和非均匀性导致电流波动,进而引起电阻两端电压涨落。非平衡噪声的噪声功率谱密度与偏置电流相关,因此也称为电阻的电流噪声。电流噪声指数

是电流噪声输出功率谱的一个关键参数,定义如下

$$N_I = 10\lg \frac{E_V^2}{V_{DC}^2} \tag{3.2}$$

其中,V_{DC} 为电阻的直流偏置电压,E_V^2 定义为带内任意十倍频程的噪声功率。E_V^2 具体表达式如下

$$E_V^2 = \int_{f_1}^{10f_1} S_V(f)\mathrm{d}f \tag{3.3}$$

$S_V(f)$ 为电阻非平衡噪声的功率谱密度,其表达式如下

$$S_V(f) = \frac{K I_{DC}^2 R^2}{f} \tag{3.4}$$

其中,K 为常数,与电阻材料和制造工艺有关。式(3.4)代入式(3.3)及式(3.2)后得到简化结果为

$$N_I = 10\lg(K \ln(10)) \tag{3.5}$$

可见电阻的非平衡噪声功率谱密度具有 $1/f$ 特征,是一种典型的粉红噪声,仅在低频处噪声谱幅度较大,高频时将被热噪声谱所淹没。测试结果表明,不同偏置条件下电流的噪声指数 N_I 或者参数 K 基本不变,因此只需测试得知一个频点的噪声功率谱,就可以根据式(3.4)计算得到参数 K,进而得到全频带的噪声谱密度 $S_V(f)$。

电阻的总噪声功率谱密度为热噪声和非平衡噪声之和,即

$$S_R(f) = 4kTR + \frac{K I_{DC}^2 R^2}{f} \tag{3.6}$$

从式(3.3)的积分结果可以看出,电阻的电流噪声指数与积分的上下限具体值(f_1)没有关系,只要噪声功率谱密度具有 $1/f$ 特征,计算得到的电流噪声指数与频率无关,也与加载的偏置电压无关。

3.1.3 电流噪声系数的测试

电阻的电流噪声测试方法基于国际标准 IEC195,其测试电路如图 3.1(a)所示,待测电阻 R 产生的电流噪声被低频低噪声放大器放大后经平方率检波器检波。该测试电路采用单电源供电,电阻分压会施加在低噪声放大器输入端,在测试大电阻的情况下,该偏置电压很大,有可能损坏放大器。为解决这个问题,文献[1]提出一种双电源驱动的测试电路,如图 3.1(b)所示,调整负压幅度使得测试端的直流电压为 0,这样低噪声放大器只在零偏置情况下对电流噪声信号进行放大。两种测试电路的等效电路如图 3.1(c)所示,辅助测试电阻 R_a 采用绕线电阻,电流噪声可以忽略,因此只有热噪声输出,待测电阻的噪

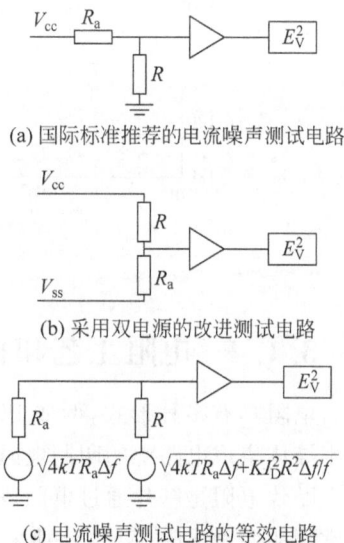

(a) 国际标准推荐的电流噪声测试电路

(b) 采用双电源的改进测试电路

(c) 电流噪声测试电路的等效电路

图 3.1 电流噪声的测试电路

声输出功率为热噪声和电流噪声之和,经低噪声放大器放大后,等效的输入端噪声功率为

$$E_V^2(f) = \frac{R^2}{(R_a + R)^2} 4kTR_a\Delta f + \frac{R_a^2}{(R_a + R)^2}(4kTR + S_V(f))\Delta f + E_{LNA}^2(f) \quad (3.7)$$

式(3.7)应用了皮尔斯功率耗散公式,$E_{LNA}^2(f)$ 为低噪声放大器的等效噪声功率。当电路直流电压为 0 时,待测电阻不存在电流噪声,此时总的噪声输出功率为

$$E_{V0}^2(f) = \frac{R^2}{(R_a + R)^2} 4kTR_a\Delta f + \frac{R_a^2}{(R_a + R)^2} 4kTR\Delta f + E_{LNA}^2(f) \quad (3.8)$$

式(3.7)和式(3.8)相减可以计算出

$$S_V(f)\Delta f = \frac{(R_a + R)^2}{R_a^2}(E_V^2(f) - E_{V0}^2(f)) \quad (3.9)$$

根据式(3.9),测试消除了电阻的热噪声和放大器噪声,只提取出待测电阻的电流噪声。测试出 $S_V(f)\Delta f$,即可以得到参数 K 和电流噪声指数 N_I。

电流噪声功率谱如图 3.2 所示,从中可以看出,电流噪声功率谱与频率成反比,而与偏置电压的平方成正比。噪声功率谱每十倍倍频程降低 10dB,偏置电流增加 10 倍,功率谱曲线上移 20dB。

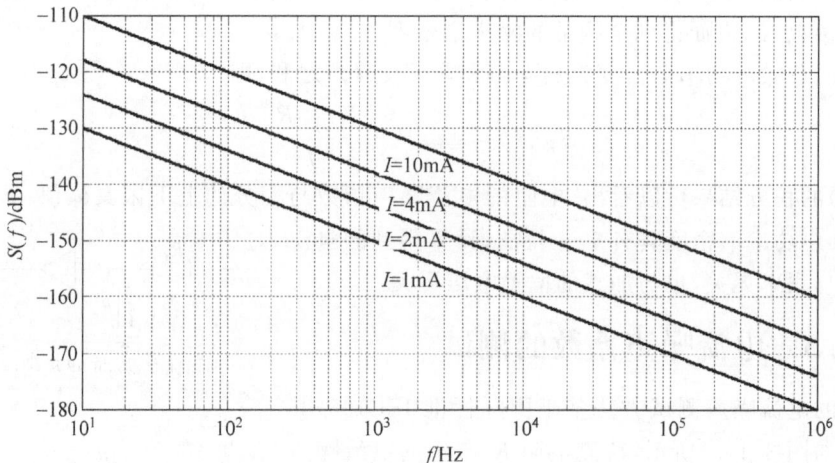

图 3.2 电流噪声功率谱示意图

3.1.4 电阻工艺和材料对电流噪声系数的影响

电阻具有多种形式,例如 PCB 上大量使用的贴片电阻、精密仪表中使用的绕线电阻以及半导体集成电路中的印制电阻等,具体如图 3.3 所示。

贴片电阻是基片通过电阻成膜方法制成的,如图 3.3(a)所示,薄膜电阻和厚膜电阻是最常用的两种成膜工艺,分别采用丝印烧结技术和真空制膜技术。厚膜电阻厚度一般在 15μm 以上,而薄膜电阻的厚度仅几十到几百纳米。溅射镀膜工艺生成的薄膜电阻通常质

地致密均匀,且在真空条件下制备,基片缺陷和异常不均匀晶粒数量较小,制备过程中引入杂质含量小,因此由电阻薄膜本体的载流子数涨落所产生引起的电流噪声能量较小[6]。贴片电阻的电流噪声主要来源于电阻膜与合金界面处存在的杂质中心,这些杂质中心能够随机发射或俘获载流子,根据相关理论,大量不同时间常数的杂质中心综合贡献的噪声功率谱具有粉红噪声特征。厚膜电阻器是将金属氧化物微粒埋入玻璃基中,电阻膜包含两种基本结构,分别对应着两种不同的导电模式:①两个导电颗粒烧结在一起,形成较好的欧姆接触,电子通过直接传导方式导电;②两个相邻导电颗粒之间存在玻璃相的绝缘薄层,形成金属-绝缘体-金属结构,电子可以一定概率隧穿通过绝缘薄层。传导方式产生的电流噪声主要来源于接触噪声,而隧穿机制带来的低频噪声主要来源于金属-绝缘体-金属结构中的缺陷[7-12]。厚膜电阻晶粒、晶粒界层较大而且较为复杂,导电颗粒链的接触面结构复杂,同时制备过程中容易引入杂质,这些因素导致厚膜电阻的电流噪声功率谱要高于薄膜电阻。

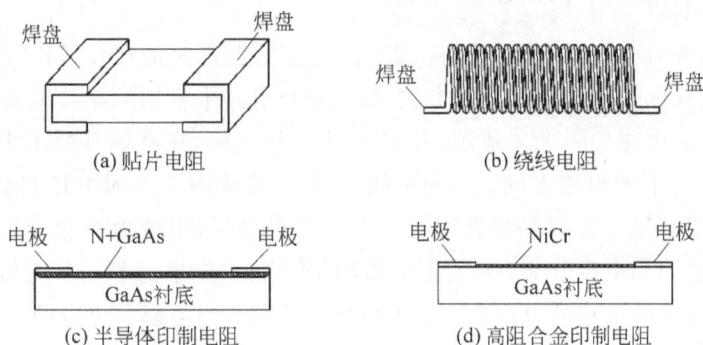

图 3.3　电阻类型

(a) 贴片电阻　(b) 绕线电阻　(c) 半导体印制电阻　(d) 高阻合金印制电阻

碳膜电阻为膜式电阻器,采用高温真空镀膜技术将碳原子紧密附在瓷棒表面形成碳膜,然后加适当接头切割,碳膜表面涂上环氧树脂密封保护,碳膜的厚度决定了阻值的大小。金属膜电阻也是膜式电阻器中的一种,采用高温真空镀膜技术将镍铬或类似的合金紧密附在瓷棒表面形成皮膜,经过切割实现精密阻值。金属膜电阻属于引线式电阻,方便手工安装及维修,多用于家电、通信、仪器仪表上,其耐热性、电流噪声水平、温度系数、电压系数等电性能比碳膜电阻器优良。

绕线电阻是将镍铬或锰铜金属丝缠绕在瓷管上,如图 3.3(b)所示,可平行多层绕制,也可采用无感绕法,表面再涂一层绝缘漆,其电流噪声具有 $1/f$ 频谱,但相比于金属膜电阻其过剩噪声要小一个数量级。绕线电阻适用于精密仪表等交直流电路中作分压、降压、分流及负载电阻等,具有阻值精度极高、工作噪声小、稳定可靠,能承受高温等优点,但其体积大、阻值较低,分布电容和电感系数都比较大,不能在高频电路中使用。

芯片制造中常需要在半导体晶体内部形成电阻器,常用的工艺如图 3.3(c)和图 3.3(d)所示,可在本征半导体的表面薄层中掺杂杂质,利用半导体导电沟道不同的掺杂浓度来实现一定阻值的电阻,也可在半导体表面两电极之间印制高阻金属薄膜,实现芯片片上电阻。半导体表面印制的薄膜电阻器中包含有单晶、多晶结构及各种缺陷和杂质中心,各晶体间存在着晶粒界层,当对电阻器两端施加电压时,载流子在外加电场作用下产生定向运动的过程中不断地受到原子、晶粒、晶粒界层以及各种缺陷的阻挡、散射或俘获与发射。这些相互作用引起在单位时间内通过整个电阻体的载流子数目的变化,导致较大的电流噪声。薄膜电阻器的低频噪声包含有 $1/f$ 噪声、产生-复合(G-R)噪声和热噪声等噪声成分,其噪声功率谱密度表示为

$$S_V(f)\Delta f = A + \frac{B}{f^\gamma} + \frac{C}{1+\left(\frac{f}{f_0}\right)^\alpha} \tag{3.10}$$

其中,γ 和 α 为噪声功率谱的特征参数,与半导体的材料和制造工艺密切相关。

3.1.5 电阻的高频等效电路

电阻的高频等效电路与电阻的材料、实现工艺、封装、电极的连接形式密切相关,不同的电阻形式具有不同的等效电路拓扑和参数,微波集成电路中常用的贴片电阻(见图 3.3(a))的小信号高频等效电路如图 3.4 所示,其中 R 为本征电阻,在高频等效下本征电阻的阻值与低频或直流条件下的阻值不同,L_s 为引线电感,主要来源于金属电极和金属焊盘,C_p 为封装电容,与电阻的尺寸和封装材料相关。在高频条件下,引线电感会带来额外的电压分压,而封装电容会引起电流分流,并且随着频率的升高,引线电感和封装电容的寄生效应会越来越强烈,使得等效电路的电阻成分愈发偏离本征值。当电感和电容的电抗相互抵消时,等效电路的阻抗为无穷大,此频率点称为电阻的自谐振频率,这也是理论上电阻能够使用的最高频率点,实际工程上电阻的使用最高频率应比自谐振频率低一个数量级以上。

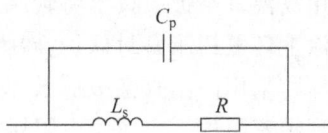

图 3.4 贴片电阻的小信号高频等效电路

图 3.5 为不同阻值、不同封装贴片电阻的阻抗实部与本征电阻的归一化数值随频率的变化曲线。电阻阻值分别为 10Ω、50Ω、100Ω,分为 0805(长约 2mm,宽约 1mm)和 0402(长约 1mm,宽约 0.5mm)两种封装。0805 封装电阻的引线电感和封装电容分别为 1nH 和 0.09pF,0402 封装的引线电感和封装电容分别为 0.3nH 和 0.04pF。由图 3.5 可见,随着频率的升高,阻抗实部与本征电阻的归一化数值逐渐偏离 1,并且寄生参数大的 0805 封装率先达到自谐振频率,按照 1/10 的降额标准,0805 封装的最大使用频率为 1GHz,0402 封装的最大使用频率为 4GHz。由于有寄生电抗成分的存在,电阻等效电路的阻抗虚部不为 0,并且随着频率升高,阻抗虚部的成分相比于实部越来越大,具体表现为电阻等效电路相位随频

率的升高愈发偏离 0 相位,变化曲线如图 3.6 所示。

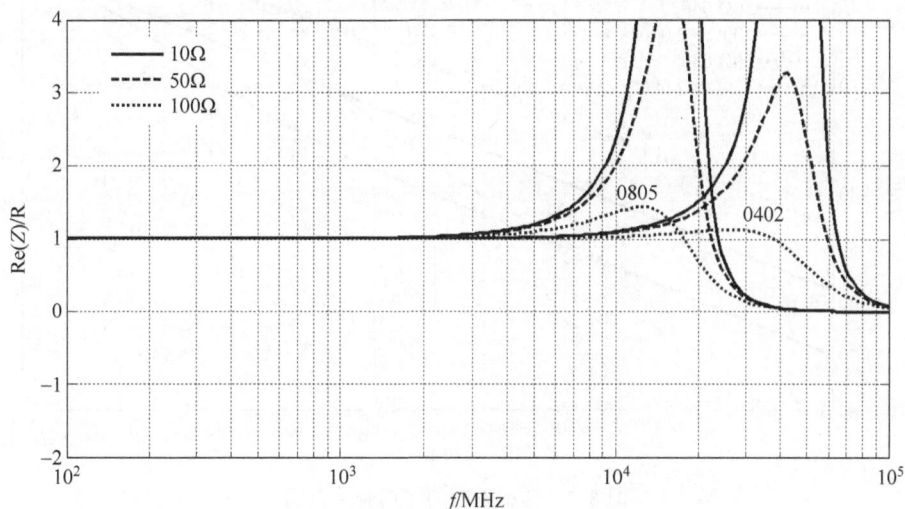

图 3.5　归一化电阻与频率的变化关系

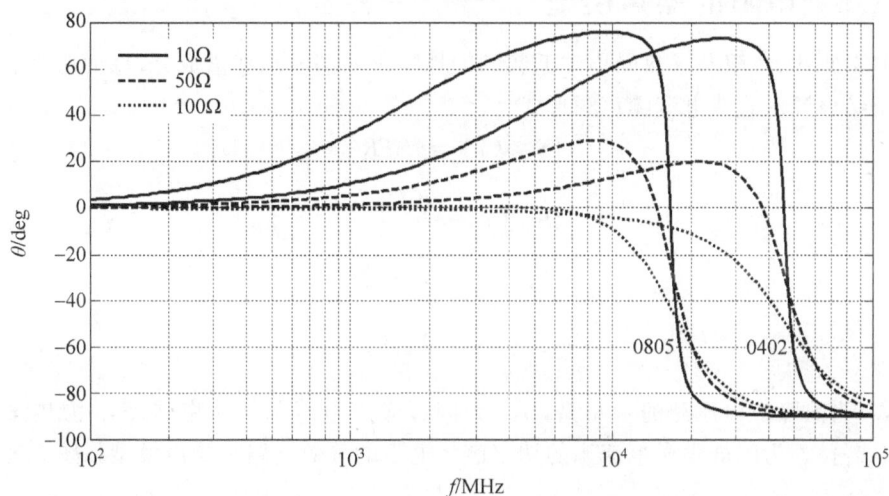

图 3.6　电阻寄生相位随频率的变化曲线

　　射频电路常使用 50Ω 的贴片电阻作为匹配负载,由于高频情况下电阻的阻抗逐渐偏离本征值,同时伴随着越来越明显的寄生电抗成分,导致 50Ω 电阻的匹配水平随频率升高逐渐变差。如图 3.7 所示的 0805 封装和 0402 封装的 50Ω 电阻随频率的匹配情况,以反射系数小于 $-20\mathrm{dB}$ 为门限,0805 封装的 50Ω 电阻的可用最大频率为 $2\mathrm{GHz}$,0402 封装的 50Ω 电阻的可用最大频率为 $8\mathrm{GHz}$。采用两只 100Ω 电阻并联可有效地降低寄生参数的影响,使得电阻的匹配可用频带大幅升高,如图 3.7 所示,两只 0805 的 100Ω 电阻并联的可用频率提升至 $8\mathrm{GHz}$,而两只 0402 的 100Ω 电阻可用频率提升至 $20\mathrm{GHz}$。

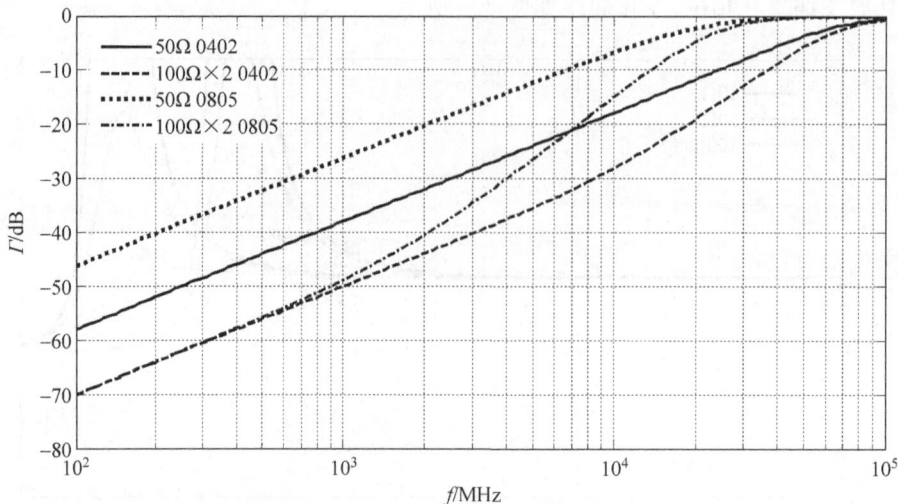

图 3.7 匹配电阻的可用频率范围

3.1.6 电阻的噪声模型

如前文所述,电阻包含热噪声和低频的闪烁噪声两部分功率谱成分,每种功率谱都可以写出电压噪声源形式或电流噪声源形式

$$\begin{cases} S_{VT}(f) = 4kTR \\ S_{Vf}(f) = \dfrac{KI_{DC}^2 R^2}{f} \end{cases} \tag{3.11}$$

$$\begin{cases} S_{IT}(f) = 4kT/R \\ S_{If}(f) = \dfrac{KI_{DC}^2}{f} \end{cases} \tag{3.12}$$

其中,S_{VT} 为热噪声电压源的功率谱,S_{Vf} 为闪烁噪声电压源的功率谱,S_{IT} 为热噪声电流源的功率谱,S_{If} 为闪烁噪声电流源的功率谱。电阻的等效电路和噪声模型如图 3.8 所示。

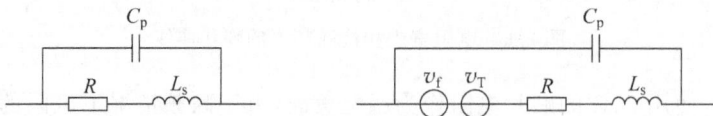

图 3.8 电阻的等效电路和噪声模型

除了电阻,电容和电感是电路中另外两种重要的元器件,3.2 节和 3.3 节将分别描述电容和电感的噪声表现、小信号等效电路和噪声等效电路。

3.2 电容

理想的电容是无耗元器件,根据第 2 章的相关内容,电容不贡献热噪声,但实际的电容由于使用非理想金属作为电极材料,介质材料也非理想绝缘体,并且加工工艺以及封装材料的限制,导致电容存在电阻和电感等寄生成分,电容从电学表现上看并非为纯粹的电容。因此,有必要分析其寄生成分的来源、定量描述寄生成分,从而提取出电容的小信号等效电路,再根据奈奎斯特定律提出电容的噪声等效电路。

3.2.1 电容形式

电容是电荷储存元件,理想情况下表现为纯电抗,不具备能量耗散性,因而不贡献热噪声。电容主要应用于射频信号耦合、匹配、旁路、调谐、滤波和谐振等电路中,是重要的电路元器件。电容具有不同的形式,主要分为集总式电容和分布式电容两大类型。集总式电容为分立式元器件,包含各种电解电容、陶瓷电容等形式,如图 3.9(a)所示的表面贴片电容,由两端呈交指状分布的电极以及电极间填充的陶瓷介质构成。贴片电容由多层金属立体交叠,陶瓷介质均匀充满金属电极之间,形成三维交指结构,随着工艺的发展,贴片电容交指的层数提升很快,同时高介电常数陶瓷介质的引入,使得在较小封装内实现较大容值电容成为可能。分布式电容主要应用于高频段、电磁波的波长与电容尺寸可比拟的情况下,如图 3.9(b)~图 3.9(d)所示。图 3.9(b)为扇形片匹配结构,半径一般为 1/4 波长,对于射频信号而言为典型的短路接地结构,等效于较小容值的旁路电容,用于阻抗匹配以及高频滤波。图 3.9(c)为金属-介质-金属形式电容,可实现较高的容值,但制造工艺复杂。图 3.9(d)为典型的片上电容,表面交指结构为二维结构,实现工艺简单,属于印制电容,一般应用于射频耦合电路或半导体表面电容制造,实现的容值较小,广泛应用于微带电路以及微电子电路中,起着射频信号耦合、滤波和谐振的作用。

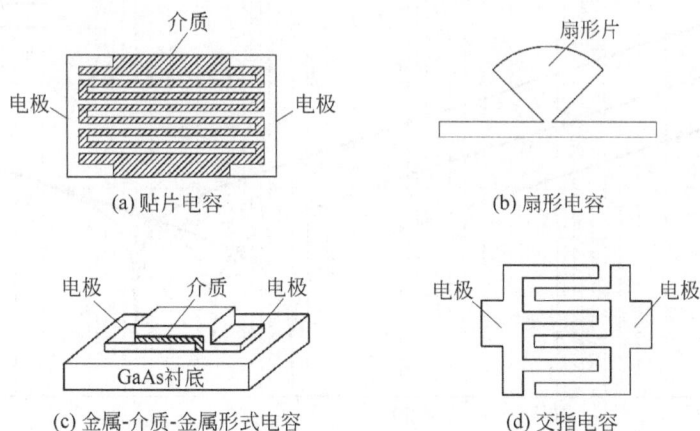

(a) 贴片电容

(b) 扇形电容

(c) 金属-介质-金属形式电容

(d) 交指电容

图 3.9 电容类型

不同材料、不同工艺实现的电容性能大不相同,例如有的电容适合低频使用,高频则失效,而有的电容可以工作在更高的频段。究其原因在于,即便标称容值相同,不同种类电容的寄生成分大相径庭,最终导致电容的频域响应各不相同,使用3.2.2节建立电容的小信号等效电路便能够定量地分析电容的高频表现,并进一步以小信号等效电路为基础提出电容的噪声等效电路。

3.2.2 电容的高频等效模型和噪声模型

理想的电容没有损耗,不产生热噪声,但实际上由于材料和工艺的限制,存在电阻和电感等寄生参数。电容的引线金属电极必然存在损耗,等效为与本征电容串联的电阻;电容的封装材料也会产生一定的电流泄漏,等效为与本征电容并联的电阻,电容的高频等效电路如图3.10(a)所示。由于寄生电阻参数的存在,电容同时存在热噪声和闪烁噪声两种形式的噪声源,由于并联的电阻R_p流经电流极小,因此与电流平方成正比的闪烁噪声量值可以忽略,电容的噪声等效电路如图3.10(b)所示。

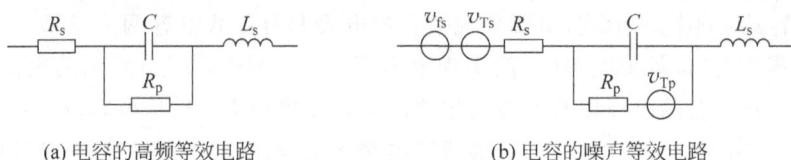

(a)电容的高频等效电路 (b)电容的噪声等效电路

图3.10 电容的高频等效电路和噪声等效电路

根据图3.10(a)所示的电容高频等效电路,可以计算电容的电抗值X,并可由电抗值计算该电容的等效电容值C_{eff},其中$C_{eff}=1/(X\omega)$。图3.11为电容的电抗随频率的变化曲线,3种电容容值分别为1pF、10pF、100pF,引线寄生电阻分别为1Ω、0.5Ω、0.2Ω,寄生电感均为1nH。理想电容的电抗与频率成严格反比关系,由于寄生参数的存在,实际电容的电抗曲线先降后升,在自谐振频率点达到阻抗最小。

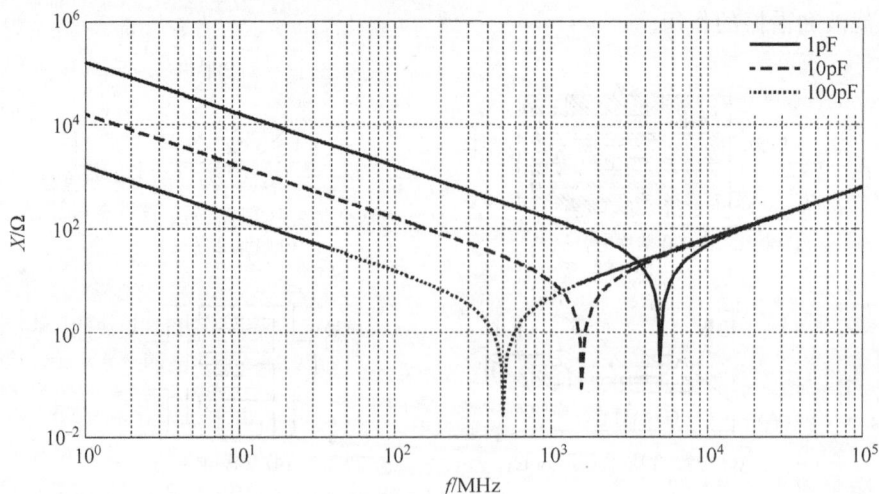

图3.11 电容的电抗随频率的变化曲线

由于寄生参数的影响,电容的等效容值随着频率的升高逐渐偏离其本征值。图 3.12 为实际等效电容容值随频率的变化曲线,其中 3 种电容容值分别为 1pF、50pF 和 1000pF,引线寄生电阻均为 4Ω,寄生电感均为 3nH。当频率低于自谐振频率时,电容的等效容值基本保持本征容值不变,在自谐振频率处电容实际容值剧烈变化;当频率远超自谐振频率时,等效容值趋近于 0,此时电容表现为感抗,电抗随频率升高而增加。

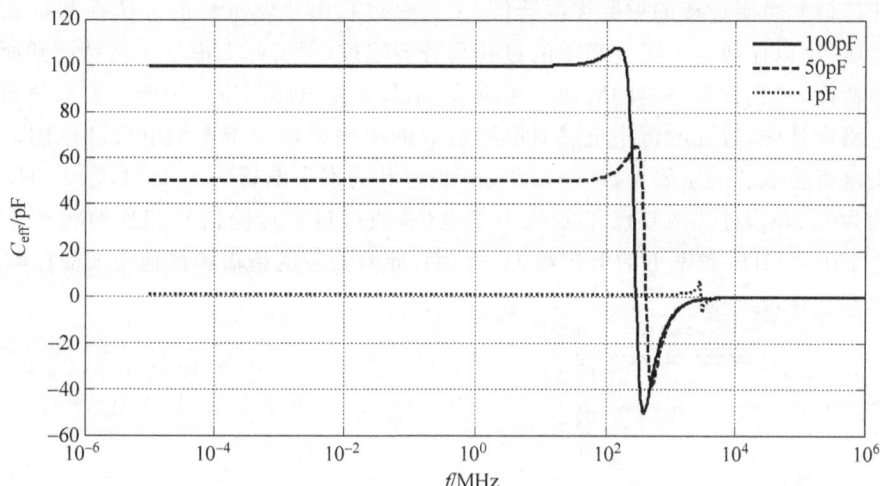

图 3.12　电容容值随频率的变化曲线

电阻和电容均存在寄生成分,电感也不例外,3.3 节将介绍电感的等效电路和噪声表现。

3.3　电感

与电容类似,电感由于材料和工艺的非理想性,同样存在寄生成分。寄生成分在高频时会淹没电感的电抗成分,导致电感退化,本节将介绍电感种类、小信号等效电路和噪声等效电路,分析其随频率的变化规律。

3.3.1　电感形式

电感是无源匹配、滤波和有源器件偏置电路的重要组成器件,电感按实现形式分为集总电感和分布式电感两种。集总形式的电感一般为绕线电感,由高电导率金属丝缠绕于氧化铝芯或是铁氧体磁芯表面,在器件两端与金属焊盘连接,如图 3.13(a) 和 3.13(b) 所示。集总电感具有较高的 Q 值和自谐振频率,主要应用于射频信号的耦合、扼流以及谐振等功能电路。

在集成电路封装工艺过程中,需采用绑定线将电路晶片与引线框架连接,如图 3.13(c) 所示,键合采用极细的金属丝或极薄的金属带,具有一定的寄生电感和寄生电阻,典型的金属

丝具有 $10\text{m}\Omega/\text{mm}$ 的寄生电阻和 $1\text{nH}/\text{mm}$ 的寄生电感,电路在仿真和设计阶段就需要考虑这些寄生参数的影响。

微电子电路中的电感采用平面印制螺旋线结构,采用空气桥将内部电极引出,如图 3.13(d)所示。印制电感的结构紧凑,占用晶片面积较小,但其品质因数较低,主要用于有源电路的偏置、反馈和阻抗匹配。

过孔是信号跨层连接的重要无源器件,工艺上过孔由化学沉积的方法在圆柱孔壁上形成一层金属,用以连通上下层。理想的过孔具有零阻抗,但实际上由于结构特征和所用材料的非理想特性,过孔具有一定的对地寄生电容、串联寄生电感和寄生电阻。在高速数字电路和射频电路设计中,过孔的寄生电感对电路造成的影响往往大于寄生电容和电阻。过孔的长度是决定寄生电感的主要参数,一般 1mm 长过孔的寄生电感约为 1nH,在 1GHz 频率下的电抗约为 6.28Ω,过孔两端已不能认为等电位,通过过孔传输信号和接地将产生一定恶化;该过孔在 10GHz 频率下的电抗约为 62.8Ω,此时信号的传输和接地将大受影响。

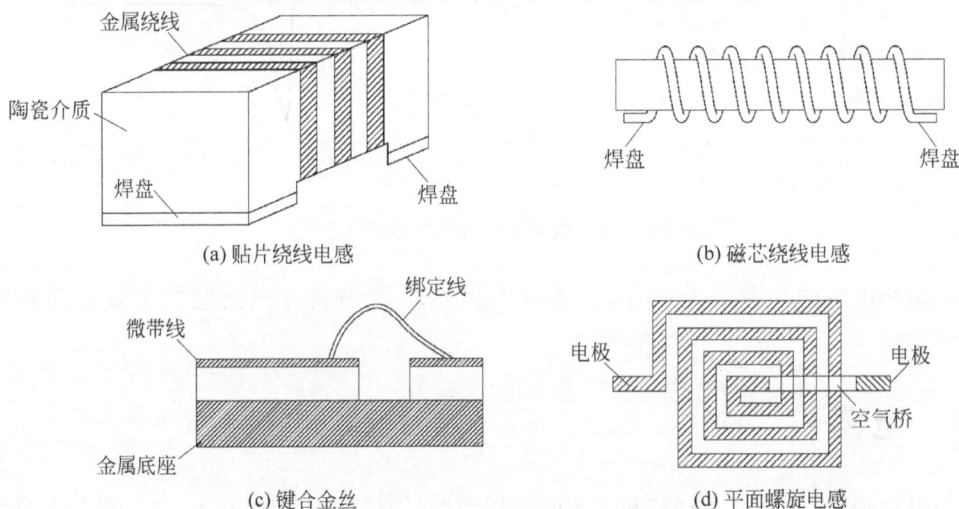

(a) 贴片绕线电感
(b) 磁芯绕线电感
(c) 键合金丝
(d) 平面螺旋电感

图 3.13　电感形式

3.3.2　电感的高频等效电路和噪声模型

理想的电感没有损耗,不产生热噪声,但由于材料和工艺的限制以及磁滞效应和涡流等因素,导致电感有一定的损耗,因此引入串联电阻 R_s,同时封装工艺还伴随一定的寄生电容。电感的高频等效电路如图 3.14(a)所示,噪声等效电路如图 3.14(b)所示,噪声源包含热噪声和低频噪声两种成分。

图 3.15 所示为电感阻抗随频率的变化曲线,三个电感值分别为 1nH、50nH 和 100nH,寄生电阻为 2Ω,寄生电容为 2pF。电感感抗在自谐振频率处上升速度加快,当频率超过自谐振频率时,电感电抗迅速变为负值,表现为负电抗电容。由图 3.15 所示的电抗曲线可计

算器件的等效电感值 L_{eff}，其中 $L_{eff} = X/\omega$。等效电感值随频率变化曲线如图 3.16 所示，等效电感值在自谐振频率附件剧烈波动并变为负值，电感可用的最高频率一般设定为自谐振频率的 1/10。

(a) 电感的高频等效电路　　　　(b) 电感的噪声等效电路

图 3.14　电感的高频等效电路和噪声等效电路

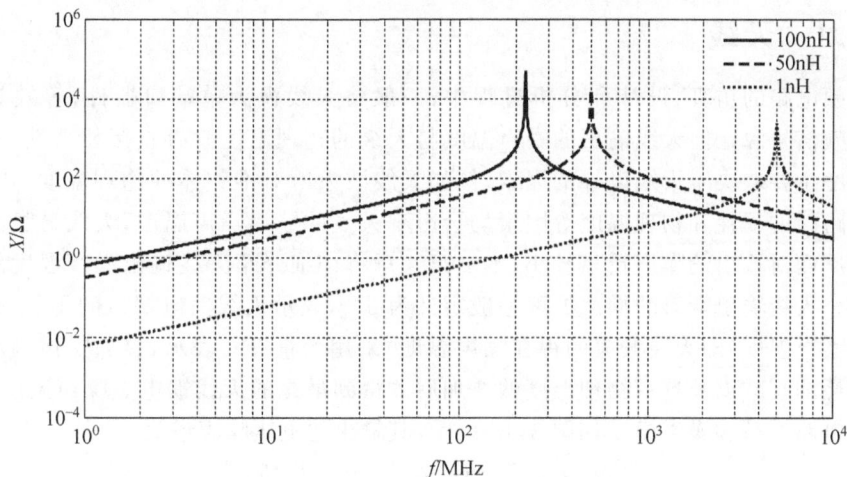

图 3.15　电感阻抗随频率的变化曲线

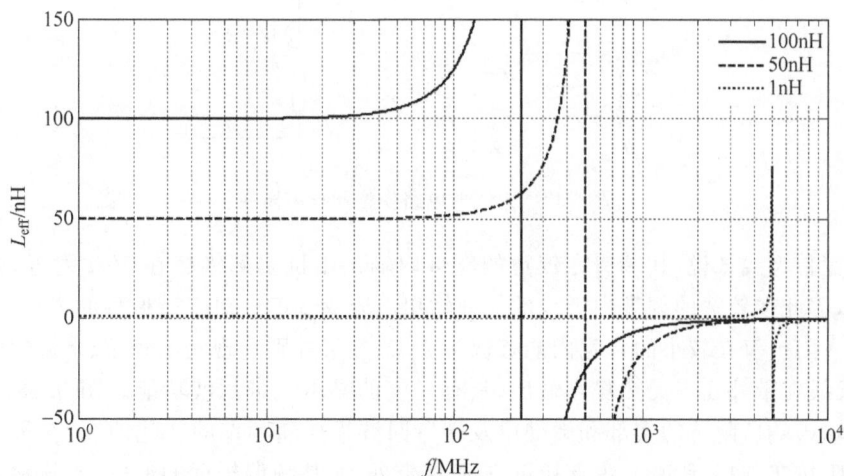

图 3.16　等效电感值随频率的变化曲线

除了电阻、电容、电感等无源器件以外,射频电路中还广泛使用各种功能性无源器件,例如天线、滤波器、耦合器以及环形器等器件,这些器件的噪声表现将在 3.4 节介绍。

3.4 其他无源器件

耦合器以及环形器等器件等效为二端口的衰减器,其端口噪声输出与等值的衰减器相同。天线、滤波器的噪声性能与频率强烈相关,即便其端口匹配,其噪声表现与端口阻抗等值的电阻也有所不同,3.4.1 节和 3.4.2 节将分别介绍天线和滤波器这两种典型无源器件的噪声表现和噪声等效电路。

3.4.1 天线

在射频电路的仿真、设计和分析过程中,一般将天线视为单端口器件,等效为内阻为 50Ω 的高频信号源。但天线输出的噪声温度与天线的物理温度没有直接相关性,天线的等效噪声温度主要取决于天线以外的因素,例如天线波束所对准物体的物理温度、辐射率、大气等传输路径的损耗和物理温度等因素均会影响天线的输出噪声温度,天线自身的损耗和物理温度反而对输出的噪声贡献较小,本书第 6 章将详细介绍天线输出噪声温度的理论和计算方法。天线输出端口的噪声温度一般定义为 T'_A,表示天线馈电端口的等效噪声温度,天线口面噪声温度(即天线波束的视在噪声温度)采用变量 T_A 表示,口面噪声温度经过天线自身损耗的衰减以及自身物理温度的叠加后才得到最终的天线馈电点噪声温度 T'_A。天线的等效电路模型和噪声模型如图 3.17 所示,其输出的电压噪声谱为

$$N' = 4kT'_A \mathrm{Re}(Z_{\mathrm{out}}) = 4kT'_A R_s \tag{3.13}$$

其中,R_s 为天线馈电端口的阻抗实部。

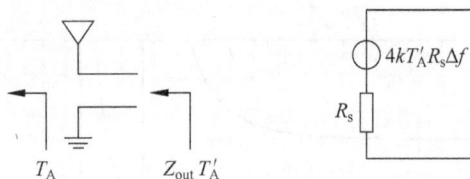

图 3.17 天线的电路模型和噪声模型

对于宽带天线来说,其端口在较宽的频带内输出阻抗实部维持在 50Ω 附近,虚部维持在较低值,因此在较宽的频带内天线的等效输出电阻为 50Ω。对于谐振型的窄带天线而言,天线的输入阻抗仅在较小的带宽内能够保持 50Ω,在带外则呈现实部较小、虚部较大的复电抗,因而天线在带外几乎无热噪声输出,具有一定的噪声频带滤波功能。图 3.18 为典型的微带天线输入端口阻抗的实部和虚部以及端口回波损耗随频率的变化曲线,在天线的谐振点处输入阻抗实部接近 50Ω,虚部接近 0,而在带外,尤其频偏较远的地方,天线输入阻抗的实部逐渐接近于 0。

根据天线的等效电路,匹配条件下天线输出噪声功率谱表示为 $N' = 4kT'_A \mathrm{Re}(Z_{out})$,端口非良好匹配情况下的噪声输出功率谱函数为 $N' = 4kT'_A \mathrm{Re}(Z_{out})(1-|\Gamma_{out}|^2)$,当端口输出阻抗严重偏离 50Ω 时,端口反射系数 Γ_{out} 的绝对值接近 1,因此无论天线端的输出阻抗如何,端口处带外噪声的功率谱幅值接近 0。

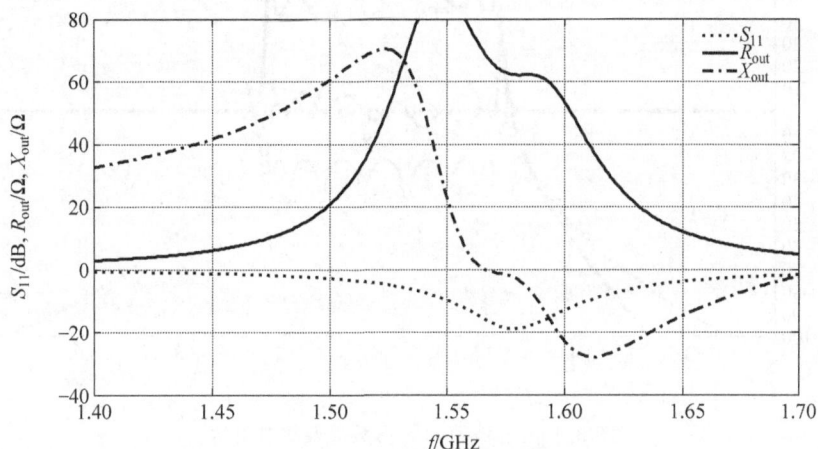

图 3.18 典型天线的回波反射和端口阻抗

3.4.2 滤波器

滤波器是一种频率选择器件,某些频段信号可以无损或低损通过,而其他频段信号则以较大的损耗衰减,低损通过的信号频带称为通带,高损通过的频带称为阻带。从端口阻抗上观察,在滤波器的通带,端口的阻抗接近于输入和输出端的特征阻抗(一般为 50Ω),因此该频段信号可以透明传输,而在滤波器阻带,端口的阻抗处于严重失配状态,信号大部分被反射,无法传输至输出端。对于常规的同轴或微带滤波器而言,端口的特征阻抗为 50Ω,若滤波器的端口 1 接 50Ω 且物理温度为 T 的匹配负载,则端口 2 的视在阻抗为 $Z_{out} = 50\dfrac{1+S_{22}}{1-S_{22}}$。在滤波器通带内,$S_{22} \ll 1$,因此端口 2 的视在阻抗实部接近 50Ω,阻抗虚部接近 0,滤波器处于良好的阻抗匹配状态。而在阻带,滤波器的端口阻抗实部接近 0Ω,阻抗虚部迅速接近无穷大,端口 2 处于全反射状态,滤波器的频率响应和输出阻抗如图 3.19 所示。

根据热噪声定义,滤波器的输出噪声功率谱为 $N' = 4kT\mathrm{Re}(Z_{out}) = 4kTR_{out}$,考虑到端口匹配状态,上式修正为

$$N' = 4kT\mathrm{Re}(Z_{out})(1-|\Gamma_{out}|^2) \tag{3.14}$$

在滤波器带外,滤波器的阻抗处于完全失配状态,由于实部接近 0,因而根据式(3.14)可知,滤波器在带外几乎无热噪声输出。滤波器的热噪声输出频谱仅限于滤波通带内,因而滤波器在完成带外信号和杂波滤除的同时,还极大地抑制了带外噪声功率谱,降低了射频链路系统的总噪声功率。在射频电路各级中合理地使用滤波器是降低链路噪声、提高系统信

噪比的重要手段。

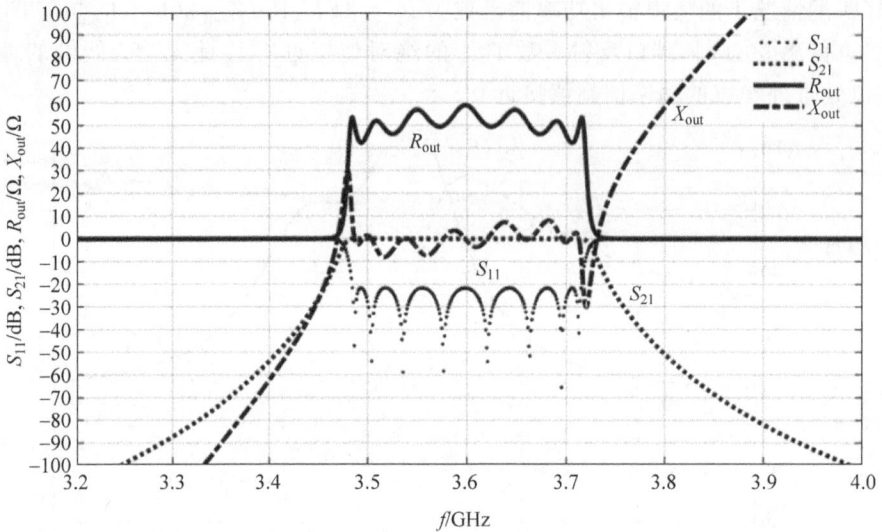

图 3.19　滤波器的 S 参数以及端口阻抗

无源器件的噪声以热噪声为主,等效噪声电路简单,一般为电阻串联噪声电压源或电阻并联噪声电流源。相比之下,有源器件的噪声表现较为复杂,不仅包含热噪声,还包含半导体器件特有的散粒噪声和闪烁噪声,典型的二极管、双极性晶体管和场效应管的噪声表现和噪声等效电路将在 3.5 节～3.7 节中介绍。

3.5　二极管

二极管是最早诞生的由硅、锗等材料制成的具有单向导电性能的半导体电子器件,能够实现限幅、钳位、整流、电路开关、检波以及频率变换等多种电路功能。二极管内部的噪声主要包括热噪声、$1/f$ 噪声、爆裂噪声以及散粒噪声等类型。二极管中的热噪声主要来源于体电阻和电极接触电阻;爆裂噪声主要是由晶体缺陷、表面态和复合中心引起的;$1/f$ 噪声一般认为是多重 G-R 噪声叠加的结果;散粒噪声则是由肖特基势垒或 PN 结势垒引起的。

3.5.1　肖特基二极管

单管芯平面结构的肖特基势垒二极管如图 3.20 所示,从下往上依次为半绝缘 GaAs 衬底、重掺杂 N 型 GaAs 导电层,轻掺杂 N 型 GaAs 外延层、SiO_2 钝化层和金属极,金属阳极通过空气桥跨越镂空区间后穿过钝化层与外延层接触,从而形成肖特基接触,该接触只占管芯的一部分表面,金属阴极穿过钝化层与外延层后直接与导电层形成欧姆接触。由于肖特基二极管是多数载流子器件,不受电荷短缺效应的影响,也没有 PN 结电子和空穴复合时间的限制,因而工作频率可高达几百吉赫。肖特基二极管在微波、毫米波和太赫兹频段被广泛应用于混频器、倍频器等非线性器件中。

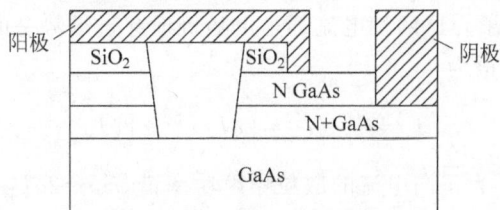

图 3.20 肖特基二极管的结构

半导体比金属的费米能级高,因此电子会从半导体流向金属,导致半导体中留下带正电荷的空穴,金属由于流入电子而带有负电荷,从而产生了从半导体指向金属的内建电势。内建电势会促使电子产生漂移运动,即从金属移动至半导体。当扩散和漂移达到平衡时,在半导体侧,临近金属层一定范围内,掺杂的施主自由电子被抽空,抽空的半导体区域称为耗尽层。耗尽层具有正电荷,金属侧表面具有一层极薄的电子层,两者电量相等。对于均匀掺杂的肖特基结来说,耗尽层的厚度为

$$d = \sqrt{\frac{2\varphi\varepsilon_s}{qN_d}} \tag{3.15}$$

其中,φ 为金属和半导体之间的能级差,N_d 为掺杂浓度,ε_s 为半导体介电常数,q 为载流子电荷。当外加偏压 V 时,式(3.15)中的 φ 应替换为 $\varphi - V$。外加正偏压时,耗尽层厚度降低,正向电流增大,外加反向电压时,耗尽层厚度增加。

肖特基二极管阳极具有较长的引线,所以存在一定的引线电阻 R_{s1} 和电感 L_s,外延层由于掺杂浓度低,在电荷未耗尽的区域表现为电阻,此外还存在扩散电阻、导电层电阻以及欧姆接触电阻,统一记为引线电阻 R_{s2}。金属阳极与阴极之间跨越多层绝缘层和半导体材料,分别引入了封装电容成分 C_{p1} 和 C_{p2},因此肖特基二极管的等效电路如图 3.21 所示。

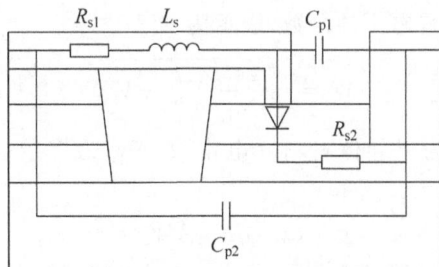

图 3.21 肖特基二极管的小信号模型

肖特基二极管在偏置电压 V 的作用下,产生的电流包括电子从半导体注入金属引起的电流成分以及电子从金属扩散入半导体引起的反向电流成分,表示为

$$I = I_f + I_r = I_s e^{\frac{qV}{nkT}} - I_s \tag{3.16}$$

其中,第一项 $I_{s}e^{\frac{qV}{kT}}=I_{f}$ 为二极管的正向电流,第二项 $I_{r}=-I_{s}$ 为反向饱和电流,q 为电子电量,n 为二极管理想因子。这两种电流都是由随机地穿过结势垒的载流子组成,表现出散粒噪声特性,等效的功率谱为

$$i_{s}^{\prime2}=i_{s1}^{\prime2}+i_{s2}^{\prime2}=2qI_{s}e^{\frac{qV}{kT}}+2qI_{s} \tag{3.17}$$

其中,$i_{s1}^{\prime2}=2qI_{f}=2qI_{s}e^{\frac{qV}{kT}}$ 为正向电流的散粒噪声功率谱,$i_{s2}^{\prime2}=2qI_{s}$ 为反向饱和电流的散粒噪声功率谱,特别的当 $V=0$ 时,$i_{s0}^{\prime2}=4qI_{s}$,尽管此时二极管的偏置电流为 0,输出的散粒噪声却不为 0。当 $I_{f}\gg I_{s}$,式(3.17)可近似为

$$i_{s}^{\prime2}\approx i_{s1}^{\prime2}=2qI_{s}e^{\frac{qV}{kT}}\approx 2qI \tag{3.18}$$

肖特基二极管是以金属为正极、N 型半导体为负极的半导体器件。金属和 N 型半导体的接触面上形成势垒,其中 N 型半导体中含有大量电子,肖特基二极管是多子器件,且电子渡越时间很短,散粒噪声公式(3.17)适用频率范围可达微波波段。当肖特基二极管的 N 型半导体掺杂浓度很高时,载流子渡越肖特基势垒的方式从扩散运动变为热发射以及量子隧穿,载流子的渡越时间 τ 更短,式(3.17)的可用频段更高。

二极管的闪烁噪声的表达式为

$$i_{1/f}^{\prime2}=\frac{2qf_{L}I_{DC}^{\gamma}}{f^{\alpha}} \tag{3.19}$$

其中,f_{L} 为低频转角频率;γ、α 为特征参数,与二极管工艺和材料有关,通常接近于 1。

二极管的小信号等效电路如图 3.22(a)所示,将引线电阻 R_{s1} 和 R_{s2} 合并为 R_{s},封装电容成分 C_{p1} 和 C_{p2} 合并为 C_{p}。二极管的噪声等效电路如图 3.22(b)所示,寄生电阻 R_{s} 贡献电压噪声源,偏置电流 I 贡献噪声电流源,其中 r_{j} 为动态电阻,即交流状态下电压与电流的微分比值,不贡献热噪声。二极管的结电容是耗尽层厚度的函数,耗尽层与偏置电压有关,正偏时耗尽层厚度减小,内建电压降低;反偏时耗尽层厚度增加,内建电压增加,存储电荷增加,耗尽层的厚度为偏置电压的函数,表示为

$$W=\sqrt{\frac{2\varepsilon}{qN_{D}}(V_{bi}-V)} \tag{3.20}$$

其中,V_{bi} 为肖特基势垒,ε 为半导体材料介电常数,N_{D} 为掺杂浓度,空间电荷区存储的电荷为

$$Q=qN_{D}AW \tag{3.21}$$

其中,A 为肖特基势垒处阳极接触的面积,据此,可得肖特基结电容为

$$C_{j}=\left|\frac{\partial Q}{\partial V}\right|=A\sqrt{\frac{\varepsilon qN_{D}}{2(V_{bi}-V)}}=\frac{C_{j0}}{\sqrt{1-\dfrac{V}{V_{bi}}}} \tag{3.22}$$

其中,C_{j0} 为零偏时二极管的结电容。二极管动态电阻表示为偏置电压对偏置电流的微分,即

$$R_{j} = \frac{1}{\partial I / \partial V} = \frac{nkT}{q(I + I_{s})} \tag{3.23}$$

结电阻 R_{j} 和结电容 C_{j} 均是偏置电压的函数,在进行高频噪声分析时,二极管的噪声模型忽略 $1/f$ 闪烁噪声等低频噪声,仅考虑肖特基势垒产生的散粒噪声和寄生电阻产生的热噪声。

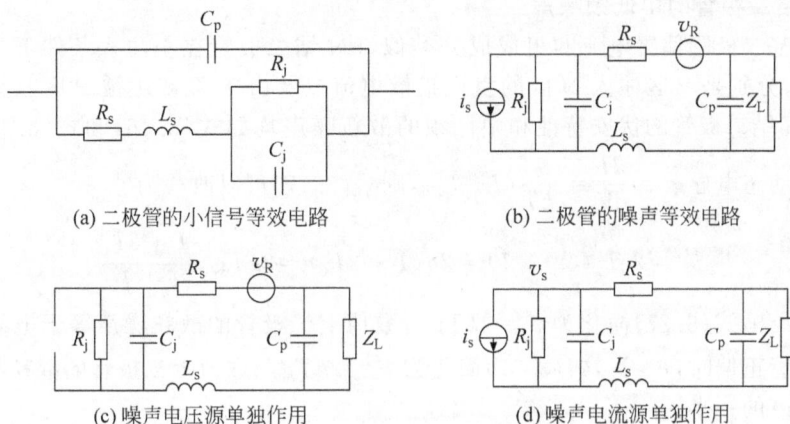

(a) 二极管的小信号等效电路   (b) 二极管的噪声等效电路

(c) 噪声电压源单独作用   (d) 噪声电流源单独作用

图 3.22 肖特基二极管的等效模型和噪声等效电路

按照各个独立源线性叠加的原理,逐一计算各个源对负载吸收功率的贡献。寄生电阻产生的热噪声电压均方值为 $\overline{v_{R}^{2}} = 4kTR_{s}\Delta f$,该热噪声电压源单独作用,如图 3.22(c)所示,对负载阻抗的噪声贡献为:

$$\overline{v_{ZL1}^{2}} = \left| \frac{Z_{L}}{1 + j\omega C_{p} Z_{L}} \right|^{2} \frac{\overline{v_{R}^{2}}}{|Z_{TR}|^{2}} \tag{3.24}$$

其中,$Z_{TR} = R_{s} + j\omega L_{s} + \dfrac{R_{j}}{1 + j\omega C_{j} R_{j}} + \dfrac{Z_{L}}{1 + j\omega C_{p} Z_{L}}$ 为热噪声电压源的全部负载阻抗。

由肖特基势垒产生的散粒噪声电流源单独作用的电路如图 3.22(d)所示,散粒噪声电流的均方值为 $\overline{i_{s}^{2}} = 2qI\Delta f$,噪声电流源流经负载阻抗得到电压均方值为

$$\overline{v_{s}^{2}} = \overline{i_{s}^{2}} |Z_{Ts}|^{2} \tag{3.25}$$

其中,$Z_{Ts} = \dfrac{1}{\dfrac{1}{R_{j}} + j\omega C_{j} + \dfrac{1}{R_{s} + j\omega L_{s} + \dfrac{Z_{L}}{1 + j\omega C_{p} Z_{L}}}}$ 为电流源的负载阻抗,负载 Z_{L} 的分压为

$$\overline{v_{ZL2}^{2}} = \overline{v_{s}^{2}} \left| \frac{\dfrac{Z_{L}}{1 + j\omega C_{p} Z_{L}}}{R_{s} + j\omega L_{s} + \dfrac{Z_{L}}{1 + j\omega C_{p} Z_{L}}} \right|^{2} \tag{3.26}$$

最终负载上总的噪声电压均方值为式(3.24)和式(3.26)之和。

3.5.2 PN 结二极管

PN 结二极管由 P 型半导体和 N 型半导体相接触而形成单向导通器件,其性质与肖特基二极管相似,但由于 PN 结二极管涉及两种载流子的运动,其噪声表现要比肖特基二极管复杂。

1. PN 结二极管的中低频噪声

与肖特基二极管偏置电流的组成成分类似,PN 结二极管在小注入条件下电流分量也包含两部分,分别是 P 区注入 N 区的空穴扩散电流以及由 N 区产生被 P 区收集的反向空穴电流。PN 结二极管的伏安特性和中低频的散粒噪声均如式(3.16)和式(3.17)所示,引入二极管的动态电导 $g_0 = \dfrac{\mathrm{d}I}{\mathrm{d}V} = \dfrac{q}{nkT}(I + I_s)$,则式(3.17)可以改写为

$$i_s'^2 = 2qI_s(\mathrm{e}^{\frac{qV}{kT}} + 1) = 2q(I + 2I_s) = 2kTg_0\frac{I + 2I_s}{I + I_s} \tag{3.27}$$

零偏压时,$I = 0$,式(3.27)简化为 $i_s'^2 = 4kTg_0$,数值上二极管的散粒噪声等于电导对应的热噪声。二极管正偏时,$I \gg I_s$,式(3.27)简化为 $i_s'^2 = 2kTg_0$,数值上二极管的散粒噪声等于电导对应热噪声的一半。

2. 小注入情况下的高频噪声

PN 结二极管载流子渡越时间长,式(3.17)和式(3.27)仅在频率较低且为小注入的情况下适用。在高频情况下,除存在正向漂移电流和反向扩散电流以外,还存在一种电流分量,即 P 区注入 N 区的某些空穴在被复合或被收集之前又返回 P 区所形成的回弹脉冲电流,其方向与器件电流方向相反,并伴有一定时间延迟,反向脉冲独立且随机产生,呈现散粒噪声特性[15],回弹电流散射噪声的功率谱表示为

$$S_u(f) = 4kT(g - g_0) \tag{3.28}$$

其中,$g = g_0\sqrt{\dfrac{1 + \sqrt{1 + \omega^2\tau_p^2}}{2}}$ 为 PN 结的高频电导,τ_p 为 N 区的空穴寿命。在高频情况下,PN 结二极管总的散粒噪声表示为

$$S(f) = S_s(f) + S_u(f) = 2kTg_0\frac{I + 2I_0}{I + I_0} + 4kT(g - g_0) = 4kTg - 2kTg_0\frac{I}{I + I_0} \tag{3.29}$$

高频电导随频率增加很快,随着频率的上升,二极管的回弹散射噪声将占主要地位。

3. 大注入噪声

大注入条件时,$\mathrm{P}^+\mathrm{N}$ 结二极管所加正向偏压足够大,使得 P 区产生的空穴大量注入 N 区,空穴作为 N 区的少子,大量注入导致其浓度接近甚至超过了 N 区的多子电子浓度。在大注入条件下,载流子跨越 PN 结势垒的过程不再构成一系列独立随机事件,不同电流分量之间的相关性变得十分显著。在大注入条件下,PN 结二极管的散粒噪声功率谱可统一写为

$$S(f) = 2qI\beta r(g, g_0) \tag{3.30}$$

其中,参数 β 和函数 $r(g, g_0)$ 与半导体掺杂浓度、半导体结构等因素相关,g_0 和 g 分别为二极管的低频电导和高频电导。

3.5.3　雪崩二极管

二极管的正向偏置和反向偏置情况下都会产生散粒噪声,反向偏置饱和电流幅度较小,因此产生的散粒噪声功率也较小;当反向偏置电压进一步增大时,少数载流子(电子)在大电场的加速下动能增加,产生隧道击穿;当反向偏置电压进一步增大时,高能电子与晶格发生碰撞,进而连锁激发更多的自由电子,从而产生雪崩击穿效应。雪崩击穿时反向电流激增,同时伴随着较高功率的散粒噪声输出。

1.雪崩击穿

假设半导体中的空穴和电子的电离系数相等,一组电子空穴对在通过空间电荷区时以一定概率碰撞晶格产生额外的一组电子空穴对,新的电子空穴对又会在电场的加速下继续碰撞产生下一代的电子空穴对,不断产生的电子空穴对增加了 PN 结的反向电流,各种电流成分由于电子空穴对的随机产生,具有散粒噪声特性[36],噪声功率谱表示为

$$S(f) = 2qI_0(1 + p + p^2 + \cdots)^3 = 2qI_0M^3 \tag{3.31}$$

其中,I_0 为 PN 结未击穿时的反向电流,p 为电子碰撞产生新的电离的概率,$M = 1/(1-p)$ 为电流倍增因子。

若半导体中空穴与电子的电离系数之比为 k,则 P^+N 二极管和 N^+P 二极管的雪崩噪声功率谱密度分别修正为

$$S(f) = 2qI_0M^3\left[1 + \frac{1-k}{k}\left(\frac{M}{M-1}\right)^2\right] \tag{3.32}$$

$$S(f) = 2qI_0M^3\left[1 - (1-k)\left(\frac{M}{M-1}\right)^2\right] \tag{3.33}$$

2.齐纳击穿

高掺杂的 PN 结空间电荷区很薄,在外加强反电场的作用下空间电荷区将进一步变薄,有一定数量的 P 区的高能价带电子越过禁带变为 N 区的导带电子,物理上称为量子隧穿,产生的 PN 结击穿为齐纳击穿。齐纳击穿产生的散粒噪声功率谱密度为

$$S(f) = 2qI_0\left[\frac{1 + 3a + 3ab + a^2b}{(1-ab)^2}\right] \tag{3.34}$$

其中,a 和 b 分别为半导体空间电荷区电子与空穴的平均电离系数。

式(3.31)～式(3.34)表示的噪声功率谱函数均不含频率因子,但不能认为雪崩二极管的噪声谱在无限宽的带宽内都具有白噪声特性。事实上雪崩二极管白噪声应用范围与载流子的渡越时间成反比,渡越时间越短,式(3.34)的应用频带越宽。优秀的雪崩噪声二极管产品可工作在 DC～Ka 频段,可作为测试领域的标准噪声源使用。

3.6　双极性晶体管

双极性晶体管俗称三极管,具有三个端子,由三部分不同性质掺杂的半导体材料组成,集电极和发射极之间等效为两个背靠背的 PN 结结构(即背靠背的二极管)。在合适的偏置

条件下,集电极和发射极之间由载流子在 PN 结的扩散运动和漂移运动中形成传输电流,电子和空穴两种极性的载流子共同参与电流的传输,因而得名双极性晶体管。

3.6.1 双极性晶体管的结构

构建放大器是双极性晶体管的重要用途之一,典型的共射和共集放大电路以基极为输入端,由于双极性晶体管具有较高的基极电阻,应用于射频频段放大器时不利于降低器件的噪声系数。为降低三极管的散粒噪声和热噪声,需降低基极-发射极的电流密度,因而晶体管结构多采用交指结构,交指结构的晶体管相当于多路晶体管并联,其结构如图 3.23 所示。一方面为进一步提高晶体管的电流增益,要求发射区重掺杂、基区轻掺杂;另一方面为提高晶体管的工作频率,又要求减小发射结电容、减少基区电阻。由于两种要求互相矛盾,因而双极性晶体管难以同时实现高频且高增益的要求,应用频率一般不超过 2GHz。

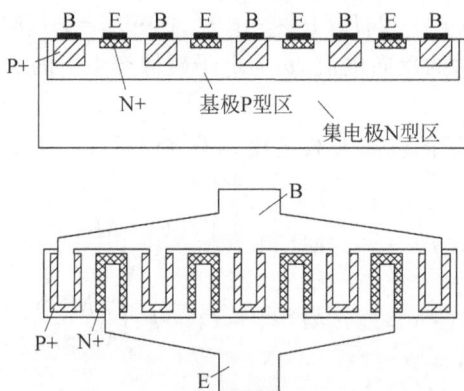

图 3.23 双极性晶体管的剖面和版图

有源电路都是有噪声的,为了分析方便,将有源电路中的噪声源抽象并提取出来,并与无噪声的理想有源模型相级联,构成的级联形式的噪声等效电路如图 3.24(a)所示。提取出的噪声源包含级联电压噪声源 v_n 和并联电流噪声源 i_n,放置在无噪有源电路的输入端,两个噪声源具有相应的功率谱函数,并且两者之间具有一定的相关性。

双极性晶体管的共射极放大电路如图 3.24(b)所示,根据三极管的特性,基极发射极结以及基极集电极结的偏置电流会产生散粒噪声,因此在三极管的输入和输出引入基极噪声电流源 i_b 和集电极噪声电流源 i_c,输入端的串联电压噪声源 v_b 为基极引线和基极半导体的体电阻所带来的热噪声,且 v_b 与基极和集电极的散粒噪声源不相关。将共射极放大电路的集电极噪声电流等效于输入端,其噪声电压部分与 $\overline{v_b^2}$ 相加,而噪声电流部分与 $\overline{i_b^2}$ 相加,最终转化为如图 3.24(a)所示的级联噪声模型[16],变换公式如下

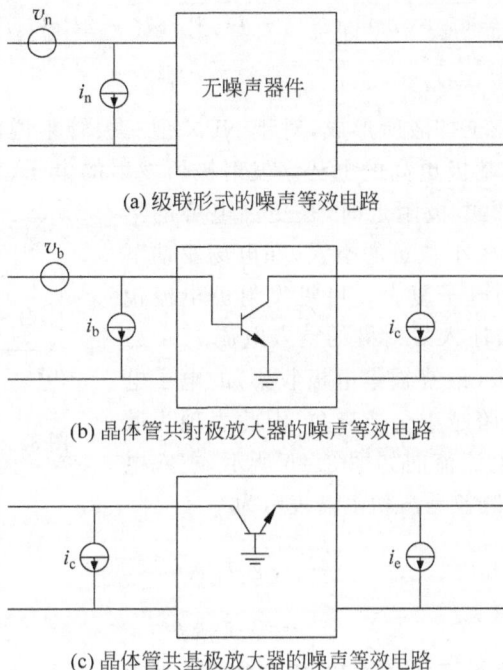

(a) 级联形式的噪声等效电路

(b) 晶体管共射极放大器的噪声等效电路

(c) 晶体管共基极放大器的噪声等效电路

图 3.24 共射极和共基极放大电路的等效噪声源模型

$$
\begin{cases}
\overline{v_{\mathrm{n}}^2} = \dfrac{\overline{i_{\mathrm{c}}^2}}{|Y_{21}|^2} + \overline{v_{\mathrm{b}}^2} \\[3mm]
\overline{i_{\mathrm{n}}^2} = \overline{i_{\mathrm{b}}^2} + \overline{i_{\mathrm{c}}^2}\,\dfrac{|Y_{11}|^2}{|Y_{21}|^2} - 2\mathrm{Re}\!\left(\overline{i_{\mathrm{b}}^* i_{\mathrm{c}}}\,\dfrac{Y_{11}}{Y_{21}}\right) \\[3mm]
\overline{i_{\mathrm{n}}^* v_{\mathrm{n}}} = \overline{i_{\mathrm{c}}^2}\,\dfrac{Y_{11}^*}{|Y_{21}|} - \dfrac{\overline{i_{\mathrm{b}}^* i_{\mathrm{c}}}}{Y_{21}}
\end{cases}
\tag{3.35}
$$

SPICE 模型将共射电路的输入和输出电流噪声定义为基极和集电极的散粒噪声[17]，即 $\overline{i_{\mathrm{b}}^2} = 2qI_{\mathrm{B}}\Delta f$，$\overline{i_{\mathrm{c}}^2} = 2qI_{\mathrm{C}}\Delta f$。根据文献[18]，忽略集电极结的渡越时间，并认为电流放大系数足够大的情况下，基极和集电极的散粒噪声相关性为 0。另外基极引线和体电阻带来的热噪声为 $\overline{v_{\mathrm{b}}^2} = 4kTR_{\mathrm{b}}\Delta f$。

共基极三极管放大器的噪声模型如图 3.24(c) 所示，输入端噪声电流源为集电极电流对应的散粒噪声，输出端噪声电流源为发射极电流对应的散粒噪声。共基极等效噪声电路可以转化为共射极噪声电路，考虑到基极电流满足 $i_{\mathrm{b}} = i_{\mathrm{e}} - i_{\mathrm{c}}$，转化后的共射极功率谱函数为[19]

$$\begin{cases} \overline{i_b^2} = \overline{(i_e - i_c)^* (i_e - i_c)} = \overline{i_e^2} + \overline{i_c^2} - 2\mathrm{Re}(\overline{i_c i_e^*}) \\ \overline{i_b^* i_c} = \overline{(i_e - i_c)^* i_c} = \overline{i_e^* i_c} - \overline{i_c^2} \end{cases} \tag{3.36}$$

晶体管中电流由载流子扩散所形成,对于 NPN 型三极管来说,一般 BE 正向导通,CB 反向偏置,集电极具有比基极更高的电势。发射极所发射的电子(对基极来说为少数载流子)流向基极,当扩散至集电极附近时,被更高电势的集电极所收集,而基极输出较小数量的空穴,在电场驱动下进入发射区,与发射极的电子复合。可见发射极电流包含两部分:一部分是基极注入发射极的空穴电流 i_{pe};另一部分是发射极注入基极(最终被集电极收集)的电子电流 i_{ne}。两种电流成分均跨越 PN 结势垒,因此表现为散粒噪声。载流子流向和电流流向如图 3.25 所示,空穴电流 i_{pe} 和电子电流 i_{ne} 的散粒噪声功率谱表示为

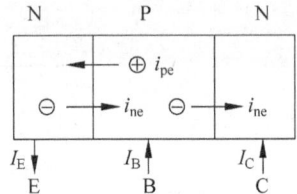

图 3.25 NPN 三极管的各极电流流向

$$\begin{cases} \overline{i_{ne}^2} = 2qI_C\Delta f \\ \overline{i_{pe}^2} = 2qI_B\Delta f \end{cases} \tag{3.37}$$

发射极电流为空穴电流和电子电流之和,因此其噪声功率谱表示为

$$\overline{i_e^2} = \overline{i_{ne}^2} + \overline{i_{pe}^2} + \overline{i_{ne}i_{pe}^*} + \overline{i_{ne}^* i_{pe}} = \overline{i_{ne}^2} + \overline{i_{pe}^2} + 2\mathrm{Re}(\overline{i_{ne}i_{pe}^*}) \tag{3.38}$$

文献[20]证明空穴电流和电子电流互功率谱为纯虚数,因此发射极散粒噪声可简化写为

$$\overline{i_e^2} = \overline{i_{ne}^2} + \overline{i_{pe}^2} = 2q(I_C + I_B)\Delta f = 2qI_E\Delta f \tag{3.39}$$

由式(3.37)可知,基极散粒噪声由越过发射结(EB)势垒的发射区少子(空穴)电流 I_B 决定,集电极散粒噪声由越过集电结(CB)势垒的基区少子(电子)电流 I_C 决定。载流子跨越晶体管的基极和集电极结是需要一定时间的,标记载流子在基区渡越时间为 τ_b,载流子通过集电极结的渡越时间为 τ_n。低频晶体管的基极宽度较大,基区渡越时间远大于集电极结渡越时间,因此后者可以忽略。而高频晶体管的基极尺寸缩减显著,导致基区渡越时间与集电极结渡越时间相当。SPICE 模型认为噪声电流源 i_b 和 i_c 不相关,这仅适用于低频晶体管,高频晶体管由于集电极结的渡越时间相比于基区渡越时间不可忽略,导致集电极结的集电极端电流 i_{c1} 和基极端的电流 i_{c2} 是不相等的,两者的差值电流 i_{b2} 称为过剩基极电流。这部分电流将贡献额外的散粒噪声,这样总的基极电流包含基极注入发射极的空穴电流和过剩基极电流两种成分,两种成分互不相关,因此噪声功率谱可直接叠加。由于过剩基极电流与集电极电流直接相关,因此过剩基极电流的散粒噪声与集电极噪声强相关,这导致高频时总的基极电流散粒噪声与集电极散粒噪声部分相关,SPICE 模型所述的基极电流和集电极电流不相关的关系将不再成立。根据文献[21],集电极端电流 i_{c1} 和基极端的电流 i_{c2} 关系为

$$i_{c2} = i_{c1}(1 - \mathrm{j}\omega\tau_n) \tag{3.40}$$

各电流成分的功率谱表示为

$$
\begin{cases}
\overline{i_{c2}^2} = 2qI_C(1+\omega^2\tau_n^2)\Delta f \\
\overline{i_{b2}^2} = 2qI_C\omega^2\tau_n^2\Delta f \\
\overline{i_{b2}^* i_{c2}} = -2qI_C(j\omega\tau_n + \omega^2\tau_n^2)\Delta f
\end{cases}
\tag{3.41}
$$

发射极注入基区的电子小部分与基极中的多子(即空穴)复合,大部分直接进入集电极。集电极与基极处于反偏状态,电子在基极-集电极结内建电场中顺行,没有跨越势垒,因此不会产生额外的散粒噪声。实际上这部分电流体现为散粒噪声的本质原因为:集电极电流为发射极注入的电子电流的副本,两者仅相差时间常数 τ_n,当频率进入射频特别是微波波段以上频率时,时延常数 τ_n 带来的影响将不可忽略。集电极电流表现出的散粒噪声特性也继承于发射极电流,因此集电极电流与发射极电流噪声是强相关的。集电极电流表达式为 $i_c = i_{nc} = i_{ne}e^{-j\omega\tau_n}$,因此共射极电路的发射极电流和集电极电流相应的噪声功率谱为

$$
\begin{cases}
\overline{i_e^2} = \overline{|i_{pe}+i_{ne}|^2} = \overline{i_{ne}^2} + \overline{i_{pe}^2} + 2\mathrm{Re}(\overline{i_{ne}^* i_{pe}}) = 2q(I_B+I_C) = 2qI_E\Delta f \\
\overline{i_c^2} = 2qI_C\Delta f \\
\overline{i_c^* i_e} = \overline{i_{ne}^* e^{j\omega\tau_n}(i_{pe}+i_{ne})} = 2qI_C e^{j\omega\tau_n}\Delta f
\end{cases}
\tag{3.42}
$$

对于共基极电路来说,将集电极视为输入端,发射极视为输出端,采用时延模型来描述共基极电路的输入端和输出端噪声电流源,可得到噪声谱函数为

$$
\begin{cases}
\overline{i_b^2} = \overline{i_c^2} + \overline{i_e^2} - 2\mathrm{Re}(\overline{i_c^* i_e}) \\
\quad\quad = 2q(I_C+I_E)\Delta f - 4qI_C\Delta f\,\mathrm{Re}(e^{j\omega\tau_n}) \\
\overline{i_c^2} = 2qI_C\Delta f \\
\overline{i_b^* i_c} = \overline{(i_e^* - i_c^*)i_c} = 2qI_C\Delta f(e^{-j\omega\tau_n}-1)
\end{cases}
\tag{3.43}
$$

当频率较低时,$\omega\tau_n \approx 0$,即退化为 SPICE 模型,此时式(3.43)简化为

$$
\begin{cases}
\overline{i_b^2} = 2q(I_C+I_E)\Delta f - 4qI_C\Delta f = 2qI_B\Delta f \\
\overline{i_c^2} = 2qI_C\Delta f \\
\overline{i_b^* i_c} = 0
\end{cases}
\tag{3.44}
$$

3.6.2 双极性晶体管的噪声等效电路

双极性晶体管的噪声等效电路有 T 形和 Π 形两种等价形式,分别如图 3.26(a)和(b)所示。虚线框内的等效器件为晶体管的本征模型,框外器件为晶体管封装等因素带来的寄生参数,寄生参数包括各个引脚的寄生电阻以及引脚间的封装电容。其中,$r_{b'e}$ 为基极电阻,

g_m 为跨导, C_{be} 为发射极电容, C_{bc} 为基极和集电极势垒电容, r_c 为集电极动态电阻, α 为共基极电流放大系数。T 形模型中的基极电阻等效为噪声电压源,基极和发射极 PN 结产生散粒噪声源,基极与集电极的 PN 结也产生散粒噪声源,但由于这个 PN 结一般工作于反偏状态,反向电流很小,因此这个 PN 结产生的散粒噪声可以忽略。

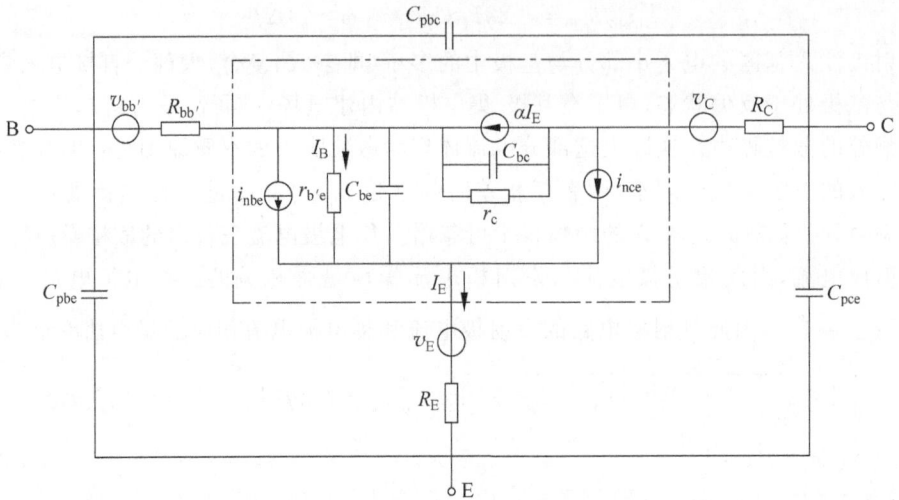

(a) 晶体管的T形噪声等效电路

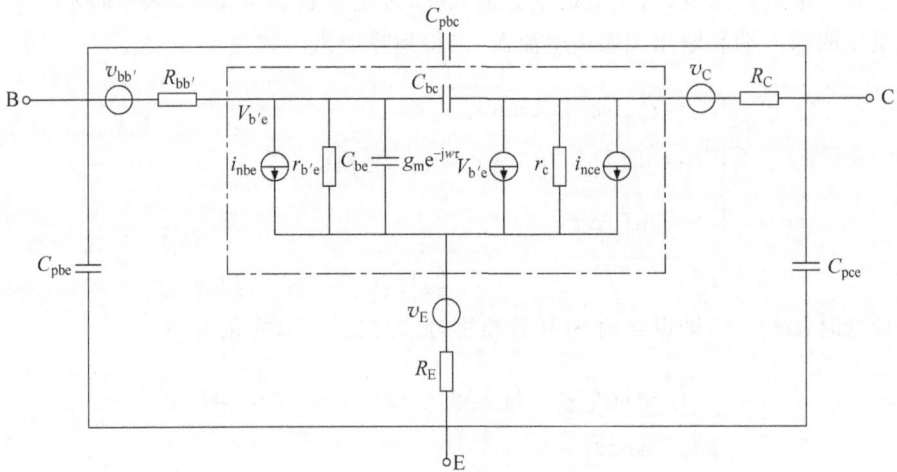

(b) 晶体管的Ⅱ形噪声等效电路

图 3.26 晶体管的 T 形和 Ⅱ 形噪声等效电路

晶体管噪声源主要由热噪声、散粒噪声、低频噪声和高频分配噪声等几种类型构成。晶体管各个电极具有一定的引线电阻,将 $v_{bb'}$、v_C 以及 v_E 分别定义为基极、集电极和发射极引线寄生电阻的等效电压噪声源。PN 结在偏置电压下会产生散粒噪声,半导体和金属的接触以及半导体的层间接触会产生闪烁噪声,另外基极和集电极电流汇聚为发射极电流,两者的比例波动会带来高频率的分配噪声。

各个电极的引线噪声电压表示为

$$\begin{cases} v_{bb'}'^2 = 4kTR_{bb'}\Delta f \\ v_C'^2 = 4kTR_C\Delta f \\ v_E'^2 = 4kTR_E\Delta f \end{cases} \tag{3.45}$$

基极噪声源包含基极-射极 PN 结的散粒噪声和闪烁噪声成分,两者来源不同,因此互不相关,功率谱相互叠加表示为

$$i_{nbe}'^2 = i_{SB}'^2 + i_{B\_1/f}'^2 \tag{3.46}$$

其中,基极散粒噪声表示为 $i_{SB}'^2 = 2qI_B\Delta f$,基极闪烁噪声表示为 $i_{B\_1/f}'^2 = \dfrac{k_F I_B^\gamma}{f^\alpha}\Delta f$,基极-射极

PN 结本质上就是二极管,因此闪烁噪声的表达式与二极管一致。

集电极噪声来源主要有散粒噪声和高频分配噪声,两者也互不相关,集电极总电流噪声功率谱表示为

$$i_{nce}'^2 = i_{SC}'^2 + I_{cp}'^2 \tag{3.47}$$

其中,集电极散粒噪声为 $i_{SC}'^2 = 2qI_C\Delta f$,高频分配噪声为 $I_{cp}'^2 = 2qI_C\left(1 - \dfrac{|\alpha|^2}{\alpha_0}\right)\Delta f$, $\alpha = \alpha_0 /$

$\sqrt{1 + f^2/f_a^2}$ 为频率为 f 的共基极电流放大倍数, α_0 为 α 在直流时的值, f_a 为 α 的截止频率。

对于共射极放大电路来说,若基极输入端源阻抗为 R_s,将晶体管内部各个噪声源转化为输入端电压噪声源,有如下结果

$$\begin{cases} v_B'^2 = i_{nbe}'^2 (R_s + R_{bb'})^2 \\ v_C'^2 = i_{nce}'^2 \dfrac{(R_s + R_{bb'} + r_{b'e})^2}{(g_m r_{b'e})^2} \end{cases} \tag{3.48}$$

等效为输入端的噪声总功率谱密度为

$$v_N'^2 = v_{Ts}'^2 + v_{bb'}'^2 + v_B'^2 + v_C'^2 \tag{3.49}$$

其中, $v_{Ts}'^2 = 4kTR_s$, $g_m = \dfrac{qI_c}{kT}$, $r_{b'e} = \dfrac{\beta}{g_m}$, $r_{b'e}$ 和 r_c 是虚拟的动态电阻,没有热噪声贡献。

3.6.3 异质结晶体管

双极性晶体管具有较高的基区电阻和较大的基极发射极结电容,导致放大器电路搭建时输入级匹配难度较大,增益、噪声系数以及工作频带不理想。为了减小基区电阻,可采取提高基区掺杂浓度、增宽基区厚度等措施,但副作用是载流子基区渡越时间增大,影响器件的运行速度、限制电路的最高工作频率和功率放大能力。若采取增加集电结耗尽层的厚度或者减小集电结的面积等措施降低发射结势垒电容,会导致载流子渡越集电结耗尽区的时

间增加,进而降低器件的放大性能。因此传统的双极性晶体管结构和工艺难以兼顾高频、高增益、低噪声等要求。

异质结双极晶体管(HBT)的出现克服了晶体管的缺点,HBT采用宽带隙半导体材料做发射区,窄带隙材料做基区(HBT剖面如图3.27所示),与双极性晶体管相比,HBT具有特征频率高,最高振荡频率高等特点。HBT降低了电子从发射区注入基区的势垒,同时提高了空穴由基区向发射区反注入的势垒,使电子电流注入基极得到加强,同时抑制空穴注入发射极,从而获得更高的发射效率。发射效率的提高使得晶体管制造工艺中无需对发射极进行高浓度掺杂即可实现电流增益的提升,使器件在保持较高电流增益的条件下,达到较高的晶体管速度和工作频率。HBT不仅在发射极和基极界面可实现异质结,甚至还可在基底和集电极界面实现双异质结结构,使得晶体管的最高工作频率延伸至50GHz。HBT的等效电路拓扑结构与晶体管一致,仅具体参数不同。

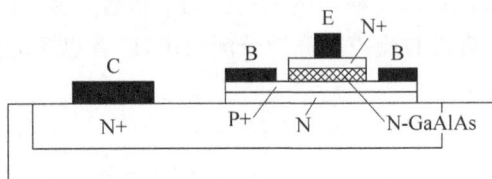

图 3.27   异质结晶体管的剖面图

3.7　场效应晶体管

应用于微波集成电路中的射频放大器主要包含结型晶体管(Junction Transistor)和场效应晶体管(Field Effect Transistor,FET)两种基本的场效应管形式。其中结型晶体管包括3.6节所讨论的双极性晶体管(Bipolar Junction Transistor,BJT)和异质结晶体管(Heterojunction Bipolar Transistor,HBT),双极性晶体管由于其特征频率的限制主要应用于低频放大电路中,异质结晶体管的特征频率较高,可用于高频和微波波段。微波场效应晶体管的特征频率比双极晶体管高,并且随着晶体管特征尺寸的缩小,特征频率可达到数百吉赫(GHz),因此在微波波段特别是毫米波波段需要采用场效应管制作各种类型的射频放大器。场效应晶体管包括高电子迁移率晶体管(HEMT)、赝同晶高电子迁移率晶体管(pHEMT)、金属半导体场效应晶体管(MESFET)、金属绝缘层半导体场效应晶体管(MISFET)、金属氧化物半导体场效应晶体管(MOSFET)。其中,MESFET和MOSFET适用于低频率射频放大器的设计,而HEMT及pHEMT适用于高频、微波甚至是毫米波波段射频放大器的设计。

场效应晶体管均为电压控制元件,对输入端电流索取极少,且沟道中传输的载流子为多数载流子,载流子迁移率很高。场效应管以其良好的高频特性和低噪声特性,在射频电路中广泛应用。射频场效应管与传统的模拟和数字场效应管工艺兼容,所以易于制造具有综合功能的射频集成电路。场效应管集成电路成本低,功耗小,适用于移动终端使用。

3.7.1 场效应管概述

场效应管是一种利用外置偏压控制沟道电流通断和电流大小的半导体器件,导电沟道中只有一种载流子传输,因此这种半导体器件也称为单极型晶体管。场效应管是多数载流子导电的器件,不存在少子的存储、少子在多子中的扩散问题与复合作用,因而载流子迁移速度高、噪声系数低,可用工作频率也比双极性晶体管高。根据外置偏压控制机理的不同,场效应管可分为结型场效应管(JFET)、金属半导体场效应管(MESFET)以及金属氧化物半导体场效应管(MOSFET)。其中 JFET 采用 PN 结作为栅极,PN 结反偏时耗尽区厚度增大,压缩导电沟道的宽度,从而达到控制电流大小和电流通断的作用。MESFET 采用由金属半导体构成的肖特基势垒作为栅极,工作时肖特基势垒也处于反偏,通过改变耗尽区的厚度来调节导电通道的宽度,结型场效应管和金属半导体场效应管在栅极零偏置时,导电沟道没有受到耗尽区的挤压,沟道处于全开放状态,此时源漏极施加电压,将产生较大的沟道电流。与前两者不同,MOSFET 结构中源和漏之间为一对背靠背的 PN 结,不存在导电沟道,但当栅极加载足够大的偏压时,由于静电吸引效应会在栅极绝缘体底部形成一层反型层,反型层载流子类型与源漏极一致,因而形成了导电沟道,通过调整栅压可以改变反型层(即导电沟道)的厚度,进而可调节电流通断和电流大小。每一类型的场效应管根据导电沟道的极性可分为 N 沟道和 P 沟道两种,具体还可细分为增强型和耗尽型两种。

1. 结型场效应晶体管

N 沟道结型场效应晶体管结构如图 3.28 所示,器件本体为 N 型半导体材料,在左右两端制作高掺杂的 P 区作为栅极,N 型本体的上下两端分别引出漏极和源极。漏极和源极之间的 N 型半导体形成导电沟道,当源漏之间有电压差时,将形成导电电流。栅极与本体材料形成 PN 结,PN 结形成的耗尽区将挤占导电沟道区域,当 PN 结反向偏置时,耗尽区变厚,挤压导电沟道使之变窄,以此可以调控沟道通过的电流。JFET 属于电压控制器件,正常工作时栅极处于反偏,因而栅极电流极小,因此 JFET 作为放大器应用时栅极不需要大的直流驱动功率,

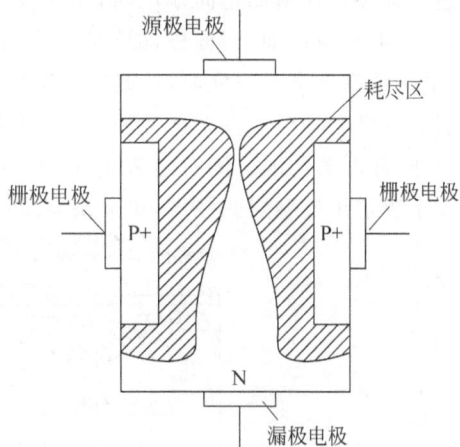

图 3.28 JFET 的结构

并且栅极输入阻抗大,易与外部电路匹配。JFET 的沟道位于半导体内部,载流子的流动不受栅极表面态的状态和缺陷影响,因此具有迁移率高、噪声低的特点[30]。

2. 金属半导体场效应晶体管

MESFET 结构如图 3.29 所示,栅极由金属与半导体构成的肖特基势垒构成,栅极下方为导电沟道薄层,导电沟道的半导体材料极性和源漏极一致,均为 N 型掺杂,漏极和源极天

然导通。与 JFET 相同,正常工作时 MESFET 的肖特基势垒也工作于反偏,由栅极的反偏电压调节耗尽区的厚度,从而实现对沟道电流的控制。GaAs 材料制成的 MESFET 具有优良高频、高速和低噪声等优点。微波领域常用的高迁移率场效应管 HEMT 的栅极往往也是肖特基势垒,也可看作一种特殊的高频 MESFET。

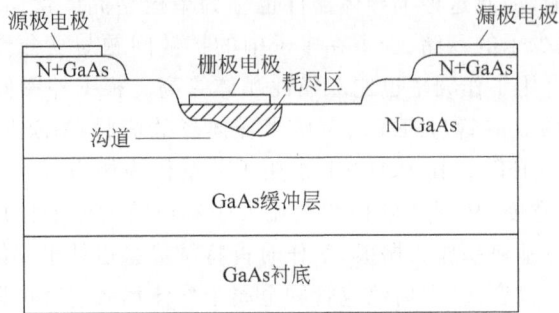

图 3.29　MESFET 的结构

3. 金属氧化物半导体场效应晶体管

N 沟道增强型 MOSFET 结构如图 3.30 所示,半导体本体采用 P 型材料,在源漏极扩散两个 N 型区,栅极由金属电极和氧化物构成绝缘平板电容结构实现。源漏之间为 P 型半导体,因此源极和漏极之间为一对背靠背的 PN 结,即便源漏之间加偏压,也无法实现电流流通。当在栅极施加正向偏压时,由于静电效应,栅极下方的 P 型半导体中空穴的数量减少,电子的数量增加,当栅极偏压足够高时绝缘层下的 P 型半导体将会出现大量电子的聚集,电子的密度高于空穴时,P 型半导体将表现出 N 型半导体的性质,即形成了反型层。反型层与源极和漏极的掺杂区性质一致,因而在栅极下方形成的 N 型导电沟道与源漏极 N 型区联通,此时若源漏之间有电势差,电子即可在沟道内横向传输,形成导通电流。栅极偏压的大小决定了反型层的厚度,进而决定了一定漏源偏压下的沟道电流大小。

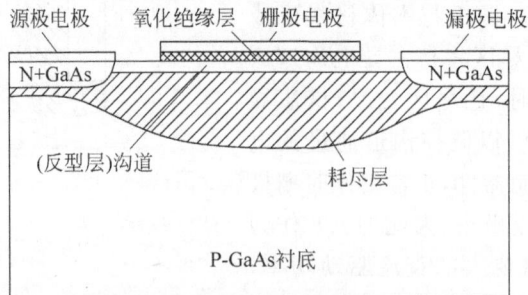

图 3.30　MOSFET 的结构

4. 高电子迁移率晶体管

高电子迁移率晶体管(HEMT)是一种采用异质结的场效应晶体管,是 MESFET 的一个变种,也称为调制掺杂场效应晶体管和二维电子气场效应晶体管,主要用于微波、毫米波、超高速领域。典型的 AlGaAs/GaAs 异质结 HEMT 结构如图 3.31 所示,漏极和源极与 N 型掺杂 AlGaAs 半导体材料构成欧姆接触,栅极与 AlGaAs 层接触形成肖特基势垒,肖特基势垒反型层完全阻塞 N 型 AlGaAs 层,因此载流子无法在此层形成沟道传输。N 型掺杂 AlGaAs 下方分别为 AlGaAs 本征层和 GaAs 本征层,AlGaAs 与 GaAs 本征层接触后,由于能带的不连续形成异质结,使得 AlGaAs 势垒层中的电子会向非掺杂的 GaAs 层一侧移动并被束缚到二维量子势阱中,从几何上看量子势阱很窄,因此电子被束缚在 GaAs 一侧的薄层里,称为二维电子气。由于电离施主在 AlGaAs 势垒层中,而与之对应的电子在非掺杂的 GaAs 层势阱中,电子与其电离施主在空间上是分离的,降低了离子化杂质对电子的散射作用,电子在势阱中的运动几乎不受施主晶格的散射影响,电子漂移速度快,沟道电阻低,从而使异质结器件具有迁移率高、饱和速度大、高特征频率和低噪声性能等优点。异质结 FET 器件比相同沟道长度的 MESFET 具有更高的增益、更低的噪声系数、更高的特征频率,逐步取代了 MESFET 器件。PHEMT 具有更低噪声系数,不仅应用于低噪声放大器,还可用于小信号和功率放大器。

GaAs 型 HEMT 的沟道是由于异质结形成的量子阱束缚载流子而形成的,而 MOSFET 的沟道是由沟道垂直方向电场作用形成的反型层产生的,两者沟道形成机制完全不同。

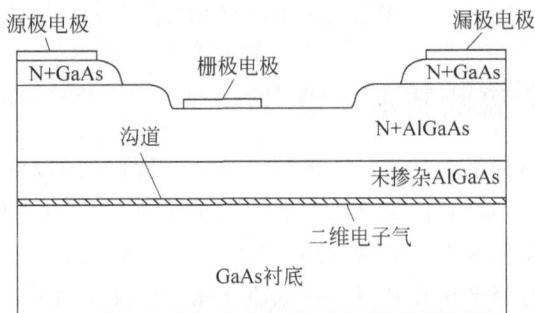

图 3.31 HEMT 的结构

当 HEMT 器件的栅漏极之间加偏置电压后,将形成平行于势垒层的电场,电子由源极欧姆接触进入导电沟道,并在电场的作用下由源极向漏极做漂移运动,从而形成漏极电流 I_d,并通过漏极欧姆接触形成电流回路。HEMT 也属于电压控制器件,栅极偏置电压能够改变异质结界面处三角形势阱的深度和宽度,调节导电沟道的电子浓度,从而改变电子的迁移率和漏极电流的大小。如果将小功率的正弦电压波加在栅极上,则会引起沟道电流也做同频率的正弦波动,当漏极引出的正弦电流加载到合适的负载上之后,将在负载上得到振幅更大的正弦电压波,从而实现了信号的放大。栅极电压可改变异质结势阱的深度,控制二维电子气的电荷密度,从而控制着导电沟道中的电流。

目前除了 AlGaAs 与 GaAs 异质结 HEMT 广泛应用以外,AlGaN 与 GaN 异质结 HEMT 也逐渐崭露头角,GaN 异质结 HEMT 的异质结界面处,量子势阱深,因此二维电子气的浓度远高于 GaAs 异质结 HEMT,这些特性决定了 AlGaN 与 GaN 异质结 HEMT 在高频、高功率以及低噪声应用上有很大的应用潜力和发展前景。

HEMT 具有较好的高频、高速和低噪声性能,但是 HEMT 常出现 DX 中心缺陷,导致二维电子气浓度随温度变化,从而导致 HEMT 阈值电压不稳定,温度稳定性差[31]。为解决这一问题,在 HEMT 的 AlGaAs 层与 GaAs 层之间插入不掺杂的 InGaAs 薄层,二维电子气将在 AlGaAs 与 InGaAs 界面产生,半导体结构如图 3.32 所示,这种结构称为赝同晶高电子迁移率晶体管(pHEMT)。由于 InGaAs 禁带宽度较窄,异质结势阱较深,容易消除 DX 中心的影响,从而获得较好的温度稳定性。

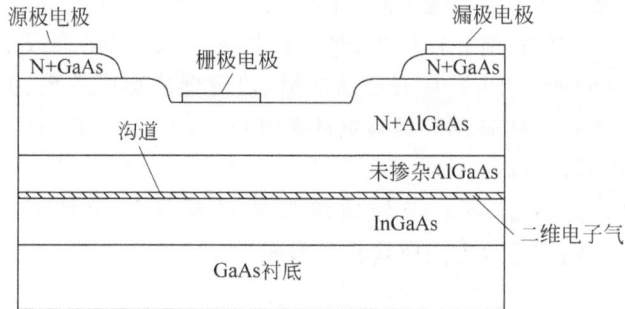

图 3.32　pHEMT 的结构

3.7.2　场效应管的基本参数

对于场效应管而言,栅极电压超过一定阈值才能在源漏之间形成导电沟道。对于结型场效应管和耗尽型场效应管而言,零栅压时器件内就有沟道,只有当反偏电压达到一定程度沟道才被夹断,这个典型栅极电压称为夹断电压 V_p。对于增强型场效应管而言,栅极零偏时不存在导电沟道,只有当栅压提升至一定数值才能形成反型沟道,这个电压称为开启阈值电压 V_T。

在电场作用下,沟道内载流子的漂移速度也是晶体管的重要指标之一。半导体中的载流子在外加电场作用下,产生两种运动模式的叠加:一方面是载流子在电场作用下的漂移运动;另一方面是运动的载流子与晶格碰撞而不断散射,产生速度和方向的变化。由于晶格散射的存在,使得载流子不可能处于一直加速的状态,载流子的每次碰撞都会将一定的能量交换给晶格,自身的动能降低或方向改变,宏观上看在外电场和散射的双重作用下,载流子维持一定的平均速度沿外电场力的方向漂移,形成电流。而且在恒定电场作用下,电流密度是恒定的,载流子平均速度与电场的比值称为载流子迁移率,具体表示为

$$\mu_e = \frac{\bar{v}}{E} \tag{3.50}$$

半导体导电通道(沟道)的电导表示为

$$\sigma = nq\mu_e \tag{3.51}$$

其中，n 为沟道内载流子密度，q 为载流子电量。晶体管导电沟道电导与载流子迁移率成正比，迁移率越大，电阻率越小，因而功耗越小，电流和功率承载能力越大。另一方面迁移率越大，载流子渡越时间越短，相应的可用频率越高。同一半导体基体材料的电子迁移率远高于空穴迁移率，因而高速高功率型晶体管通常采用 N 沟道结构。

场效应管均为电压控制器件，栅极电压可以控制沟道电流大小，这种器件统称为跨导器件，一般满足以下关系

$$I_D = g_m V_G \tag{3.52}$$

其中，g_m 称为跨导。MOSFET 栅极电压超过开启电压时，会在栅极下方的 P 型半导体材料中产生反型层，进而形成源极和漏极之间的导电通道，当源漏之间电压由零逐渐增大，沟道电流也迅速增大，基本与漏极电压成现线性关系，漏极电流表达式为

$$I_D = \frac{WC_{ox}\mu_e}{L}\left[(V_G - V_T)V_D - \frac{V_D^2}{2}\right] \tag{3.53}$$

其中，W 和 L 为栅的宽度和长度。当 $V_D \geqslant V_G - V_T$ 时，电子在高电压作用下运动越来越快，达到最大速度极限之后，电子传输电流的能力将不随电压的升高而明显增大，此时场效应管进入饱和区，漏极电流与漏极电压弱相关，零阶的电流近似公式为

$$I_D = \frac{WC_{ox}\mu_s}{2L}(V_G - V_T)^2 \tag{3.54}$$

作为射频放大器的核心器件，晶体管的特征频率和最大振荡频率是两个重要参数。特征频率定义为晶体管共射极（共源）电路的电流放大系数降低至 1 时的频率，该参数也称为晶体管的增益带宽积，主要由栅源电容以及栅漏电容决定。在高频电场的作用下载流子需要一定延迟时间才能从发射极（源极）传输至集电极（漏极），当器件工作频率较高，源漏间的延迟时间与信号周期可比拟时，晶体管的输入信号和输出信号具有较大的相位差，载流子在基区中的电流与集电极电流不同相，导致器件的电流增益下降；当器件工作频率足够高时，电流增益下降至 1 以下，此时器件不具备电流放大能力。当器件的工作频率高于特征频率时，尽管电流增益低于 1，但在器件负载较大的情况下仍有可能使功率增益大于 1，因此仅采用电流增益不足以完整描述器件的放大性能，还需采用功率增益来衡量。晶体管的最大振荡频率定义为器件的功率增益降低至 1 时的频率，当工作频率高于器件最大振荡频率时，负载得到的功率小于器件的输入功率，此时器件不具备功率放大能力。

MOSFET 在栅极与导电沟道之间用二氧化硅隔离，而 MESFET 采用金属半导体的肖特基势垒为栅极控制端，正常工作情况，二极管处于在反偏状态下，因此栅极电流几乎为零。场效应管沟道的流通电流与半导体表面（栅极）平行，沟道即为栅极下方由掺杂半导体形成的导电通道，其长度一般定义为栅极的长度，沟道的长度与半导体器件的特征频率 f_T 成反比，为了提高半导体的特征频率，通道长度必须较短，通常短于 $1\mu m$。

3.7.3　场效应管的小信号模型

小信号模型是分析和仿真场效应管在微弱输入信号状态下工作特性的有效工具，在此

基础上可以建立器件的噪声模型,为计算和评估器件的增益、效率、噪声系数等参数提供技术手段。同双极性晶体管一样,建立场效应管的小信号模型有助于分析其电学特性,同时进一步可依据小信号模型建立场效应管的噪声等效电路。场效应管的小信号等效模型一般采用共源 II 形等效电路,如图 3.33 所示,虚线内为场效应管的本征部分,虚线外为寄生成分,其中 C_{pgd}、C_{pg}、C_{pd} 分别为器件的封装电容,R_s、R_g、R_d 分别为源极、栅极和漏极的欧姆接触、焊盘材料和引线所引起的寄生电阻,L_s、L_g、L_d 为源极、栅极、漏极寄生电感,共源极场效应管电路的源极一般通过过孔与衬底地连接,因此 R_g 和 L_g 分别为通孔的寄生电阻和电感。场效应管本征部分的主要参数有栅极电容 C_{gs}、栅极充电电阻 R_i、跨导 g_m、栅漏电容 C_{gd} 以及漏源电容 C_{ds}。外围的寄生参数基本不随偏置变化,而本征部分则受偏置影响较大。

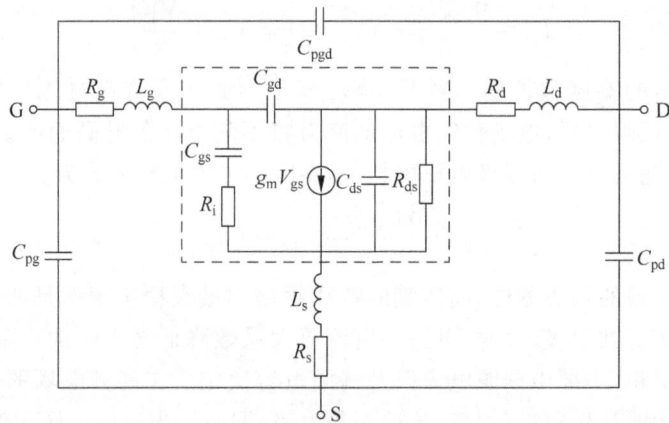

图 3.33　场效应管的小信号等效电路

根据场效应管的等效电路,漏极短路时栅极和漏极电流分别表示为

$$\begin{cases} i_g = V_{gs} \dfrac{1}{\dfrac{1}{j\omega C_{gs}} + R_i} + j\omega C_{gd} V_{gs} \\ i_d = g_m V_{gs} - j\omega C_{gd} V_{gs} \end{cases} \tag{3.55}$$

根据晶体管的电流增益定义,当忽略 R_i 时,电流增益简化为

$$G_i = \left| \frac{i_d}{i_g} \right| = \frac{\sqrt{g_m^2 + \omega^2 C_{gd}^2}}{\omega C_{gs} + \omega C_{gd}} \tag{3.56}$$

电流增益随频率升高而降低,当 $G_i = 1$ 时对应的频率为晶体管的截止频率,即

$$f_T = \frac{g_m}{2\pi \sqrt{C_{gs}^2 + 2 C_{gs} C_{gd}}} \tag{3.57}$$

场效应管的输出接负载电阻时 R_L,其输入和输出电压表示为

$$\begin{cases} v_{in} = V_{gs} + R_s \left[j\omega C_{gd}(V_{gs} - v_{out}) + V_{gs} \dfrac{1}{\dfrac{1}{j\omega C_{gs}} + R_i} \right] \\ v_{out} = [g_m V_{gs} - j\omega C_{gd}(V_{gs} - v_{out})]R_o \end{cases} \tag{3.58}$$

其中,R_o 为 R_{ds} 和 R_L 的并联电阻。令 $g_0 = 1/R_o$,忽略 R_i,则输入输出电压和电压增益简化为

$$\begin{cases} v_{in} = \left[1 + j\omega C_{gd}R_s \left(1 - \dfrac{g_m - j\omega C_{gd}}{g_0 - j\omega C_{gd}} \right) + j\omega C_{gs}R_s \right] V_{gs} \\ v_{out} = \dfrac{g_m - j\omega C_{gd}}{\dfrac{1}{R_o} - j\omega C_{gd}} V_{gs} \end{cases} \tag{3.59}$$

器件的电压增益定义为 $G_v = \left| \dfrac{v_{out}}{v_{in}} \right|$,功率增益定义为 $G = G_i G_v$,功率增益随频率升高而降低,当功率增益降为 1 时对应的频率为晶体管的最大振荡频率 f_{max}。

场效应管的沟道开启时,源漏之间的沟道具有一定的电阻 g_0,其热噪声根据奈奎斯特定律表示为 $\overline{i_d^2} = 4kTg_0$。沟道电阻与场效应管的类型和偏置条件有关,MOSFET 在漏压零偏的情况下沟道电导具体写为

$$g_0 = \frac{\mu^2 W^2}{L^2 I_{DS}} \int_0^{V_{DS}} [C_{ox}(V_{GS} - V_T(x) - V(x))]^2 dx \tag{3.60}$$

其中,W 和 L 分别表示栅指的长度和宽度(栅指的宽度 L 也是沟道的长度),μ 为载流子迁移率,I_{DS} 为偏置电流,C_{ox} 为栅极沟道电容,V_{GS} 为栅源偏置电压,$V_T(x)$ 为沟道开启电压,与沟道位置有关,$V(s)$ 为沟道电压。若近似认为 V_T 为常数,则式(3.60)可简化为

$$g_0 = \frac{2}{3} \mu C_{ox} \frac{W}{L} \frac{3(V_{GS} - V_T)V_{DS} - 3(V_{GS} - V_T)^2 + V_{DS}^2}{2(V_{GS} - V_T) - V_{DS}} \tag{3.61}$$

当场效应管处于饱和点时,$V_{GS} - V_T = V_{DS}$,式(3.61)简化为

$$g_0 = \frac{2}{3} \mu C_{ox} \frac{W}{L} (V_{GS} - V_T) = \frac{2}{3} g_m \tag{3.62}$$

其中,g_m 表示场效应管的跨导。式(3.62)仅为近似公式,未考虑开启电压随沟道的位置变化,也未考虑短沟道效应和衬底效应。

沟道电势线性分布时,沟道动态电阻的理论表达式为

$$R_i = \frac{1}{5g_m} \tag{3.63}$$

栅极压控信号导致漏极电流变化存在一定的时间延迟,具体延迟时间的理论表达式为[36]

$$\tau = \frac{C_{gs}}{5g_m} \tag{3.64}$$

高频情况下,相位 $e^{-j\omega\tau}$ 不可忽略,此时漏极受控电流源应改写为

$$I_{d} = g_{m}e^{-j\omega\tau}V_{gs} \tag{3.65}$$

3.7.4 场效应管的噪声模型

场效应管中存在沟道热噪声、闪烁噪声、栅极多晶硅的电阻噪声、衬底分布电阻的噪声,漏源反偏漏电流的散粒噪声等种类。其中热噪声来源于晶体管焊盘和欧姆接触的寄生电阻以及导电沟道的非理想导电性。散粒噪声来源于导电沟道与源极的势垒,由于源端与沟道势垒较弱,产生的散粒噪声幅度较小,一般情况下(长沟道)场效应管的散粒噪声可以忽略,当沟道长度处于 $0.1\mu m$ 级别时,散粒噪声的作用才显现,作为剩余噪声叠加在沟道热噪声之上,即视为沟道热噪声的一部分。闪烁噪声来源于场效应管栅极与半导体界面处的缺陷所引起的 G-R 噪声。

晶体管各电极均有一定的寄生电阻,对共源放大电路来说,栅极为输入端,因此栅极电阻影响器件噪声性能,源极和漏极的电阻噪声可以忽略。栅极电阻分为寄生电阻和本征电阻两部分,寄生电阻来源于栅极引线和封装电阻,本征电阻为栅极电极材料的分布电阻,本征电阻带来电压噪声功率谱为[20]

$$v'^{2}_{RG} = 4kT\frac{R_{sq}}{12n}\frac{W}{L}\Delta f \tag{3.66}$$

其中,R_{sq} 为栅极沿沟道方向的薄膜电阻率,n 为栅指的数量,L 为栅极沟道长度,W 为栅指的长度。对于绝缘栅场效应管来说,栅极电流为零,因而栅极的本体电阻和引线电阻不会造成电路噪声的提高。但随着频率进入射频频段,栅极电容带来的电导将不可忽视,栅极将产生高频电流,栅极电阻产生高频热噪声将对电路性能产生影响。

场效应管的沟道一般认为不存在势垒,因此电流在沟道中传输不会产生散粒噪声,场效应管的散粒噪声主要是由栅极漏电流引起的,对于绝缘性良好的 MOSFET 来说,栅极电流为 0,因此不存在散粒噪声,JFET 和 MESFET 的栅极存在少量的漏电流,因而存在散粒噪声成分

$$\overline{i_{g}^{2}} = 2qI_{g}\Delta f \tag{3.67}$$

栅极闪烁噪声的电压功率谱表示为

$$\overline{v_{1/f}^{2}} = \frac{k_{f}}{WLC_{ox}}\Delta f \tag{3.68}$$

其中,k_{f} 为闪烁噪声的特征参数,大约为 $1pF \cdot V^{2}$ 量级,C_{ox} 为单位面积的栅极电容,W 和 L 分别为栅极的长度(也即栅指的长度)和宽度(也即栅极沟道的长度)。器件的闪烁噪声集中于低频,最高不超过 1MHz 即淹没于热噪声之下,因而对于射频放大器而言,可忽略闪烁噪声的影响,但对于微波振荡器而言,器件的闪烁噪声会因上变频效应成为振荡器相位噪声的重要成分,不可忽视。

电流在场效应管的源漏沟道中流通不产生散粒噪声,但沟道有一定阻抗,因此贡献热噪声。根据文献[36],漏极电流的热噪声功率谱表示为

$$\overline{i_{\mathrm{ND}}^2} = 4kT\gamma g_0 \Delta f \tag{3.69}$$

沟道中流通的热噪声还会通过栅极电容耦合至栅极,形成栅极感应噪声,近似表示为

$$\overline{i_{\mathrm{NG}}^2} = 4kT\frac{(2\pi f)^2}{5g_{\mathrm{m}}} \tag{3.70}$$

其中,参数 γ 与场效应管的工艺、材料和偏置条件密切相关,对于长沟道场效应管来说,$\gamma = 2/3$,g_0 为源漏零偏时的沟道电导,C_{gs} 为栅源等效电容,g_{m} 为饱和时的跨导。由于栅极感应噪声来源于沟道热噪声,因此两者的噪声功率谱是相关的,文献[36]表明长沟道场效应管的相关系数 $\rho = -0.395\mathrm{j}$。将栅极感应噪声分为两部分,一部分与沟道热噪声完全相关 $\overline{i_{\mathrm{gc}}^2}$,另一部分与沟道热噪声完全不相关 $\overline{i_{\mathrm{gu}}^2}$,即

$$\overline{i_{\mathrm{NG}}^2} = \overline{i_{\mathrm{gc}}^2} + \overline{i_{\mathrm{gu}}^2} \tag{3.71}$$

场效应管的衬底也具有一定的电阻,当载流子传输泄漏到衬底时,衬底的电阻将贡献噪声。场效应管的噪声等效电路如图 3.34 所示,与小信号等效电路相比较,增加了栅极感应噪声电流源(分为与沟道热噪声相关 i_{gc} 和不相关 i_{gu} 两部分)和沟道热噪声 i_{ND}。衬底电阻采用三电阻网络,所有电阻热噪声可采用噪声等效电压源或噪声等效电流源表示,为了模型简洁图中未画出这些电阻噪声源。

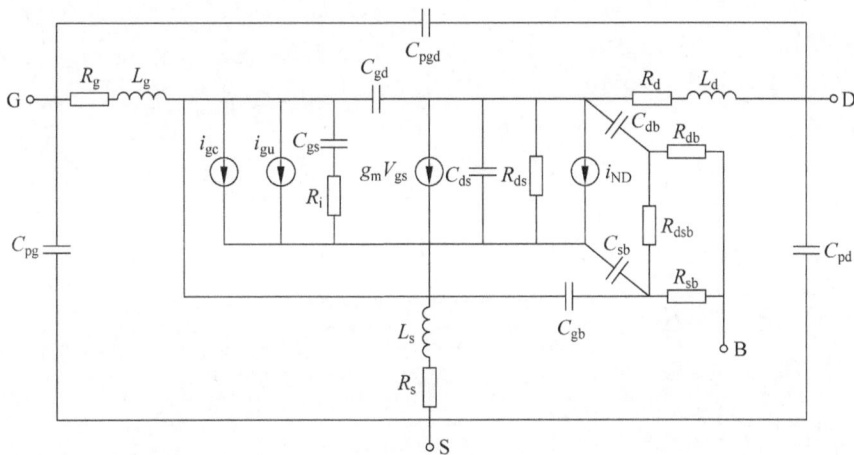

图 3.34 场效应管的噪声等效电路

3.8 本章小结

本章系统地介绍了射频电路中所能用到的各种器件的噪声性能和噪声等效电路。3.1 节~3.3 节详述了电阻、电容和电感的噪声性能、小信号等效电路和噪声等效电路。3.4 节介绍了天线和滤波器的噪声等效电路,揭示了这两者由于具有频选特性,其输出阻抗在工作带外实部近似为 0,虚部为无穷大,因此具有噪声抑制的作用。实际上射频电路抑制噪声

功率、提高信噪比的最主要措施就是在链路各个环节插入频带滤波器。在本书第 7 章和第 9 章将提到锁定检波器和极低信噪比的载波捕获电路,能够将信号的信噪比提高 20dB 以上,其本质也是采用极窄滤波电路来充分地抑制带外噪声,从而达到提取淹没于噪声中的极其微弱有用信号的目的。本章 3.5 节～3.7 节介绍了二极管、晶体管和场效应管等有源半导体器件的噪声性能、小信号等效电路和噪声等效电路,半导体器件是射频电路的基石,其噪声性能是射频电路噪声的最主要决定因素,本章介绍的半导体噪声模型将为半导体器件特别是射频放大器的低噪声设计提供理论基础。

第 4 章

噪声温度和噪声系数

　　根据前文叙述,电阻、电感、电容等无源电子器件属于单端口器件,单端口器件的开路噪声电压均方值可以表示为 $4kTR\Delta f$,对于电阻来说,R 表示电阻的物理阻值,对于电抗网络来说,R 为端口阻抗的实部,T 表示单端口网络的物理温度。单端口网络的噪声完全由内部产生,知道了电阻的阻值和物理温度,该电阻的噪声电压均方值也就确定了。对于天线而言,也可等效于单端口网络,其输出阻抗具有一定的电阻和电抗成分,其输出噪声电压均方值与阻抗实部成正比,但与天线的物理温度无直接关系,天线的等效噪声温度主要取决于天线波瓣所观测空域的物理温度,天线空间链路的损耗以及物理温度、天线自身的物理温度对天线的噪声温度贡献较小,其主要原因在于天线本质上是一个二端口网络,可将天线视为中继传输结构,将空域的信号传输至输出端口,理想情况下空间路径无损耗且天线本身无损耗,空域的信号将无损地传输至天线的输出端口,此时天线输出端口的噪声电压均方值表示为 $4kT_A R\Delta f$,其中 R 为天线输出端口的阻抗实部,T_A 为天线波瓣所指向的空域物理温度。如果空间路径有损耗且路径上的介质具有一定的物理温度,或者天线自身有损耗,那么天线的噪声温度将包含三部分贡献,即天线波瓣所指向的空域物理温度、路径上介质的物理温度以及天线自身的物理温度,此时天线的等效噪声温度写为 T_A'。相比于天线,射频放大器是更为典型的二端口网络,放大器输出端口的噪声功率不仅包含放大器自身的噪声贡献,还包含输入端噪声功率的贡献,理想情况下若忽略放大器自身噪声,输入端接负载,只观察放大器的输出端,也可将其视为单端口网络,此时放大器输出端的噪声电压均方值可表示为 $4kGT_{in}R\Delta f$,其中 R 为器件输出端口的特征阻抗,T_{in} 为放大器输入端的噪声温度,G 为放大器增益。

　　理论上将电阻这类噪声功率完全由内部产生的单端口电路称为真单端口噪声网络,而将天线以及放大器等具有传输作用的电路称为伪单端口噪声网络,两种电路可采用统一的噪声电压均方值公式表示,即 $\overline{v^2} = 4kT_{e\_out}R\Delta f$,其中 T_{e_out} 不再指器件的物理温度,而是指等效的输出噪声温度,用于衡量单端口网络的噪声水平,而为了区分,定义 T_0 为器件的物理温度。根据不同的目的,器件或电路可采用独特的设计使其等效的输出噪声温度能够小于、等于甚至大于器件的物理温度。例如,对于理想无噪声的放大器来说,若其输入噪声温度为 T_0,则输出噪声温度为 $T_{e\_out} = GT_0$,即可以通过提高放大器的增益来实现比 T_0 高若干倍的噪声温度输出,某些半导体器件还可以通过噪声相消等技术实现冷噪声输出,即电路输出的等效噪声温度远远低于电路的物理温度。

实际的二端口器件并非是理想无噪声的,输入的信号(或噪声)功率经过二端口网络时,不仅幅度会被器件放大或衰减,还会叠加一部分器件自身的噪声。对天线来说,若天线自身损耗为 L,物理温度为 T_0,则输出端的噪声温度表示为 $T_{e\_out} = \dfrac{T_A}{L} + \left(1 - \dfrac{1}{L}\right)T_0$,天线损耗越大,输出端噪声中 T_A 的比重越小,T_0 的比重越大。对于放大器来说,若放大器自身的噪声温度等效在输入端为 T_e,则输出端总的噪声温度表示为 $T_{e\_out} = GT_{in} + GT_e$,两项分别表示输入的噪声功率贡献和器件自身噪声贡献。

在通信电路和雷达电路中,常使用信噪比来衡量信号质量。信噪比,顾名思义就是信号与噪声的幅度比值,信噪比数值越大,噪声功率越低,信号质量越好,越有利于后端信号估计、检测和解调。信号经过无噪声网络时,没有叠加新的噪声,无论信号的功率被放大还是被衰减,噪声的功率也被同步放大或衰减,则输出信号的信噪比与输入信号信噪比相同。信号经过有噪声网络后,输入的信号和噪声同比例放大或衰减,同时还会叠加网络自身的噪声,导致信噪比恶化,即输出的信噪比低于输入的信噪比。工程上将信噪比恶化的程度定义为噪声系数,数值上表示为输入信噪比与输出信噪比的比值,噪声系数用于衡量二端口网络的噪声性能,噪声系数越接近于 1,表示二端口网络对信噪比的恶化越小,即网络自身的噪声功率越低;噪声系数越大,信号经过网络后信噪比的恶化越大,表示该网络的自身噪声功率越大。噪声系数也称为噪声因数,无量纲,自然数值以 F 表示,对数数值以 NF 表示,噪声因数或噪声系数的定义只适用于线性电路,非线性电路中信号和噪声间会相互作用,即使电路本身不产生新的噪声,输出端的信号也会和输入端有区别,因此噪声系数的概念不再适用。

噪声温度和噪声系数这两个参数均可定量地衡量系统噪声的大小,两者可以相互换算。采用噪声温度和噪声系数描述系统噪声水平,系统可小至单个元器件或芯片,也可大至电路模块或复杂的系统。一个性能优良的通信电路,尤其是射频接收系统,应该具有较低的噪声温度或噪声系数,这样的系统才能够在较低输入信噪比的情况下,有效地识别和解调微弱的输入信号,实现信息的有效接收和低误码率解调。

4.1　噪声温度

奈奎斯特定律指出,电阻热噪声的功率谱与其物理温度成正比,知道电阻的物理温度也就等效知道电阻的热噪声输出,因此提出使用电阻的物理温度表征电阻的热噪声,因为人们对"温度"的概念更熟悉。第 2 章还介绍了另一种重要的白噪声,即半导体中的散粒噪声。散粒噪声的功率谱与偏置电流成正比,与半导体的物理温度没有关系,但人们为了方便,采用等效温度的方式表示散粒噪声的功率水平,至此两种重要的白噪声成分均统一于等效噪声的概念之下。

4.1.1 单端口网络的等效噪声温度

噪声温度是系统的噪声等效温度,系统有着和该温度下的电阻相等的噪声水平。噪声温度与系统的物理温度是两个独立的概念,不能把当前系统的物理温度或环境温度当成其噪声温度。但等效噪声温度与物理温度存在一定的关联性,绝大多数器件的噪声功率水平都会随着物理温度的上升而提高,因而噪声温度也会随着物理温度的上升而相应地升高。

如图 4.1 所示的由多种电子元器件组成的复杂电路网络模型,网络的端口视在电阻为 R_0 (即阻抗的实部),端口的噪声资用输出功率为 $N_0\Big($ 资用噪声功率为单端口网络接匹配负载时负载端所获得的功率,具体表示为 $N_0 = \dfrac{4kT_eR_0\Delta f}{(R_0+R_0)^2}R_0 = kT_e\Delta f\Big)$,因此等效噪声温度为

$$T_e = \frac{N_0}{k\Delta f} \tag{4.1}$$

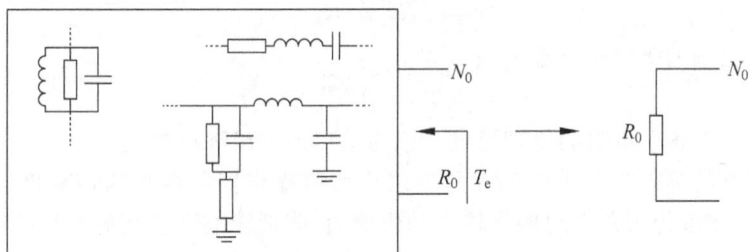

图 4.1 复杂电路网络的噪声等效

复杂电路网络中可能包含多种无源和有源器件,各器件的物理温度和噪声表现各有不同,每个器件均有可能给输出端口贡献一定的噪声功率。假设电路网络中各器件产生的噪声互不相关,那么输出端口总资用噪声功率为各器件噪声功率贡献的叠加,具体表示为

$$
\begin{aligned}
N_{\text{out}} &= \frac{4k\Delta f\big[\,|\,H_1\,|^2R_1T_1 + |\,H_2\,|^2R_2T_2 + \cdots + |\,H_n\,|^2R_nT_n\big]}{4R_{\text{out}}} \\
&= k\Delta f\left[\frac{|\,H_1\,|^2R_1}{R_{\text{out}}}T_1 + \frac{|\,H_2\,|^2R_2}{R_{\text{out}}}T_2 + \cdots + \frac{|\,H_n\,|^2R_n}{R_{\text{out}}}T_n\right] \\
&= k\Delta f\big[\beta_1T_1 + \beta_2T_2 + \cdots + \beta_nT_n\big]
\end{aligned}
\tag{4.2}
$$

其中,T_iR_i 为各器件的资用输出噪声功率,$\dfrac{|\,H_i\,|^2}{R_{\text{out}}}$ 为各器件噪声功率传输至端口的传输函数。输出端的等效噪声温度可以写作

$$T_e = \beta_1T_1 + \beta_2T_2 + \cdots + \beta_nT_n \tag{4.3}$$

更一般地,噪声输出的资用功率表达式为

$$N_0 = \sum_i \beta_i kT_i\Delta f \tag{4.4}$$

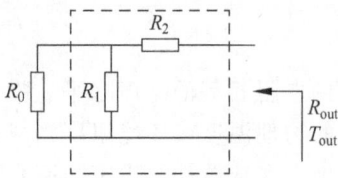

图 4.2　三电阻网络

其中，β_i 为各器件的噪声对输出端口噪声贡献比例，输出端口的等效噪声温度实际上为网络中各个器件噪声温度按照噪声贡献比例的加权平均，具体表示如下

$$T_e = \frac{N_0}{k\Delta f} = \sum_i \beta_i T_i \tag{4.5}$$

如图 4.2 所示的三电阻网络，在端口处注入单位功率，根据 Pierce 功率分配定律(若各个电阻按照独立源单独计算，也可以得到相同的结果)，各个电阻得到的功率比例为

$$\begin{cases} \beta_0 = \dfrac{R_0 /\!/ R_1}{R_2 + R_0 /\!/ R_1} \dfrac{R_1}{R_0 + R_1} \\[3mm] \beta_1 = \dfrac{R_0 /\!/ R_1}{R_2 + R_0 /\!/ R_1} \dfrac{R_0}{R_0 + R_1} \\[3mm] \beta_2 = \dfrac{R_2}{R_2 + R_0 /\!/ R_1} \end{cases} \tag{4.6}$$

因此该网络输出端的等效噪声温度表示为

$$T_e = \beta_0 T_0 + \beta_1 T_1 + \beta_2 T_2 \tag{4.7}$$

其中，T_i 为网络中各个电阻的物理温度，T_e 为端口的输出噪声温度。

单端口网络的等效输出噪声温度是网络中所有噪声器件各自噪声温度贡献的加权平均，加权系数可理解为该器件对网络输出的影响力，降低影响因子高的器件的噪声温度对降低网络噪声温度是帮助极大的。对于二端口网络而言，输出端口的噪声温度包含输入端口的噪声贡献以及网络自身的噪声贡献，网络增益还会放大输入端的噪声电平，因此二端口网络的噪声分析方法与单端口略有不同，4.1.2 节将介绍二端口网络的等效噪声温度。

4.1.2　双端口网络的等效噪声温度

双端口网络是一种通过式器件，如图 4.3(a)所示，信号通过时不仅幅度和相位会发生变化，还会叠加二端口器件自身的噪声，因此输出端的噪声功率包含源端噪声功率和二端口网络自身噪声功率两部分，如图 4.3(b)所示，具体表示为

$$N_0 = kT_0 G\Delta f + N_{eo} \tag{4.8}$$

其中，G 为二端口器件资用增益，N_{eo} 为二端口器件等效在输出端的噪声功率。为了表达方便，一般习惯使用二端口器件的输入端等效噪声功率，即 N_{ei}，显然两者满足 $N_{eo} = GN_{ei}$ 关系，进一步地，引入 T_e，使得 $N_{ei} = kT_e$，那么式(4.8)可以改写为

$$N_0 = kT_0 G\Delta f + kT_e G\Delta f = k(T_0 + T_e)G\Delta f \tag{4.9}$$

将等效于二端口器件输入端的噪声温度 T_e 定义为二端口器件的噪声温度，器件总的噪声输出由 T_0 和 T_e 两部分组成，如图 4.3(c)所示。

图 4.2 中虚线框内的两个电阻组成并串网络即可视为二端口网络，根据资用增益的定义，该二端口网络的增益表示为

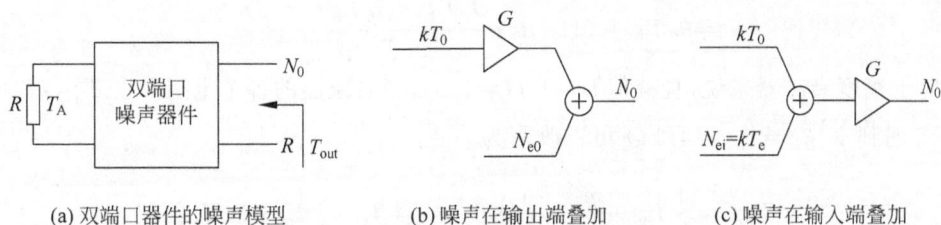

(a) 双端口器件的噪声模型　　　(b) 噪声在输出端叠加　　　(c) 噪声在输入端叠加

图 4.3　双端口网络的等效噪声温度

$$G = \left(\frac{v_{\text{out}}}{v_s}\right)^2 \frac{R_0}{R_{\text{out}}} = \frac{R_1^2}{(R_0 + R_1)^2} \frac{R_0}{R_2 + R_0 /\!/ R_1} \tag{4.10}$$

输出端的等效噪声温度表示为

$$T_{\text{out}} = G(T_0 + T_e) \tag{4.11}$$

与式(4.6)比较,可得

$$\begin{cases} G = \beta_0 \\ T_e = \dfrac{\beta_1 T_1 + \beta_2 T_2}{\beta_0} \end{cases} \tag{4.12}$$

幅度衰减器一般采用 T 形、Π 形等三电阻网络或有耗传输线构成,如图 4.4 所示为 T 形电阻网络,各个电阻的物理温度为 $T_0 \sim T_3$,根据 Pierce 定律分析,在输出端口反向注入单位量值的功率,那么网络内各个电阻得到的功率比例为

$$\begin{cases} \beta_0 = \dfrac{(R_1 + R_0) /\!/ R_3}{R_2 + (R_1 + R_0) /\!/ R_3} \dfrac{R_3}{R_0 + R_1 + R_3} \dfrac{R_0}{R_0 + R_1} \\[4mm] \beta_1 = \dfrac{(R_1 + R_0) /\!/ R_3}{R_2 + (R_1 + R_0) /\!/ R_3} \dfrac{R_3}{R_0 + R_1 + R_3} \dfrac{R_1}{R_0 + R_1} \\[4mm] \beta_2 = \dfrac{R_2}{R_2 + (R_1 + R_0) /\!/ R_3} \\[4mm] \beta_3 = \dfrac{(R_1 + R_0) /\!/ R_3}{R_2 + (R_1 + R_0) /\!/ R_3} \dfrac{R_0 + R_1}{R_0 + R_1 + R_3} \end{cases} \tag{4.13}$$

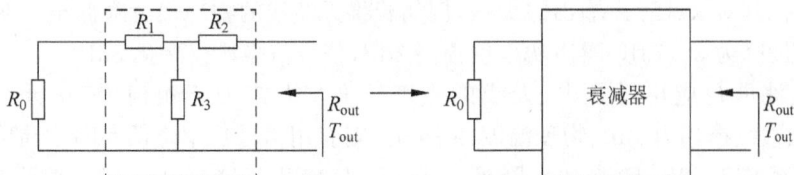

图 4.4　不同温度的电阻元器件构成的衰减器电路

根据输出噪声的加权公式(4.5),该网络输出噪声温度可表示为

$$T_{\text{out}} = \beta_0 T_0 + \beta_1 T_1 + \beta_2 T_2 + \beta_3 T_3$$

$$=\beta_0 T_0 + (1-\beta_0)\frac{\beta_1 T_1 + \beta_2 T_2 + \beta_3 T_3}{1-\beta_0} \tag{4.14}$$

对于幅度衰减器来说,衰减值 $L=1/G=1/\beta_0$,当衰减器的各个电阻温度 $T_1=T_2=T_3$ 时,并考虑到 $\sum_i \beta_i=1$,式(4.14)可以改写为

$$T_{\text{out}} = \frac{1}{L}T_0 + \left(1-\frac{1}{L}\right)T_1 = \frac{1}{L}[T_0 + (L-1)T_1] \tag{4.15}$$

由式(4.15)可见,衰减值为 L 的衰减器等效噪声温度为 $(L-1)T_1$。

从另一个角度上看,对于衰减值为 L 的衰减器,从输出端注入的单位功率一部分消耗在衰减器上,透射过衰减器而被源负载吸收的功率比例为 $\beta_1=1/L$,显然衰减器自身消耗掉其余部分,即 $\beta_2=1-1/L$。因此衰减器输出端的等效噪声温度表示为

$$T_{\text{out}} = \frac{1}{L}T_s + \frac{L-1}{L}T_{\text{Att}} \tag{4.16}$$

衰减器输入端的等效噪声温度表示为

$$T_{\text{in}} = T_s + (L-1)T_{\text{Att}} \tag{4.17}$$

其中,T_s 为源负载的噪声温度,T_{Att} 为衰减器的物理温度,衰减器的等效噪声电路如图 4.5 所示。衰减器等效于输入端的噪声温度为 $(L-1)T_{\text{Att}}$。当衰减器的物理温度与源阻抗噪声温度相同时,衰减器的输出噪声温度等于源阻抗的噪声温度,换言之,噪声经过衰减器之后功率不变。

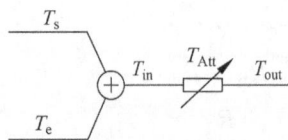

图 4.5　衰减器的噪声等效电路

在卫星通信和深空通信等应用中,天线波瓣所对准的空域的物理噪声极低,可达 20K,若忽略空间路径损耗,且天线自身无损耗,则天线的输出噪声也为 20K。若天线(包含馈线)的损耗为 1dB,温度为 290K,根据式(4.16),天线真正的输出噪声温度为 75.54K。即经过天线和馈线的衰减,有用信号降低 1dB,但噪声功率却提高 5.77dB,合计信噪比降低 6.77dB,可见在卫星和深空通信场景下天馈线的损耗极大地降低了信号的信噪比,信噪比恶化程度不止于天馈线的损耗值。为了降低天馈线损耗带来的影响,一方面应降低天馈线损耗,另一方面将天馈线物理结构纳入接收机的低温区,通过降低天馈线的物理温度来降低其对天线噪声输出的贡献,例如若将天馈线的物理温度降低至 77K,则天馈线输出噪声温度降为 31.73K,噪声功率仅提高 2dB,信号信噪比仅恶化 3dB。

在中短波电台应用场景中,天线的噪声温度主要来源于银河噪声,天线噪声高达 1000K,若天馈线损耗为 3dB、物理温度为 290K,则有用信号功率降低 3dB,天馈线输出噪声温度反而降至 645.78K,噪声功率降低 1.90dB,信噪比仅降低 1.1dB;若天馈线损耗为 10dB,则有用信号功率降低 10dB,天馈线输出噪声温度降至 361K,噪声功率降低 4.42dB,信噪比仅降低 5.58dB。可见在高天线噪声应用条件下,天馈线的衰减反而使天线的输出噪声温度降低,一定程度上弥补了由损耗带来的输出信噪比恶化。另一方面较大的天馈线衰减降低了信号幅度,对于接收机的抗干扰、抗阻塞以及抗烧毁能力有重要提升作用,因此,中

短波通信可通过牺牲一定信噪比换取更高的接收机功率耐受区间,即拓宽动态范围的功率上限。

在地面通信系统特别是地面移动通信和电台通信应用中,天线指向地面或近地目标,可近似认为天线的噪声温度为290K,天线自身物理温度和馈线温度也为290K,$T_s = T_{Att}$,根据式(4.16),$T_{out} = T_s$,此时理想无损耗天线的输出噪声温度和有损耗天线输出噪声温度相同,换句话说衰减器输入端和输出端的噪声功率相同。由于有用信号经过衰减器后幅度衰减至$1/L$,因此信号的信噪比经过衰减器之后也降低至$1/L$。

图4.6分别显示了衰减器物理温度分别为77K和290K情况下输出噪声温度与输入噪

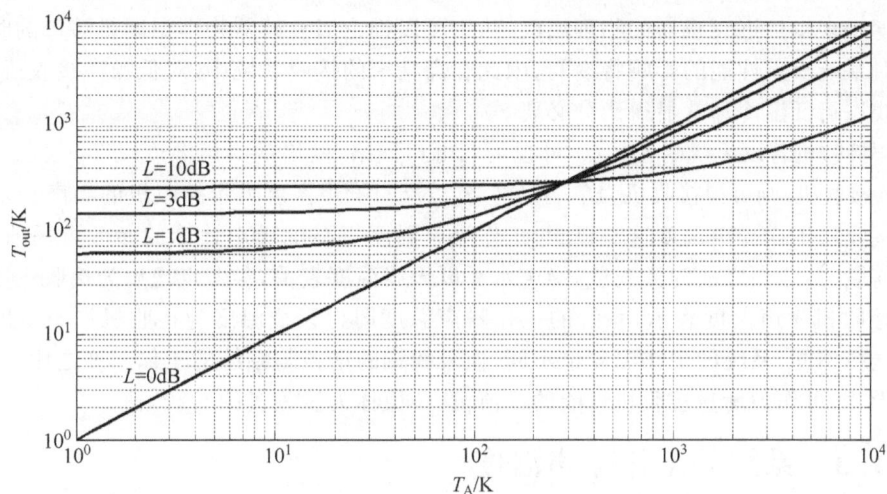

(a) 天馈线温度为77K

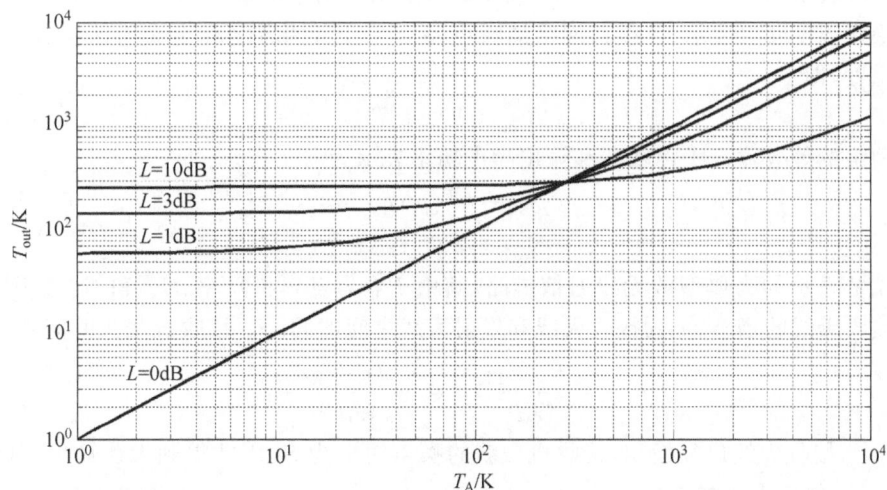

(b) 天馈线温度为290K

图4.6 天线输出温度与天线温度、天馈线损耗和物理温度之间的关系

声温度的函数关系,当 $L=0\text{dB}$ 时,二端口网络无衰减,输出噪声温度等于输入噪声温度;若二端口网络具有一定的衰减,当输入噪声温度为 0 时,输出噪声具有一定的初始值,并且随着衰减逐渐变大,输出噪声的初始值也逐渐升高。有衰减情况下随着输入噪声逐渐升高,输出噪声也缓慢升高,但上升斜率小于1。图 4.6(a)所示为环境温度为 77K 的情况,当输入噪声温度处于分界点 77K 时,输出噪声温度也等于 77K;当输入噪声温度低于 77K 时,输出噪声温度高于输入噪声温度,这表示经过衰减器之后噪声功率变大,衰减值越大,输出噪声功率越大;当输入噪声温度高于 77K 时,输出噪声温度低于输入噪声温度,这表示经过衰减器之后噪声功率变小,衰减值越大,输出噪声功率越小。图 4.6(b)显示的为衰减器物理温度为 290K 的情况,噪声温度分界点为 290K。随着衰减器衰减值的增大,电路等效的噪声温度越来越接近衰减器的物理温度,从中可以推论当衰减器物理温度足够低的时候,其衰减值对系统噪声性能的影响将变弱,因此在高精密的接收系统中,对低噪声接收机与天线间的馈线进行低温冷却就显得十分必要。

射频接收机若以天线端为起点,可视为双端口网络,网络的噪声温度以 T_e 表示,若将天线也纳入接收机,则可视接收机为单端口网络,以端口噪声温度表示接收机的噪声。4.1.3 节将介绍接收机工作噪声温度这一概念,工作噪声温度将系统噪声计算的参考点提前至接收机链路前段,参考点之前为天线段,噪声水平以天线温度表示,参考点之后为接收段,噪声水平以接收机噪声温度表示,系统的工作噪声温度即为天线温度与接收机噪声温度之和。参考点选择不同,系统的工作温度也不同,但天线端的增益与系统的工作温度之比与参考点的选择无关,可作为衡量接收机性能的优值,这个值称为接收机的 G/T 值。

4.1.3　系统的工作噪声温度

射频接收机为典型的二端口网络(如图 4.3 所示),网络的输入端接源阻抗,输入的噪声功率以噪声温度 T_A 表示,二端口网络的噪声温度为 T_e,两者之和定义为该接收系统的工作噪声温度,即

$$T_\text{op} = T_\text{A} + T_\text{e} \tag{4.18}$$

二端口网络的等效输入噪声功率和输出噪声功率表示为

$$N_\text{in} = kT_\text{op}\Delta f \tag{4.19}$$

$$N_\text{out} = kT_\text{op}G\Delta f \tag{4.20}$$

图 4.7 显示的为典型的无线通信链路,其中 P_T 为发射机功率,G_T 和 G_R 分别为发射天线和接收天线的增益,d 为接收天线和发射天线之间的间距。接收机截获的信号功率为

$$S = \frac{P_\text{T}G_\text{T}}{4\pi d^2}A_\text{R} = \frac{P_\text{T}G_\text{T}G_\text{R}\lambda^2}{(4\pi d)^2} \tag{4.21}$$

其中,A_R 为接收天线口径面积,接收机截获的噪声功率为 S,因此得到天线输出端(即接收机的输入端)的信噪比如下

$$\frac{S}{N} = \frac{P_\text{T}G_\text{T}G_\text{R}\lambda^2}{(4\pi d)^2 kT_\text{op}\Delta f} = P_\text{T}G_\text{T}\frac{\lambda^2}{(4\pi d)^2 k\Delta f}\frac{G_\text{R}}{T_\text{op}} \tag{4.22}$$

其中,$P_T G_T$ 定义为发射极的全向等效辐射功率($\text{EIRP} = P_T G_T$),$\dfrac{\lambda^2}{(4\pi d)^2 k \Delta f}$ 为空间链路衰减因子,$\dfrac{G_R}{T_{op}}$ 为接收机 G/T 值。G/T 值是衡量接收系统的重要参数,具体定义为接收天线的增益 G_A 与接收机工作噪声温度之比,即

$$G/T = \frac{G_A}{T_{op}} \tag{4.23}$$

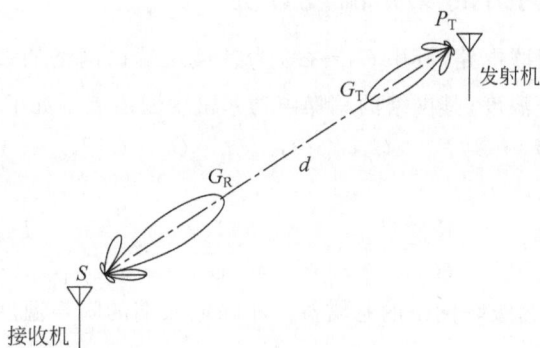

图 4.7 完整的通信链路

如图 4.8 所示的射频链路,包含天线、第一级网络和后级网络,下面将计算在不同参考点处的噪声工作温度。在 a 点,系统的工作噪声温度表示为

$$T_{op\_a} = T_A + T_e + \frac{T_R}{G} \tag{4.24}$$

其中,T_A、T_e 和 T_R 分别表示天线、第一级网络和后级网络的噪声温度,G 为第一级网络的增益。

若参考点设置为 b 点,其工作噪声温度表示为

$$T_{op\_b} = (T_A + T_e)G + T_R \tag{4.25}$$

假设在 a 点,天线视在增益为 G_A,则 b 点的天线视在增益为 $G_A G$,因此 a 点和 b 点的 G/T 值关系如下

$$(G/T)_a = \frac{G_A}{T_A + T_e + \dfrac{T_R}{G}} = \frac{G_A G}{(T_A + T_e)G + T_R} = (G/T)_b \tag{4.26}$$

即不管测试的参考点在哪个位置,也不管 a 点和 b 点之间的器件为放大器、衰减器还是其他复杂网络,系统链路内各点的 G/T 值是固定不变的。

接收机的射频链路为一系列二端口网络的级联,4.1.4 节~4.1.6 节将介绍级联网络的噪声温度、信噪比以及接收机末端模数转换器的噪声计算。

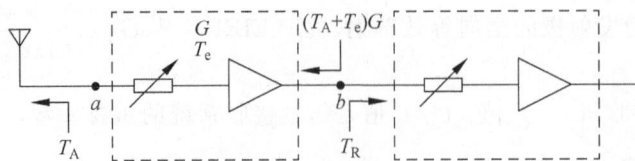

图 4.8　链路不同参考点的工作噪声温度

4.1.4　级联网络的噪声温度计算

如图 4.9 所示的级联电路,其中 $G_1 \sim G_n$ 为各级二端口网络的增益,$T_{e1} \sim T_{en}$ 为各级二端口网络的等效噪声温度,其网络的总噪声功率密度输出表示如下

$$T_{\text{out}} = G_1 G_2 \cdots G_n T_0 + G_1 G_2 \cdots G_n T_{e1} + G_2 \cdots G_n T_{e2} + \cdots + G_n T_{en} \qquad (4.27)$$

等效输入端的噪声温度表示为

$$T_{\text{in}} = T_{\text{op}} = \frac{T_{\text{out}}}{G_T} = T_0 + T_{e1} + \frac{T_{e2}}{G_1} + \cdots + \frac{T_{en}}{G_1 G_2 \cdots G_{n-1}} \qquad (4.28)$$

其中 $G_T = G_1 G_2 \cdots G_n$ 为级联网络的总增益。扣除输入端的噪声温度 T_0,那么级联网络的二端口等效噪声表示为

$$T_e = T_{e1} + \frac{T_{e2}}{G_1} + \cdots + \frac{T_{en}}{G_1 G_2 \cdots G_{n-1}} \qquad (4.29)$$

由式(4.28)和式(4.29)可见,当第一级放大器具有足够高增益时($G_1 \gg 1$),级联电路的噪声温度主要取决于第一级放大器的噪声温度,系统的总噪声温度(工作噪声温度)主要由天线的输出噪声温度和第一级放大电路的噪声温度决定。为了有效降低系统噪声,需要降低天线噪声温度 T_0(有时也标记为 T_A)或降低第一级放大器噪声温度 T_{e1} 或者两者都降低,同时第一级放大器应具有足够高的增益以压制后级电路的噪声。

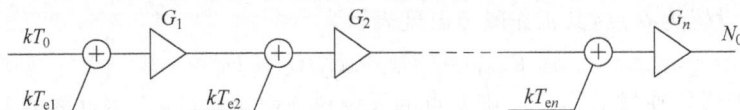

图 4.9　级联系统的噪声温度计算

天线噪声由天线波瓣图视在环境温度以及天馈线损耗(包括天线和馈线损耗)决定,天线视在环境温度无法人为降低,因此只能采取措施降低天馈线损耗或者降低天馈线的物理温度。从式(4.16)可以看出,降低天馈线损耗使得 $L \to 1$,因此 $1-1/L$ 接近 0,这样降低了天线物理温度的加权系数;或者通过降低天线物理温度 T_1,也可降低天馈线损耗对噪声的贡献。

在卫星通信或深空通信系统应用中,地面天线对空瞄准,冷空的背景噪声温度在数开(K)至数十开(K),若天馈线物理温度为 290K,天馈线损耗 $L \approx 1.25$,约 1dB,那么天线的等效噪声温度将在冷空噪声温度基础上升高 58K;若将天馈线损耗降低至 1.1(约 0.4dB),或将天馈线冷却至 145K,天馈线损耗的噪声贡献将降低至 29K。若后级接收机第一级放大器的等效噪声温度 $T_{e1} \gg T_A$,天馈线就降低天线噪声所做的努力将事倍功半,且丧失了对空接收这种工作环境下超低天线温度的天然优势,因而在这种情况下有必要付出努力将接收机的噪声温度 T_{e1} 降低至 T_A 附近甚至更小。目前高灵敏度的卫星地面站接收机均采用极低噪声的放大器芯片,并采用液氮或者液氦等对接收机前端进行冷却,将第一级放大器的噪声温度降至最低。在地面通信场景或卫星通信上行链路应用中,天线对地面瞄准,天线的视在温度近似于地面的物理温度 290K,此时只要保证接收机的噪声温度不过分大于 290K 即可,采取过多的措施压低 T_{e1} 没有很大的意义,例如将接收机等效温度从 290K 压缩到 145K,信噪比改善约为 1.23dB,但可能在接收端花费较大成本,远不如发射端提高 1.23dB 的功率增益积实现的难度低。

下面计算图 4.10 所示的接收链路的工作噪声温度。首先将所有对数值转化为自然数值 $L_1 = 1\text{dB} = 1.259, G_2 = 25\text{dB} = 316.2, L_2 = 4\text{dB} = 2.512$,最后一级的增益可不用转换;其次计算各个衰减器的等效噪声温度为 $T_{e1} = (1.259 - 1)300 = 77.7\text{K}, T_{e3} = (2.512 - 1)300 = 453.6\text{K}$。若以 a 点为参考点,天馈线的噪声温度为 50K,后级噪声温度为 $T_e = T_{e1} +$

$$\frac{T_{e2}}{\dfrac{1}{L_1}} + \frac{T_{e3}}{\dfrac{1}{L_1}} + \frac{T_{e4}}{\dfrac{G_2}{L_1 L_2}} = 275.35\text{K}$$,工作噪声温度为 $T_{op\_a} = 325.35\text{K}$。若以 b 点为参考点,衰

减器损耗作为天线的馈线损耗,b 点的天线噪声温度计算为 $T_A = \dfrac{1}{L_1} 50 + \left(1 - \dfrac{1}{L_1}\right) T_{e1} =$

101.4K,计算放大器之后的三个模块的等效噪声温度为 $T_e = T_{e2} + \dfrac{T_{e3}}{G_2} + \dfrac{T_{e4}}{\dfrac{G_2}{L_2}} = 157\text{K}$,因此

b 点的工作噪声温度为 $T_{op\_b} = 258.4\text{K}$。参考点 a 和 b 对应的工作点噪声功率谱密度为

$$N'_a = k T_{op\_a} = 3.57 \times 10^{-21} \, \text{W/Hz} = -174.5 \text{dBm/Hz}$$

$$N'_b = k T_{op\_b} = 4.49 \times 10^{-21} \, \text{W/Hz} = -173.5 \text{dBm/Hz}$$

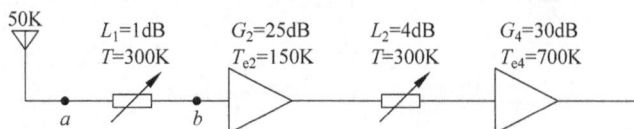

图 4.10 接收链路例题

可见两点工作温度噪声功率谱密度相差 1dB,恰好是 a 点和 b 点之间的衰减值。工作点噪声功率谱密度乘以参考点之后的链路增益即为链路输出端的噪声功率谱密度,对 a 点来说,输出端噪声功率谱密度为

$$N'_{out} = N'_a - L_1 + G_2 - L_2 + G_4 = -123.5 \text{dBm/Hz}$$

对 b 点来说,输出端噪声功率谱密度为

$$N'_{out} = N'_b + G_2 - L_2 + G_4 = -123.5 \text{dBm/Hz}$$

4.1.5　信噪比

信噪比定义为射频接收机链路某参考点的信号功率与噪声功率比值,即

$$\text{SNR} = \frac{S}{kT_{op}\Delta f} \tag{4.30}$$

其中,S 表示该参考点的有用信号功率,T_{op} 为该参考点工作噪声温度,Δf 为链路的工作带宽。

4.1.6　数模转换器的输出噪声

发射机的中频一般来源于基带电路,由数模转换器(DAC)输出,输出信号的同时也伴随着有一定的噪声功率输出。数模转换器的噪声等效电路如图4.11所示,N 个二进制序列的电阻可通过数字信号独立控制通断,实现注入运算放大器电流的大小调节,进而在输出端实现可调电压输出。二进制序列的各个电阻均贡献热噪声,运算放大器的匹配电阻、反馈电阻等(根据不同的电路拓扑形式)也贡献噪声,另外 DAC 输出端一般采用运算放大器进行电流电压转换、幅度放大和滤波,放大器作为有源电路也贡献一定的噪声,放大器的噪声以抽象为输入端的电压噪声源和电流噪声源表示。

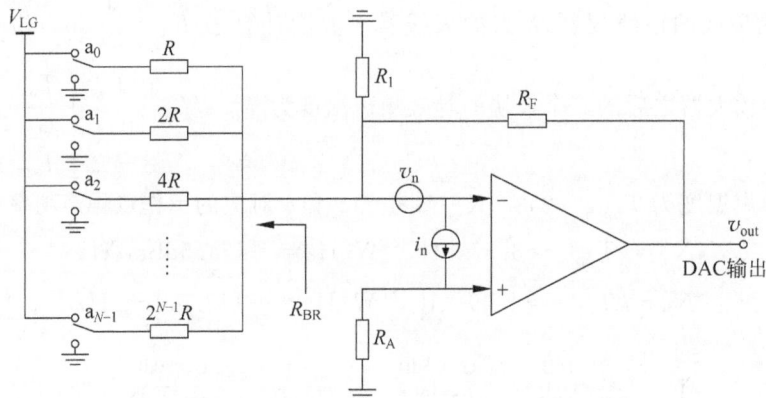

图 4.11　DAC 的噪声等效电路

二进制电阻序列贡献的噪声功率为

$$\overline{v_{BR}^2} = 4kTR_{BR} = \frac{4kTR}{\dfrac{2^N - 1}{2^{N-1}}} \tag{4.31}$$

其中,R_{BR} 为二进制电阻网络的视在阻抗,无论数字信号控制各个电阻接地还是接基准电源,对于高频来说均等效为接地,因此各个电阻为并联关系,当 DAC 位数较多时,$R_{BR} \approx R/2$。源自电阻序列的噪声经过运算放大器后输出的噪声功率为

$$\overline{v^2_{\text{out\_BR}}} = 4kTR_{\text{BR}}\left(\frac{R_{\text{A}}}{R_{\text{BR}}+R_{\text{A}}}\right)^2\left(\frac{R_{\text{F}}+R_1}{R_1}\right)^2 \tag{4.32}$$

运算放大器自身的等效噪声电压源和噪声电流源贡献的噪声功率输出表示为

$$\begin{cases}\overline{v^2_{\text{out\_vn}}} = \overline{v^2_{\text{n}}}\left(\frac{R_{\text{F}}+R_1}{R_1}\right)^2 \\[3mm] \overline{v^2_{\text{out\_in}}} = \overline{i^2_{\text{n}}}\left(\frac{R_{\text{BR}}R_{\text{A}}}{R_{\text{BR}}+R_{\text{A}}}+\frac{R_{\text{F}}R_1}{R_{\text{F}}+R_1}\right)^2\left(\frac{R_{\text{F}}+R_1}{R_1}\right)^2\end{cases} \tag{4.33}$$

R_{A}、R_1 和 R_{F} 贡献的噪声输出为

$$\begin{cases}\overline{v^2_{\text{out\_RA}}} = 4kTR_{\text{A}}\left(\frac{R_{\text{BR}}}{R_{\text{BR}}+R_{\text{A}}}\right)^2\left(\frac{R_{\text{F}}+R_1}{R_1}\right)^2 \\[3mm] \overline{v^2_{\text{out\_R1}}} = 4kTR_1\left(\frac{R_{\text{F}}}{R_1}\right)^2 \\[3mm] \overline{v^2_{\text{out\_RF}}} = 4kTR_{\text{F}}\end{cases} \tag{4.34}$$

低逻辑电平接地,一般认为不贡献噪声,而高逻辑电压来自逻辑门电路,逻辑电路由于其有源特性,将给 DAC 电路输出贡献一定的噪声,具体表示为

$$\overline{v^2_{\text{out\_LG}}} = \left(\sum_{i=0}^{N-1}a_i\,\frac{1}{2^{N-i}}\right)^2\overline{v^2_{\text{LG}}} \tag{4.35}$$

逻辑电路贡献的噪声水平与当前逻辑状态(即 a_i 序列)密切相关。最终 ADC 的输出噪声功率为各单项噪声贡献之和,表示为

$$\overline{v^2_{\text{out}}} = \overline{v^2_{\text{out\_BR}}} + \overline{v^2_{\text{out\_vn}}} + \overline{v^2_{\text{out\_in}}} + \overline{v^2_{\text{out\_RA}}} + \overline{v^2_{\text{out\_R1}}} + \overline{v^2_{\text{out\_RF}}} + \overline{v^2_{\text{out\_LG}}} \tag{4.36}$$

因此 DAC 的等效超出噪声温度和输出信噪比表示为

$$T_{\text{e\_DAC}} = \frac{\overline{v^2_{\text{out}}}}{kT\Delta f} \tag{4.37}$$

$$\left(\frac{S}{N}\right)_{\text{DAC}} = \frac{S_{\text{out}}}{\overline{v^2_{\text{out}}}} \tag{4.38}$$

当 DAC 各数字位均为高电平时,来自逻辑电平的噪声功率 $\overline{v^2_{\text{out\_LG}}}$ 最大,但此时信号满量程输出,因而具有最高的信噪比。

噪声温度可以表征单端口网络、多端口网络的噪声电平大小,对于二端口网络来说,若网络具有均一的物理温度,可采用另一个噪声参数——噪声系数来度量。噪声系数是一个无量纲参数,即输入信噪比与输出信噪比的比值,使用噪声系数能极大地简化链路的噪声计算,特别适合射频电路工程师使用。

4.2 噪声系数

噪声系数是表征二端口器件噪声性能的参数,不能用于表示单端口网络的噪声水平。噪声系数表示信号经过二端口网络后信噪比恶化的倍数,无量纲。无噪声的二端口网络的

噪声系数等于 1,有噪声的二端口网络噪声系数大于 1,噪声系数越大,器件的输出信噪比恶化越厉害。噪声系数只是提供了由二端口输入端和输出端信噪比的比较,而要计算二端口噪声的绝对功率还需要获得网络的相关信息,例如端口阻抗、匹配情况以及系统参考温度等参数。

4.2.1 噪声系数定义

噪声系数为二端口网络的参数之一,主要用于衡量网络噪声的大小,主要有两种定义方法,第一种定义噪声系数的方法为输入输出信噪比的比值,即

$$F = \frac{\dfrac{S_{in}}{N_{in}}}{\dfrac{S_{out}}{N_{out}}} \tag{4.39}$$

其中,S_{in} 和 S_{out} 表示输入和输出信号的功率,N_{in} 表示源阻抗的输入噪声,N_{out} 为输出噪声功率。输出噪声功率包含来自源阻抗的输入噪声、二端口网络内部噪声以及增益的变幅作用。

第二种噪声系数的定义为输出噪声功率与输出噪声功率中源于输入的噪声功率之比,具体表示为

$$F = \frac{N_{out}}{GN_{in}} \tag{4.40}$$

输出信号和输入信号具有比例关系,即 $S_{out} = GS_{in}$,容易从式(4.39)推导出式(4.40),这两种噪声系数的定义是等价的。

如图 4.12 所示电路,若源负载和电阻网络的物理温度均为 T_0,则网络的输出资用噪声功率为 $N_{out} = kT_0\Delta f$,输入噪声功率为 $N_{in} = kT_0\Delta f$,二端口网络的资用增益为 $G = \dfrac{R}{R_s + R}$,因此根据式(4.40),得到噪声系数为 $F = \dfrac{R_s + R}{R}$。同理,若图 4.12 中的二端口网络为衰减为 L 的衰减器,电路处于 T_0 温度,其输入端和输出端的噪声功率均为 $kT_0\Delta f$,二端口网络增益为 $G = 1/L$,因此衰减器的噪声系数 $F = \dfrac{N_{out}}{GN_{in}} = \dfrac{1}{G} = L$,即衰减为 L 的衰减器或更一般的损耗为 L 的无源二端口网络,其噪声系数等于其衰减值。

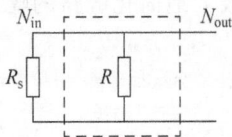

图 4.12 简单的二端口网络噪声系数计算

4.2.2 噪声系数与噪声温度

对于典型二端口电路,源阻抗噪声的资用功率为

$$N_{in} = kT_s\Delta f \tag{4.41}$$

输出噪声功率表示为

$$N_{out} = k(T_s + T_e)G\Delta f \tag{4.42}$$

因此根据定义,噪声系数可以写为

$$F = \frac{N_{\text{out}}}{GN_{\text{in}}} = 1 + \frac{T_e}{T_s} \tag{4.43}$$

式(4.43)为广义的噪声系数定义,也称为弗里斯噪声系数,由该式可见噪声温度和噪声系数是等价的,可以互相换算。噪声输出功率可表示为

$$N_{\text{out}} = N_{\text{in}}GF = kT_sGF\Delta f \tag{4.44}$$

需要注意的是,对于同一个二端口网络,采用不同的源阻抗噪声温度计算,即 T_s 不同的情况下,按照式(4.43)计算得到的噪声系数不同。由器件生产厂商提供的元器件噪声系数一般是以 290K 作为源阻抗参考噪声温度得到的,在实际电路应用中若该器件的输入噪声温度也为 290K,那么可以方便地使用 $N_{\text{out}} = F_{\text{chip}}GN_{\text{in}}$ 来计算器件的输出噪声功率,其中 F_{chip} 为厂商提供的器件噪声系数。但若器件前端为天线时,天线的噪声温度往往低于 290K,那么此时计算输出噪声功率正确的方法是先由 F_{chip} 和式(4.43)按 $T_s = T_0 = 290\text{K}$ 计算器件的等效噪声温度 T_e。F_{chip} 和 T_e 的互换关系如下

$$\begin{cases} T_e = T_0(F_{\text{chip}} - 1) \\ F_{\text{chip}} = 1 + \dfrac{T_e}{T_0} \end{cases} \tag{4.45}$$

其中,$T_0 = 290\text{K}$。再由式 $N_{\text{out}} = G(T_{\text{in}} + T_e)k\Delta f$ 计算噪声输出功率,即

$$N_{\text{out}} = k[T_s + T_0(F_{\text{chip}} - 1)]G\Delta f = kT_0G\Delta f(t + F - 1) \tag{4.46}$$

其中,$t = T_s/T_0$ 表示输入噪声温度 T_s 对 T_0 的归一化数值,基于式(4.46)可以定义输入输出信噪比比值为

$$\frac{\dfrac{S_{\text{in}}}{N_{\text{in}}}}{\dfrac{S_{\text{out}}}{N_{\text{out}}}} = \frac{kT_0G\Delta f(t + F - 1)}{kT_sG\Delta f} = 1 + \frac{F - 1}{t} \tag{4.47}$$

图 4.13 为信噪比比值随 F 和 t 的变化情况,当 $t = 1$ 时,信噪比比值等于噪声系数;当 $t < 1$ 时,信噪比比值恶化速度高于 F 的恶化速度,即输出信噪比恶化对噪声系数敏感,例如 $t = 0.1$ 时,噪声系数等于2,但信噪比恶化了11倍;当 $t > 1$ 时,信噪比比值恶化速度低于 F 的恶化速度,即输出信噪比恶化对噪声系数不敏感,例如 $t = 10$ 时,噪声系数等于10,信噪比的恶化不到两倍。可见,如果 t 很大,即天线的输入噪声温度很高,片面追求接收机噪声系数的降低是没有意义的,只有在 t 很小,花费一定的代价去降低接收机的噪声系数才会使信噪比得到极大改善。

工程上常使用对数值来表示噪声系数,$\text{NF} = 10\lg(F)$,后文若不特殊指出,则以 F 表示噪声系数的自然数值,以 NF 为其对数数值。根据定义,对数值噪声系数计算公式如下

$$\text{NF} = 10\lg\left(\frac{\dfrac{S_{\text{in}}}{N_{\text{in}}}}{\dfrac{S_{\text{out}}}{N_{\text{out}}}}\right) = 10\lg\left(\frac{N_{\text{out}}}{N_{\text{in}}}\right) - 10\lg\left(\frac{S_{\text{out}}}{S_{\text{in}}}\right)$$

$$= [N_{out}] - ([N_{in}] + [G]) \tag{4.48}$$

其中,$[N_{out}]$表示N_{out}的对数值,其他变量同义。式(4.48)的物理意义如图 4.14 所示,输入端的信号和噪声同步的被二端口网络放大,信号和输入端噪声的增幅均为$[G]$,由于二端口网络自身噪声的叠加,导致输出噪声$[N_{out}]$比源于输入的噪声(即$[N_{in}]+[G]$)要高,超出的部分即为二端口网络的噪声系数 NF。

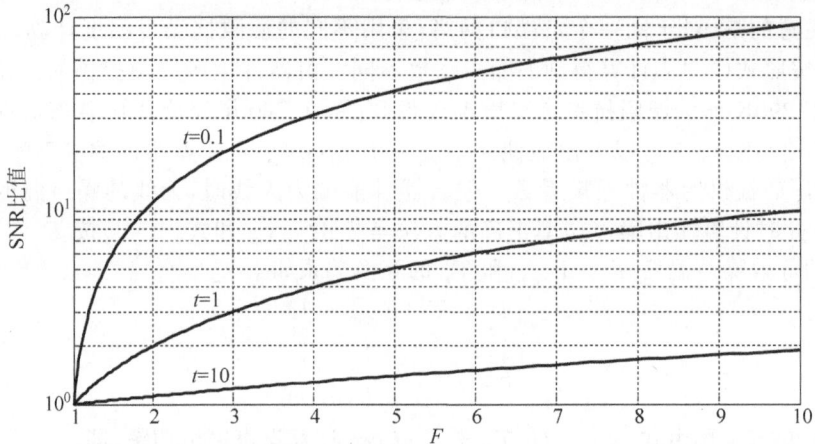

(a) 信噪比恶化随器件噪声系数的变化曲线

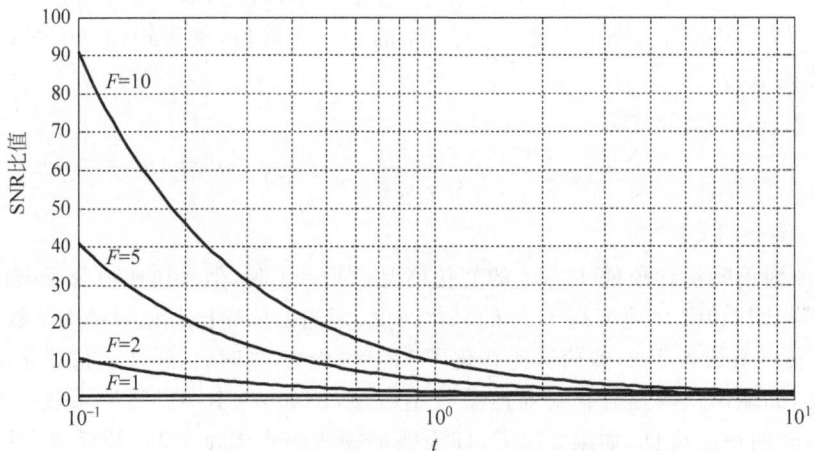

(b) 信噪比恶化随器件输入端噪声温度的变化曲线

图 4.13 信噪比恶化与二端口网络噪声系数和输入噪声归一化值的关系

4.2.3 级联电路的噪声系数计算

根据级联电路噪声温度的链式表达式(4.29),若将所有噪声温度项全部替换为$T_0(F-1)$,则可以得到噪声系数的级联链式表达式

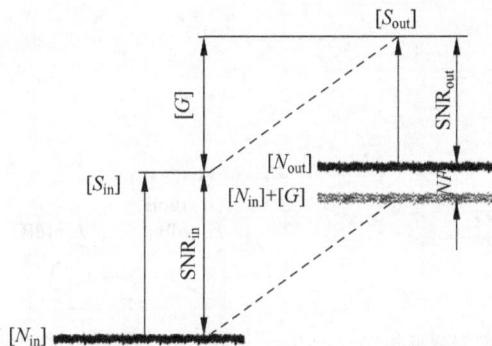

图 4.14 信噪比、增益和噪声系数的物理图示

$$F = F_1 + \frac{F_2 - 1}{G_1} + \frac{F_3 - 1}{G_1 G_2} + \cdots + \frac{F_n - 1}{G_1 G_2 \cdots G_{n-1}} \qquad (4.49)$$

图 4.15 为简单两器件的级联电路,图 4.15(a)显示的为衰减器级联放大器,图 4.15(b)为放大器级联衰减器,假设所有器件均处于 T_0 的物理温度。按照上述级联公式可以合并,这样有助于工程师化简电路,从而能够快速地评估电路参数。图 4.15(a)根据级联公式,噪声系数写为

$$F_C = L + \frac{F - 1}{\dfrac{1}{L}} = LF \qquad (4.50)$$

其中,F 和 L 分别为放大器的噪声系数和衰减器的衰减值。式(4.50)写成对数形式为 $[F_C] = [L] + [F]$,链路的增益写为对数形式为 $[G_C] = -[L] + [G]$,其中 G 为放大器的增益。

图 4.15(b)的级联噪声系数写为

$$F_C = F + \frac{L - 1}{G} \qquad (4.51)$$

当 $G \gg L$ 时,$F_C \approx F$,放大器后端级联衰减器对整体的噪声系数影响极小,级联的链路增益仍为 $[G_C] = [G] - [L]$。

计算如图 4.16 所示的级联电路的输出噪声功率:首先,将所有的对数指标转换为自然数值 $G_1 = 10\mathrm{dB} = 10$,$F_1 = 2\mathrm{dB} = 1.58$,$F_2 = L_2 = 1\mathrm{dB} = 1.259$,$G_2 = 0.79$,$F_3 = 4\mathrm{dB} = 2.51$,$G_3 = -3\mathrm{dB} = 0.5$;其次,按照参考温度为 290K 分别计算各个元器件的噪声温度,得到 $T_1 = 168.2\mathrm{K}$,$T_2 = 75.11\mathrm{K}$,$T_3 = 437.9\mathrm{K}$;最后,根据噪声温度的级联公式得到接收部分等效噪声温度为

$$T_e = T_1 + \frac{T_2}{G_1} + \frac{T_3}{G_1 G_2} = 231.1\mathrm{K}$$

或得到级联的噪声系数为

$$F = F_1 + \frac{F_2 - 1}{G_1} + \frac{F_3 - 1}{G_1 G_2} = 1.797$$

(a) 衰减器在前

(b) 放大器在前

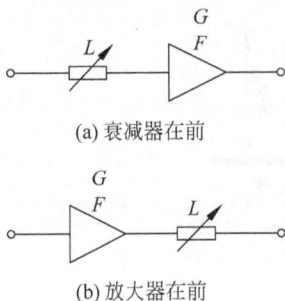

图 4.15 衰减器放大器组合的级联电路

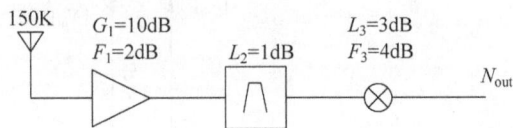

图 4.16 级联电路的输出噪声功率

最后,采用多种方法计算输出噪声功率如下

$$N'_{out} = k(T_A + T_e)G_1 G_2 G_3$$
$$= 1.38 \times 10^{-23} \times (150 + 231.1) \times 3.95 = 2.08 \times 10^{-20}\,\text{W/Hz} = -166.8\,\text{dBm/Hz}$$

或

$$N'_{out} = kT_0 G_1 G_2 G_3 (t + F - 1)$$
$$= 1.38 \times 10^{-23} \times 290 \times 3.95 \times \left(\frac{150}{290} + 1.797 - 1\right) = 2.08 \times 10^{-20}\,\text{W/Hz}$$

或根据天线的特征噪声温度计算弗里斯噪声系数为

$$F_A = 1 + \frac{T_e}{T_A} = 2.54$$

再计算输出噪声功率如下

$$N'_{out} = kT_A G_1 G_2 G_3 F_A = 1.38 \times 10^{-23} \times 150 \times 3.95 \times 2.54 = 2.08 \times 10^{-20}\,\text{W/Hz}$$

直接使用 $N'_{out} = kT_A G_1 G_2 G_3 F$ 将得到错误的结果。

对于典型的接收电路,输出功率为噪声功率和信号功率之和,即

$$\begin{cases} S_{out} = S_{in}G \\ N_{out} = k(T_s + T_e)G\Delta f \\ P_{out} = S_{out} + N_{out} \end{cases} \tag{4.52}$$

输出的总功率与信号线性输出的偏差定义为

$$D = \frac{P_{out}}{S_{out}} = \frac{k(T_s + T_e)\Delta f + S_{in}}{S_{in}} \tag{4.53}$$

当噪声的输出功率远小于信号输出功率时,噪声功率对总输出功率贡献忽略不计,总输出功率曲线按线性规律上升。当信号功率较小,噪声功率可比拟甚至超过信号功率时,总输出功率曲线将偏离线性规律,如图 4.17 所示。噪声功率等于信号功率特征点为曲线 3dB 的拐点,此时接收机输出功率偏离线性功率 3dB,常规的射频接收机可将曲线的 3dB 偏离或 1dB 偏离点定义为该电路可接收的最小信号幅度。当信号功率远小于噪声功率时,信号将被噪声所淹没。曲线 1dB 偏离,对应的 $D = 1.259$,此时输入信号强度表示为

$$S_{\text{min\_1dB}} = 3.861k(T_s + T_e)\Delta f \tag{4.54}$$

曲线 3dB 偏离,对应的 $D=2$,此时输入信号强度表示为

$$S_{\text{min\_3dB}} = k(T_s + T_e)\Delta f \tag{4.55}$$

当天线噪声温度为 150K,接收机噪声系数为 3dB,增益为 40dB、带宽为 1MHz 时,输入信号与输出信号的功率关系曲线如图 4.17 所示,其中曲线 3dB 偏离对应的输入信号强度为 -112dBm。

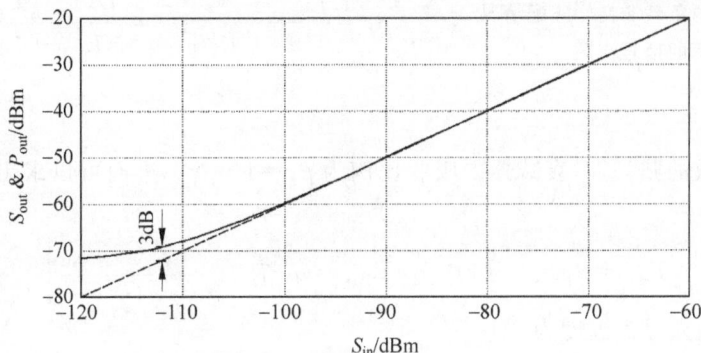

图 4.17 输出信号总功率偏离线性功率

4.2.4 端口不匹配时的噪声系数

端口不匹配时计算噪声系数需要提前计算二端口网络的资用增益,良好匹配的二端口资用增益为 $|S_{21}|^2$,而非良好匹配二端口网络的资用增益表达式为

$$G = \frac{|S_{21}|^2(1-|\Gamma_s|^2)}{|1-S_{11}\Gamma_s|(1-|\Gamma_{\text{out}}|^2)} \tag{4.56}$$

例如,对于一个特征阻抗为 Z_0 良好匹配设计的衰减器来说,S 参数分别为 $S_{11}=S_{22}=0$,$S_{21}=S_{12}=\dfrac{e^{-j\varphi}}{\sqrt{L}}$,其中 φ 为衰减器的附加相移,L 为衰减器的衰减值。将衰减器接入电路,假设源阻抗为 Z_g,那么源反射系数为 $\Gamma_s=\dfrac{Z_g-Z_0}{Z_g+Z_0}$,$\Gamma_{\text{out}}=S_{22}+\dfrac{S_{12}S_{21}\Gamma_s}{1-S_{11}\Gamma_s}=e^{-j2\varphi}\dfrac{\Gamma_s}{L}$,计算得到资用增益为

$$G = \frac{L(1-|\Gamma_s|^2)}{L^2-|\Gamma_s|^2} \tag{4.57}$$

如图 4.18 所示的衰减器电路,根据 Pierce 公式,端口注入功率首先被衰减器消耗 $\dfrac{L-1}{L}$,只有比例为 $\dfrac{1}{L}$ 的功率传输给源负载,由于阻抗不匹配,源负载吸收的比例为 $\dfrac{1}{L}(1-|\Gamma_s|^2)$,反射的功率比例为 $\dfrac{1}{L}|\Gamma_s|^2$,经衰减器二次衰减传输至输出端口,由于输出端口开路,剩余的功率将再次经过衰减器衰减传输给源负载,此时传输至源负载的二次功率为

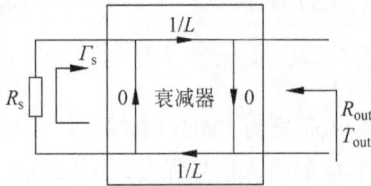

图 4.18 源负载非良好匹配情况
下的信号流图

$\dfrac{|\Gamma_s|^2}{L^3}$,源负载再次吸收$\dfrac{|\Gamma_s|^2}{L^3}(1-|\Gamma_s|^2)$,经过无数次反射再吸收过程,源负载最终吸收的功率比例为

$$\beta_1 = \frac{\dfrac{1}{L}(1-|\Gamma_s|^2)}{1-\dfrac{|\Gamma_s|^2}{L^2}} = \frac{L(1-|\Gamma_s|^2)}{L^2-|\Gamma_s|^2} = G \tag{4.58}$$

由于 Pierce 系数的归一性,衰减器的吸收比例为 $\beta_2 = 1-\beta_1$。进而可以求出等效输出噪声温度为

$$T_{out} = \beta_1 T_s + (1-\beta_1) T_{Att} = G\left[T_s + \frac{(1-G)T_{Att}}{G}\right] \tag{4.59}$$

得到衰减器的输入噪声温度为

$$T_e = \frac{(1-G)T_{Att}}{G} \tag{4.60}$$

当 $T_{Att} = T_0$ 时,噪声系数表示为

$$F = 1 + \frac{T_e}{T_0} = \frac{1}{G} = \frac{L^2-|\Gamma_s|^2}{L(1-|\Gamma_s|^2)} \tag{4.61}$$

由式(4.61)可见源负载非良好匹配时,系统的噪声系数偏离衰减值。图 4.19 显示的分别为非良好源阻抗匹配的情况下衰减器的增益、噪声系数随输入匹配的变化曲线。由此可见,当源负载匹配良好时,$|\Gamma_s| \to 0$,衰减器的增益 $G \to 1/L$,噪声系数 $F \to L$;而当源负载匹配恶化时,衰减器的增益将明显小于 $1/L$,即衰减值明显大于标称值,噪声系数也明显高于衰减器的标称值。

对于放大器来说,当放大器输入端非良好匹配时,放大器的资用增益表示为

$$G_{mis} = G(1-|\Gamma_{in}|^2) \tag{4.62}$$

其中,Γ_{in} 为放大器输入端失配反射系数。输入信号的信噪比为

$$\frac{S_{in}}{N_{in}} = \frac{S_{in}}{kT_0\Delta f} \tag{4.63}$$

输出信号和输出噪声功率分别表示为

$$S_{out} = S_{in}G_{mis} \tag{4.64}$$

$$N_{out} = kT_0 G_{mis}\Delta f + kT_e G\Delta f \tag{4.65}$$

因此非良好匹配的放大器电路噪声系数表示为

$$F_{mis} = \frac{\dfrac{S_{in}}{N_{in}}}{\dfrac{S_{out}}{N_{out}}} = 1 + \frac{F-1}{1-|\Gamma_{in}|^2} \tag{4.66}$$

图 4.20 显示的为 20dB 增益的射频放大器在标称噪声系数分别为 3dB、6dB、10dB 的情况下,在输入失配时放大器真实的增益和噪声系数随失配情况的变化曲线,由图可见,当失配逐渐严重时,放大器的资用增益迅速下降,噪声系数则迅速恶化。

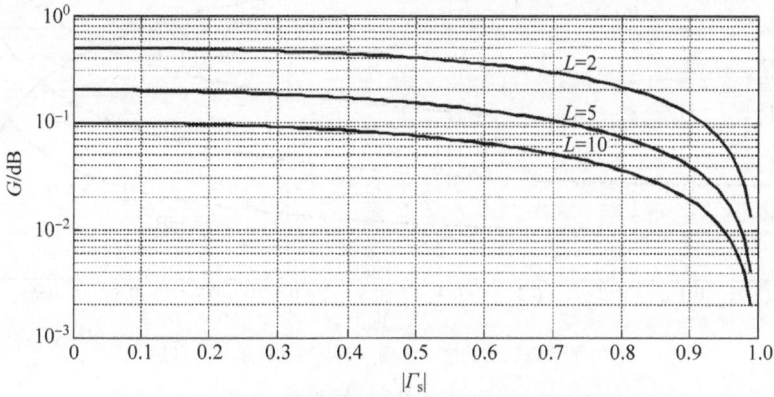

(a) 衰减器的增益值随输入匹配的变化曲线

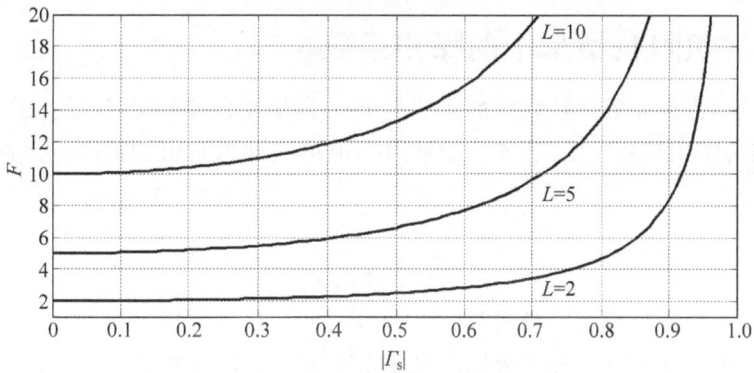

(b) 衰减器噪声系数随输入匹配的变化曲线

图 4.19　衰减器的增益值与噪声系数随输入匹配的变化曲线

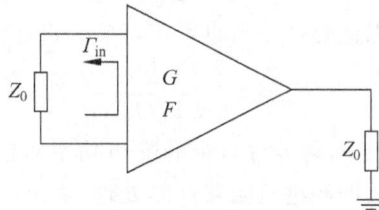

(a) 放大器的输入失配模型

图 4.20　放大器的增益值与噪声温度随输入匹配的变化曲线

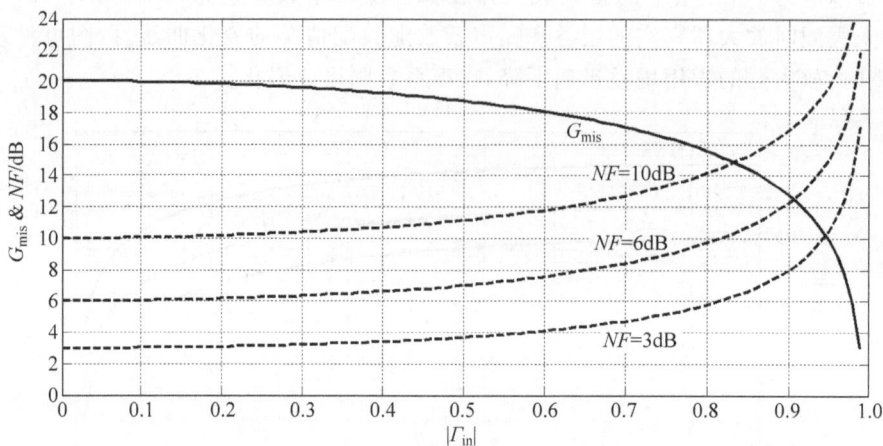

(b) 放大器真实的增益和噪声系数随失配的变化曲线

图 4.20 （续）

4.2.5 负阻抗情形下的噪声系数

以上讨论的噪声系数默认阻抗的实部大于 0，即输出的噪声功率大于 0，当阻抗实部小于 0 时，需拓展资用功率的定义，使之能够兼容阻抗实部为负值的情况。为此，定义可交换功率如下

$$P_e = \frac{\overline{v^2}}{4\text{Re}(Z_s)} \tag{4.67}$$

P_e 可正可负，取决于阻抗实部的符号，当 $\text{Re}(Z_s) < 0$ 时，$P_e < 0$；当 $\text{Re}(Z_s) > 0$ 时，$P_e > 0$ 即为常规定义的资用功率。如果分别定义 P_{ei} 和 P_{eo} 为输入和输出端口的可交换功率，那么可交换增益定义为

$$G_e = \frac{P_{eo}}{P_{ei}} \tag{4.68}$$

由于 P_{ei} 和 P_{eo} 均可正可负，因此交换增益也可正可负。进而沿用噪声系数表达式，得到

$$F_e = 1 + \frac{\Delta N}{k T_0 G_e \Delta f} \tag{4.69}$$

其中，ΔN 为器件噪声功率的增量，即器件自身的噪声功率对输出端口的贡献。由于 G_e 可正可负，因此 F_e 有可能小于 1，即经过负阻器件的处理，输出信噪比有所提高。

4.2.6 宽带噪声系数

前文在噪声功率和噪声系数计算中，一般认为带宽 Δf 足够小，二端口网络的增益和噪声系数等参数在带内保持恒定值。考虑宽带情形时，二端口网络的 S 参数、噪声系数等均为频率的函数，因此宽带的噪声系数 F_B 需按下式计算

$$F_B = \frac{\dfrac{S_{\text{in}}}{N_{\text{in}}}}{\dfrac{S_{\text{out}}}{N_{\text{out}}}} = \frac{\dfrac{\displaystyle\int_B S_{\text{in}}(f)\mathrm{d}f}{\displaystyle\int_B N_{\text{in}}(f)\mathrm{d}f}}{\dfrac{\displaystyle\int_B S_{\text{in}}(f)G(f)\mathrm{d}f}{\displaystyle\int_B N_{\text{in}}(f)G(f) + kt_{\text{e}}(f)G(f)\mathrm{d}f}} \tag{4.70}$$

其中，输入信号 $S_{\text{in}}(f)$ 和噪声功率 $N_{\text{in}}(f)$ 以及二端口网络的增益 $G(f)$ 和噪声温度 $t_{\text{e}}(f)$ 均为频率的函数。宽带噪声系数具有平均的效果，忽略了信号和噪声功率的谱特征（即随频率的波动特征），对接收系统的噪声性能的细节评估的准确度较差。

4.2.7　平均噪声系数

如式(4.39)所定义的二端口网络的噪声系数实际上是频率的函数，应该写为 $F(f)$，不同的频率具有不同的噪声系数值。电路设计中有关噪声的性能指标一般只关心带宽 B 内的情况，需要采用平均噪声的概念，有别于宽带噪声系数的定义，平均噪声系数定义为

$$F_A = \int_B F(f)W(f)\mathrm{d}f \tag{4.71}$$

其中，$W(f)$ 为加权函数，满足 $\int_B W(f)\mathrm{d}f = 1$。当 $W(f) = 1/B$ 时，式(4.71)退化为噪声系数的 0 阶平均值，此时式(4.70)与式(4.71)的区别在于前者对信号和噪声功率谱先对频率积分再取比值，而后者则是先取比值，再对信噪比谱函数进行积分。

4.2.8　包含基带的噪声系数

天线的接收信号经射频接收与下变频后还需经过基带处理，基带处理电路包含噪声白化滤波器与匹配滤波器等功能模块，匹配接收的输入和输出信噪比表示为

$$\begin{cases} \text{SNR}_{\text{in}} = \displaystyle\int_B \frac{S_{\text{in}}(f)}{N_{\text{in}}(f)}\mathrm{d}f \\[3mm] \text{SNR}_{\text{out}} = \displaystyle\int_B \frac{S_{\text{in}}(f)G(f)}{N_{\text{in}}(f)G(f) + kt_{\text{e}}(f)G(f)}\mathrm{d}f \end{cases} \tag{4.72}$$

其中，$G(f)$ 和 $t_{\text{e}}(f)$ 分别为匹配滤波模块的传输函数和噪声温度。一般情况下，噪声可在相当宽的频带内保持白噪声特征，因此可近似认为 N_{in} 不随频率变化，将 N_{in} 单独提出并计算输入输出信噪比的比值，得到该匹配模块的噪声系数为

$$F_M = \frac{\text{SNR}_{\text{in}}}{\text{SNR}_{\text{out}}} = \frac{\displaystyle\int_B S_{\text{in}}(f)\mathrm{d}f}{\displaystyle\int_B \frac{S_{\text{in}}(f)}{1 + \dfrac{kt_{\text{e}}(f)}{N_{\text{in}}}}\mathrm{d}f} \tag{4.73}$$

其中, $1+\dfrac{kt_e(f)}{N_{in}}$ 为系统的窄带噪声系数 $F(f)$, $\displaystyle\int_B S_{in}(f)\mathrm{d}f$ 为带内功率 P_{in}。 若定义输入信号的归一化功率谱为 $\dfrac{S_{in}(f)}{P_{in}}$, 则式(4.73)可简化为

$$F_M = \frac{1}{\displaystyle\int_B \frac{S_{in}(f)}{P_{in}} \frac{1}{F(f)} \mathrm{d}f} \tag{4.74}$$

匹配滤波噪声系数表达式表明,系统的噪声系数与信号的谱密度相关,只有当信号具有均匀的频谱分布时,其归一化功率谱为常数

$$F_M = \frac{B}{\displaystyle\int_B \frac{1}{F(f)} \mathrm{d}f}$$

至此,噪声在电路系统中的两种表征方法(噪声温度和噪声系数)已得到详细地介绍。4.3 节将介绍功分器与合路器的噪声性能,分析多种形式的功分器和合路器在平衡和不平衡输入条件下的噪声功率输出,并介绍多种平衡放大器的电路形式。

4.3　功分器与合路器的噪声分析

功分器和合路器是射频电路中的常用器件。对于功分器而言,无论是威尔金森功分器、电桥还是耦合器等,输出与输入的关系均可等效为衰减器,噪声分析也同衰减器一致。对于合路器而言,合路器噪声的传递与衰减器一致,但有用信号的合路由于存在是否幅相平衡的问题,合路后信噪比的具体计算有所不同。4.3.1 节将介绍威尔金森合路器等幅同相输入时(幅相平衡)信噪比的变化情况;4.3.2 节则分析幅相不平衡条件下合路器信噪比变化情况;4.3.3 节分析噪声非平衡输入时的合路情况以及射频接收机中经常使用的平衡放大器电路。

4.3.1　功分器和合路器噪声性能

威尔金森功分器、90°和180°电桥以及各种定向或非定向的耦合器是常用的微波无源器件,在微波电路中都可以用作功率分配器,即将一路微波信号功分为若干路输出信号。功率分配器逆向使用还可以用作功率合成器,即将各路信号功率合成为一路,达到信号增强的效果。使用功分器作为功率合成时需要根据合成网络的形式,调节各支路信号使其与需要的幅度和相位相匹配,幅度或相位不匹配将难以达到理想的合成效果。

威尔金森功率分配器是功分器的典型代表,其两路功分输出的功率幅度相等、相位均衡,并且具有三端口均良好匹配、两个输出端口良好隔离等优点。如图 4.21(a)所示,当威尔金森功分器的源阻抗 R_g 处于 T_0 温度时,功分器物理温度为 T_1,器件净衰减值(不包含功分衰减)为 L。根据 Pierce 分配定律,容易得到功分器一个输出端的噪声温度为

$$T_{out} = \frac{1}{2L}T_0 + \frac{2L-1}{2L}T_1 \tag{4.75}$$

$2L$ 为功分器单路衰减,功分器网络单路的资用增益为

$$G = \frac{1}{2L} \qquad (4.76)$$

根据定义,威尔金森功分器单路的噪声系数为

$$F = \frac{\dfrac{1}{2L}T_0 + \dfrac{2L-1}{2L}T_1}{T_0 G} = 1 + (2L-1)\frac{T_1}{T_0} \qquad (4.77)$$

理想无净损耗的功分器 $L=1$,且 $T_1 = T_0$ 时,式(4.77)简化为 $F=2$,从式(4.75)可以看出,此时 $T_{out} = T_0$,而信号经过功分器损失一半功率,即信噪比损失 3dB。

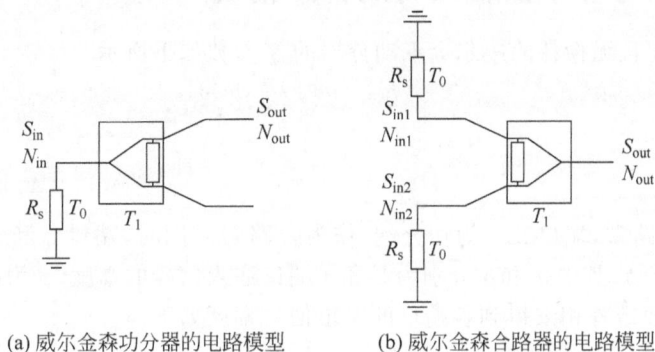

(a) 威尔金森功分器的电路模型　　(b) 威尔金森合路器的电路模型

图 4.21　威尔金森功分器和合路器噪声系数分析

威尔金森功分器用作合路器的情况下,两个功分端作为输入端,如图 4.20(b)所示。同样假设源阻抗 R_g 处于 T_0 温度,功分器物理温度为 T_1,单路净衰减值为 L。根据 Pierce 分配定律,容易得到功分器一个输出端的噪声温度为

$$T_{out} = \frac{1}{2L}T_0 + \frac{1}{2L}T_0 + \frac{L-1}{L}T_1 \qquad (4.78)$$

其中,前两项分别为端口 1 和端口 2 的噪声贡献,$2L$ 为功分器单路衰减。若两个输入端口只有一个传输有用信号,则此时合路器资用增益为单通道增益,即

$$G_{SC} = \frac{1}{2L} \qquad (4.79)$$

根据定义,威尔金森功分器单路的噪声系数为

$$F_{SC} = \frac{\dfrac{1}{2L}T_0 + \dfrac{1}{2L}T_0 + \dfrac{L-1}{L}T_1}{T_0 G_{SC}} = 2 + 2(L-1)\frac{T_1}{T_0} \qquad (4.80)$$

理想无损耗的功分器 $L=1$,式(4.80)简化为 $F_{SC}=2$,即信噪比损失 3dB。

若两个输入端口均传输有用信号,且两路信号等幅同相,则此时合路器资用增益为双通道增益,即

$$G_{DC} = \frac{2}{L} \qquad (4.81)$$

根据定义,威尔金森功分器单路的噪声系数为

$$F_{DC} = \frac{\dfrac{1}{2L}T_0 + \dfrac{1}{2L}T_0 + \dfrac{L-1}{L}T_1}{T_0 G_{DC}} = \frac{1}{2} + \frac{L-1}{2}\frac{T_1}{T_0} \tag{4.82}$$

理想无损耗的功分器 $L=1$,式(4.82)简化为 $F_{DC}=1/2$,即信噪比改善 3dB。在功率合成输出端,信号功率变为两倍,但输出温度噪声功率仍为 T_0,因而信噪比提高两倍。工程上正是应用这个原理,采用多路合成方法提高系统的信噪比,提高系统灵敏度,从而开发出阵列天线和 MIMO 系统等重要应用。

4.3.2　信号非平衡输入时的合路情况

理想匹配且无损耗的威尔金森功分器的 $\boldsymbol{S}$ 参数如下所示

$$\boldsymbol{S} = \begin{bmatrix} 0 & \sqrt{2}/2 & \sqrt{2}/2 \\ \sqrt{2}/2 & 0 & 0 \\ \sqrt{2}/2 & 0 & 0 \end{bmatrix} \tag{4.83}$$

其中,端口 1 为合路端,端口 2、3 为功分端,作为合路器使用时,端口 2 和 3 注入信号,用矢量表示为 $(0, a, be^{j\varphi})$,其中 a 和 b 分别为 2 和 3 端口注入信号的幅度,φ 为两个信号相位差。将该矢量与 $\boldsymbol{S}$ 参数矩阵相乘得到各端口的输出信号幅度如下

$$(v_1, v_2, v_3) = (0, a, be^{j\varphi}) \begin{bmatrix} 0 & \dfrac{\sqrt{2}}{2} & \dfrac{\sqrt{2}}{2} \\ \dfrac{\sqrt{2}}{2} & 0 & 0 \\ \dfrac{\sqrt{2}}{2} & 0 & 0 \end{bmatrix} = \left[\frac{\sqrt{2}}{2}(a + be^{j\varphi}), 0, 0 \right] \tag{4.84}$$

即只有端口 1 有信号输出,信号功率为

$$P_1 = \frac{\left| \dfrac{\sqrt{2}}{2}(a + be^{j\varphi}) \right|^2}{Z_0} = \frac{\dfrac{a^2+b^2}{2} + ab\cos\varphi}{Z_0} = \frac{P_2 + P_3}{2} + \sqrt{P_2 P_3}\cos\varphi \tag{4.85}$$

其中,$P_2 = \dfrac{a^2}{Z_0}$,$P_3 = \dfrac{b^2}{Z_0}$,分别为端口 2 和端口 3 的输入功率。由式(4.85)可见,当两路输入功率平衡时,$P_2 = P_3$,且相位差为 0,输出功率 $P_1 = 2P_2$;若相位差为 $180°$,则输出功率 $P_1 = 0$;若端口 3 的输入功率为 0,则输出功率 $P_1 = P_2/2$。

$90°$电桥也可用作功分器和合路器,其 $\boldsymbol{S}$ 参数表示为

$$\boldsymbol{S} = \begin{bmatrix} 0 & \sqrt{2}/2 & j\sqrt{2}/2 & 0 \\ \sqrt{2}/2 & 0 & 0 & j\sqrt{2}/2 \\ j\sqrt{2}/2 & 0 & 0 & \sqrt{2}/2 \\ 0 & j\sqrt{2}/2 & \sqrt{2}/2 & 0 \end{bmatrix} \tag{4.86}$$

当端口 2 和端口 3 作为信号输入端,端口 1 和端口 4 作为信号输出端时,信号输入矢量表示为 $(0,a,be^{\pm j\frac{\pi}{2}+j\varphi},0)$,其中 φ 为相位不平衡,得到输出信号的表达式为

$$(v_1,v_2,v_3,v_4)=(0,a,be^{\pm j\frac{\pi}{2}+j\varphi},0)\begin{bmatrix} 0 & \frac{\sqrt{2}}{2} & \frac{j\sqrt{2}}{2} & 0 \\ \frac{\sqrt{2}}{2} & 0 & 0 & \frac{j\sqrt{2}}{2} \\ \frac{j\sqrt{2}}{2} & 0 & 0 & \frac{\sqrt{2}}{2} \\ 0 & \frac{j\sqrt{2}}{2} & \frac{\sqrt{2}}{2} & 0 \end{bmatrix}$$

$$=\left[\frac{\sqrt{2}}{2}(a+jbe^{\pm j\frac{\pi}{2}+j\varphi}),0,0,\frac{\sqrt{2}}{2}(aj+be^{\pm j\frac{\pi}{2}+j\varphi})\right] \qquad (4.87)$$

式(4.87)取正号时,$v_1=\frac{\sqrt{2}}{2}(a-be^{j\varphi})$,$v_4=\frac{\sqrt{2}}{2}j(a+be^{j\varphi})$,分别计算端口 1 和端口 4 的功率为

$$(4.88)\quad\begin{cases} P_1=\dfrac{\left|\dfrac{\sqrt{2}}{2}(a-be^{j\varphi})\right|^2}{Z_0}=\dfrac{\dfrac{a^2+b^2}{2}-ab\cos\varphi}{Z_0}=\dfrac{P_2+P_3}{2}-\sqrt{P_2P_3}\cos\varphi \\[4mm] P_4=\dfrac{\left|\dfrac{\sqrt{2}}{2}j(a+be^{j\varphi})\right|^2}{Z_0}=\dfrac{\dfrac{a^2+b^2}{2}+ab\cos\varphi}{Z_0}=\dfrac{P_2+P_3}{2}+\sqrt{P_2P_3}\cos\varphi \end{cases}$$

当两路输入功率平衡时,$P_2=P_3$,若相位不平衡量为 0,则输出功率 $P_1=0$,$P_4=2P_2$;若两个输入端口之一(例如 P_3)的输入功率为 0,则输出功率 $P_1=P_4=P_2/2$。

当式(4.87)取负号时,$v_1=\frac{\sqrt{2}}{2}(a+be^{j\varphi})$,$v_4=\frac{\sqrt{2}}{2}j(a-be^{j\varphi})$,分别计算端口 1 和端口 4 的功率为

$$(4.89)\quad\begin{cases} P_1=\dfrac{\left|\dfrac{\sqrt{2}}{2}(a+be^{j\varphi})\right|^2}{Z_0}=\dfrac{\dfrac{a^2+b^2}{2}+ab\cos\varphi}{Z_0}=\dfrac{P_2+P_3}{2}+\sqrt{P_2P_3}\cos\varphi \\[4mm] P_4=\dfrac{\left|\dfrac{\sqrt{2}}{2}j(a-be^{j\varphi})\right|^2}{Z_0}=\dfrac{\dfrac{a^2+b^2}{2}-ab\cos\varphi}{Z_0}=\dfrac{P_2+P_3}{2}-\sqrt{P_2P_3}\cos\varphi \end{cases}$$

当两路输入功率平衡时,$P_2=P_3$,若相位不平衡量为 0,则输出功率 $P_1=2P_2$,$P_4=0$;若两个输入端口之一(例如 P_3)的输入功率为 0,则输出功率 $P_1=P_4=P_2/2$。

180°电桥的 **S** 参数表示为

$$S = \begin{bmatrix} 0 & \sqrt{2}/2 & -\sqrt{2}/2 & 0 \\ \sqrt{2}/2 & 0 & 0 & \sqrt{2}/2 \\ -\sqrt{2}/2 & 0 & 0 & \sqrt{2}/2 \\ 0 & \sqrt{2}/2 & \sqrt{2}/2 & 0 \end{bmatrix} \tag{4.90}$$

同样地,以端口 2 和端口 3 作为信号输入端,端口 1 和端口 4 作为信号输出端,信号输入矢量表示为 $(0, a, b\mathrm{e}^{\mathrm{j}\pi+\mathrm{j}\varphi}, 0)$,其中 φ 为相位不平衡,得到输出信号的表达式为

$$(v_1, v_2, v_3, v_4) = (0, a, b\mathrm{e}^{\mathrm{j}\pi+\mathrm{j}\varphi}, 0) \begin{bmatrix} 0 & \sqrt{2}/2 & -\sqrt{2}/2 & 0 \\ \sqrt{2}/2 & 0 & 0 & \sqrt{2}/2 \\ -\sqrt{2}/2 & 0 & 0 & \sqrt{2}/2 \\ 0 & \sqrt{2}/2 & \sqrt{2}/2 & 0 \end{bmatrix}$$

$$= \left[\frac{\sqrt{2}}{2}(a + b\mathrm{e}^{\mathrm{j}\varphi}), 0, 0, \frac{\sqrt{2}}{2}(a - b\mathrm{e}^{\mathrm{j}\varphi}) \right] \tag{4.91}$$

因此 $v_1 = \frac{\sqrt{2}}{2}(a + b\mathrm{e}^{\mathrm{j}\varphi})$,$v_4 = \frac{\sqrt{2}}{2}(a - b\mathrm{e}^{\mathrm{j}\varphi})$,分别计算端口 1 和 4 的功率为

$$\begin{cases} P_1 = \dfrac{\left| \frac{\sqrt{2}}{2}(a + b\mathrm{e}^{\mathrm{j}\varphi}) \right|^2}{Z_0} = \dfrac{\frac{a^2 + b^2}{2} + ab\cos\varphi}{Z_0} = \dfrac{P_2 + P_3}{2} + \sqrt{P_2 P_3}\cos\varphi \\[4mm] P_4 = \dfrac{\left| \frac{\sqrt{2}}{2}(a - b\mathrm{e}^{\mathrm{j}\varphi}) \right|^2}{Z_0} = \dfrac{\frac{a^2 + b^2}{2} - ab\cos\varphi}{Z_0} = \dfrac{P_2 + P_3}{2} - \sqrt{P_2 P_3}\cos\varphi \end{cases} \tag{4.92}$$

当两路输入功率平衡时,$P_2 = P_3$,若相位不平衡量为 0,则输出功率 $P_1 = 2P_2$,$P_4 = 0$;若两个输入端口之一(例如 P_3)的输入功率为 0,则输出功率 $P_1 = P_4 = P_2/2$。

当信号输入向量表示为 $(0, a, b\mathrm{e}^{\mathrm{j}\varphi}, 0)$,重新计算式(4.91)得到输出信号为 $v_1 = \frac{\sqrt{2}}{2}(a - b\mathrm{e}^{\mathrm{j}\varphi})$,$v_4 = \frac{\sqrt{2}}{2}(a + b\mathrm{e}^{\mathrm{j}\varphi})$,端口 1 和端口 4 的输出功率为 $P_1 = \frac{P_2 + P_3}{2} - \sqrt{P_2 P_3}\cos\varphi$,$P_4 = \frac{P_2 + P_3}{2} + \sqrt{P_2 P_3}\cos\varphi$,当两路输入功率平衡时且相位平衡时,输出功率 $P_1 = 0$,$P_4 = 2P_2$。

4.3.3　噪声非平衡输入的合路

从 4.3.2 节的分析可知,无论采用哪种形式的合路器,信号的合路式(4.85)、式(4.88)、式(4.89)和式(4.92)可统一写为

$$v_\mathrm{C} = \frac{\sqrt{2}}{2}(a \pm b\mathrm{e}^{\mathrm{j}\varphi}) \tag{4.93}$$

信号的合路属于相干合成,相干意味着各路信号频率相同,幅度和相位满足特定要求。相比之下,噪声的合成略有不同,首先噪声分布于一定的频率带宽内,不像信号那样具有明确的频率、幅值等信息;其次两路噪声之间需采用"相关"这个概念描述,同源的两路噪声完全相关,而不同源的噪声之间互不相关,更一般地,两路噪声之间为部分相关关系。两路噪声功率的合成仍可以从式(4.93)出发,对其进行相关运算得到

$$N = \overline{\left| \frac{\sqrt{2}}{2}(a \pm b\mathrm{e}^{\mathrm{j}\varphi}) \right|^2} = \frac{N_2 + N_3}{2} \pm \rho\sqrt{N_2 N_3}\cos\varphi \tag{4.94}$$

其中,$N_2 = \overline{a^2}$ 和 $N_3 = \overline{b^2}$ 分别为两路噪声信号的功率,$\rho\sqrt{N_2 N_3}\cos\varphi = \overline{ab}$ 为两路噪声之间相关的噪声功率部分,其中 $\rho\cos\varphi$ 为噪声的相干系数。当两路噪声完全相关时,噪声的合路同信号的相干合路一致,合成的功率为 $N = \frac{N_2 + N_3}{2} \pm \sqrt{N_2 N_3}$。当合路的各支路噪声来源不同时,各路噪声互不相关,即 $\rho = 0$,总噪声输出简化为

$$N = \frac{N_2 + N_3}{2} \tag{4.95}$$

当 $N_2 = N_3 = N_\mathrm{in}$ 时,合路后的噪声功率 $N = N_\mathrm{in}$,即输出噪声功率只有输入功率的一半,另一半噪声功率消耗于隔离电阻或隔离端口的负载。

在射频电路设计中,常采用平衡电路来提高系统的动态范围,平衡电路采用多路功分,各路经放大器放大之后再进行合路。双路平衡电路如图 4.22 所示,其中图(a)采用威尔金森功分器,图(b)采用电桥,为简化分析,假设功率分配器和功率合成器没有衰减,且系统均处于物理温度 T_0 之下,则放大器输入端和输出端的噪声功率分别表示为

$$\begin{cases} N_\mathrm{in} = N_{\mathrm{in\_1}} = N_{\mathrm{in\_2}} = kT_0\Delta f \\ N_{\mathrm{out\_1}} = k(T_0 + T_{\mathrm{e1}})G_1\Delta f \\ N_{\mathrm{out\_2}} = k(T_0 + T_{\mathrm{e2}})G_2\Delta f \end{cases} \tag{4.96}$$

两路放大器输入端的噪声 $N_{\mathrm{in\_1}}$ 和 $N_{\mathrm{in\_2}}$ 互不相关(证明详见 5.2.7 节),同时两个放大器自身噪声(T_{e1} 和 T_{e2})由于来源不同也互不相关,因此两路输出噪声 $N_{\mathrm{out\_1}}$ 和 $N_{\mathrm{out\_2}}$ 互不相关。因此根据式(4.95),电路总的噪声输出功率为

$$N_\mathrm{out} = \frac{N_{\mathrm{out\_1}} + N_{\mathrm{out\_2}}}{2} \tag{4.97}$$

若两个放大器性能完全一致,即 $T_{\mathrm{e1}} = T_{\mathrm{e2}} = T_\mathrm{e}$ 以及 $G_1 = G_2 = G$,则式(4.97)简化为

$$N_\mathrm{out} = k(T_0 + T_\mathrm{e})G\Delta f \tag{4.98}$$

可见功分合路放大器电路的噪声功率输出等于单个放大器的噪声输出,系统的等效噪声温度等于单个放大器的噪声温度,系统的噪声系数也等于单个放大器的噪声系数。平衡式放大电路的增益和噪声系数指标与单路电路并无不同,但平衡式电路功率容量是单路电路的 2 倍。

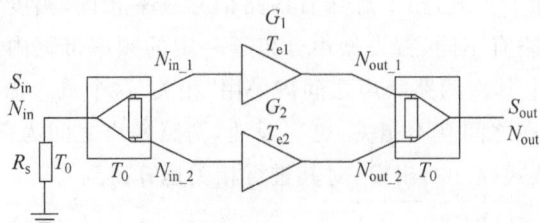

(a) 采用威尔金森功分器的放大器合成电路

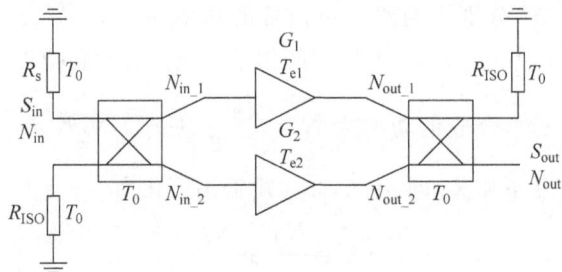

(b) 采用电桥的放大器合成电路

图 4.22　放大器合成电路

4.4　本章小结

　　本章详细介绍了射频电路设计和系统设计中常用的噪声衡量参数,噪声系数和噪声温度。噪声系数更适合电路工程师使用,而噪声温度则适合系统工程师使用,两者可以相互换算。但在换算过程中应特别注意,噪声系数本质是比值的概念,其以某个特殊的温度(一般以室温 290K)作为参考,对于二端口网络的噪声系数来说,默认网络的输入端噪声温度为290K,同时网络的工作环境温度也为 290K。当电路或系统的输入噪声温度或所处的工作环境温度并非 290K 时,采用噪声系数计算电路的噪声性能将会产生计算错误,在这种情况下宜采用噪声温度来计算。噪声温度是普适的概念,无论系统的参考温度如何,采用噪声温度计算噪声性能均不影响计算结果。对于复杂的通信系统来说,射频电路的不同部分处于不同的温区,例如在卫星通信系统中,天线的噪声温度约为 30K,前端馈源和低噪声放大器被冷却至 77K,后端电路处于 290K,此时采用噪声温度进行链路计算将十分准确和方便。

第 5 章

多端口电路噪声

    微波电路是由微波元件和射频传输线构成的封闭空间,空间中的电磁场分布需要严格满足麦克斯韦方程和边界条件,完整求解其计算量巨大,难以实现。微波电路可借助抽象化的微波网络模型来分析和计算,微波网络模型能够将复杂的电路抽象为端口物理量以及端口物理量之间的传递函数关系,把握各个端口以及端口之间的传递函数即可完全掌握微波电路的性能指标,而不需要计算电路内部的电磁场特性,大大降低了理论分析和工程设计的难度。

    微波网络不仅能够描述简单的射频元器件,也可以描述射频功能模块和综合射频系统。微波电路功能模块是由射频元器件通过多种组合方式组合而成,具有一定独立功能的电路集合,多个功能模块通过传输线连接即可形成复杂的射频系统,能够完成通信或目标检测等任务。无论是简单的元器件、功能模块,还是复杂的射频系统,都可以采用多端口网络模型来描述。最简单的微波元器件诸如电阻、电容、电感以及天线等为单端口网络,采用 1×1 的矩阵参数描述即可。常用的有源微波元器件多为二端口网络,例如放大器、衰减器、滤波器等功能电路,二端口网络需要采用 2×2 的参数矩阵来完整地描述其性质。多于二端口的网络统称为多端口网络,主要包括混频器、环形器、多工器、功率分配器以及定向耦合器等器件,完整地描述其性能需要用到更高阶的矩阵。微波网络采用矩阵描述,而端口物理量则采用向量表示,端口物理量与网络参数定义是息息相关的。例如端口物理量若采用电压和电流,则网络参数为阻抗或导纳矩阵;若端口物理量为入射波或反射波,则网络参数为散射矩阵。不仅电流电压等物理量可用矩阵和向量描述,多端口元器件的噪声表现也可以采用网络参数描述,即将噪声参数搭载于端口物理量内,通过相应的网络矩阵参数相互联系。噪声与端口物理量搭载,需要将噪声转化为与该物理量相同的量纲,若物理量为电压,则需将噪声转化为噪声电压形式;若物理量为入射波或反射波,则需将噪声转化为噪声波形式。

    常用的微波网络矩阵有阻抗矩阵、导纳矩阵、ABCD 参数、散射参数矩阵和传输参数矩阵等。基于微波网络的噪声理论将微波电路中的噪声源抽象提取出来,并与端口处的物理向量相叠加,而原微波网络的矩阵参数则维持不变。H. Rothe 和 W. Dahlke 在文献[1]中以常规电路参数为基础提出了多端口器件的 Rn-Gn 噪声模型和 En-In 噪声模型,其中 Rn-Gn 噪声模型主要应用于微波放大器的噪声研究,而 En-In 噪声模型则广泛应用于有源器件。

　　单端口网络是最基本的网络结构,对其进行详细的噪声性能分析有助于二端口甚至多端口噪声理论分析的展开,5.1节将详细介绍单端口网络的噪声分析,重点为线性网络的噪声功率谱输出、等效噪声温度、端口信噪比等概念。二端口网络是最为常见的一种网络结构,覆盖微波电路中绝大部分器件。5.2节将详细介绍二端口微波网络的噪声性能,主要涵盖等效噪声温度、输入输出信噪比、噪声系数等概念。放大器作为二端口网络中最典型的微波器件,将在5.3节详细分析其噪声表现并推算其最优噪声系数的达成条件。5.4节将分析有源二端口网络的噪声等效电路,并在5.5节讨论低噪声射频放大器的设计。

5.1　单端口网络

　　线性网络是指完全由线性元器件、独立源或线性受控源组成的电路网络,例如由阻容感组成的电路网络、工作于线性区的放大器等。线性网络的一个重要特性是比例与叠加特性,比例特性是指输入信号幅度提升几倍,输出信号的幅度也提高几倍;而叠加特性指在输入为多个独立源之和的情况下,总的响应输出为独立源各自响应输出之和。线性网络的噪声响应可以采用线性叠加方式进行分析,逐一计算每个噪声源对输出端口的噪声贡献,计算过程中将其他噪声源静默处理,最终将每个噪声源对输出端口的噪声贡献相叠加得到最终的噪声输出,即

$$v_o = \sum_{i=1}^{N} G_i v_i \tag{5.1}$$

其中,v_i 为单个噪声源幅度,可以理解为噪声电压源或噪声电流源,为了简便,统一以噪声电压源表示。G_i 为幅度传输函数,若输入输出均为电压,则 G_i 为电压增益,无量纲;若输入为电流而输出为电压,则 G_i 量纲为阻抗。如果各个噪声源互不相关,根据第1章随机过程基本理论,式(5.1)所示的幅度叠加可直接写为功率叠加,即

$$\overline{v_o^2} = \sum_{i=1}^{N} |G_i|^2 \overline{v_i^2} \tag{5.2}$$

其中,$\overline{v_o^2}$ 和 $\overline{v_i^2}$ 为噪声电压均方值,窄带情况下与噪声功率及噪声功率谱的幅度成正比,因此式(5.2)中的电压均方值均可替换为噪声功率或噪声功率谱函数,即 $N_o = \sum_{i=1}^{N} |G_i|^2 N_i$ 或 $N_o' = \sum_{i=1}^{N} |G_i|^2 N_i'$。

　　接下来,5.1.1节～5.1.5节由简入繁,分别介绍电阻网络、电抗网络、线性网络、不等温线性网络的噪声功率谱输出和等效噪声温度。

5.1.1　电阻网络

　　电阻的噪声等效电路有噪声电压和噪声电流两种形式,噪声电压源 v_s 与电阻串联,而

噪声电流源 i_s 与电阻并联,两者完全等价,等效电路如图 5.1 所示。噪声电压功率谱和噪声电流功率谱分别为

$$N'_v = 4kTR_s \tag{5.3}$$

$$N'_i = 4kT\frac{1}{R_s} \tag{5.4}$$

噪声电压源和噪声电流源具有线性关系,即 $v_s = R_s i_s$,功率谱间的关系为 $N'_v = R_s^2 N'_i$。功率谱密度函数与噪声电压或噪声电流的均方值之间的关系:对于窄带噪声来说,$\overline{v_o^2} = N'_v\Delta f$ 和 $\overline{i_o^2} = N'_i\Delta f$;一般情况下,例如对于宽带噪声来说,前式应写为积分形式,即 $\overline{v_o^2} = \int N'_v df$ 和 $\overline{i_o^2} = \int N'_i df$。另外功率谱密度 N'_v 常写为 $S_v(f)$,同样 N'_i 常写为 $S_i(f)$,本书同时使用 N' 和 $S(f)$ 这两种写法。

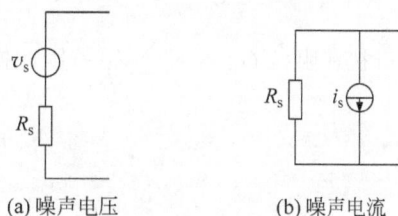

图 5.1 电阻的噪声源等效形式

(a) 噪声电压 (b) 噪声电流

电阻串联和并联的噪声源等效电路如图 5.2 所示,在串联结构中,由于输出端开路,单个电阻的噪声电压将直接出现在输出端,并且相互叠加,输出的电压源功率谱为

$$N'_o = 4kT(R_1 + R_2) \tag{5.5}$$

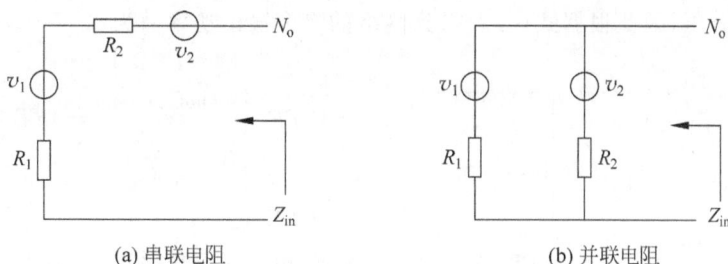

图 5.2 串联电阻和并联电阻的噪声源等效电路

(a) 串联电阻 (b) 并联电阻

对于多个电阻串联的情况来说,式(5.5)可拓展为

$$N'_o = 4kT\sum R_i = 4kTR_{in} \tag{5.6}$$

其中 $R_{in} = \sum R_i$。

电阻并联情况略有不同,电阻 R_1 产生的噪声电压将会在电阻环路内产生电流并消耗功率,按照线性叠加规律,电阻 R_1 产生的噪声电压对输出端的电压贡献为 $v_s\dfrac{R_2}{R_1+R_2}$,同样电阻 R_2 产生的噪声电压对输出端的电压贡献为 $v_s\dfrac{R_1}{R_1+R_2}$,因此总的噪声电压输出功率谱为

$$N'_o = 4kTR_1\left(\frac{R_2}{R_1+R_2}\right)^2 + 4kTR_2\left(\frac{R_1}{R_1+R_2}\right)^2 = 4kTR_1 \mathbin{/\mkern-5mu/} R_2 \tag{5.7}$$

即电阻并联的噪声输出等于相同并联阻值的电阻噪声输出。电阻并联的噪声按噪声电流源等效形式分析将更加直观,并联的每个电阻贡献的噪声电流功率谱为 $4kT\dfrac{1}{R_i}$,总电流噪声功率谱为

$$\overline{i_o^2} = 4kT\sum \frac{1}{R_i} = 4kTG_{\text{in}} \tag{5.8}$$

端口视在阻抗 $G_{\text{in}} = 1/\sum \dfrac{1}{R_i}$,因此换算为电压噪声功率谱为

$$N'_o = \overline{v_o^2} = \overline{i_o^2}Z_{\text{in}}^2 = \frac{4kT}{\sum \dfrac{1}{R_i}} \tag{5.9}$$

当只有两个电阻并联时,式(5.9)退化为式(5.7)。

5.1.2　电抗网络

电阻并联电容或串联电容的分析方法与纯电阻的并联或串联基本相同,由于电容和电感等纯电抗原件并不贡献噪声,电抗原件只参与电路的分压和分流,因此电抗网络只需分析电阻的噪声源贡献即可。如图 5.3(a)所示的电容旁路电路,电容参与分流,网络输出的电压即为电容的分压,因此根据式(5.2)得到网络的噪声输出功率谱为

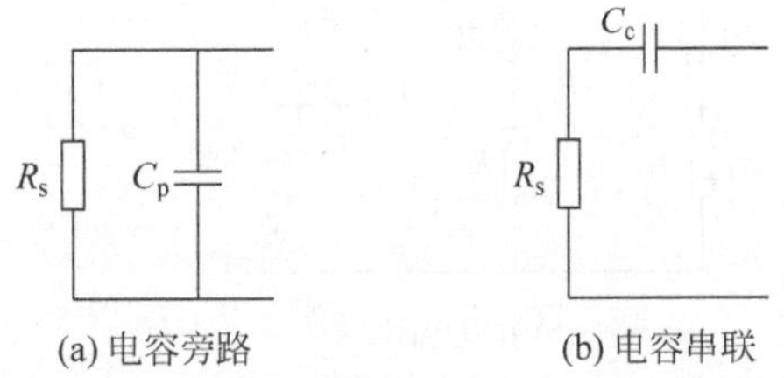

$$N'_o = 4kTR_s\left|\frac{\dfrac{1}{j\omega C_p}}{R + \dfrac{1}{j\omega C_p}}\right|^2 = 4kT\frac{R_s}{1+(\omega R_s C_p)^2}$$

$$= 4kT\,\text{Re}(Z_{\text{in}}) \tag{5.10}$$

(a) 电容旁路　　　(b) 电容串联

图 5.3　电容旁路和电容串联

电阻和电容串联形式,电容既不贡献噪声,也不参与分流,因此噪声输出功率谱与电阻是一致的,即

$$N'_o = 4kTR_s = 4kT\,\text{Re}(Z_{\text{in}}) \tag{5.11}$$

50Ω 电阻与 100pF 电容分别并联和串联的网络的噪声功率谱随频率的变化如图 5.4 所示,随着频率升高,旁路电容的分流效应愈加明显,输出的噪声谱呈现低通特性,而串联网络的输出噪声谱则不随频率变化。

纯电阻网络的噪声输出只与网络的输出电阻值成正比,对于由诸多电阻、电容和电感串联和并联组成的复杂电抗网络,虽然电抗原件不消耗功率,对输出端口的噪声贡献为零,但电抗原件的存在会使网络产生分压和分流效应,最终会影响网络的噪声输出。复杂的线性电抗网络可等效为电阻与电抗成分的级联,或者等效为电导与电纳成分的并联,如图 5.5 所示。图 5.5 与图 5.3 本质相同,当等效为噪声电压源时,噪声源功率谱与网络输入阻抗的实部成正比;当等效为噪声电流源时,噪声源功率谱与网络输入导纳的实部成正比,具体表达式为

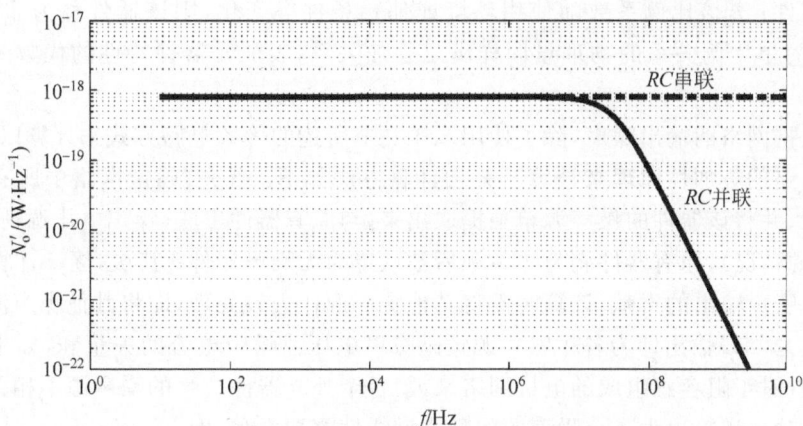

图 5.4　电阻电容网络噪声功率谱随频率的变化

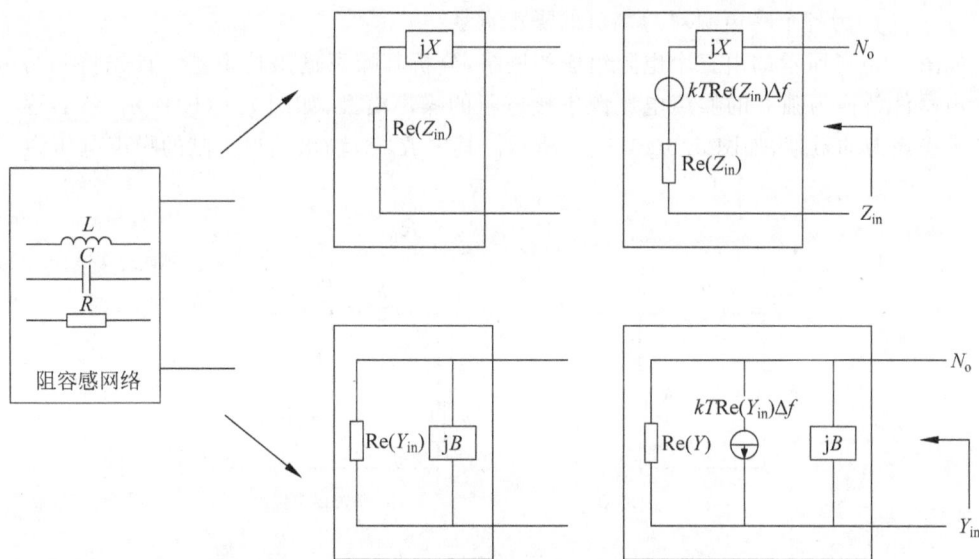

图 5.5　复杂网络的等效电路和等效噪声源

$$N'_{\mathrm{ov}} = 4kT\,\mathrm{Re}(Z_{\mathrm{in}}) \tag{5.12}$$

$$N'_{\mathrm{oi}} = 4kT\,\mathrm{Re}(Y_{\mathrm{in}}) \tag{5.13}$$

若已知端口处的噪声功率谱,根据当前网络的物理温度,也可根据式(5.12)和式(5.13)计算网络的阻抗实部和导纳实部。

5.1.3　线性网络

描述电路的特性往往采用两个对偶物理量,例如电压和电流,器件的阻抗或导纳即为电压和电流之间的比例系数。若该比例为常数,不随偏置电压或电流的变化而改变,则该器件称为线性器件；若该比例系数随使用环境或偏置条件等变化，则该器件称为非线性器件。显然，满足简单比例关系的物理量同样满足叠加关系，表征元器件特性的代数关系是线性函数。

复杂电抗网络的输出噪声，除了使用5.1.2节所述的等效电路方式来计算以外，还可以使用线性电路的叠加性原理来计算。叠加计算方法如下：首先，确定网络中所有能够贡献噪声的器件，并将该器件的噪声源单独提取出来，与原有器件串联（噪声电压源情况）或并联（噪声电流源情况），原有器件剥离噪声源后被认定为无噪声器件；其次，逐一计算单个噪声源对总端口噪声输出的贡献，计算时需将其他噪声源作失效处理，即将其他噪声源幅值设置为0；最后，总端口输出即为各个噪声源贡献噪声电压或噪声电流的矢量和，如果各个噪声源互不相关（对于阻容感组成的电抗网络来说，各个独立器件产生的噪声源不相关），最终总端口的噪声功率谱输出为各个噪声源的噪声谱线性叠加之和，即

$$S_{out} = \sum_i S_{out\_i} \qquad (5.14)$$

其中 $S_{out\_i}(f)$ 为各个噪声源对总端口的噪声贡献。

如图5.6(a)所示的由三个电阻组成的网络，分析其噪声输出功率谱。首先将网络中每个噪声器件替换为独立的噪声电压源串接电阻的噪声模型，如图5.6(b)所示，然后逐一计算各个噪声源的贡献，如图5.6(c)~(e)所示。其中 R_1 对输出端口贡献的噪声电压为

$$v_{out\_1} = \frac{R_3}{R_1 + R_2 + R_3} v_{N1} \qquad (5.15)$$

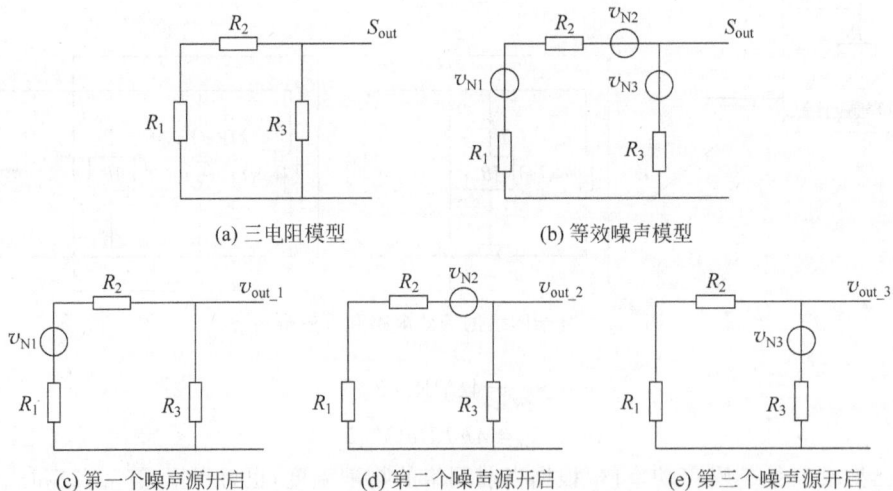

(a) 三电阻模型   (b) 等效噪声模型

(c) 第一个噪声源开启   (d) 第二个噪声源开启   (e) 第三个噪声源开启

图5.6　三电阻网络的噪声输出实例

同理，R_2 和 R_3 对输出端口贡献的噪声电压分别为

$$v_{out\_2} = \frac{R_3}{R_1 + R_2 + R_3} v_{N2} \qquad (5.16)$$

$$v_{\text{out\_3}} = \frac{R_1 + R_2}{R_1 + R_2 + R_3} v_{\text{N3}} \tag{5.17}$$

输出端口总的噪声电压为各电压叠加,由于各个噪声源互不相关,电压矢量叠加也等同于噪声源功率(窄带情况)或功率谱的叠加,即

$$S_{\text{out}} \Delta f = \left(\frac{R_3}{R_1 + R_2 + R_3} \right)^2 \overline{v_{\text{N1}}^2} + \left(\frac{R_3}{R_1 + R_2 + R_3} \right)^2 \overline{v_{\text{N2}}^2} + \left(\frac{R_1 + R_2}{R_1 + R_2 + R_3} \right)^2 \overline{v_{\text{N3}}^2}$$

$$= \left(\frac{R_3}{R_1 + R_2 + R_3} \right)^2 4kTR_1 \Delta f + \left(\frac{R_3}{R_1 + R_2 + R_3} \right)^2 4kTR_2 \Delta f +$$

$$\left(\frac{R_1 + R_2}{R_1 + R_2 + R_3} \right)^2 4kTR_3 \Delta f \tag{5.18}$$

化简后即为

$$S_{\text{out}} \Delta f = 4kT \frac{(R_1 + R_2)R_3}{R_1 + R_2 + R_3} = 4kT \operatorname{Re}(Z_{\text{in}}) \tag{5.19}$$

显然 $\operatorname{Re}(Z_{\text{in}}) = \dfrac{(R_1 + R_2)R_3}{R_1 + R_2 + R_3}$ 为网络的输入视在阻抗的实部。如果网络中包含电抗成分,上述的分析流程依然成立,而且不要求网络各个元器件处于同样的物理温度下,从式(5.18)可看出,网络中各个元器件可具有不同的物理温度,但此时式(5.18)显然无法等效为简化式(5.19)。

对于部分相关的两个噪声源来说,需要将噪声源之一分解为与另一噪声源完全相关的部分和完全无关的部分再加以分析。例如 $S_{\text{out\_i}}$ 和 $S_{\text{out\_j}}$ 部分相关,将 $S_{\text{out\_j}}$ 分解为两部分 $S_{\text{out\_jc}}$ 和 $S_{\text{out\_ju}}$,其中 $S_{\text{out\_jc}}$ 与 $S_{\text{out\_i}}$ 完全相关,完全相关的两个噪声源对应的噪声电压呈现简单比例关系,即

$$v_{\text{out\_jc}} = \alpha \cdot v_{\text{out\_i}} \tag{5.20}$$

其中,α 一般为复数,若 $v_{\text{out\_jc}}$ 和 $v_{\text{out\_i}}$ 为相同物理量,则 α 无量纲;若 $v_{\text{out\_jc}}$ 和 $v_{\text{out\_i}}$ 为不同物理量(不仅仅为电压量),则 α 具有一定的量纲。噪声电压与噪声功率谱关系为 $S \Delta f = \overline{v^2}$,当 $v_{\text{out\_jc}}$ 和 $v_{\text{out\_i}}$ 量纲均为电压时,两者叠加应先按矢量叠加,再平方计算叠加后的功率谱,即

$$S_{\text{out\_ijc}} = | 1 + \alpha |^2 S_{\text{out\_i}} \tag{5.21}$$

$S_{\text{out\_ju}}$ 与 $S_{\text{out\_i}}$ 完全不相关,因此叠加的功率谱直接将功率谱函数相加即可,即 $S_{\text{out}} = S_{\text{out\_ijc}} + S_{\text{out\_ju}}$。

5.1.4　不等温的线性网络

使用 5.1.2 节等效电路方法计算网络的等效噪声输出要求网络具有均一的物理分布温度,如果网络中各个器件的物理温度不同,则不能采用该方法计算噪声。而采用叠加原理计算线性电路噪声的方法以噪声源为基本出发点,不要求网络元件具有相同的物理温度,甚至允许单个元件自身具有一定的温度梯度。如图 5.7(a)所示的电路,两个不同具有物理温度

的电阻串联,采用叠加法计算总的噪声输出功率谱为

$$S_{\text{out}} = 4kT_1R_1 + 4kT_2R_2 \tag{5.22}$$

网络等效的输入阻抗为 R_1+R_2,将输入阻抗从式(5.22)提出,则有

$$S_{\text{out}} = 4k(R_1+R_2)\left(\frac{T_1R_1}{R_1+R_2} + \frac{T_2R_2}{R_1+R_2}\right) \tag{5.23}$$

定义 $T_e = \dfrac{T_1R_1}{R_1+R_2} + \dfrac{T_2R_2}{R_1+R_2}$ 为网络的等效噪声温度,定义比例系数 $\beta_1 = \dfrac{R_1}{R_1+R_2}$ 和 $\beta_2 = \dfrac{R_2}{R_1+R_2}$,则式(5.23)可写为

$$S_{\text{out}} = 4k(R_1+R_2)(\beta_1T_1 + \beta_2T_2) \tag{5.24}$$

不等温的串联电路总噪声输出仍可以写为 $S_{\text{out}} = 4kR_{\text{in}}T_e$ 这样简单的形式,比例系数的物理意义为线性网络内各个电阻物理温度对输出噪声温度贡献的占比。比例系数的另一种解释为 Pierce 功率消耗比例,即在输出端口注入单位功率,网络内部每个耗散器件消耗功率的比值,消耗功率越大,这个器件物理温度对输出的噪声温度贡献越大。对于电抗元器件,由于其不消耗功率,比例系数为 0,其物理温度对总端口的噪声贡献也为 0。

N 个不等温度电阻串联的情形,网络的等效温度和总噪声输出可改写为

$$T_e = \sum_{i=1}^{N} \beta_i T_i \tag{5.25}$$

$$S_{\text{out}} = 4kR_{\text{in}}T_e \tag{5.26}$$

其中,比例系数 $\beta_i = R_i \Big/ \sum_{j=1}^{N} R_j$,网络输入电阻 $R_{\text{in}} = \sum_{j=1}^{N} R_j$。

对于电阻并联情形,如图 5.7(b)所示,按照线性叠加原理,总的噪声输出功率谱为

$$S_{\text{out}} = 4kT_1R_1\left(\frac{R_2}{R_1+R_2}\right)^2 + 4kT_2R_2\left(\frac{R_1}{R_1+R_2}\right)^2 \tag{5.27}$$

将并联网络等效输入阻抗 $\dfrac{R_1R_2}{R_1+R_2}$ 从式(5.27)提出,则有

$$S_{\text{out}} = 4k\,\frac{R_1R_2}{R_1+R_2}\left(\frac{T_1R_2}{R_1+R_2} + \frac{T_2R_1}{R_1+R_2}\right) \tag{5.28}$$

定义比例系数 $\beta_1 = \dfrac{R_2}{R_1+R_2}$ 和 $\beta_1 = \dfrac{R_1}{R_1+R_2}$,得到等效噪声温度 $T_e = \beta_1T_1 + \beta_2T_2$ 和网络的噪声功率谱输出 $S_{\text{out}} = 4kR_{\text{in}}T_e$。对于 N 个不同物理温度的电阻并联的情形,比例系数的计算宜采用电导来计算,即 $\beta_i = G_i \Big/ \sum_{j=1}^{N} G_j$,等效噪声温度和噪声功率谱输出的表达式与式(5.25)和式(5.26)相同。

对于同时含有并联和级联的复杂电阻网络来说,若采用如式(5.18)的电路分析方法计算比例系数,其过程会相当烦琐。此时宜采用 Pierce 功率分配法计算,即端口处注入单位

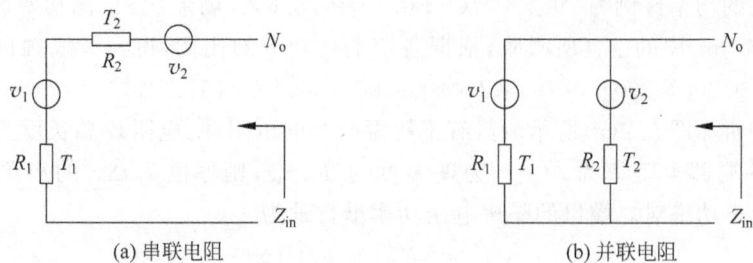

图 5.7　不等温的电阻网络

功率,计算网络内各个耗散器件占用功率的值,即得到该器件的比例系数。如图 5.6 所示的三电阻网络,当端口注入单位功率时,R_3 消耗功率为

$$\beta_3 = \frac{R_1 + R_2}{R_1 + R_2 + R_3} \tag{5.29}$$

R_1 和 R_2 消耗功率之和为剩余的 $\dfrac{R_3}{R_1 + R_2 + R_3}$,继续按比例计算 R_1 和 R_2 消耗功率为

$$\beta_1 = \frac{R_3}{R_1 + R_2 + R_3} \cdot \frac{R_1}{R_1 + R_2} \tag{5.30}$$

$$\beta_2 = \frac{R_3}{R_1 + R_2 + R_3} \cdot \frac{R_2}{R_1 + R_2} \tag{5.31}$$

因此若三个电阻的物理温度分别为 T_1、T_2 和 T_3,则输出端口的等效噪声温度为

$$T_e = \sum_{i=1}^{N} \beta_i T_i = \beta_1 T_1 + \beta_2 T_2 + \beta_3 T_3 \tag{5.32}$$

利用 Pierce 定律分析如图 5.8 所示的两个例子。在图 5.8(a) 的端口注入单位量值的功率,第一个衰减器首先消耗 50% 的功率(其物理温度不影响功率的消耗比例),第二个衰减器再消耗剩余功率的一半,即 25%,匹配电阻消耗最终的 25% 功率,根据各个模块的功率消耗比例系数得到网络等效噪声温度为 $T_e = (0.5 \times 290 + 0.25 \times 100 + 0.25 \times 50)\text{K} = 182.5\text{K}$。图 5.8(b) 所示天线对准物理温度为 200K 的吸波材料,吸波材料反射率为 0.1,已知天线的损耗为 1dB,物理温度为 290K,环境温度为 320K,根据 Pierce 定律,天线端口注入单位量值的功率,天线自身由于损耗将消耗 20.6% 的功率,其余 79.4% 的功率将被天线辐射至吸波材料,由于吸波材料具有一定的反射率,

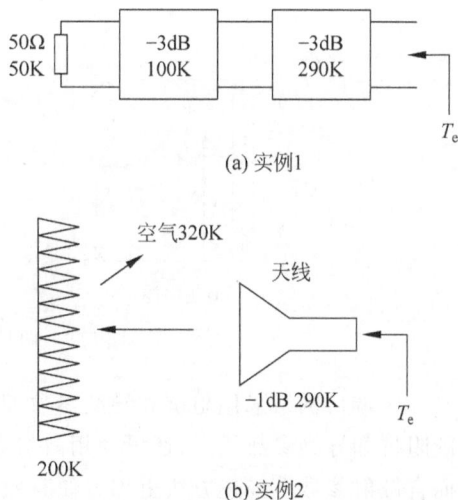

图 5.8　Pierce 定律的应用实例

吸波材料消耗的功率比例为 $79.4\% \times (1-0.1^2)=78.6\%$,剩余 0.8% 的功率被反射而弥散于环境空间,被 320K 的空气所吸收,根据各部消耗功率的比例,得到天线端口等效的噪声温度为 $T_e=(0.206 \times 290+0.786 \times 200+0.008 \times 320)\text{K}=219.5\text{K}$。

接下来分析如图 5.9(a)所示的具有不等温分布的电阻棒,电阻棒总长度为 L_x,电阻棒在坐标 x 处的局部电阻率为 $\rho(x)$,物理温度为 $T(x)$,则厚度为 Δx 的小单元的电阻为 $\rho(x)\Delta x$,其噪声功率对总端口的噪声电压功率谱贡献为

$$\Delta N'_{vo}=4kT(x)\rho(x)\Delta x \tag{5.33}$$

式(5.33)对 x 积分得到电阻棒的总噪声功率谱输出和等效噪声温度为

$$N'_{vo}=\int_0^{L_x} 4kT(x)\rho(x)\mathrm{d}x \tag{5.34}$$

$$T_e=\frac{N'_{vo}}{4k\,\mathrm{Re}(Z_{in})}=\frac{\int_0^{L_x} T(x)\rho(x)\mathrm{d}x}{\int_0^{L_x} \rho(x)\mathrm{d}x} \tag{5.35}$$

另一个例子是如图 5.9(b)所示的具有不等温分布的电阻薄片,电阻上下两面采用良导体与输出端口连接,电阻条总长度为 L_y,位于 y 处的电导率为 $\sigma(y)$,物理温度为 $T(y)$,则厚度为 Δy 的小单元对总端口的噪声电流功率谱贡献为

$$\Delta N'_{io}=4kT(y)\sigma(y)\Delta y \tag{5.36}$$

因此总噪声功率谱输出和等效噪声温度分别表示为

$$\Delta N'_{io}=\int_0^{L_y} 4kT(y)\sigma(y)\mathrm{d}y \tag{5.37}$$

$$T_e=\frac{N'_{io}}{4k\,\mathrm{Re}(Y_{in})}=\frac{\int_0^{L_y} T(y)\sigma(y)\mathrm{d}y}{\int_0^{L_y} \sigma(y)\mathrm{d}y} \tag{5.38}$$

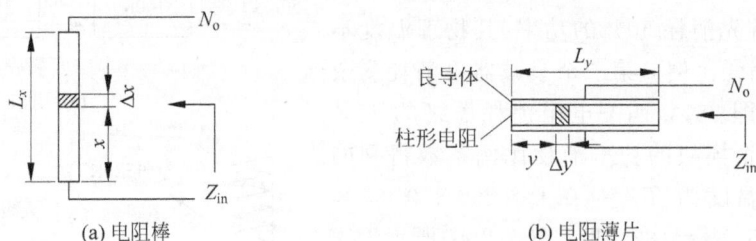

图 5.9　两种典型的不等温分布式电阻

一端口网络采用阻抗和导纳参数即可描述,二端口网络参数则更加丰富,不仅可用常规的阻抗和导纳参数描述,还可使用散射参数、ABCD 参数、传输参数来描述。对于射频电路而言散射参数等描述方法更加方便有效,射频电路的噪声表现也可借用二端口网络参数来表示。

5.2　二端口网络

5.2.1 节将介绍各种形式的微波网络的基本理论,并在 5.2.2 节利用二端口网络参数来描述网络的噪声输出性能,5.2.3 节和 5.2.4 节则将网络中的噪声抽象为独立的噪声源,并将其叠加于原网络。

5.2.1　微波网络

射频和微波电路在早期都是由低频模拟电路衍生而来,因此沿用模拟电路的习惯仍采用电压电流及阻抗等概念来描述电路参数。但在微波等高频频段,电路中的物理量常不以电压和电流等形式体现,而是表现为场和波,不能采用传统的电压表和电流表测量,因此电压、电流和阻抗等概念不再适合用于微波电路性能的描述,必须采用一种新的电路描述体系,即微波网络。微波网络建立了微波电路与传统模拟电路的桥梁,使得某些模拟电路的概念和分析方法能够应用于微波电路的分析和计算。

微波网络理论是分析和研究微波电路的方法,它与电磁场理论同为微波电路领域的主要理论基础,对于学习和理解微波电磁场电路十分重要。微波网络认为任何微波系统,无论功能简单还是复杂,都可以采用微波网络描述。集总元器件往往采用简单的微波网络描述,由于微波网络具有多种组合和叠加性能,能够使用许多简单的电子元器件组合形成复杂的微波网络,这对设计、分析和计算微波电路十分有益。

多端口的电路网络常用矩阵和向量来描述,其中最常见网络参数有阻抗矩阵、导纳矩阵和 ABCD 矩阵,分别对应着 Z 参数、Y 参数和 ABCD 参数。二端口阻抗网络如图 5.10 所示,端口向量分别定义为电压向量 $V = \begin{bmatrix} V_1 \\ V_2 \end{bmatrix}$ 和电流向量 $I = \begin{bmatrix} I_1 \\ I_2 \end{bmatrix}$,阻抗矩阵定义为 $Z = \begin{bmatrix} Z_{11} & Z_{12} \\ Z_{21} & Z_{22} \end{bmatrix}$,网络关系为

$$\begin{bmatrix} V_1 \\ V_2 \end{bmatrix} = \begin{bmatrix} Z_{11} & Z_{12} \\ Z_{21} & Z_{22} \end{bmatrix} \begin{bmatrix} I_1 \\ I_2 \end{bmatrix} \tag{5.39}$$

其中,$Z_{ij} = V_i / I_j |_{I_k=0, k \neq j}$ 为阻抗参数,式(5.39)写成矩阵方式为

$$V = ZI \tag{5.40}$$

对于多端口阻抗矩阵,式(5.40)也是通用的。

二端口网络导纳网络如图 5.11 所示,网络参数可以写成导纳矩阵

$$\begin{bmatrix} I_1 \\ I_2 \end{bmatrix} = \begin{bmatrix} Y_{11} & Y_{12} \\ Y_{21} & Y_{22} \end{bmatrix} \begin{bmatrix} V_1 \\ V_2 \end{bmatrix} \tag{5.41}$$

式(5.41)可简化写为 $I = YV$,其中 $Y_{ij} = I_i / V_j |_{V_k=0, k \neq j}$ 为导纳参数。阻抗矩阵和导纳矩阵具有以下关系 $Y = Z^{-1}$,且 Y 矩阵和 Z 矩阵有下列性质:①对于互易系统,Y 和 Z 矩阵为

对称矩阵；②对于无损系统，$\boldsymbol{Y}$ 和 $\boldsymbol{Z}$ 矩阵为纯虚数矩阵；③二端口网络串联，总的 Z 参数等于各子系统 Z 参数相加；④二端口网络并联，总的 Y 参数等于各子系统 Y 参数相加。

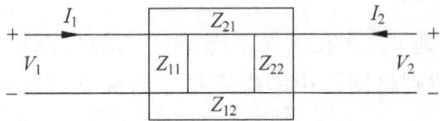

图 5.10　二端口阻抗网络

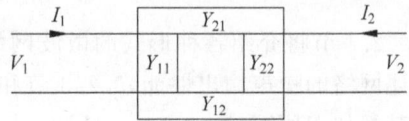

图 5.11　二端口导纳网络

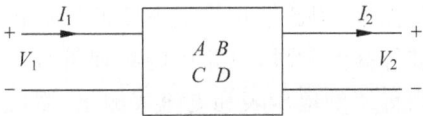

图 5.12　二端口 ABCD 网络

除了阻抗矩阵和导纳矩阵之外，ABCD 参数的应用也是非常广泛的，ABCD 矩阵框图如图 5.12 所示，ABCD 矩阵定义如下

$$\begin{bmatrix} V_1 \\ I_1 \end{bmatrix} = \begin{bmatrix} A & B \\ C & D \end{bmatrix} \begin{bmatrix} V_2 \\ I_2 \end{bmatrix} \tag{5.42}$$

对于级联系统（如图 5.13 所示），总网络的 ABCD 矩阵表达式如下

$$\begin{bmatrix} V_1 \\ I_1 \end{bmatrix} = \begin{bmatrix} A_1 & B_1 \\ C_1 & D_1 \end{bmatrix} \begin{bmatrix} V_2 \\ I_2 \end{bmatrix} = \begin{bmatrix} A_1 & B_1 \\ C_1 & D_1 \end{bmatrix} \begin{bmatrix} A_2 & B_2 \\ C_2 & D_2 \end{bmatrix} \begin{bmatrix} V_3 \\ I_3 \end{bmatrix} = \begin{bmatrix} A & B \\ C & D \end{bmatrix} \begin{bmatrix} V_3 \\ I_3 \end{bmatrix} \tag{5.43}$$

因此级联后的 ABCD 矩阵为

$$\begin{bmatrix} A & B \\ C & D \end{bmatrix} = \begin{bmatrix} A_1 & B_1 \\ C_1 & D_1 \end{bmatrix} \begin{bmatrix} A_2 & B_2 \\ C_2 & D_2 \end{bmatrix} \tag{5.44}$$

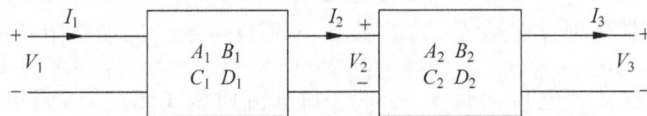

图 5.13　利用 ABCD 矩阵描述级联系统

由于交流信号的短路和开路测试在微波宽带范围内很难实现，导致 Z 参数，Y 参数以及 ABCD 参数的测量难度较大，因此传统的网络参数仅适用于对微波电路的理论描述，不适合应用于微波测试。在微波波段宜采用入射波和反射波等概念来描述二端口网络，入射波和反射波便于采用矢量电压表或网络分析仪等仪器进行测量。基于波参数的微波网络模型将各个端口的入射波作为输入向量，将各端口的反射波作为输出向量，输入向量和输出向量采用散射矩阵联系，这种微波网络也称为散射参数（S 参数）。以二端口网络为例（如图 5.14 所示），定义 $\boldsymbol{a}$ 为入射波向量，$\boldsymbol{b}$ 为反射波向量，波参数和散射矩阵关系定义如下

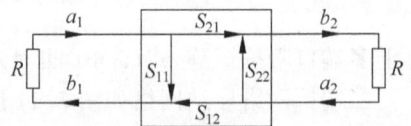

图 5.14　二端口网络示意图

$$\begin{bmatrix} b_1 \\ b_2 \end{bmatrix} = \begin{bmatrix} S_{11} & S_{12} \\ S_{21} & S_{22} \end{bmatrix} \begin{bmatrix} a_1 \\ a_2 \end{bmatrix} \tag{5.45}$$

散射参数不方便直接级联运算,因此受 ABCD 网络的启发,适当调整入射波和反射波向量单元的顺序,将前级的反射波作为后级的入射波,进而将前级的入射波作为后级的反射波,建立如图 5.15 所示的级联网络,得到如下的矩阵关系

$$
\left\{
\begin{array}{l}
\begin{bmatrix} a_1 \\ b_1 \end{bmatrix} = \begin{bmatrix} T_{11}^{A} & T_{12}^{A} \\ T_{21}^{A} & T_{22}^{A} \end{bmatrix} \begin{bmatrix} b_2 \\ a_2 \end{bmatrix} \\[18pt]
\begin{bmatrix} b_2 \\ a_2 \end{bmatrix} = \begin{bmatrix} a_3 \\ b_3 \end{bmatrix} = \begin{bmatrix} T_{11}^{B} & T_{12}^{B} \\ T_{21}^{B} & T_{22}^{B} \end{bmatrix} \begin{bmatrix} b_4 \\ a_4 \end{bmatrix}
\end{array}
\right.
\tag{5.46}
$$

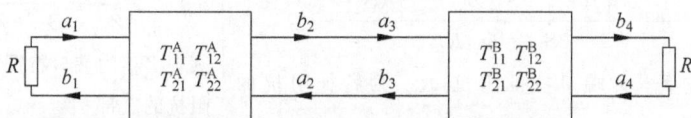

图 5.15 级联网络的传输矩阵表示

其中 T 参数为微波网络的传输矩阵。级联后的传输矩阵为各个子传输矩阵的乘积,即

$$
\begin{bmatrix} a_1 \\ b_1 \end{bmatrix} = \begin{bmatrix} T_{11}^{A} & T_{12}^{A} \\ T_{21}^{A} & T_{22}^{A} \end{bmatrix} \begin{bmatrix} T_{11}^{B} & T_{12}^{B} \\ T_{21}^{B} & T_{22}^{B} \end{bmatrix} \begin{bmatrix} b_4 \\ a_4 \end{bmatrix}
\tag{5.47}
$$

导纳矩阵、阻抗矩阵、ABCD 矩阵、散射矩阵以及传输矩阵可以相互换算,详见相关文献[8],本书将换算公式列于表 5.1。

表 5.1 微波网络参数换算表

Z 矩阵和 **Y** 矩阵	$Z_{11} = Y_{22}/\Delta Y$ $Z_{12} = -Y_{12}/\Delta Y$ $Z_{21} = -Y_{21}/\Delta Y$ $Z_{22} = Y_{11}/\Delta Y$ 其中 $\Delta Y = Y_{11}Y_{22} - Y_{12}Y_{21}$	$Y_{11} = Z_{22}/\Delta Z$ $Y_{12} = -Z_{12}/\Delta Z$ $Y_{21} = -Z_{21}/\Delta Z$ $Y_{22} = Z_{11}/\Delta Z$ 其中 $\Delta Z = Z_{11}Z_{22} - Z_{12}Z_{21}$
Z 矩阵和 ABCD 参数	$Z_{11} = A/C$ $Z_{12} = \Delta A/C$ $Z = 1/C$ $Z_{22} = D/C$ 其中 $\Delta A = AD - BC$	$A = Z_{11}/Z_{21}$ $B = \Delta Z/Z_{21}$ $C = 1/Z_{21}$ $D = Z_{22}/Z_{21}$ 其中 $\Delta Z = Z_{11}Z_{22} - Z_{12}Z_{21}$
Y 矩阵和 ABCD 参数	$Y_{11} = D/B$ $Y_{12} = -\Delta A/B$ $Y_{21} = -1/B$ $Y_{22} = A/B$ 其中 $\Delta A = AD - BC$	$A = -Y_{22}/Y_{21}$ $B = -1/Y_{21}$ $C = -\Delta Y/Y_{21}$ $D = -Y_{11}/Y_{21}$ 其中 $\Delta Y = Y_{11}Y_{22} - Y_{12}Y_{21}$

ABCD 参数 和 S 矩阵	$A = \dfrac{(Z_{01}^* + S_{11} Z_{01})(1 - S_{22}) + S_{12} S_{21} Z_{01}}{2 S_{21} \sqrt{R_{01} R_{02}}}$ $B =$ $\dfrac{(Z_{01}^* + S_{11} Z_{01})(Z_{02}^* + S_{22} Z_{02}) - S_{12} S_{21} Z_{01} Z_{02}}{2 S_{21} \sqrt{R_{01} R_{02}}}$ $C = \dfrac{(1 - S_{11})(1 - S_{22}) - S_{12} S_{21}}{2 S_{21} \sqrt{R_{01} R_{02}}}$ $D = \dfrac{(1 - S_{11})(Z_{02}^* + S_{22} Z_{02}) + S_{12} S_{21} Z_{02}}{2 S_{21} \sqrt{R_{01} R_{02}}}$ 其中 Z_{0i} 为端口特征阻抗,R_{0i} 为特征阻抗的实部	$S_{11} = \dfrac{A Z_{02} + B - C Z_{01}^* Z_{02} - D Z_{01}^*}{A Z_{02} + B + C Z_{01}^* Z_{02} + D Z_{01}^*}$ $S_{12} = \dfrac{2(AD - BC) \sqrt{R_{01} R_{02}}}{A Z_{02} + B + C Z_{01}^* Z_{02} + D Z_{01}^*}$ $S_{21} = \dfrac{2 \sqrt{R_{01} R_{02}}}{A Z_{02} + B + C Z_{01}^* Z_{02} + D Z_{01}^*}$ $S_{22} = \dfrac{-A Z_{02}^* + B - C Z_{01} Z_{02}^* + D Z_{01}}{A Z_{02} + B + C Z_{01}^* Z_{02} + D Z_{01}^*}$ 其中 Z_{0i} 为端口特征阻抗,R_{0i} 为特征阻抗的实部
S 矩阵和 T 矩阵	$S_{11} = T_{21} / T_{11}$ $S_{12} = \Delta T / T_{11}$ $S_{21} = 1 / T_{11}$ $S_{22} = T_{12} / T_{11}$ 其中 $\Delta T = T_{11} T_{22} - T_{12} T_{21}$	$T_{11} = 1 / S_{21}$ $T_{12} = -S_{22} / S_{21}$ $T_{21} = S_{11} / S_{21}$ $T_{22} = -\Delta S / T_{11}$ 其中 $\Delta S = S_{11} S_{22} - S_{12} S_{21}$

5.2.2 端口噪声功率

由 5.1 节单端口噪声网络及其噪声输出功率谱函数可知,单端口网络可等效为噪声电压源(以电压源功率谱函数 $S_v(f)$ 表示)或噪声电流源(以电压源功率谱函数 $S_i(f)$ 表示)两种对偶的噪声等效电路形式,$S_v(f)$ 和 $S_i(f)$ 的关系如下

$$S_v(f) = 4kT \operatorname{Re}(Z_{in}) = 2kT(Z_{in} + Z_{in}^*) = 2kT \left(\frac{1}{Y_{in}} + \frac{1}{Y_{in}^*} \right)$$

$$= 2kT \left(\frac{Y_{in} + Y_{in}^*}{Y_{in} Y_{in}^*} \right) = \frac{4kT \operatorname{Re}(Y_{in})}{|Y_{in}(f)|^2} = S_i(f) \frac{1}{|Y_{in}(f)|^2} \qquad (5.48)$$

即

$$\frac{S_v(f)}{S_i(f)} = \frac{1}{|Y_{in}(f)|^2} = |Z_{in}(f)|^2 \qquad (5.49)$$

当单端口网络端口接负载 Z_L 时,负载消耗的功率为

$$P_L = \frac{S_v(f)}{|Z_{in} + Z_L|^2} \operatorname{Re}(Z_L) \Delta f = \frac{S_v(f)}{(R_{in} + R_L)^2 + (X_{in} + X_L)^2} R_L \Delta f \qquad (5.50)$$

其中 R_L 和 X_L 分别为负载 Z_L 的实部和虚部,式(5.50)对 R_L 和 X_L 分别求偏导数,并令其等于 0 可以得到 P_L 取极大值的条件为

$$\begin{cases} R_L = R_{in} \\ X_L = -X_{in} \end{cases} \tag{5.51}$$

即在负载与源阻抗共轭匹配的条件下,负载获得最大功率,称该功率数值为单端口网络的资用功率(资用功率是网络的固有输出能力,与负载情况无关),具体表达式为

$$P_{av} = \frac{S_v(f)}{|Z_{in}+Z_L|^2} \mathrm{Re}(Z_L) = \frac{S_v(f)}{4R_{in}} = kT\Delta f \tag{5.52}$$

窄带情况下噪声电压均方值$\overline{v^2}$与噪声电压功率谱$S_v(f)$的关系为

$$\overline{v^2} = S_v(f)\Delta f \tag{5.53}$$

其中Δf为频率带宽。在计算频带相当宽,且功率谱函数随频率并不平坦的条件下,式(5.53)应写为积分式

$$\overline{v^2} = \int_{f_1}^{f_2} S_v(f)\mathrm{d}f \tag{5.54}$$

同理,在窄带和宽带情况下,噪声电流的均方值$\overline{i^2}$与噪声电流功率谱$S_i(f)$的关系为

$$\begin{cases} \overline{i^2} = S_i(f)\Delta f \\ \overline{i^2} = \int_{f_1}^{f_2} S_i(f)\mathrm{d}f \end{cases} \tag{5.55}$$

5.2.3 噪声等效网络和噪声相关矩阵

二端口网络是最常用的微波网络形式,其噪声性能分析同单端口网络类似,将网络内部的噪声源抽象并剥离后放置于端口,而将器件本征部分看作无噪声的理想器件。二端口网络具有多种表述形式,每一种表述形式均对应着一种噪声源叠加形式,例如导纳形式的网络将双路电流噪声源并联于端口、阻抗形式的网络将双路电压噪声源串联于端口、ABCD网络则在输入端同时串接和并联电压噪声源和电流噪声源。二端口噪声模型避免了对器件内部复杂噪声产生机理的分析,简化了器件噪声性能的计算和评估。

导纳形式的噪声源网络如图5.16所示,网络参数与噪声电流源的关系如下

$$\begin{cases} I_1 = Y_{11}V_1 + Y_{12}V_2 + I_{n1} \\ I_2 = Y_{21}V_1 + Y_{22}V_2 + I_{n2} \end{cases} \tag{5.56}$$

阻抗形式的噪声源网络如图5.17所示,网络参数与噪声电压源的关系如下

$$\begin{cases} V_1 = Z_{11}I_1 + Z_{12}I_2 + V_{n1} \\ V_2 = Z_{21}I_1 + Z_{22}I_2 + V_{n2} \end{cases} \tag{5.57}$$

式(5.56)和式(5.57)写成矩阵和向量形式为

$$\boldsymbol{I} = \boldsymbol{Y}\boldsymbol{V} + \boldsymbol{I}_n \tag{5.58}$$

$$\boldsymbol{V} = \boldsymbol{Z}\boldsymbol{I} + \boldsymbol{V}_n \tag{5.59}$$

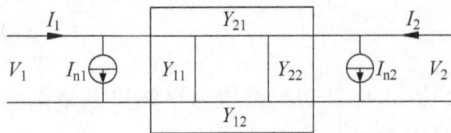

图 5.16 双端噪声电流源网络

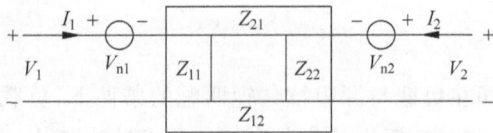

图 5.17 双端噪声电压源网络

根据式(5.56),有 $I-I_n=YV$,得到 $V=Y^{-1}(I-I_n)=Z(I-I_n)$,再结合式(5.57)得到 $V-V_n=ZI$,$V_n=-ZI_n$,同理也有 $I_n=-YV_n$。

ABCD 网络对应的噪声源等效形式如图 5.18 所示,将二端口网络的内部噪声全部抽象提取并列于网络的输入端,网络参数与噪声源的关系如下

$$\begin{bmatrix} V_1 \\ I_1 \end{bmatrix} = \begin{bmatrix} A & B \\ C & D \end{bmatrix} \begin{bmatrix} V_2 \\ I_2 \end{bmatrix} + \begin{bmatrix} V_n \\ I_n \end{bmatrix} \tag{5.60}$$

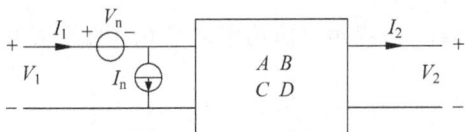

图 5.18 二端口传输矩阵噪声网络

电压噪声源和电流噪声源均为随机过程,没有明确的表达式,矢量幅值不确定,而只有其均方值(功率谱)为确定值,因此所有的随机量均要量化为功率谱才能进行定量分析。这导致随机过程运算过程中的符号也不甚重要,例如对于表达式 $I_s=X\pm I_n$,若 X 为确定量,I_n 为随机量,或者 X 和 I_n 为互不相关的随机量,那么式中符号无论取正还是取负,均不影响电路的功率谱响应。无论是噪声电压还是电流源,取互相关便可得到该噪声源的功率谱和互功率谱。双端口网络的电压噪声源相关矩阵定义为

$$C_V = \overline{\begin{bmatrix} V_{n1}^* \\ V_{n2}^* \end{bmatrix} \cdot \begin{bmatrix} V_{n1} & V_{n2} \end{bmatrix}} = \begin{bmatrix} \overline{|V_{n1}|^2} & \overline{V_{n1}^* V_{n2}} \\ \overline{V_{n1} V_{n2}^*} & \overline{|V_{n2}|^2} \end{bmatrix} \tag{5.61}$$

其中,$\overline{|V_{n1}|^2}$、$\overline{|V_{n2}|^2}$ 表示电压源的功率谱,$\overline{V_{n1}^* V_{n2}}$、$\overline{V_{n1} V_{n2}^*}$ 表示电压源间的互功率谱。同理定义电流噪声源的相关矩阵为

$$C_I = \overline{\begin{bmatrix} I_{n1}^* \\ I_{n2}^* \end{bmatrix} \cdot \begin{bmatrix} I_{n1} & I_{n2} \end{bmatrix}} = \begin{bmatrix} \overline{|I_{n1}|^2} & \overline{I_{n1}^* I_{n2}} \\ \overline{I_{n1} I_{n2}^*} & \overline{|I_{n2}|^2} \end{bmatrix} \tag{5.62}$$

ABCD 网络参数对应的噪声源相关矩阵为

$$C_A = \overline{\begin{bmatrix} V_n^* \\ I_n^* \end{bmatrix} \cdot \begin{bmatrix} V_n & I_n \end{bmatrix}} = \begin{bmatrix} \overline{|V_n|^2} & \overline{V_n^* I_n} \\ \overline{V_n I_n^*} & \overline{|I_n|^2} \end{bmatrix} \tag{5.63}$$

不同网络的噪声源相关矩阵可以相互换算,例如 C_V 和 C_I 换算关系如下:

$$C_I = \begin{bmatrix} I_{n1}^* \\ I_{n2}^* \end{bmatrix} \cdot \begin{bmatrix} I_{n1} & I_{n2} \end{bmatrix} = -Y^* \begin{bmatrix} V_{n1}^* \\ V_{n2}^* \end{bmatrix} \cdot \begin{bmatrix} V_{n1} & V_{n2} \end{bmatrix} \cdot (-Y^T) = Y^* C_V Y^T \quad (5.64)$$

其他各类型噪声相关矩阵间的换算关系简述如下

$$\begin{cases} C_I = \begin{bmatrix} -Y_{11} & 1 \\ -Y_{21} & 0 \end{bmatrix}^* C_A \begin{bmatrix} -Y_{11} & 1 \\ -Y_{21} & 0 \end{bmatrix}^T \\ C_V = Z^* C_I Z^T \\ C_V = \begin{bmatrix} 1 & -Z_{11} \\ 0 & -Z_{21} \end{bmatrix}^* C_I \begin{bmatrix} 1 & -Z_{11} \\ 0 & -Z_{21} \end{bmatrix}^T \\ C_A = \begin{bmatrix} 0 & A_{11} \\ 1 & A_{21} \end{bmatrix}^* C_I \begin{bmatrix} 0 & A_{11} \\ 1 & A_{21} \end{bmatrix}^T \\ C_A = \begin{bmatrix} 1 & -A_{11} \\ 0 & -A_{21} \end{bmatrix}^* C_V \begin{bmatrix} 1 & -A_{11} \\ 0 & -A_{21} \end{bmatrix}^T \end{cases} \quad (5.65)$$

多个二端口网络能够进行串联、并联以及级联等多种组合实现更复杂的网络,串联网络宜采用阻抗矩阵描述(如图 5.19(a)所示),串联阻抗矩阵表示为

$$Z = Z_1 + Z_2 \quad (5.66)$$

由于网络 Z_1 和 Z_2 各自的噪声来源不同,因此其噪声源不相关,因而串联的噪声相关矩阵为各个电压噪声相关矩阵之和,即

$$C_V = C_{V1} + C_{V2} \quad (5.67)$$

对于并联网络来说,宜采用导纳矩阵描述(如图 5.19(b)所示),矩阵参数和噪声相关矩阵有以下结果

$$\begin{cases} Y = Y_1 + Y_2 \\ C_I = C_{I1} + C_{I2} \end{cases} \quad (5.68)$$

级联网络宜采用 ABCD 矩阵描述(如图 5.19(c)所示),矩阵参数的级联计算结果如下

$$\begin{bmatrix} V_1 \\ I_1 \end{bmatrix} = A_1 A_2 \begin{bmatrix} V_3 \\ I_3 \end{bmatrix} + A_1 \begin{bmatrix} V_{n2} \\ I_{n2} \end{bmatrix} + \begin{bmatrix} V_{n1} \\ I_{n1} \end{bmatrix} \quad (5.69)$$

级联后的 ABCD 矩阵为 $A = A_1 A_2$,级联后等效的噪声源为

$$\begin{bmatrix} V_n \\ I_n \end{bmatrix} = A_1 \begin{bmatrix} V_{n2} \\ I_{n2} \end{bmatrix} + \begin{bmatrix} V_{n1} \\ I_{n1} \end{bmatrix} \quad (5.70)$$

进而得到噪声相关矩阵为

$$C_A = C_{A1} + A_1^* C_{A2} A_1^T \quad (5.71)$$

其中,C_{A1} 和 C_{A2} 分别为级联网络 A_1 和 A_2 的噪声源相关矩阵。某些测试场景下,A_1 和 C_{A1} 为测试夹具的网络参数和噪声相关矩阵,可通过其他手段提前测出,A_2 为待测件,测试时级联的噪声矩阵 C_A 也可通过仪器直接测试得到,因而可以计算得到 $A_2 = A_1^{-1} A$,根据

式(5.71)也可以计算出待测件的噪声相关矩阵为 $C_{A2} = (A_1^*)^{-1}(C_A - C_{A1})(A_1^T)^{-1}$。更多级的二端口网络级联也可通过上述方法逐级剥离,逐步计算出待测件的 ABCD 参数以及噪声相关矩阵。

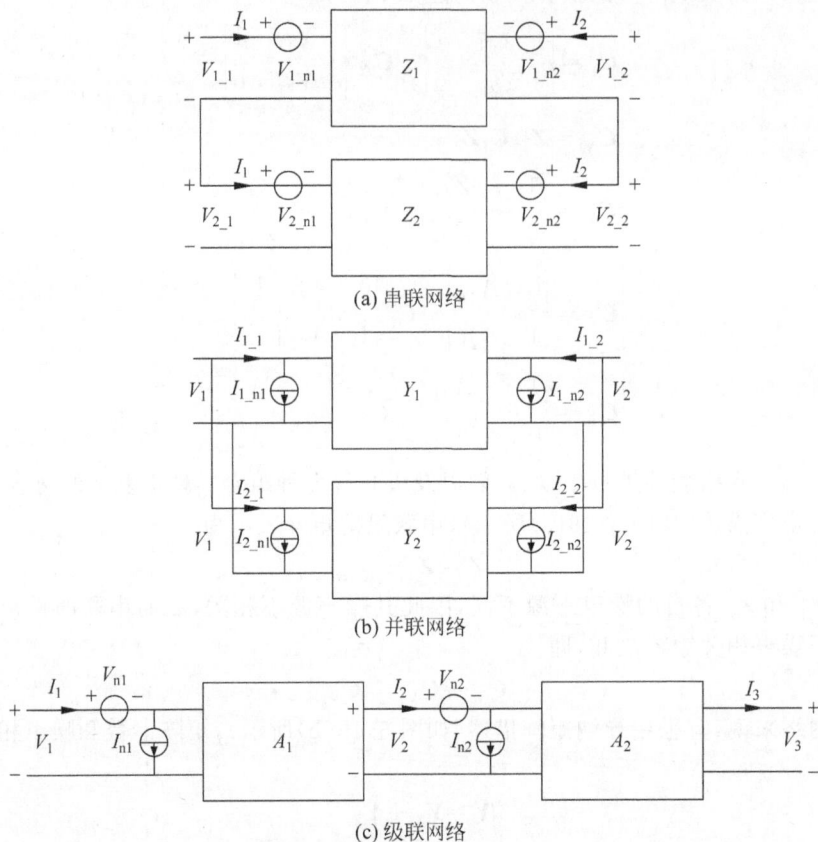

(a) 串联网络

(b) 并联网络

(c) 级联网络

图 5.19 串联、并联和级联网络组合

5.2.4 噪声波理论

阻抗矩阵、导纳矩阵和 ABCD 矩阵均基于电压和电流来描述微波网络,相比于此,散射参数基于入射波和反射波,能够更直观的描述微波网络。为了建立散射参数的噪声网络模型,需要将网络中的噪声抽象为功率波的形式,将噪声功率波与原网络功率波相叠加得到噪声网络模型,如图 5.20 所示。散射参数的噪声网络引入了噪声功率波 c_1 和 c_2,按照信号流图有

$$b = Sa + c \tag{5.72}$$

其中,$a = [a_1, a_2]'$ 为入射波矢量,$b = [b_1, b_2]'$ 为反射波矢量,$c = [c_1, c_2]'$ 为噪声波矢量,S 为网络的散射矩阵。噪声波的相关矩阵定义为

$$\boldsymbol{C}_{\mathrm{S}} = \overline{\begin{bmatrix} c_1^* \\ c_2^* \end{bmatrix} \cdot [c_1, c_2]} = \begin{bmatrix} \overline{|c_1|^2} & \overline{c_1^* c_2} \\ \overline{c_1 c_2^*} & \overline{|c_2|^2} \end{bmatrix} \tag{5.73}$$

其中，$\overline{|c_1|^2}$、$\overline{|c_2|^2}$ 表示噪声波的功率谱，$\overline{c_1 c_2^*}$、$\overline{c_1^* c_2}$ 为噪声波的互功率谱。

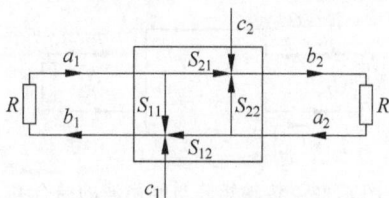

图 5.20 散射参数的噪声波模型

散射参数的二端口网络级联电路如图 5.21 所示，根据噪声波的信号流图分析，级联后网络的噪声波表示如下

$$\begin{cases} c_{n\_1}^{\mathrm{C}} = c_{n\_1}^{\mathrm{A}} + c_{n\_2}^{\mathrm{A}} \dfrac{S_{12}^{\mathrm{A}} S_{11}^{\mathrm{B}}}{1 - S_{22}^{\mathrm{A}} S_{11}^{\mathrm{B}}} + c_{n\_1}^{\mathrm{B}} \dfrac{S_{12}^{\mathrm{A}}}{1 - S_{22}^{\mathrm{A}} S_{11}^{\mathrm{B}}} \\ c_{n\_2}^{\mathrm{C}} = c_{n\_2}^{\mathrm{B}} + c_{n\_1}^{\mathrm{B}} \dfrac{S_{21}^{\mathrm{B}} S_{22}^{\mathrm{A}}}{1 - S_{22}^{\mathrm{A}} S_{11}^{\mathrm{B}}} + c_{n\_2}^{\mathrm{A}} \dfrac{S_{21}^{\mathrm{B}}}{1 - S_{22}^{\mathrm{A}} S_{11}^{\mathrm{B}}} \end{cases} \tag{5.74}$$

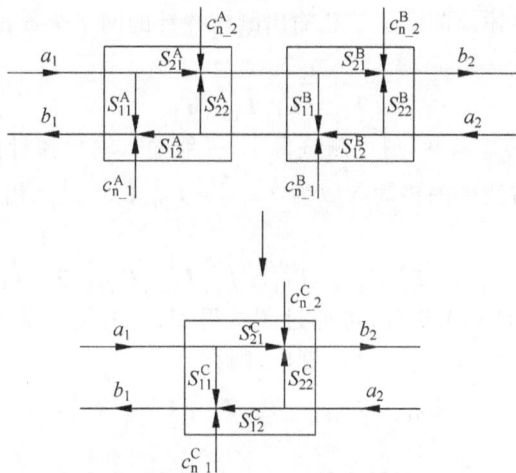

图 5.21 二端口网络的级联

噪声波还可以使用传输矩阵来描述，如图 5.22 所示的二端口网络，将两个噪声波分别加载于端口 1 的入射波和反射波，采用传输矩阵描述的噪声波方程为

$$\begin{bmatrix} a_1 \\ b_1 \end{bmatrix} = \begin{bmatrix} T_{11} & T_{12} \\ T_{21} & T_{22} \end{bmatrix} \begin{bmatrix} b_2 \\ a_2 \end{bmatrix} + \begin{bmatrix} c_{n1} \\ c_{n2} \end{bmatrix} \tag{5.75}$$

传输矩阵描述的噪声波相关矩阵定义如下

$$\boldsymbol{C}_{\mathrm{T}} = \overline{\begin{bmatrix} c_{n1}^* \\ c_{n2}^* \end{bmatrix} \cdot [c_{n1}, c_{n2}]} = \begin{bmatrix} \overline{|c_{n1}|^2} & \overline{c_{n1}^* c_{n2}} \\ \overline{c_{n1} c_{n2}^*} & \overline{|c_{n2}|^2} \end{bmatrix} \tag{5.76}$$

当采用传输矩阵描述网络级联时，如图 5.23(a)所示，有以下结果

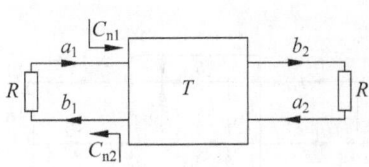

$$\begin{bmatrix} a_{1A} \\ b_{1A} \end{bmatrix} = \boldsymbol{T}_A \begin{bmatrix} b_{2A} \\ a_{2A} \end{bmatrix} + \begin{bmatrix} c_{n1A} \\ c_{n2A} \end{bmatrix} = \boldsymbol{T}_A \begin{bmatrix} a_{1B} \\ b_{1B} \end{bmatrix} + \begin{bmatrix} c_{n1A} \\ c_{n2A} \end{bmatrix}$$

$$= \boldsymbol{T}_A \boldsymbol{T}_B \begin{bmatrix} b_{2B} \\ a_{2B} \end{bmatrix} + \boldsymbol{T}_A \begin{bmatrix} c_{n1B} \\ c_{n2B} \end{bmatrix} + \begin{bmatrix} c_{n1A} \\ c_{n2A} \end{bmatrix} \tag{5.77}$$

图 5.22　传输矩阵与噪声波的结合　最终得到级联网络传输矩阵、噪声波向量和噪声相关矩阵如下

$$\begin{cases} \boldsymbol{T}_C = \boldsymbol{T}_A \boldsymbol{T}_B \\ \begin{bmatrix} c_{n1C} \\ c_{n2C} \end{bmatrix} = \boldsymbol{T}_A \begin{bmatrix} c_{n1B} \\ c_{n2B} \end{bmatrix} + \begin{bmatrix} c_{n1A} \\ c_{n2A} \end{bmatrix} \\ \boldsymbol{C}_{TC} = \boldsymbol{C}_{TA} + \boldsymbol{T}_A^* \boldsymbol{C}_{TB} \boldsymbol{T}_A^T \end{cases} \tag{5.78}$$

对于芯片在片测试的情况下,一般系统校准于同轴端口,通过测试得到的网络参数为输入测试探针、待测件与输出测试探针的级联,如图 5.23(b)。为最终获得待测件的网络参数,需利用去嵌入程序将输入测试探针和输出测试探针的网络参数扣除,级联网络的传输矩阵参数如下所示

$$\boldsymbol{T}_C = \boldsymbol{T}_{P1} \boldsymbol{T}_{DUT} \boldsymbol{T}_{P2} \tag{5.79}$$

其中 $\boldsymbol{T}_C$ 为级联网络的传输参数,通过测试得到,一般输入输出探针的传输参数 $\boldsymbol{T}_{P1}$ 和 $\boldsymbol{T}_{P2}$ 为已知量,因此可计算待测件的传输参数为 $\boldsymbol{T}_{DUT} = \boldsymbol{T}_{P1}^{-1} \boldsymbol{T}_C \boldsymbol{T}_{P2}^{-1}$。相应 $\boldsymbol{T}_C$ 的噪声波相关矩阵为

$$\boldsymbol{C}_{TC} = \boldsymbol{C}_{TP1} + \boldsymbol{T}_{P1}^* \boldsymbol{C}_{TDUT} \boldsymbol{T}_{P1}^T + \boldsymbol{T}_{P1}^* \boldsymbol{T}_{DUT}^* \boldsymbol{C}_{TP2} (\boldsymbol{T}_{P1} \boldsymbol{T}_{DUT})^T \tag{5.80}$$

其中 $\boldsymbol{C}_{TC}$ 为级联的噪声波相关矩阵,可通过测试得到,一般输入输出探针的噪声波相关矩阵 $\boldsymbol{C}_{TP1}$ 和 $\boldsymbol{C}_{TP2}$ 为已知量,且 $\boldsymbol{T}_{DUT}$ 已计算出,则有

$$\boldsymbol{C}_{TDUT} = (\boldsymbol{T}_{P1}^*)^{-1} [\boldsymbol{C}_{TC} - \boldsymbol{C}_{TP1} - \boldsymbol{T}_{P1}^* \boldsymbol{T}_{DUT}^* \boldsymbol{C}_{TP2} (\boldsymbol{T}_{P1} \boldsymbol{T}_{DUT})^T] (\boldsymbol{T}_{P1}^T)^{-1} \tag{5.81}$$

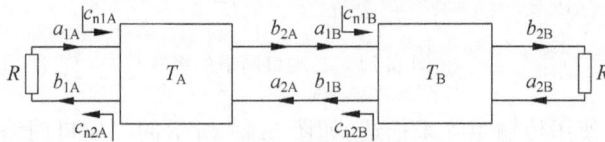

(a) 传输噪声矩阵网络的级联

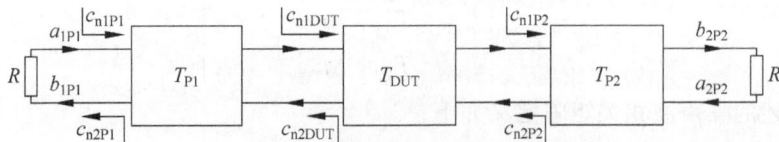

(b) 芯片在片测试时的网络级联

图 5.23　传输矩阵噪声模型的网络级联

5.2.5 噪声相关矩阵

前述几节关于微波网络和噪声矩阵的介绍不局限于二端口网络,多端口网络同样适用。对于多端口网络来说,定义 N 为端口噪声源的列向量,定义噪声相关矩阵为 $C = N^* \cdot N^T$,其中 T 代表转置。噪声相关矩阵是共轭对称的,即 $C = C^H$;同时噪声相关矩阵的对角线元素为正实数,且矩阵的行列式大于或等于 0。具体地,对于二端口网络来说,C_{11}、C_{22} 均为正实数,$\Delta C = C_{11}C_{22} - C_{12}C_{21} \geq 0$。

以多端口无源线性网络为例,若采用导纳矩阵和噪声电流源描述网络的噪声模型,则噪声电流的相关矩阵具体定义如下

$$C_Y = \begin{bmatrix} \overline{i_{n\_1}i_{n\_1}^*} & \overline{i_{n\_1}i_{n\_2}^*} & \cdots & \overline{i_{n\_1}i_{n\_N}^*} \\ \overline{i_{n\_2}i_{n\_1}^*} & \overline{i_{n\_2}i_{n\_2}^*} & \cdots & \overline{i_{n\_2}i_{n\_N}^*} \\ \vdots & \vdots & & \vdots \\ \overline{i_{n\_N}i_{n\_1}^*} & \overline{i_{n\_N}i_{n\_2}^*} & \cdots & \overline{i_{n\_N}i_{n\_N}^*} \end{bmatrix} \tag{5.82}$$

对角线上的每个元素为对应端口的噪声电流功率(窄带情况下等同于噪声功率谱),式(5.82)和式(5.62)定义的区别仅在于功率和功率谱,即相差带宽因子 Δf。

如图 5.24 所示的双端口网络,网络内部的两个电阻为噪声源,将电阻等效为噪声电流源形式,首先计算端口 1(P1)和端口 2(P2)节点处的电流。节点 P1 的噪声电流为

$$i_{P1} = i_1 \tag{5.83}$$

节点 P2 的噪声电流为

$$i_{P2} = -i_1 + i_2 \tag{5.84}$$

进而根据式(5.82)得到噪声电流相关矩阵为

$$C_1 = \begin{bmatrix} \overline{i_1^2} & -\overline{i_1^2} \\ -\overline{i_1^2} & \overline{i_1^2} + \overline{i_2^2} \end{bmatrix} \tag{5.85}$$

式(5.85)应用了 i_1 和 i_2 互不相关的特性,因为两者起源于不同的电阻。电阻 R_1 和电阻 R_2 的电流噪声均方值为 $\overline{i_1^2} = 4kT\Delta f/R_1$,$\overline{i_2^2} = 4kT\Delta f/R_2$,所以进一步可得到 $C_1 = 4kT\Delta f \begin{bmatrix} 1/R_1 & -1/R_1 \\ -1/R_1 & 1/R_1 + 1/R_2 \end{bmatrix}$。网络的节点噪声电流的物理意义如图 5.24(b)所示,节点噪声电流即为网络等效在端口处旁路噪声电流,电流的功率谱完全由噪声电流相关矩阵体现。

噪声相关矩阵的对角线元素代表噪声网络噪声源的功率,非对角线元素代表各噪声源的互功率,一方面由基本元器件组成的复杂网络可通过分析节点噪声电流或噪声电压来计算噪声相关矩阵;另一方面,也可根据已知的噪声相关矩阵综合出等效的多端口网络,该网络均由基本元器件来表征。一般情况下习惯采用具有相同噪声功率的等效电阻(或电导)来

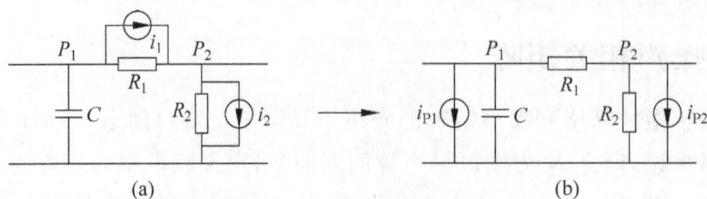

图 5.24 典型的二端口噪声网络

替代噪声相关矩阵中的元素,具体来说,噪声网络的综合过程是将噪声相关矩阵的功率谱元素等效的替换为电阻(或电导)以及电阻间的相关性的函数。

例如,二端口电压噪声相关矩阵的功率谱元素若替换为等效的噪声电阻,则噪声相关矩阵可写成下面的方程

$$\boldsymbol{C}_{\mathrm{V}} = \begin{bmatrix} \overline{\mid V_{\mathrm{n1}} \mid^2} & \overline{V_{\mathrm{n1}}^* V_{\mathrm{n2}}} \\ \overline{V_{\mathrm{n1}} V_{\mathrm{n2}}^*} & \overline{\mid V_{\mathrm{n2}} \mid^2} \end{bmatrix} = 4kT\Delta f \begin{bmatrix} R_1 & \rho_{\mathrm{V}}^* \sqrt{R_1 R_2} \\ \rho_{\mathrm{V}} \sqrt{R_1 R_2} & R_2 \end{bmatrix} \tag{5.86}$$

其中各参数定义为

$$\begin{cases} R_1 = \dfrac{\overline{\mid V_{\mathrm{n1}} \mid^2}}{4kT\Delta f} \\[3mm] R_2 = \dfrac{\overline{\mid V_{\mathrm{n2}} \mid^2}}{4kT\Delta f} \\[3mm] \rho_{\mathrm{V}} = \dfrac{\overline{V_{\mathrm{n1}}^* V_{\mathrm{n2}}}}{\mid V_{\mathrm{n1}} \mid \mid V_{\mathrm{n2}} \mid} \end{cases}$$

得到 R_1、R_2 和 ρ_{V} 表达式,即完成噪声网络的综合过程。同理可根据二端口噪声电流的相关矩阵综合出导纳网络为

$$\boldsymbol{C}_{\mathrm{I}} = \begin{bmatrix} \overline{\mid I_{\mathrm{n1}} \mid^2} & \overline{I_{\mathrm{n1}}^* I_{\mathrm{n2}}} \\ \overline{I_{\mathrm{n1}} I_{\mathrm{n2}}^*} & \overline{\mid I_{\mathrm{n2}} \mid^2} \end{bmatrix} = 4kT\Delta f \begin{bmatrix} G_1 & \rho_{\mathrm{I}}^* \sqrt{G_1 G_2} \\ \rho_{\mathrm{I}} \sqrt{G_1 G_2} & G_2 \end{bmatrix} \tag{5.87}$$

其中各参数定义为

$$\begin{cases} G_1 = \dfrac{\overline{\mid I_{\mathrm{n1}} \mid^2}}{4kT\Delta f} \\[3mm] G_2 = \dfrac{\overline{\mid I_{\mathrm{n2}} \mid^2}}{4kT\Delta f} \\[3mm] \rho_{\mathrm{I}} = \dfrac{\overline{I_{\mathrm{n1}}^* I_{\mathrm{n2}}}}{\mid I_{\mathrm{n1}} \mid \mid I_{\mathrm{n2}} \mid} \end{cases}$$

还可根据 ABCD 网络模型的噪声电压电流相关矩阵综合出电阻电导网络为

$$\boldsymbol{C}_{\mathrm{A}} = 4kT\Delta f \begin{bmatrix} R_{\mathrm{N}} & \rho_{\mathrm{A}}^* \sqrt{R_{\mathrm{N}} G_{\mathrm{N}}} \\ \rho_{\mathrm{A}} \sqrt{R_{\mathrm{N}} G_{\mathrm{N}}} & G_{\mathrm{N}} \end{bmatrix} \tag{5.88}$$

其中各参数定义为

$$\begin{cases} R_N = \dfrac{|V_n|^2}{4kT\Delta f} \\[4mm] G_N = \dfrac{|I_n|^2}{4kT\Delta f} \\[4mm] \rho_A = \dfrac{V_n^* I_n}{|V_n||I_n|} \end{cases}$$

散射噪声波相关矩阵的综合方程为

$$C_S = kT\Delta f \begin{bmatrix} T_{c1} & \rho_S^* \sqrt{T_{c1}T_{c2}} \\ \rho_S \sqrt{T_{c1}T_{c2}} & T_{c2} \end{bmatrix} \tag{5.89}$$

其中各参数定义为

$$\begin{cases} T_{c1} = \dfrac{|c_1|^2}{kT\Delta f} \\[4mm] T_{c2} = \dfrac{|c_2|^2}{kT\Delta f} \\[4mm] \rho_S = \dfrac{c_1^* c_2}{|c_1||c_2|} \end{cases}$$

传输噪声波相关矩阵的综合方程为

$$C_T = kT\Delta f \begin{bmatrix} T_{cn1} & \rho_{cn}^* \sqrt{T_{cn1}T_{cn2}} \\ \rho_{cn} \sqrt{T_{cn1}T_{cn2}} & T_{cn2} \end{bmatrix} \tag{5.90}$$

其中各参数定义为

$$\begin{cases} T_{cn1} = \dfrac{|c_{n1}|^2}{kT\Delta f} \\[4mm] T_{cn2} = \dfrac{|c_{n2}|^2}{kT\Delta f} \\[4mm] \rho_{cn} = \dfrac{c_{n1}^* c_{n2}}{|c_{n1}||c_{n2}|} \end{cases}$$

5.2.6 噪声相关矩阵的计算

5.2.3~5.2.5 节介绍了噪声相关矩阵与微波网络的概念和相互计算关系,本节将具体介绍基于噪声电流源和电压源相关矩阵参数的计算方法。在图 5.16 中,可人为对两个端口进行短路和开路操作,得到在各个已知状态下的噪声功率谱输出。例如当端口 2 短路时,电流噪声源 I_{n2} 也被短路,对端口 1 的噪声贡献为 0,此时端口 1 噪声功率谱定义为

$$\overline{|I_{n1}|^2} = 4kT_1 \mathrm{Re}(Y_{11}) \tag{5.91}$$

其中 T_1 为网络在端口 1 的等效噪声温度。同理,当端口 1 短路,电流噪声源 I_{n1} 对端口 2 的噪声贡献为 0,此时端口 2 噪声功率谱定义为

$$\overline{|\,I_{n2}\,|^2} = 4kT_2\,\mathrm{Re}(Y_{22}) \tag{5.92}$$

其中 T_2 为网络在端口 2 的等效噪声温度,网络在端口 2 的等效噪声温度一般不等于端口 1 的等效噪声温度。

当端口 2 开路时,$I_2 = 0$,端口 1 的视在输入导纳为 $Y_{in} = Y_{11} - Y_{12}Y_{21}/Y_{22}$,此时按照单端口网路的噪声计算公式得到端口 1 的噪声电流功率谱为

$$\overline{|\,I_{n1}\,|^2}\,|_{I_2=0} = 4kT\,\mathrm{Re}(Y_{in}) = 4kT\,\mathrm{Re}(Y_{11} - Y_{12}Y_{21}/Y_{22}) \tag{5.93}$$

另一方面,根据式(5.56),当 $I_2 = 0$ 时,端口 1 的电流可以写为

$$I_1 = Y_{11}V_1 - Y_{12}\frac{I_{n2} + Y_{21}V_1}{Y_{22}} + I_{n1} \tag{5.94}$$

若式(5.94)只保留噪声成分,即

$$I_{n1}\,|_{I_2=0,V_1=0} = -I_{n2}\frac{Y_{12}}{Y_{22}} + I_{n1} \tag{5.95}$$

式(5.95)进行自相关运算得到功率谱为

$$\overline{\left(-I_{n2}\frac{Y_{12}}{Y_{22}} + I_{n1}\right)^*\left(-I_{n2}\frac{Y_{12}}{Y_{22}} + I_{n1}\right)} = \overline{|\,I_{n1}\,|^2} + \overline{|\,I_{n2}\,|^2}\left|\frac{Y_{12}}{Y_{22}}\right|^2 - \left(\frac{Y_{12}}{Y_{22}}\right)^*$$

$$I_{n1}I_{n2}^* - \frac{Y_{12}}{Y_{22}}I_{n1}^*I_{n2} = 4kT\,\mathrm{Re}(Y_{11}) + 4kT\,\mathrm{Re}(Y_{22})\left|\frac{Y_{12}}{Y_{22}}\right|^2 - \left(\frac{Y_{12}}{Y_{22}}\right)^* I_{n1}I_{n2}^* - \frac{Y_{12}}{Y_{22}}I_{n1}^*I_{n2} \tag{5.96}$$

端口 1 的自相关功率谱应与式(5.93)定义的相等,即得到

$$\left(\frac{Y_{12}}{Y_{22}}\right)^* I_{n1}I_{n2}^* + \frac{Y_{12}}{Y_{22}}I_{n1}^*I_{n2} = 4kT\left[\mathrm{Re}(Y_{22})\left|\frac{Y_{12}}{Y_{22}}\right|^2 + \mathrm{Re}\left(\frac{Y_{12}Y_{21}}{Y_{22}}\right)\right] \tag{5.97}$$

将端口 1 开路,重复进行上面的推导过程,分析端口 2 的噪声自相关功率谱可以得到式(5.97)的对偶表达式为

$$\left(\frac{Y_{21}}{Y_{11}}\right)^* I_{n2}I_{n1}^* + \frac{Y_{21}}{Y_{11}}I_{n2}^*I_{n1} = 4kT\left[\mathrm{Re}(Y_{11})\left|\frac{Y_{21}}{Y_{11}}\right|^2 + \mathrm{Re}\left(\frac{Y_{12}Y_{21}}{Y_{11}}\right)\right] \tag{5.98}$$

求解式(5.97)和式(5.98)即可得到如下结果

$$\begin{cases} I_{n1}I_{n2}^* = 2kT(Y_{12} + Y_{21}^*) \\ I_{n1}^*I_{n2} = 2kT(Y_{12}^* + Y_{21}) \end{cases} \tag{5.99}$$

更一般的,式(5.99)可以推广到多端口网络,多端口网络的任意两个端口 j 和 k 的电流互功率谱为

$$I_{nj}I_{nk}^* = 2kT(Y_{jk} + Y_{jk}^*) \tag{5.100}$$

相似地,对于噪声电压源等效电路也可做相同的推导,在图 5.17 中,当端口 2 开路,电压噪声源 2 对端口 1 的噪声贡献为 0,此时端口 1 噪声功率谱定义为

$$\overline{\mid V_{n1}\mid^2}=4kT_1\mathrm{Re}(Z_{11}) \tag{5.101}$$

其中 T_1 为网络在端口 1 的等效噪声温度。同理当端口 1 开路,电压噪声源 1 对端口 2 的噪声贡献为 0,此时端口 2 噪声功率谱定义为

$$\overline{\mid V_{n2}\mid^2}=4kT_2\mathrm{Re}(Z_{22}) \tag{5.102}$$

其中 T_2 为网络在端口 2 的等效噪声温度,网络在端口 2 的等效噪声温度一般不等于端口 1 的等效噪声温度。

端口 2 短路时,$V_2=0$,网络端口 1 的输入阻抗为 $Z_{in}=Z_{11}-Z_{12}Z_{21}/Z_{22}$,此时端口 1 的噪声电流压功率谱为

$$\overline{\mid V_{n1}\mid^2}\mid_{V_2=0}=4kT\mathrm{Re}(V_{in})=4kT\mathrm{Re}(Z_{11}-Z_{12}Z_{21}/Z_{22}) \tag{5.103}$$

另一方面,根据式(5.57),当 $V_2=0$ 时,端口 1 的电压可以写为

$$V_1=Z_{11}I_1-Z_{12}\frac{V_{n2}+Z_{21}I_1}{Z_{22}}+V_{n1} \tag{5.104}$$

若式(5.104)只保留噪声成分,则有

$$V_{n1}\mid_{I_1=0,V_2=0}=-V_{n2}\frac{Z_{12}}{Z_{22}}+V_{n1} \tag{5.105}$$

式(5.105)的自相关功率谱为

$$\overline{\left(-V_{n2}\frac{Z_{12}}{Z_{22}}+V_{n1}\right)^*\left(-V_{n2}\frac{Z_{12}}{Z_{22}}+V_{n1}\right)}=\overline{\mid V_{n1}\mid^2}+\overline{\mid V_{n2}\mid^2}\left|\frac{Z_{12}}{Z_{22}}\right|^2-\left(\frac{Z_{12}}{Z_{22}}\right)^*V_{n1}V_{n2}^*-\frac{Z_{12}}{Z_{22}}V_{n1}^*V_{n2}$$

$$=4kT\mathrm{Re}(Z_{11})+4kT\mathrm{Re}(Z_{22})\left|\frac{Z_{12}}{Z_{22}}\right|^2-$$

$$\left(\frac{Z_{12}}{Z_{22}}\right)^*V_{n1}V_{n2}^*-\frac{Z_{12}}{Z_{22}}V_{n1}^*V_{n2} \tag{5.106}$$

端口 1 的自相关功率谱应与式(5.103)定义的相等,即

$$\left(\frac{Z_{12}}{Z_{22}}\right)^*V_{n1}V_{n2}^*+\frac{Z_{12}}{Z_{22}}V_{n1}^*V_{n2}=4kT\left[\mathrm{Re}(Z_{22})\left|\frac{Z_{12}}{Z_{22}}\right|^2+\mathrm{Re}\left(\frac{Z_{12}Z_{21}}{Z_{22}}\right)\right] \tag{5.107}$$

同样将端口 1 短路,重复进行上面的推导过程,分析端口 2 的噪声自相关功率谱可以得到式(5.107)的对偶表达式为

$$\left(\frac{Z_{21}}{Z_{11}}\right)^*V_{n2}V_{n1}^*+\frac{Z_{21}}{Z_{11}}V_{n2}^*V_{n1}=4kT\left[\mathrm{Re}(Z_{11})\left|\frac{Z_{21}}{Z_{11}}\right|^2+\mathrm{Re}\left(\frac{Z_{12}Z_{21}}{Z_{11}}\right)\right] \tag{5.108}$$

求解式(5.107)和式(5.108)即可得到如下结果

$$\begin{cases}V_{n1}V_{n2}^*=2kT(Z_{12}+Z_{21}^*)\\V_{n1}^*V_{n2}=2kT(Z_{12}^*+Z_{21})\end{cases} \tag{5.109}$$

更一般地,对于 N 端口网络来说,端口 j 和端口 k 的电流互功率谱为

$$V_{nj}V_{nk}^*=2kT(Z_{jk}+Z_{kj}^*) \tag{5.110}$$

由阻容感组成的二端口网络一般满足互易性质，对于互易二端口网络来说，有 $Z_{12}=Z_{21}$ 或 $Y_{12}=Y_{21}$，此时式（5.99）和式（5.109）可简化为 $I_{n1}I_{n2}^{*}=I_{n2}I_{n1}^{*}=4kT\text{Re}(Y_{12})=4kT\text{Re}(Y_{21})$，$V_{n1}V_{n2}^{*}=V_{n2}V_{n1}^{*}=4kT\text{Re}(Z_{12})=4kT\text{Re}(Z_{21})$，噪声相关矩阵可简单写为 $C_V=4kT\text{Re}(Z)$ 和 $C_I=4kT\text{Re}(Y)$，有源网络一般不满足互易条件，因此不能套用这个简单公式。如图 5.24 所示的例子，导纳网络参数为 $Y=\begin{bmatrix} j\omega C+1/R_1 & -1/R_1 \\ -1/R_1 & 1/R_1+1/R_2 \end{bmatrix}$，满足互异性，因此容易得到噪声相关矩阵为 $C_I=4kT\begin{bmatrix} 1/R_1 & -1/R_1 \\ -1/R_1 & 1/R_1+1/R_2 \end{bmatrix}$。

使用电阻、电感、电容等基本元器件并采用串接和并联等电路拓扑结构，不仅能够实现任意复杂的无源网络，还可以作为有源网络的等效元器件进行参数模拟和建模。如图 5.25(a) 所示的基本串接网络，其导纳矩阵为

$$Y=\frac{1}{Z(f)}\begin{bmatrix} 1 & -1 \\ -1 & 1 \end{bmatrix} \tag{5.111}$$

该网络满足互易条件，其噪声电流相关矩阵为

$$C_I=4kT\text{Re}(Y)=4kT\text{Re}\left(\frac{1}{Z(f)}\right)\begin{bmatrix} 1 & -1 \\ -1 & 1 \end{bmatrix} \tag{5.112}$$

当串联网络为电阻时，$\text{Re}\left(\frac{1}{Z(f)}\right)=\frac{1}{R}$；当串联网络为电容时，$\text{Re}\left(\frac{1}{Z(f)}\right)=0$，即电容串联网络不贡献噪声，噪声相关矩阵为全零矩阵，串联电感的情况相同；当串联的网络为电阻串电容时，$\text{Re}\left(\frac{1}{Z(f)}\right)=\text{Re}\left(\frac{j\omega C}{1+j\omega RC}\right)=\frac{\omega^2 RC^2}{1+\omega^2 R^2 C^2}$。输出噪声功率谱与网络阻抗的实部成正比，电抗原件虽不贡献噪声，但电抗的存在会改变网络的阻抗，因此会改变网络的噪声输出功率谱密度函数。另外即便电抗的存在没有改变网络的噪声功率输出，但有可能改变信号的输出幅度，最终造成信噪比的变化，在通信电路中，往往关心链路的信噪比更甚于噪声本身。

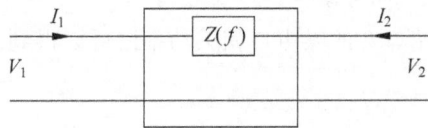

(a) 串接电路结构

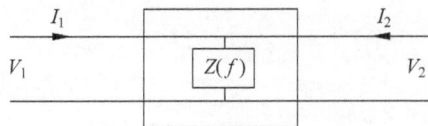

(b) 并联电路结构

图 5.25　串接和并联拓扑结构

基本的并联网络如图 5.25(b) 所示，阻抗矩阵为

$$Z=Z(f)\begin{bmatrix} 1 & 1 \\ 1 & 1 \end{bmatrix} \tag{5.113}$$

满足互易性，因此其噪声电压相关矩阵为

$$C_V=4kT\text{Re}(Z)=4kT\text{Re}(Z(f))\begin{bmatrix} 1 & 1 \\ 1 & 1 \end{bmatrix} \tag{5.114}$$

当旁路网络为电阻时，$\text{Re}(Z(f))=R$；当旁路网络为电容时，$\text{Re}(Z(f))=0$，即电容旁路网络不贡

献噪声,旁路电感的情况相同;当旁路网络为电阻串电容时,$\mathrm{Re}(Z(f))=R$,与单电阻的噪声相关矩阵一致。

5.2.7 噪声波相关矩阵参数计算

本节将介绍噪声波相关矩阵参数的计算方法。如图 5.20 所示,由于入射波分量 a_1 和 a_2 分别来自源阻抗和负载阻抗,因此两者不相关,即 $\overline{a_1 a_2^*}=0$,同时噪声波矢量起源于二端口网络内部,因此与入射波也不相关,即 $\overline{a_i c_j^*}=0$,其中 i 和 j 取 1 或 2。对于单端口的反射波分量取自相关运算有

$$\begin{cases} \overline{|b_1|^2}=|S_{11}|^2 \overline{|a_1|^2}+|S_{12}|^2 \overline{|a_2|^2}+\overline{|c_1|^2} \\ \overline{|b_2|^2}=|S_{21}|^2 \overline{|a_1|^2}+|S_{22}|^2 \overline{|a_2|^2}+\overline{|c_2|^2} \end{cases} \tag{5.115}$$

若二端口网络与两端负载阻抗均处于良好匹配和热平衡状态,则有 $\overline{|\boldsymbol{a}|^2}=\overline{|\boldsymbol{b}|^2}=[kT, kT]'$,代入上式得到

$$\begin{cases} \overline{|c_1|^2}=kT(1-|S_{11}|^2-|S_{12}|^2) \\ \overline{|c_2|^2}=kT(1-|S_{21}|^2-|S_{22}|^2) \end{cases} \tag{5.116}$$

式(5.115)得出了端口反射波 b_1 和 b_2 的自相关分量,为了进一步获得互相关分量,如图 5.26 所示,在二端口网络和负载阻抗之间插入电桥,当插入的为 180°电桥时,反射波分量分别变化为

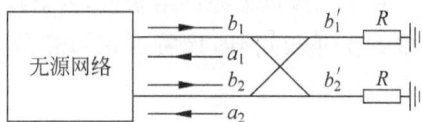

图 5.26 二端口无源网络与电桥连接

$$\begin{cases} b_1'=\dfrac{1}{\sqrt{2}}(b_1+b_2) \\ b_2'=\dfrac{1}{\sqrt{2}}(b_1-b_2) \end{cases} \tag{5.117}$$

则 b_1' 和 b_2' 的相关函数为

$$\begin{cases} \overline{|b_1'|^2}=\dfrac{1}{2}(\overline{|b_1|^2}+\overline{|b_2|^2}+2\mathrm{Re}(\overline{b_1 b_2^*}))=kT+\mathrm{Re}(\overline{b_1 b_2^*}) \\ \overline{|b_2'|^2}=\dfrac{1}{2}(\overline{|b_1|^2}+\overline{|b_2|^2}-2\mathrm{Re}(\overline{b_1 b_2^*}))=kT-\mathrm{Re}(\overline{b_1 b_2^*}) \\ \overline{b_1' b_2'^*}=\dfrac{1}{2}(\overline{|b_1|^2}-\overline{|b_2|^2}+\mathrm{j}2\mathrm{Im}(\overline{b_1 b_2^*})) \end{cases} \tag{5.118}$$

如果 $\mathrm{Re}(\overline{b_1 b_2^*})\neq 0$,则意味着负载阻抗的输入和输出噪声功率不同,这将违反热平衡的假定,因此在热平衡条件下必须有 $\mathrm{Re}(\overline{b_1 b_2^*})=0$。

如果二端口网络与负载之间插入的是 90°电桥,则有

$$\begin{cases} b'_1 = \dfrac{1}{\sqrt{2}}(b_1 + \mathrm{j}b_2) \\ b'_2 = \dfrac{1}{\sqrt{2}}(b_1 - \mathrm{j}b_2) \end{cases} \tag{5.119}$$

此时 b'_1 和 b'_2 的相关函数为

$$\begin{cases} \overline{\mid b'_1 \mid^2} = \dfrac{1}{2}(\overline{\mid b_1 \mid^2} + \overline{\mid b_2 \mid^2} + 2\mathrm{Im}(\overline{b_1 b_2^*})) = kT + \mathrm{Im}(\overline{b_1 b_2^*}) \\ \overline{\mid b'_2 \mid^2} = \dfrac{1}{2}(\overline{\mid b_1 \mid^2} + \overline{\mid b_2 \mid^2} - 2\mathrm{Im}(\overline{b_1 b_2^*})) = kT - \mathrm{Im}(\overline{b_1 b_2^*}) \\ \overline{b'_1 b'_2^*} = \dfrac{1}{2}(\overline{\mid b_1 \mid^2} - \overline{\mid b_2 \mid^2} + \mathrm{j}2\mathrm{Re}(\overline{b_1 b_2^*})) \end{cases} \tag{5.120}$$

同理如果 $\mathrm{Im}(\overline{b_1 b_2^*}) \neq 0$,意味着负载阻抗的输入和输出噪声功率不同,这也将违反热平衡的假定,因此必须有 $\mathrm{Im}(\overline{b_1 b_2^*}) = 0$。因此最终有

$$\overline{b_1 b_2^*} = 0 \tag{5.121}$$

且在 90° 和 180° 电桥情况下,根据式(5.118)和式(5.120)也可得到

$$\overline{b'_1 b'_2^*} = 0 \tag{5.122}$$

对于二端口无源网络来说,入射波 a 和反射波 b 各自的相关矩阵 $\boldsymbol{A}$ 和 $\boldsymbol{B}$ 均等于 $kT\boldsymbol{E}$,其中 $\boldsymbol{E}$ 为单位矩阵,该特性也可拓展为多端口网络。根据式(5.72),反射波的相关矩阵写为

$$\boldsymbol{B} = \overline{\mid \boldsymbol{b} \mid^2} = \overline{\begin{bmatrix} b_1 \\ b_2 \end{bmatrix} [b_1^*, b_2^*]} = \overline{(\boldsymbol{Sa} + \boldsymbol{c})(\boldsymbol{Sa} + \boldsymbol{c})^{\mathrm{H}}}$$

$$= \boldsymbol{S}\overline{\boldsymbol{aa}^{\mathrm{H}}}\boldsymbol{S}^{\mathrm{H}} + \overline{\boldsymbol{ca}^{\mathrm{H}}}\boldsymbol{S}^{\mathrm{H}} + \boldsymbol{S}\overline{\boldsymbol{ac}^{\mathrm{H}}} + \overline{\mid \boldsymbol{c} \mid^2}$$

$$= \boldsymbol{S}\overline{\mid \boldsymbol{a} \mid^2}\boldsymbol{S}^{\mathrm{H}} + \overline{\mid \boldsymbol{c} \mid^2} = kT\boldsymbol{S}\boldsymbol{S}^{\mathrm{H}} + \overline{\mid \boldsymbol{c} \mid^2} \tag{5.123}$$

因此得到噪声波矢量的相关矩阵为

$$\boldsymbol{C} = \overline{\mid \boldsymbol{c} \mid^2} = kT(\boldsymbol{E} - \boldsymbol{SS}^{\mathrm{H}}) \tag{5.124}$$

各个矩阵元素具体写为

$$\begin{cases} C_{11} = kT(1 - \mid S_{11} \mid^2 - \mid S_{12} \mid^2) \\ C_{12} = -kT(S_{11}S_{21}^* + S_{12}S_{22}^*) \\ C_{21} = -kT(S_{21}S_{11}^* + S_{22}S_{12}^*) \\ C_{22} = kT(1 - \mid S_{21} \mid^2 - \mid S_{22} \mid^2) \end{cases} \tag{5.125}$$

非匹配情形下的噪声波分析如图 5.27 所示。对于处于热平衡的二端口网络来说,非良好匹配的源阻抗和负载阻抗输出的资用功率谱密度为

$$\begin{cases} \overline{a_S^2} = kT(1-|\Gamma_S|^2) \\ \overline{a_L^2} = kT(1-|\Gamma_L|^2) \end{cases} \tag{5.126}$$

其中，Γ_S 和 Γ_L 分别为源阻抗和负载阻抗的反射，根据信号流图入射波和反射波具有如下关系

$$\begin{cases} b_1 = S_{11}a_1 + S_{12}a_2 + c_1 \\ a_1 = a_S + b_1\Gamma_S \\ b_2 = S_{21}a_1 + S_{22}a_2 + c_2 \\ a_2 = a_L + b_2\Gamma_L \end{cases} \tag{5.127}$$

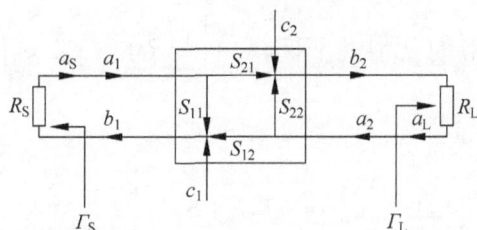

图 5.27　非匹配情况下的二端口网络噪声波模型

当两个端口完全匹配时，噪声波的相关矩阵如式(5.125)所示。当端口 1 处于匹配状态，端口 2 开路时($Z_L = \infty$)，$\Gamma_L = 1, a_L = 0$，式(5.127)变为

$$\begin{cases} b_1 = S_{11}a_1 + S_{12}a_2 + c_1 \\ a_1 = a_S = kT \\ b_2 = S_{21}a_1 + S_{22}a_2 + c_2 \\ a_2 = a_L + b_2\Gamma_L = b_2 \end{cases} \tag{5.128}$$

简化后得到的 b_1 表达式为

$$b_1 = \left(S_{11} + \frac{S_{21}S_{12}}{1-S_{22}}\right)a_1 + c_1 + \frac{S_{12}}{1-S_{22}}c_2 \tag{5.129}$$

由于 b_1 的功率谱密度为 kT，所以式(5.129)求自相关可得

$$\overline{b_1^2} = kT = \overline{\left[\left(S_{11} + \frac{S_{21}S_{12}}{1-S_{22}}\right)a_1 + c_1 + \frac{S_{12}}{1-S_{22}}c_2\right]\left[\left(S_{11} + \frac{S_{21}S_{12}}{1-S_{22}}\right)a_1 + c_1 + \frac{S_{12}}{1-S_{22}}c_2\right]^*}$$
$$\tag{5.130}$$

化简式(5.130)，并将噪声波部分单独提出可得

$$\frac{S_{12}}{1-S_{22}}\overline{c_1^* c_2} + \left(\frac{S_{12}}{1-S_{22}}\right)^*\overline{c_1 c_2^*} = kT\left[|S_{12}|^2 - \left|\frac{S_{12}}{1-S_{22}}\right|^2(1-|S_{22}|^2) - \right.$$
$$\left. \frac{S_{11}^* S_{21} S_{12}}{1-S_{22}} - \frac{S_{11} S_{12}^* S_{21}^*}{1-S_{22}^*}\right] \tag{5.131}$$

当端口 1 处于匹配状态，端口 2 短路时（$Z_L = 0$），$\Gamma_L = -1$，$a_L = 0$，式（5.127）变为

$$\begin{cases} b_1 = S_{11}a_1 + S_{12}a_2 + c_1 \\ a_1 = a_S = kT \\ b_2 = S_{21}a_1 + S_{22}a_2 + c_2 \\ a_2 = a_L + b_2\Gamma_L = -b_2 \end{cases} \tag{5.132}$$

简化后得到的 b_1 表达式为

$$b_1 = \left(S_{11} - \frac{S_{21}S_{12}}{1+S_{22}}\right)a_1 + c_1 - \frac{S_{12}}{1+S_{22}}c_2 \tag{5.133}$$

式（5.133）求自相关可得

$$\overline{b_1^2} = kT = \overline{\left[\left(S_{11} - \frac{S_{21}S_{12}}{1+S_{22}}\right)a_1 + c_1 - \frac{S_{12}}{1+S_{22}}c_2\right]\left[\left(S_{11} - \frac{S_{21}S_{12}}{1+S_{22}}\right)a_1 + c_1 - \frac{S_{12}}{1+S_{22}}c_2\right]^*} \tag{5.134}$$

化简式（5.134），提出噪声波部分可得

$$\frac{S_{12}}{1+S_{22}}\overline{c_1^* c_2} + \left(\frac{S_{12}}{1+S_{22}}\right)^* \overline{c_1 c_2^*} = kT\left[-|S_{12}|^2 + \left|\frac{S_{12}}{1+S_{22}}\right|^2(1-|S_{22}|^2) - \right.$$
$$\left. \frac{S_{11}^* S_{21}S_{12}}{1+S_{22}} - \frac{S_{11}S_{12}^* S_{21}^*}{1+S_{22}^*}\right] \tag{5.135}$$

联立式（5.131）和式（5.135）可以得到

$$\begin{cases} \overline{c_1^* c_2} = -kT(S_{11}^* S_{21} + S_{12}^* S_{22}) \\ \overline{c_1 c_2^*} = -kT(S_{22}^* S_{12} + S_{21}^* S_{11}) \end{cases} \tag{5.136}$$

对于式（5.136），可以分析如下几种特殊情况：

（1）两个端口良好匹配，即 $S_{11} = S_{22} = 0$，可得到 $C_{12} = C_{21} = 0$，即良好匹配的二端口网络的输入端和输出端噪声波互不相关。衰减器是典型输入输出良好匹配的二端口网络，无论衰减器是 Ⅱ 形电阻结构还是 T 形电阻结构（如图 5.28(a)所示），抑或一段有损耗的传输线，即便两个端口的噪声波来自同一电阻网络，只要两个端口良好匹配，那么体现在端口处的噪声波互不相关。

（2）端口 1 良好匹配，端口 2 到端口 1 良好隔离，即 $S_{11} = S_{12} = 0$，那么无论端口 2 的匹配状态如何，此时也可得出 $C_{12} = C_{21} = 0$，典型的例子为隔离器和环形器，如图 5.28(b)所示。

（3）双端口网络双向良好隔离，即 $S_{12} = S_{21} = 0$，也可推出 $C_{12} = C_{21} = 0$，典型的例子为威尔金森功分器的两个功分端口、90° 或 180° 电桥的两个隔离端口，如图 5.28(c) 和 5.28(d) 所示。威尔金森功分器两个功分端的噪声波来自总端口负载和隔离电阻这个共用网络，似乎端口处的噪声波存在相关性，但理论表明只要两个功分端良好隔离，无论端口匹配如何，端口处的噪声波互不相关。上述理论建立在无源且温度均衡的状态上，对于有源电路不适

用,例如反向隔离度很高的放大器,近似认为 $S_{12}=0$,在输入匹配的情况下不能得出 c_1 和 c_2 互不相关的结论。

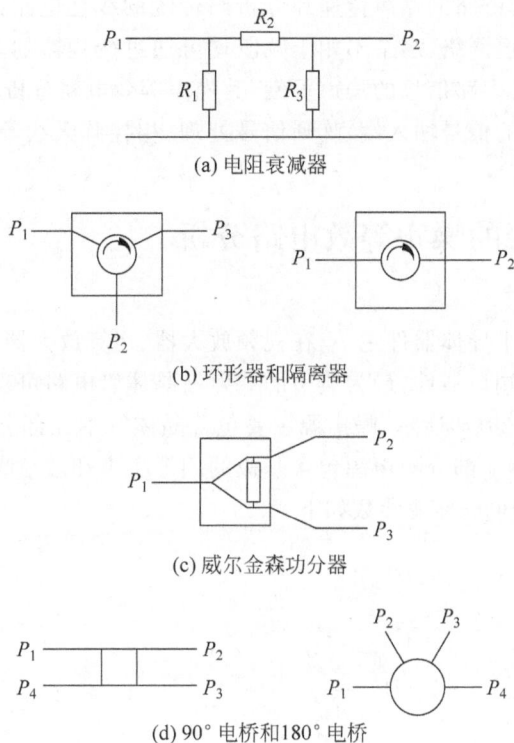

(a) 电阻衰减器

(b) 环形器和隔离器

(c) 威尔金森功分器

(d) 90° 电桥和180° 电桥

图 5.28　网络噪声模型实例

至此介绍了单端口和二端口网络的噪声等效电路和端口噪声电平表达式,接下来的内容将覆盖:①线性器件的网络噪声分析(5.3 节),主要讲述晶体管和场效应管的二端口小信号等效网络以及噪声网络;②有源二端口网络的噪声等效电路(5.4 节);③低噪声射频放大器的设计理论和架构(5.5 节)。

5.3　线性器件的网络噪声分析

由无源元器件构成的微波多端口网络具有简单的网络参数和噪声参数表达,例如负载和天线等单端口器件、滤波器和衰减器等双端口器件、环形器等三端口器件、电桥等四端口器件,采用 5.2 节所述的多种网络矩阵均可完整描述其网络参数和噪声参数。无源网络为线性器件,网络参数与偏置条件无关,且一般满足对称性和互易性,因而其矩阵参数具有对称性和无方向性。晶体管和场效应管等半导体器件属于有源器件,其微波网络一般不满足互易和对称等特征,并且其网络参数与器件的偏置条件相关,不同的偏置条件下,网络参数也不同。微波晶体管是微波放大器的核心器件,具有明显的功率非线性特征,但在射频接收机等小信号应用领域,可将晶体管等视为线性器件,5.3.1 节将分析其噪声等效电路。变频器虽利用半导体的非线性来实现频率变换和搬移,但当其工作功率远低于功率压缩点时,仍可将其视为线性器件,其链路的噪声传递和分析与传统的线性电路的分析方法一致。变频器是典型的单输入多通道网络,多个不相干频段均可通过变频器的非线性效应落于同一中频频带,即中频频带包含多路信号的噪声贡献,其噪声等效电路分析将在 5.3.2 节进行。多输入系统具有多路独立的信号输入端,阵列信号处理、相控阵天线等均属此列,其噪声等效电路将在 5.3.3 节介绍。

5.3.1 晶体管的噪声等效电路分析

1. 晶体管

晶体管是最常用的半导体器件之一,在视频放大器、运算放大器以及射频放大器领域中应用广泛。晶体管是三端口器件,最为典型的共射极晶体管电路可视为二端口网络,其小信号噪声等效模型如图 5.29(a)所示,噪声源主要包含晶体管本征部分的噪声、外围各电极引线电阻的热噪声,其中本征部分噪声源包含基极的闪烁噪声和散粒噪声、集电极的散粒噪声等贡献。本征部分的 ABCD 传输参数如下

$$
\begin{cases}
A = \dfrac{1}{1 - \dfrac{g_{\mathrm m}}{\mathrm j\omega C_{\mathrm{bc}}}} \\[3mm]
B = \dfrac{1}{g_{\mathrm m} - \mathrm j\omega C_{\mathrm{bc}}} \\[3mm]
C = \dfrac{g_{\mathrm{b'e}} + g_{\mathrm m} + \mathrm j\omega C_{\mathrm{be}}}{1 - \dfrac{g_{\mathrm m}}{\mathrm j\omega C_{\mathrm{bc}}}} \\[3mm]
D = \dfrac{g_{\mathrm{b'e}} + \mathrm j\omega C_{\mathrm{be}} + \mathrm j\omega C_{\mathrm{bc}}}{g_{\mathrm m} - \mathrm j\omega C_{\mathrm{bc}}}
\end{cases}
\tag{5.137}
$$

其中,$g_{\mathrm m}$ 为跨导,$g_{\mathrm{b'e}}$ 和 C_{be} 分别为基极发射极动态电阻和电容,C_{bc} 为基极集电极寄生电容。晶体管主要噪声源有基极电阻 $R_{\mathrm{bb'}}$ 的热噪声 $v_{\mathrm{bb'}}$、基极发射极电流的散粒噪声 i_{nbe} 和闪烁噪声 i_f、集电极发射极电流的散粒噪声 i_{nce}。

根据传输矩阵的级联性质,对各级电压电流组进行逐级展开得到以下结果

$$
\begin{aligned}
\begin{bmatrix} v_0 \\ i_0 \end{bmatrix}
&= \begin{bmatrix} 1 & R_{\mathrm{bb'}} \\ 0 & 1 \end{bmatrix}
\begin{bmatrix} v_1 \\ i_1 \end{bmatrix}
= \begin{bmatrix} 1 & R_{\mathrm{bb'}} \\ 0 & 1 \end{bmatrix}
\begin{bmatrix} v_2 + v_{\mathrm{bb'}} \\ i_2 - i_{\mathrm{nbe}} - i_f \end{bmatrix} \\[3mm]
&= \begin{bmatrix} 1 & R_{\mathrm{bb'}} \\ 0 & 1 \end{bmatrix}
\begin{bmatrix} v_2 \\ i_2 \end{bmatrix}
+ \begin{bmatrix} 1 & R_{\mathrm{bb'}} \\ 0 & 1 \end{bmatrix}
\begin{bmatrix} v_{\mathrm{bb'}} \\ - i_{\mathrm{nbe}} - i_f \end{bmatrix} \\[3mm]
&= \begin{bmatrix} 1 & R_{\mathrm{bb'}} \\ 0 & 1 \end{bmatrix}
\begin{bmatrix} A & B \\ C & D \end{bmatrix}
\begin{bmatrix} v_3 \\ i_3 \end{bmatrix}
+ \begin{bmatrix} 1 & R_{\mathrm{bb'}} \\ 0 & 1 \end{bmatrix}
\begin{bmatrix} v_{\mathrm{bb'}} \\ - i_{\mathrm{nbe}} - i_f \end{bmatrix}
\end{aligned}
$$

(a) 晶体管噪声等效模型

(b) 晶体管噪声简化模型

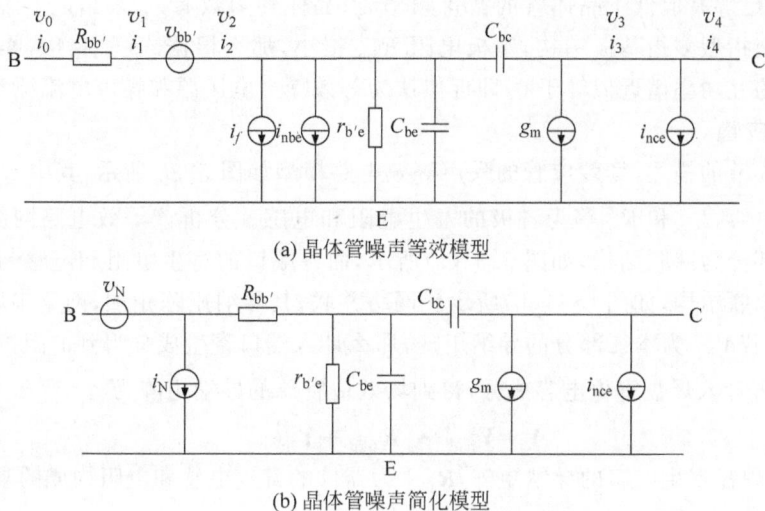

图 5.29　典型晶体管等效电路

$$= \begin{bmatrix} 1 & R_{bb'} \\ 0 & 1 \end{bmatrix} \begin{bmatrix} A & B \\ C & D \end{bmatrix} \begin{bmatrix} v_4 \\ i_4 - i_{nce} \end{bmatrix} + \begin{bmatrix} 1 & R_{bb'} \\ 0 & 1 \end{bmatrix} \begin{bmatrix} v_{bb'} \\ -i_{nbe} - i_f \end{bmatrix}$$

$$= \begin{bmatrix} 1 & R_{bb'} \\ 0 & 1 \end{bmatrix} \begin{bmatrix} A & B \\ C & D \end{bmatrix} \begin{bmatrix} v_4 \\ i_4 \end{bmatrix} - \begin{bmatrix} 1 & R_{bb'} \\ 0 & 1 \end{bmatrix} \begin{bmatrix} A & B \\ C & D \end{bmatrix} \begin{bmatrix} 0 \\ i_{nce} \end{bmatrix} + \begin{bmatrix} 1 & R_{bb'} \\ 0 & 1 \end{bmatrix} \begin{bmatrix} v_{bb'} \\ -i_{nbe} - i_f \end{bmatrix}$$

$$\tag{5.138}$$

将剩余项提到前端有

$$\begin{bmatrix} v_0 + (B + DR_{bb'})i_{nce} - v_{bb'} + R_{bb'}(i_{nbe} + i_f) \\ i_0 + Di_{nce} + i_{nbe} + i_f \end{bmatrix} = \begin{bmatrix} 1 & R_{bb'} \\ 0 & 1 \end{bmatrix} \begin{bmatrix} A & B \\ C & D \end{bmatrix} \begin{bmatrix} v_4 \\ i_4 \end{bmatrix} \tag{5.139}$$

式(5.139)相当于在二端口网络的输入端串接 $v_N = (B + DR_{bb'})i_{nce} - v_{bb'} + R_{bb'}(i_{nbe} + i_f)$ 的噪声电压源,以及并联 $i_N = Di_{nce} + i_{nbe} + i_f$ 的噪声电流源,因此晶体管的噪声等效电路可简化为如图 5.29(b)所示的标准传输参数噪声网络。

等效的噪声电压源内部各个噪声组成成分的来源不同,因此各成分互不相关,噪声电压源功率谱为各成分的功率谱叠加,同理噪声电流源功率谱也为各成分的功率谱叠加,即

$$\begin{cases} \overline{v_N^2} = \overline{v_{bb'}^2} + R_{bb'}^2 (\overline{i_{nbe}^2} + \overline{i_f^2}) + |B + DR_{bb'}|^2 \overline{i_{nce}^2} \\ \overline{i_N^2} = \overline{i_{nbe}^2} + \overline{i_f^2} + |D|^2 \overline{i_{nce}^2} \end{cases} \tag{5.140}$$

等效的噪声电压源和噪声电流源存在相同的噪声成分,因此两者具有一定相关性,其互功率谱为

$$\overline{v_N i_N^*} = (B + DR_{bb'})D^* \overline{i_{nc}^2} + R_{bb'}(\overline{i_b^2} + \overline{i_f^2}) \tag{5.141}$$

闪烁噪声仅在低频频率具有明显的噪声幅度,当频率足够高,闪烁噪声可以忽略。在射

频频段,频率足够高但低于晶体管的截止频率时,晶体管参数有 $g_m \gg 1$, $g_m \gg \omega C_{be}$,另外若晶体管采用交指型多指基极结构,基极电阻 $R_{bb'}$ 很小,那么根据式(5.141),噪声电压源和噪声电流源的互功率谱近似等于 0,即近似认为等效噪声电压源和噪声电流源互不相关。

2. 场效应管

根据 3.6 节的描述,场效应管的噪声等效电路模型如图 5.30 所示,其中 C_{pg}、C_{pd}、C_{pgd} 为焊盘寄生电容,L_g 和 R_g 等为各极的寄生电阻和电感。分析该等效电路网络,封装电容与其他电路部分为并联结构,如图 5.31(a)所示,而各端口的寄生电阻和电感与场效应管的本征部分为串联结构,如图 5.31(b)所示。网络并联,其导纳矩阵相加,网络串联,其阻抗矩阵相加,因此若 Y_{int} 为本征部分的导纳矩阵,那么计入端口寄生成分得到的阻抗矩阵参数为 $\boldsymbol{R}_{pkg} + \boldsymbol{Y}_{int}^{-1}$,再计入焊盘寄生电容成分,得到场效应管总的导纳矩阵为

$$\boldsymbol{Y} = \boldsymbol{Y}_{pad} + [\boldsymbol{R}_{pkg} + \boldsymbol{Y}_{int}^{-1}]^{-1} \tag{5.142}$$

其中,$\boldsymbol{Y}_{pad}$ 为焊盘寄生电容的导纳矩阵,$\boldsymbol{R}_{pkg}$ 为器件的寄生电感和电阻构成的阻抗矩阵。

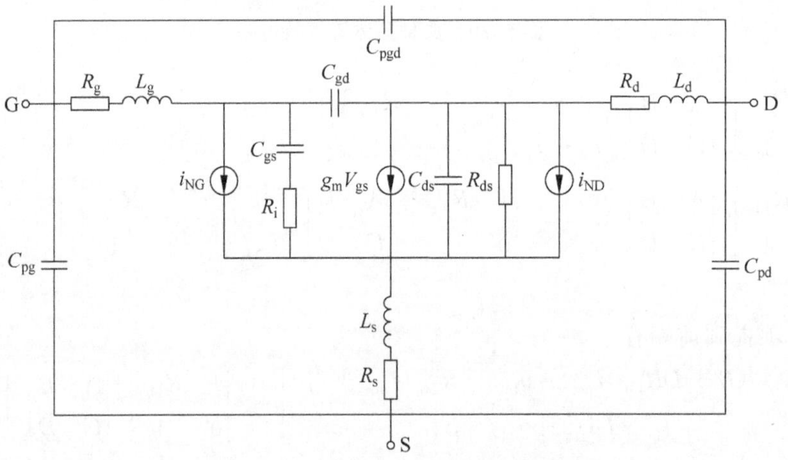

图 5.30 场效应管的等效噪声模型

焊盘寄生成分、端口寄生成分以及本征部分的导纳或阻抗矩阵的各参数表示如下

$$\begin{cases} \boldsymbol{Y}_{pad} = \begin{bmatrix} j\omega(C_{pg} + C_{pgd}) & -j\omega C_{pgd} \\ -j\omega C_{pgd} & j\omega(C_{pd} + C_{pgd}) \end{bmatrix} \\ \boldsymbol{R}_{pkg} = \begin{bmatrix} R_g + R_s + j\omega(L_g + L_s) & R_s + j\omega L_s \\ R_s + j\omega L_s & R_d + R_s + j\omega(L_g + L_s) \end{bmatrix} \\ \boldsymbol{Y}_{int} = \begin{bmatrix} \dfrac{j\omega C_{gs}}{1 + j\omega R_i C_{gs}} + j\omega C_{gd} & -j\omega C_{gd} \\ \dfrac{g_m e^{-j\omega\tau}}{1 + j\omega R_i C_{gs}} - j\omega C_{gd} & \dfrac{1}{R_{ds}} + j\omega(C_{ds} + C_{gd}) \end{bmatrix} \end{cases} \tag{5.143}$$

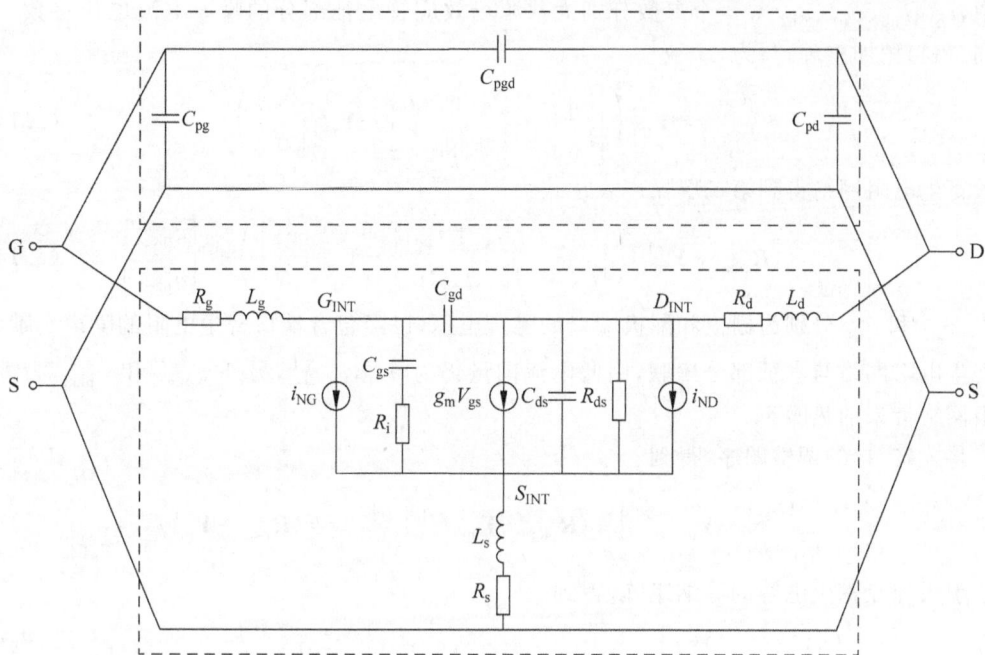

(a) 将封装电容部分分离

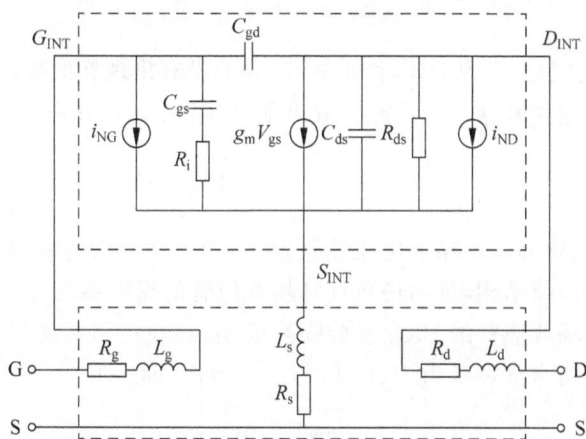

(b) 将引线电阻和电感分离

图 5.31 场效应管小信号模型的分解

根据式(3.67)～式(3.70)，共源连接的场效应管本征部分的栅极噪声主要有闪烁噪声 $\overline{v_f^2}$、栅极漏电流带来的散粒噪声 $\overline{i_g^2}$ 以及源自沟道热噪声的栅极感应噪声 $\overline{i_{NG}^2}$，漏极噪声主要为沟道的热噪声 $\overline{i_{ND}^2}$，因此可将场效应管本征部分导纳噪声模型写为

$$\begin{bmatrix} i_{n1} \\ i_{n2} \end{bmatrix} = \boldsymbol{Y}_{int} \begin{bmatrix} v_{n1} + v_f \\ v_{n2} \end{bmatrix} + \begin{bmatrix} i_g + i_{NG} \\ i_{ND} \end{bmatrix} \tag{5.144}$$

其中，i_{n1}、i_{n2}、v_{n1}、v_{n2} 等 4 个参数分别为共源场效应管本征部分的噪声电流电压参数。将式(5.144)稍加整理，写为

$$\begin{bmatrix} v_{n1} \\ v_{n2} \end{bmatrix} = \boldsymbol{Y}_{int}^{-1}\left(\begin{bmatrix} i_{n1} \\ i_{n2} \end{bmatrix} - \begin{bmatrix} i_g + i_{NG} \\ i_{ND} \end{bmatrix} - \boldsymbol{Y}_{int} \begin{bmatrix} v_f \\ 0 \end{bmatrix} \right) \tag{5.145}$$

计入寄生电阻网络得到第二层噪声表达式为

$$\begin{bmatrix} v_{n3} \\ v_{n4} \end{bmatrix} = (\boldsymbol{R}_{pkg} + \boldsymbol{Y}_{int}^{-1})\left(\begin{bmatrix} i_{n1} \\ i_{n2} \end{bmatrix} - \begin{bmatrix} i_g + i_{NG} \\ i_{ND} \end{bmatrix} - \boldsymbol{Y}_{int} \begin{bmatrix} v_f \\ 0 \end{bmatrix} \right) + \begin{bmatrix} v_{pkg1} \\ v_{pkg2} \end{bmatrix} \tag{5.146}$$

其中，v_{n3} 和 v_{n4} 分别为栅极和漏极端口的噪声电压，已经包含端口寄生电阻的噪声贡献，由于寄生电阻网络与本征部分串联，因此电流向量仍为 $[i_{n1}, i_{n2}]^T$，另外 v_{pkg1} 和 v_{pkg2} 为寄生电阻网络带来的热噪声。

将式(5.146)调整顺序，得到

$$\begin{bmatrix} i_{n1} \\ i_{n2} \end{bmatrix} - \begin{bmatrix} i_g + i_{NG} \\ i_{ND} \end{bmatrix} - \boldsymbol{Y}_{int} \begin{bmatrix} v_f \\ 0 \end{bmatrix} + (\boldsymbol{R}_{pkg} + \boldsymbol{Y}_{int}^{-1})^{-1} \begin{bmatrix} v_{pkg1} \\ v_{pkg2} \end{bmatrix} = (\boldsymbol{R}_{pkg} + \boldsymbol{Y}_{int}^{-1})^{-1} \begin{bmatrix} v_{n3} \\ v_{n4} \end{bmatrix} \tag{5.147}$$

引入焊盘寄生电容的导纳矩阵，得到

$$\begin{bmatrix} i_{n1} \\ i_{n2} \end{bmatrix} - \begin{bmatrix} i_g + i_{NG} \\ i_{ND} \end{bmatrix} - \boldsymbol{Y}_{int} \begin{bmatrix} v_f \\ 0 \end{bmatrix} + (\boldsymbol{R}_{pkg} + \boldsymbol{Y}_{int}^{-1})^{-1} \begin{bmatrix} v_{pkg1} \\ v_{pkg2} \end{bmatrix} = [\boldsymbol{Y}_{pad} + (\boldsymbol{R}_{pkg} + \boldsymbol{Y}_{int}^{-1})^{-1}] \begin{bmatrix} v_{n3} \\ v_{n4} \end{bmatrix}$$
$$\tag{5.148}$$

焊盘寄生电容不会引入噪声功率，因此式(5.148)没有出现新的噪声成分。将式(5.148)输入端和输出端的双端并联噪声电流源提取出来(见图5.16)，分别定义为

$$\begin{bmatrix} I_{n1} \\ I_{n2} \end{bmatrix} = \begin{bmatrix} i_g + i_{NG} \\ i_{ND} \end{bmatrix} + \boldsymbol{Y}_{int} \begin{bmatrix} v_f \\ 0 \end{bmatrix} - (\boldsymbol{R}_{pkg} + \boldsymbol{Y}_{int}^{-1})^{-1} \begin{bmatrix} v_{pkg1} \\ v_{pkg2} \end{bmatrix} \tag{5.149}$$

式(5.149)即为场效应管的双端噪声电流源模型，得到了器件的等效噪声电流成分，即可进一步的换算为各种噪声源结构，进而还可计算场效应管的噪声系数。

文献[26]提出了场效应管的 PRC 经验噪声模型，该模型将共源极场效应管的输入级、输出级噪声以及相关功率谱表示为 P、R、C 等三个参数，即

$$\begin{cases} \overline{i_{ND}^2} = 4kT\Delta f g_m P \\[2mm] \overline{i_{NG}^2} = 4kT\Delta f \dfrac{(2\pi f C_{gs})^2}{g_m} R \\[2mm] \overline{i_{ND}^* i_{NG}} = \mathrm{j}C\sqrt{\overline{i_{ND}^2}\, \overline{i_{NG}^2}} \end{cases} \tag{5.150}$$

P 为漏极噪声因子，R 为栅极感应因子，PRC 模型忽略栅极漏电流带来散粒噪声，栅极噪声主要以栅极感应噪声为主，其功率谱密度随频率的平方增长，C 为噪声的相关系数。P、R、C 均为无量纲参数，与半导体器件的工艺和偏置条件相关，采用 PRC 表示的场效应管共源极电路的最优噪声系数表示为[27]

$$F_{\min} = 1 + \frac{2f_T}{R_n f} \sqrt{\frac{R_s}{g_m} + \frac{1}{g_m^2} \frac{PQ(1-R^2)}{P + Q - 2R\sqrt{PQ}}} \qquad (5.151)$$

其中,R_g 为栅源寄生电阻,f_T 为场效应管的特征频率,$R_n = \dfrac{\omega_c^2}{g_m \omega^2 \sqrt{P + Q - 2R\sqrt{PQ}}}$。

5.3.2 单输入多通道系统的噪声分析

超外差接收机是高灵敏度射频接收机的基本架构,其外差变频结构将接收到的射频信号经过至少一次频谱搬移生成中频信号或基带信号,再由后端数字电路进行处理。超外差接收机相比于直接放大检波接收机具有接收动态范围大、灵敏度高、邻道选择性高的优点,其缺点是电路复杂,并且存在镜像频率、组合频率、中频干扰等问题,需要通过仔细规划频谱、合理使用滤波器等措施来解决。

对于一次下变频接收机来说,信号和其镜频频率经过变频均会落在中频频率上,工程上将这两个响应分别定义为信号响应和镜频响应。对于高本振系统来说,$f_{LO} > f_{RF}$,$f_{LO} - f_{IF}$ 为有用信号,$f_{LO} + f_{IF}$ 为镜频信号;而对于低本振系统来说,$f_{LO} < f_{RF}$,$f_{LO} + f_{IF}$ 为有用信号,$f_{LO} - f_{IF}$ 为镜频信号。虽然从物理接口上看有用信号和镜频信号均由同一个通道输入,但是在系统响应上看,信号和镜频信号具有各自独立的输入端口,也就是说射频信号到中频输出与镜频信号到中频输出是两个独立的响应。除了镜频频率以外,变频器的谐波响应以及半中频响应也可能产生中频频率成分。例如对于低本振系统,$f_{RF} = f_{LO} + f_{IF}$,那么频率为 $2f_{LO} \pm f_{IF}$ 的射频频率有可能与本振的二次谐波混频进而生成 f_{IF} 频率。对于半中频频率,即频率为 $f_{LO} \pm f_{IF}/2$ 的射频信号来说,器件的非线性会将半中频频率 $f_{IF}/2$ 倍频进而生成 f_{IF} 频率。根据电路理论,每一个可能产生中频频率的信号来源都应视为一个独立端口,每个端口都有各自的响应,需要采用增益、有效带宽以及噪声系数等参数对各路信号进行分析。由于信号和噪声从同一个端口输入,为了分析方便,将信号按频率分为多个通道,称为单输入多通道系统,也称为多响应系统。超外差接收机就是典型的多响应系统,其频谱示意图和多通道链路分析如图 5.32 所示。

多响应系统等效为多个输入端口、一个输出端口的网络,每个输入端口都会对输出的噪声功率产生贡献。如图 5.32 所示的超外差接收机具有信号通道、镜频通道、二次谐波响应以及半中频等六个信号通道,该变频电路能够将频带上六个带宽为 Δf 的通带噪声下变频至中频,因此输入的噪声为六个频段的噪声之和,即 $\sum_{i=1}^{N} kT_{Ai} \Delta f$,其中 Δf 为中频滤波器的带宽,频谱搬移示意图如图 5.33(a) 所示。多通道变频系统只有一路响应为有用信号,因此输入端的信噪比表示为

$$\left(\frac{S}{N}\right)_{in} = \frac{|s_1|^2}{\sum_{i=1}^{N} kT_{Ai} \Delta f} \qquad (5.152)$$

(a) 超外差变频接收机基本结构

(b) 可能通过变频进入中频的各路信号

(c) 超外差接收机的等效多端口网络

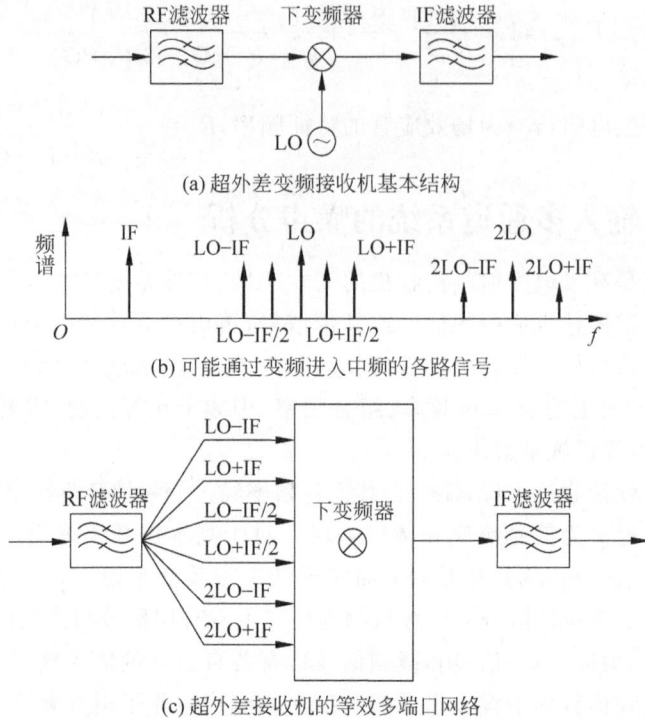

图 5.32 超外差接收机结构和相关频谱示意图

其中,T_{Ai} 为第 i 通道的等效输入噪声温度,s_1 为有用信号。当信号输入端接物理温度为 T_0 的匹配负载时,每个通道贡献的噪声功率值均为 $kT_0\Delta f$,因此输入端的总噪声功率为 $NkT_0\Delta f$。信号经多通道变频系统各通道链路增益放大后,输出信噪比表示为

$$\left(\frac{S}{N}\right)_{\text{out}} = \frac{G_1\,|s_1|^2}{\sum_{i=1}^{N} kG_i(T_{Ai} + T_{ei})\Delta f} \tag{5.153}$$

其中,G_i 为各通道增益,T_{ei} 为各通道等效噪声温度。当各通道的增益和噪声温度都相等时,系统的噪声系数为 $F = \left(\dfrac{S}{N}\right)_{\text{in}} \Big/ \left(\dfrac{S}{N}\right)_{\text{out}} = \dfrac{T_A + T_e}{T_A}$。

如果多响应系统采用以下措施,将能够抑制有用信号以外的通道噪声贡献。

(1) 确保变频器工作在线性区,此时半中频和谐波变频通道的增益将远远小于有用信号通道的增益,由于增益极低,这些通道对输出端的噪声功率贡献极小;

(2) 在变频器前端(即射频输入端)插入窄带带通滤波器,有效消除有用信号频带以外通道的输入噪声功率,如图 5.33(b)所示,使得有用信号以外通路的输入噪声温度 T_{Ai} 近似为 0K,这样极大的抑制了其他通道的噪声功率贡献;

(3) 采用镜像抑制变频器结构,使得镜频通道的增益远小于主通道增益,进一步抑制镜

像通道的噪声贡献。

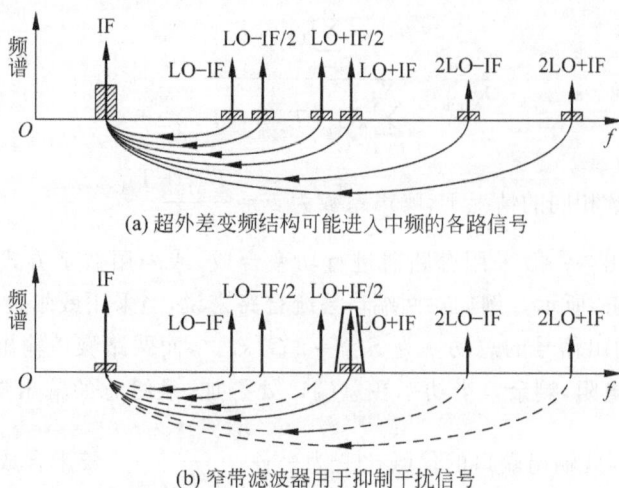

(a) 超外差变频结构可能进入中频的各路信号

(b) 窄带滤波器用于抑制干扰信号

图 5.33 一次变频接收机的多路频谱搬移图示

采取以上措施可消除半中频、谐波变频通道以及镜频通道带来的额外噪声,最终输入端的噪声功率仅有 $f_{\mathrm{LO}} + f_{\mathrm{IF}}$ 频段的热噪声,多响应系统的输入信噪比和输出信噪比分别表示为

$$\begin{cases} \left(\dfrac{S}{N}\right)_{\mathrm{in}} = \dfrac{|s_1|^2}{kT_{\mathrm{A1}}\Delta f} \\[4mm] \left(\dfrac{S}{N}\right)_{\mathrm{out}} = \dfrac{|s_1|^2}{k(T_{\mathrm{A1}} + T_{\mathrm{e1}})\Delta f} \end{cases} \tag{5.154}$$

可见输入和输出信噪比均有极大的改善,这对于信号的接收、估计和检波有重要意义,意味着系统具有更高的灵敏度和动态范围。但根据噪声系数定义,系统噪声系数仍为 $F = \dfrac{T_{\mathrm{A1}} + T_{\mathrm{e1}}}{T_{\mathrm{A1}}}$,无论是否采取前置滤波等措施,噪声系数没有变化,可见在多响应系统中使用噪声系数不能够衡量系统的优劣,这也是噪声系数的不足之处。

5.3.3 多输入射频系统的噪声分析

相对于单输入多响应系统,多输入系统具有多个有用信号输入端口,如图 5.34(a)所示。端口输入的信号总功率为各路信号功率之和,输入的总噪声功率也为各路噪声功率之和,因此输入信噪比表示为

$$\frac{S_{\mathrm{in}}}{N_{\mathrm{in}}} = \frac{\sum\limits_{i=1}^{N} |s_i|^2}{\sum\limits_{i=1}^{N} k\Delta f T_{\mathrm{A}i}} \tag{5.155}$$

多路输入的信号经过射频系统处理,输出信噪比为

$$\frac{S_{\text{out}}}{N_{\text{out}}} = \frac{\sum\limits_{i=1}^{N} G_i \, |s_i|^2}{\sum\limits_{i=1}^{N} k G_i (T_{Ai} + T_{ei}) \Delta f} \tag{5.156}$$

各路增益和噪声参数相同的情况下,噪声系数为 $F = \dfrac{T_{A1} + T_{e1}}{T_{A1}}$。

多端口系统输出端一般采用合路器进行功率合成,或采用数字方式进行相干叠加,如图 5.34(b) 和 5.34(c) 所示。例如对两端口系统合路来说,当采用威尔金森合路器进行等功率等相位合成时,输出信号的总功率为 $S_{\text{out}} = 2G|s_1|^2$,而两路噪声输出由于互不相关,一半功率消耗于隔离电阻,剩余一半功率在总端口处叠加,最终总的输出噪声功率为 $N_{\text{out}} = kG(T_A + T_e)\Delta f$,因此输出端口的信噪比变为 $\dfrac{2|s_1|^2}{k(T_A + T_e)\Delta f}$,较未合成之前提高 2 倍,同理,$N$ 端口系统相干合成后输出信噪比提升 N 倍。数字方式相干合成方法采用 AD 转换将模拟电压转换为数字信号,再对数字信号进行叠加,N 路有用信号的电压叠加后幅度变为单路的 N 倍,而噪声叠加后幅度仅变为单路的 $\sqrt{N}$ 倍,换算为信噪比,数字相干叠加信噪比也提升至原值的 N 倍。

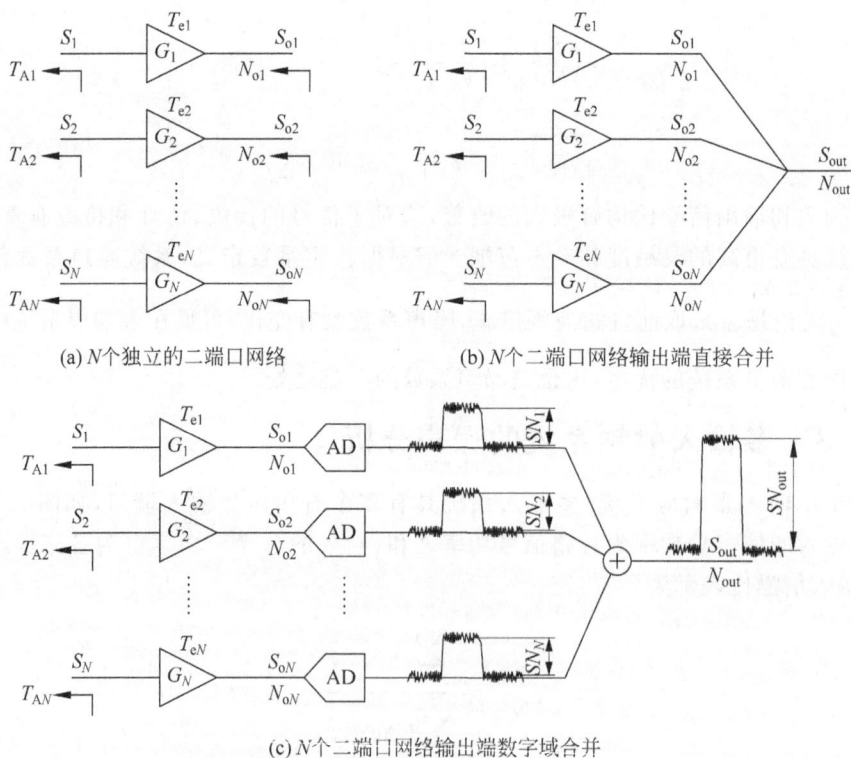

(a) N 个独立的二端口网络   (b) N 个二端口网络输出端直接合并

(c) N 个二端口网络输出端数字域合并

图 5.34 多输入系统噪声分析示意图

5.4 有源二端口器件的网络噪声分析

本节从二端口网络的 ABCD 参数开始,将网络噪声抽象为噪声电压源或噪声电流源,并将其串联或并联于端口,以该模型分析二端口网络的噪声性能,见5.4.1节。5.4.2节将介绍有源二端口网络的 Vn-In 模型,Vn-In 模型为标准的噪声模型,以此可推导二端口网络的最佳噪声匹配条件以及可达到的最低噪声。

5.4.1 噪声模型的等效推导

射频放大器等元器件和电路模块均属于二端口网络,采用网络矩阵参数来描述电路的线性响应。为方便电路噪声性能的分析与计算,将网络内部噪声源抽象提取出来,作为集总噪声电压源和噪声电流源放置于网络外部,而将原网络视为理想的无噪声网络。提取出的噪声电压源和噪声电流源可放置于二端口网络的输入或输出端口,根据噪声源性质并联或串联于端口处,各种电路拓扑可以互相转换。

如图 5.35(a)所示,噪声电压源串联于网络输出端,则有 $v_3 = v_2 + v_N$,$i_3 = i_2$,参考点 1 与 2 之间的传输网络表示为

$$\begin{bmatrix} v_1 \\ i_1 \end{bmatrix} = \begin{bmatrix} A & B \\ C & D \end{bmatrix} \begin{bmatrix} v_2 \\ i_2 \end{bmatrix} \tag{5.157}$$

替换为参量 v_3 和 i_3 有

$$\begin{bmatrix} v_1 \\ i_1 \end{bmatrix} = \begin{bmatrix} A & B \\ C & D \end{bmatrix} \begin{bmatrix} v_3 - v_N \\ i_3 \end{bmatrix} \tag{5.158}$$

将 v_N 项提前到网络输入端有

$$\begin{bmatrix} v_1 + Av_N \\ i_1 + Cv_N \end{bmatrix} = \begin{bmatrix} A & B \\ C & D \end{bmatrix} \begin{bmatrix} v_3 \\ i_3 \end{bmatrix} \tag{5.159}$$

相当于在输入端增加串联电压源 Av_N 和并联电流源 Cv_N,等效噪声网络如图 5.35(b)所示。若定义 $v_0 = v_1 + Av_N$,$i_0 = i_1 + Cv_N$,则有 $\begin{bmatrix} v_0 \\ i_0 \end{bmatrix} = \begin{bmatrix} A & B \\ C & D \end{bmatrix} \begin{bmatrix} v_3 \\ i_3 \end{bmatrix}$。

同理如图 5.35(c)所示,噪声电流源并联于网络输出端,有 $v_3 = v_2$,$i_3 = i_2 - i_N$,将式(5.157)中的 v_2 和 i_2 替换为 v_3 和 i_3 的表达式,则有

$$\begin{bmatrix} v_1 \\ i_1 \end{bmatrix} = \begin{bmatrix} A & B \\ C & D \end{bmatrix} \begin{bmatrix} v_3 \\ i_3 + i_N \end{bmatrix} \tag{5.160}$$

将 i_N 项提前到网络输入端有

$$\begin{bmatrix} v_1 - Bi_N \\ i_1 - Di_N \end{bmatrix} = \begin{bmatrix} A & B \\ C & D \end{bmatrix} \begin{bmatrix} v_3 \\ i_3 \end{bmatrix} \tag{5.161}$$

(a) 噪声电压源串联于网络输出端

(b) 等效于网络输入端噪声源的噪声模型

(c) 噪声电流源并联于网络输出端

(d) 等效于网络输入端噪声源的噪声模型

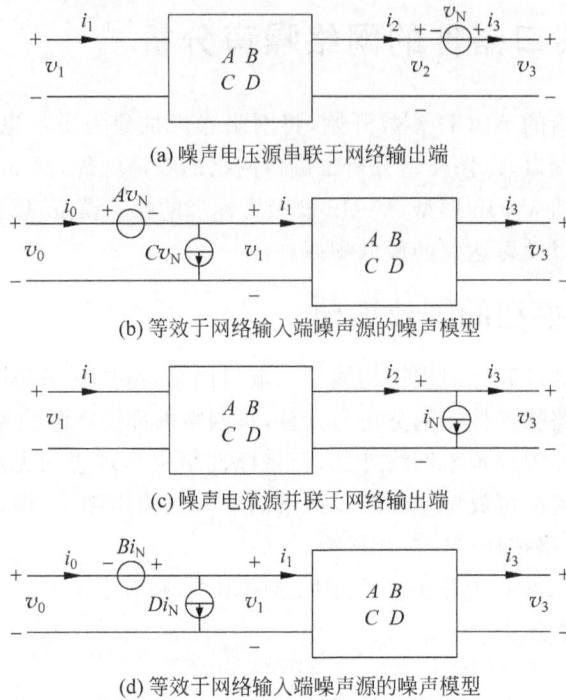

图 5.35　输出端单噪声源的等效

相当于在输入端增加串联电压源 Bi_N 和并联电流源 Di_N。因此噪声等效电路如图 5.35(d) 所示。若定义 $v_0 = v_1 - Bi_N, i_0 = i_1 - Di_N$，则同样有 $\begin{bmatrix} v_0 \\ i_0 \end{bmatrix} = \begin{bmatrix} A & B \\ C & D \end{bmatrix} \begin{bmatrix} v_3 \\ i_3 \end{bmatrix}$。

更一般地，若输出端同时存在噪声电压源和噪声电流源，如图 5.36(a) 所示，有 $v_3 = v_2 + v_N, i_3 = i_2 - i_N$，将式(5.157)中的 v_2 和 i_2 替换为 v_3 和 i_3 有

$$\begin{bmatrix} v_1 \\ i_1 \end{bmatrix} = \begin{bmatrix} A & B \\ C & D \end{bmatrix} \begin{bmatrix} v_3 - v_N \\ i_3 + i_N \end{bmatrix} \tag{5.162}$$

将噪声项提前到网络输入端有

$$\begin{bmatrix} v_1 + Av_N - Bi_N \\ i_1 + Cv_N - Di_N \end{bmatrix} = \begin{bmatrix} A & B \\ C & D \end{bmatrix} \begin{bmatrix} v_3 \\ i_3 \end{bmatrix} \tag{5.163}$$

相当于在输入端增加串联电压源 $Av_N - Bi_N$ 和并联电流源 $Cv_N - Di_N$。因此噪声等效电路如图 5.36(b) 所示。若定义 $v_0 = v_1 + Av_N - Bi_N, i_0 = Cv_N - Di_N$，则同样有 $\begin{bmatrix} v_0 \\ i_0 \end{bmatrix} = \begin{bmatrix} A & B \\ C & D \end{bmatrix} \begin{bmatrix} v_3 \\ i_3 \end{bmatrix}$。

(a) 噪声源在输出端的噪声模型

(b) 噪声源在输入端的噪声模型

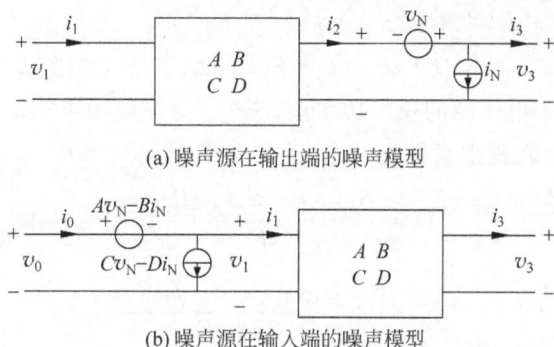

图 5.36　输出端双噪声源的等效

5.4.2　有源二端口网络的噪声等效电路

对于双端口网络来说,三种常用的噪声等效电路如图 5.37 所示,第一种等效电路将抽象出的噪声电压源和噪声电流源放置于二端口网络的输入端,该等效电路适合分析有源放大器器件等二端口电路;第二种等效电路将两个噪声电压源分别串接于网络的输入和输出端口;第三种等效电路将两个噪声电流源分别并联于网络的输入和输出端口。三种噪声等效电路相互等价,也可相互转换,5.4.1 节已经介绍了等效电路模型间转换的基本方法。

第一种噪声等效电路是由 H. Rothe 和 W. Dahlke 提出的有源二端口网络的 $v_N - i_N$ 噪声模型[1],如图 5.37(a)所示,将半导体器件的噪声抽象为噪声电压源和噪声电流源,电压源串接于输入端,电流源并接于输入端。$v_N - i_N$ 噪声模型可直接在输入端计算电路的噪声系数而无须考虑有源器件传输函数以及增益等因素,下面将就两个噪声源在不相关和部分相关情况对噪声性能进行分析。

(a) 有源二端口网络的 v_N-i_N 噪声模型

(b) 两端串联电压源形式的噪声模型

1. 噪声电压源和电流源互不相关的情况

有源器件的 $v_N - i_N$ 噪声模型中的等效噪声电压源和电流源可以相互转换,例如当器件源阻抗为 R_s 时,将噪声电流源转化为噪声电压源,即 $v_{iN} = R_s i_N$,功率谱关系为 $\overline{v_{iN}^2(f)} = \overline{i_N^2} R_s^2$。$v_N - i_N$ 噪声模型的噪声电压源和噪声电流源互不相关,v_N 和 v_{iN} 也互不相关,两者功率谱可以直接相加,即 $\overline{v_N^2(f)} + \overline{i_N^2} R_s^2$,那么输入端总的等效噪声功率为

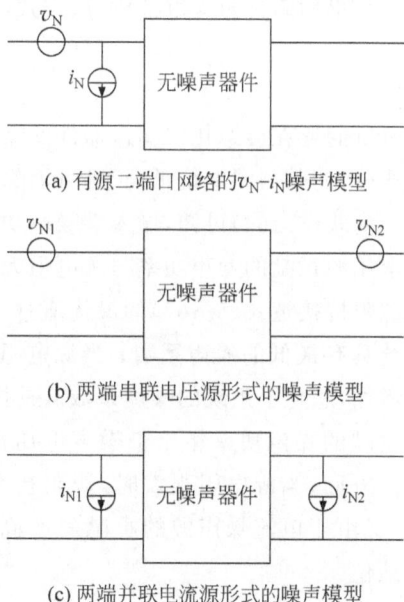

(c) 两端并联电流源形式的噪声模型

图 5.37　有源二端口的噪声等效电路

$$\overline{v_{\text{in}}^2(f)} = \overline{v_{\text{s}}^2(f)} + \overline{v_{\text{N}}^2(f)} + \overline{i_{\text{N}}^2} R_{\text{s}}^2$$

$$= 4kT_0 R_{\text{s}} \Delta f + S_v(f) \Delta f + S_i(f) R_{\text{s}}^2 \Delta f \tag{5.164}$$

其中,$S_v(f)$ 为等效噪声电压源的噪声功率谱,$S_i(f)$ 为等效噪声电流源的噪声功率谱。有源器件的等效噪声温度和噪声系数表示为

$$T_e = \frac{S_v(f) + S_i(f) R_{\text{s}}^2}{4kR_{\text{s}}} \tag{5.165}$$

$$F = 1 + \frac{S_v(f) + S_i(f) R_{\text{s}}^2}{4kT_0 R_{\text{s}}} \tag{5.166}$$

由式(5.165)和式(5.166)可见,器件的等效噪声温度和噪声系数是源阻抗的函数。对 R_{s} 求导数并令其等于 0 可得噪声系数取得极值的条件,即

$$R_{\text{s\_min}} = \sqrt{\frac{S_v(f)}{S_i(f)}} \tag{5.167}$$

此时最优的噪声系数为

$$F_{\min} = 1 + \frac{\sqrt{S_v(f) S_i(f)}}{2kT_0 \Delta f} \tag{5.168}$$

当 R_{s} 偏离 $R_{\text{s\_min}}$ 时,噪声系数可写为

$$F = 1 + \frac{F_{\min} - 1}{2} \left(\frac{R_{\text{s}}}{R_{\text{s\_min}}} + \frac{R_{\text{s\_min}}}{R_{\text{s}}} \right) \tag{5.169}$$

如果源阻抗包含电抗成分,则式(5.166)需要改写为

$$F = 1 + \frac{S_v(f) + S_i(f)(R_{\text{s}}^2 + X_{\text{s}}^2)}{4kT_0 R_{\text{s}}} \tag{5.170}$$

源电抗的存在会恶化二端口器件的噪声系数,但若在器件输入端的匹配电路中插入共轭电抗成分,使其与源电抗抵消,则可消除由于源阻抗的电抗成分带来的噪声系数恶化。

由式(5.164)可知,输入端噪声功率各成分中源阻抗噪声功率与源电阻 R_{s} 成正比,噪声电压源贡献的噪声功率与源电阻无关,噪声电流贡献的噪声功率与源电阻的平方呈正比。当源阻抗接近式(5.167)的最优值时,噪声电压源和电流源贡献的噪声功率相比最小,此时系统具有最低的噪声系数;当源电阻偏离最优值时,噪声电压源和电流源最输出的噪声贡献增加,恶化了系统的噪声系数。具体情况分析如下:当源电阻较低时,源阻抗和电流噪声源贡献的噪声功率相比于噪声电压源均较小,此时噪声电压源占噪声功率的主要部分;另一方面,当源电阻很大时,源阻抗和电流噪声源贡献的噪声功率超过电压噪声源的贡献,又由于电流噪声源的贡献斜率高于源电阻贡献,此时输出噪声由噪声电流源占据主要地位。

低频运算放大器是典型的高阻抗放大器,输入端阻抗很大,其噪声源的特征是噪声电压幅度较大、噪声电流幅度较小,最优的源阻抗数值较大。射频放大器的输入阻抗一般为

50Ω，良好设计的射频放大器器件具有噪声电压幅度较小、噪声电流幅度较大的特征，最优的源阻抗数值较低，在几十欧姆量级。图 5.38 和图 5.39 分别为低频运算放大器和射频放大器的输入端总噪声和各噪声成分随源阻抗的变化曲线。

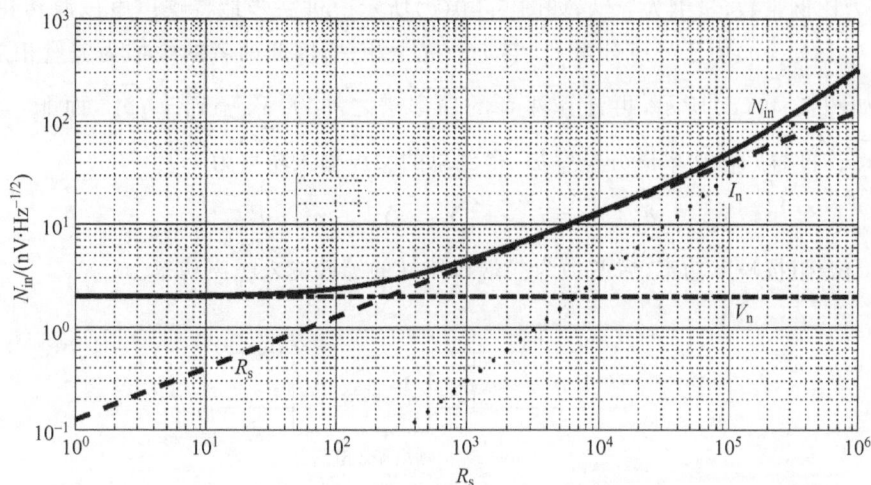

图 5.38　低频运算放大器输入端总噪声和各噪声成分随源阻抗的变化曲线

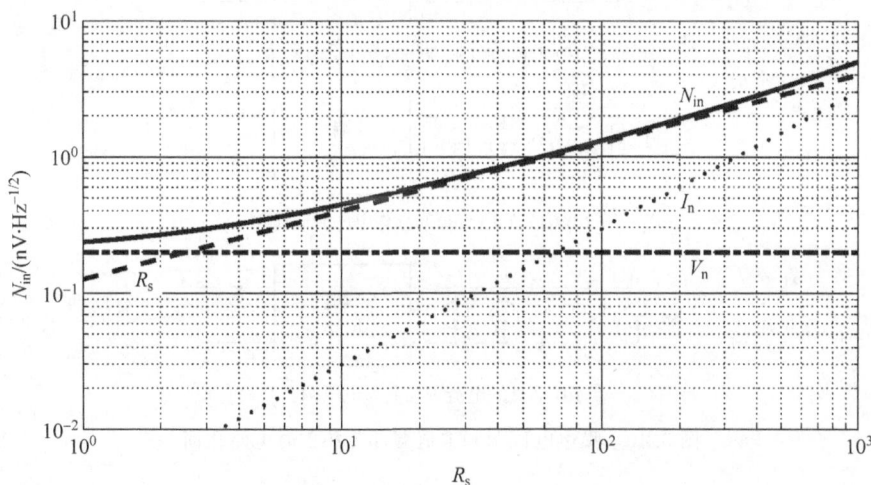

图 5.39　射频放大器输入端总噪声和各噪声成分随源阻抗的变化曲线

2. 噪声电压源和电流源部分相关的情况

射频放大器的电压电流噪声源具有一定的相关性，总噪声叠加公式(5.164)不再成立。为了计算输入总噪声功率，首先将噪声电流源分为两部分：i_{NC} 和 i_{NU}。其中，i_{NC} 为与噪声电压源完全相关部分，i_{NU} 为与噪声电压源不相关部分，如图 5.40(b)所示，即

$$i_N = i_{NC} + i_{NU} \tag{5.171}$$

由于 v_N 与 i_{NC} 完全相关，两者成比例关系，具体表示为

$$i_{NC} = Y_C v_N \tag{5.172}$$

其中 Y_C 为比例系数，量纲为导纳，如图 5.40(c)所示。进一步地将噪声电压源转化为电流形式，即 $i_{vs} = Y_S v_N$，由于噪声分量 i_{vs} 与 i_{NC} 完全相关，因此两者的叠加为矢量相加 $(Y_S + Y_C)v_N$，如图 5.40(d)所示，再计算两者的功率谱之和为 $|Y_S + Y_C|^2 \overline{v_N^2}$，而非 $(|Y_S|^2 + |Y_C|^2)\overline{v_N^2}$。再与 i_{NU} 功率谱分量叠加，得到总的噪声输入功率为

$$\overline{v_{in}^2(f)} = \overline{i_{SN}^2} + |Y_S + Y_C|^2 \overline{v_N^2} + \overline{i_{NU}^2} \tag{5.173}$$

其中 $\overline{i_{SN}^2}$ 为源阻抗噪声功率，后两项为二端口器件的等效输入噪声功率。

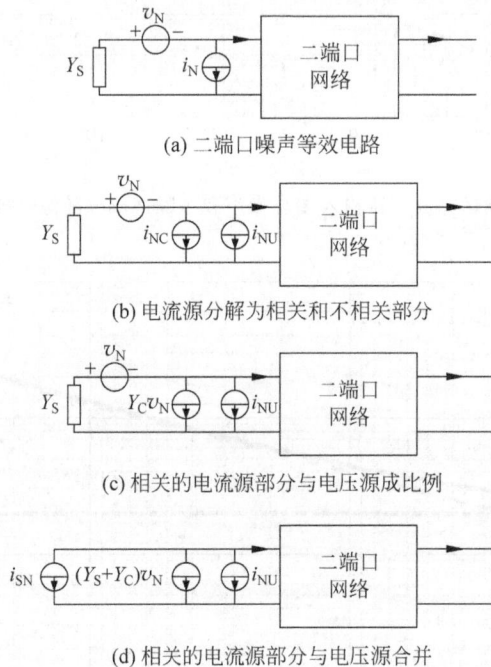

(a) 二端口噪声等效电路

(b) 电流源分解为相关和不相关部分

(c) 相关的电流源部分与电压源成比例

(d) 相关的电流源部分与电压源合并

图 5.40 噪声电压源和电流源部分相关时电路化简

根据定义，噪声系数表示为

$$F = 1 + \frac{|Y_S + Y_C|^2 \overline{v_N^2} + \overline{i_{NU}^2}}{\overline{i_{SN}^2}} \tag{5.174}$$

为了分析式(5.174)实现最小值的条件，引入 3 个参数 R_n、G_u、G_S，有以下关系 $\overline{v_N^2} = 4kT_0 R_n \Delta f$，$\overline{i_{NU}^2} = 4kT_0 G_u \Delta f$，$\overline{i_{SN}^2} = 4kT\mathrm{Re}(Y_S)\Delta f = 4kTG_S \Delta f$，代入式(5.174)简化可得

$$F = 1 + \frac{|Y_S + Y_C|^2 R_n + G_U}{G_S} = 1 + \frac{[(G_S + G_C)^2 + (B_S + B_C)^2] R_n + G_U}{G_S} \quad (5.175)$$

其中,G_S、B_S 分别为 Y_S 的实部和虚部,G_C、B_C 分别为 Y_C 的实部和虚部。式(5.175)对 G_S 和 B_S 求偏微分并令其等于 0 得到式(5.175)取得极值的条件为

$$\begin{cases} G_{opt} = \sqrt{G_C^2 + \dfrac{G_U}{R_n}} \\[2mm] B_{opt} = -B_C \end{cases} \quad (5.176)$$

当源阻抗 $Y_S = G_{opt} + jB_{opt}$ 时,电路处于噪声最佳匹配,此时最优的噪声系数为

$$F_{min} = 1 + 2R_n(G_{opt} + G_C) \quad (5.177)$$

考虑到 $G_C = \sqrt{G_{opt}^2 - \dfrac{G_U}{R_n}}$ 以及 $B_C = -B_{opt}$,当 Y_S 偏离 $Y_{opt} = G_{opt} + jB_{opt}$ 时,式(5.174)可写为

$$
\begin{aligned}
F &= 1 + R_n \frac{(G_S + G_C)^2 + (B_S + B_C)^2 + \dfrac{G_U}{R_n}}{G_S} \\[3mm]
&= 1 + R_n \frac{G_S^2 + 2G_S G_C + G_C^2 + \dfrac{G_U}{R_n} + (B_S - B_{opt})^2}{G_S} \\[3mm]
&= 1 + R_n \frac{G_S^2 + 2G_S G_C + G_{opt}^2 + (B_S - B_{opt})^2}{G_S} \\[3mm]
&= 1 + R_n \left[\frac{G_S^2 - 2G_S G_{opt} + G_{opt}^2 + (B_S - B_{opt})^2}{G_S} + \frac{2G_S G_{opt} + 2G_S G_C}{G_S} \right] \\[3mm]
&= 1 + 2R_n(G_{opt} + G_C) + R_n \frac{(G_S - G_{opt})^2 + (B_S - B_{opt})^2}{G_S} \\[3mm]
&= F_{min} + R_n \frac{|Y_S - Y_{opt}|^2}{G_S}
\end{aligned}
\quad (5.178)
$$

由此可见二端口器件的噪声系数由 F_{min}、R_n、G_{opt}、B_{opt} 等 4 个参数即可完整描述。同理,也可设定一组对偶参数 F_{min}、G_n、R_{opt}、X_{opt} 等描述噪声系数,各参数定义如下

$$\begin{cases} G_S = R_S(G_S^2 + B_S^2) \\ G_n = R_n(G_{opt}^2 + B_{opt}^2) \\ R_{opt} = G_{opt}/|Y_{opt}|^2 \\ X_{opt} = -B_{opt}/|Y_{opt}|^2 \end{cases} \quad (5.179)$$

将式(5.178)中各参数替换为 G_n、R_{opt}、X_{opt},得到噪声系数的对偶表达式为

$$F = F_{\min} + R_n \frac{|Y_S - Y_{opt}|^2}{G_S} = F_{\min} + R_n \frac{\left|\dfrac{1}{Z_S} - \dfrac{1}{Z_{opt}}\right|^2}{G_S}$$

$$= F_{\min} + R_n \frac{|Z_S - Z_{opt}|^2}{G_S |Z_S|^2 |Z_{opt}|^2}$$

$$= F_{\min} + G_n \frac{|Z_S - Z_{opt}|^2}{R_S} \qquad (5.180)$$

还可将噪声系数写为端口匹配状态的函数,分别定义源反射系数 Γ_S 和最优源反射系数 Γ_{S_opt} 为

$$\begin{cases} \Gamma_S = \dfrac{Y_0 - Y_S}{Y_0 + Y_S} = \dfrac{-Z_0 + Z_S}{Z_0 + Z_S} \\[4mm] \Gamma_{opt} = \dfrac{Y_0 - Y_{opt}}{Y_0 + Y_{opt}} = \dfrac{-Z_0 + Z_{opt}}{Z_0 + Z_{opt}} \end{cases} \qquad (5.181)$$

其中,Z_0 和 Y_0 分别为系统的特征阻抗和特征导纳。将式(5.181)的等效表达式 $Y_S = Y_0(1-\Gamma_S)/(1+\Gamma_S)$ 以及 $Y_{opt} = Y_0(1-\Gamma_{opt})/(1+\Gamma_{opt})$ 代入式(5.178),最终得到以反射系数为参数的噪声系数表达式为

$$F = F_{\min} + R_n \frac{|Y_S - Y_{opt}|^2}{G_S} = F_{\min} + \frac{R_n}{G_S} Y_0^2 \left|\frac{1-\Gamma_S}{1+\Gamma_S} - \frac{1-\Gamma_{opt}}{1+\Gamma_{opt}}\right|^2$$

$$= F_{\min} + \frac{4R_n}{G_S} Y_0^2 \left|\frac{\Gamma_S - \Gamma_{opt}}{(1+\Gamma_S)(1+\Gamma_{opt})}\right|^2$$

$$= F_{\min} + \frac{4R_n}{Z_0} \frac{|\Gamma_S - \Gamma_{opt}|^2}{|1+\Gamma_{opt}|^2 |1+\Gamma_S|^2 Z_0 G_S}$$

$$= F_{\min} + \frac{4R_n}{Z_0} \frac{|\Gamma_S - \Gamma_{opt}|^2}{|1+\Gamma_{opt}|^2 \dfrac{4Y_0 G_S}{|Y_0 + Y_S|^2}}$$

$$= F_{\min} + \frac{4R_n}{Z_0} \frac{|\Gamma_S - \Gamma_{opt}|^2}{|1+\Gamma_{opt}|^2 \left(1 - \dfrac{|Y_0 - Y_S|^2}{|Y_0 + Y_S|^2}\right)}$$

$$= F_{\min} + \frac{4R_n}{Z_0} \frac{|\Gamma_S - \Gamma_{opt}|^2}{|1+\Gamma_{opt}|^2 (1-|\Gamma_S|^2)} \qquad (5.182)$$

3. 双端噪声电压源模型的噪声系数分析

双端噪声电压源模型如图 5.41 所示,二端口宜采用阻抗网络描述,且将原网络视为无噪声电路。源阻抗为 Z_S,负载阻抗为 Z_L。根据噪声模型的阻抗矩阵定义有

$$\begin{bmatrix} v_1 \\ v_2 \end{bmatrix} = \boldsymbol{Z} \begin{bmatrix} i_1 \\ i_2 \end{bmatrix} + \begin{bmatrix} v_{NS} + v_{N1} \\ v_{N2} \end{bmatrix} \tag{5.183}$$

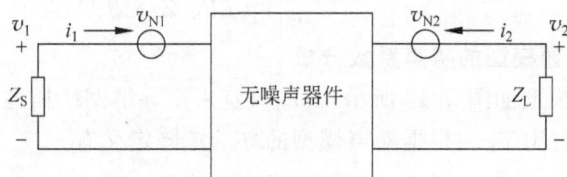

图 5.41 双端噪声电压源模型

其中，v_{NS} 为源阻抗热噪声，v_{N1} 和 v_{N2} 分别为等效在输入端输出端的噪声电压源。根据图 5.41 所示电流方向，输入和输出端电流电压与源阻抗和负载阻抗关系为 $v_1 = -Z_S i_1$，$v_2 = -Z_L i_2$，写出矩阵形式为

$$\begin{bmatrix} v_1 \\ v_2 \end{bmatrix} = \begin{bmatrix} -Z_S & 0 \\ 0 & -Z_L \end{bmatrix} \begin{bmatrix} i_1 \\ i_2 \end{bmatrix} \tag{5.184}$$

结合式(5.183)和式(5.184)，端口电流可以写为

$$\begin{bmatrix} i_1 \\ i_2 \end{bmatrix} = -\boldsymbol{Z}_{SL}^{-1} \begin{bmatrix} v_{NS} + v_{N1} \\ v_{N2} \end{bmatrix} \tag{5.185}$$

其中，$\boldsymbol{Z}_{SL} = \boldsymbol{Z} + \begin{bmatrix} Z_S & 0 \\ 0 & Z_L \end{bmatrix}$，矩阵求逆，得到二端口的噪声电流表达式为

$$i_2 = \frac{Z_{21}}{\det(\boldsymbol{Z}_{SL})}(v_{NS} + v_{N1}) - \frac{Z_{11} + Z_S}{\det(\boldsymbol{Z}_{SL})} v_{N2} \tag{5.186}$$

考虑到 v_{NS} 与 v_{N1}、v_{N2} 来源不同，因此不相关，但由于 v_{N1} 和 v_{N2} 来源于同一网络，因此两者具有一定相关性。计算式(5.186)的功率谱[27]，得到

$$\overline{i_2^2} = \overline{\left| \frac{Z_{21}}{\det(\boldsymbol{Z}_{SL})}(v_{NS} + v_{N1}) - \frac{Z_{11} + Z_S}{\det(\boldsymbol{Z}_{SL})} v_{N2} \right|^2}$$

$$= \left| \frac{Z_{21}}{\det(\boldsymbol{Z}_{SL})} \right|^2 \overline{v_{NS}^2} + \left| \frac{1}{\det(\boldsymbol{Z}_{SL})} \right|^2 \overline{| Z_{21} v_{N1} - (Z_{11} + Z_S) v_{N2} |^2}$$

$$= \frac{1}{| \det(\boldsymbol{Z}_{SL}) |^2} \{ | Z_{21} |^2 4kT\mathrm{Re}(Z_S)\Delta f + | Z_{21} |^2 \overline{v_{N1}^2} + | Z_{11} + Z_S |^2 \overline{v_{N2}^2} -$$

$$2\mathrm{Re}[Z_{21}^*(Z_{11} + Z_S)\overline{v_{N1}^* v_{N2}}] \} \tag{5.187}$$

其中，$\overline{v_{N1}^2}$ 和 $\overline{v_{N2}^2}$ 为输入端和输出端噪声电流源的功率谱，$\overline{v_{N1}^* v_{N2}}$ 为噪声电流源的互功率谱。若二端口网络为零噪声网络，则式(5.187)简化为

$$\overline{i_{20}^2} = \frac{1}{| \det(\boldsymbol{Z}_{SL}) |^2} \cdot | Z_{21} |^2 4kT\mathrm{Re}(Z_S)\Delta f \tag{5.188}$$

式(5.188)即为来自源阻抗的噪声输出,因此该二端口网络噪声系数表示为

$$F = \frac{\overline{i_2^2}}{\overline{i_{20}^2}} = 1 + \frac{|Z_{21}|^2 \overline{v_{N1}^2} + |Z_{11} + Z_S|^2 \overline{v_{N2}^2} - 2\mathrm{Re}[Z_{21}^*(Z_{11} + Z_S)\overline{v_{N1}^* v_{N2}}]}{|Z_{21}|^2 4kT\mathrm{Re}(Z_S)\Delta f} \quad (5.189)$$

4. 双端噪声电流源模型的噪声系数分析

双端噪声电流源模型如图 5.42 所示,二端口宜采用导纳网络描述,且视为无噪声电路。源阻抗为 Y_S,负载阻抗为 Y_L。根据噪声模型的导纳矩阵定义有

$$\begin{bmatrix} i_1 \\ i_2 \end{bmatrix} = \boldsymbol{Y} \begin{bmatrix} v_1 \\ v_2 \end{bmatrix} + \begin{bmatrix} i_{NS} + i_{N1} \\ i_{N2} \end{bmatrix} \quad (5.190)$$

其中 i_{NS} 为源阻抗热噪声。根据图 5.42 所示电流方向,输入端和输出端的电流电压参数与源阻抗和负载阻抗关系为 $i_1 = -Y_S v_1$,$i_2 = -Y_L v_2$,写出矩阵形式为

$$\begin{bmatrix} i_1 \\ i_2 \end{bmatrix} = \begin{bmatrix} -Y_S & 0 \\ 0 & -Y_L \end{bmatrix} \begin{bmatrix} v_1 \\ v_2 \end{bmatrix} \quad (5.191)$$

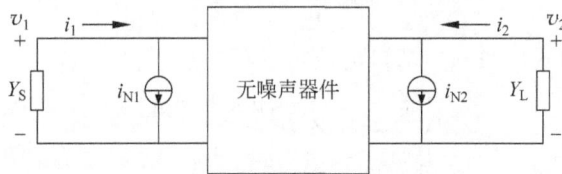

图 5.42 双端噪声电流源模型

结合式(5.190)和式(5.191),端口电压可以写为

$$\begin{bmatrix} v_1 \\ v_2 \end{bmatrix} = -\boldsymbol{Y}_{SL}^{-1} \begin{bmatrix} i_{NS} + i_{N1} \\ i_{N2} \end{bmatrix} \quad (5.192)$$

其中 $\boldsymbol{Y}_{SL} = \boldsymbol{Y} + \begin{bmatrix} Y_S & 0 \\ 0 & Y_L \end{bmatrix}$,矩阵求逆,得到二端口的噪声电压表达式为

$$v_2 = \frac{Y_{21}}{\det(\boldsymbol{Y}_{SL})}(i_{NS} + i_{N1}) - \frac{Y_{11} + Y_S}{\det(\boldsymbol{Y}_{SL})} i_{N2} \quad (5.193)$$

源负载噪声源 i_{NS} 与有噪器件的噪声 i_{N1}、i_{N2} 来源不同,因此不相关。噪声器件的内部噪声源 i_{N1} 和 i_{N2} 来源于同一网络,因此具有一定相关性。计算式(5.193)的功率谱[27],得到

$$\overline{v_2^2} = \overline{\left| \frac{Y_{21}}{\det(\boldsymbol{Y}_{SL})}(i_{NS} + i_{N1}) - \frac{Y_{11} + Y_S}{\det(\boldsymbol{Y}_{SL})} i_{N2} \right|^2}$$

$$= \left| \frac{Y_{21}}{\det(\boldsymbol{Y}_{SL})} \right|^2 \overline{i_{NS}^2} + \left| \frac{1}{\det(\boldsymbol{Y}_{SL})} \right|^2 \overline{|Y_{21} i_{N1} - (Y_{11} + Y_S) i_{N2}|^2}$$

$$= \frac{1}{|\det(\boldsymbol{Y}_{SL})|^2} \{ |Y_{21}|^2 4kT\mathrm{Re}(Y_S)\Delta f + |Y_{21}|^2 \overline{i_{N1}^2} + |Y_{11} + Y_S|^2 \overline{i_{N2}^2} -$$

$$2\mathrm{Re}[Y_{21}^*(Y_{11}+Y_\mathrm{S})\overline{i_\mathrm{N1}^*i_\mathrm{N2}}]\}\tag{5.194}$$

其中,$\overline{i_\mathrm{N1}^2}$ 和 $\overline{i_\mathrm{N2}^2}$ 分别为器件的抽象电流源的功率谱,$\overline{i_\mathrm{N1}^*i_\mathrm{N2}}$ 为两个噪声电流源的互功率谱。若二端口网络为零噪声网络,则式(5.194)简化为

$$\overline{v_{20}^2}=\frac{1}{|\det(\boldsymbol{Y}_\mathrm{SL})|^2}\,|\,Y_{21}\,|^2\,4kT\mathrm{Re}(Y_\mathrm{S})\Delta f\tag{5.195}$$

式(5.195)即为源阻抗噪声经过二端口噪声器件后的噪声电压输出,该二端口噪声器件的噪声系数表示为

$$F=\frac{\overline{v_2^2}}{\overline{v_{20}^2}}=1+\frac{|\,Y_{21}\,|^2\overline{i_\mathrm{N1}^2}+|\,Y_{11}+Y_\mathrm{S}\,|^2\overline{i_\mathrm{N2}^2}-2\mathrm{Re}[Y_{21}^*(Y_{11}+Y_\mathrm{S})\overline{i_\mathrm{N1}^*i_\mathrm{N2}}]}{|\,Y_{21}\,|^2\,4kT\mathrm{Re}(Y_\mathrm{S})\Delta f}\tag{5.196}$$

5.4 节分析二端口网络的标准噪声模型和最佳噪声匹配条件,以此为基础便可以实现射频低噪声放大器的设计。5.5 节将从信号流图、增益等角度分析射频低噪声放大器的性能,并介绍常用的放大器电路拓扑结构、反馈电路以及宽带放大器的设计方法。

5.5 低噪声放大器

在通信接收机和雷达探测接收应用中,为了从噪声背景中提取微弱的有用信号,需要采取措施压制外来噪声和内部电路噪声。采用低噪声系数放大器便是降低系统工作噪声温度的有效措施之一。低噪声放大器具有较高的增益和较低的噪声功率,不仅用于射频前端,也用于中频电路,高增益特性有助于微弱接收信号的放大,同时还可压制后级电路的噪声功率,而低噪声特征有助于降低接收机自身噪声的贡献,这两个特征有助于将接收机电路的噪声贡献降至最小,具体体现为接收机的输出信噪比恶化最小。

双极性晶体管、场效应晶体管以及高迁移率场效应管均可用于设计低噪声放大器。双极晶体管在中低频段具有较好的噪声系数、较低的输入阻抗,易与前后级电路实现匹配。若提高其工作频率,需要降低发射结电容和其他寄生电容,这要求降低基区掺杂浓度、提高发射区掺杂浓度,但发射区重掺杂会导致禁带宽度变窄,反而降低注入效率,还会增加发射结电容,同时基区的低掺杂浓度会使基极电阻增大,导致晶体管的特征频率降低,这些限制使得双极性晶体管无法实现高频、高增益性能。异质结晶体管发射区采用宽带隙的半导体材料,提高基区掺杂浓度不会影响发射效率,从而能够在维持较高增益的前提下极大地提高晶体管的特征频率,使得晶体管能够工作在毫米波波段。场效应晶体管包括金属半导体场效应晶体管、高电子迁移率晶体管、赝品高电子迁移率晶体管、金属氧化物半导体场效应晶体管等类型,属于电压控制型半导体器件,具有输入电阻高、噪声小、功耗低、动态范围大、易于集成等特点,目前是应用于微波和毫米波低噪声放大器的主流器件。

5.5.1 射频放大器信号流图分析

根据二端口 S 参数定义,并引入输入、输出端口入射波和反射波的射频放大器的信号流图(如图 5.43(a)所示),可得到如下关系:$\Gamma_\mathrm{in}=S_{11}+\dfrac{S_{12}S_{21}\Gamma_\mathrm{L}}{1-S_{22}\Gamma_\mathrm{L}}$,$\Gamma_\mathrm{out}=S_{22}+\dfrac{S_{12}S_{21}\Gamma_\mathrm{S}}{1-S_{11}\Gamma_\mathrm{S}}$。

端口 1 的标量电压与源电压跟入射量和反射量的关系为

$$v_1 = \frac{Z_{in}}{Z_S + Z_{in}} v_S = a_1 + b_1 = a_1(1 + \Gamma_{in}) \tag{5.197}$$

其中，v_S 为源的幅度有效值，a_1 和 b_1 分别为端口 1 的入射波和反射波，将 $Z_{in} = Z_0 \dfrac{1 + \Gamma_{in}}{1 - \Gamma_{in}}$

和 $Z_S = Z_0 \dfrac{1 + \Gamma_S}{1 - \Gamma_S}$ 代入式(5.197)，可得

$$a_1 = \frac{v_S}{2} \frac{1 - \Gamma_S}{1 - \Gamma_S \Gamma_{in}} \tag{5.198}$$

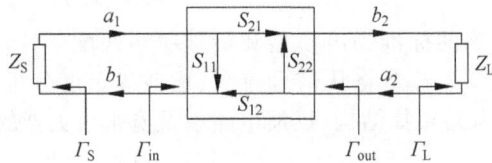

(a) 基于 S 参数的射频放大器

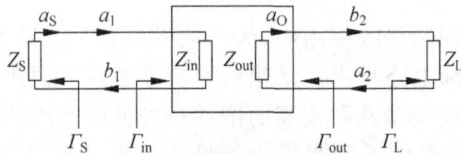

(b) 电路的进一步等效

图 5.43　射频放大器及其等效电路

另外假定源入射波定义为 a_S，如信号流图 5.43(b)所示，可得 $a_1 = a_S + b_1 \Gamma_S$，$b_1 = a_1 \Gamma_{in}$，联立两式可解出 $a_1 = a_S \dfrac{1}{1 - \Gamma_{in} \Gamma_S}$，可以看出源入射波 $a_S = \dfrac{v_S}{2}(1 - \Gamma_S)$。由源传输给网络的功率表示为

$$P_{in} = |a_1|^2 - |b_1|^2 = |a_1|^2(1 - |\Gamma_{in}|^2) = \frac{v_S^2}{4} \frac{|1 - \Gamma_S|^2}{|1 - \Gamma_S \Gamma_{in}|^2}(1 - |\Gamma_{in}|^2) \tag{5.199}$$

根据输出端的信号流图，有 $b_2 = S_{21} a_1 + S_{22} \Gamma_L b_2$，因此计算端口 2 的输出波 b_2 为

$$b_2 = \frac{S_{21}}{1 - S_{22} \Gamma_L} a_1 \tag{5.200}$$

因而负载消耗的功率表示为

$$P_L = |b_2|^2 - |a_2|^2 = |a_1|^2 \frac{|S_{21}|^2(1 - |\Gamma_L|^2)}{|1 - S_{22} \Gamma_L|^2}$$

$$= \frac{v_S^2}{4} \frac{|1 - \Gamma_S|^2}{|1 - \Gamma_S \Gamma_{in}|^2} \frac{|S_{21}|^2(1 - |\Gamma_L|^2)}{|1 - S_{22} \Gamma_L|^2} \tag{5.201}$$

根据信号流图 5.43(b)，假设二端口网络输出端的输出波定义为 a_O，则有 $b_2 = a_O +$

$a_2\Gamma_{out}$,$a_2=b_2\Gamma_L$,得到

$$b_2=a_O\frac{1}{1-\Gamma_L\Gamma_{out}} \tag{5.202}$$

负载消耗功率还可以写为

$$P_L=|b_2|^2-|a_2|^2=|a_O|^2\frac{1-|\Gamma_L|^2}{|1-\Gamma_L\Gamma_{out}|^2} \tag{5.203}$$

式(5.201)和式(5.203)可得

$$|a_O|^2=|a_1|^2\frac{|S_{21}|^2|1-\Gamma_L\Gamma_{out}|^2}{|1-\Gamma_LS_{22}|^2}=|a_S|^2\frac{|S_{21}|^2|1-\Gamma_L\Gamma_{out}|^2}{|1-\Gamma_S\Gamma_{in}|^2|1-\Gamma_LS_{22}|^2} \tag{5.204}$$

当放大器具有良好的反向隔离、即 S_{12} 近似为 0 时,$\Gamma_{out}=S_{22}$,式(5.204)简化为 $|a_O|^2=$ $|a_1|^2|S_{21}|^2$。若源良好匹配,$\Gamma_S=0$,则有 $a_1=a_S$,$|a_O|^2=|a_1|^2|S_{21}|^2=|a_S|^2|S_{21}|^2$。

5.5.2　放大器增益

功率增益定义为

$$G=\frac{P_L}{P_{in}}=\frac{|S_{21}|^2(1-|\Gamma_L|^2)}{(1-|\Gamma_{in}|^2)|1-S_{22}\Gamma_L|^2} \tag{5.205}$$

当输入端共轭匹配时,$\Gamma_S=\Gamma_{in}^*$,则网络的输入功率表达式简化为资用功率

$$P_{ina}=\frac{v_S^2}{4}\frac{|1-\Gamma_S|^2}{1-|\Gamma_S|^2} \tag{5.206}$$

P_{ina} 表示源传输给网络的最大功率。另外,当输出端共轭匹配时,$\Gamma_L=\Gamma_{out}^*$,将 $\Gamma_{in}=S_{11}+$ $\dfrac{S_{12}S_{21}\Gamma_{out}^*}{1-S_{22}\Gamma_{out}^*}$ 代入式(5.203),同时考虑 $\Gamma_{out}=S_{22}+\dfrac{S_{12}S_{21}\Gamma_S}{1-S_{11}\Gamma_S}$,可得

$$P_{La}=\frac{v_S^2}{4}\frac{|1-\Gamma_S|^2}{|1-S_{11}\Gamma_S|^2}\frac{|S_{21}|^2}{1-|\Gamma_{out}|^2} \tag{5.207}$$

进而定义二端口网络的资用增益定义为

$$G_a=\frac{P_{La}}{P_{ina}}=\frac{|S_{21}|^2(1-|\Gamma_S|^2)}{|1-S_{11}\Gamma_S|^2(1-|\Gamma_{out}|^2)} \tag{5.208}$$

另外定义功率传输增益为负载功率与输入端资用功率之比,即

$$G_T=\frac{P_L}{P_{ina}}=\frac{|S_{21}|^2(1-|\Gamma_S|^2)(1-|\Gamma_L|^2)}{|1-\Gamma_S\Gamma_{in}|^2|1-S_{22}\Gamma_L|^2} \tag{5.209}$$

当输入输出端与特征阻抗匹配时,$\Gamma_S=\Gamma_L=0$,$G=\dfrac{|S_{21}|^2}{1-|\Gamma_{in}|^2}$,$G_a=\dfrac{|S_{21}|^2}{1-|\Gamma_{out}|^2}$,$G_T=|S_{21}|^2$。

5.5.3　晶体管低噪声放大电路设计

高频晶体管放大电路主要采用共射极或共基极电路形式。共射极电路的输入端对地的

等效小信号阻抗受偏置条件影响,其基极电流具体表示为

$$I_B = I_0 (\mathrm{e}^{\frac{qV_B}{kT}} - 1) \tag{5.210}$$

基极射极动态电阻表示为

$$r_e = \frac{1}{\dfrac{\mathrm{d}I_B}{\mathrm{d}V_B}} = \frac{1}{\dfrac{q}{kT} I_0 \mathrm{e}^{\frac{qV_B}{kT}}} = \frac{1}{g_e} \tag{5.211}$$

共射极电路的输入阻抗表示为

$$R_{in} = \frac{v_B}{i_B} = \frac{(\beta+1)i_B r_e}{i_B} = (\beta+1)r_e \tag{5.212}$$

共射极放大电路跨导和增益分别表示为

$$g_m = \frac{i_{out}}{v_{in}} = \frac{\beta i_B}{(\beta+1)i_B r_e} = \frac{\beta}{\beta+1} g_e \approx g_e \tag{5.213}$$

$$G_i = -\frac{i_{out}}{i_B} = -\beta \tag{5.214}$$

$$G_v = \frac{v_{out}}{v_{in}} = -g_m R_L = -\frac{\beta}{\beta+1} \frac{R_L}{r_e} \tag{5.215}$$

基极输入阻抗的典型值为 $1k\Omega$,为了实现与 50Ω 的特征阻抗的宽带匹配,可引入负反馈以降低放大器增益为代价来降低输入电阻。引入负反馈的放大器电路如图 5.44(a)所示,在集电极和基极之间跨接反馈电阻,则基极的输入电阻变为

$$R_{in} = (R_f + R_L)/(1 + g_m R_L) \tag{5.216}$$

通过调节反馈电阻以及晶体管的偏置条件,实现放大器输入端的阻抗匹配。共射极放大电路由于基极和集电极(输入和输出)之间的寄生电容影响,由密勒等效,等效输入端的电容与输入电阻形成低通滤波器,在高频时电路增益下降,因此共射极放大电路带宽较窄。为减轻密勒电容的影响,在晶体管输入端添加电感和电容匹配网络,与密勒电容形成 Ⅱ 形匹配电路,改善放大器的宽带匹配性能,如图 5.44(a)所示。另外还可在射极插入电感,利用晶体管的倍增效应提高输入端的感抗,以抵消晶体管输入端的容抗,实现阻抗匹配的作用。

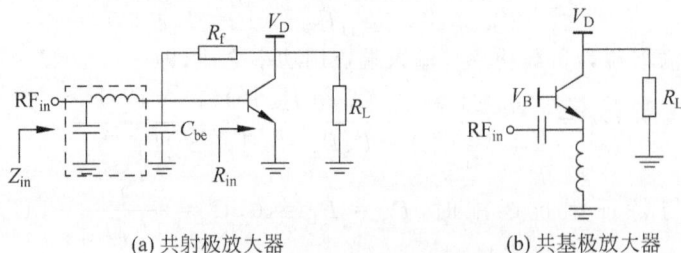

(a) 共射极放大器　　　　　　　(b) 共基极放大器

图 5.44　晶体管的共射极放大电路和共基极放大电路

共基极放大电路如图 5.44(b)所示,具有电流跟随的特点,相对于共源极(共射极)放大电路,共基极放大电路属于跨阻性放大,具有较低输入的阻抗,输入阻抗表示为

$$R_{in} = \frac{v_E}{i_E} = \frac{(\beta+1)i_B r_e}{(\beta+1)i_B} = r_e \quad (5.217)$$

常规射频晶体管的特性阻抗 r_e 根据偏置条件不同,在 $10\sim100\Omega$ 波动,因而易于与前级电路形成匹配。虽然共基极放大电路的输入端也存在密勒电容效应,但由于输入电阻低,低通效应不明显,因而高频特性较共射极电路要好。RC 低通电路的 3dB 截止频率表示为

$$f_{3dB} = \frac{1}{2\pi RC} \quad (5.218)$$

共基极放大电路的输入电阻比共射极低 β 倍,因而其 3dB 截止频率比共射极电路高 β 倍。

共基极放大电路增益表示为

$$G_i = \frac{i_{out}}{i_E} = \frac{\beta i_B}{(\beta+1)i_B} = \alpha \approx 1 \quad (5.219)$$

$$G_v = \frac{v_{out}}{v_{in}} = \frac{\beta i_B R_L}{(\beta+1)i_B r_e} = \alpha \frac{R_L}{r_e} \approx \frac{R_L}{r_e} \quad (5.220)$$

共基极放大电阻没有电流放大能力,但具有电压放大能力,由于 r_e 较小,因此 R_L 较大时也可以产生较大的功率增益。

晶体管共基极电路具有较低的噪声系数,而共射极电路具有较高的增益,因此共基极与共射极级联电路将同时具有低噪声和高增益特性。共射极放大电路和共基极放大电路相结合便得到如图 5.45 所示的共射共基电路。输入端采用电感和电容匹配网络与晶体管自身输入电容和密勒等效电容形成 Π 形匹配网络,输出端插入电感和电容 Π 形电路实现匹配,用于将电路的输入输出电阻匹配至 50Ω。为提高电路的带宽,输出与输入端引入电流负反馈,实现较宽频段的良好匹配。

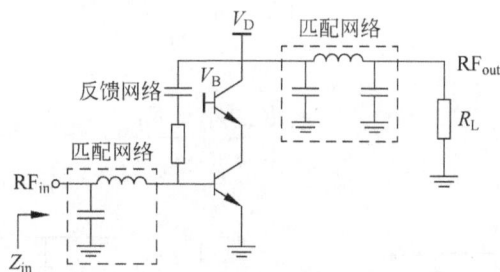

图 5.45 晶体管的共射共基电路

5.5.4 场效应管放大器电路

与晶体管类似,场效应管也可以搭建不同形式的放大器结构。共源极放大器电路及其等效电路如图 5.46 所示。

共源放大器的输入阻抗表示为

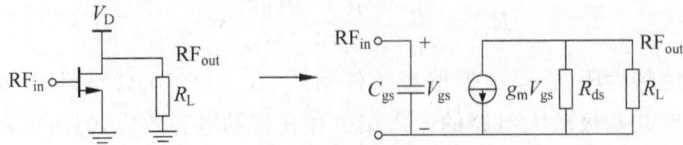

图 5.46　共源放大器

$$Z_{in} = \frac{1}{j\omega C_{gs}} \tag{5.221}$$

共源结构输入阻抗不含实部,因此匹配难度大,为了方便阻抗匹配,在源极插入反馈电感,引入源极反馈,其等效电路如图 5.47 所示,分析输入阻抗为

$$Z_{in} = j\omega L_g + j\omega L_s + \frac{1}{j\omega C_{gs}} + \frac{g_m}{C_{gs}} L_s \tag{5.222}$$

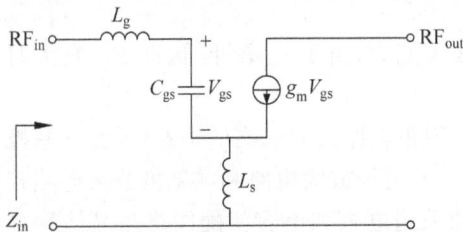

图 5.47　源极电感反馈电路

调节源极电感可使得电路的输入阻抗实部 $\dfrac{g_m}{C_{gs}} L_s$ 接近 50Ω,再调节栅极的串联电感使得输入阻抗的虚部为零(即抵消掉电容的负电抗成分),即可实现放大电路的输入匹配。

共源放大器的电压增益为

$$G_v = g_m \left(\frac{R_{ds} R_L}{R_{ds} + R_L} \right) \tag{5.223}$$

共栅放大器及其等效电路如图 5.48 所示。共栅放大器的输入阻抗表示为

$$Y_{in} = g_m + j\omega C_{gs} + \frac{1 - g_m R_L}{R_{ds} + R_L} \tag{5.224}$$

电压增益为

$$G_v = \frac{g_m R_{ds} R_L + R_L}{R_{ds} + R_L} \tag{5.225}$$

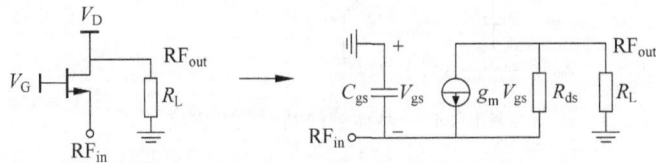

图 5.48　共栅放大器电路

与共源放大器相比较,共栅结构不受栅漏电容的影响,具有较宽的带宽和较高的反向隔离度。场效应管也可以组成共源共栅放大电路,如图 5.49 所示。根据共源共栅放大器的等效电路,分析得到电路中关键节点的电压和电流为

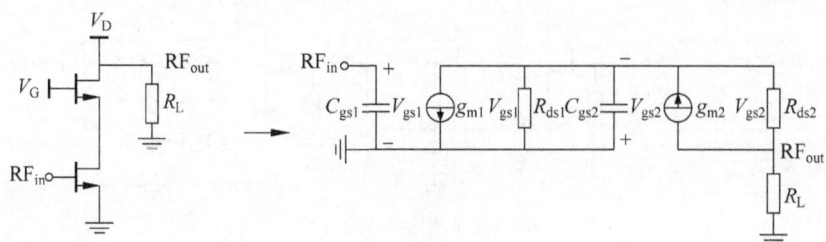

图 5.49　共源共栅放大器电路

$$\begin{cases} i_o = \dfrac{v_o}{R_L} \\[3mm] -i_o = g_{m2} v_{gs2} + \dfrac{v_o + v_{gs2}}{R_{ds2}} \\[3mm] -g_{m1} v_{gs1} + \dfrac{v_{gs2}}{R_{ds1}} + v_{gs2} \mathrm{j}\omega C_{gs2} = i_o \end{cases} \tag{5.226}$$

进而求解出电路增益为

$$\frac{v_o}{v_{gs1}} = \frac{-g_{m1}}{G_L + (G_{ds1} + \mathrm{j}\omega C_{gs2}) \dfrac{G_L + G_{ds2}}{g_{m2} + G_{ds2}}} \tag{5.227}$$

其中,$G_L = 1/R_L$,$G_{ds1} = 1/R_{ds1}$,$G_{ds2} = 1/R_{ds2}$。一般情况下,上式分母的第二项远小于第一项,因此式(5.227)可简化为

$$\frac{v_o}{v_{gs1}} = -g_{m1} R_L \tag{5.228}$$

业界低噪声放大器的设计采用上述多种放大器的组合,使用多级级联的方式将多个放大器集成于单个芯片内(如图 5.50 所示),最终实现紧凑、高性能的放大器。集成放大器在半绝缘半导体衬底上用一系列的半导体工艺方法一体制造出来,具有较高的增益、高可靠性、低成本以及易用性,目前已占据微波电路的主流。

(a) 多级放大器级联结构

图 5.50　多级放大电路级联结构以及实例

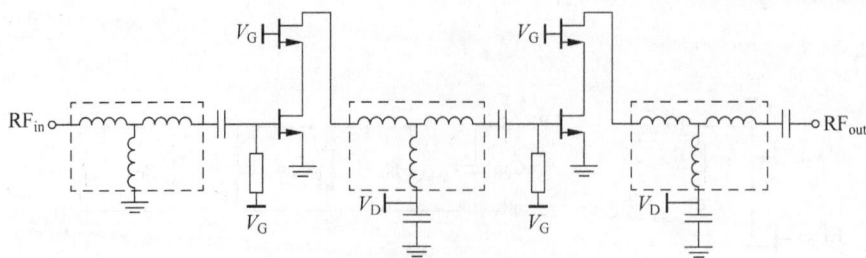

(b) 多级放大器级联的实例

图 5.50 （续）

5.5.5 典型放大器电路的噪声分析

1. 电流反馈电路

电流反馈电路如图 5.51 所示，其中 R_f 为反馈电阻，v_f 为反馈电阻引入的噪声分量，除了源阻抗噪声源以外，放大器的自身噪声采用串联电压源和并联电流源表示。为分析电路各个噪声源对输出噪声的贡献，首先分析源阻抗噪声对输出噪声的贡献，而将其他噪声电压源短路，将噪声电流源开路，得到输出的噪声电压为

$$v_{o1} = -\frac{R_f}{R_s} v_s \tag{5.229}$$

其他三个噪声源对输出电压的贡献分别为

$$v_{o2} = \frac{R_f}{R_s} v_N \tag{5.230}$$

$$v_{o3} = i_N R_f \tag{5.231}$$

$$v_{o4} = v_f \tag{5.232}$$

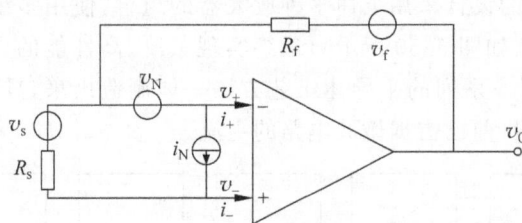

图 5.51 电流反馈电路

对于噪声功率谱的计算来说，功率的叠加为均方值的相加，因此无须考虑噪声电压源的极性或噪声电流源的方向，式(5.229)~式(5.232)的符号可忽略不计。各噪声源互不相关的情况下，总的噪声功率输出为

$$\overline{v_o^2} = \left(\frac{R_f}{R_s}\right)^2 \overline{v_s^2} + \left(\frac{R_f}{R_s}\right)^2 \overline{v_N^2} + \overline{i_N^2} R_f^2 + \overline{v_f^2} \tag{5.233}$$

电路功率增益为 $G = \left(\dfrac{R_\mathrm{f}}{R_\mathrm{s}}\right)^2$，因此等效的输入噪声功率为

$$\overline{v_\mathrm{in}^2} = \overline{v_\mathrm{s}^2} + \overline{v_\mathrm{N}^2} + \overline{i_\mathrm{N}^2}R_\mathrm{s}^2 + \overline{v_\mathrm{f}^2}\left(\frac{R_\mathrm{s}}{R_\mathrm{f}}\right)^2$$

$$= 4kTR_\mathrm{s}\Delta f + \overline{v_\mathrm{N}^2} + \overline{i_\mathrm{N}^2}R_\mathrm{s}^2 + 4kT\Delta f\frac{R_\mathrm{s}^2}{R_\mathrm{f}} \tag{5.234}$$

令 $R_\mathrm{s}=0$ 可得反馈电路的等效电压噪声源为

$$\overline{v_\mathrm{Nf}^2} = \overline{v_\mathrm{N}^2} \tag{5.235}$$

令 $R_\mathrm{s}=\infty$ 可得电路反馈电路的等效电流噪声源为

$$\overline{i_\mathrm{Nf}^2} = \lim_{R_\mathrm{s}\to\infty}\frac{4kTR_\mathrm{s}\Delta f + \overline{v_\mathrm{N}^2} + \overline{i_\mathrm{N}^2}R_\mathrm{s}^2 + 4kT\Delta f\dfrac{R_\mathrm{s}^2}{R_\mathrm{f}}}{R_\mathrm{s}^2} = \overline{i_\mathrm{N}^2} + \frac{4kT\Delta f}{R_\mathrm{f}} \tag{5.236}$$

2. 电压反馈电路

电压反馈电路如图 5.52 所示，其中 v_f1 和 v_f2 分别为分压反馈电阻 R_f1 和 R_f2 引入的噪声分量。分别计算各个噪声源对最终噪声输出的贡献，灵活运用运算放大器虚短路和虚断路特性，得到各个噪声源贡献的噪声输出电压为

$$v_\mathrm{o1} = \frac{R_\mathrm{f1} + R_\mathrm{f2}}{R_\mathrm{f1}}v_\mathrm{s} \tag{5.237}$$

$$v_\mathrm{o2} = \frac{R_\mathrm{f1} + R_\mathrm{f2}}{R_\mathrm{f1}}v_\mathrm{N} \tag{5.238}$$

$$v_\mathrm{o3} = -i_\mathrm{N}R_\mathrm{f2}\left(1 + \frac{R_\mathrm{s}}{R_\mathrm{f1}} + \frac{R_\mathrm{s}}{R_\mathrm{f2}}\right) \tag{5.239}$$

$$v_\mathrm{o4} = -\frac{R_\mathrm{f2}}{R_\mathrm{f1}}v_\mathrm{f1} \tag{5.240}$$

$$v_\mathrm{o5} = v_\mathrm{f2} \tag{5.241}$$

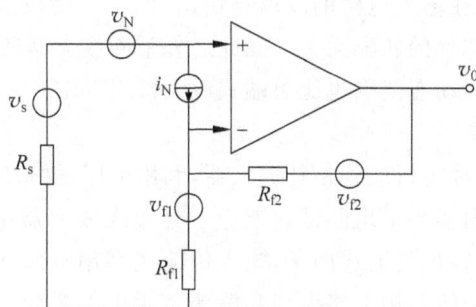

图 5.52 电压反馈电路

电压反馈电路的功率增益为$G=\left(\dfrac{R_{f1}+R_{f2}}{R_{f1}}\right)^2$,总的等效输入噪声功率为

$$\overline{v_{in}^2}=\dfrac{\overline{v_{o1}^2}+\overline{v_{o2}^2}+\overline{v_{o3}^2}+\overline{v_{o4}^2}+\overline{v_{o5}^2}}{\left(\dfrac{R_{f1}+R_{f2}}{R_{f1}}\right)^2}=\overline{v_s^2}+\overline{v_N^2}+\overline{i_N^2}\left(\dfrac{R_{f1}R_{f2}+R_{f1}R_s+R_sR_{f2}}{R_{f1}+R_{f2}}\right)^2+$$

$$\dfrac{R_{f2}^2\overline{v_{o4}^2}}{(R_{f1}+R_{f2})^2}+\dfrac{R_{f1}^2\overline{v_{o5}^2}}{(R_{f1}+R_{f2})^2} \tag{5.242}$$

令$R_s=0$可得电路反馈电路的等效电压噪声源为

$$\overline{v_{Nf}^2}=\overline{v_N^2}+\overline{i_N^2}\left(\dfrac{R_{f1}R_{f2}}{R_{f1}+R_{f2}}\right)^2+\dfrac{R_{f2}^2\overline{v_{o4}^2}}{(R_{f1}+R_{f2})^2}+\dfrac{R_{f1}^2\overline{v_{o5}^2}}{(R_{f1}+R_{f2})^2} \tag{5.243}$$

令$R_s=\infty$可得电路反馈电路的等效电流噪声源为

$$\overline{i_{Nf}^2}=\lim_{R_s\to\infty}\dfrac{\overline{v_{in}^2}}{R_s^2}=\overline{i_N^2} \tag{5.244}$$

5.5.6　宽带放大器设计

共源极放大电路在源极插入电感能够抵消栅极容抗,有利于输入和输出电路的匹配。放大器具有良好的增益和噪声特性,但由于采用了频率谐振结构,频带较窄,而共栅极电路以及负反馈电路工作带宽较共源极电路宽。为进一步拓宽放大器的工作带宽,发展了多种宽带技术,包括平衡式放大器结构、分布式宽带结构、电感峰值技术以及滤波器式宽带匹配结构等放大器电路形式。

1. 平衡放大器

平衡放大器由两个 3dB 电桥和两个性能相同的放大器构成,输入端 3dB 电桥起功率分配作用,将输入信号功率平分,两路信号具有一定的相位关系,经各自放大器放大之后由输出端的 3dB 电桥合并,等相位的功率将在输出端口叠加,反相位的功率将在隔离端口输出。两只放大器的反射信号将在输入电桥的隔离端输出,因而平衡放大器输入端的匹配情况完全取决于电桥,与放大器芯片的匹配无关。除此之外平衡放大器还具有平坦的增益特性、良好的相位特性和互调特性,动态范围也比单端式放大器大 3dB。

2. 分布式宽带放大器

分布式宽带放大器也称为行波式拓扑放大器,利用电感、微带线和单元放大器构建人工传输线,在相当宽的带宽内实现平坦的低通响应。分布式放大器结构如图 5.53 所示,人工传输线分为输入传输线和输出传输线两条,输入传输线利用电感序列和各放大器单元的栅源寄生电容搭建,输出传输线利用电感序列和漏源寄生电容搭建。信号在输入传输线和输出传输线同相传输,经过各级放大器的放大,最终在输出端同相相加,理论上分布式放大器的最大带宽可延伸至晶体管的截止频率。

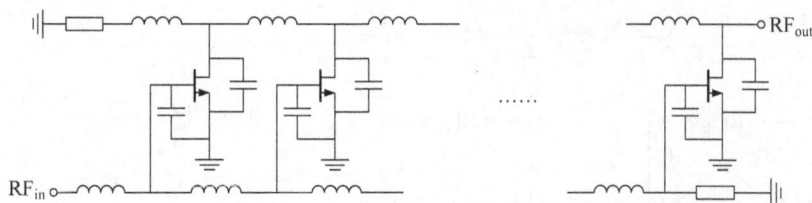

图 5.53 分布式放大器结构

人工传输线的特征阻抗表示为 $Z_0 = \sqrt{L/C}$，截止频率为 $f_c = 1/\pi\sqrt{LC}$，根据单元放大器的栅源电容和漏源电容，便可计算 50Ω 传输线对应的串联电感，进而也可计算该电路的截止频率。晶体管的可用频率越高，栅源电容和漏源电容越小，相应的串联电感越小，截止频率越高，进而分布式放大器的适用频率越高。增加放大器单元级数有助于提高链路增益，但级数过高，级间损耗和链路噪声也会恶化。分布式放大器由于大量使用电感，芯片面积较大，电路功耗增加，效率较低，同时两端的吸收负载会恶化噪声系数[55]。

3. 多频点叠加的宽带设计方法

多频点叠加是宽带放大器的一种实现方式，将级联的多级放大电路的增益峰值布置在不同频点，通过叠加来补偿宽频带增益，从而实现较宽的带宽以及适中的增益。

4. 中和技术

对共源极放大电路来说，晶体管的栅漏电容建立了输入和输出极信号的直接通路，导致放大器增益和隔离性能恶化，还会降低晶体管的截止频率；根据密勒效应，栅漏电容还会增加输入级的容抗成分，造成电路噪声性能和宽带匹配恶化。为了缓解或消除栅漏电容的不良影响，可在晶体管栅极和漏极建立等幅反相电路，使晶体管部分信号与栅漏电容直通信号抵消，从而消除了由于栅漏电容带来的高频增益下降等不良影响，实现放大器带宽的拓展，这种技术称为电路的中和技术。

中和电路分为电容中和以及变压器中和两种，其中电容中和应用于差分电路中，采用一对中和电容 C_N 将差分电路的输入和输出交叉连接，实现流经中和电容与栅漏电容的信号等幅反相，按电路形式分为共源极中和电路和共栅极中和电路，如图 5.54(a) 和图 5.54(b) 所示[56]。电容中和属于正反馈，电路潜在不稳定，同时中和电容的引入增加了输入电容，影响阻抗的宽带匹配。变压器中和方式采用变压器在晶体管漏极和源极之间建立负反馈，可有效抵消栅漏电容，放大器的带宽限制将由变压器决定，如图 5.54(c) 所示[57]。

5. 有源负反馈

有源负反馈通过在放大器的输出和输入之间插入另一个有源放大器实现，如图 5.55 所示的为插入共漏放大电路实现有源负反馈，共漏放大器为源极跟随电路，电路的输入阻抗为

$$Z_{in} = \frac{1}{g_{m2}(1 + g_{m1}R_L)} \tag{5.245}$$

其中，g_{m1} 和 g_{m2} 分别为主放大器晶体管和反馈放大器晶体管的跨导。该电路可通过调节反馈晶体管的偏置来控制电路的输入阻抗，调节主晶体管的偏置来改善电路的增益和噪声[58]。

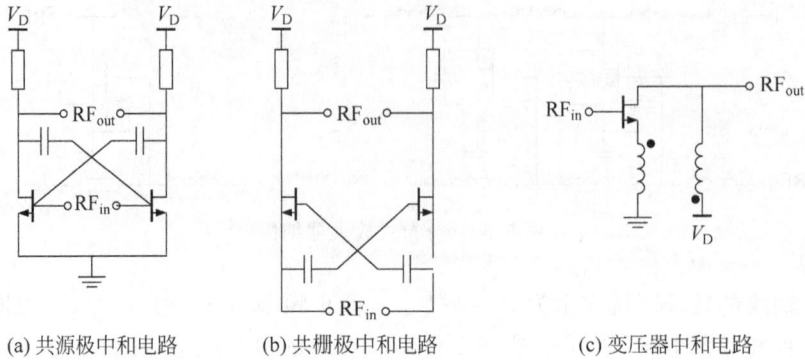

(a) 共源极中和电路　　　　　(b) 共栅极中和电路　　　　　(c) 变压器中和电路

图 5.54　三种中和技术

6. 电感峰值技术

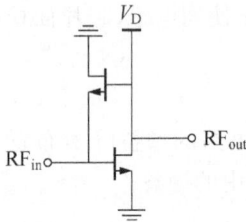

图 5.55　有源负反馈

晶体管的输出端寄生电容和负载电容是限制放大器带宽的主要因素,放大器的传输函数估算为

$$A_v = \frac{-g_m R}{1 + sR(C_{ds} + C_L)} \tag{5.246}$$

在漏极馈电引入电感可以补偿输出电容的电抗,如图 5.56(a)所示,传输函数变为

$$A_v = \frac{-g_m(R + sL)}{1 + s(R + sL)(C_{ds} + C_L)} \tag{5.247}$$

补偿电感引入新的零点,拓展了放大器的 3dB 带宽。

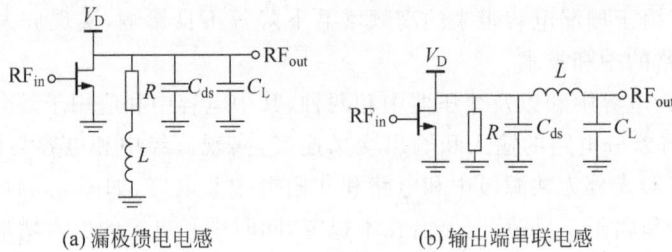

(a) 漏极馈电电感　　　　　　　(b) 输出端串联电感

图 5.56　电感峰值技术

另一种电感插入方式如图 5.56(b)所示,电路的传输函数变为

$$A_v = -g_m R \frac{1}{1 + \dfrac{s}{\omega_0} + \dfrac{1 - k_c}{m}\dfrac{s^2}{\omega_0^2} + \dfrac{k_c(1 - k_c)}{m}\dfrac{s^3}{\omega_0^3}} \tag{5.248}$$

其中,C_T 为晶体管自身的输出电容,C_L 为下一级电路的输入电容,$\omega_0 = 1/R(C_{ds} + C_L)$,$k_c = C_{ds}/(C_{ds} + C_L)$,$m = R^2(C_{ds} + C_L)/L$。串联电感的引入形成一个新的极点,带宽拓展。

7. 达林顿对技术

达林顿管为一系列晶体管按共集电极级联(如图 5.57 所示),可以看作分布式放大器的一种特殊形式,其集电极的电流增益远高于单个晶体管,具有较高的功率增益。达林顿管的各个晶体管的相位偏移较大,因此射频功率的分布式合成效果欠佳,宽带放大器效果和增益平坦度不理想,文献[59,60]提出了在电路中插入反馈网络来改善达林顿管宽带工作性能的设计方案。

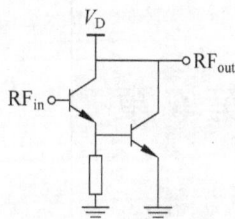

图 5.57 达林顿管放大器示意图

5.6 本章小结

本章主要介绍了单端口和多端口微波网络,微波网络不仅能够描述电子元器件的射频性能,也可以描述复杂射频功能模块的射频性能;不仅能够描述网络的电压和电流等常规参数,也能够描述射频功率波和噪声波等复杂参数。本章利用微波网络理论,将电路抽象化为多维矩阵和端口向量,掌握各个端口的端口向量以及端口向量之间的传递函数即能够掌握微波电路的性能指标。本章将噪声电压源、噪声电流源以及噪声波等噪声参数引入微波网络,使得射频噪声模型能够借用成熟的微波网络理论,大大降低了射频噪声的理论分析和工程设计的难度。本章最后利用基本的二端口网络对射频放大器的设计理论进行了论述,并简要介绍了多种特殊功能的射频放大器。

第 6 章

天线噪声温度

对于射频电路工程师来说，低噪声放大器是射频电路的第一个器件，计算链路参数的时候一般认为输入噪声温度等效为 290K。这种假设对于常规的地面通信，例如移动通信或电台通信，是没问题的，但对于卫星通信或深空通信来说，将射频电路的输入端噪声温度等效为 290K 是不恰当的。这是因为射频电路的输入噪声即为天线的输出噪声，天线的输出噪声温度与天线的物理温度没有直接的关系，即便天线的物理温度为 290K，其噪声温度也并非为 290K，本章将详细介绍天线噪声功率的来源以及噪声温度的计算方法。

天线的噪声温度是天线输出端噪声功率的一种度量，当天线自身无损耗并与输出端匹配的情况下，天线噪声与天线本身的材料、结构以及物理温度无关，而与天线所处环境、天线波束对准的目标物理温度以及路径介质的损耗和物理温度相关。当接收天线的输出噪声温度为 T_A 时，等效输出功率谱密度为 kT_A，若采用等效电阻替代天线，电阻的阻值等于端口的特征阻抗，其物理温度为 T_A。理想无损的天线噪声温度完全来源于背景空间，包含太阳噪声、宇宙背景辐射、大气噪声、地面噪声等噪声成分，非理想天线（有损耗）的输出噪声还与天线自身损耗、馈线的线损以及与端口的匹配情况有关。

本章分为 3 节，其中 6.1 节介绍宇宙和天体的背景辐射，背景辐射是天线噪声的基本来源；6.2 节介绍大气衰减和大气噪声，大气噪声来源于大气分子的热辐射，包含空气、水汽、雨和雾等多种分子的热噪声，并介绍大气截面下衰减和噪声贡献的计算方法；6.3 节介绍天线自身的噪声温度贡献以及天线视在噪声温度的计算方法。

6.1 宇宙背景辐射的基本理论

宇宙背景辐射于 20 世纪 60 年代初被美国科学家彭齐亚斯和 R. W. 威尔逊发现。宇宙背景辐射理论将宇宙视为具有一定物理温度的各向等同辐射的黑体，其辐射频谱的峰值在微波波段，对应物理温度为 2.725K 的黑体，而宇宙中的恒星、星系等为点缀于宇宙背景中辐射温度较高的黑体，利用这个特点，科学家可通过观测宇宙中高于背景温度的热点来发现新的星体，而这种星体常常因为亮度不够高而无法被光学望远镜发现。宇宙背景辐射是天线噪声的基底，无论采取任何措施，都无法使天线噪声低于宇宙背景辐射。6.1.1 节将介绍亮温与黑体温度的关系,6.1.2 节介绍理想天线的噪声温度与天幕亮温的关系,6.1.3 节介绍宇宙背景辐射理论以及背景辐射在电磁波波谱上的分布。

6.1.1　黑体辐射

对于物理温度为 T 的物体来说,电磁辐射资用功率谱为 kT,经过口径面积为 A_T 的天线发射,等效全向辐射功率谱为

$$\text{EIRP}' = kT \frac{4\pi A_T}{\lambda^2} \tag{6.1}$$

辐射电磁波经过距离 R 的传输,形成的波前功率通量密度为

$$S_T = \frac{\text{EIRP}'}{4\pi R^2} \tag{6.2}$$

S_T 的单位为 $\text{W} \cdot \text{m}^{-2} \cdot \text{Hz}^{-1}$。若 R 足够大,辐射的电磁波在接收天线处形成平面波波前,一定面积的电磁波能量被接收天线截获。若接收天线的口径面积为 A_R,则天线截获的功率谱密度为

$$P' = S_T A_R \tag{6.3}$$

将式(6.3)展开,并做适当调整,得到

$$P' = kT \frac{4\pi A_T}{\lambda^2} \frac{1}{4\pi R^2} A_R = \frac{1}{2} \frac{2kT}{\lambda^2} \frac{A_T}{R^2} A_R = \frac{1}{2} I_f \cdot \Omega_{AT} \cdot A_R \tag{6.4}$$

其中 I_f 定义为辐射强度,主要应用于微波遥感领域,而应用于射电天文学该物理量则被称为亮度,其表达式为

$$I_f = B_f = \frac{\text{EIRP}'}{2\pi A_T} = \frac{2kT}{\lambda^2} \tag{6.5}$$

I_f 的下标表示该物理量为谱密度,单位为 $\text{W} \cdot \text{m}^{-2} \cdot \text{Hz}^{-1} \cdot \text{st}^{-1}$。$\Omega_{AT} = A_T/R^2$ 表示辐射源相对于接收点的立体角。若辐射源覆盖较大立体角,且各个方向辐射强度随角度变化,则式(6.4)应改写为微分形式,即

$$\text{d}P' = I_f(\theta, \varphi) \cdot \text{d}\Omega_{AT} \cdot A_R(\theta, \varphi)/2 \tag{6.6}$$

其中,$I_f(\theta, \varphi)$ 为从接收天线观察天空角 (θ, φ) 处的辐射强度;$A_R(\theta, \varphi)$ 表示接收天线的截面面积随观测角变化,反映了接收天线在不同方向具有不同辐射方向图。接收天线总的截获辐射功率写为多重积分

$$P' = \frac{1}{2} \iint I_f(\theta, \varphi) A_R(\theta, \varphi) \text{d}\Omega_{AT} \tag{6.7}$$

其中,式(6.4)、式(6.6)、式(6.7)中系数 1/2 的物理意义为接收天线一般为单一极化,只能接收随机极化辐射功率的一半。当辐射源辐射强度不随天空角变换,可将辐射强度从积分中提出,积分限为 4π 立体角,那么式(6.7)写为

$$P' = \frac{I_f}{2} \iint A_R(\theta, \varphi) \text{d}\Omega_{AT}$$

$$= \frac{I_f}{2} \int_0^{2\pi} \int_0^{\pi} A_R(\theta,\varphi) \sin\theta \mathrm{d}\theta \mathrm{d}\varphi$$

$$= \frac{I_f}{2} \cdot \frac{\lambda^2}{4\pi} \cdot \int_0^{2\pi} \int_0^{\pi} \frac{4\pi}{\lambda^2} A_R(\theta,\varphi) \sin\theta \mathrm{d}\theta \mathrm{d}\varphi$$

$$= \frac{I_f}{2} \cdot \frac{\lambda^2}{4\pi} \cdot \int_0^{2\pi} \int_0^{\pi} G_R F_n(\theta,\varphi) \sin\theta \mathrm{d}\theta \mathrm{d}\varphi \tag{6.8}$$

其中,G_R 为接收天线增益,可提出于积分外,$F_n(\theta,\varphi)$ 为归一化天线方向图,最大值为 1,对 4π 立体角的积分为 Ω_A,称为辐射立体角,天线的增益 $G_R = \frac{4\pi}{\lambda^2} A_R(0,0) = 4\pi/\Omega_A$,因此式(6.8)可以简化为

$$P' = \frac{1}{2} I_f \lambda^2 = kT \tag{6.9}$$

P' 为天线截获功率,按照天线噪声温度 T_A 的定义,$P' = kT_A$。在全角度空间物理温度均为 T_B 的前提下,$T_A = T_B$。如图 6.1 所示,若全部天幕的亮温均为 T_B,则无论接收天线增益的高低(天线波束宽与窄),天线截获的功率谱密度只与辐射源物理温度呈正比,与接收天线的方向性无关。若天幕亮温随天空角变化,则应按照积分式(6.7)计算天线噪声温度,显然此时天线温度受天线的方向图形状影响。尤其在使用高增益天线观测时,为了将进入天线旁瓣和后瓣干扰功率降至最低,应该压低天线旁瓣和背瓣电平,或者使旁瓣和后瓣对准冷发射源。根据式(6.9),已知测试接收天线的输出噪声功率可反推计算辐射源的物理温度。

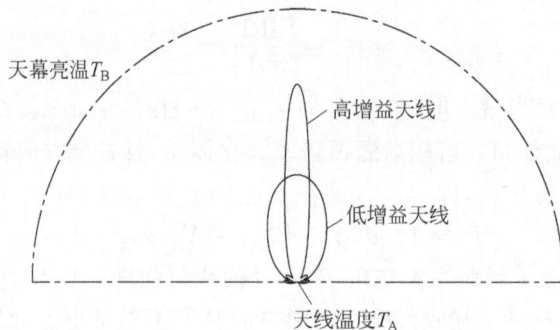

图 6.1 采用不同增益天线接收天幕亮温

物理温度为 T 的黑体在所有方向上均匀辐射,采用普朗克定律描述黑体辐射定律,在频域写为

$$I_f = \frac{2hf^3}{c^2} \frac{1}{\mathrm{e}^{hf/kT} - 1} \tag{6.10}$$

在波长域写为

$$I_\lambda = \frac{2hc^2}{\lambda^5} \frac{1}{e^{hc/\lambda kT} - 1} \tag{6.11}$$

其中，h 为普朗克常数，k 为玻耳兹曼常数，I_f 和 I_λ 均定义为辐射出射度，单位为 W·m^{-2}·Hz^{-1}·st^{-1}。式(6.10)对全频段积分或式(6.11)对全波长域积分得到全波段的总辐射度为

$$M = \frac{2\pi^5 k^4}{15c^2 h^3} T^4 \tag{6.12}$$

定义 $\sigma = \frac{2\pi^5 k^4}{15c^2 h^3}$ 为斯特潘波尔兹曼常数。在微波波段，采用瑞利-金斯定律代替普朗克公式描述黑体辐射能量的能力

$$I_f = \frac{2kT}{\lambda^2} \tag{6.13}$$

瑞利-金斯定律是普朗克辐射定律的低频近似，其辐射强度随物理温度线性变化。对于非理想黑体的辐射来说，需在式(6.13)右边乘以辐射效率 ε，为不改变瑞利-金斯定律的形式，将辐射效率与物理温度的乘积定义为亮温 T_B，即

$$I_f = \varepsilon \frac{2kT}{\lambda^2} = \frac{2kT_B}{\lambda^2} \tag{6.14}$$

对于观测目标来说，其亮温与物理温度和辐射效率相关，而辐射效率与该物体的介电常数、粗糙度、体散射有关，并且是频率的函数，不同频率下由于物理的辐射效率(称为比辐射率)不同，因而导致其亮温随频率变化。更一般地，辐射效率是角度的函数，因而将瑞利-金斯定律式(6.14)代入式(6.7)得到

$$P' = \frac{1}{2} \iint \frac{2kT(\theta,\varphi)}{\lambda^2} \varepsilon(\theta,\varphi) A_R(\theta,\varphi) d\Omega \tag{6.15}$$

式(6.15)的三个参数 T、ε 和 A_R 均是天空角的函数，其中天空亮温定义为 $T_B(\theta,\varphi) = T(\theta,\varphi)\varepsilon(\theta,\varphi)$。

6.1.2　天线噪声

本节介绍亮温、视在温度和天线温度等概念，并简述这些概念的联系和区别。目标亮温等于实际目标的物理温度与比辐射率的乘积，只与自身物理特性有关，比辐射率是角度和波长的函数，因此目标亮温也是角度和波长的函数。当目标物覆盖很大的角区域，例如天空、大地以及海洋等大范围目标，目标的亮温可以从很大的角度范围进入天线波束，进而形成噪声功率输出，该噪声功率是进入天线的、在某一方向上的各种亮温的总和，称该等效的亮温为该方向上的视在温度。视在温度已经考虑了辐射源亮温、多路径传输、路径介质损耗和介质物理温度等因素，当不存在多路径传输且传输路径不存在损耗的情况下，视在温度等于目标亮温。一般情况下视在温度是角度和波长的函数，同时也与路径介质的传输特性有关。天线温度为视在温度按接收天线方向图进行加权、进而在 4π 立体角上积分并取平均后的等

效输出噪声温度,数学上表现为天幕视在亮温函数与天线波瓣图的卷积,实际上为视在温度的一种角度滤波加权输出。当接收天线具有笔形高增益波束(近似为狄拉克函数),天线的噪声输出温度可近似等效为天幕视在温度的采样。

当天线的增益较高,且天幕亮温在较大的范围内恒定为 T_B,忽略其他传输损耗,根据式(6.9),天线的噪声输出温度 $T_A = T_B$,如图 6.2 所示。天线的输出噪声功率等效为温度为 T_B 的匹配电阻的输出噪声功率。当天线位于暗室内时,暗室内部各个面贴敷着吸波材料,吸波材料的物理温度为 T_B,从天线处观测,暗室各个方向的视在温度均为 T_B,那么无论天线的方向图(增益大小)如何,无损天线的输出噪声温度 $T_A = T_B$。一般情况下,暗室由于几何尺度的限制以及吸波材料的非理想性,吸波材料仅在正入射方向的反射系数极低,其他方向反射系数变差,并且难以保证暗室内各个墙壁的吸波材料保持同温,此时可采用较高增益的天线,使得天线主波束能量对准前方主墙壁,确保主墙壁的吸波材料物理温度保持恒定即可,如图 6.3 所示。

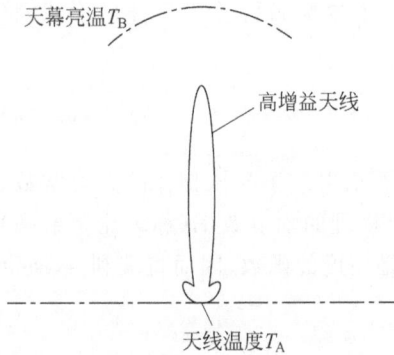

图 6.2　天线的噪声温度

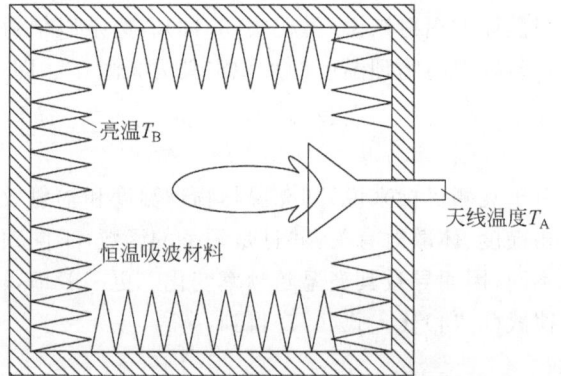

图 6.3　利用暗室测试天线噪声温度

天线温度等于以天线波瓣图为权重对全天空亮温的积分,根据 $\dfrac{A_R(\theta,\varphi)}{\lambda^2} = \dfrac{G_R F_n(\theta,\varphi)}{4\pi}$,并利用 $P' = kT_A$,式(6.15)可改写为

$$T_A = \frac{1}{4\pi}\iint T_B(\theta,\varphi)G_R F_n(\theta,\varphi)\mathrm{d}\Omega \tag{6.16}$$

$G_R F_n(\theta,\varphi)$ 为接收天线增益方向图,其中 G_R 为天线增益,$F_n(\theta,\varphi)$ 为天线归一化方向图,最大值为 1。

当观测目标属于小角度辐射源(例如星体),如图 6.4 所示,辐射源的张角 Ω 远小于天线方向图张角 Ω_A,则式(6.16)的积分变为简单乘积,此时在目标方向 $F_n \approx 1$,即

$$T_A = \frac{1}{4\pi}\iint T_B(\theta_0,\varphi_0)G_R F_n(\theta_0,\varphi_0)\mathrm{d}\Omega$$

$$= \frac{T_B(\theta_0,\varphi_0)G_R F_n(\theta_0,\varphi_0)\Omega}{4\pi} = \frac{T_B\Omega}{\Omega_A} \tag{6.17}$$

式(6.17)的计算过程中将辐射源外冷空的辐射温度近似为零。由式(6.17)可见,接收到的噪声温度是辐射源亮温以及背景的平均值,比例系数为辐射源张角与天线波瓣张角的比值。根据射电源的张角以及天线的辐射张角,利用式(6.17)便可计算射电源的亮温。

当接收天线增益很高,天线具有极窄波束时,天线指向(θ_0,φ_0)处Ω_A范围内$F_n \approx 1$, Ω_A范围以外的角度$F_n \approx 0$,则积分式(6.16)退化为采样函数,即

$$T_A = \frac{T_B(\theta_0,\varphi_0)G_R\Omega_A}{4\pi} = T_B(\theta_0,\varphi_0) \tag{6.18}$$

实际上式(6.16)得到的天线噪声温度T_A为天空亮温T_B在(θ_0,φ_0)附近Ω_A范围内的平均值。接收天线的辐射角Ω_A越小(即增益越大),采样的效果越好,采样结果越逼近式(6.18),分辨天幕亮温精细差异的能力越高。如图6.5所示,高增益天线能够分辨A区和C区的亮温差别,具有较好的采样效果,在太阳观测应用中,高增益天线的辐射张角小于太阳的张角,此时便可以利用高增益接收天线的采样功能,直接得到太阳的亮温。在图6.5的B区,天幕亮温的细节小于天线的波束宽度,由于天线波瓣图的积分作用,天幕亮温的细节将被平均,最终得到B区的平均亮温,无法有效分辨目标的精细成分。继续增大天线增益能够提高亮温分辨率,但随着单口径天线增益的增加,天线的建设成本和技术难度指数型上涨。以贵州FAST工程500m口径天线为例,在X波段天线增益高达93dB,天线的辐射角约为$(0.005 \times 0.005)°$,还不能分辨只有角秒量级$(0.0003°)$的细微差异。

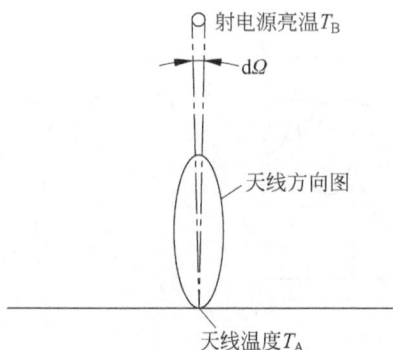

图 6.4　采用宽波瓣天线接收窄射电源信号

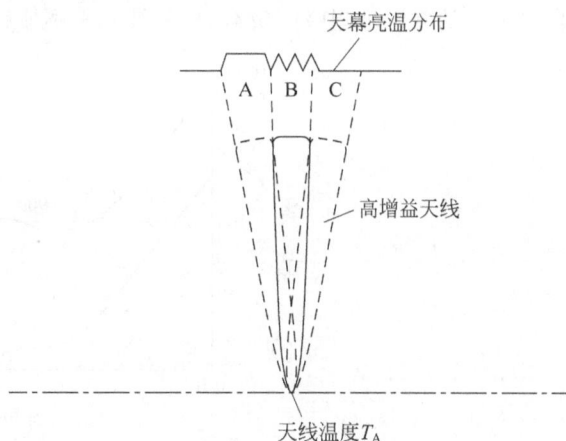

图 6.5　天幕亮温采样

6.1.3　宇宙背景噪声功率谱

A. A. Penzias 和 R. W. Wilson 首先发现宇宙微波背景辐射,测定其强度相当于 2.76K 温度的黑体辐射,一般被认为是由宇宙大爆炸所残留的热辐射所引起[1-5]。微波背景辐射

具有很宽的辐射频带,不仅仅局限为微波频段。除背景辐射以外,宇宙中还存在其他辐射源。在 1GHz 以下频段,来源于银河系中心的噪声幅值较高,幅度淹没了宇宙背景辐射,在地球上无法在这个频段观测宇宙背景的辐射强度。1~10GHz 为银河系低噪声区,可直接测试宇宙背景辐射强度,最低噪声出现在天顶。根据地面天线的视在噪声测定的宇宙背景辐射强度为 3~5K。天线的视在噪声随着仰角降低而逐渐升高,这是由于天线仰角降低,电磁波在大气中传播的距离增大,大气的损耗和折射等作用以及部分地面辐射进入天线主瓣和旁瓣,导致天线接收的噪声温度显著增加,在仰角仅为 5° 或更低时噪声会增加很快。在 10GHz 以上频段,地面接收天线的输出噪声将有很大一部分来自大气,宇宙背景辐射被大气噪声所掩盖,但在高空气球、卫星以及航天器等应用环境下,大气损耗可忽略,此时仍可对高频段的宇宙背景辐射进行直接测试。

图 6.6 显示了地面接收天线在 0° 天顶角(指向天顶)至 90° 天顶角(指向地平面)噪声温度随频率的变化曲线,其中 0.1~1GHz 频率的噪声主要由银河系噪声贡献,1~10GHz 频段为低噪声窗口,无线通信和雷达频段大多集中于此区域,10~100GHz 频段的噪声主要由大气衰减带来(水蒸气和氧气的谐振吸收),此频段具有较高的噪声温度,有两个明显的吸收峰,吸收峰之间具有相对较低噪声温度的频段称为大气窗口,高频段的通信和雷达应用可以在大气窗口内选择频率。天线完全指向天顶时天线噪声温度最低,而在 90° 天顶角天线噪声较大。从图 6.6 中可以看到位于 22GHz 吸收峰(由水分子谐振引起)和 60GHz 的吸收峰(由氧分子谐振引起),天线仰角变化时各个吸收峰的频点没有变化。60GHz 的氧气吸收所带来的天线温度接近常温 290K,意味着这个频段的射频功率几乎全被吸收,大气在这个频段是天然的常温理想吸收负载,电磁波几乎不能够穿透大气。

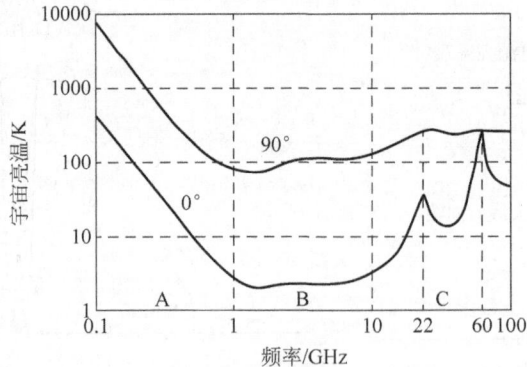

图 6.6 宇宙背景辐射与频率的关系

在卫星上行通信中,卫星天线对准地面,其噪声温度在微波波段一般为 200~400K。而在下行通信中,地面天线对准天空,因卫星所在空域背景主要为宇宙空间,天线所接收的噪声温度很低,地面站射频系统的总体工作噪声温度不高,链路的设计难度要低于上行链路。当卫星与其他射电源星体(例如月球等)角位置重合时地面站接收的天线噪声温度将显著提升,卫星凌日时,地面站的噪声输出剧烈增大,信号被大功率噪声淹没,将无法实现有效通信。因此在天地通信或空间通信中,天线在接收时应避开天空中的热源,例如太阳以及宇宙中具有较高辐射强度的射电辐射天体。太阳表面温度为6000K,其视角宽为0.6°,天线指向偏离太阳中心时,太阳带来的热噪声将迅速衰减,一般认为天线偏离太阳中心4°以上,其带来的热噪声影响可以忽略。月球的视角为0.5°,其表面温度为240K,天线偏离月球2°以上即可以忽略其影响。太阳系地外行星视角度都很小,甚至远小于高增益天线的波瓣宽度,因而行星表面温度带来的噪声温度影响将很大程度被空间低温背景所平均,最大的木星也仅带来13.5K的噪声温度提升。地内行星由于距离太阳近,其表面温度很高,在某些极端情况下可能会给天线带来250K的噪声温度提升。

宇宙背景噪声贡献了天线噪声的基底,若天线视野中还存在其他天体,其等效的噪声温度也需计入天线的基础噪声。对地面天线来说,宇宙背景噪声传输至天线还需经过大气层,大气层相当于衰减器,根据二端口网络的噪声理论,输入的噪声经过衰减器后幅度降低,同时还会叠加衰减器自身的噪声温度,因此大气的噪声温度也会贡献一定比例的噪声温度给天线。6.2节将介绍大气衰减和大气噪声的相关理论。

6.2 大气衰减和大气噪声

大气中蕴含的丰富天气现象以及多种带电粒子,其活动会带来电磁噪声,给地面通信造成干扰,其中雷电活动以及由太阳导致的电离层活动是大气噪声的直接来源。雷电分布具有一定的地域性和时间性特征,一般在中低纬度地区分布较多,强度和频次在夏季较为明显。根据文献[11],单次雷电放电脉冲的时域函数为

$$u(t) = E_0(e^{-t/T_1} - e^{-t/T_2}) \tag{6.19}$$

其中,E_0为雷电的电磁波幅度,$T_1 = 57.7 \times 10^{-6}$s为雷电脉冲的持续时间常数,$T_2 = 0.867 \times 10^{-6}$s为雷电脉冲上升沿的时间常数。计算式(6.19)的傅里叶变换,求得雷电脉冲的功率谱为

$$S(f) = E_0^2 \left(\frac{T_1 - T_2}{T_1 T_2} \right)^2 \frac{1}{\left(\dfrac{1}{T_1} \right)^2 + (2\pi f)^2} \frac{1}{\left(\dfrac{1}{T_2} \right)^2 + (2\pi f)^2} \tag{6.20}$$

雷电波的功率谱如图6.7所示,可见其主要能量集中于100Hz~2kHz,在频域2~200kHz的陡降速率为20dB每十倍频程,频率超过200kHz陡降速率为40dB每十倍频程。雷电噪声在长波和中波波段幅度较高,对通信影响较大,对于短波通信有一定的影响,当频率超过10MHz后雷电噪声迅速减弱,因此不会对超短波甚至更高频率的通信造成影响。

太阳剧烈活动期间会释放出强烈远紫外辐射和X射线,导致地球向阳面大气电离层的电子密度突然增大,这种现象称为电离层扰动。发生电离层扰动时,会导致短波信号被强烈吸收,从而出现通信中断现象,而长波和超长波信号被电离层强烈反射,造成信号增强。太阳剧烈活动时还会喷射大量高能带电粒子流,引起电离层电子密度的减少或增加,使电离层特征参数明显偏离正常值,这种现象称为电离层暴。电离层扰动和电离层暴对电波传播均有严重的影响[12]。

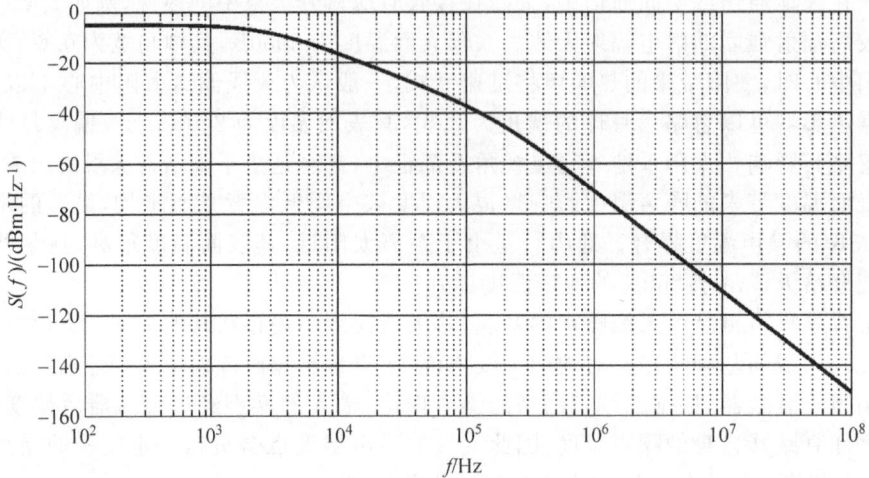

图 6.7　雷电波的功率谱

除了雷电和电离层扰动等通信干扰噪声以外,大气自身也贡献一定噪声。大气具有一定的物理温度,产生一定的热噪声辐射,同时大气对电磁波呈现衰减作用,导致电磁波经过大气传输后,幅度降低,同时叠加一定的大气热噪声辐射分量。本节将对大气的结构、衰减机理等进行讨论。

6.2.1　大气结构和成分

按照大气随海拔高度的分布特性,可将大气分成对流层、平流层、中间层、热层和散逸层。对流层是大气圈中最靠近地面的一层,气温随着高度的增加而降低,平均厚度约12km,聚集着大气中全部的水汽以及四分之三的大气质量,其主要成分为氮气和氧气,对流层中还存在着强烈的大气对流和平流运动,云、雨、风、暴等天气现象也汇聚于此。平流层位于对流层之上,其高度上限约55km,平流层温度随着高度的增加逐渐升高,由于逆温层的存在,垂直运动受到抑制,气流主要以水平运动为主。中间层从平流层顶起始至85km,主要成分仍为氮气和氧气。热层位于85~800km的高度,气体分子在宇宙射线作用下处于电离状态,电离后的氧能强烈吸收太阳的短波辐射,使空气迅速升温,该层的气温随高度的增加而升高。热层能反射无线电波,对于地面中长波无线电通信具有重要意义。800km以上的区域称为逸散层,也称为外层大气,该层大气稀薄,气温高,分子运动速度快,能够脱离地球引力进入宇宙空间[13]。

大气的主要成分是大气分子和气溶胶,其中氮气占78%,氧气占21%,其余的1%包含氩、二氧化碳、一氧化碳、一氧化氮、甲烷、臭氧、水蒸气等成分,气溶胶主要包括大气中悬浮的液滴、冰晶、尘埃、雾霾、沙尘等液体或固体的微粒。水蒸气主要存在于大气层的对流层底,随着高度的升高逐渐减少,水蒸气在大气中的含量和分布复杂多变,与海拔高度、地表状况、太阳位置密切相关。氧气和水蒸气在微波频段具有若干吸收带,对微波的传输具有较大影响,其他气体的吸收带主要在红外和可见光波段。大气中除了气体的谐振吸收之外,气溶胶、云雨等颗粒的散射也会对辐射传输造成影响。

6.2.2 大气吸收和散射

电磁波在大气中传播时,受大气中气体分子、水汽以及悬浮微粒的吸收和散射作用,导致电磁波能量被衰减。大气衰减水平与地区、季节、昼夜以及气象条件息息相关,例如白昼时间电离层对短波的吸收和反射较为强烈,因而透射损耗较大;夜间电离层吸收较小,大气损耗较小。大气分子对电磁波的影响主要在于分子的谐振吸收,当电磁波频率与分子的振动特征频率接近或一致时,大气将强烈吸收电磁波能量。悬浮颗粒对电磁波的影响主要为散射,散射根据颗粒大小与波长的相对关系,分为瑞利散射、米氏散射和非选择散射三种类型,散射会造成电磁波能量的损失。大气分子的谐振吸收和微粒散射两种机理造成的衰减均与电磁波频率强相关。另外水汽、水滴以及冰晶会对电磁波产生折射以及去极化作用,电离层对电磁波的传输也产生去极化作用,这会导致电磁波衰减。

当入射电磁场的频率与分子特征频率一致时,分子将产生共振,电磁波的能量转化为分子的内能,分子的能级向上跃迁,形成电磁波的共振吸收。同时处于高能态的气体也能够向下跃迁,此时将产生电磁波的发射。在大气的各成分中,只有氧气和水蒸气对微波波段电磁波能量产生明显的吸收作用。氧分子为磁偶极子,在 60GHz 附近产生若干转动吸收谱,在118GHz 附近产生单独的吸收谱。水分子为电偶极子,在 22.2GHz、183.3GHz 以及300GHz 以上产生转动吸收谱线。原子形式气体的吸收谱为单线,即在离散的频率上吸收或发射电磁波。分子由两个或多个原子构成,分子中原子的振动和转动模式复杂,具有多组离散的发射和吸收谱线。当气体分子大量聚集,各分子具有随机的运动速度和运动方向,气体密度较大时还会产生大概率的碰撞情况。根据多普勒效应,分子的随机运动会导致谱线频点位置漂移,由于分子运动速度和方向的随机性,多普勒位移的大小和方向也为随机量,这导致气体吸收频谱的拓展。另外由于分子的碰撞,大量气体统计叠加作用导致谱线增宽,最终导致气体的吸收谱线紧密排列形成连续的吸收谱。

在 X 波段以下大气衰减较小,因此大部分地面通信和雷达应用均应用于 X 波段以下。在 Ku、Ka 以及 E 波段等高频频段存在较低衰减的大气窗口,也被应用于通信和雷达。太赫兹频段位于 0.1~10THz,也称为毫米波和亚毫米波,具有较强的穿透力,在成像、通信和雷达领域具有重要应用,但此频段大气衰减较为强烈,一般只能应用于短距离通信或雷达探测。另一方面,选用大气衰减(或云、雨等衰减)较大的频段,可实现对云、雨、风廓线等天气的探测。

干燥空气的衰减主要由氧气在 60GHz 和 118GHz 的吸收引起,在 0~350GHz 频段每千米的衰减值为[14]

$$\begin{cases} \gamma_0 = \left[\dfrac{7.27r_t}{f^2+0.351r_p^2r_t^2}+\dfrac{7.5}{(f-57)^2+2.44r_p^2r_t^5}\right]f^2r_p^2r_t^2\times10^{-3}, \\ f\leqslant 57\mathrm{GHz} \\ \gamma_0 = \dfrac{(f-60)(f-63)}{18}\gamma_0(57)-1.66r_p^2r_t^{8.5}(f-57)(f-63)+\dfrac{(f-57)(f-60)}{18}\gamma_0(63), \\ 57<f<63\mathrm{GHz} \\ \gamma_0 = \left[\dfrac{2r_t^{1.5}\left(1-\dfrac{1.2}{10^5}f^{1.5}\right)}{10^4}+\dfrac{4}{(f-63)^2+1.5r_p^2r_t^5}+\dfrac{0.28r_t^2}{(f-118.75)^2+2.84r_p^2r_t^2}\right]f^2r_p^2r_t^2\times10^{-3}, \\ 63\leqslant f\leqslant 350\mathrm{GHz} \end{cases}$$

$$(6.21)$$

其中，γ_0 单位为 dB/km，f 为频率，以 GHz 为单位，$r_p=p/101300$ 为归一化气压值，$r_t=288/(273+t)$ 为大气温度参数，p 为气压(Pa)，t 为干燥空气的摄氏温度。

0～350GHz 频段由水蒸气带来的衰减由下式表示

$$\gamma_w = \left[\dfrac{3.27r_t}{100}+\dfrac{1.67\rho r_t^7}{1000r_p}+\dfrac{7.7f^{0.5}}{10000}+\dfrac{3.79}{(f-22.235)^2+9.81r_p^2r_t}+\right.$$
$$\left.\dfrac{11.73r_t}{(f-183.31)^2+11.85r_p^2r_t}+\dfrac{4.01r_t}{(f-325.153)^2+10.44r_p^2r_t}\right]f^2\rho r_p r_t \cdot 10^{-4}$$

$$(6.22)$$

其中 ρ 为水汽含量，单位为 g/m³。大气衰减系数表示为 $\gamma_A=\gamma_0+\gamma_w$。0～350GHz 频段干燥空气和 7.5g/m³ 含水量的大气每千米的衰减如图 6.8 所示，其中 60GHz 和 118GHz 的吸收峰由氧气共振产生，22.2GHz、183.3GHz 以及 300GHz 由水蒸气共振产生，350GHz 以下具有 DC～18GHz、32～35GHz、70～110GHz、130～160GHz、200～300GHz 等大气窗口。

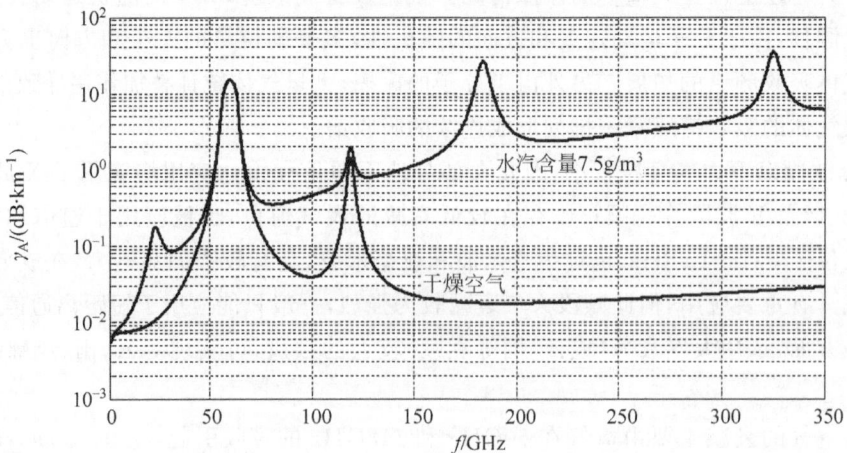

图 6.8　干燥空气和潮湿空气的大气衰减

6.2.3　大气衰减

由式(6.21)～式(6.22)可知干燥空气以及水蒸气的损耗均为气压、空气温度以及水汽含量的函数,而这三个参量为海拔高度的函数。因此为了计算某高程的大气损耗系数,首先需要根据海拔高度计算该高程的气压、温度以及水汽的剖面分布。

根据文献[15],海拔30km以下大气温度分布截面的分段表示式如下

$$T(h)=\begin{cases} T_0-\alpha h, & 0\leqslant h\leqslant 11\text{km} \\ T_0-\alpha\times 11, & 11\leqslant h\leqslant 20\text{km} \\ T_0-\alpha\times 11+h-20, & 20\leqslant h\leqslant 32\text{km} \end{cases} \tag{6.23}$$

其中,T_0为海平面处的大气温度,T_0和$T(h)$均为绝对温度,$\alpha=6.5\text{K/km}$为对流层大气温度下降率,h为海拔,以km计量单位。

大气密度分布截面表达式如下

$$\rho(h)=1.225\mathrm{e}^{-\frac{h}{H_1}}\left(1+0.3\sin\left(\frac{h}{H_2}\right)\right) \tag{6.24}$$

其中,$H_1=9.5\text{km}$为密度标准高度,$H_2=7.3\text{km}$为密度修正标准高度。

大气气压的分布截面经验公式为

$$p(h)=101300\mathrm{e}^{-\frac{h}{H_3}} \tag{6.25}$$

其中$H_3=7.7\text{km}$为气压标准高度。

大气中的水蒸气含量与大气参数(例如海拔和温度)相关度较大,按照美国大气1962标准,中纬度地区大气中水蒸气含量遵循以下规律

$$\rho_\mathrm{w}(h)=\rho_\mathrm{w0}\mathrm{e}^{-\frac{h}{H_4}} \tag{6.26}$$

其中,$\rho_\mathrm{w0}=7.72\text{g/m}^3$,$H_4=2.5\text{km}$。

计算电磁波在h_1和h_2站点倾斜路径的传输损耗,如图6.9所示,定义倾斜路径s,高度为$h_1+s\cdot$

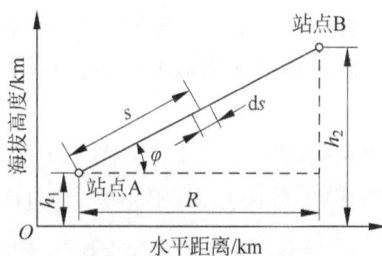

图6.9　倾斜路径大气衰减

$\sin\varphi$,其中$\varphi=\arctan\left(\dfrac{h_2-h_1}{R}\right)$,积分上下限为$\left[0,\sqrt{R^2+(h_2-h_1)^2}\right]$,因此有

$$A_\mathrm{h}=\int_0^{\sqrt{R^2+(h_2-h_1)^2}}\left[\gamma_0(h_1+s\cdot\sin\varphi)+\gamma_\mathrm{w}(h_1+s\cdot\sin\varphi)\right]\mathrm{d}s \tag{6.27}$$

当电磁波在海拔h处水平传播时,$\varphi=0$,$\mathrm{d}s$退化为$\mathrm{d}R$,被积函数与s无关,积分式简化为

$$A_\mathrm{h}=\left[\gamma_0(h)+\gamma_\mathrm{w}(h)\right]R \tag{6.28}$$

首先计算海拔h处大气的气压和温度,然后按照式(6.21)和式(6.22)计算大气衰减常数γ_0

和 γ_w，最终按式(6.28)计算 R 千米的损耗。

当电磁波竖直传播时，$\varphi=90°$，ds 退化为 dh，积分式简化为

$$A_h=\int_0^{h_2-h_1}[\gamma_0(h_1+h)+\gamma_w(h_1+h)]dh \tag{6.29}$$

式(6.29)若取 $h_1=0\text{km}$，$h_2=30\text{km}$(一般认为 30km 为大气层顶)，则得到天顶方向全部的大气损耗，称之为大气天顶不透明度 A_z，表示为

$$A_z=\int_0^{30}[\gamma_0(h)+\gamma_w(h)]dh \tag{6.30}$$

当天顶角 $\theta\leqslant70°$，即 $\varphi\geqslant20°$ 时，倾斜路径的大气不透明度可以采用下式近似计算，而无须采用式(6.27)

$$A_z=\frac{\int_0^{30}[\gamma_0(h)+\gamma_w(h)]dh}{\cos\theta} \tag{6.31}$$

垂直路径的大气损耗应还可采用等效大气高度进行计算，干燥空气的等效高度为

$$h_o=\begin{cases}6\text{km}, & f<50\text{GHz}\\ 6+\dfrac{40}{(f-118.7)^2+1}\text{km}, & 70<f<350\text{GHz}\end{cases} \tag{6.32}$$

水蒸气的等效高度为

$$h_w=h_{w0}\left[1+\frac{3}{(f-22.2)^2+5}+\frac{5}{(f-183.3)^2+6}+\frac{2.5}{(f-325.4)^2+4}\right] \tag{6.33}$$

在 15℃温度下，晴天时 $h_{w0}=1.6\text{km}$，雨天时 $h_{w0}=2.1\text{km}$。等效高度算法是基于大气密度随海拔高度指数型分布得到的，天顶(俯仰角等于 0°)方向总衰减可写为

$$A_v=\gamma_0 h_o+\gamma_w h_w \tag{6.34}$$

天顶衰减随频率的变化如图 6.10 所示，由于经验公式复杂式(6.32)在 50～70GHz 未列出表达式，因此图 6.10 中 50～70GHz 部分的频段的大气损耗计算误差较大。

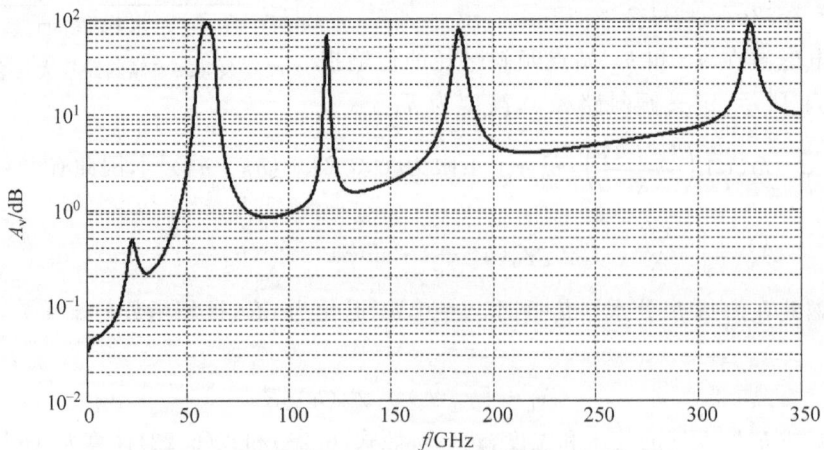

图 6.10　天顶方向总衰减

在天顶角 θ 为 $10°\sim90°$ 的情况下,大气全路径倾斜衰减改写为

$$A_v = \frac{\gamma_0 h_o + \gamma_w h_w}{\cos\theta} \tag{6.35}$$

对于位于海拔 h_1 和 h_2 的两个站点的有限路径倾斜传输路径来说,干燥空气和水汽的等效大气高度改写为

$$h'_o = h_o(e^{-\frac{h_1}{h_o}} - e^{-\frac{h_2}{h_o}}) \tag{6.36}$$

$$h'_w = h_w(e^{-\frac{h_1}{h_w}} - e^{-\frac{h_2}{h_w}}) \tag{6.37}$$

水汽含量需要改写为

$$\rho = \rho_1 e^{h_1/2} \tag{6.38}$$

天顶角位于 $0°\sim10°$ 时,无线电传输路径几乎竖直。对于高轨卫星与海平面地面站间的传输情况来说,单程大气衰减表示为

$$A_v = \frac{\sqrt{R_e}}{\cos\theta}\left[\gamma_o\sqrt{h_o}F\left(\tan\theta\sqrt{\frac{R_e}{h_o}}\right) + \gamma_o\sqrt{h_w}F\left(\tan\theta\sqrt{\frac{R_e}{h_w}}\right)\right] \tag{6.39}$$

其中,$R_e = 8500\text{km}$ 为考虑大气折射的等效地球半径,函数

$$F(x) = \frac{1}{0.661x + 0.339\sqrt{x^2 + 5.51}}$$

若地面站位于海拔 h_1,另一站点或低轨卫星位于 h_2,其中 $h_2 < 1000\text{km}$,则式(6.39)应改写为

$$A_v = \gamma_o\sqrt{h_o}\left[\frac{\sqrt{h_e+h_1}F(x_1)e^{-\frac{h_1}{h_o}}}{\cos\varphi_1} - \frac{\sqrt{R_e+h_2}F(x_2)e^{-\frac{h_2}{h_o}}}{\cos\varphi_2}\right] +$$

$$\gamma_w\sqrt{h_w}\left[\frac{\sqrt{R_e+h_1}F(x'_1)e^{-\frac{h_1}{h_w}}}{\cos\varphi_1} - \frac{\sqrt{R_e+h_2}F(x'_2)e^{-\frac{h_2}{h_w}}}{\cos\varphi_2}\right] \tag{6.40}$$

其中,φ_1 为站点 1 观测站点 2 的仰角,$\varphi_2 = \arccos\left(\frac{R_e+h_1}{R_e+h_2}\cos\varphi_1\right)$,$x'_i = \tan\varphi_i\sqrt{\frac{R_e+h_i}{h_o}}$,

$x_i = \tan\varphi_i\sqrt{\frac{R_e+h_i}{h_w}}$。

6.2.4　雾的衰减

雾是水汽凝结物,粒子较小,悬浮在空气中,分为平流雾和辐射雾两种形式。在微波和毫米波波段,雾会对电磁波产生非常明显的衰减[21]。雾对电磁波的衰减表示为

$$\gamma_c = K\rho_w \tag{6.41}$$

其中,K 表示衰减比,单位为 $\text{dB/km/(g/m}^3)$,ρ_w 表示含水量,单位为 g/m^3。衰减比的表

达式为

$$K = \frac{0.819f}{\varepsilon''(1+\eta^2)} \tag{6.42}$$

其中，f 为频率，单位为 GHz。$\eta = (2+\varepsilon')/\varepsilon''$，其中 ε' 和 ε'' 为水的复介电常数，分别表示为

$$\begin{cases} \varepsilon' = \dfrac{\varepsilon_0 - \varepsilon_1}{1+(f/f_p)^2} + \dfrac{\varepsilon_1 - \varepsilon_2}{1+(f/f_s)^2} + \varepsilon_2 \\[3mm] \varepsilon'' = \dfrac{f}{f_p}\dfrac{\varepsilon_0 - \varepsilon_1}{1+(f/f_p)^2} + \dfrac{f}{f_s}\dfrac{\varepsilon_1 - \varepsilon_2}{1+(f/f_s)^2} \end{cases}$$

其中，$\varepsilon_0 = 77.66 + 103.3(300-T)/T$，$T$ 为雾的绝对温度，$\varepsilon_1 = 0.0671$，$\varepsilon_2 = 3.52$，$f_p = 20.2 - \dfrac{146(300-T)}{T} + 316\dfrac{(300-T)^2}{T^2}$，$f_s = 39.8f_p$。

雾的含水量与雾的种类有关，平流雾和辐射雾含水量与能见度 V 的关系为

$$\rho_w = \begin{cases} 0.0156V^{-1.43}, & \text{平流雾} \\ 0.00316V^{-1.54}, & \text{辐射雾} \end{cases} \tag{6.43}$$

6.2.5 云和雨衰减

大气中云和雨也会造成电磁波损耗，云吸收带来的衰减因子可以表示为

$$\gamma_c = \rho_w(h)f^{1.95}e^{1.5735-0.0309t_p} \tag{6.44}$$

其中，$\rho_w(h)$ 为云中每立方米含水量，单位是 g/m^3。无线电波传输经过降雨区域时，雨滴对电磁能量起着散射和吸收作用，造成信号衰减。降雨衰减与降水量有关，雨滴的温度、形状、末速度和尺寸分布等微观结构也对信号衰减有影响。降雨对无线电波的影响随着微波频率的升高而迅速增大，S 波段和 X 波段信号在一般强度的降雨时损耗并不明显，只有在下暴雨时损耗才会显现，Ka 波段信号在暴雨时损耗严重。降雨除了增加通信链路损耗以外，还会增加接收系统的工作噪声，直接表现为天空噪声温度上升。降雨衰减的经验公式表示如下：

$$\gamma_r = \alpha(f)r(h)e^{\beta(f)} \tag{6.45}$$

其中，$r(h)$ 为降雨量，参数 $\alpha(f)$ 和 $\beta(f)$ 定义如下：

$$\alpha(f) = \begin{cases} 6.39 \times 10^{-5}f^{2.03}, & f \leqslant 2.9\text{GHz} \\ 4.21 \times 10^{-5}f^{2.42}, & 2.9 \leqslant f \leqslant 54\text{GHz} \\ 4.9 \times 10^{-2}f^{0.699}, & 54 \leqslant f \leqslant 180\text{GHz} \end{cases}$$

$$\beta(f) = \begin{cases} 0.851f^{0.158}, & f \leqslant 8.5\text{GHz} \\ 1.41f^{-0.0779}, & 8.5 \leqslant f \leqslant 25\text{GHz} \\ 2.65f^{-0.272}, & 25 \leqslant f \leqslant 164\text{GHz} \end{cases}$$

大气若同时含有雨和云等成分，总的大气衰减包含氧气吸收、水蒸气吸收、云和雨吸收之和，即

$$\gamma = \gamma_o + \gamma_w + \gamma_c + \gamma_r \tag{6.46}$$

式(6.46)所定义的衰减系数单位为 dB/km,其中 γ_c 可根据云或雾的具体情况选择式(6.41)或式(6.44)。大气的衰减系数也称为大气厚度,而大气一定距离的衰减称为大气不透明度。6.2.6节将介绍大气厚度和等效输出亮温。

6.2.6　大气厚度和输出亮温

根据第 4 章内容,电磁波信号经过衰减器,输入的信号和噪声被同比例衰减,同时输出的噪声还会叠加一定比例与衰减器物理温度呈正比的额外噪声。电磁波在大气中的传输相当于经过衰减器,同时输出噪声温度(体现为天线的视在噪声温度)叠加了一部分大气的物理温度。复杂的地方在于,大气的层分布特性,大气的密度、气压、气温和水蒸气分布都是海拔高度的函数,大气对电磁波的衰减相当于具有分布式衰减系数、分布式物理温度的衰减器。

电磁波经损耗为 L 的均匀大气,大气物理温度为 T_p,则此段大气衰减在输出端对噪声温度的贡献为

$$T_c = \left(1 - \frac{1}{L}\right) T_p \tag{6.47}$$

如图 6.11 所示,一段柱形大气的底部海拔 h_1,顶部海拔 h_2,大气损耗系数与大气物理温度对海拔的函数已知。在柱形大气中截取一段高度为 Δh(单位为 km)的大气柱体,其损耗可以写为

$$\Delta L (\text{dB}) = \gamma \Delta h \tag{6.48}$$

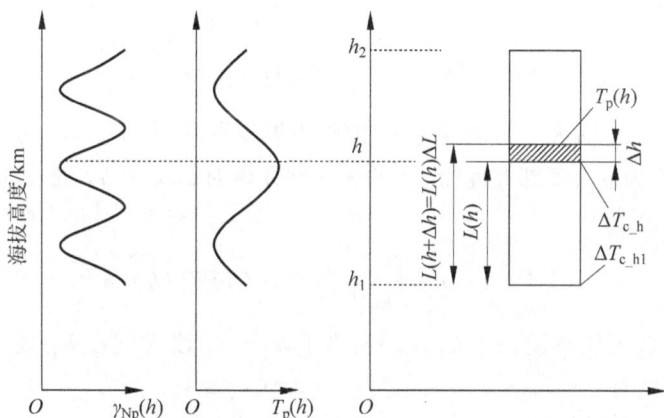

图 6.11　大气亮温分析

将衰减系数单位转换为奈培每千米,即

$$\gamma_{Np} = \frac{\gamma \ln(10)}{10} \tag{6.49}$$

γ_{Np} 的单位为 Np/km,1Np/km 的衰减系数表示每千米的大气能够将信号衰减至原值的 $1/e$(即衰减值 $L = e$),改造式(6.48),Δh 大气薄片柱体带来的损耗为

$$\Delta L = e^{\gamma_{Np}\Delta h} \tag{6.50}$$

其中损耗 ΔL 为自然数值,不是分贝也不是奈培。将底部高度为 h_1、顶部高度为 h_2 的竖直圆柱体大气分解为 N 段高度为 Δh($N\Delta h = h_2 - h_1$)的大气薄片,总的大气衰减可以表示为多段 ΔL 的乘积,即

$$L = \prod_{i=1}^{N} e^{\gamma_{Np\_i}\Delta h} \tag{6.51}$$

式(6.51)进一步处理,并将 Δh 无限趋近于 0 可得到积分表达式为

$$L = e^{\sum_{i=1}^{N}\gamma_{Np\_i}\Delta h} = e^{\int_{h_1}^{h_2}\gamma_{Np}(h)dh} \tag{6.52}$$

式(6.52)改写为参量形式为

$$L(h) = e^{\int_{h_1}^{h}\gamma_{Np}(h)dh} \tag{6.53}$$

根据式(6.47),位于高度 h、物理温度为 $T_p(h)$、厚度为 Δh 的大气薄片对 h 处的噪声温度贡献为

$$\Delta T_{c\_h}(h) = (1 - e^{-\gamma_{Np}(h)\Delta h})T_p(h) \tag{6.54}$$

取泰勒级数的第一级近似为

$$\Delta T_{c\_h}(h) \approx \gamma_{Np}(h)T_p(h)\Delta h \tag{6.55}$$

式(6.55)为厚度为 Δh 的大气对高度为 h 处的噪声温度贡献,若统一计算到对高度 h_1 的噪声温度贡献,则有

$$\Delta T_{c\_h_1}(h) = \frac{1}{L(h)}\gamma_{Np}(h)T_p(h)\Delta h \tag{6.56}$$

式(6.56)为厚度为 Δh 的大气对高度为 h_1 的噪声温度贡献,其中 $L(h)$ 为 h_1 至 h 之间的大气损耗。底部高度为 h_1、顶部高度为 h_2 的大气圆柱体对高度为 h_1 处总的噪声温度贡献为式(6.56)的积分,表示为

$$T_c(h_1, h_2) = \int_{h_1}^{h_2}\frac{1}{L(h)}\gamma_{Np}(h)T_p(h)dh \tag{6.57}$$

对位于 h_1 处的接收天线来说,$T_c(h_1, h_2)$ 相当于 $h_2 \sim h_1$ 段大气在 h_1 处的输出噪声温度。将式(6.53)代入,则有

$$T_c(h_2) = \int_{h_1}^{h_2}e^{-\int_{h_1}^{h}\gamma_{Np}(h)dh}\gamma_{Np}(h)T_p(h)dh \tag{6.58}$$

若取 $h_1 = 0, h_2 = 30\text{km}$,利用式(6.58)即可得到大气在天顶方向的亮温,大气亮温随频率的变化如图 6.12 所示。如果天线指向方向并非天顶,则大气衰减表达式(6.53)和大气噪声温度表达式(6.58)需要改写为

$$L(\theta, h) = e^{\int_{h_1}^{h}\frac{\gamma_{Np}(h)}{\cos\theta}dh} \tag{6.59}$$

$$T_c(\theta, h_2) = \int_{h_1}^{h_2} e^{-\int_{h_1}^{h} \frac{\gamma_{Np}(h)}{\cos\theta} dh} \gamma_{Np}(h) T_p(h) dh \tag{6.60}$$

大气截面衰减因子 $\gamma(h)$ 和大气截面温度 $T_p(h)$ 不仅有详细的测试数据可查,也有相应的经验公式供借鉴,因此根据式(6.53)、式(6.58)~式(6.60)可计算任意起止高度、任意倾角的大气衰减和大气等效噪声温度。

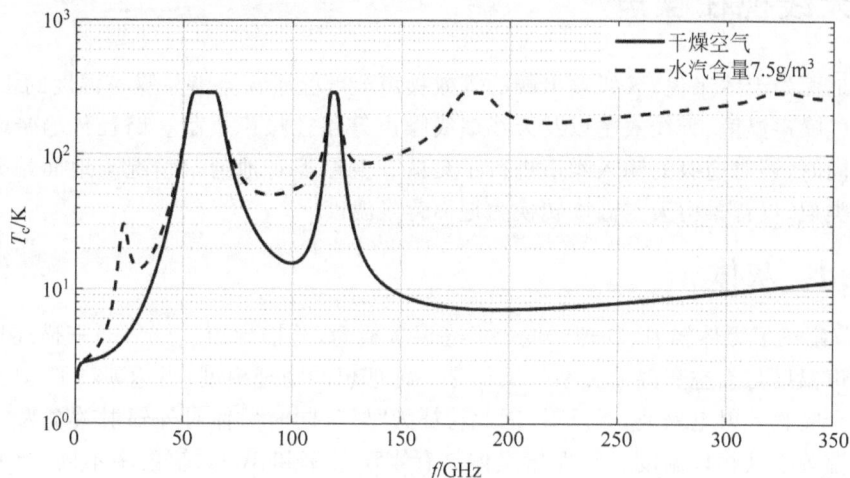

图 6.12 天顶方向大气亮温

6.2.7 近空和深空通信环境

宇宙空间以距离地球 200 万千米为分界点分为近空和深空两部分,地球卫星、月球探测等无线电传输称为近空通信,月球以外的无线电通信一般称为深空通信。无论是近空通信还是深空通信,电磁波的传输都要受到诸多因素的影响,除了地球大气损耗和大气亮温以外,还将存在其他可能影响因素。

电离层是地球大气层中的分子受到太阳辐射而产生的离子化区域。大量的离子会给电磁波带来极化旋转、信号时延以及折射等影响,电离层的不规则性可以收敛和发散无线电波,造成信号的幅相和到达角发生短周期的不规则变化,称为电离层闪烁。

在地球周围巨大的范围内,存在着强度非常大的带电粒子,由于地球磁场的作用,形成了不同强度和浓度的粒子辐射区域,称为地球辐射带。带电粒子分布空间位置可以划分为外辐射带和内辐射带。内外辐射带的粒子强度在太阳活动、大地磁爆之后会出现大幅瞬时扰动,能够扰乱集成电路逻辑、干扰卫星航天器的通信、影响测控和导航系统。

宇宙射线是来自宇宙中的高能带电粒子,包括银河系宇宙射线、太阳系宇宙射线和其他宇宙射线,其本质上为带电粒子流,主要成分为粒子、重核和高能质子。

链路完全位于宇宙空间的空间段通信相比于地面通信,可摆脱大气对通信的影响,尤其对于高频通信来说,大气窗口的束缚将不复存在,因而深空通信更适合使用毫米波频段。

考虑大气衰减和大气噪声的贡献,定义理想无损耗天线的噪声温度为天线的视在噪声温度。视在噪声温度是无损耗天线的等效输出温度,该温度已经包含背景辐射、路径损耗以及天线波瓣图产生的多径噪声贡献。进一步地若将天线损耗以及天线馈线的损耗一并计入,则得到最终的天线噪声温度,其理论和计算方法详见6.3节。

6.3 天线视在噪声

对于地面站天线来说,天线输出端的等效噪声温度除了天空背景噪声温度的贡献以外,还包含大气噪声温度、天线效率以及天线馈线噪声等路径噪声贡献。路径传输带来额外叠加噪声的同时,还对前级的输入噪声进行了衰减。卫星等对地通信情况与地面站天线对空通信情况类似,仅背景由天空温度转换为地面背景温度。

6.3.1 灰体

6.1节阐述了黑体辐射、物理温度以及亮温等概念,并推导出式(6.16)来描述理想情况下天线噪声温度与天空亮温的关系。黑体是一种理想的物理模型,当达到热平衡时,黑体由于能够完全吸收入射电磁波,无反射,因此特征为"黑",同时黑体对外辐射效率为100%,因此黑体亮温等于其物理温度。与理想黑体具有零反射率和100%辐射率不同,自然界的物体一般称为灰体,具有一定反射率和小于1的辐射率,灰体的亮温与物理温度关系为

$$T_{\mathrm{B}} = (1 - |\Gamma_{\mathrm{s}}|^2) T_{\mathrm{p}} = \varepsilon T_{\mathrm{p}} \tag{6.61}$$

其中,Γ_{s}为材料的反射率,ε为辐射效率,均可衡量物体亮温与物理温度的接近程度,两者关系为$1 - |\Gamma_{\mathrm{s}}|^2 = \varepsilon$,对于微波辐射理论来说,反射率和辐射效率是同一种物质特性的不同表述。例如对于微波波段的吸波材料来说,若标称反射率为$-40\mathrm{dB}$,即$|\Gamma_{\mathrm{s}}|^2 = 10^{-4}$,则辐射率$\varepsilon = 99.99\%$,因此吸波材料的亮温仅比其物理温度低$0.01\%$,具有良好的黑体性质,适用于天线的噪声测试,并适合作为天线测试的背景环境。

6.3.2 视在温度

如图6.13(a)所示,电磁辐射经过衰减器输出,反映其亮温的电磁功率被衰减,同时一定比例的衰减器自身噪声温度将一同叠加输出,可表示为

$$T_{\mathrm{AP}} = \frac{1}{L} T_{\mathrm{B}} + \left(1 - \frac{1}{L}\right) T_{\mathrm{P}} \tag{6.62}$$

亮温T_{B}经衰减值为L、物理温度为T_{P}的衰减器衰减后,等效的输出噪声温度T_{AP}称为视在温度。其中

$$T_{\mathrm{c\_out}} = \left(1 - \frac{1}{L}\right) T_{\mathrm{P}} \tag{6.63}$$

$$T_{\mathrm{c\_in}} = (L - 1) T_{\mathrm{P}} \tag{6.64}$$

$T_{\mathrm{c\_out}}$称为衰减器的等效输出噪声温度,$T_{\mathrm{c\_in}}$称为衰减器的等效输入噪声温度,衰减值越

大,等效的输出噪声温度越接近其物理温度,只有当无衰减($L=1$)时,衰减器的物理温度才不会叠加到最终输出。衰减器的等效噪声温度叠加到信号主路的方式如图 6.13(b)和 6.13(c)所示。当衰减器内部的物理温度分布不均匀(例如大气的衰减系数和物理温度均是海拔高度的函数)时,可将衰减器抽象为衰减值和输出噪声温度两项,与输入的亮温的叠加方式如图 6.13(d)所示,式(6.62)改写为

$$T_{AP} = \frac{1}{L}T_B + T_{c\_out} \tag{6.65}$$

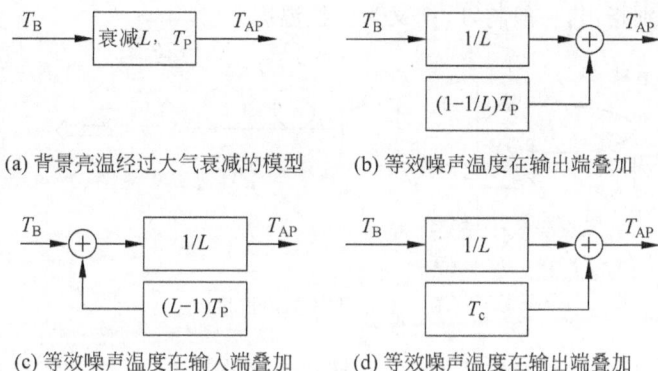

(a) 背景亮温经过大气衰减的模型   (b) 等效噪声温度在输出端叠加

(c) 等效噪声温度在输入端叠加   (d) 等效噪声温度在输出端叠加

图 6.13 亮温、视在温度以及噪声叠加的关系

如果接收天线理想无损耗,在宇宙背景辐射测试场景中天线所接收的噪声温度即为天空的视在温度,该视在温度只有当大气无衰减($L=1$)时才等于宇宙背景辐射温度。大气的衰减和噪声温度可按式(6.53)和式(6.58)计算,通过式(6.65)扣除大气影响得到真正的宇宙背景辐射强度。图 6.13 所示为级联系统的视在温度输出,T_B 可替换为上一级子单元的视在噪声输出。

并联的总视在温度输出为各子系统视在温度之和,即

$$T_{AP\_T} = \sum_{i=1}^{N} T_{AP\_i} \tag{6.66}$$

应用级联和并联公式可计算任何复杂传输路径的视在噪声温度输出。天线所观测到的视在温度常常会有多个亮温来源,每个亮温来源通过不同大气传输路径,路径不同每路的衰减和噪声温度也不同,视在温度的等效合成框图如图 6.14 所示,已知大气衰减系数和剖面温度,每路的衰减值和等效噪声温度均可根据式(6.53)和式(6.58)计算。可反复使用式(6.65)逐级计算各个子单元的视在温度输出,最后按级联或并联计算总的输出视在温度。

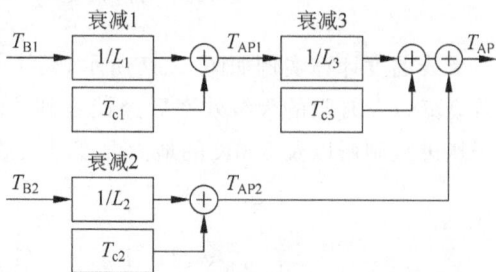

图 6.14 多路径亮温合成

6.3.3 天线损耗

电磁波经天线接收,在天线的金属表面形成表面电流,由于任何金属均具有损耗,导致接收信号有一定程度的衰减。另外天线与接收机直接一般采用一段传输线连接,传输线也具有损耗。如图 6.15 所示,视在温度为天线口面附近全部辐射源的等效输出温度,而天线温度 T_A 是将视在温度经天线方向图加权得到的天线口面处等效温度,进一步地,等效温度为 T_A 的辐射功率经天线本体接收以及馈线传输,最终在馈电口处的等效输出噪声温度定义为 T_A'。若非特别指出,一般将 T_A' 定义为天线温度。

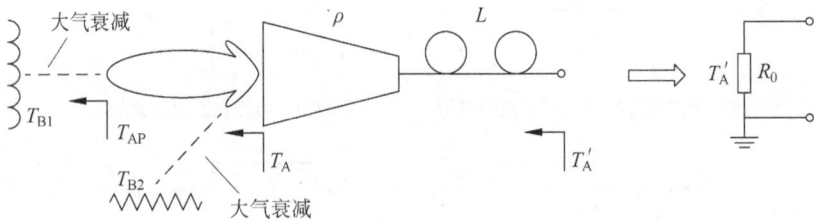

图 6.15 天线噪声温度

天线物理口径接收的信号并不能 100% 转化为接收功率,天线本体损耗主要由材料、工艺、非良好匹配等因素决定,天线罩也会给电磁波传输带来损耗,导致天线的实现增益低于方向性。天线增益与方向性的比值定义为天线效率 ρ,$1/\rho$ 为天线的损耗。另外再计入馈线的损耗和噪声温度贡献,组成一个典型的三单元级联(如图 6.16 所示),总的等效噪声温度输出 T_A' 表达式为

$$T_A' = \frac{1}{L_F}(\rho T_A + (1-\rho)T_s) + \left(1 - \frac{1}{L_F}\right)T_F \tag{6.67}$$

其中,T_s 为天线结构的物理温度,L_F 为馈线损耗,T_F 为馈线物理温度。

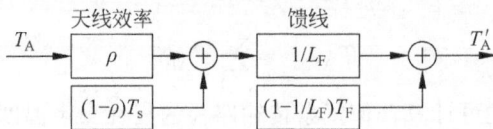

图 6.16 计入天线效率和馈线损耗的天线噪声温度

天线温度计算实例如图 6.17 所示,天线主瓣方向的天空温度为 50K,经过大气衰减、天线罩衰减以及有限的天线效率后经馈线到达输出端口,除主瓣之外还有 10000K 的敌方电子干扰进入副瓣以及 300K 的地面温度进入后瓣,计算天线馈电端口的天线温度如下

$$T_{AP\_a} = 50K$$

$$T_{AP\_b} = 10^{-\frac{1}{10}} T_{AP\_a} + (1 - 10^{-\frac{1}{10}}) \times 200 = 80.85K$$

$$T_{AP\_c} = 10^{-\frac{1}{10}} T_{AP\_b} + (1 - 10^{-\frac{1}{10}}) \times 320 = 130.04K$$

$$T_{AP\_d} = 0.9 T_{AP\_c} + 0.1 \times 300 = 147.03\text{K}$$

$$T_{AP\_e} = 10000\text{K}$$

$$T_{AP\_f} = 10^{-\frac{1}{10}} T_{AP\_e} + (1 - 10^{-\frac{1}{10}}) \times 200 = 7984\text{K}$$

$$T_{AP\_g} = 10^{-\frac{1}{10}} T_{AP\_f} + (1 - 10^{-\frac{1}{10}}) \times 320 = 6408\text{K}$$

$$T_{AP\_h} = 0.05 T_{AP\_g} = 320\text{K}$$

$$T_{AP\_k} = 300\text{K}$$

$$T_{AP\_m} = 10^{-\frac{1}{10}} T_{AP\_k} + (1 - 10^{-\frac{1}{10}}) \times 320 = 304\text{K}$$

$$T_{AP\_n} = 0.05 T_{AP\_m} = 15\text{K}$$

$$T'_A = 10^{-\frac{1}{10}} (T_{AP\_d} + T_{AP\_h} + T_{AP\_n}) + (1 - 10^{-\frac{1}{10}}) \times 300 = 445\text{K}$$

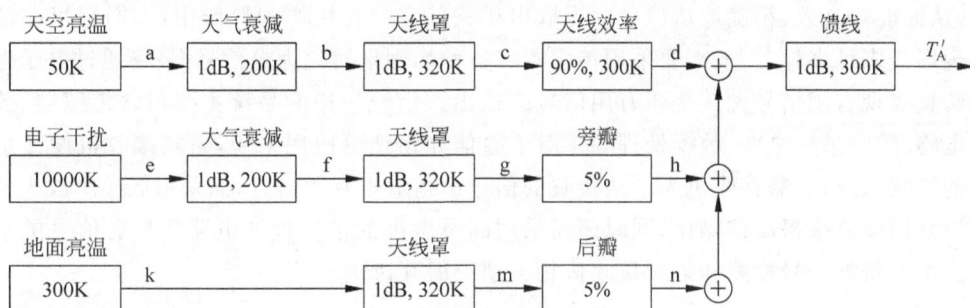

图 6.17 天线温度计算实例

6.4 本章小结

本章介绍了天线噪声的三种基本来源,即宇宙背景噪声、大气噪声以及天线自身噪声。由本章可知天线自身的物理温度在天线损耗较小的情况下对天线噪声输出贡献也较小,天线的视在噪声温度更大程度上取决于宇宙背景噪声和大气衰减噪声。对于移动通信和电台等近地面通信来说,天线噪声温度主要取决于地面的物理温度;而对于卫星通信和深空通信来说,地面站的天线噪声取决于宇宙背景噪声和大气噪声;而对于宇宙空间段的通信来说,由于不存在大气衰减且物理温度极低,天线的噪声温度仅有宇宙噪声的贡献。

第 7 章

信号检测与射频接收机

信号检测是研究在噪声和干扰存在的情况下,接收系统对弱信号的最优检测和参量估计的科学。信号检测的目的是抑制噪声和干扰(无论是带内还是带外)、甄别虚假和有害的信号,从而能够高效、精确地从信号中提取出相关信息。在生产和科研中,人们感兴趣的信号表现形式多种多样,一般需要采用传感器将各种物理量转化为电信号,最终通过电子电路检测装置实现有用信号尤其是弱有用信号的检出。信号的检测系统主要包含传感器、放大滤波电路、数字采样电路、数据处理等。对于通信和雷达等应用来说,射频接收机便是射频信号的检测系统,射频接收机为了从接收的信号中提取出有用信息,需采用低噪声放大器以及滤波处理电路来提高信噪比,同时还需采用高灵敏度的信号检波电路实现弱信号的信息检出。本章将就信号检测和射频接收机相关理论展开讨论。

7.1 信号检波

从高频已调制信号中检出低频调制信号的过程称为解调,根据信号的调制方式,解调分为幅度解调、频率解调和相位解调等形式。调幅波的解调即是从调幅信号中提取出幅度特征信息的过程,通常称为检波,主要包含幅度提取、包络提取、平均值提取以及有效值提取等具体检波形式。调幅波解调方法分为相干解调方式(如同步检波器)和非相干解调方式(如二极管包络检波器)。相干解调需要引入相干信号与待解调信号相乘,其中相干是指引入的信号频率与待解调信号载波频率相同,两者相乘后得到接近直流的低频信号和两倍于载波的高频分量,通过低通滤波器即可以滤除高频信号得到低频调制信号。非相干解调不需要引入外来信号,解调过程中高频调制信号的载波被抑制,仅通过信号包络提取或信号自身相乘获得低频的调制信号。相干解调的关键器件为乘法器,而非相干解调的关键器件为检波二极管。

7.1.1 肖特基二极管的检波性能

与 PN 结二极管制作原理不同,肖特基二极管以金、银、铝、铂等金属为阳极,以 N 型半导体为阴极,是一种利用接触面表面势垒制成的具有整流特性的金属半导体器件。金属和

N 型半导体相接触,由于金属中仅有少量的自由电子,N 型半导体中存在着大量的电子,电子便从浓度高的 N 型半导体向金属方向扩散。金属中没有空穴,既不能与半导体漂移过来的电子复合,也不存在空穴从金属向半导体方向的扩散运动。因此随着电子不断从半导体扩散到金属,N 型半导体表面电子浓度降低,固定于晶格的施主显示为正电性,金属中电子浓度增高,显示为负电性,最终形成 N 型半导体指向金属方向的内建电场。内建电场将驱动电子离开金属漂移至半导体,当电子漂移运动和电子扩散运动达到动态平衡时,N 型半导体便形成稳定的空间电荷区,金属和半导体之间形成肖特基势垒。当在肖特基势垒两端加上正向偏压时,即阳极金属接正电源,N 型半导体接负电源,空间电荷区变窄,其内阻变小,当偏置电压足够大,空间电荷区完全消失,此时肖特基二极管表现为零内阻,电荷可在偏置电压的驱动下自由流通;反之,若在肖特基势垒两端加上反向偏压,肖特基势垒层则变宽,其内阻变大,电荷流通更加困难,接近于断路状态。

肖特基二极管势垒高度低于 PN 结二极管的势垒高度,故其正向导通门限电压和正向压降都比 PN 结二极管低,高频用的肖特基二极管导通电压一般约为 0.3V。肖特基二极管具有极低的结电容,而且其电子为多数载流子,不存在少数载流子(空穴),因此不存在少数载流子寿命和反向恢复时间等问题,其反向恢复时间只是肖特基势垒电容的充电和放电时间,故开关速度非常快,损耗也特别小,适合于高频应用,特别适合在微波波段甚至毫米波波段用于信号的检波和混频。

肖特基二极管小信号等效电路如图 7.1 所示,其中 R_j 和 C_j 分别为结电阻和结电容,是二极管偏置的函数,R_p 和 C_p 为二极管引线和封装引起的寄生参数。肖特基二极管的工作截止频率定义如下

$$f_c = \frac{1}{2\pi R_s (C_{j0} + C_p)} \tag{7.1}$$

其中 C_{j0} 为二极管零偏置时的结电容。流过结电阻的电流是有效的检波电流,结电容产生旁路的作用,会使检波器的灵敏度降低,而引线电阻会对检波产生分压。

对于高频微波特别是毫米波使用场合,要求二极管的截止频率要高于检波工作频率,从式(7.1)可以看出,降低 R_s、C_{j0}、C_p 有助于提高二极管的截止频率。另外,较低的二极管导通势垒电压也有助于二极管在零偏置条件下进行检波,零偏置的二极管由于没有直流偏置,未引入散粒噪声,因而具有较好的噪声性能。

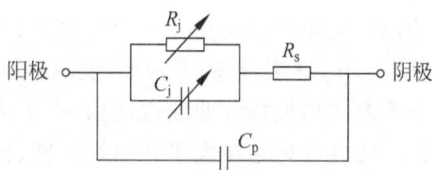

图 7.1 二极管小信号等效电路

7.1.2 二极管检波理论分析

二极管的 I-V 特性如下

$$i(V) = I_s (e^{\frac{qV}{nkT}} - 1) \tag{7.2}$$

其中,I_s 为二极管的反向饱和电流,q 为电子电量,V 为偏置电压,n 为理想化因子,k 为玻

耳兹曼常数，T 为热力学温度。当偏压为零时，导通电流为 0，当偏压负向增大时，导通电流增加至为 $-I_s$，量值为微安级，当偏置电压为正值且逐渐提升时，正向导通电流迅速增加。当偏置电压 V 叠加微小的波动电压 δ_V 时，二极管电流按泰勒展开可写为

$$i(V+\delta_V)=i(V)+\delta_V\frac{di}{dV}+\frac{\delta_V^2}{2}\frac{d^2i}{dV^2}+\frac{\delta_V^3}{3!}\frac{d^3i}{dV^3}+\frac{\delta_V^4}{4!}\frac{d^4i}{dV^4}\cdots \tag{7.3}$$

定义 $I_0=i(V)$，$G_d=\frac{di}{dV}=\frac{q}{nkT}(I_0+I_s)$，$G_d'=\frac{d^2i}{dV^2}=\left(\frac{q}{nkT}\right)^2(I_0+I_s)$，忽略更高阶电流分量，则式(7.3)可写为

$$i(V+\delta_V)=I_0+\delta_V G_d+\frac{\delta_V^2}{2}G_d' \tag{7.4}$$

结电阻与 G_d 的关系为

$$R_j=\frac{nkT}{q(I_0+I_s)}=\frac{1}{G_d} \tag{7.5}$$

式(7.4)为二极管电流的小信号近似公式。当微小的波动信号为正弦波，即 $\delta_V=v_p\cos(\omega_c t)$，其中 ω_c 为载波角频率，则按照二极管电流的小信号近似公式，检波电流为

$$i=I_0+v_p\cos(\omega_c t)G_d+\frac{(v_p\cos(\omega_c t))^2}{2}G_d' \tag{7.6}$$

检波出的电流经低通滤波，滤除 ω_c 和 $2\omega_c$ 分量，最终输出的低频检波分量为

$$i=I_0+\frac{v_p^2}{4}G_d' \tag{7.7}$$

对于小信号的整流，只有二次项有意义，从而称该二极管工作在平方律区域，即输出电流与射频输入电压的平方(即功率)成正比。当输入信号幅度 v_p 升高到一定程度时，式(7.3)中的四次项将不能忽略，二极管的响应在平方律检波区之外按准平方律整流，这段区域称为过渡区。v_p 继续升高，二极管响应特性就进入线性检波区。典型的二极管检波器的平方律—非平方律检波特性曲线规律如下，平方律检波区在 $-70\sim-20\text{dBm}$，过渡区范围为 $-20\sim0\text{dBm}$，线性区则是在大于 0dBm 区域，普通二极管正常工作所能承受的最大输入功率一般小于 20dBm。二极管随输入功率大小所划分的检波区间如图 7.2 所示。

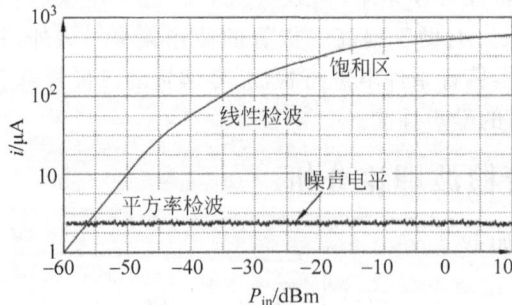

图 7.2　二极管检波区间示意图

当输入射频信号为幅度调制信号,即

$$\delta_V = v_p[1 + m\cos(\omega_m t)]\cos(\omega_0 t)$$

$$= v_p\cos(\omega_c t) + \frac{mv_p}{2}[\cos(\omega_0 - \omega_m)t + \cos(\omega_0 + \omega_m)t] \quad (7.8)$$

其中,ω_m 为调制信号频率,m 为调制指数。将式(7.8)代入小信号电流公式,并滤除射频分量得到低频输出电流为

$$i = I_0 + \frac{v_p^2}{4}G_d'\left[1 + \frac{m^2}{2} + 2m\cos(\omega_m t) + \frac{m^2}{2}\cos(2\omega_m t)\right] \quad (7.9)$$

检波前的信号频谱和检波后的信号频谱如图 7.3 所示,其中 $\omega_0 \pm \omega_m$ 和 ω_0 等高频分量为调幅波的频率成分。检波并经低通滤波后的信号成分包含直流、调制信号频率成分(ω_m)及其谐波。若采用如图 7.3 所示的低通滤波器,则可滤除高频频谱,同时对 ω_m 的谐波成分加以抑制。

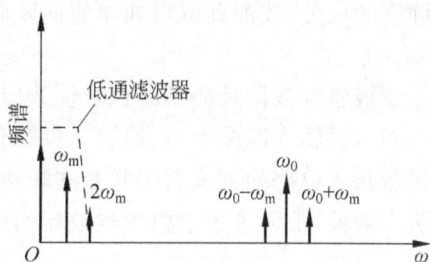

图 7.3　调幅波频谱和解调后频谱

检波器的主要技术指标如下。

(1) 电流灵敏度:检波输出电流与输入射频功率的比值,即

$$i = \beta_i P_{in} \quad (7.10)$$

利用二极管的 $I\text{-}V$ 特性,并忽略二极管等效电路中的寄生电容,电流灵敏度的理论公式为

$$\beta_i = \frac{q}{2nkT} \frac{1}{\left(1 + \dfrac{R_s}{R_j}\right)\left(1 + \dfrac{R_s}{R_j} + (\omega C_j)^2 R_s R_j\right)} \quad (7.11)$$

(2) 电压灵敏度:检波输出电压与输入射频功率的比值,即

$$v = i(R_s + R_j) = \beta_i(R_s + R_j)P_{in} = \beta_v P_{in} \quad (7.12)$$

$$\beta_v = (R_s + R_j)\beta_i = \frac{q}{2nkT} \frac{1}{\dfrac{1}{R_j} + \dfrac{R_s}{R_j^2} + (\omega C_j)^2 R_s} \quad (7.13)$$

检波二极管典型的电压灵敏度为 $400\sim1500\,\text{mV/mW}$。当二极管检波电流输出端接负载电阻 R_L 时,检波电压灵敏度需改写为

$$\beta_{vL} = \beta_v \frac{R_L}{R_L + R_s + R_j} \quad (7.14)$$

(3) 最小可检出功率:由于检波二极管和后续处理电路的噪声影响,检出的最小信号功率至少应等于带内噪声功率,此时对应的检波器射频输入功率定义为最小可检出功率。检波器的正切灵敏度比最小可检出功率高 3dB,此时射频信号时域检出波形的下沿与噪声上沿相切。

7.1.3 二极管包络检波器

包络检波是调幅波解调的最基本方式,从时域上看,调幅波解调将高频信号的包络提取出来;从频域上看,调幅波解调采用下变频变换将高频频谱搬移至低频段,而低频段的信号即为调制波信号。调幅波解调可分为包络检波和同步检波两大类,其中包络检波采用二极管完成,通过二极管的非线性特性实现输入信号频谱的相互运算,输出的低频信号即为调制信号;同步检波是一种相干解调方式,采用与信号载波同频的本地振荡信号与调制信号混频,混频后产生的低频信号即为调制信号。无论采用哪种解调方式,都需要使用低通滤波器滤除高频成分,才能提取出纯净的低频调制信号,调制信号在解调前后的信号频谱如图 7.3 所示。

二极管检波器是典型的包络检波器,因不需要输入本振,也称为自混频检波。二极管检波电路包含输入匹配电路、检波二极管和 RC 低通滤波器三部分。如图 7.4 和图 7.5 所示,二极管接入电路的方式有串联和并联两种形式,两种接入方式在检波性能上没有本质区别,不失一般性,下面关于二极管检波器的分析均以串联型检波器展开。

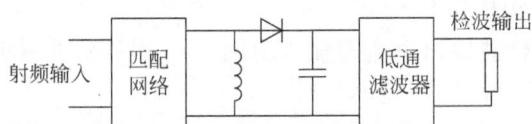

图 7.4　串联型的包络检波器

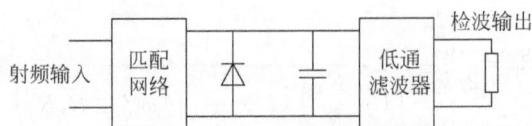

图 7.5　并联型的包络检波器

输入匹配电路实现传输线阻抗与二极管交流内阻的匹配,将输入的射频功率高效地传输给检波二极管。二极管检波电路的等效电路如图 7.6 所示,由于二极管具有单向导电特性,只有当输入信号电压相对于二极管为正偏且幅度大于开启电压时才导通,此时二极管相当于电流源,电流流向电容,二极管的正向电阻 R_j 较小,R_j 与负载电阻的并联值也较小,这导致电路的时间常数小,电容迅速充电,因而电容两端的电压(也就是检波电压)能够快速攀升至高频波的峰值。当输入信号电压小于开启电压或反向偏压时,二极管截止,开关关闭,电路环路中只包含电容和负载电阻两个器件,电容通过负载电阻放电,两端电压持续降低。由时间常数 RC 决定放电速度,由于负载值较大,放电速度较慢。RC 并联电路是最简单的低通滤波器,RC 参数选择对于检波的效果至关重要,RC 参数设置合适,包络检波将完美的跟踪高频调制波的峰值,基本不随剧烈的高频载波变化而变化,如图 7.7 所示。若 RC 时间常数过大,电容两端电压下降速度过慢,将有可能跟不上包络的下降速度,检波波形产生惰性失真；若 RC 时间常数过小，电容两端电压将部分跟随高频波抖动，最终检波出的电压具有较高幅度的高频成分。RC 并联电路的时间常数与频率滤波的截止频率关系如下

$$\omega_c = \frac{1}{RC} \tag{7.15}$$

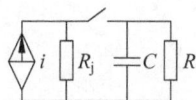

图 7.6　二极管检波的等效电路

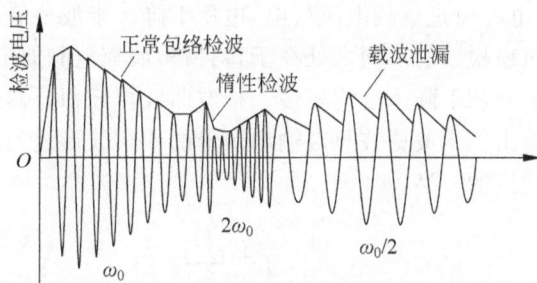

图 7.7　检波的时域波形

RC 时间常数过大意味着低通滤波器截止频率过低，对频率为 ω_m 的低频检波信号造成了衰减，导致检波信号频谱损失；RC 时间常数过小意味着低通滤波器截止频率过高，泄漏的载波和谐波造成了检波信号的失真。低通滤波器最佳的截止频率宜设置在调制波频率与其二次谐波的中点，即

$$\omega_c = 1.5\omega_m \tag{7.16}$$

二极管检波电路包含完整的直流通路和交流通路，即直流通路和交流通路都必须是环路。直流通路为二极管工作提供静态偏置，对于串联型二极管电路来说，需要采用高频电感实现直流通路（如图 7.4 所示），如果输入端匹配电路中含有直流通路，这个电感也可以省掉。交流通路一般以二极管后端的旁路电容（或低通滤波器）实现接地。

二极管包络检波一般采用零偏置电路，采用正向偏置会提高电压灵敏度，正向偏压通过高阻值电阻接入电路。另外由于微弱射频信号的检波输出幅度很小，检出的低频电压信号需要采用运算放大器进行低噪声放大，改进后的射频检波电路如图 7.8 所示。

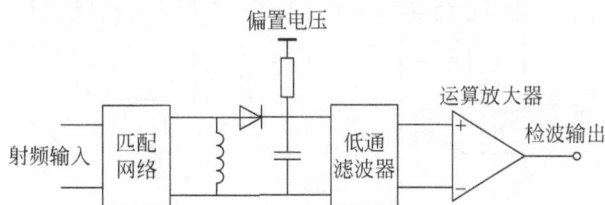

图 7.8　包络检波电路的改进

7.1.4　均值检波电路

均值检波器用于检测交流电压、电流的平均值，一般用于交直流转换电路中。进行均值

检波之前需对交流信号进行半波或全波整流,再对整流输出的脉动信号进行积分(低通滤波)取得波动较为平缓的直流信号,该直流信号的幅值就是被测信号的半波整流平均值或全波整流平均值。图 7.9 为半波整流的均值检波电路,二极管 D 构成半波整流电路,当输入信号处于正半周时,二极管导通,电容充电进而电压上升;当输入信号处于负半周时,二极管截止,电容通过负载电阻放电,电压下降。半波整流的输出波形如图 7.10 所示,均值检波电路与包络检波的不同之处在于,均值检波充电和放电环路的 RC 时间常数数值均较大,检波脉冲上升和下降速度均较慢。检波曲线再经积分器进一步的滤除高频分量即可得到稳定的直流输出。半波检波只对输出信号的一半波形进行检波,因此其输出的均值为实际全波整流平均值的一半。

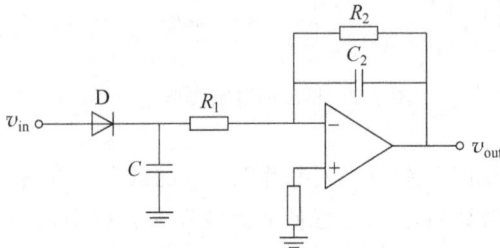

图 7.9　半波整流均值检波电路

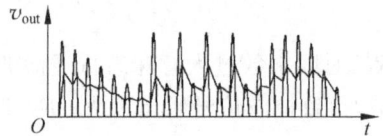

图 7.10　半波整流均值检波波形

全波整流均值检波电路如图 7.11 所示,运算放大器和两只二极管构成全波整流电路,当信号处于正半周时,运算放大器输出为负值,二极管 D_1 导通,D_2 截止,R_2 和 R_4 串联将电流输送给加法器,由于 R_2 端接电压为 0(虚短路),因此对加法器的电流贡献为 0,此时加法器的输入只有 R_3 的直流通路,贡献电流为

$$i_+ = \frac{v_{in}}{R_3} \tag{7.17}$$

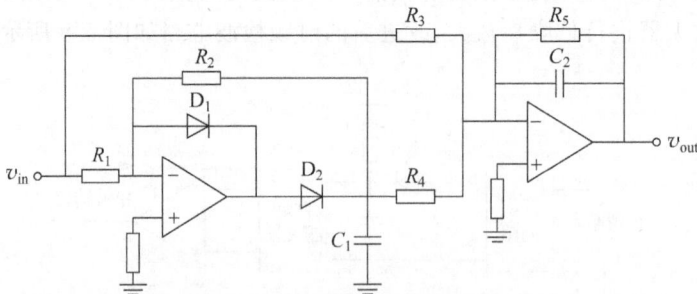

图 7.11　全波整流与积分器

当信号处于负半周时,运算放大器输出为正值,二极管 D_1 截止,D_2 导通,若 $R_1 = R_2$,则 R_4 端接电压为 $-v_{in}$,通过 R_4 给加法器贡献的电流为

$$i_{R4} = \frac{-v_{in}}{R_4} \tag{7.18}$$

因此再加上 R_3 的通路的电流贡献,加法器输入总电流为

$$i_- = \frac{-v_{in}}{R_4} + \frac{v_{in}}{R_3} \tag{7.19}$$

若 $R_3 = 2R_4$,则式(7.19)简化为

$$i_- = \frac{-v_{in}}{R_3} \tag{7.20}$$

因此无论输入电压处于交流的正半周还是负半周,全波整流后的输出电流均为正向。整流后再经积分器即可得到全波整流的平均值。全波整流平均值检波波形较半波整流波形平滑,若输入交流信号幅值稳定且频率较高,采用时间常数大的 RC 低通滤波(截止频率低),检波输出波形接近直线。

7.1.5　峰值检波电路

根据前节包络检波器的分析,若 RC 时间常数过大,检波波形将无法跟踪包络,造成惰性检波波形。如果将负载电阻设置为无穷大,那么检波波形在信号负半周期间几乎没有下降,波形将维持不变直到输入信号出现更高的峰值,此时充电时间极短,电容电压可迅速锁定输入信号的峰值电平。这种追踪信号最大值的检波器称为峰值检波器,峰值检波同平均值检波一样,检波之前需对输入信号进行半波或全波整流。图7.12显示的电路即为简易的峰值检波电路,当输入信号大于输出信号时,运算放大器输出为正值,二极管导通,运算放大器给电容充电,电容两端电压上升。当输入信号小于输出信号时,运算放大器输出为负值,二极管截止,电容两端电压不变。简易峰值检波波形如图7.13所示。

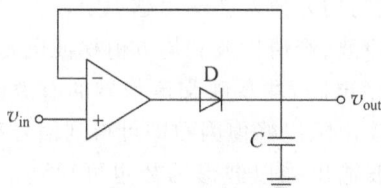

图7.12　简易峰值检波器电路

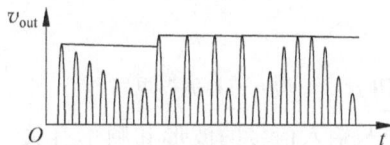

图7.13　简易峰值检波波形

较为精密的峰值检波电路如图7.14所示,当输入信号电平大于输出时,运算放大器输出正电压,D_1 截止,D_2 导通,电容 C 迅速充电至输入电平;而当输入信号电平小于输出时,运算放大器输出负电压,D_1 导通,D_2 截止,电容通过电阻 R_3 缓慢放电,右边的运算放大器构成电压跟随器,具有较大的驱动能力,同时不影响充电放电的时间常数。峰值检波电路要求充电时间极短,电容可以快速充电至峰值,而放电时间相对长,电压波形基本不下降。即便对于未经整流的正弦波信号而言,只要充电时间足够短,放电时间足够长,检波电路也可以追踪到峰值,相比而言,均值检波电路要求充放电时间相等,且要求输入信号经过整流,否

则无法得到交流信号的有效值。峰值检波的读数只取决于信号的幅度,与信号的宽度和重复频率无关。与峰值检波器相对,充电时间较长,只能部分跟踪最高峰值的检波器称为准峰值检波器。准峰值检波器输出既与脉冲幅度有关,又与脉冲重复频率有关,既能反映输入信号的幅度,又能反映其时间分布。

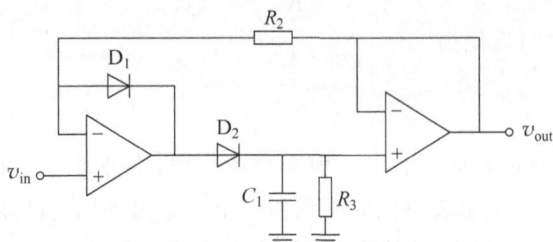

图 7.14　精密峰值检波器电路

7.1.6　均方值检波电路

均方值反映信号的功率大小,尤其适用于没有明确显式表达的随机噪声信号功率评估。信号的均方值定义为

$$\text{RMS} = \lim_{T \to \infty} \frac{1}{T} \int_0^T v_{\text{in}}^2 \, \mathrm{d}t \tag{7.21}$$

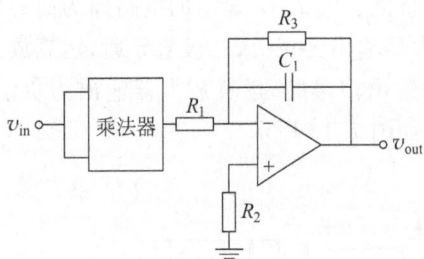

图 7.15　均方值检波器电路

均方值的平方根称为方均根值,其物理意义是信号的有效值。均方值检波器电路如图 7.15 所示,首先将输入信号自身相乘,获得其平方信号,再进行长时间的积分处理,即得到均方值输出,积分时间越长,得到的均方值检波输出越稳定。

均值检波、峰值检波和均方值检波电路均属于交直流转换电路,均反映交流信号的有效值大小。峰值检波输出除以峰值因数即可得到信号有效值,峰值因数与输入信号的波形和频率有关。均值检波输出乘以波形因数也可得到信号有效值,波形因数与输入信号的波形有关。

7.1 节介绍了常规的幅度检波电路,包括包络检波器和峰值检波器,其共同点在于只有当信号信噪比足够高时,检波电路才能输出可识别的波形;当信号功率低于噪声时,有用信号波形被噪声所淹没,检波器只能输出噪声的检波波形,从而丢失真实信号。在常规的通信和雷达应用中,电路末端检波器能够检测到的最小信号称为系统的检测灵敏度,检测灵敏度直接决定了系统的通信距离和雷达的探测威力。在特殊应用中,某些技术能够在检测过程中提高微弱信号的信噪比,从而可以在信号远低于噪声幅度的情况下将有用信号提取出来,这种信号检测技术将在 7.2 节中介绍。

7.2　微弱信号检测

在科研和工业生产中,经常会遇到诸如微弱光信号、微小位移、轻微震动、微幅温差、小电容、弱磁、弱声、微弱电磁信号、微电流等微弱物理量的检测任务,由于信号必然伴随着噪声,微弱信号由于幅度小而淹没在噪声中,必须运用有效的技术手段才能将微弱信号从噪声中提取出来,实现信息的有效读取。微弱信号检测技术综合电子学、信息论和物理学方法,分析被测微弱信号和噪声的统计特性差别,采用特定的信号处理方法来抑制噪声,提高接收系统的信噪比,实现高噪声背景下微弱信号的检测[22-23]。

正弦信号无论在时域还是频域都具有明显的统计特征和自相关特性,其他波形的信号可以采用波形变换或变频等技术转换为正弦波,因此对微弱正弦波的检测和参数估计具有代表意义。正弦波信号的参数估计主要涉及幅度、频率和相位,参数估计理论主要包括贝叶斯估计、最大似然估计、线性最小方差估计、最小二乘估计等方法。微弱信号的接收和处理电路包含低噪声放大前端、锁定放大器、取样积分器等模块,其中锁定放大器以最大似然估计理论为基础,相当于一个具有极小带宽的带通滤波器,可极大地提高接收信号的信噪比,实现噪声中微弱信号的变量估计。影响有用信号接收的噪声信号,主要来自系统外部的随机干扰以及接收系统自身产生的噪声,微弱信号检测的关键在于抑制噪声,恢复、增强有用信号,提高信噪比,进而完成信息的提取[23]。

7.2.1　提高信噪比的方法

对微弱信号的检测首先要进行幅度放大,但是伴随信号的噪声也会被同步放大,同时放大电路附加噪声会导致放大器的输出信噪比要比输入信噪比差,因此只靠幅度放大无法实现微弱信号的有效检出。微弱信号有效检测的关键在于抑制噪声,提高信号的信噪比,输出信噪比相对于输入信噪比的改善定义为信噪比改善比,即

$$\text{SNIR} = \frac{\text{SNR}_{\text{out}}}{\text{SNR}_{\text{in}}} \tag{7.22}$$

提高信噪比的方法包含窄带滤波、相关检测、取样积分等方法。窄带滤波器可以滤除带外噪声功率,仅保留有用信号周边的窄频带,从而提高输出信号的信噪比。为了达到良好的噪声抑制效果,滤波器的带宽应尽量窄,但窄带滤波器 Q 值较高,滤波器的设计和实施困难,损耗较大,同时滤波效果不佳,噪声抑制效果有限,因此使用窄带滤波器只是提高信噪比的初步手段。一般情况下待检测的有用信号具有确定函数描述,有规律、具有周期性和时间相关性,因此可利用信号自身相关性来进一步地实现压缩带宽、抑制噪声,达到提高信噪比的目的。

自相关检测电路如图 7.16 所示,其中包含噪声的输入信号写为

$$x(t) = s(t) + n(t) \tag{7.23}$$

其自相关函数为

$$R_{xx}(\tau)=R_{ss}(\tau)+R_{sn}(\tau)+R_{ns}(\tau)+R_{nn}(\tau) \tag{7.24}$$

由于信号与噪声不相关,所以式(7.24)可以简化为

$$R_{xx}(\tau)=R_{ss}(\tau)+R_{nn}(\tau) \tag{7.25}$$

噪声的自相关函数具有狄拉克函数性质,当 τ 逐渐偏离零点,噪声的自相关函数 $R_{nn}(\tau)$ 便迅速趋近于零,而正弦波的自相关函数 $R_{ss}(\tau)$ 仍为周期函数,其周期与信号 $s(t)$ 的周期相同,时延 τ 较大的情况下 $R_{xx}(\tau)$ 近似等于 $R_{ss}(\tau)$。取较长时延条件下 $R_{xx}(\tau)$ 的最大值,即可近似认定为 $R_{ss}(\tau)$ 的最大值,并可间接得到有用信号 $s(t)$ 的幅度、频率和相位信息[24]。

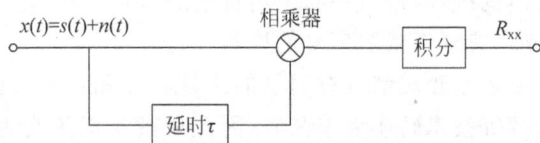

图 7.16 自相关检测电路

互相关检测电路如图 7.17 所示,有用信号 $s(t)$ 的频率一般事先已知,将参考信号 $y(t)$ 定为与 $s(t)$ 同频的正弦波,取参考信号与有噪信号的互相关函数为

$$R_{xy}(\tau)=R_{sy}(\tau)+R_{ny}(\tau) \tag{7.26}$$

由于参考信号与噪声不相关,所示式(7.26)可以写为

$$R_{xy}(\tau)=R_{sy}(\tau) \tag{7.27}$$

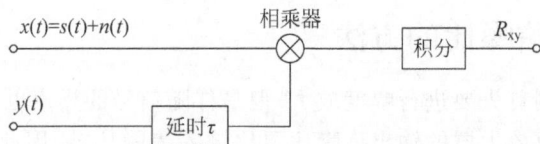

图 7.17 互相关检测电路

取样积分法首先将信号周期分成若干个时间间隔,对时间间隔内的信号进行同步取样,并将各周期中处于相同位置的取样进行积分。同频取样,确保对有用信号的取样在同一个位置,对信号的积分相当于多次累加,信号的幅度增加 N 倍(功率增大 N^2 倍),而每次取样的噪声却是随机的,N 次噪声叠加噪声功率仅增大 N 倍,所以积分的结果使得信号的功率相对于噪声得到提升,输出信噪比提高 N 倍。

7.2.2 锁定放大器

锁定放大器利用互相关原理,采用与有用信号同频的正弦波作为参考信号,与待检测的高噪声信号进行互相关运算。由于噪声与参考信号不相关,噪声所贡献的相关输出为零,如果高噪声信号中存在与参考信号同频的正弦波信号,相关器将会有一定幅度的直流输出。若进一步地使得参考信号与有用信号同相,则相关运算输出的直流幅度最大,因此这种弱信号检测电路称为相位锁定放大器。在进行相关运算的过程中,噪声分量被极大地抑制,因此

能够极大地提高输出信噪比,信噪比的改善比可高达 80dB。锁定放大器的信号输入端为直流或交流信号,输出为正比于输入信号幅度的直流电压。

　　锁定放大器电路如图 7.18 所示,主要包含信号变频通道、参考信号通道、锁定放大器和输出通道组成。锁定放大器适合微弱信号检测,基本的检测步骤如下:①采用上变频器将低频待检测信号迁移至中频,避开闪烁噪声的影响,再进行放大和滤波,初步提升待检测信号的信噪比;②利用锁定放大器检测中频信号,同时进行频率和相位检测,提取中频待测信号;③利用极窄带低通滤波器对锁定放大器输出进行滤波,极大地提升信号接收和检测的信噪比[23]。

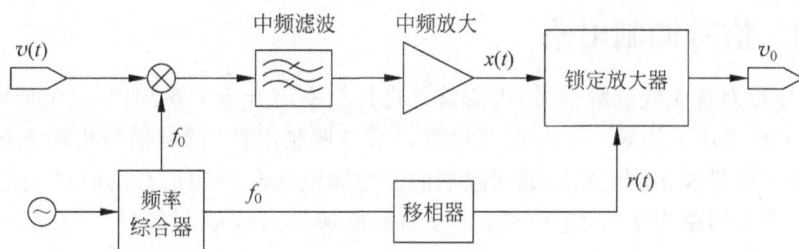

图 7.18　锁定放大器电路

　　对直流或频率较低的微弱信号进行放大处理,容易受到放大器直流漂移和低频闪烁噪声的影响,直流放大的信号会产生较大的检测误差,使得信号的信噪比变差。如图 7.19 所示,直流放大器自身的闪烁噪声有可能比待检测信号高,采用这样的放大器进行放大,将直接造成信号的信噪比恶化,使得信号检测更加困难。为解决这个问题,可采用调制电路对直流信号频谱进行上变频,将频率提升至中频,再进行放大,此时中频信号频谱远离放大器的闪烁噪声区域。中频放大之后采用带

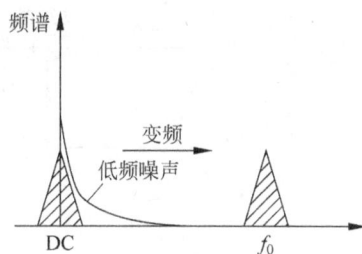

图 7.19　待测信号变频规避放大器的低频噪声

通滤波器进行初步的噪声抑制,由于谐振器 Q 值限制,中频带通滤波器无法实现极窄带的滤波器,因此信噪比的提升能力有限。由于全频带的噪声功率较大,为防止锁定相关器过载,也需要使用带通滤波器压缩噪声信号的动态范围。

　　锁定放大器信噪比的提升主要依靠信号相关器和低通滤波器,如图 7.20 所示,相关器与低通滤波器组成了锁定放大器的核心模块。相关器采用乘法器实现,完成参考信号与待检测信号的相干解调,低通滤波器滤除解调后的高频成分,最终得到待测信号的低频分量或者直流分量。相关器能够抑制噪声,低通滤波器也能够抑制带外噪声。不同于带通滤波器,低通滤波器可以做到任意窄的带宽,这样便能够极大地抑制带外噪声,从而获得较高的信噪比改善比。锁定放大器输入和输出信号的频谱如图 7.21 所示。

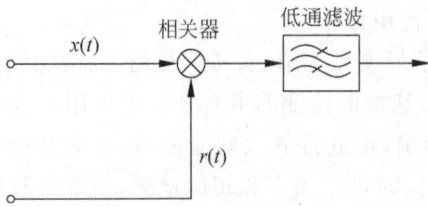

图 7.20　锁定放大器(相关器和低通滤波器)　　图 7.21　锁定放大器的输入和输出频谱

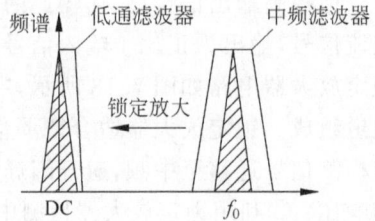

7.2.3　信号调制电路

　　输入信号若为直流或低频信号,则需首先将其频率提升至中频频率,避免低频放大器直流偏移以及闪烁噪声的影响。变频电路也称为信号调制电路,调制信号为输入的待测低频信号,可采用变频器或斩波电路完成变频功能。变频电路和变频信号的时域波形如图 7.22 所示,载波信号为频率为 f_0 的正弦波,待检测的低频信号为调制信号,变频后的波形为调幅波。

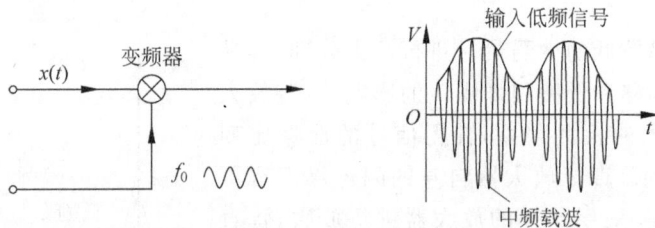

图 7.22　变频电路和变频信号的时域波形

　　斩波是直流变频的常用技术,斩波电路通过电子开关按照一定速率通断操作,实现直流(或低频)信号到交流的转变,交流信号的频率即为电子开关切换的频率。斩波电路和斩波信号的时域波形如图 7.23 所示,电子开关一般由 N 沟道和 P 沟道互补的场效应管构成串并开关实现,开关管的驱动信号为方波,当开关闭合时,输入的低频信号通过;当开关断开时,输入信号截止,这样形成了脉冲状的波形输出,从频域上看低频的输入信号频谱被搬移至开关频率以及开关频率的各次谐波附近,高次谐波成分容易被中频滤波器滤除,因此斩波电路与上变频电路实现频谱搬移的效果相同。

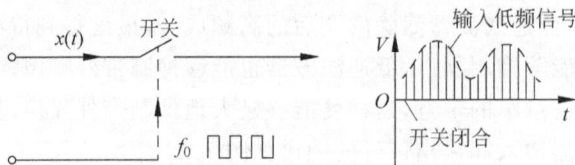

图 7.23　斩波电路和斩波信号的时域波形

7.2.4　锁定放大的理论分析

锁定放大器电路如图 7.18 所示,参考通道输入信号为频率为 f_0 的正弦波或方波,参考信号通过适当移相后传输至锁定放大器与待测信号进行频率和相位的比较。锁定放大器的两路输入信号分别为

$$x(t) = v_i \cos(2\pi f_0 t + \theta) \tag{7.28}$$

$$r(t) = 2\cos(2\pi f_1 t) \tag{7.29}$$

锁定放大器的输出为两路输入的乘积,其中高频分量被低通滤波器滤除,最终的输出为

$$v_o(t) = v_i \cos\left[2\pi(f_0 - f_1)t + \theta\right] \tag{7.30}$$

可见,当锁定放大器的两路输入信号频率相等,相位差 $\theta = 0$ 时,最终输出值最大,即同时实现了频率和相位的鉴别。如果锁定放大器的两路输入频率有差别,那么鉴相输出表现为正弦波波形,此时需要调整参考信号频率使其与中频信号尽量一致。锁定放大器在设计时,待测低频信号的上变频本振(或驱动开关的方波信号)和参考共用同一个信号源,这样频率天然就是一致的。参考信号的移相器用于调整相位使其与待测中频信号相位一致,从而实现相位跟踪。

当中频输入信号含有加性单频噪声时,可表示为

$$x(t) = v_i \cos(2\pi f_0 t + \theta) + v_n \cos(2\pi f_n t) \tag{7.31}$$

其中,v_n 为噪声幅度,f_n 为噪声频率。该信号与参考信号鉴相并取低通可得

$$v_o(t) = v_i \cos\left[2\pi(f_0 - f_1)t + \theta\right] + v_n \cos\left[2\pi(f_n - f_1)t\right] \tag{7.32}$$

若 $f_0 = f_1$,且低通滤波器带宽 $\text{BW} < |f_n - f_1|$,则低通滤波器可以将单频噪声信号滤除。

当中频输入信号含有宽带加性噪声时,可表示为

$$x(t) = v_i \cos(2\pi f_0 t + \theta) + n(t) \tag{7.33}$$

其中,$n(t)$ 为在频带 $\left[f_n - \dfrac{B}{2}, f_n + \dfrac{B}{2}\right]$ 内均匀分布、功率谱密度为 N_0 的窄带噪声,$n(t)$ 可分解为

$$n(t) = n_c(t)\cos(2\pi f_n t) + n_s(t)\sin(2\pi f_n t) \tag{7.34}$$

其中,$n_c(t)$ 和 $n_s(t)$ 分别为基带噪声信号,功率谱密度均为 N_0,带宽为 B,中心频率位于 0Hz。含有宽带噪声的待测信号与正弦参考信号鉴相并取低通可得

$$v_o(t) = v_i \cos\left[2\pi(f_0 - f_1)t + \theta\right] + n_c(t)\cos\left[2\pi(f_n - f_1)t\right] + n_s(t)\sin\left[2\pi(f_n - f_1)t\right]$$
$$\tag{7.35}$$

若满足 $|f_n - f_1| > \dfrac{B}{2}$ 条件,此时称为窄带噪声,噪声的鉴相结果未落在直流附近,此时可采用窄带的低通滤波器将噪声滤除。若不满足该条件,特别是当 $f_n \approx f_1$ 时,称该噪声为宽带噪声,则式(7.35)第二项将贡献主要的噪声功率,第三项由于是正弦函数,数值较低,相对于第二项可以忽略不计。待测信号的噪声带宽 B 一般为中频信号链路的带通滤波器带宽,中频链路的噪声功率为

$$P_{n\_in} = BN_0 \tag{7.36}$$

经过鉴相和低通滤波,噪声的带宽和功率谱密度分别为 B_{LPF} 和 N_0,鉴相输出的噪声功率为

$$P_{n\_out} = B_{LPF}N_0 \tag{7.37}$$

此时计算信噪比改善比为

$$SNIR = B/B_{LPF} \tag{7.38}$$

当输入信号为加性噪声,参考信号并非为正弦波时,鉴相的分析过程略为复杂。假设参考信号为幅值为 ± 2 的方波,将其展开为傅里叶级数

$$r(t) = \frac{8}{\pi} \sum_{i=1}^{\infty} \frac{(-1)^{i+1}}{2i-1} \cos[2\pi(2i-1)f_1 t] \tag{7.39}$$

假设 $f_0 = f_1$,输入信号与参考信号相乘后得到的鉴相输出为[23]

$$v_o(t) = \frac{4v_i}{\pi} \sum_{i=1}^{\infty} \frac{(-1)^{i+1}}{2i-1} \cos[2\pi(2i-2)f_0 t - \theta] + \frac{4v_i}{\pi} \sum_{i=1}^{\infty} \frac{(-1)^{i+1}}{2i-1} \cos[2\pi(2i)f_0 t + \theta] +$$

$$n(t) \frac{8}{\pi} \sum_{i=1}^{\infty} \frac{(-1)^{i+1}}{2i-1} \cos[2\pi(2i-1)f_0 t] \tag{7.40}$$

第一项只有 $i=1$ 的分量能够通过低通滤波器,$i \geqslant 2$ 的频率成分完全被滤除;第二项均被低通滤波器滤除;第三项由于 $n(t)$ 为宽带噪声,噪声在频率为 $(2i-1)f_0$ 附近的频谱分量会与参考信号的同频谐波成分相乘得到直流输出,因低通滤波器无法滤除而成为鉴相输出信号的噪声成分。方波各次谐波频率与宽带噪声鉴相而产生的噪声输出幅度为 $\sqrt{N_0} \frac{4}{\pi} \frac{(-1)^{i+1}}{2i-1}$,对待测信号幅度归一化后为 $\sqrt{N_0} \frac{(-1)^{i+1}}{2i-1}$,由于噪声各谐波段互不相关,其总的噪声功率采用均方叠加得到

$$P_{n\_out} = B_{LPF}N_0 \sum_{i=1}^{\infty} \left[\frac{(-1)^{i+1}}{2i-1} \right]^2 = \frac{\pi^2}{8} B_{LPF}N_0 \tag{7.41}$$

相对于正弦波参考信号来说,采用方波参考信号的输出噪声功率由 $B_{LPF}N_0$ 提升至 $\frac{\pi^2}{8} B_{LPF}N_0$,噪声输出功率略有增加,信噪比改善比约恶化 0.5dB。

7.2.5 矢量输出的锁定放大器

锁定放大器为获得最大值鉴相输出,需要插入移相器以调整参考信号的相位。为降低电路复杂度,采用正交型矢量锁定放大器,包含两路相同的鉴相检测系统,其结构如图 7.24 所示。其中两路参考信号相位差 $90°$,采用简单的 $90°$ 功分电桥即可以实现。参考信号分别表示为 $2\cos(2\pi f_0 t)$ 和 $2\sin(2\pi f_0 t)$,输入的待测信号为 $V_s \cos(2\pi f_0 t + \theta)$,则经过锁定放大器,输出的同相分量 I 和正交分量 Q 分别为

$$I = V_s \cos\theta \tag{7.42}$$

$$Q = V_s \sin\theta \tag{7.43}$$

双路正交锁定放大器无须采用可调移相器提取检测量最大值,其输出的同相分量和正交分量包含了待测信号的幅度和相位信息,两者的矢量和反映待测信号的幅度,两者的符号以及幅值的相对大小反映待测信号的相位。

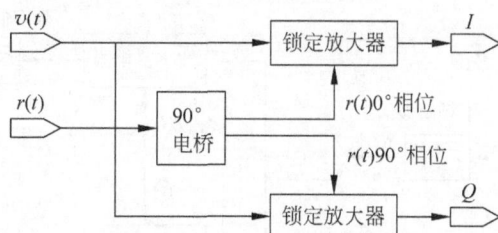

图 7.24 正交锁定放大器电路

7.2.6 变频式锁定放大器

当被测试信号具有一定的频带宽度,且待测试信号的频谱随频率变化,为获得测试量随频率的变化曲线,需要逐个频点测试,因而需要锁定放大器能够调整参考信号的频率,同时中频电路中的滤波器等也需根据当前的测试频率进行调整,实现难度较大。变频式锁定放大器可以解决这个问题,如图 7.25 所示,待测信号的频率为 f_0,频率可变,而锁定放大器固定工作在中频频率 f_1,本地振荡的频率为 f_0+f_1。当待测信号频率变化时,本地振荡亦同步变化,从而保证变频后的中频信号频率 f_1 维持不变,信号鉴相和锁定放大均在频率 f_1 完成,因此这种变频式锁定放大器也称为定中频锁定放大器,其本振信号和锁定放大器的参考信号采用频率综合器产生。

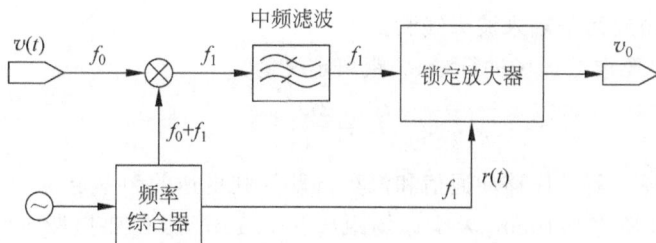

图 7.25 变频式锁定放大器电路

7.2.7 数字锁定放大器

传统的锁定放大器是由模拟电路制成的,由于模拟电路固有的温飘和噪声特性,性能存在瓶颈。新式锁定放大器的鉴相器、低通滤波器以及参考信号源由数字电路制成,由于数字电路技术的进步,数字锁定放大器在信噪比提升、抑制温飘等方面已经超越传统的模拟锁定放大器。数字锁定放大器电路如图 7.26 所示,前端信号放大和初步滤波与传统的锁定放大器相同,待测信号经 AD 转换后转为数字域,弱信号的相关运算与低通滤波均在数字域完成。参考信号由数字锁相环生产,并分为 0°相位和 90°相位两路,分别与待测数字信号进行相关运算,最终生成同相检测信号和正交检测信号,经由矢量叠加后最终输出。数字锁定放大器的相关器、窄带低通滤波、同相和正交的参考信号生成、开平方运算均由数字电路完成。

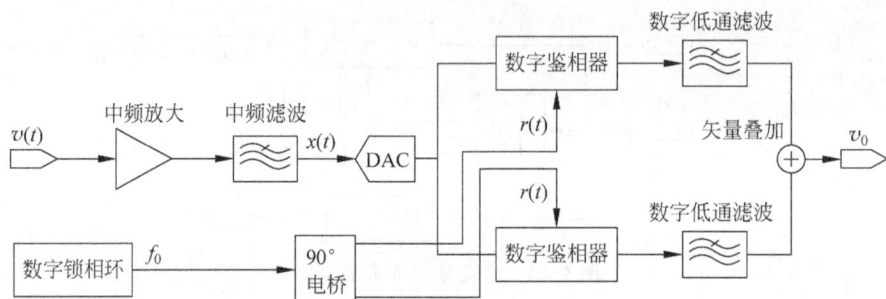

图 7.26　数字锁定放大器电路

7.2.8　锁定放大器在微波测试中的应用

锁定放大器相当于具有高度噪声抑制能力的检波设备,其输入是正弦波或脉冲信号,如果被测信号为直流或极低频的信号,需采用调制或斩波电路将其变换成交流信号,锁定放大器的输出为正比于输入波形幅值的直流信号。锁定放大器的参考信号必须与被测信号同频,若无法知道被测信号的频率,则需采用锁相环电路进行频率锁定。

锁定放大器能够在极强噪声环境中提取信号幅值和相位信息,配合传感器可以实现丰富多样的物理量测试,在电子学科、流体力学甚至化学和生物领域均有重要的应用。下面将介绍锁定放大器在电磁领域的应用。

1. 锁定放大器应用于毫米波天线测试

天线测试一般要求在远场进行,远场距离定义为

$$R = \frac{2D^2}{\lambda} \tag{7.44}$$

其中 D 为天线口径。新一代移动通信和汽车自动驾驶雷达的频率定为 71~86GHz,以典型的 77GHz 为例,口径约为 10cm,天线远场距离为 5.13m,根据弗里斯空间损耗计算公式,5.13m 的空间损耗为 84.37dB,天线实际远场测试距离还会更大,空间损耗将更大。巨大的空间损耗造成接收天线一端功率较小,如果低于接收电路的噪底,将无法得到准确的结果。另外对于天线测试来说,不仅要测试天线轴线的增益值(最大增益),还要测试天线在不同方位角的方向图,有些情形下需要测试天线的副瓣、零深以及后瓣大小,在这些位置接收信号功率比轴向的峰值还要低 20~80dB,如果接收信号功率低于接收机的灵敏度,这些参数的测试将无从谈起。

使用锁定放大器能够拓展接收机的灵敏度下限,使用锁定放大器的高灵敏度天线测试系统框图如图 7.27 所示。发射天线采用脉冲调制的毫米波信号激励,经空间传输,接收天

线获得的也是脉冲调制信号,经初步低噪声放大后由包络检波器提取脉冲调制信号。一般二极管包络检波器的正切灵敏度约−50dBm,如果检波器输入信号幅度低于正切灵敏度,检波出的包络波形将淹没于噪声中,无法有效的读取包络检波输出。而采用锁定放大器可以识别淹没在噪声中的脉冲包络,锁定放大器的参考信号连接与发射脉冲调制同源的脉冲信号,能够使信号的检测灵敏度在原检波器灵敏度基础上再提升80dB,有效地提升了微弱信号的检测能力。

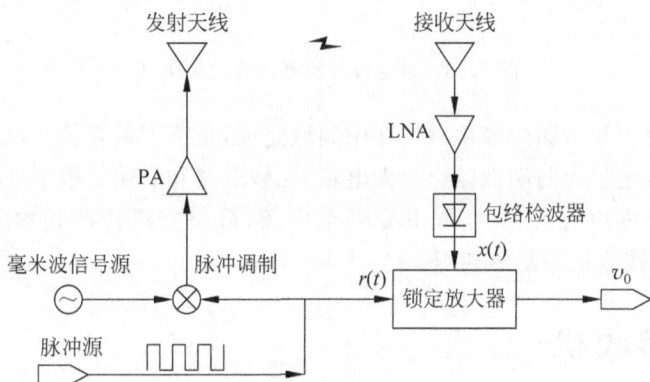

图 7.27　锁定放大器测试毫米波天线

2. 锁定放大器用于放大器噪声系数测量

放大器的噪声系数测试也可以采用锁定放大器完成。当无连续波信号输入时,输入端匹配的放大器输出的噪声功率为

$$v_{no}^2 = K v_{ni}^2 \tag{7.45}$$

其中,K 为放大器的功率增益,v_{ni}^2 为等效的输入噪声功率。输入噪声功率包含三部分,即输入端匹配电阻的热噪声、放大器的等效噪声电压源和等效噪声电流源的功率,即

$$v_{ni}^2 = 4k T_0 R_s \Delta f + v_n^2 + i_n^2 R_s^2 \tag{7.46}$$

当输入信号为连续波信号 v_i,放大器总的输出为 v_o,输出功率包含信号部分 v_{so}^2 和噪声部分 v_{no}^2,即 $v_o^2 = v_{so}^2 + v_{no}^2$,因此信号部分功率可以写作

$$v_{so}^2 = v_o^2 - v_{no}^2 \tag{7.47}$$

连续波经过放大器放大,输入和输出功率关系为

$$v_{so}^2 = K v_i^2 \tag{7.48}$$

根据噪声系数定义

$$F = \frac{v_{ni}^2}{4k T_0 R_s \Delta f} = \frac{v_{no}^2}{4k T_0 R_s \Delta f} \frac{1}{K} = \frac{v_o^2 - v_{so}^2}{4k T_0 R_s \Delta f} \frac{1}{K} = \frac{v_i^2}{4k T_0 R_s \Delta f} \frac{1}{Y-1} \tag{7.49}$$

其中两个状态的输出功率比值定义为 Y 系数,$Y = \dfrac{v_o^2}{v_{no}^2}$。其中,$v_o^2$ 和 v_{no}^2 均采用锁定放大器(如图 7.28 所示)测试得到,v_i^2 为信号源标定值,Δf 为锁定放大器的低通滤波器带宽,连续

波信号源的内阻与匹配负载内阻数值相同。

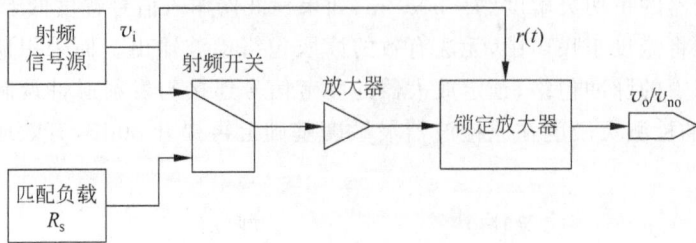

图 7.28　锁定放大器测试放大器噪声

常规的信号检测和微弱信号检测均在中频域完成,是模拟射频接收机的最后一个模块,完整的射频接收机还包含前端低噪声放大电路、变频电路和后端的数字处理模块,能够将接收到的射频信号低噪声放大、滤波并下变频至中频,最终完成检波和数字化处理,接下来7.3节将介绍射频接收机的基本知识。

7.3　射频接收机

射频接收机上启接收天线下接数字基带处理模块,主要对天线接收的微弱射频信号进行幅度放大、频带滤波、噪声抑制以及频带转换等功能,最终将足够幅度、合适带宽、较低频率的中频信号传输给数字电路进行基带处理。接收机分为三种基本结构:零中频接收机、超外差接收机、数字直采接收机。超外差接收机在通信和雷达等领域广泛使用,所谓超外差接收机,就是将接收到的高频射频信号通过若干次变频后输出较低频率的中频信号,在变频过程中完成信号幅度放大、带外干扰抑制、动态范围压缩等功能,同时还将宽带的射频接收信号与多路不同频率的本振混频后转化为多路窄带接收,而每一路窄带接收均采用相同的中频处理电路和中频频率。

典型的超外差接收机射频部分结构框图如图 7.29 所示,为常规二次变频方案。天线接收到的射频信号首先通过前置滤波器将镜像信号和带外干扰一并滤除,后经低噪声放大器

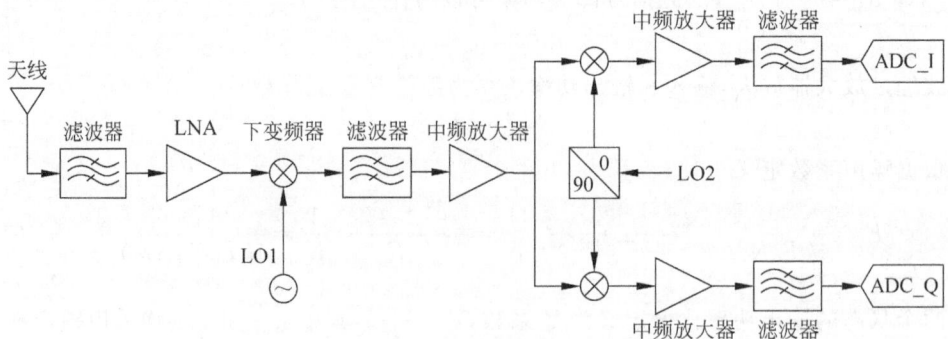

图 7.29　超外差接收机射频部分结构框图

放大,并送入混频器与本振信号进行频率和差运算。混频后由一中频滤波器滤除组合频率成分,再经中频放大器提高信号幅度,二次混频可采用常规混频方式,也可采用正交混频方式,再次将频率降低,并进一步滤波和放大,将最终的中频信号送入基带部分进行解调。若采用超外差方案,则中频可以远低于射频频率,带通滤波器分布于各个频段上,频率降得越低,带宽窄的滤波器越容易制作,对提高信噪比的帮助越大,并且低频滤波器的实现难度和成本比射频滤波器要低很多。另外还可以将系统总增益合理分配至射频、一中频和中频等多个频段上,避免增益集中带来不稳定,同时实现功能与成本的综合考虑,同时低频的自动增益控制电路更容易实现、性能更好、工作稳定性高、成本也低。

7.3.1　灵敏度和噪声系数

接收机的技术指标包含增益、带宽、灵敏度、动态范围等,本节将介绍与噪声相关的几个关键指标。灵敏度与噪声系数都是衡量接收机接收和检测微弱信号能力的指标,其中灵敏度指能够实现信号有效检测的最小接收信号,影响接收系统灵敏度的最重要因素就是系统的噪声系数。对于带宽、信号调制方式等参数已经确定的接收机来说,灵敏度高意味着噪声系数低,反之亦然。接收机灵敏度并非基本量,是在给定噪声功率的前提下,衡量接收机检测信号能力的参数,除了系统噪声系数以外,信号的调制类型、中频带宽、检波的门限以及误码率要求等都会影响系统灵敏度。

定义接收机等效输入噪声功率为 MDS,MDS 与接收机技术指标的关系为

$$\text{MDS(dBm)} = -174\text{dBm} + \text{NF} + [\text{BW}] \tag{7.50}$$

其中,-174dBm 对应 290K 环境温度下匹配电阻在 1Hz 带宽内的资用噪声功率,NF 为噪声系数,[BW] 为接收机带宽的对数值。如果系统工作温度与 290K 相差较大,则需要对式(7.50)进行修正,系统环境温度降低,匹配电阻在 1Hz 带宽内的资用噪声功率也会相应降低。从式(7.50)可以看出,降低接收机工作的环境温度、降低系统的噪声系数、降低系统的工作带宽,都可以有效地降低 MDS,从而实现对更弱信号的接收。

由于信号中包含信息,为了能够保证信号能够检波并且信息能够正确解调,接收的信号功率需在最小可检测信号电平基础上上浮若干分贝,定义为接收机的灵敏度

$$S_{\min} = \text{MDS} + \text{SN} + \text{SM} \tag{7.51}$$

其中,SN 为信号能够满足检波的门限所作的信噪比预留,SM 为信息能够在一定误码率条件下正常解调的信噪比余量。检波的门限预留以及误码率解调余量与传输的信号类型和调制形式有关,两者之和称为信噪比余量。

信号与噪声功率的对比有信噪比、载噪比以及比特噪声比(码噪比)等概念。载噪比定义中,载波功率为已调制信号功率和载波功率之和;信噪比定义中,信号功率只计已调制信号功率。对于抑制载波调制来说,两者数值是一致的,其他情况下两者有一定差别。调制传输系统中一般采用载噪比参数,而在基带处理中一般采用信噪比参数,但在工程实践中这两个概念经常混用。比特噪声比将载噪比对信息速率进行了归一化,比特噪声比与载噪比的关系为

$$\frac{E_b}{N_0} = \frac{C}{N_0} / R_b \tag{7.52}$$

或者定义为

$$\frac{E_b}{N_0} = \frac{C}{N} \frac{BW}{R_b} \tag{7.53}$$

其中，$\frac{C}{N}$ 为载波噪声功率比，无量纲；$\frac{C}{N_0}$ 为载波噪声功率密度比，单位为 Hz；R_b 为符号速率与比特速率的比值，即一个符号可携带的码元数量。载噪比除以符号码元比，即得到单个码元的信号能量与噪声能量的比值。

表 7.1 列出不同调制模式下，不同误码率的信噪比余量。MPSK（多进制数字相位调制）和 QAM（正交振幅调制）误码率与码噪比的瀑布图分别见图 7.30 和图 7.31。

表 7.1　各调制模式下不同误码率的信噪比余量

误码率	10^{-3}		10^{-6}		10^{-9}	
调制方式	码噪比	载噪比	码噪比	载噪比	码噪比	载噪比
BPSK	6.5	6.5	10.6	10.6	12.5	12.5
QPSK	12.5	12.5	16.1	16.1	18	18
4-QAM	10.6	13.6	10.6	13.6	10.6	13.6
D-BPSK	11.2	11.2	11.2	11.2	11.2	11.2
D-QPSK	12.7	15.7	12.7	15.7	12.7	15.7
8-PSK	18.5	18.5	22	22	23.8	23.8
16-QAM	14.5	20.5	14.5	20.5	14.5	20.5
16-PSK	24.5	24.5	27.8	27.8	29.7	29.7
64-QAM	18.8	26.6	18.8	26.6	18.8	26.6
32-PSK	30.3	30.3	33.8	33.8	35.8	35.8

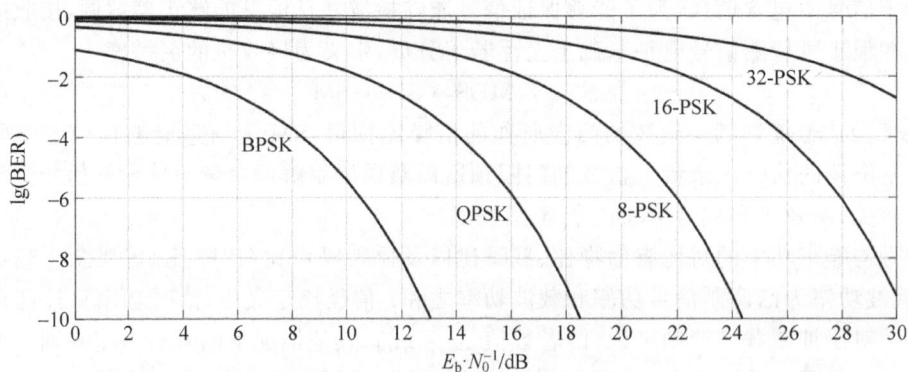

图 7.30　MPSK 误码率与码噪比的瀑布图

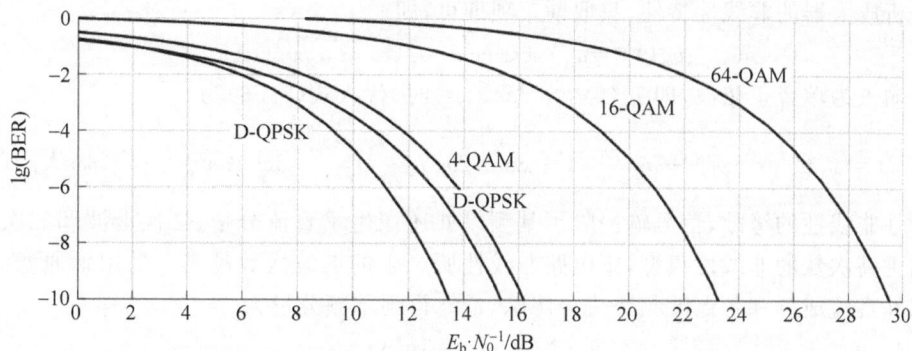

图 7.31 QAM 误码率与码噪比的瀑布图

灵敏度是接收机的重要性能指标，表征接收机能够正常接收并解调的信号功率下限。灵敏度测试分为直接测试和间接测试两种。直接的灵敏度测试框图如图 7.32 所示，待测接收机输入端接调制信号源(输入模拟或数字调制的微波信号)或雷达模拟器，接收检测器根据具体的测试场景可选频谱分析仪、信号分析仪、基带解调、误码仪等仪器，统一由上位机进行操控和数据后处理。测试时不断降低信号源的输出功率，直到接收检测器的信噪比降低至阈值、雷达目标出现漏警或者误码率超标，记录此时的信号源功率值为该待测接收机的接收灵敏度。

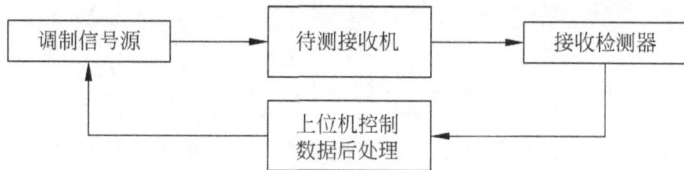

图 7.32 直接的灵敏度测试框图

间接灵敏度测试方法通过接收机的噪声系数、带宽以及最低解调信噪比推算得到，其表达式为

$$S_{min} = -174 + 10\lg(B) + NF + S/N_{min} \tag{7.54}$$

7.3.2 接收机的非线性模型

通常采用线性模型描述理想的二端口网络，网络的输出响应与输入激励信号之间呈线性关系，且输出信号不存在额外的频率成分。但是实际电路中包含有半导体等非线性器件，在大信号输入时会产生增益压缩、谐波失真、组合频率杂散响应等非线性特性，因此有必要建立电路的非线性模型来分析其非线性特性。一般采用级数来描述非线性系统，如下

$$v_o(t) = \sum_{n=1}^{\infty} a_i v_i^n(t) \tag{7.55}$$

其中，$v_o(t)$ 和 $v_i(t)$ 分别为二端口网络的输出信号和输入信号，a_i 为各阶响应的加权系数。

简单分析放大器的非线性特性,只取前三项即可,即

$$v_o(t) = a_1 v_i(t) + a_2 v_i^2(t) + a_3 v_i^3(t) \tag{7.56}$$

当信号输入为单音正弦波,即 $v_i(t) = v_i \cos(\omega t)$ 时,代入式(7.56)为

$$v_o(t) = a_1 v_i \cos(\omega t) + a_2 \frac{v_i^2}{2}[1 + \cos(2\omega t)] + a_3 \frac{v_i^3}{4}[3\cos(\omega t) + \cos(3\omega t)] \tag{7.57}$$

由于器件非线性的缘故,信号输出除了基频以外还产生了直流分量、二次谐波和三次谐波,若采用更高次数的非线性模型,则电路非线性所产生的谐波次数越高。采用带通滤波器将基频以外直流成分和各谐波频率成分滤除,最终得到基频分量为

$$v_{o\_1}(t) = \left(a_1 + a_3 \frac{3v_i^2}{4}\right) v_i \cos(\omega t) \tag{7.58}$$

定义 $G = a_1 + a_3 \dfrac{3v_i^2}{4}$ 为器件的非线性增益,当输入信号幅度较小时,系数 $a_3 \dfrac{3v_i^2}{4}$ 相比于 a_1 可忽略不计,因此 $G \approx a_1$ 即为非线性器件的小信号增益。随着信号幅度的增大,系数 $a_3 \dfrac{3v_i^2}{4}$ 增长很快,且一般情况下 a_3 与 a_1 符号相反,a_3 系数导致大功率输入情况下系统的非线性增益 G 降低。计算信号增益降低 1dB 时信号的输入功率 v_i^2 如下

$$20\lg(a_1) - 20\lg\left(a_1 + a_3 \frac{3v_i^2}{4}\right) = 1$$

得到

$$P_{in\_1dB} = v_i^2 = -\frac{4a_1}{3a_3}\left(1 - 10^{-\frac{1}{20}}\right) \approx 0.145 \left|\frac{a_1}{a_3}\right| \tag{7.59}$$

定义 P_{in_1dB} 为输入 1dB 压缩点,一般情况下将其作为该二端口网络的最大允许输入功率。

当非线性器件输入为等幅双音信号 $v_i(t) = v_i[\cos(\omega_1 t) + \cos(\omega_2 t)]$ 时,代入式(7.56),得到其输出信号除了基频外还包含直流、二次、三次谐波以及 $\omega_1 \pm \omega_2$、$2\omega_1 \pm \omega_2$、$2\omega_2 \pm \omega_1$ 等频率组合分量,如图 7.33 所示。直流分量、各次谐波以及二次交调分量均离基频较远,采用带通滤波器很容易滤除,因此只将基频和邻近组合频率 $2\omega_1 - \omega_2$ 和 $2\omega_2 - \omega_1$ 单独提出

$$v_o(t) = \left(a_1 + a_3 \frac{9v_i^3}{4}\right) v_i[\cos(\omega_1 t) + \cos(\omega_2 t)] + a_3 \frac{3v_i^3}{4}[\cos(2\omega_1 - \omega_2) + \cos(2\omega_2 - \omega_1)]$$

$$\tag{7.60}$$

图 7.34 为三阶交调的输出频谱,其中基频信号幅度与三阶交调信号成分 $2\omega_1 - \omega_2$ 和 $2\omega_2 - \omega_1$ 的幅度差定义为三阶交调(IMD)。三阶交调会产生邻道干扰,降低频谱利用率,使误码率恶化,在高数据率传输系统中往往要求很高的三阶交调截点。如图 7.35(a)所示,对于宽带接收系统来说,双音产生的三阶交调分量也会落在带内,当其幅度高于噪底时将成为干扰信号,恶化系统的接收灵敏度。当接收机为窄带系统时,两路较强的干扰信号虽位于带外,但其产生的三阶交调分量有可能落入接收机频带,作为干扰导致系统灵敏度恶化,如

图 7.35(b)所示,减小滤波器带宽可以降低三阶互调对接收机的影响,然而要实现相对带宽很窄的射频滤波器是非常困难的。当信号为调制信号时,其频谱充满该通信频段,相当于若干独立副载波集合,每个副载波都会携带一部分信号功率,每两个副载波之间都会生成三阶互调成分,不仅在本信道带内,三阶交调分量还会弥散至左右两个频道,产生的邻道泄漏频谱(ACLR)直接提升了邻道的噪声水平,导致邻道信噪比的恶化,如图 7.35(c)所示。邻道泄漏是由三阶交调分量引起的,其关系为

$$ACLR = IMD + C_n \tag{7.61}$$

其中 C_n 为与通道内副载波数量相关的修正值。

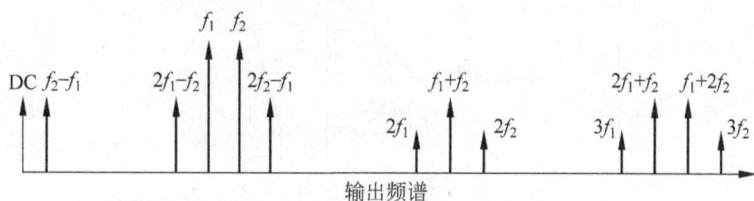

图 7.33 双音输入时的非线性输出频谱

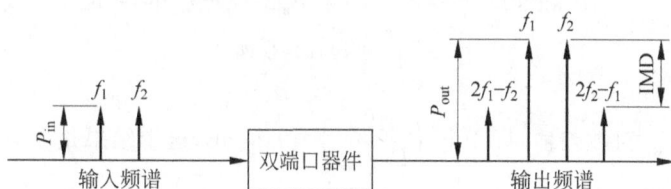

图 7.34 三阶交调输出频谱

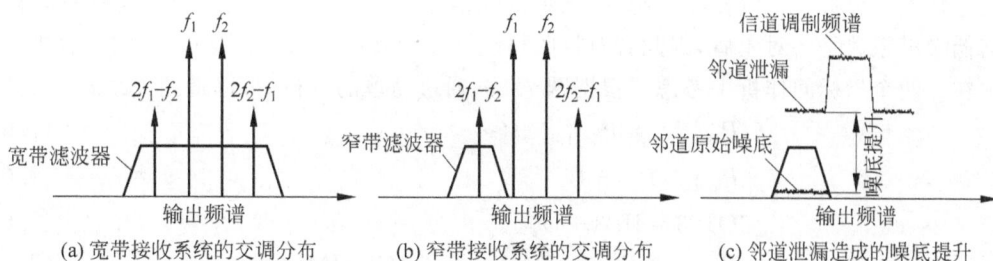

(a) 宽带接收系统的交调分布   (b) 窄带接收系统的交调分布   (c) 邻道泄漏造成的噪底提升

图 7.35 三阶交调对接收机的影响

7.3.3 三阶交调截点

随着双音信号的增强,输出的基频功率以斜率 1dB/dB 上升,而三阶交调分量以斜率 3dB/dB 上升,如图 7.36 所示,基频与三阶交调分量的差值 IMD 将越来越小。理论上将 IMD=0 的点定义为三阶截断点,对应的输入功率定义为 IIP3,此时三阶互调分量的幅度等

于基频线性分量幅度,即 $|a_1 v_i| = \left| a_3 \dfrac{3 v_i^3}{4} \right|$,化简后为

$$\text{IIP3} = v_i^2 = \left| \frac{4 a_1}{3 a_3} \right| \tag{7.62}$$

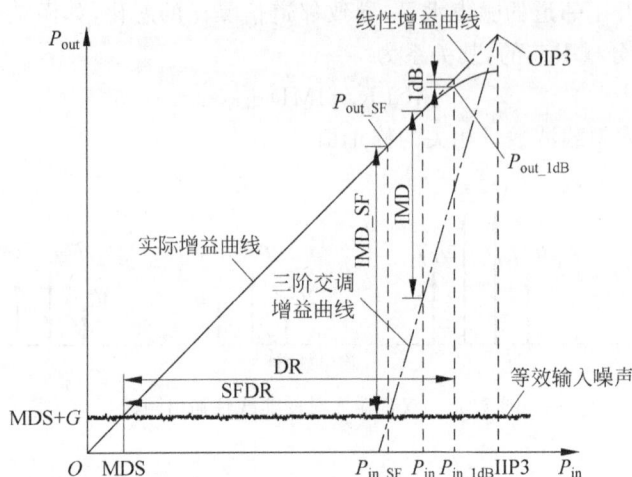

图 7.36 非线性指标图示

计算 IIP3 和 $P_{\text{in\_1dB}}$ 对数差值,即 $10 \lg \left(\dfrac{\text{IIP3}}{P_{\text{in\_1dB}}} \right) \approx 9.64 \text{dB}$,这个结果是在只考虑三阶级数的前提下得到的,实际非线性器件的典型 IIP3 要比 $P_{\text{in\_1dB}}$ 高 $10 \sim 15 \text{dB}$。

输入 1dB 压缩点和三阶交调截点 IIP3 都是衡量系统或器件线性度的重要指标,两者数值上差别十余分贝。三阶截断点越高,则带内强信号的互调杂散响应越小。高的三阶截断点与低噪声系数是一对矛盾,因此若对接收机线性度和噪声系数均有要求时,则接收机设计必须在这两个指标间作折中考虑。根据图 7.36,通过简单的分析,可以得到关系式

$$P_{\text{out\_1dB}} = P_{\text{in\_1dB}} + G - 1 \tag{7.63}$$

$$P_{\text{out}} = P_{\text{in}} + G \tag{7.64}$$

$$\text{OIP3} = \text{IIP3} + G \tag{7.65}$$

$$P_{\text{out\_3}} = P_{\text{out}} - \text{IMD} = P_{\text{in}} + G - \text{IMD} \tag{7.66}$$

$$\text{IMD} = 2(\text{OIP3} - P_{\text{out}}) = 2(\text{IIP3} - P_{\text{in}}) \tag{7.67}$$

输出为 $P_{\text{out\_3}}$ 的等效线性输入幅度为

$$P_{\text{in\_3}} = P_{\text{out\_3}} - G = P_{\text{in}} - \text{IMD} = 3 P_{\text{in}} - 2 \cdot \text{IIP3} \tag{7.68}$$

当输出的三阶互调分量 $P_{\text{out\_3}} = \text{MDS} + G$ 时,即等效的线性输入信号为 MDS,此时对应的输入功率为无杂散(三阶互调的等效输入分量低于 MDS)输入最大值,此时有

$$\text{MD}_{\text{SF}} = P_{\text{in\_SF}} + G - (\text{MDS} + G) = P_{\text{in\_SF}} - \text{MDS} \tag{7.69}$$

根据图 7.35 的几何关系有

$$P_{\text{in\_SF}} = \frac{1}{3}(2 \cdot \text{IIP3} + \text{MDS}) \qquad (7.70)$$

多个器件级联系统的三阶交调的理论计算公式如下

$$\frac{1}{\text{IIP3}_{\text{Total}}} = \frac{1}{\text{IIP3}_1} + \frac{G_1}{\text{IIP3}_2} + \cdots + \frac{G_1 G_2 \cdots G_{N-1}}{\text{IIP3}_N} \qquad (7.71)$$

7.3.4 接收机的动态范围

接收机动态范围的下限一般定为 MDS 或接收灵敏度。若以 $P_{\text{in\_SF}}$ 为动态范围上限，以 MDS 为下限，则得到无杂散动态范围为

$$\text{SFDR} = P_{\text{in\_SF}} - \text{MDS} = \frac{2}{3}(\text{IIP3} - \text{MDS}) \qquad (7.72)$$

而线性动态范围以输入 1dB 压缩点为上限，定义为

$$\text{DR} = P_{\text{in\_1dB}} - \text{MDS} \qquad (7.73)$$

广义的动态范围上限定义为接收机过载电平，如果信号位于带内，无论是有用信号还是干扰信号，过载输入电平定为 $P_{\text{in\_SF}}$ 或 $P_{\text{in\_1dB}}$，而如果干扰信号落在接收机带外，由于接收系统具有频率预选滤波器，能够忍受的最大带外信号电平将比动态范围的上限要高。过载电平与带内最大输入信号差值定义为接收机的动态储备，即

$$D_{\text{res}} = \text{OL} - \text{DR}_{\max} \qquad (7.74)$$

其中，OL 为接收机最大耐受功率。接收机总的动态范围定义为接收机带内动态与动态储备的和，即

$$D_{\text{T}}(\text{dB}) = D(\text{dB}) + D_{\text{res}}(\text{dB}) \qquad (7.75)$$

接收机动态储备和总的动态范围与接收机前置的预选滤波器的频域滤波形状相关，前置带通滤波器和低通滤波器的接收机动态范围如图 7.37 所示，当干扰信号或噪声落入接收机频带时，动态储备为 0，接收机的前置滤波器无法抑制同频干扰信号噪声；而在带外，将会有较高的储备动态范围，相应的总动态范围也有较大拓展。

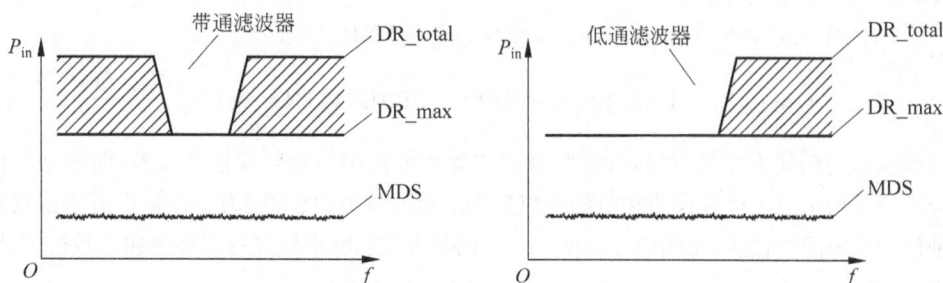

图 7.37 带通和低通滤波器的接收机动态范围图示

7.3.5 模数转换和量化噪声

模数转换器(ADC)能够将模拟信号转换为数字信号，包含前置滤波、采样和量化等基

本电路模块。模拟低通滤波器构成前置滤波环节,用于滤除带外的噪声和杂散信号,采样电路将输入信号的时间离散化,而量化电路将输入信号的幅值离散化,模拟信号经过模数转换器处理后,变为时域和幅值均为离散化的数字信号。幅值离散必然带来误差,假设 ADC 的输入满量程幅值为$[-1/2,1/2]$,输入信号 x 在量程内均匀分布,则量化误差表示为

$$\sigma_{\text{e}}^2 = \int_{-1/2}^{1/2} (x - \hat{x})^2 \, p(x) \, \mathrm{d}x = \frac{\text{LSB}^2}{12} = \frac{\left(\frac{1}{2^N}\right)^2}{12} \tag{7.76}$$

其中,$\hat{x}$ 为 x 的量化值,$p(x)$ 为输入信号 x 在量程内概率分布函数,LSB 为 ADC 的量化精度,N 为 ADC 的位数。若输入信号的功率为 σ_{x}^2,则 ADC 的信噪比表示为

$$\text{SNR} = 10\lg\left(\frac{\sigma_{\text{x}}^2}{\sigma_{\text{e}}^2}\right) = 6.02N + 10\lg(12\sigma_{\text{x}}^2) \tag{7.77}$$

可见模数转换器输出信噪比与量化位数成线性关系,ADC 位数每增加 1 位,信噪比就增加 6dB。文献[29]假定量化噪声与输入信号无关,且量化噪声在量程内具有均匀的概率密度分布,则量化噪声具有均匀的功率谱密度分布(白噪声),ADC 位数越高,量化噪声越接近于白噪声。将采样频率 f_{s} 作为数字信号的有用带宽,量化噪声均匀分布在 $[0, f_{\text{s}}]$ 内,且噪声总功率为定值,即式(7.76)。若 f_{s} 很大,量化噪声在单位带宽内的噪声功率将被稀释,采用数字抽取技术将窄带信号 x 提出,即可以滤除带外噪声,提高信噪比。根据文献[30],若定义实际采样率与奈奎斯特采样率的比值为过采样倍数,即 $\text{OSR} = f_{\text{s}}/f_{\text{nq}}$,则 ADC 输出的信噪比改善为

$$\text{SNR}_{\text{OSR}} = 10\lg(\text{OSR}) \tag{7.78}$$

另外还可以采用噪声整形技术使得噪声功率在频带内重新分布,降低信号处的噪声功率,进一步地提高信噪比。根据文献[31,32],L 阶噪声整形带来的信噪比改善为

$$\text{SNR}_{\text{L}} = 20L\lg(\text{OSR}) + 10\lg\left(\frac{2L+1}{\pi^{2L}}\right) \tag{7.79}$$

因此 ADC 总的输出信噪比为

$$\text{SNR} = 6.02N + 10\lg(12\sigma_{\text{x}}^2) + \text{SNR}_{\text{OSR}} + \text{SNR}_{\text{L}}$$

$$= 6.02N + 10\lg(12\sigma_{\text{x}}^2) + 10(1+2L)\lg(\text{OSR}) + 10\lg\left(\frac{2L+1}{\pi^{2L}}\right) \tag{7.80}$$

射频接收机的研发、测试和品质检验过程中均需要使用一种射频检测仪器,即频谱分析仪。频谱分析仪是用于射频信号检测和射频噪声检测的重要仪器,其本质为一台宽带射频接收机,包含多种信号检波配置,能够完成信号功率、带宽、调制方式和噪声性能等多种射频参数的测试。

7.4 射频检测仪器

频谱分析仪是射频领域进行信号测试分析的基础仪器,发展至今已衍生出超外差频谱仪、信号分析仪以及实时频谱仪等多种类型,主要用于频谱测试、信号分析等用途。早期的

频谱分析仪是对时域采样信号进行傅里叶变换得到的,对于射频、微波和毫米波等高频信号来说,时域采样不可行,需采用外差式接收机将高频频谱降低至中频再进行处理。现代频谱分析仪的组成架构如图7.38所示,输入的射频信号从几千赫至几十吉赫,接收机链路采用信道化处理,将全部的接收频带划分若干段,每一段分别与本地振荡器进行多次混频,最终生成单一频率的中频信号。中频信号由分辨率带宽滤波器进行滤波,再经对数放大器进行压缩和包络检波,最终由视频滤波器进行低通滤波,输出较为平滑的显示图像。为确保最终能够生成固定频率的中频,本地振荡器要求具有扫频功能,现代频谱仪使用锁相环通过改变分频比来调谐实现扫频振荡器,前端的射频调谐滤波器与本地振荡器的频率同步,用于滤除抑制带外信号和镜像信号。

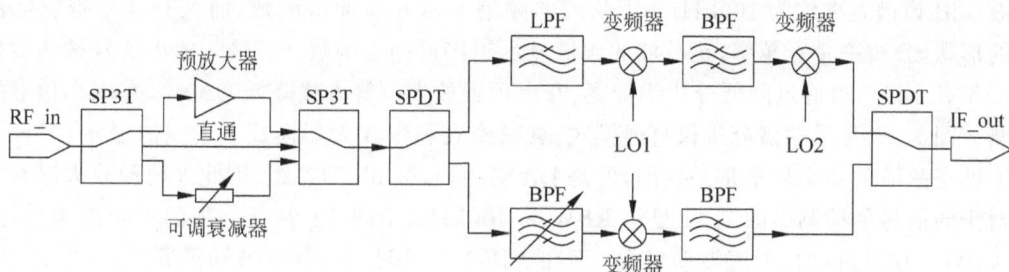

图7.38 现代频谱分析仪的组成架构

现代频谱分析仪的输入端采用输入信号幅度预处理电路,分为直通、高精度步进衰减以及低噪声预置放大器三个通路。当输入信号幅度较高时,为避免频谱分析仪自身参数非线性效应干扰测试,需采用前置衰减器进行幅度限制。另外,在噪声测试、微弱信号接收测试条件下,要求频谱分析仪具有极低的本底噪声,通常频谱分析仪的本底噪声功率约为-140dBm/Hz,启动前置放大器后本底噪声可达到-160dBm/Hz量级,可以采用增益法进行较高准确度的噪声系数测试。本底噪声是衡量频谱分析仪优劣的重要参数,当小信号幅度接近频谱仪的本底噪声时,被测信号幅度的读数会受噪声波动影响,带来测量误差,因此频谱分析仪的本底噪声越低,对于小信号的测试能力和准确度越好。频谱分析仪的本底噪声通过仪器自身的检波器会反映为显示平均噪声电平(DANL)。根据显示平均噪声电平可估算频谱分析仪的噪声系数,例如290K的自然噪底为-174dBm/Hz,若频谱分析仪分辨率带宽为10kHz,显示平均噪声电平为-114dBm,归一化噪底为-154/Hz,则仪器自身的噪声系数约为20dB。

分辨率带宽(RBW)和视频带宽(VBW)是设置频谱仪显示的重要参数。RBW实际上是频谱仪内部中频滤波器的3dB带宽,对于频率相邻很近正弦波信号来说,RBW设置小于信号频率的间距,才能有效分辨。对于宽频的数字调制信号来说,RBW大于或等于待测信号带宽时,才能准确测试。较低的RBW有助于不同频率信号的分辨,同时能够降低平均显示噪声电平,但若测试宽带信号时,会产生失真。VBW为峰值检波后滤波器带宽,是频点平均运算,VBW设置越小,平均后其测试曲线越光滑。测量脉冲信号时,由于脉冲信号具有高的峰值和较低的平均值,要避免使用平均,此时 VBW 要远大于 RBW 才能获得准确的测量值。各种信号测试时典型的配置如下:①正弦波,VBW=1~3RBW;②脉冲信号,VBW=10RBW;③噪声信号,VBW=0.1RBW。

频谱分析仪显示平均噪声电平与本底噪声和分辨率带宽相关,具体关系为

$$DANL = [N_0] + [RBW] \tag{7.81}$$

其中,$[N_0]$ 为仪器的本底噪声功率密度,单位为 dBm/Hz;$[RBW]$ 为分辨率带宽对数值。设置分辨率带宽可以改变本底噪声,如图 7.39 所示为 RBW 分别为 10kHz 和 100kHz 的正弦波信号频谱显示,可见分辨率带宽为 10kHz 的噪底要比 100kHz 的噪底低 10dB,同时可见分辨率带宽为 10kHz 的正弦波 3dB 频谱宽度约为 10kHz,而分辨率带宽为 100kHz 的正弦波 3dB 频谱宽度约为 100kHz。正弦波的频谱显示并非冲击函数,而是分辨率带宽滤波器的形状,分辨率带宽越窄,正弦波的频谱显示越接近冲击函数。若输入的小信号被频谱仪的 DANL 淹没,可通过降低分辨率带宽、开启预置放大器等方式降低 DANL,实现小信号的观测。图 7.40 显示频谱分析仪直通模式、衰减模式和预放大器模式下的频谱显示,三种状态下的正弦波的功率显示是一致的,但是 DANL 具有 20dB 的差距,因此采用预放大器有助于对于弱信号的检测。图 7.41 显示 RBW 为 100kHz,不同 VBW 状态下的正弦波频谱,其中 VBW=100kHz 时,噪底波动较大;而在 VBW=10kHz 时,噪底波动平滑。

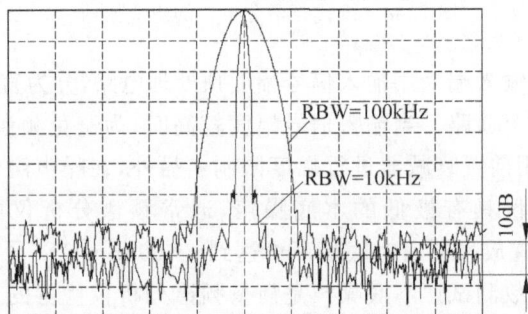

图 7.39 频谱仪 Span 为 2MHz,不同 RBW 状态下的正弦波频谱显示(VBW=RBW)

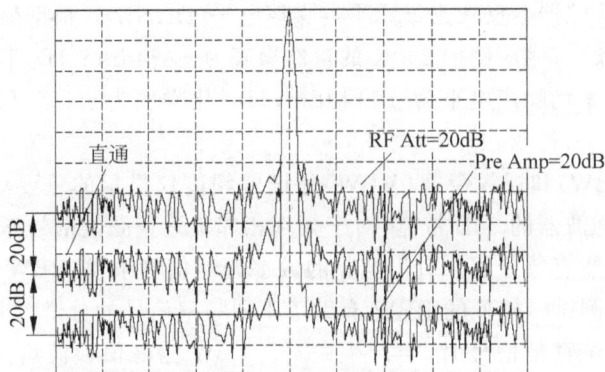

图 7.40 频谱分析仪直通模式、衰减模式和预放大器模式下的频谱显示

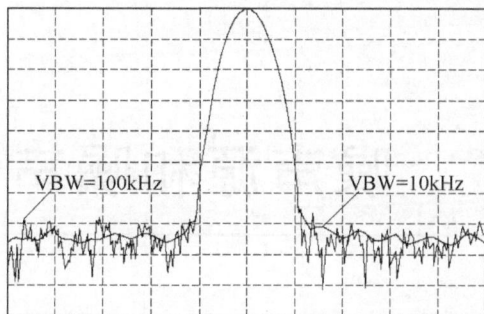

图 7.41 视频带宽对正弦波频谱显示的影响

未加预置放大器的频谱仪本机噪声系数约 20dB,采用增益法对单级器件的噪声系数测试误差较大,因为单级的器件增益不够高,无法覆盖频谱仪噪声的影响。采用具有低噪声和高增益的前置放大器能够降低测试系统的噪声系数,从而减小测试误差。假设频谱仪自身噪声系数为 20dB,预置放大器增益为 20dB,噪声系数为 4dB,那么根据噪声系数的级联公式

得到有预放时系统噪声系数为 $\mathrm{NF}_{\mathrm{pre\_amp}} = 10\lg\left(10^{\frac{4}{10}} + \dfrac{10^{\frac{20}{10}} - 1}{10^{\frac{20}{10}}}\right) = 5.44\mathrm{dB}$,由此可见预放极

大地改善了系统的噪声系数。采用增益法测试一个增益为 15dB,噪声系数为 1dB 的放大

器,得到如下结果:不加预放时,$\mathrm{NF} = 10\lg\left(10^{\frac{1}{10}} + \dfrac{10^{\frac{20}{10}} - 1}{10^{\frac{15}{10}}}\right) = 6.42\mathrm{dB}$;加预放时,$\mathrm{NF} = 10\lg$

$\left(10^{\frac{1}{10}} + \dfrac{10^{\frac{5.44}{10}} - 1}{10^{\frac{15}{10}}}\right) = 1.26\mathrm{dB}$。由此可见,加预放时测量结果的误差仅有 0.26dB,而不加预放

其测量误差高达 5.42dB。

7.5 本章小结

射频接收机主要实现射频信号的接收、变频和解调功能,将信号恢复为原始的声音、图像和数据,最终实现信息的有效接收。良好的射频接收机具有以下特点:①噪声抑制功能,射频前端具有低噪声放大器、窄带滤波器等器件,能够对微弱有用信号放大的同时,仅让尽量少的干扰和噪声信号进入后端电路;②微弱信号检测功能,电路能够有效地在噪声中提取有用信号,高灵敏度接收机和微弱信号检测电路甚至能够在极低信噪比的条件下识别有用信号,这增大了通信系统和雷达的作用距离。

第 8 章

噪声源和噪声测试

　　噪声信号源是一种能够在一定频带内输出功率稳定且具有均匀功率谱的特殊用途微波信号源,在射频电路的噪声测试、辐射计校准、射电天文学等领域广泛使用。噪声信号源可以分为自然噪声源和人造噪声源,其中自然噪声源包括恒温的黑体、天体以及宇宙背景辐射等,人造噪声源包含各种半导体、气体放电管等类型。科学研究和工程中常用的噪声信号源按照制式分类,有模拟式、数字式和混合式三种。模拟式噪声源通过半导体 PN 结的齐纳击穿或雪崩击穿所产生,一般可认为是具有高斯分布的白噪声,模拟式噪声源的功能单一,不能满足多样式干扰选择。数字式噪声源由数字电路产生,由伪随机码驱动 DDS 产生符合高斯分布的噪声信号,噪声的生成灵活性较高,不仅可以实现常规白噪声输出,也可直接实现噪声的调幅、调频、调相等输出模式。模拟式噪声源的频率高达数十吉赫(GHz),而数字式噪声源最高仅几吉赫量级,如果需要更高频率的噪声,则需要采用混合方式将噪声源通过变频和倍频等频率搬移手段提升至更高的频段。

　　本章将首先介绍数字噪声源和模拟噪声源,然后介绍用于噪声计量的恒温噪声源、用于噪声测试的真空管电子噪声源、固态半导体噪声源,最后介绍噪声源计量和噪声系数测试等专题。

8.1　数字噪声源

　　数字噪声源是离散的随机数字序列,由数字电路或计算机软件产生。随机数的产生包含两种方法:①数字伪随机码,可通过最大长度线性移位寄存器序列、Gold 序列、全长序列、二次剩余序列等方式产生;②模拟噪声源最接近自然界中的随机噪声,因此对物理噪声源所产生的热噪声或散粒噪声直接采样也可得到数字化的随机数序列。

1. 长度为 m 的伪随机数生成

　　假设随机序列长度为 m,其中 m 为较大的质数,伪随机序列要求 $1 \sim m$ 每个数字只出现一次,没有遗漏也没有重复,可采用组合同余法生成。组合同余法是最常用的随机序列生成方法,采用以下公式循环 $m-1$ 次生成

$$u(i+1) = [au(i) + c] \bmod m \tag{8.1}$$

其中,a 和 c 为常数,可任意指定,$u(0)$ 为初始数值。组合同余法生成的序列会发生遗漏数和重复数现象,为保证数值的连续性,需采用修正算法将重复数替换为遗漏数。修正后得到的伪随机序列具有均匀的概率分布密度。改变 a 和 c 以及初始数值 $u(0)$ 可以生成不同的伪随机序列,每个随机序列具有相同的长度,且分布相互独立。

2. 任意长度的伪随机数生成

组合同余法选取的质数 m 即伪随机数序列的最大长度,如果要求随机数序列的长度 n 不是质数,且要求连续、无遗漏、不重复,则需采用以下流程生成。

(1)选取大于 n 的质数 m;

(2)选取合适的 a、c 以及初始数值生成随机序列;

(3)寻找遗漏和重复的数字,修正随机数序列;

(4)去掉大于 n 的数字,最终形成 $1 \sim n$ 的随机序列。

3. 高斯序列

组合同余法生成的伪随机数具有均匀的概率分布密度,是进一步生成其他随机分布的基础,例如高斯分布序列可由下式生成

$$G_i(i) = \sqrt{-2\ln(u_1(i))\cos(2\pi u_2(i))} \tag{8.2}$$

$$G_q(i) = \sqrt{-2\ln(u_1(i))\sin(2\pi u_2(i))} \tag{8.3}$$

其中,u_1 和 u_2 为两个独立分布的伪随机数序列;已对 n 进行了归一化,数值分布区间位于 $(0,1]$;G_i 和 G_q 分别为同相和正交相位的高斯分布序列,其均值为 0,方差为 1。

均值为 0,方差为 1 的高斯分布随机数序列 x 可在 $G_i(i)$ 或 $G_q(i)$ 任选一个。均值为 a,方差为 σ 的高斯分布随机序列可由下式生成

$$p_{a,\sigma}(x) = a + \sigma G(x) \tag{8.4}$$

窄带高斯噪声通过线性包络检波器后,输出的噪声为瑞利噪声,瑞利随机变量由下式生成

$$R(i) = \sqrt{|G_i(i)|^2 + |G_q(i)|^2} \tag{8.5}$$

瑞利分布函数为

$$p(x) = \frac{x}{\sigma^2} e^{-\frac{x^2}{2\sigma^2}} \tag{8.6}$$

瑞利分布的一阶矩(均值)为 $\sigma\sqrt{\dfrac{\pi}{2}}$,二阶矩为 $2\sigma^2$,方差为 $\sigma^2\left(2 - \sqrt{\dfrac{\pi}{2}}\right)$。

4. 基于 DDS 的合成噪声源

直接数字频率合成器(Direct Digital Synthesizer,DDS)采用大规模数字集成电路技术,通过 ROM 查找表的方式输出波形实现频率合成,可以在很宽的频率范围内进行精细的频率调节,形成高质量的正弦波输出,并可以实现各种数字调制信号。如果通过伪随机码序列驱动 DDS 的相位累加器,则可以生成数字噪声源。相比于模拟噪声源而言,数字噪声源具有更高的灵活性,主要体现在频率频带灵活可控、调制方式软件可控、功率谱可控,且具有捷变等优点。

如图 8.1 所示,DDS 包含相位累加器、ROM 波形存储器、数模转换器、低通滤波器和参考时钟等功能电路。其中相位累加器在参考时钟的驱动下,在每个时钟周期均累加一定相位,累加的相位值由 MCU 输出的频率控制字决定。波形存储器储存着 $0°\sim360°$ 相位与正弦幅值的对照表,根据该表波形存储器输出该相位对应的信号幅度。相位累加器的有效数值为 $0°\sim360°$,溢出则重新累加,此时波形存储器输出进入新的一个周期,因此相位累加器的溢出频率即为 DDS 输出信号的频率。数模转换器将数字信号转换为模拟信号,此时的模拟信号为阶梯波形,具有较高的高次谐波成分,因此需要采用低通滤波器抑制高频分量,低通滤波器的另一个作用是滤除镜频分量,DDS 经过滤波输出的即是纯净频率的正弦波。DDS 的外围电路包含 MCU 控制器、参考时钟、频带滤波器以及驱动放大等电路。

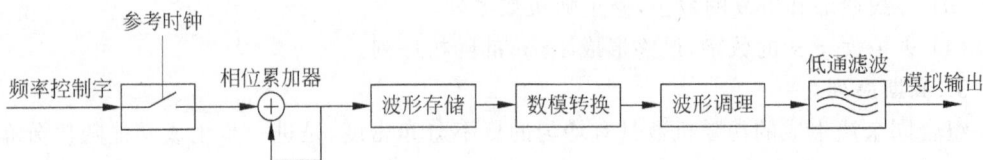

图 8.1　DDS 原理框图

相位累加器位数为 N,则 $0\sim2^N$ 按比例对应 $0°\sim360°$(即 $0\sim2\pi$)相位,若 DDS 的频率字为 K,参考时钟的频率为 f_C,即每隔 $T_C=\dfrac{1}{f_C}$ 的时间,相位增加 $\dfrac{K}{2^N}2\pi$,则产生一次相位溢出的时间为

$$T=\frac{2^N}{K}T_C \tag{8.7}$$

T 为 DDS 输出信号的周期,其频率为

$$f=\frac{K}{2^N}f_C \tag{8.8}$$

可见 K 越大产生的频率越高,但由于奈奎斯特定律的限制,理论上 K 最大不能超过的 2^N 的 50%,工程实现上 K 最大为 2^N 的 40%,即 DDS 最大输出频率为参考时钟的 40%。

如果使用伪随机数列作为频率字驱动相位累加器,DDS 产生的就是随机的频率输出,功率谱显示为弥散的噪声谱。不同分布伪随机数列驱动 DDS 可以实现不同的噪声谱波形输出,还可以通过信号的幅度控制、频率控制和相位控制,得到不同调制方式的噪声信号输出。假设 R_n 为 $(0,1)$ 间均匀分布的随机序列,若将频率字序列定义为如下形式

$$K=\frac{f_0 2^N}{f_C}+\frac{\Delta f 2^N}{f_C}(2R_n-1) \tag{8.9}$$

则 DDS 输出的为中频频率为 f_0、带宽为 $2\Delta f$ 的均匀分布随机噪声信号。

5. 真随机数发生器

真正意义上的随机数是由某种真实存在的物理随机过程产生的,而非由公式推导或计算机仿真生成。这些具有随机性的物理现象包含转轮、核衰变、电子器件的噪声等,其随机

性具有不可预测的特性,并且永不可重复。基于真实物理随机性而制造的随机数发生器叫作物理性随机数发生器,即真随机数发生器。真随机数发生器能够完美实现真正的"随机",并广泛用于信息加密设备中[5]。真随机数发生器根据实现方法的不同,可分为离散混沌式、振荡器采样式以及电子热噪声式三种类型,其中热噪声式真随机数发生器将电阻的热噪声或场效应管中的沟道热噪声作为随机信号源,对热噪声进行宽带射频放大,然后经过模数转换器将结果数字化形成随机数序列。热噪声式真随机数发生器的原理框图如图 8.2 所示,主要包含热噪声源、射频放大器、比较器和模数转换器组成,由于热噪声的幅度小,射频放大器需具有较高的增益和平坦的频率增益曲线[6]。

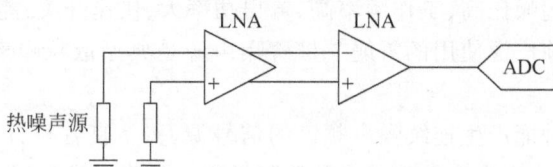

图 8.2 热噪声式真随机数发生器原理框图

数字噪声源时域离散,噪声的幅度也是离散的,而模拟噪声源则在时域和幅值均连续分布,数字噪声源和模拟噪声源在一定条件下可通过数模或模数转换器相互转换。

8.2 模拟噪声源

根据前文所述,电子噪声根据来源分为热噪声、散粒噪声、闪烁噪声以及等离子体噪声等几类,如果采用某种技术能够精确地控制噪声源的输出功率谱密度,那么这个噪声源就称为标准的噪声源。标准噪声源在噪声测试、系统标定以及电子对抗中具有重要作用。

热噪声发生器(即冷热噪声源)根据黑体辐射定律制成。当黑体材料处在某一温度下,辐射出的电磁功率谱密度与黑体物理温度成正比,噪声功率谱的频谱分布极其平坦,具有白噪声性质,并且其噪声功率建立在温度这个基本物理量上,定标准确度高。冷热噪声源可用处于恒温的加热腔或者低温的杜瓦瓶环境中的电阻实现,其噪声温度等于其物理温度。基于物理温度的冷热噪声源常用作标准噪声源或噪声计量标准,可以对其他类型的噪声源进行定标校准[7]。

气体放电管又称等离子体噪声源,通常应用于微波波段,其主要结构为离子放电管,管内的低压惰性气体在阴极和阳极之间的电场作用下放电产生等离子体,带电离子的无规则运动会引起类似电子热运动的噪声[8]。气体放电管具有超噪比较大、工作频率高等特点。

饱和二极管的内部主要器件为热阴极和阳极,当给其提供较低电压时,由于热阴极发射的电子获得的能量小,会在阴极和阳极之间产生空间电荷区,阻碍电子的发射,此时伏安特性近似为线性。当阳极偏置电压超过一定程度时,空间电荷将不会存在,从而产生饱和区。此时温度越高,二极管的饱和区电流越大,而温度能够由灯丝电压管控。此时如果阴极温度一定,则工作电流也会保持恒定,阴极的发射电子呈现散弹效应,单位时间内发射的电子数量在平均值附近随机往复变化。饱和二极管产生的噪声功率谱密度分布均匀,但仅限几吉赫量级。饱和二极管噪声源是由二极管反向偏置时产生的饱和电流所引起的,由于未达到反向击穿状态,反向电流极小,因此噪声功率也相应较小,噪声源的超噪比小。

半导体器件产生的噪声包含热噪声、散粒噪声、闪烁噪声等,在高频频段半导体的噪声以散粒噪声为主,且具有白噪声特征。半导体器件产生的散粒噪声功率谱幅度与偏置电流成正比,可以通过精确控制半导体偏置的方式获得所需的噪声功率密度。散粒噪声源一般也称为固态噪声源,主要由二极管以及晶体管等半导体制成,利用半导体 PN 结反向偏置使其处于雪崩击穿状态,由于雪崩区电子、空穴等载流子流动的随机起伏而产生雪崩散弹噪声。固态噪声源具有超噪比高、工作频率高、输出功率大、快速开关、能够在不同噪声温度间快速切换等优点。目前广泛使用的雪崩二极管噪声源是典型散粒噪声源,被大量用于现代电子测试测量领域。

噪声发生器是一种能产生连续噪声频谱的信号源,一个良好设计的噪声源具有宽带噪声功率输出、平坦的功率谱密度和端口冷热匹配性能。热噪声发生器、二极管噪声发生器和气体放电管噪声发生器等是常用的噪声信号源类型。表 8.1 列出了典型噪声信号源的性能指标。

表 8.1 典型噪声信号源的性能指标

噪声源类型	频率范围	等效输出噪声温度/K	输出接口形式
热噪声源	0~220GHz	77、290、373、700	同轴或波导
饱和二极管噪声源	10MHz~90GHz	290~92000	同轴或波导
气体放电管噪声源	200MHz~220GHz	10000~18000	同轴或波导
固体噪声源	10MHz~90GHz	290~120000	同轴或波导

除噪声功率谱密度函数以及输出功率大小以外,衡量噪声源性能的重要指标是超噪比参数。在噪声测试和噪声标定中,需要测试待测试或待标定系统在两个标准噪声基准下的噪声功率输出响应,以此计算系统的噪声指标。两个标准噪声基准分别称为高温基准 t_H 和低温基准 t_C,噪声源的超噪比定义为

$$\mathrm{ENR} = \frac{t_H - t_C}{t_C} \tag{8.10}$$

测试用的噪声源均具有高温和低温两个工作状态,对于基于物理温度的冷热噪声源来说,冷源和热源是物理上分离的两个独立噪声源,两个噪声源共同配合使用才能实现噪声计量和噪声测试的目的。固态噪声源由半导体电路制成,通过改变工作状态来切换冷源状态和热源状态,一般来说噪声源加电时产生高温噪声源,不加电时噪声源不工作,输出的噪声温度为室温 290K,即为低温基准。

接下来,将分别介绍几种典型的模拟噪声源。8.3 节主要讲述恒温噪声源,恒温噪声源是以具有恒定温度的黑体为辐射体的噪声源,是最基本、最准确的噪声源。

8.3 恒温噪声源

恒温噪声源利用黑体的辐射亮温等于其物理温度这个特性实现,包含自然噪声源和人造噪声源两种类型。

8.3.1 自然噪声源

自然环境中存在的温度已知且短时恒温的物体都可以作为恒温噪声源使用,自然噪声源包含以下几种类型。

(1)冷空,即不存在大的恒星和行星的宇宙空间,将相对稳定的宇宙微波背景辐射当作恒温噪声源。研究表明,宇宙微波背景辐射在很宽的频带内符合黑体辐射特征,且在整个天球视场内表现为各向同性。在 K 波段以下的微波波段,冷空的亮温恒定为 2.73K,更高频段冷空的温度随频率增大而升高[9]。对于星载设备而言,冷空是理想的噪声源,常用于星载辐射计定标。但对位于大气层内的设备来说,直接使用冷空作为标准噪声源需要考虑大气和气候影响,此时观测到的冷空温度(视在噪声温度)其实是经过大气衰减的冷空温度与大气物理温度的混合值,并且与地面天线指向角、时间以及气象条件密切相关,因此精确地应用冷空较为复杂。

(2)自然天体定标源,包括太阳、月亮、近地行星等都可以作为具有标准噪声温度的微波噪声源,可作为星载遥感设备的定标噪声源。

(3)地球上植被稠密的热带雨林、北方针叶林、草原、沙漠也具有相当稳定的物理温度和热辐射特性,可以作为对地观测遥感设备的定标噪声源。

8.3.2 人造噪声源

人造噪声源包含恒温黑体辐射噪声源和恒温电阻噪声源两种。基本热力学温度的热噪声标准源常用作最高级别的标准噪声源,作为噪声源标定使用。热噪声标准源通常由黑体材料匹配负载、温度控制及温度测量装置、精密传输线、恒温容器等构成。该标准噪声源必须具备以下特性:负载必须为理想黑体,负载的反射系数需要小于 0.01,负载的导热性也必须良好,与传输线有很好的热接触以使负载具有稳定而均匀的热分布,传输线要尽量短以保证极小的损耗。为了保证噪声源输出噪声温度的准确性和稳定性,常常将负载放置于"相"平衡态(如沸点温度、凝固点温度等)的某种物质中,即可最准确地确定负载的物理温度并高精度地保持该温度。实际应用中可以用液氮的沸点(77.3K)或水的沸点(373K)产生低温噪声(冷噪声源)和高温噪声(热噪声源)。黑体辐射热噪声源的噪声温度等于它的物理温度,工程上采用疏松多孔的吸波材料浸透某种恒温气体或液体制成恒温的黑体辐射噪声源,黑体辐射噪声源辐射各向同性的噪声功率输出,适用于集成天线的完整系统测试和定标,如图 8.3 所示。

处于恒温状态的精密电阻也可作为温度噪声源使用,电阻采用液氮制冷或温控器控温,其输出亮温范围为几十开尔文到几百开尔文。常见的热噪声标准源结构图如图 8.4 所示，由匹配负载、精密传输线和恒温容器等构成。负载的导热性应良好，具有稳定而均匀的热分布。传输线要尽量短且使用高导电率金属制造以保证极小的损耗。为保证噪声源输出噪声温度的准确性和稳定性，也将负载浸泡于"相"平衡态的物质中，准确地确定负载的物理温度并保持。

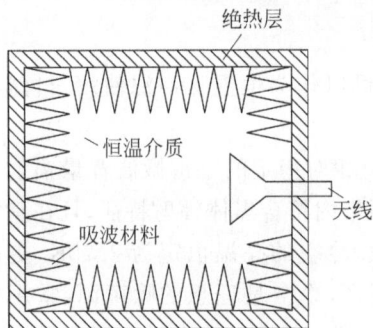

图 8.3　黑体噪声源结构　　　　　图 8.4　热噪声标准源结构

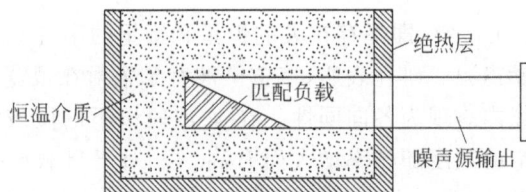

　　理想情况下热噪声标准源的等效输出噪声温度等于其物理温度，但由于负载的匹配情况、传输线的损耗以及输出端温度梯度的变化都会影响最终输出端口处的等效噪声温度，因此需要采用校准技术来标定标准噪声源在输出参考面的等效噪声温度。

　　在极低温或极高频时，量子效应显现，黑体辐射的等效温度在这种情况下应使用普朗克或 Callen-Welton 公式来描述[10]，分别为

$$T_{\text{plank}} = T \frac{\dfrac{hf}{kT}}{e^{\frac{hf}{kT}} - 1} \tag{8.11}$$

$$T_{\text{C-W}} = T \frac{\dfrac{hf}{kT}}{e^{\frac{hf}{kT}} - 1} + \frac{hf}{2k} \tag{8.12}$$

Callen-Welton 公式描述的等效噪声温度比普朗克公式高，高出的数值称为零点起伏噪声，表示半个辐射量子处于绝对零度时的噪声电平。物理温度噪声源的等效噪声温度可按照普朗克公式计算，也可按照 Callen-Welton 公式计算。采用 Y 系数测定接收机的等效噪声温度时，若使用普朗克公式，得出的接收机噪声温度要比使用 Callen-Welton 公式得到的接收机噪声温度高 $hf/2k$，另一方面采用普朗克公式计算的等效天线噪声温度要比使用 Callen-Welton 公式得到的噪声温度低 $hf/2k$。因此无论采用哪个计算公式，系统的工作噪声温度是不变的。

　　恒温噪声源属于无源噪声源，噪声温度等于噪声源的物理温度，由于材料和工艺的限制，人造物理噪声源很难产生高于 2000K 的稳定噪声输出。8.4 节所介绍的气体放电管属

于有源噪声源,噪声本质上属于散粒噪声,等效噪声温度可达到数千开尔文,其物理温度则维持于室温附近。相比于恒温噪声源,有源噪声源的超噪比更大。

8.4 气体放电管噪声源

以气体放电管、真空二极管为代表的微波电子管是常用的噪声源器件。气体放电管由一定压强的氦、氖等惰性气体、以及灯丝和阳极组成。灯丝点燃后,高电压激发低压气体产生等离子体,由于电子质量低,在电场驱动下将获以较大的能量,以极高速度与其他粒子碰撞,损失的动能将产生电磁辐射。因为电子的运动速度和方向具有随机性,所以产生的电磁辐射带有白噪声性质。气体放电管适用于高频甚至是毫米波波段。气体放电管的噪声功率主要取决于电子温度,等效的噪声温度高达10000K,文献[12,13]将气体放电管的噪声功率密度表示为

$$N'_{\text{plasma}} = kT_{\text{e}} + \frac{P_{\text{dc}}}{nZ_{\text{co}}}\cos^2\psi \times \left(2 + \frac{Z_{\text{co}}^2 - \omega^2}{Z_{\text{co}}^2 + \omega^2}\right) \tag{8.13}$$

其中,T_{e} 为电子温度,P_{dc} 为气体放电管的直流功率,n 为等离子体中电子的数量,Z_{co} 为电子碰撞的概率,ψ 为耦合波导与放电管轴线的夹角,ω 为频率。

气体放电管噪声源的结构如图8.5所示,当放电管电源关闭且波导与负载匹配时,波导口的输出噪声功率密度为

$$N'_{\text{off}} = kT_{\text{C}} = kT_0 \tag{8.14}$$

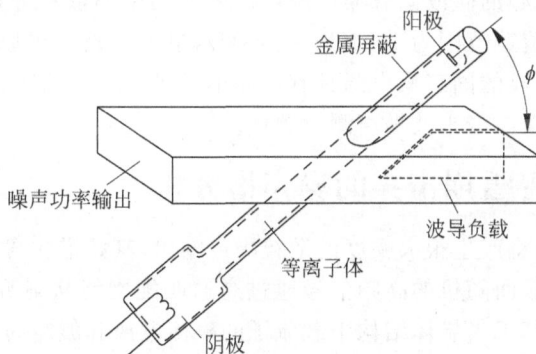

图 8.5 气体放电管噪声源结构

其中,T_0 为波导结构的物理温度。当放电管电源开启且放电管输出与波导匹配时,波导输出的噪声功率为

$$N'_{\text{on}} = N'_{\text{plasma}} = kT_{\text{H}} \tag{8.15}$$

其中 T_{H} 为放电管的等效噪声温度。

有源噪声源的另一个典型例子为半导体噪声源,噪声产生原理同样为散粒噪声,等效噪声温度可达到数千开尔文,具有较高的超噪比。固态噪声源即是以半导体噪声源为基础制成的,与气体放电管相比,具有输出噪声功率稳定、无须预热、使用寿命长等优点。

8.5　半导体噪声源

　　二极管的工作偏置条件分为正偏和反偏两种情况。在正偏情况下,二极管噪声来源于载流子各自独立随机的通过 PN 结时所产生的散粒噪声(即肖特基噪声),在反偏情况下,若反向电压没有达到击穿,其反向饱和电流很小,产生的散粒噪声幅度较低,噪声源的等效噪声温度不高;若二极管反向偏置电压足够高,则会出现齐纳击穿和雪崩击穿,处于齐纳击穿的二极管将产生大功率的散粒噪声和闪烁噪声,处于雪崩击穿状态的二极管主要产生高功率散粒噪声。

　　二极管或晶体管等半导体 PN 结在施加较高反偏电压的情况下会产生击穿,产生较大的击穿电流,伴随产生宽带高功率散粒噪声。在 PN 结高掺杂的情况下,因耗尽层厚度较小,反向电压可在耗尽层形成很强的电场,直接破坏共价键,使价电子脱离共价键束缚,产生电子空穴对,导致激发电流急剧增大,这种击穿称为齐纳击穿。轻掺杂的 PN 结耗尽区较厚,当反向电压增加时,空间电荷区中的电场随着增强,电子受电场加速获得很大的动能,与晶格多次碰撞使束缚在共价键中的价电子电离,激发的电子继续在电场作用下加速,从而引发连锁反应激发更多的电子空穴对。产生的雪崩倍增效应使得阻挡层中的载流子数量雪崩式地增加,流过 PN 结的电流急剧增大从而击穿 PN 结。齐纳击穿和雪崩击穿在散热条件良好的条件下都不是毁坏性的,可反复击穿使用,具有极长的寿命。

　　以雪崩二极管为核心的微波固态噪声源可产生大功率的散粒噪声输出,等效噪声温度高达数千开尔文,频率覆盖范围为 10MHz～18GHz,单个二极管可以提供 30dB 的超噪比。以雪崩二极管为核心制成的固态噪声源具有尺寸小、质量轻、功耗低、频率范围极宽、超噪比高等优点,广泛应用于微波毫米波噪声测量领域。

8.5.1　二极管雪崩击穿的噪声谱分析

　　二极管雪崩击穿时将产生很大幅度的散粒噪声输出,其频谱包含直流和所有高频成分,其中直流成分注入电源,而随机的高频信号通过高通匹配网络从射频输出口输出。根据文献[16],雪崩击穿主要基于半导体结构中载流子的碰撞电离和渡越时间两种物理效应,产生的噪声功率谱密度表达式为

$$N'_{\text{aval}} = a\,\frac{V_{\text{br}}^2}{I_0}\,\frac{1}{\left(1-\dfrac{f^2}{f_r^2}\right)^2}\,\frac{R_{\text{L}}}{(R_{\text{D}}+R_{\text{P}}+R_{\text{L}})^2} \tag{8.16}$$

其中,$a=\dfrac{q\eta^2}{3m^2}\dfrac{\tau_{\text{tr}}^2}{\tau_{\text{x}}^2}$,$q$ 为电子电荷,m 为表示电离系数与电场关系的指数,η 为二极管击穿电压 V_{br} 与雪崩区两端电压 V_{a} 的比值,τ_{tr} 为载流子流过耗尽区的渡越时间,τ_{x} 为雪崩区发生二次碰撞电离化的平均时间;$f_{\text{r}}=\dfrac{1}{2\pi}\sqrt{\dfrac{3mv_{\text{d}}I_0}{\eta\epsilon AV_{\text{br}}}}$ 为雪崩谐振频率,I_0 为 PN 结通过的直流

电流，A 为 PN 结击穿面积，v_d 为载流子饱和漂移速度，ε 为半导体介质的介电常数，R_D 为击穿条件下 PN 结的反向等效电阻，R_L 为噪声源的负载电阻，R_P 为链路的寄生阻抗，一般情况下相比于源阻抗和负载阻抗，寄生阻抗可以忽略，如果源和负载良好匹配，即 $R_D = R_L = R$，则式(8.16)可以简化为

$$N'_{\text{aval}} = a\,\frac{V_{\text{br}}^2}{4I_0R}\,\frac{1}{\left(1-\dfrac{f^2}{f_r^2}\right)^2} \tag{8.17}$$

当二极管的工作频率远低于雪崩谐振频率，式(8.17)可进一步简化为

$$N'_{\text{aval}} = a\,\frac{V_{\text{br}}^2}{4I_0R} \tag{8.18}$$

　　若要提高二极管噪声源的工作频率，应采取措施提高其雪崩谐振频率。根据雪崩谐振频率的表达式，可通过提高载流子的漂移速度、提高雪崩击穿电流、降低结击穿面积和击穿电压等措施来实现。一般噪声二极管最大可工作频率约为雪崩谐振频率的一半。雪崩二极管产生的噪声在雪崩频率下会有均匀分布的功率谱输出，且频谱表现为白噪声。雪崩频率决定了噪声二极管的频率上限，如果频率超过雪崩谐振频率，二极管将会产生负阻振荡效应。

　　根据文献[16]，在低频段二极管噪声源的内阻表达式为

$$R_D = \frac{l_d^2}{2\varepsilon v_d A} = \frac{(W-l_a)^2}{2\varepsilon v_d A} \tag{8.19}$$

其中，l_a 为二极管雪崩区域的宽度，l_d 为漂移区域的宽度，$W = l_a + l_d$ 为空间电荷层(即耗尽区)的总宽度。在高频段，二极管噪声源的内阻表达式为

$$R_D = \frac{(W-l_a)^2}{2\varepsilon v_d A\left(1-\dfrac{f^2}{f_r^2}\right)} \tag{8.20}$$

其中，空间电荷层的总宽度的表达式为

$$W = \sqrt{\frac{\varepsilon(v_b+v_{bi})}{2\pi q}\frac{N_A+N_D}{N_AN_D}} \tag{8.21}$$

其中，N_A 为受主杂质浓度，N_D 为施主杂质浓度，v_{bi} 为内建电场电压。

　　文献[16]推导出二极管的噪声功率谱密度在低频近似和高频近似表达式分别为

$$\begin{cases} N'_{\text{aval\_Lf}} = \alpha\,\dfrac{q}{C_d^2 f^2 KR}\sqrt{\left(\dfrac{V_{\text{br}}}{nR}\right)^3\dfrac{1}{I_0}}\left(\dfrac{f^4}{f_r^4\left(1-\dfrac{f^2}{f_r^2}\right)^2}+\dfrac{f^2}{f_s^2\left(1-\dfrac{f^2}{f_r^2}\right)^4}\right) \\[4ex] N'_{\text{aval\_Hf}} = \beta\,\dfrac{q}{C_d^2 f^4 KR\tau^2}\sqrt{\dfrac{V_{\text{br}}I_0}{nR}}\left(\dfrac{f^4}{f_r^4\left(1-\dfrac{f^2}{f_r^2}\right)^2}+\dfrac{f^2}{f_s^2\left(1-\dfrac{f^2}{f_r^2}\right)^4}\right) \end{cases} \tag{8.22}$$

其中,α 和 β 为比例参数,$f_s=2\pi f_r^2 M\tau$,τ 是雪崩本征响应时间,大约为渡越时间的一半,M 为雪崩倍增因子,n 为常数,需实验测定。一般认为 $fM\tau\ll 1$ 为低频,$fM\tau\gg 1$ 为高频。低频时,式(8.22)中括号的第一项远小于第二项,因此该式可近似写为

$$N'_{\text{aval\_Lf}}=\alpha\,\frac{q}{C_d^2 KR}\sqrt{\left(\frac{V_{br}}{nR}\right)^3\frac{1}{I_0}}\,\frac{1}{f_s^2\left(1-\dfrac{f^2}{f_r^2}\right)^4} \tag{8.23}$$

由于二极管的工作频率远小于雪崩谐振频率,即 $f\ll f_r$,所以式(8.23)可进一步简化为

$$N'_{\text{aval\_Lf}}=\alpha\,\frac{q}{C_d^2 KR}\sqrt{\left(\frac{V_{br}}{nR}\right)^3\frac{1}{I_0}}\,\frac{1}{f_s^2} \tag{8.24}$$

因此低频时二极管的噪声功率谱密度与频率无关,具有平坦的白噪声性质。高频时,式(8.22)中括号的第一项远大于第二项,因此可近似写为

$$N'_{\text{aval\_Hf}}=\beta\,\frac{q}{C_d^2 KR\tau^2}\sqrt{\frac{V_{br}I_0}{nR}}\cdot\frac{1}{f_r^4\left(1-\dfrac{f^2}{f_r^2}\right)^2} \tag{8.25}$$

并可进一步简化为

$$N'_{\text{aval\_Hf}}=\beta\,\frac{q}{C_d^2 KR\tau^2}\sqrt{\frac{V_{br}I_0}{nR}}\cdot\frac{1}{f_r^4} \tag{8.26}$$

因此高频时二极管的噪声功率谱密度也与频率无关,具有平坦的白噪声性质。

8.5.2　二极管噪声源电路

二极管噪声源电路包含雪崩二极管、偏置电路、频带滤波和功率放大等几部分,如图 8.6 所示。偏置电源、磁珠和限流电阻为二极管提供雪崩击穿偏置条件,产生的高频白噪声由频带滤波器滤波之后再经由功率放大器将噪声功率幅度提高后输出。雪崩噪声二极管的偏置电压供电端和信号输出端共用一个管脚,因此需要设计低通的偏置直流供电电路以及高通的信号输出电路,防止直流电压通过输出电路泄漏,也防止高频噪声信号通过供电电路倒灌入电源。

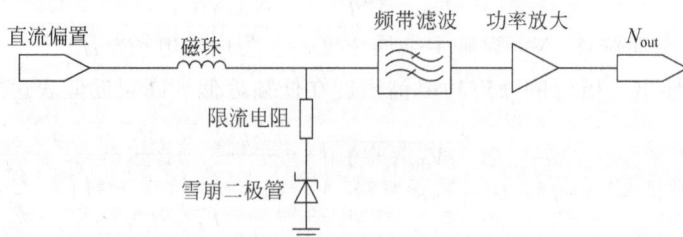

图 8.6　二极管噪声源电路

噪声功率谱在全部频域上均匀分布的噪声源仅理论上存在,实际上是无法实现的。在工程应用中,只要是噪声功率谱具有相当大的带宽,且均匀分布,即可视该噪声源为白噪声。

半导体噪声源能够输出比其物理温度高得多的等效噪声温度,另一方面,也可适当设计电路使噪声源等效噪声温度远低于物理温度,这便是 8.6 节将介绍的半导体冷噪声源。

8.6 半导体冷噪声源

在噪声标定和场景亮温测试中,高温噪声源的等效温度应超出观测场景亮温的最大值,而冷噪声源的等效温度应低于场景亮温的最小值,同时为降低 Y 系数测试法的不确定度,希望热噪声源的等效温度尽量高,冷噪声源的等效温度尽量低。实际应用中高温定标源通过有源固体噪声源容易获得,而低温定标源需采用液氮或液氦等低温制冷,需要额外的设备进行液氮和液氦的储存、隔热、循环和制冷,这增大了系统体积和质量,使用步骤烦琐,并且使用和维护成本居高不下,长期以来只在高精度定标场合使用。有源微波冷噪声源器采用半导体器件,能够在常温环境下输出极低的噪声温度,可作为微波噪声测试的标准噪声源以及微波辐射计内定标低温源,相比于物理温度噪声源来说,其结构紧凑,使用难度降低,使用步骤简便,并且采购和维护成本低。

有源微波冷噪声源(Active Cold Noise Source,ACNS)是一种固态微波电路,能够输出低于环境温度的等效噪声输出,最早由 Frater 提出 ACNS 的设计概念[17]。基于 GaAs 微波场效应管的等效电路可知,FET(场效应管)的等效输入阻抗表现为一个容值较大的电容和一个阻值较小的电阻的串联,若在源极电路中加入恰当的电感反馈,则理想条件下可在栅极获得一个无噪电阻器。无噪电阻器的等效噪声温度为 0K,由于电路中存在耗散,等效噪声温度不可能达到绝对零度,但是仍可实现远低于室温温度的低温噪声源。根据目前冷噪声源的研究现状,微波冷噪声源在 L 波段实现的等效温度达到 65K[18],在 Ka 波段达到 70K,在 E 波段达到 170K[19]。

微波冷噪声源的设计基于场效应管的双端口微波网络及其噪声模型,搭建的电路网络如图 8.7 所示,其中图 8.7(a)所示为源极电感反馈电路,图 8.7(b)所示为栅漏电容耦合电路,图 8.7(c)所示为栅漏传输线耦合电路,完整的源极电感反馈场效应管冷噪声源电路如图 8.7(d)所示。不同于场效应管放大器,微波冷噪声源电路的场效应管漏极接温度为 T_0 的匹配负载,场效应管的栅极才是噪声功率的输出端。根据文献[20],冷噪声源的输出等效噪声温度为

$$T_{out} = T_b + [(T_1(1-|\Gamma_S|^2) + T_a)G_{21}|\Gamma_L|^2 + T_0(1-|\Gamma_L|^2)]G_{12} \quad (8.27)$$

其中,T_0 为漏极负载 Z_L 的温度,T_1 为源极匹配电路的温度,G_{21} 和 G_{12} 分别为 FET 的正向和反向增益,T_a 为非最佳噪声匹配情况下漏极噪声传导至栅极的噪声温度,T_b 为栅极自身的噪声温度,表达式分别为

(a) 源极电感反馈电路　　　　(b) 栅漏电容耦合电路　　　　(c) 栅漏传输线耦合电路

(d) 完整的源极电感反馈场效应管冷噪声源电路

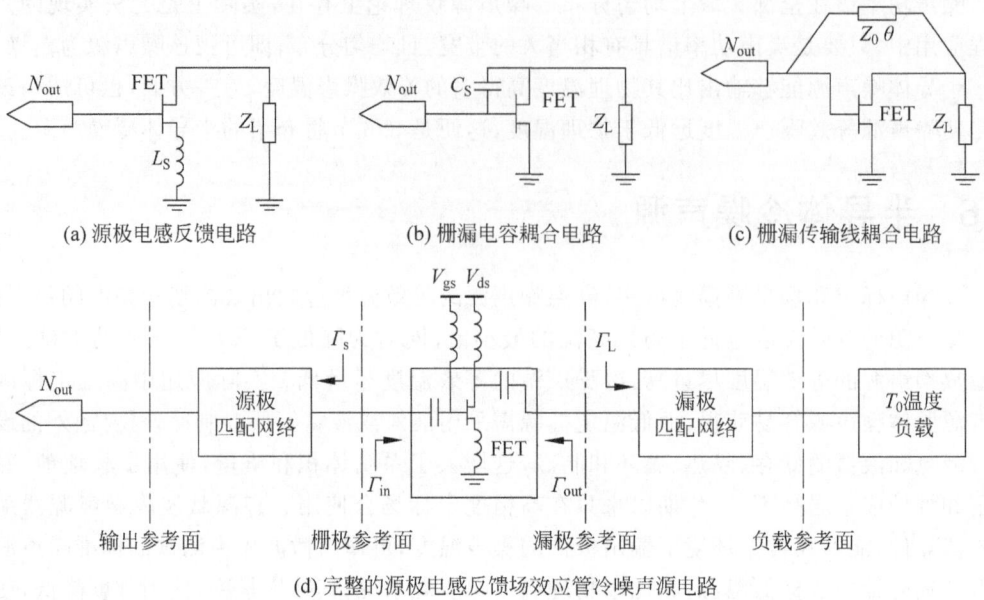

图 8.7　半导体冷噪声源电路

$$
\begin{cases}
T_a = T_{min} + \dfrac{4T_0 R_n G_{opt} |\Gamma'_{opt}|^2}{1 - |\Gamma'_{opt}|^2} \\[4mm]
T_b = -T_{min} + \dfrac{4T_0 R_n G_{opt}}{1 - |\Gamma'_{opt}|^2}
\end{cases}
\tag{8.28}
$$

其中，T_{min} 为场效应管的最优噪声温度，R_n、G_{opt} 为等效噪声电阻和最佳噪声电导，$\Gamma'_{opt} = \dfrac{\Gamma^*_{in} - \Gamma_{opt}}{\Gamma_{opt}\Gamma_{in} - 1}$ 为非最佳噪声匹配状态下的反射系数。当 FET 处于最佳的噪声状态时，$\Gamma'_{opt} = 0$，$T_a = T_{min}$，$T_b = -T_{min} + 4T_0 R_n G_{opt}$，在此条件下式(8.27)对 $|\Gamma_L|$ 求偏导得到

$$
\frac{\partial T_{out}}{\partial |\Gamma_L|} = 2G_{12} |\Gamma_L| \left[(T_1(1 - |\Gamma_S|^2) + T_{min}) G_{21} - T_0 \right]
\tag{8.29}
$$

可见当 $\Gamma_L = 0$ 时，也有 $\dfrac{\partial T_{out}}{|\Gamma_L|} = 0$，此时 T_{out} 取得最小值，即噪声源对外输出的等效噪声温度最小。

根据二端口微波网络噪声理论[21]，在最佳噪声匹配状态下

$$
\Gamma_L = \frac{\Gamma^*_{opt} - S_{11}}{S_{12} S_{21} + S_{22}(\Gamma^*_{opt} - S_{11})}
\tag{8.30}
$$

其中 S 参数为漏极匹配网络的散射矩阵。微波冷噪声源的设计即简化为调整漏极匹配网络使得 Γ_L 达到最小，此时微波冷噪声源输出最低的噪声温度。当 $\Gamma_L = 0$ 时，FET 的输入反射系数 $\Gamma_{in} = S^{FET}_{11}$，最佳噪声匹配要求

$$\Gamma_{\mathrm{opt}} = \Gamma_{\mathrm{in}}^{*} = (S_{11}^{\mathrm{FET}})^{*} \tag{8.31}$$

为达到这个要求,需要调整 FET 栅极和漏极的偏置状态、调整源极电感反馈来实现逼近。最佳栅极功率匹配要求

$$\Gamma_{\mathrm{s}} = \Gamma_{\mathrm{in}}^{*} = \Gamma_{\mathrm{opt}} \tag{8.32}$$

因此 FET 最优噪声的输出设计流程如下:①设计漏极匹配网络使其满足式(8.30);②根据 FET 的最优噪声参数 Γ_{opt},调整 FET 的偏置和反馈电感,使其满足式(8.31);③根据 FET 的最优噪声参数 Γ_{opt} 设计 FET 的栅极匹配网络使其满足式(8.32)。

为了准确测量噪声源的等效输出噪声温度,需对噪声源的输出进行测试和计量,8.7 节将介绍噪声源的测试和计量方法。

8.7　噪声源计量

噪声参数的测量和计量是无线电测量的一个重要分支,可分为噪声源测量(单端口测量)和噪声系数测试(二端口测量)两种基本形式。噪声测量一般采用 Y 系数法进行,无论是单端口测量还是二端口测量,测量系统均包含标准噪声源和噪声比较装置两大部分。标准噪声源的指标包含等效噪声温度、温度的不确定度、端口驻波等参数。噪声比较装置按测量方法有衰减替代法、功率计测量法以及接收机测量等方式。接收机测量是主要的功率比较手段,中低精度的噪声测试可采用频谱分析仪或专用的噪声分析仪完成,而高精密的噪声测量需采用辐射计作为噪声比较装置。噪声比较装置通过功率比较来实现标准噪声源与待测器件的噪声量值比较,从而将热噪声标准量值传递到被测器件上。由于噪声信号的随机性、幅度微弱以及连续宽谱等特性,测量系统对比较装置的接收灵敏度、线性度、分辨率、宽频带、大增益和本机噪声及增益变化等性能要求极高。

噪声计量校准的主要任务包括建立各级别的噪声标准以及建立噪声功率的比较装置,从而能够开展噪声量值的比对和传递工作[22]。噪声源计量需要采用更高级别的标准噪声源进行对比测量,高级别标准噪声源基本上均为物理高低温噪声源,噪声源的功率输出具有高稳定性且精确定标。高精度的噪声比较装置通常为辐射计或高灵敏度接收机,测试过程中分别对标准噪声源和待测噪声源进行测试并取得两者差值,这个过程称为噪声比较,利用已知噪声性能的标准噪声源以及两者的检测差值便可以完成待测噪声源的标定。

美国国家标准局拥有完整的噪声校准系统,该系统根据频段及被测件接头形式的不同,划分为 12 个频段,逐段覆盖 30MHz～65GHz 频率,噪声温度校准不确定度为 0.9%～1.5%。标准噪声源使用室温噪声源和液氮冷却的低温噪声源作为标准噪声源。各个频段的噪声比较接收机均采用全功率辐射计测量系统。标准噪声源以及被校件通过射频开关切换分别接入测量接收机,最终得出标准噪声源和被校件输出噪声功率比值,进而计算得到被校件的等效输入噪声温度或噪声源的超噪比。英国国家物理实验室的噪声校准系统频率覆盖范围为 10MHz～110GHz,采用全功率辐射计为接收机,采用室温和低温噪声源或室温和高温噪声源为标准。通过测量标准噪声源和被校噪声源的功率比值,测量并计算得到被校

件的等效输入噪声温度或固态噪声源的超噪比量值,在 10MHz～40GHz 波段噪声源校准不确定度为 2%～5%。中国计量科学研究院和国防科技工业第二计量测试研究中心的噪声校准系统同样以高低温噪声源为基准,利用迪克型辐射计进行接收和比较,频率覆盖 X 波段,噪声温度测量不确定度可达到 1K。

8.7.1 噪声源的标定系统

计量也被称为针对测量工具的测量,目的在于确保测量工具的准确和可靠,是更高等级的测量。噪声源作为测量系统噪声系数的关键设备,其准确度关系到系统噪声测试的误差、准确度和可信度,因此噪声源在给其他系统进行测试之前必须采用更高等级的噪声源对其自身进行计量,这个过程也称为噪声源校准或噪声源标定。对噪声源进行计量除了可获得噪声源精确的超噪比以外,还能够实现被校噪声源与标准噪声源噪声量值的比较,能够将热噪声标准量值传递到待标定的噪声源,从而实现待测噪声源的误差溯源。

噪声源计量的主要工作是将标准噪声源与待测噪声源通过同一套接收系统检测,建立标准噪声源与待测噪声源的比对和传递关系。其中标准噪声源采用具有最高等级噪声功率准确度的物理温度基准噪声源,噪声源计量系统一般包含两个标准的恒温噪声源,分别为标准高温噪声源和标准低温噪声源,将这两个标准噪声源连同待标定噪声源通过射频开关接入接收机,利用射频接收机依次对各个噪声输入进行检测,噪声源标定系统框图如图 8.8 所示。接收机前端串接的隔离器提供链路隔离度,保证接收机输入端匹配。输入噪声功率经过低噪声放大器将噪声幅度提高,再与扫频本振信号混频至中频,中频信号经放大和滤波等处理,再调节输出信号功率使其功率处于热敏检波器最佳线性检波区,最终得到检波电压输出。噪声源计量系统通过分别测量标准噪声源和被校件输出噪声功率比值的方式,以标准噪声源输出噪声温度为标准,测量并计算被校件的等效输出噪声温度,进一步地获得噪声源的超噪比量值。

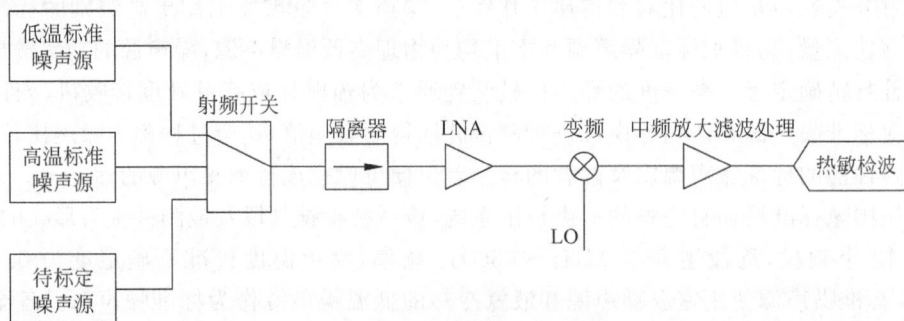

图 8.8 噪声源标定系统框图

对噪声源进行计量校准,除了需要具备高精度的热噪声标准源外,还需有用于精密测量噪声功率谱密度的噪声比较装置。通过噪声比较装置可以实现标准噪声源与被校噪声源之间的噪声量值比较,从而将热噪声标准量值传递到被校噪声源上。由于噪声信号的随机性、幅度微弱以及功率谱连续且宽带分布等特性,对噪声比较装置的接收灵敏度、线性度、分辨率、宽频带、大增益、本机噪声以及增益稳定性等性能要求极高,通常采用辐射计接收机或专用噪声测量接收机(即噪声系数测试仪)作为噪声比较装置[27]。

辐射计根据工作原理方式分为全功率辐射计、迪克型辐射计、零平衡开关辐射计、和差相关辐射计等类型。微波辐射计是一种高灵敏度射频接收机系统,常在遥感、探测等应用领域用作传感器,其通常由天线、超外差接收机、信号处理单元等几部分组成,灵敏度极高,工作带宽非常宽,对校准精度的要求高。专用的噪声系数测试仪与常规的射频接收机类似,大多基于超外差接收架构,包含低噪声放大、变频、滤波等功能模块,在较低的中频上进行噪声功率的量化测量,从而达到噪声比较测量的目的。噪声系数测试仪是专用噪声功率测量仪器,具有良好的稳定性、线性度和二次开发等优点,但其灵敏度、本机噪声系数和输入驻波比等技术参数及性能有待改善。

8.7.2 噪声计量

当低温标准噪声源接入标定接收机时,接收机输出端的噪声功率密度表示为

$$N'_\mathrm{C} = k(T_\mathrm{C} + T_\mathrm{e})G \tag{8.33}$$

其中,T_C 为低温噪声源的等效噪声温度,T_e 为接收机的噪声温度,G 为标定系统的增益。当高温标准噪声源接入标定系统时,产生的噪声功率密度输出为

$$N'_\mathrm{H} = k(T_\mathrm{H} + T_\mathrm{e})G \tag{8.34}$$

其中 T_H 为高温噪声源的等效噪声温度。当待标定噪声源接入标定系统时,产生的噪声功率输出为

$$N'_\mathrm{DUT} = k(T_\mathrm{DUT} + T_\mathrm{e})G \tag{8.35}$$

其中 T_DUT 为待标定噪声源的等效噪声温度。定义 Y 系数为:$Y = N'_\mathrm{H}/N'_\mathrm{C}$,可计算出接收机(即噪声比较装置)的噪声温度为

$$T_\mathrm{e} = \frac{T_\mathrm{H} - YT_\mathrm{C}}{Y - 1} \tag{8.36}$$

进而可根据式(8.35)计算出待标定噪声源的噪声温度为

$$T_\mathrm{DUT} = \frac{Y_\mathrm{DUT} - 1}{Y - 1}(T_\mathrm{H} - YT_\mathrm{C}) + Y_\mathrm{DUT}T_\mathrm{C} \tag{8.37}$$

并进一步得到噪声源的超噪比为

$$\mathrm{ENR}_\mathrm{DUT} = \mathrm{ENR}\frac{Y_\mathrm{DUT} - 1}{Y - 1} \tag{8.38}$$

其中,$\mathrm{ENR} = T_\mathrm{H}/T_\mathrm{C}$,$Y_\mathrm{DUT} = N'_\mathrm{DUT}/N'_\mathrm{C}$。

根据 Y 系数法原理,待测噪声源的计量准确度取决于标准噪声源 T_H、T_C 和测试值 Y 的准确度。对于线性接收机来说,接收机的噪声功率输出与系统的工作温度呈正比,可表示为 $N' = aT_\mathrm{op}$,其中 $a = kG$ 为线性系数。系统的工作温度为输入噪声温度与接收机噪声温度之和,将输入噪声温度单独提出,可得

$$N' = a(T + T_e) = aT + b \tag{8.39}$$

噪声输出功率谱与输入噪声温度 T 的关系为具有一定截距的直线,如图 8.9 所示。采用标准的低温和高温噪声源进行噪声测试,即在图 8.9 的直线上标记 (T_C, N'_C) 和 (T_H, N'_H) 两点,对于式(8.39)所示的曲线来说,两个标记点即可计算出曲线参数为

$$a = kG = \frac{N'_H - N'_C}{T_H - T_C} \tag{8.40}$$

$$b = T_e kG = \frac{T_H - Y T_C}{Y - 1} \frac{N'_H - N'_C}{T_H - T_C} \tag{8.41}$$

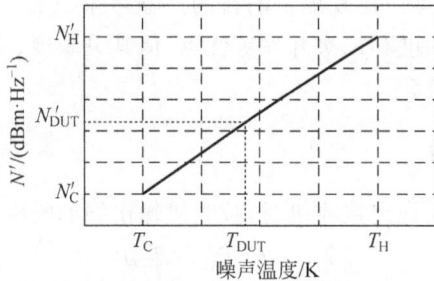

图 8.9 噪声源的双温标定曲线

建立了输入噪声温度与输出噪声功率的曲线关系,即可根据噪声功率输出计算出待测噪声源的噪声温度。为了降低噪声源的计量误差,待测噪声源的噪声温度应介于低温噪声源和高温噪声源之间。

8.7.3 噪声计量的准确度

噪声系数的测量准确度主要取决于 T_C、T_H 和 Y 系数测试值的准确度。基于物理温度的标准噪声源不确定度约为 1K,而基于半导体的固态噪声源准确度约为 0.3dB。对式(8.36)两边取微分并对 T_e 归一化可得

$$\frac{\mathrm{d}T_e}{T_e} = \frac{T_C + T_e}{T_e(T_H - T_C)}\mathrm{d}T_H + \frac{T_H + T_e}{T_e(T_H - T_C)}\mathrm{d}T_C + \frac{(T_H + T_e)(T_C + T_e)}{T_e(T_H - T_C)}\frac{\mathrm{d}Y}{Y} \tag{8.42}$$

式(8.42)中 T_H、T_C 和 $\dfrac{\mathrm{d}Y}{Y}$ 的系数分别对 T_H 求偏导数,分别得到

$$\frac{\partial \dfrac{T_C + T_e}{T_e(T_H - T_C)}}{\partial T_H} = -\frac{T_C + T_e}{T_e(T_H - T_C)^2} \tag{8.43}$$

$$\frac{\partial \dfrac{T_H + T_e}{T_e(T_H - T_C)}}{\partial T_H} = -\frac{T_C + T_e}{T_e(T_H - T_C)^2} \tag{8.44}$$

$$\frac{\partial \dfrac{(T_\mathrm{H}+T_\mathrm{e})(T_\mathrm{C}+T_\mathrm{e})}{T_\mathrm{e}(T_\mathrm{H}-T_\mathrm{C})}}{\partial T_\mathrm{H}} = -\frac{(T_\mathrm{C}+T_\mathrm{e})^2}{T_\mathrm{e}(T_\mathrm{H}-T_\mathrm{C})^2} \tag{8.45}$$

三个系数对 T_H 的偏导数均为负值,即在固有误差 ΔT_H 存在的情况下 T_H 越大,最终噪声测试误差 $\dfrac{\mathrm{d}T_\mathrm{e}}{T_\mathrm{e}}$ 越小。同样,式(8.42)的三个系数对 T_C 求偏导,可得三个偏导数均为正值,这意味着 T_C 越小,相同的 ΔT_C 波动造成的最终噪声测试误差越小。所以为提高噪声源测试的准确度,宜选择噪声温度高的热源和噪声温度低的冷源。

噪声接收机的增益线性度会影响噪声测试的准确性,因此应在测试结果中扣除接收机增益的影响。Y 系数测试采用冷源和热源标定,待测噪声源的噪声温度要介于冷源和热源温度之间,才能确保系统处于良好的线性区间。

噪声源与测试接收机的匹配也会影响测试的准确性,考虑到噪声源的端口匹配为 Γ_S 以及测试接收机输入端口匹配为 Γ_SA 以及两者之间连接网络的损耗,标准噪声源的实际等效噪声温度与标称值会有一定的出入。噪声源与匹配分析仪的连接网络由二端口 S 参数网络表示,其物理温度为 T_0,噪声源与测试接收机的连接损耗由以下因素确定:

(1) 噪声源的输出端口反射;

(2) 二端口网络带来的损耗;

(3) 频谱仪的输入端口反射。

总的连接损耗系数在热噪声源、冷噪声源以及待测噪声源三种连接状态下分别定义为

$$\alpha_\mathrm{H} = \frac{(1-|\Gamma_\mathrm{S}^\mathrm{H}|^2)|S_{21}^\mathrm{H}|^2}{(1-|\Gamma_\mathrm{SA}|^2)|1-S_{11}^\mathrm{H}\Gamma_\mathrm{S}^\mathrm{H}|^2} \tag{8.46}$$

$$\alpha_\mathrm{C} = \frac{(1-|\Gamma_\mathrm{S}^\mathrm{C}|^2)|S_{21}^\mathrm{C}|^2}{(1-|\Gamma_\mathrm{SA}|^2)|1-S_{11}^\mathrm{C}\Gamma_\mathrm{S}^\mathrm{C}|^2} \tag{8.47}$$

$$\alpha_\mathrm{DUT} = \frac{(1-|\Gamma_\mathrm{S}^\mathrm{DUT}|^2)|S_{21}^\mathrm{DUT}|^2}{(1-|\Gamma_\mathrm{SA}|^2)|1-S_{11}^\mathrm{DUT}\Gamma_\mathrm{S}^\mathrm{DUT}|^2} \tag{8.48}$$

考虑连接网络的损耗,得到各噪声源的等效噪声温度为

$$T'_\mathrm{H} = T_\mathrm{H}\alpha_\mathrm{H} + T_0(1-\alpha_\mathrm{H}) \tag{8.49}$$

$$T'_\mathrm{C} = T_\mathrm{C}\alpha_\mathrm{C} + T_0(1-\alpha_\mathrm{C}) \tag{8.50}$$

$$T'_\mathrm{DUT} = T_\mathrm{DUT}\alpha_\mathrm{DUT} + T_0(1-\alpha_\mathrm{DUT}) \tag{8.51}$$

$$T'_\mathrm{DUT\_off} = T_\mathrm{DUT\_off}\alpha_\mathrm{DUT} + T_0(1-\alpha_\mathrm{DUT}) = T_0 \tag{8.52}$$

根据 Y 系数定义,$Y = (T'_\mathrm{H}+T_\mathrm{e})/(T'_\mathrm{C}+T_\mathrm{e})$,$Y_\mathrm{DUT} = (T'_\mathrm{DUT}+T_\mathrm{e})/(T_0+T_\mathrm{e})$,最终得到

$$T_\mathrm{DUT} = (Y_\mathrm{DUT}-1)\left[(T_0-T_\mathrm{C})\frac{\alpha_\mathrm{C}}{\alpha_\mathrm{DUT}} + \frac{T_\mathrm{H}-T_\mathrm{C}}{Y-1}\frac{\alpha_\mathrm{H}}{\alpha_\mathrm{DUT}} + \frac{T_0-T_\mathrm{C}}{Y-1}\left(\frac{\alpha_\mathrm{C}-\alpha_\mathrm{H}}{\alpha_\mathrm{DUT}}\right)\right] + T_0 \tag{8.53}$$

当忽略端口失配和连接损耗时,且 $T_\mathrm{C} = T_0$ 时,式(8.53)可简化为式(8.37)。

对射频器件和射频系统进行噪声系数测试是射频噪声源的用途之一。噪声源经过计量后,已知其输出的等效低温噪声温度和等效高温噪声温度,便可采用 8.8 节所述方法实施噪声系数测试。

8.8 噪声系数测试方法

噪声系数测试一般指对双端口器件或系统的噪声测试,大体上包含增益法、Y 系数法和仪器测试法三种。增益法适合器件增益很高或噪声系数很高的情况,其特点是频带宽,受仪器底噪影响在测量中低增益和中低噪声器件时误差较大。Y 系数法同样适合宽带测试,特点是可以测试任意频段的噪声系数,且不受器件噪声大小影响,不必测试器件的增益,缺点是当测试噪声系数大的器件时测试误差较大。仪器测试法适合待测噪声系数较低的场合,使用便捷,准确度高,缺点是仪器成本高,频带受限,不适合宽带噪声性能测试[32]。

8.8.1 增益法噪声测试

增益法噪声测试采用频谱仪作为测试仪器,测试前需将噪声源直连频谱仪实现校准,如图 8.10 所示。校准得到高温噪声源和低温噪声源对应的噪声输出功率 N'_H 和 N'_C,即

$$N'_H = k(T_H + T_e) \tag{8.54}$$

$$N'_C = k(T_C + T_e) \tag{8.55}$$

根据 N'_H 和 N'_C 可以计算得到仪器的噪声温度 T_e。

待测件测试时将双端口器件输出端接频谱仪,如图 8.11 所示,器件输入端接物理温度为 290K 的匹配负载,由频谱仪读取待测器件的噪声输出功率 N'_{dut} 为

$$N'_{dut} = k(T_0 + T_{dut})G_{dut} + kT_e = kT_0 F_{dut} G_{dut} + kT_e \tag{8.56}$$

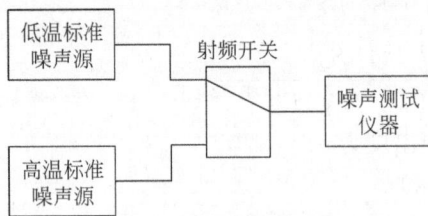

图 8.10 使用增益法测试时的系统校准步骤

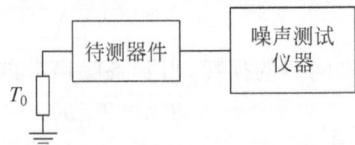

图 8.11 增益法噪声测试方法

其中,T_{dut} 和 G_{dut} 分别为待测件的噪声温度和增益。当待测器件的增益 G_{dut} 或噪声系数 F_{dut} 较大时,式(8.56)的第二项可以忽略,此时可近似得到器件的噪声系数为

$$F_{dut} = \frac{N'_{dut}}{kT_0 G_{dut}} \tag{8.57}$$

写成对数形式为

$$NF = N'_{dut}(dB) - (-174 + G_{dut}) \tag{8.58}$$

其中 N'_{dut} 为频谱仪的噪声读数(噪声功率谱密度)。频谱仪增益法又称为冷源法,不需要噪声源参与测试,但需要提前使用噪声源进行系统校准,并提前测试器件的增益。理论上可根据式(8.54)和式(8.55)计算仪器的噪声温度,但实际计算得到的 T_e 的误差较大,采用式(8.57)忽略了仪器的噪声温度,当仪器噪声温度相对于待测件的噪声温度不可忽略时将给待测器件的噪声测试带来误差,因此增益法不适用于噪声系数较小且增益小情况下待测件的精确测量。

8.8.2 Y 系数法噪声测试

Y 系数法噪声测试同样使用频谱仪作为测试仪器,测试前应进行仪器的噪声温度校准,切换冷热噪声源得到噪声功率密度如式(8.54)和式(8.55)所示,得到噪声功率的比值 Y,计算仪器的噪声温度

$$T_e = \frac{T_H - YT_C}{Y - 1} \tag{8.59}$$

待测件测试时将双端口器件插入测试链路,如图 8.12 所示,器件输入端接噪声源、输出端接频谱仪,切换冷热噪声源,分别测试两个状态下双端口器件与仪器级联的输出噪声功率

$$N''_C = k(T_C + T_{dut})G_{dut} + kT_e \tag{8.60}$$

$$N''_H = k(T_H + T_{dut})G_{dut} + kT_e \tag{8.61}$$

可计算出

$$G_{dut} = \frac{N''_H - N''_C}{N'_H - N'_C} \tag{8.62}$$

根据 Y 系数 $Y_{dut+e} = N''_H / N''_C$,可得到器件与仪器级联的噪声温度为

$$T_{dut+e} = \frac{T_H - Y_{dut+e}T_C}{Y_{dut+e} - 1} \tag{8.63}$$

进而得到待测器件的噪声温度为

$$T_{dut} = T_{dut+e} - \frac{T_e}{G_{dut}} \tag{8.64}$$

以上结果均是在冷源、热源、器件与仪器的驻波均十分良好的情况下得到的,如果实测增益或噪声系数与预估出入过大,应排查各接口的阻抗匹配情况。

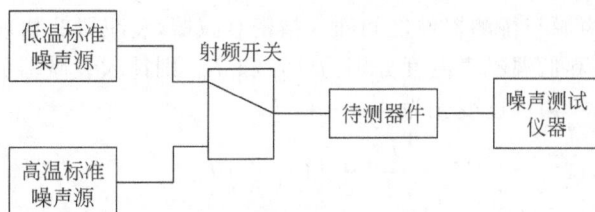

图 8.12 Y 系数噪声测试方法

如果待测器件的增益足够高,且开启频谱分析仪的输入端预放功能,使得仪器的噪声温度 T_e 忽略不计,这样根据式(8.64),测试得到的系统噪声温度近似等于待测器件的噪声温度,即

$$T_{\text{dut}} \approx T_{\text{dut+re}} = \frac{T_H - Y_{\text{dut+e}} T_C}{Y_{\text{dut+e}} - 1} \tag{8.65}$$

如果 $T_C = T_0$,且噪声源的超噪比 $\text{ENR} = \dfrac{T_H - T_0}{T_0}$,则可得待测器件的噪声系数为

$$F = 1 + \frac{T_{\text{dut}}}{T_0} = \frac{\text{ENR}}{Y_{\text{dut+e}} - 1} \tag{8.66}$$

换算为分贝值,则有

$$\text{NF} = \text{ENR(dB)} - 10\lg\left(10^{\Delta Y/10} - 1\right) \tag{8.67}$$

其中,ΔY 为噪声源开和关两个状态下由频谱仪读出的数据差值,单位为 dB,$\Delta Y = 10\lg(Y_{\text{dut+e}})$。Y 系数法噪声测试的噪声温度与噪声功率密度函数关系如图 8.13 所示,测试曲线与校准曲线斜率的差即为待测双端口器件的增益,如式(8.62)所示。

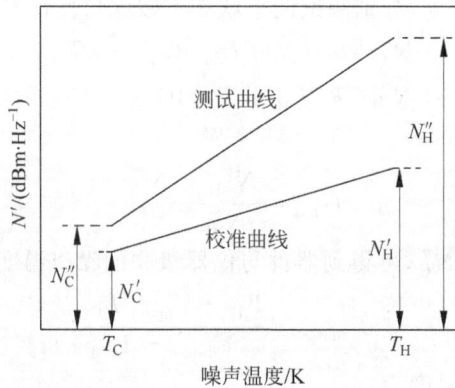

图 8.13　Y 系数测试

8.8.3　功率倍增法

采用功率倍增法测试系统的噪声系数,相当于 $Y = 2$ 的特殊情形,功率倍增法测试框图如图 8.14 所示。噪声源与待测器件之间插入精密衰减器,衰减器的物理温度为 T_0,噪声源的等效高温噪声温度和低温噪声温度分别为 T_H 和 T_0,则计入衰减器的损耗 L 后,高温噪声源和低温噪声源的噪声温度变化为

$$T'_H = \frac{T_H}{L} + \left(1 - \frac{1}{L}\right) T_0 \tag{8.68}$$

$$T'_0 = \frac{T_0}{L} + \left(1 - \frac{1}{L}\right) T_0 = T_0 \tag{8.69}$$

因此串接衰减器的噪声源超噪比变为

$$\mathrm{ENR}' = \frac{T'_\mathrm{H} - T'_0}{T'_0} = \frac{1}{L}\frac{T_\mathrm{H} - T_0}{T_0} = \frac{\mathrm{ENR}}{L} \tag{8.70}$$

测试时,首先测试噪声源冷态时的噪声输出,然后切换到噪声源热态;同时调节精密衰减器直到 $Y=2(3\mathrm{dB})$,根据式(8.67),此时待测噪声系数为

$$F = \mathrm{ENR}' = \frac{\mathrm{ENR}}{L} \tag{8.71}$$

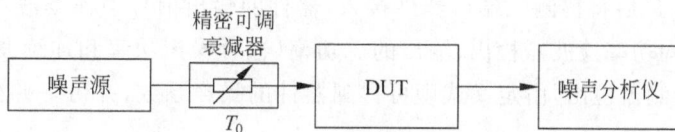

图 8.14 功率倍增法测试框图

8.8.4 末端衰减法

末端衰减法也是 Y 系数测试法的变种,测试框图如图 8.15 所示,在待测器件和测试仪器之间插入精密可调衰减器,测试时调节衰减器使得噪声源冷态和热态的噪声输出功率一致,衰减器的差值(dB)即为 Y 系数。在超外差接收机的测试场合,精密衰减在中频频带进行,中频频段的精密衰减器精度和稳定度均较高,噪声测试的精确度也较高,这种测试方法也称为中频衰减测试法。

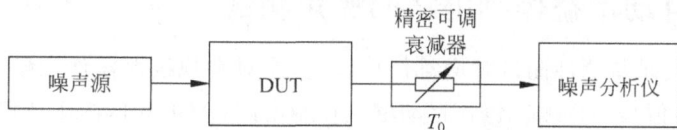

图 8.15 末端衰减法测试框图

8.8.5 仪器测试法

仪器测试法使用噪声源和专用噪声分析仪来测试系统的噪声系数,基本原理为 Y 系数法。噪声系数仪实际上是一台高灵敏度的低噪接收机,一般采用超外差式接收机结构,如图 8.16 所示。噪声信号经过多次变频将高频的噪声信号降低至中频频率,再进行检波和数字化处理,主要包括频带滤波器、低噪声放大器、变频器、检波器、A/D 转换器及数字处理电路等部件。仪器测试法首先使用固态噪声源进行仪器校准,测试时按照图 8.11 进行连接,设置好仪器的频点等参数,即可由仪器直接控制噪声源切换状态实现噪声系数的测试。

先进的网络分析仪也能够实现器件的噪声测试,网络分析仪内部需要配置连续波信号源与噪声信号源相叠加的信号,同时还配备能够分离连续波与噪声功率的平均功率检波器和均方根检测器[35]。测试时首先采用功率计校准网络分析仪的输出功率;其次采用已校准了输出功率的端口去标定另一个端口的接收性能,得到信号输出端口的连续波功率 S_in

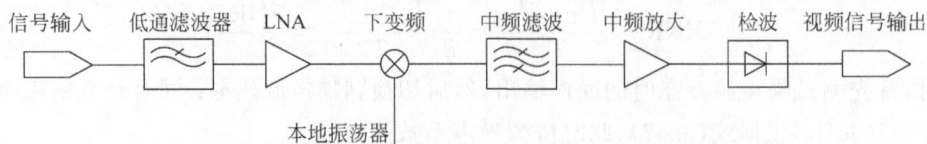

图 8.16　噪声系数分析仪和频谱分析仪的原理框图

和噪声功率 N_{in}；最后将待测二端口器件接入，器件的输出信号中连续波功率部分 S_{out} 由网络分析仪的平均功率检波器检出，输出的总功率（包含噪声功率和连续波信号，即 $S_{out} + N_{out}$）由均方根检测器检出，由定义式即可得到器件的噪声系数，并可一并得到器件的增益值，即

$$F = \frac{\dfrac{S_{in}}{N_{in}}}{\dfrac{S_{out}}{N_{out}}} \tag{8.72}$$

$$G = \frac{S_{out}}{S_{in}} \tag{8.73}$$

使用网络分析仪测试噪声系数不需要使用外部噪声源，只需要激活内部噪声源与正弦波信号源共同输出即可。

8.8.6　自动增益控制电路的噪声测试

Y 系数方法要求待测件测试时增益保持稳定，这对常规线性器件和模块的噪声系数测试是没有问题的，但是当待测件包含自动增益控制电路（AGC）时，由于待测件增益的变化，噪声源在打开、关闭两种状态时由于输入功率不同，待测件的增益发生变化，采用 Y 系数方法进行噪声测试将受到一定的限制。

AGC 电路具有一定的功率起控范围，只有输入电平落入该范围内，电路才能够根据输入功率的变化自主调制链路增益，维持稳定的输出功率。如果噪声源打开、关闭两种状态的噪声输出功率均低于 AGC 电路的起控范围，那么 AGC 电路将一直处于最大增益状态，而最大增益状态实际上为噪声测试的最佳状态，此时依然可以使用 Y 系数法进行测试。如果噪声源高温状态的噪声功率输出超过 AGC 电路起控范围，则需要 AGC 开环进行固定增益的噪声测试。如果 AGC 进入非线性区间，增益无法保持稳定，此时将不能采用 Y 系数法。AGC 测试时需要避免电路进入不稳定工作区域，若产生自激振荡，则电路将无法正常工作。

网络分析仪测试法可以实现 AGC 电路的增益和噪声系数测试，即网络分析仪内部配置正弦波和噪声叠加输出源。测试前首先进行校准，由内置的平均值检波器和均方值检波器计算出正弦波和噪声各自的功率，测试时将待测件插入，再次分别测试并计算出正弦波和噪声功率，最终由式（8.72）和式（8.73）计算待测件的噪声系数和增益。为保证 AGC 在噪声测试中处于增益未起控的范围，应严格控制正弦波信号源和噪声源的输出功率。

8.8.7 毫米波波段噪声系数测试

毫米波二端口电路的噪声测试需要使用毫米波噪声源、谐波混频器以及常规的射频信号源和频谱分析仪,如图 8.17 所示,噪声源提供毫米波波段的冷热噪声功率输出,经待测件输出后,由谐波混频器将频率搬移至中频频段,最后由常规的频谱分析仪读取噪声功率谱密度,采用 Y 系数法计算噪声系数。

毫米波噪声源的设计框图如图 8.18 所示,采用常规低频率标准噪声源,经过频谱搬移的方式形成。

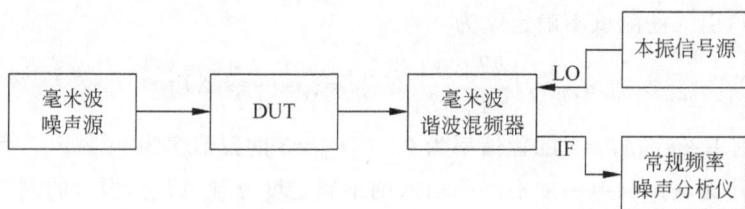

图 8.17 毫米波扩频噪声测试电路框图

图 8.18 毫米波噪声信号源设计框图

8.8.8 噪声系数测试的不确定性

现代射频接收机常以极低噪声的场效应管放大器作为接收机的第一级,随着半导体技术的进步,低噪声放大器以及系统的噪声系数越来越低。依照常规 Y 系数测试法,需使用固态噪声源配合噪声系数测试仪进行测试,由于固态噪声源本身的超噪比校准不确定度范围为 $0.3 \sim 0.5 \mathrm{dB}$,以及噪声信号测量本身存在的随机性,对低噪声系数的测量不确定度和测量重复性较差。

根据不确定性的传递公式,假设间接测试量 y 为直接测试量 $x_1, x_2, \cdots, x_n$ 的函数,即

$$y = f(x_1, x_2, \cdots, x_n) \tag{8.74}$$

若各直接测试量的平均值为 $\bar{x}_i$,则间接测试量 y 的平均值为

$$\bar{y} = f(\bar{x}_1, \bar{x}_2, \cdots, \bar{x}_n) \tag{8.75}$$

同时若各直接测试量相互独立,且误差为 Δx_i,则间接测试量 y 的不确定度为

$$\Delta y = \left| \frac{\partial f}{\partial x_1} \right| \Delta x_1 + \left| \frac{\partial f}{\partial x_2} \right| \Delta x_2 + \cdots + \left| \frac{\partial f}{\partial x_n} \right| \Delta x_n \tag{8.76}$$

1. 二端口器件噪声测量的不确定度

二端口器件的等效输入噪声温度测量不确定度来源主要有[42]：

（1）测试的不一致性及其他各种随机影响导致的测量重复性不确定度，由下式表示

$$u_{\mathrm{A}} = \sqrt{\frac{\sum_{i=1}^{N}(x_i - \bar{x})^2}{N(N-1)}} \tag{8.77}$$

其中，x_i 为第 i 次测试结果，$\bar{x}$ 为 N 次测量的平均值。

（2）冷噪声源输出噪声温度不准确引入的不确定度，一般由生产商给出标准噪声源的不确定度 ΔT_{C}，引入的测试不确定度为

$$u_{\mathrm{B1}} = \left| \frac{\partial T_{\mathrm{e}}}{\partial T_{\mathrm{C}}} \right| \frac{1}{k_1} \Delta T_{\mathrm{C}} = \frac{1}{Y-1} \frac{1}{k_1} \Delta T_{\mathrm{C}} \tag{8.78}$$

其中 k_1 为置信率参数，$k_1 = 2$ 的置信率为 95%，$k_1 = 3$ 的置信率为 99%。

（3）热噪声源输出噪声温度不准确引入的不确定度分量 ΔT_{H}，引入的测试不确定度为

$$u_{\mathrm{B2}} = \left| \frac{\partial T_{\mathrm{e}}}{\partial T_{\mathrm{H}}} \right| \frac{1}{k_2} \Delta T_{\mathrm{H}} = \frac{Y}{Y-1} \frac{1}{k_2} \Delta T_{\mathrm{H}} \tag{8.79}$$

（4）仪器测量 Y 系数不准确引入的不确定度分量，表示为

$$u_{\mathrm{B3}} = \left| \frac{\partial T_{\mathrm{e}}}{\partial Y} \right| \frac{1}{k_3} \Delta Y = \frac{T_{\mathrm{H}} - T_{\mathrm{C}}}{Y_{\mathrm{s}} - 1} \frac{1}{k_3} \Delta Y \tag{8.80}$$

其中 ΔY 为仪器的测试精度。

（5）失配引入的测量不确定度分量，定义为

$$u_{\mathrm{M}} = \frac{1}{k_4} \frac{2Y}{(Y-1)^2}(T_{\mathrm{H}} - T_{\mathrm{C}}) \sqrt{\left(\frac{T_{\mathrm{H}}}{T_{\mathrm{H}} + T_{\mathrm{C}}} |\Gamma_{\mathrm{H}} \Gamma_{\mathrm{e}}|\right)^2 + \left(\frac{T_{\mathrm{C}}}{T_{\mathrm{H}} + T_{\mathrm{C}}} |\Gamma_{\mathrm{C}} \Gamma_{\mathrm{e}}|\right)^2} \tag{8.81}$$

其中，Γ_{H} 为热噪声源的端口反射系数，Γ_{C} 为冷噪声源的端口反射系数，Γ_{e} 为被测器件的端口反射系数，$k_4 = \sqrt{2}$。由于各个不确定度分量相互独立，因此总的不确定度如下

$$u = \sqrt{u_{\mathrm{A}}^2 + u_{\mathrm{B1}}^2 + u_{\mathrm{B2}}^2 + u_{\mathrm{B3}}^3 + u_{\mathrm{M}}^2} \tag{8.82}$$

2. 噪声源参数校准测量不确定度分析

测量不确定度的主要来源有：

（1）测量重复性引入的不确定度分量，分析同双端口器件噪声测试的重复性不确定度。

（2）冷噪声源输出不准确引入的不确定度分量，引入的测试不确定度为

$$u_{\mathrm{B1}} = \left| \frac{\partial T_{\mathrm{x}}}{\partial T_{\mathrm{C}}} \right| \frac{1}{k_1} \Delta T_{\mathrm{C}} = \left| \frac{Y_{\mathrm{s}} - Y_{\mathrm{x}}}{Y_{\mathrm{s}} - 1} \right| \frac{1}{k_1} \Delta T_{\mathrm{C}} \tag{8.83}$$

（3）热噪声源输出不准确引入的不确定度分量，引入的测试不确定度为

$$u_{\mathrm{B2}} = \left| \frac{\partial T_{\mathrm{x}}}{\partial T_{\mathrm{H}}} \right| \frac{1}{k_2} \Delta T_{\mathrm{H}} = \left| \frac{Y_{\mathrm{x}} - 1}{Y_{\mathrm{s}} - 1} \right| \frac{1}{k_2} \Delta T_{\mathrm{H}} \tag{8.84}$$

（4）标准源测量 Y 系数不准确引入的不确定度分量

$$u_{B3} = \left| \frac{\partial T_x}{\partial Y_s} \right| \frac{1}{k_3} \Delta Y_s = \left| \frac{Y_x - 1}{(Y_s - 1)^2} \right| \frac{1}{k_3} (T_H - T_C) \Delta Y_s \qquad (8.85)$$

（5）被测源测量 Y 系数不准确引入的不确定度分量

$$u_{B4} = \left| \frac{\partial T_x}{\partial Y_x} \right| \frac{1}{k_4} \Delta Y_x = \frac{T_H - T_C}{Y_s - 1} \frac{1}{k_4} \Delta Y_x \qquad (8.86)$$

其中，ΔY_x 和 ΔY_s 分别为仪器的测试精度，一般来说两者具有相同的值。

（6）系统连接失配引入的测量不确定度分量同式（8.81）所示。综合以上不确定度分量，总的测试不确定性为

$$u = \sqrt{u_A^2 + u_{B1}^2 + u_{B2}^2 + u_{B3}^2 + u_{B4}^2 + u_M^2} \qquad (8.87)$$

若采用 95% 的置信概率，$\Delta T_x = 2u$，则超噪比的不确定度表示为

$$\Delta \mathrm{ENR} = 10\lg\left(1 + \frac{T_x + \Delta T_x}{T_0}\right) - 10\lg\left(1 + \frac{T_x}{T_0}\right) = 10\lg\left(1 + \frac{\Delta T_x}{T_x + T_0}\right) \qquad (8.88)$$

3. 噪声测试的注意事项

微波电路模块或系统在进行噪声测试时，外部干扰信号的侵入会给测试带来误差，因此需要注意测试环境和测试辅助工具的电磁屏蔽效能。主要的屏蔽措施包括：使用带螺纹的连接器，按照标准的力矩对连接器进行紧固；射频电缆应使用全屏蔽的半钢电缆或双层屏蔽的稳相电缆；数字控制排线应使用编织金属层进行电磁屏蔽；在高精密噪声测试情况下，待测器件应放在屏蔽盒中测试。

选用合适超噪比的噪声源，目前各仪器测试公司推出的噪声源按超噪比分类，大致分为 6dB 和 15dB 两种。低超噪比的噪声源适合测试噪声系数较低的器件，一般适用于噪声系数不超过 15dB 的待测件。高超噪比的噪声源适合应用于高噪声系数器件的测试，特别是噪声系数 20dB 以上器件。高超噪比噪声源的输出功率较大，使用时需要避免待测器件进入非线性状态，或信号过大使测试仪器进入饱和状态，任何非线性效应都会引起较大的测试误差。

对低噪声放大器等射频有源器件来说，端口阻抗的匹配状态对器件的增益和噪声性能影响较大，在噪声测试时为保证测试准确性，要求噪声源在高温噪声输出和低温噪声输出时端口的输出阻抗保持良好匹配。噪声源内部一般具有专门的匹配电路，把阻抗变化产生的影响降为最低，目前噪声源驻波普遍都在 1.1 以下。待测器件的驻波并不像噪声源那么理想，例如放大器为追求低噪声，需要将其匹配到最低噪声点，此时输入驻波可能很差，为避免大的反射带来测试误差，需要在噪声源和放大器之间插入隔离器或衰减器以减小两者的阻抗失配。噪声源级联衰减器会改善端口的匹配性能，但会降低噪声源的超噪比。

当器件噪声系数超过 15dB 的时候，Y 系数测量值将接近于 1，用分贝表示时，ΔY 接近 0dB，由式（8.67）可知，Y 的读数误差将会给噪声系数测试带来很大的误差。这种情况下应尽量使用高超噪比的噪声源，为保证噪声测试精度，器件的噪声系数应不超过 $\mathrm{ENR} + 10\mathrm{dB}$。

完整的接收设备包含天线和射频接收机，一般整机的噪声性能采用工作噪声温度和

G/T 优值来衡量。8.9 节将介绍射频整机的 G/T 值测试方法。

8.9 有源天线的 G/T 值测试

天线结构中若集成了信号放大器、变频器以及数模/模数转换器等有源器件,便可称之为有源天线。有源天线与传统的无源天线和有源模块分离的模式相比,具有小型化和高集成度化特点,极大地减少馈线连接损耗,使系统具有更高的信噪比、更好的阻抗匹配以及更宽的频带。多个有源天线单元组合形成的天线阵列可以实现波束赋形和多波束功能,先进的相控阵雷达和 MIMO 体制通信均是有源天线阵列的典型代表。

G/T 值是衡量接收系统性能的重要参数,也称为接收系统的品质因数,G/T 的定义为接收天线增益与系统工作噪声温度的比值。对于使用无源天线的接收系统来说,天线与有源接收机分离,系统的 G/T 值可通过分别测试天线的增益和天线温度,以及接收机的等效噪声温度来计算,称为间接测试法。测试时天线对准冷空,天线的输出直接馈入接收机,则接收机输入端的噪声功率为

$$P_R = k(T'_A + T_e)\Delta f \tag{8.89}$$

当接收机的输入直接连接温度为 T_0 的匹配负载,接收机输入端的等效噪声功率为 $P_0 = k(T_0 + T_e)\Delta f$,则系统的工作噪声温度为

$$T_{op} = T'_A + T_e = Y(T_0 + T_e) \tag{8.90}$$

其中,T_0 已知;接收机的噪声温度 T_e 需提前测出;$Y = P_R/P_0$,由射频仪器读出。天线增益采用常规比较法进行测试,即可得到接收系统的 G/T 值。有源天线的 G/T 值测量方法与无源天线不同之处在于有源天线往往天线与接收机无法分离,不能单独测试天线的增益,因此需采用整机测试方法。有源天线的 G/T 值测量方法有三种,即射电源法、卫星信标法和近场测试法,前两种方法均在外场测试,较为先进的测试方法为近场波谱法,可在室内环境测试。

8.9.1 射电源法

宇宙射电源是一种微波噪声功率源,作为测试用途的射电源需要具有足够的流量强度、流量稳定性以及必须位于合适的天球区域。天线测试常用的射电源主要有太阳、月亮和仙后座 A(CasA)、天鹅座 A(CygA)和金牛座 A(TauA)等射电天体。一般大口径天线由于增益足够高,采用恒星射电源即可获得足够高的信号强度,而中小口径天线由于增益低,若采用恒星射电源,射电流量较弱,有可能超出接收系统动态范围之外,或者测试的 Y 因子过小,导致较大的测量误差,因此可考虑采用太阳或月亮等大流量射电源。

射电天文法就是利用已知宇宙射电源作为噪声信号源,通过天线测试该射电源的功率与冷空背景的噪声功率之比,直接计算接收系统 G/T 值。当天线对准冷空时,天线截获的射频功率为

$$P_C = kT_{op}\Delta f \tag{8.91}$$

其中,T_{op} 为接收机工作温度,包含天线噪声温度和射频系统噪声温度。当天线对准射电源时,天线截获的射频功率为

$$P_R = \frac{SA_R}{2} + kT_{op}\Delta f = \frac{SG_R\lambda^2}{8\pi}\Delta f + kT_{op}\Delta f \tag{8.92}$$

由于距离遥远,射电源的立体视角近似为 0°,因此天线 3dB 波束内的冷空噪声功率仍会进入天线,这部分噪声即为冷空噪声温度 T_A'。式(8.92)中,S 为射电源的功率通量,单位为 $W \cdot Hz^{-1} \cdot m^{-2}$,系数为 1/2 是因为天线只能接收单极化的能量;G_R 为接收天线增益。Y 系数定义为 P_R 和 P_C 的比值。根据式(8.91)和式(8.92)计算得到 G/T 值为

$$\frac{G_R}{T_{op}} = \frac{8\pi(Y-1)k}{\lambda^2 S} \tag{8.93}$$

实际运用式(8.93)时,还需要乘上效率因子以补偿由于大气衰减、天线对准、以及通量波动带来的测试误差。射电天文法要求射电源要在天线的活动范围内,且流量密度要稳定、辐射强度要合适。

8.9.2 卫星信标法

信标塔法与卫星信标法本质相同,即在距离待测天线足够远的位置发射射频信号,该射频信号的频率和等效辐射功率(EIRP)均已知。天线接收卫星的信标信号,得到信号功率(载波功率)为

$$P_R = \frac{EIRP \cdot G_R\lambda^2}{(4\pi R)^2} \tag{8.94}$$

接收的噪声功率为 $P_R = kT_{op}\Delta f$,则载噪比为

$$\frac{C}{N} = \frac{EIRP \cdot \lambda^2}{k\Delta f(4\pi R)^2}\frac{G_R}{T_{op}} \tag{8.95}$$

接收信号的载噪比由专用仪器可直接测出,卫星的 EIRP 也可查询,通过式(8.95)即可间接得到接收系统的 G/T 值为

$$\frac{G_R}{T_{op}} = \frac{C}{N}\frac{k\Delta f(4\pi R)^2}{EIRP \cdot \lambda^2} \tag{8.96}$$

当卫星信标功率未知时也可采用比较法测试,具体测试框图如图 8.19 所示,采用标准增益喇叭接收卫星信标作为比较基准,首先得到标准喇叭的载噪比

$$\left[\frac{C}{N}\right]_r = \frac{EIRP \cdot \lambda^2}{k\Delta f(4\pi R)^2}\frac{G_H}{T_H} \tag{8.97}$$

其中标准增益喇叭的增益 G_H 和工作噪声温度 T_H 均为已知量,因此根据式(8.95)和式(8.97)可得待测天线的 G/T 值为

$$\frac{G_R}{T_{op}} = \frac{C/N}{[C/N]_r}\frac{G_H}{T_H} \tag{8.98}$$

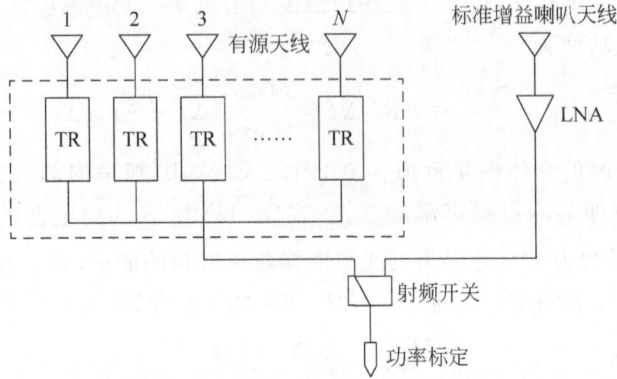

图 8.19　比较法测试接收系统 G/T 值框图

8.9.3　近场测试法

　　射电源测试法和卫星信标测试法需要天线进行外场远场测试,射电源或信标源位于天球合适区域,且要求天球晴朗,对测试环境、时间的要求较高。天线的近场测试可以在室内进行,利用探头对天线辐射近场区域进行幅相采样,再利用近场远场转换算法得到天线的近场辐射波谱、远场方向图、增益、天线效率等参数。

　　近场的平面波谱如图 8.20 所示,波谱函数定义为

$$D(k_x,k_y)=\frac{\mathrm{e}^{-\mathrm{j}\gamma d}}{4\pi^2}\int s(x,y,d)\mathrm{e}^{-\mathrm{j}(k_x x+k_y y)}\mathrm{d}x\mathrm{d}y \tag{8.99}$$

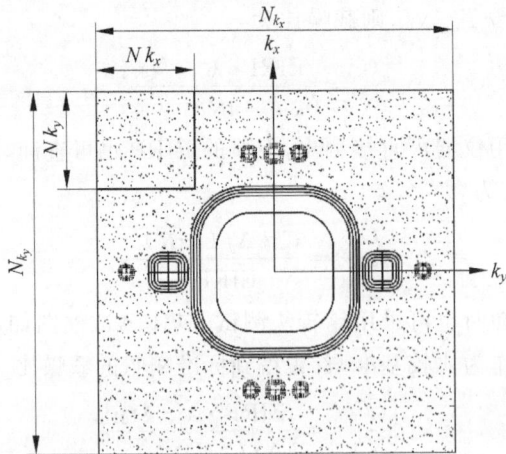

图 8.20　近场平面波谱示意图

　　其中,$s(x,y,d)$ 为接收天线近场采样数据,(k_x,k_y,γ) 为电磁场传播矢量,d 为探头与待测接收天线的垂直距离。$D(k_x,k_y)$ 同时包含了电磁波的传输模式和凋落模式,在 $k_x^2+k_y^2\leqslant$

k^2 的区域内波谱能够以 $1/R$ 的衰减速率向无限远的自由空间传输,称为传输模式区域;而在此区域外的波谱分量为凋落模式,以 $1/R$ 更高阶的速率衰减。传输模式区域集中了天线辐射绝大部分能量,其波谱幅值高。凋落模式区域在传输区域外,也存在若干波谱集中区域,幅值较高,这些较高的幅值点是由电磁波在测试系统内部多次反射以及环境多径反射造成的。相对于传输模式,处于凋落模式的波谱集中区域对天线的远场贡献极小。另外,在波谱平面图的四角区域附近,波谱幅值极弱,称这些区域为底噪区域。底噪区域的幅值完全由近场测试环境的热噪声决定,改变近场测试的步进,底噪区域的幅值不变。近场测试环境的热噪声来源主要为探头附近吸波材料的热辐射,截取一部分底噪波谱分量,计算这部分底噪的单点功率为

$$P_{\mathrm{NS}} = \frac{1}{N\_k_x N\_k_y} \frac{\Delta k_x \Delta k_y}{4\pi^2} \sum_{N\_k_x} \sum_{N\_k_y} | D(k_x, k_y) |^2 \qquad (8.100)$$

其中,N_k_x 为截取底噪部分的 k_x 点数,N_k_y 为截取底噪部分的 k_y 点数,$N\_k_x \cdot N\_k_y$ 为截取的矩形区域波谱点数,因此全波谱区域总噪声功率为

$$P_{\mathrm{N}} = P_{\mathrm{NS}} N_{k_x} N_{k_y} \qquad (8.101)$$

其中,N_{k_x} 为波谱 k_x 总点数,N_{k_y} 为波谱 k_y 总点数。根据帕什瓦尔定理,时域采样的噪声功率与波谱噪声功率相等,若为采样在 x 轴和 y 轴采样点数为 N_x 和 N_y,那么时域单点的噪声功率为

$$P_{\mathrm{NTS}} = \frac{P_{\mathrm{NS}}}{N_x N_y} \qquad (8.102)$$

于是有源天线的工作噪声温度为[45]

$$T_{\mathrm{op}} = \frac{P_{\mathrm{NTS}}}{k \Delta f} \qquad (8.103)$$

8.10 本章小结

噪声源是噪声测试和噪声标定的重要工具,本章介绍了多种自然噪声源和人工噪声源,大体可分类为数字噪声源和模拟噪声源两类。其中模拟噪声源主要分为恒温噪声源、真空管噪声源、半导体噪声源等,在噪声测试、标定以及电子对抗中具有重要应用。本章还介绍了噪声源的计量和标定方法、射频噪声系数的测试方法以及通信接收机(特别是有源相控阵接收机)的 G/T 值测试方法。

第9章 射频噪声的工程应用

19 世纪中叶,英国科学家麦克斯韦在前人研究的基础上,对电和磁现象做了系统地总结和归纳,将电磁场理论用简洁、对称的数学公式表示,即电磁理论和经典电动力学的基础——麦克斯韦方程组。麦克斯韦预言了电磁波的存在,他指出电磁波的电场、磁场与电磁波的传输方向相互垂直,并且电磁波的传播速度等于光速,同时推论出光也是电磁波的一种形式,揭示了光的本质。1888 年德国科学家赫兹证实了麦克斯韦的猜想,赫兹根据电容器经由电火花间隙能够产生电磁振荡现象,设计了一套电磁波发生器,这个装置能够向周围空间辐射电磁波,同时赫兹还设计了一个简单的电磁波接收器来检测该电磁波的存在。利用这套装置赫兹测试了电磁波的频率和波长,以此计算出电磁波的传播速度,同时还发现电磁波同光一样具有反射、折射以及偏振等特性。赫兹的电磁波发射器和接收器为电磁波在无线通信和无线探测领域中的应用奠定了基础。19 世纪末意大利科学家马可尼首先进行了电磁波信号的远距离无线传输实验,并于 1901 年成功地将电磁波信号从英国传输至大西洋彼岸的美国,无线通信技术使得人类的通信活动第一次摆脱了导线的束缚,实现人类科技史的一次重大飞跃。在现代通信技术中,移动通信、卫星通信以及移动互联网等无线通信占据着重要的地位。

电磁波作为载体能够携带信息,信息主要包含人为施加的主动信息以及反映目标物体性质的被动信息。电磁波除了应用于无线通信外,还广泛应用在雷达探测、遥感等领域。深度挖掘电磁波所携带的信息,能远距离无接触地感知、判定和识别目标,与可见光、红外感知技术相比,电磁波感知技术具有全天候、全天时工作的能力,不仅能穿透云层、沙尘和雾霾,还能穿透植被以及地表,具有探测地下目标的能力。电磁波探测能够获取可见光照相和红外遥感以外的信息,具有重大的军事和经济意义。

通信和探测都面临着噪声和干扰等问题,噪声能入侵通信链路的各个环节,导致信噪比变差。射频接收机作为信号的检测设备,首要任务就是对无用干扰和噪声成分进行抑制和滤波,对有用信号进行识别和检出。射频接收机对信号的有效接收与否体现在信噪比的高低以及动态范围的大小,高信噪比意味着信号功率远大于噪声功率,信号容易检出且解调具有较低的误码率;大的动态范围意味着接收机具有微弱信号的检出能力和高强度信号的耐受能力。信噪比和动态范围均与接收机的噪声抑制能力息息相关,取得尽量高的信噪比和大的动态范围是接收机设计最基本的原则。不同类型的射频接收机,无论是通信接收机、雷达接收机抑或是辐射计等,噪声抑制的手段无外乎前端低噪声放大、频带滤波等措施,接收机在设计之初就需要严格计算链路的增益、噪声系数和动态范围等重要指标,对于接收机设计过程中互相掣肘的各指标,因无法同时达到最优,需要综合考虑,从而得到最优的设计方案。

本章 9.1 节将概述通信系统的分类,介绍多种通信架构、射频链路预算以及噪声在系统中的影响;9.2 节～9.5 节将分别介绍移动通信、无线电台、卫星通信以及深空通信的基本理论和技术;9.6 节和 9.7 节将分别介绍射频噪声在雷达和电子对抗领域中的应用;9.8 节～9.10 节将介绍射频噪声在遥感、长基线干涉接收以及射电天文学中的应用。

9.1 通信系统

无线通信主要包含广播电视、电台、移动通信、卫星通信等具体通信应用类型。广播电视等属于单工通信,通信系统的信源和信宿不能互换,由电台作为信源发送信号、经电台塔或卫星转发,最终由电视机和收音机等信宿接收并播放。战术电台(包括对讲机)为半双工通信,信源和信宿可互换,信号的接收和发射是时分的,电台无法同时发射和接收。全双工通信的通信效率最高,通信的双方可以同时发送和接收信息,发送和接收互不干扰。单工通信只需要一条信道,而半双工通信或双工通信则需要两条信道,现代的移动通信和卫星通信均属于全双工通信。

移动通信,是指通信的一方或双方处于运动中的微波通信,分陆上、海上及航空三类。陆上移动通信的对象为基站和移动终端,多使用 900MHz 或 1800MHz 的频段,新一代移动通信将采用更高的频段,例如第五代移动通信中低端使用 4～6GHz 波段,高端使用毫米波波段。海上及航空通信的通信对象为海事卫星和移动终端。第六代移动通信将移动场景从陆地拓展为海上、航空等区域,将广泛使用低地球轨道(LEO)的小型卫星来提供移动通信业务。

卫星通信利用卫星作为转发器,拓展地球站的发射范围,属地空视距多址通信系统。信号下行可采用宽波束喇叭天线,也可采用点波束的抛物面天线,借助波束分隔进行频率再用。高轨道卫星通信覆盖面广,适合大范围信息转发,但信号传输时延长,信号易被截获、窃听和干扰。

空间通信是指利用微波实现地面站与航天器以及航天器与航天器之间的通信。地球站与航天器之间的通信根据传输距离分为近空通信与深空通信,近空通信与传统的卫星通信相似,而深空通信由于距离极其遥远,信号空间衰减和时延极大,且由于航天器处于高速运动状态,信号载波叠加相当大的多普勒频移,因而深空接收机需采用特殊设计的射频接收体制、特种编码和调制技术,采用相干接收和频带压缩等技术才能将极其微弱的信号从噪声背景中提取出来,实现遥控指令的发送和遥测数据的回传。

9.1.1 微波通信系统基本结构

微波通信系统由收发天线、射频发射机、射频接收机以及数字基带部分组成。天线系统由馈线、双工器及天线组成,是信号有线传输与无线传输的中介转换器。射频发射机主要完成基带信号的调制任务,经过调制信号变成模拟中频信号,再进一步上变频为射频信号,经过滤波和幅度放大,送往天线系统进行发射。射频接收机则相反,其将天线接收的射频信号下变频至中频,再解调为基带信号,接收链路也包含一系列的滤波和放大模块。数字基带模块用于信息的编解码,数字基带接收器将中频信号转换为数字编码,而数字基带发送器的功能相反,其将数字编码转换为基带信号。

微波通信系统的核心为射频发射机和射频接收机,射频收发机原理框图如图 9.1～图 9.4 所示。如图 9.1 所示的简单射频发射机不包含变频,由数字电路将基带信号经数模转换直接变为射频信号,经频带滤波和功率放大后,由天线发射。简单射频发射机频率较低,信息传输带宽窄,天线尺寸大,信息的传输效率低。图 9.2 为简单的射频接收机,与简单发射机类似,不包含变频,数字电路直接对接收信号进行数字采样得到基带信号。最新的软件无线电技术可采用功能强大的数模(DA)和模数(AD)转换技术,利用 D/A 转换将基带信号直接调制至射频频率进行发射,同时采用 A/D 转换将天线接收的射频信号直接变换为基带信号,射频链路达到了最简化。采用超外差变频结构能够将中频信号提升至射频频段,采用多级变频结构还能够使通信系统的工作频率提升至毫米波波段,高频频段可用带宽资源丰富,信息的传输速率和传输效率大大提高。变频射频发射机由调制器、上变频器、频带滤波和功率放大器组成,如图 9.3 所示。超外差射频接收机如图 9.4 所示,由低噪声放大器、下变频器、解调器组成。

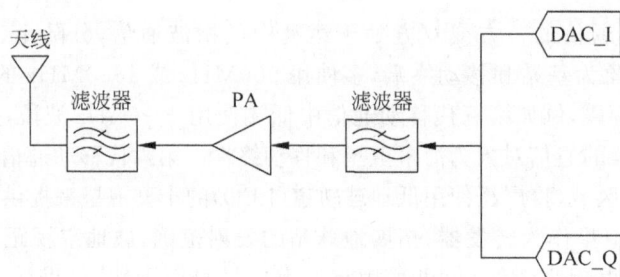

图 9.1　简单射频发射机框图

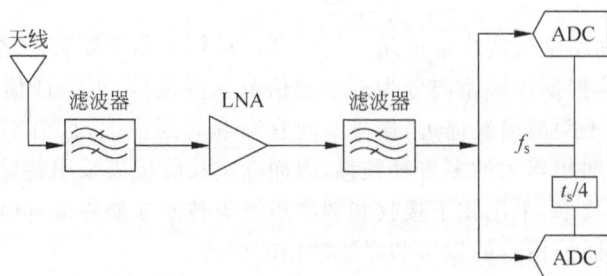

图 9.2　简单射频接收机框图

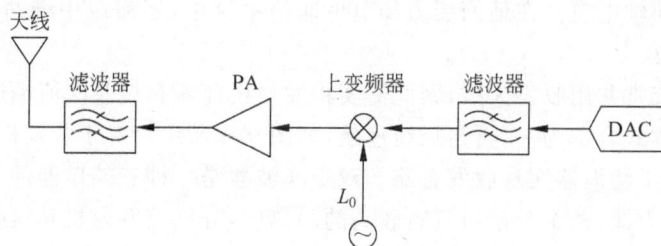

图 9.3　变频射频发射机框图

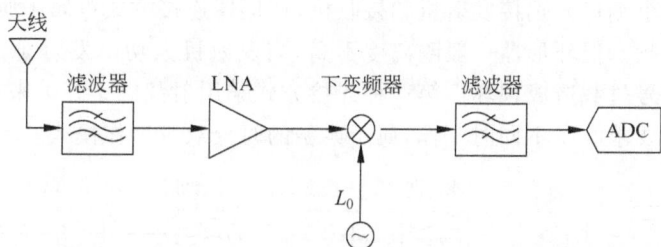

图 9.4　超外差射频接收机框图

在模拟微波通信系统中,多采用调幅和调频等调制方式;在数字微波通信系统中,常用多相数字调相方式;大容量数字微波则采用能够有效利用频谱的多进制数字调制及组合调制等调制方式。现代射频通信系统框图如图 9.5 所示,包含发射链路和接收链路。数字调制信号为中频频率信号,频段较低,需要采用多级变频将信号提升至射频、微波甚至是毫米波波段,在变频过程中链路需要插入滤波器滤除寄生通带、镜频和本振泄漏,最终再由位于发射机末端的高功率放大器将射频信号提高到足够高的电平,以使信号经长距离信道传输仍具有足够高的幅度供接收机解调。接收链路对信号的处理过程同发射相反,为实现信号的有效接收,需采用低噪声放大器抑制噪声的功率,同时在接收链路不同的位置设置多级窄带滤波器滤除带外干扰和噪声以提高收信机的灵敏度,下变频器实现射频信号与中频信号的变换。接收机电路还可采用自动增益放大器件实现大动态范围的压缩,使得中频功率输出保持在较小的功率区间,使其处于模数转换器的最佳工作区间。接收机解调器的主要功能是进行调制的逆变换,生成基带信号,最终由后端数字模块实现信息的提取。微波通信天线一般为强方向性、高效率、高增益的大口径天线,包含平板阵列天线、反射面天线等,馈线

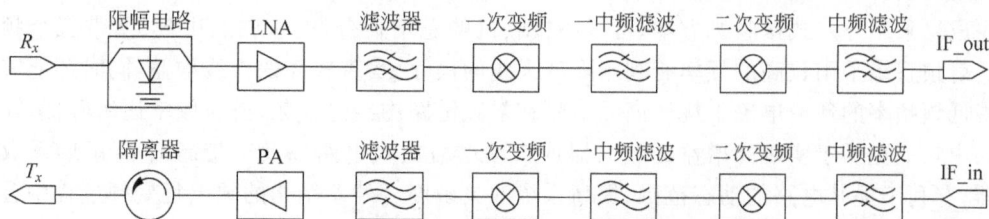

图 9.5　现代射频接收机和发射机通信系统框图

主要采用波导或同轴电缆。在地面接力和卫星通信系统中,还需以中继站或卫星转发器等作为中继转发装置。

现代通信系统常共用收发天线,因此需要将发射机前端和接收机前端通过双工器、环形器或射频开关等方式合二为一,再与天线连接,如图9.6所示。对于收发机不同频的通信系统来说,可使用双工滤波器实现收发合路。双工滤波器是一种三端口器件,由两个射频滤波器组成,总端口接天线,两个分端口具有较高的隔离度,分别接发射机和接收机,这种连接方式收发可同时工作,互不影响,是典型的频分双工工作模式。第二种连接方式采用环形器,环形器也是一种三端口器件,射频信号在环形器内部只能单向顺时针或逆时针传输,一个端口接天线,其余两个端口分别接发射机和接收机,环形器连接方式也属于典型的双工工作模式,不要求收发异频。但环形器一般隔离度不高,当发射机大功率发射时,接收机需采用限幅等处理,防止信号过载造成损坏。第三种连接方式采用射频电子开关来切换收发链路,收发可同频工作,但要求收发不同时工作,属于典型的时分双工工作模式。

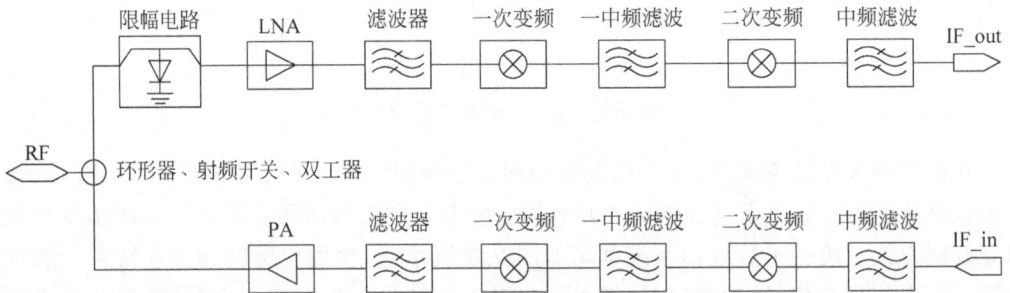

图 9.6 完整的射频收发机通信系统框图

9.1.2 射频链路计算

随着半导体技术的发展以及封装工艺的快速进步,现代射频收发机向着高集成度、高性能方向发展,其覆盖的工作频率越来越高、带宽越来越宽、集成度越来越高,高性能射频收发机具有高线性、大动态范围、高灵敏度、高分辨率等特点。

射频接收机根据接收体制分为再生式、调谐直放式和外差式三种。前两者属于单一频率接收机,射频放大和检波都在同一频率进行,其动态范围有限、灵敏度较差。外差式接收机采用变频电路,将较高的射频频率降低至中频,链路中大部分增益和滤波检波等功能在中频完成。采用外差式接收机方案,可以将接收机的总增益分散到高频、中频、基带三个频带上。射频系统采用较高的频率有利于降低天线的尺寸、实现较高的天线增益,同时还能够规避中低频频率的环境电磁干扰。高频信号在射频链路中经过变频,链路频率逐级降低,在较低的中频上更易于实现高增益的放大器或自动增益放大电路以及窄带高Q高矩形系数滤波器,有利于提升电路的动态范围、提高系统的灵敏度。外差结构的缺点是变频过程中会产生多种组合干扰频点,因而设计过程中需要仔细计算组合频率干扰并采取相应的滤波措施加以消除。

灵敏度(MDS)是接收机的重要指标,一般定义为能够满足信号解调所对应的最低输入信号功率电平,灵敏度是接收机带宽(BW)、接收机噪声系数(NF)、以及解调所需最低的信噪比(SNR_{min})的函数,即

$$MDS = -174dBm + 10lgBW + NF + SNR_{min} \qquad (9.1)$$

灵敏度既与输出信噪比有关,也与接收机本身的噪声大小有关。宽带接收机灵敏度通常都是频率的函数,不同频率的灵敏度不同,一般宽带通信系统要求接收机频带内灵敏度起伏不能太大。

射频接收机能够适应接收信号强弱变化,将其有效接收的最大信号电平与最小信号电平之差定义为接收机的动态范围。动态范围按侧重点可分为线性动态范围和无杂散动态范围两种定义。线性动态范围和无杂散动态范围的下限均由最小可检测信号(MDS)决定,该值与基底噪声、接收带宽、噪声系数以及解调信噪比有关。线性动态范围的上限一般定义为接收机输入 1dB 压缩点。当接收机工作在非线性区时,输入双音信号的三阶及更高阶互调产物有可能会落入接收带内,形成杂散频谱,若该杂散信号的幅度超过解调门限电平,便形成接收干扰,从而影响接收机性能。将接收机三阶互调信号功率恰好等于最小可检测功率值的状态定义为无杂散工作阈值,若三阶互调信号高于该阈值,则杂散会造成接收干扰,反之则杂散不对接收机产生影响。当系统状态处于该阈值时,定义此时接收机输入端等幅双音信号的功率为无杂散动态范围的上限,即

$$D_{max} = P_{in\_SF} = \frac{1}{3}(MDS + 2IIP3) \qquad (9.2)$$

9.1.3　射频电路与模数转换

通过天线进入通信系统的噪声功率为 kTB,其中 T 为天线噪声温度,一般认为等于环境温度 290K,B 为通信带宽。另外接收机射频电路具有一定的噪声系数,因此接收机输入端的等效噪声功率为 $[kTB]$+NF(均以分贝为单位)。为了提高信号检测准确率,通常采用一长串的码片信号来表示一个比特的有效数字信号(如逻辑 1 或 0),这样信号传输的数据率很高,但有效信息的传输速率(即码片速率)低。采用较长的码片来表示一个数字符号,能够在传输中获得额外的处理增益,该增益具体为 $10lg(B/C)$,其中 B 为数据率,C 为码片速率。因此在射频链路的功率计算过程中,对于数据率解调所需要的信噪比要求可降低,例如若数据速率为 3.84Mb/s,码片速率为 12.2kc/s,则处理增益为 25dB,等效于通信的噪底降低 25dB。这样即便信号淹没在噪声中,也可通过码片的处理增益使得信号能够被有效检测。为了保证调制信号能够在低于一定误码率的条件下进行解调,接收机需要预留一定的码噪比(E_b/N_0),即单比特信号功率应比单比特噪底至少高 E_b/N_0。按码噪比定义的射频灵敏度表示为

$$MDS = -174dBm + 10lg(BW) + NF - 10lg\left(\frac{B}{C}\right) + 10lg\left(\frac{E_b}{N_0}\right) \qquad (9.3)$$

式(9.3)的具体意义如图 9.7 所示。

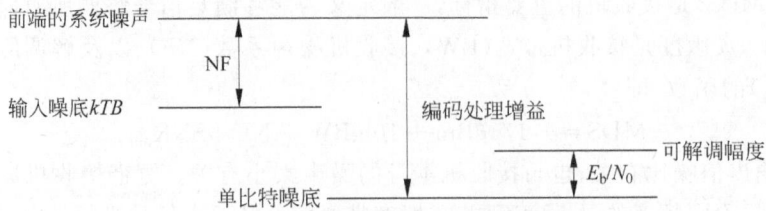

图 9.7　射频灵敏度分析示意图

现代通信环境日趋复杂,各种有意或无意的干扰信号混杂其中,其主要成分包含邻道功率泄漏、带外阻塞信号以及互调分量等,这些杂散信号同热噪声一样会影响通信接收机的射频灵敏度。如图 9.8 所示,邻道信号会有一定比例的功率泄漏到当前频道,这个比例称为邻道抑制比。同样地,带外阻塞信号以及互调信号也会有一定的信号功率侵入通信频道,三种杂散信号功率与接收机热噪声叠加构成了射频系统的噪底。由于杂散信号功率的叠加,系统总的噪声功率有所提升,导致单比特噪底也相应抬高,抬高值称为噪底恶化,一般认为噪底恶化 6dB 是杂散开始干扰正常通信的阈值,此时的杂散干扰信号的幅度便是系统抗干扰能力的考核值。编码处理增益和码噪比余量预留与图 9.7 一致。

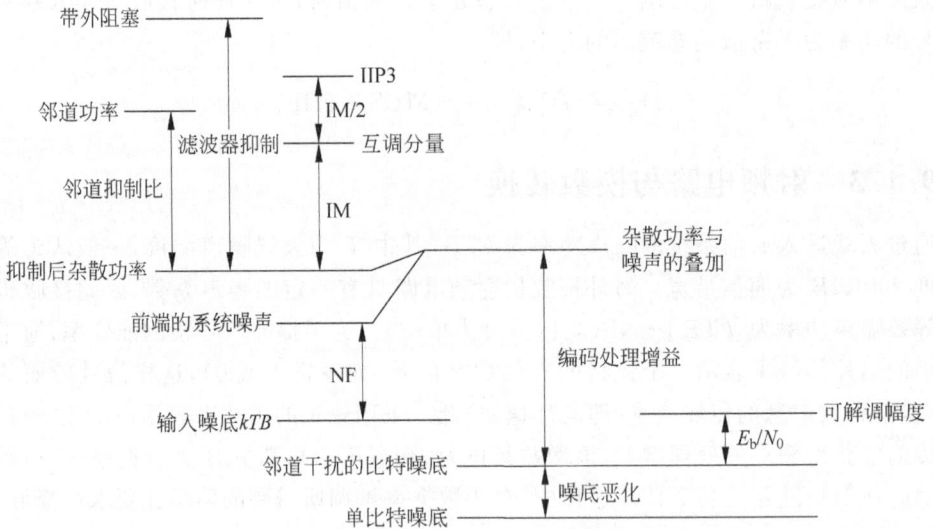

图 9.8　杂散信号对接收机灵敏度的影响示意图

接收机的中频输出后端接模数转换器(ADC),假设 ADC 的噪声系数为 NF_{ADC},那么 ADC 的单位带宽噪声功率谱密度为 $-174dBm+NF_{ADC}$,如果 ADC 的采样时钟频率为 f_c,那么 ADC 的全带宽噪声功率为

$$SSNF = -174dBm + NF_{ADC} + 10\lg(f_c/2) \tag{9.4}$$

这是 ADC 能够识别的最小有用信号幅度,ADC 满量程功率值(FS)与全带宽噪声功率(SSNF)的差称为 ADC 的动态范围。若后端数字处理未使用全部的奈奎斯特带宽,可采用

窄带单通道的数字滤波器降低该频道的噪声功率,带来的信噪比改善值为 $10\lg\left(f_c/2B_0\right)$,其中 B_0 为有效频道带宽,等效 ADC 输入端的噪声功率可降低至

$$\text{SSBNF} = \text{SSNF} - 10\lg\left(f_c/2B_0\right) \tag{9.5}$$

扣除射频电路的增益 G_{RF},将 ADC 的噪声功率等效在接收机输入端,为

$$\text{SSRFNF} = \text{SSBNF} - G_{RF} \tag{9.6}$$

ADC 的各等效噪声功率意义具体如图 9.9 所示。

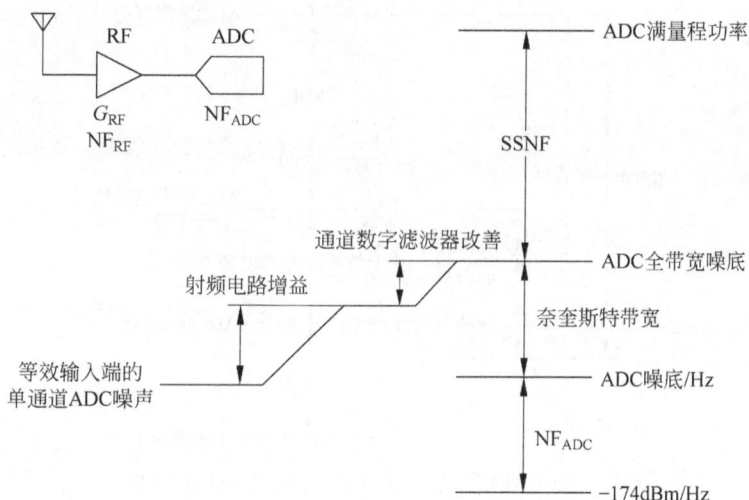

图 9.9　ADC 对系统的噪声贡献示意图

ADC 工作时往往存在杂散,当频道中杂散功率与噪声功率恰好相等时,定义此时满刻度功率与杂散和噪声功率之和的比值为无杂散动态范围(SFDR)。具体分析如图 9.10 所示,有杂散时,ADC 的噪声系数为 $\text{NF}_{ADC+Jam}$,ADC 的全带宽噪声功率为 $-174\text{dBm} + \text{NF}_{ADC+Jam} + 10\lg\left(f_c/2\right)$,此时噪声功率包含系统白噪声和杂散信号成分,两者功率相等,因此噪声功率和杂散功率均比全带宽噪声功率低 3dB,此时噪声功率与满刻度功率值的差即为 ADC 的信噪比 SNR。经过频道滤波器的改善,最大杂散功率值表示为

$$\text{SP} = -174\text{dBm} + \text{NF}_{ADC+Jam} - 3 - 10\lg(B_0) \tag{9.7}$$

SP 与满刻度功率值的差即为 SFDR。

以文献[8]中的 ADC 为例,ADC 的满量程输入功率为 +6dBm,无阻塞信号时的 SSNF 为 -82dBFS,奈奎斯特全带宽的噪声功率为 -76dBm。ADC 的采样率为 78.64Msps,则其单位带宽的噪底为 -152dBm,与常温下 -174dBm/Hz 的热噪声基底比较得到 ADC 的等效噪声系数为 22dB。若接收机的射频部分增益 G_{RF} 为 31.4dB,噪声系数 NF_{RF} 为 3.5dB,则后端接噪声系数为 22dB 的 ADC 后,系统的总噪声系数为 4dB。

射频接收机经常采用自动增益电路,若输入信号中存在较高幅度的杂散信号,则自动增益电路会降低模拟增益以使输出信号幅度保持稳定。链路增益的降低会导致系统噪声系数增加,从而恶化接收灵敏度。对于存在杂散的电路,系统噪声系数可放宽为 7dB,此时射频

电路的增益维持为 31.4dB,射频电路部分的噪声系数放宽为 4.8dB,ADC 电路部分的噪声系数放宽为 34.4dB,则 ADC 全频带噪底等效为 -63.6dBm。此时 ADC 的白噪声和杂散功率均为 -66.6dBm,与满刻度功率值相比较得到 ADC 的信噪比为 72.6dB,信号单频道带宽为 1.23MHz,则滤波器改善为 15dB,ADC 全频带噪声功率降低为 -81.6dBm,因此得到 ADC 的无杂散动态范围为 87.6dB。

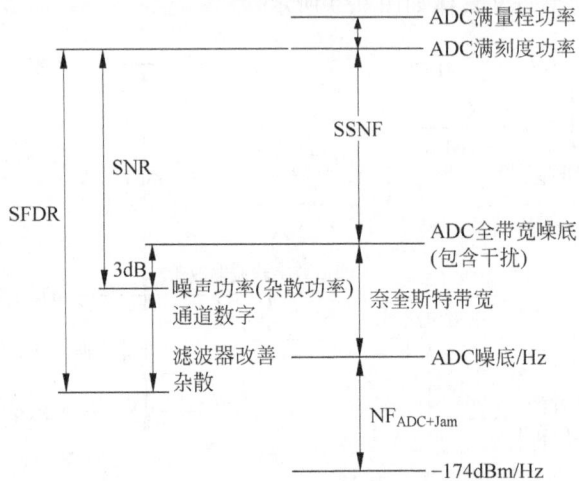

图 9.10　ADC 的信噪比与无杂散动态范围示意图

9.2　移动通信

　　最早的实时移动通信技术可以追溯到 20 世纪 20 年代,美国普渡大学开发出 2MHz 的外差式通信系统,后来又陆续开发出幅度调制和频率调制体制无线收发机。60 年代美国率先研发出采用大区制、小容量的移动通信系统。为了缓解大区内频道资源紧张的局面,贝尔实验室提出了小区的概念,使得频率能够在不同的小区内重复使用,大大提高了系统的容量和频率使用效率,为移动通信的大规模商业化奠定了基础。小区制移动通信技术被认定为第一代移动通信,其特点是采用了频分多址技术,语音信号采用模拟制式调制。第二代移动通信系统基于数字调制技术,传输低速率的语音和数据业务,其特点是采用时分多址、信道较窄且基带数字化,因此也被称为窄带数字通信系统。第三代移动通信主要采用码分多址技术,理论上下行速率的峰值可达 3.6Mb/s,上行速率的峰值也可达 384kb/s,能够传输视频、高速多媒体和移动互联网等大数据量业务,高度数字化。第四代移动通信技术采用正交频分多址技术(OFDM)和多输入多输出(MIMO)等关键技术,性能较上一代有较大幅度的提升,其特点是采用正交频率复用技术,峰值速率可达 1Gb/s,并具有最低 10ms 的空口时延[12]。

　　在过去的 40 年时间里,移动通信经历了模拟语音到宽带数字业务的飞速发展,每十年产生一次大的跨越,逐渐发展出第一代模拟蜂窝移动通信系统,第二代数字移动通信技术,第三代移动多媒体通信系统,目前全面进入第四代宽带接入和分布网络时代。第四代(4G)移动通信能够跨平台、跨频带进行网络通信服务。目前各国正大力研发下一代(5G)移动通信,与 4G 相比,5G 融入多种无线接入方式,采用更宽的频带以及 MIMO 等技术,继承了 4G 的 OFDM 等体制调制编码技术、智能天线和先进接收机技术,采用软件无线电技术,使得 5G 通信具有低时延、支持多种传输业务等特征,全面提升频谱效率、能源效率和成本效率[13]。5G 有增强型移动宽带、超低时延和超高可靠通信、海量机器类通信等电信移动场景。5G 相对于 4G,采用有源天线和大规模 MIMO 技术、采用波束成形和毫米波技术,在物理层上具有较大幅度的提升。

国际电信联盟分配给 4G 移动通信的频段分散于 450MHz～3.6GHz,中国 4G 频段分散于 889～2690MHz,实际运营商使用的频段总计 517MHz。5G 通信将具有 10～20Gb/s 的峰值速率,每平方千米 100 万的连接密度,1ms 空口延时,500km/h 移动速度支持。5G 频谱占用宽度是 4G 的十倍,通信容量高于 4G 的百倍。5G 所使用的中低频为 6GHz 以下频段,以 4G 技术为基础,发展全网覆盖,而高频以毫米波技术为基础,满足大带宽热点高速数据通信需求。国际电信联盟将 4G 传统频率全部平推给 5G,同时还将中低频率拓展至 4.9GHz。用于 5G 通信的高频频谱分为两段,低段以 K 波段和 Ka 波段频谱为主,主要覆盖 24.24～43.5GHz,高段为毫米波波段,主要覆盖 64～71GHz。

无线电波能够通过多种方式从发射端辐射至接收端,具体包括视距直线传播、地波传播、对流层散射传播、电离层传播等方式。信号在大气通道内传输,地形地貌、天气以及建筑散射会导致信号强度损耗,此外多径传输叠加会导致信号幅度随机波动,产生信道衰落。移动通信的无线传输信道集中于城市等人员聚集区,电磁波的传输环境较为复杂、难以使用严格的数学公式预测,因此业界倾向于采用统计和经验方法生成无线信道模型。无线环境中的信道衰落可分成三部分:电磁波经典的路径损耗部分、具有对数正态分布特性的中等幅度衰落部分以及幅度较小的快衰落部分。为衡量传输环境对电磁波传播造成的损耗,需建立不同场景电磁波传播模型,希望能够通过模型评估和预测移动通信的小区规划。业界常用的传统传播模型如表 9.1 所示[18]。

表 9.1　业界常用的传统传播模型

模型名称	使用范围
Okumura-Hata	适用于 150～1000MHz 宏蜂窝
Cost231-Hata	适用于 1500～2000MHz 宏蜂窝
Cost231 Walfish Ikegami	适用于 900MHz 和 1800MHz 微蜂窝
Keenan-Motley	适用于 900MHz 和 1800MHz 室内环境
射线跟踪模型	频段不受限制
3D UMa	适用于 2～6GHz 宏蜂窝

表 9.1 所示的为中低频信道传输模型,主要功能是预测无线电波在传播路径上的损耗,

根据具体的电磁波传播环境、工作频率、移动台速度等因素调整信道模型参数。但高频(特别是毫米波)电磁波信号在移动环境下的传输,易受到障碍物、反射物、散射体以及大气吸收等环境因素的影响,其信道模型与传统中低频通信有着明显差别,其传播损耗大、信号衰落剧烈、绕射能力差。高频传输模型主要为近距离参考模型,其中视距信号的路径损耗表示为[18]

$$[L] = 20\lg\left(\frac{4\pi}{\lambda}\right) + U \cdot 10\lg d + X \tag{9.8}$$

非视距传播的路径损耗为[18]

$$[L] = 20\lg\left(\frac{4\pi}{\lambda}\right) + V \cdot 10\lg d + Y \tag{9.9}$$

其中,U 和 V 分别为收发距离损耗的加权系数,弗里斯传输损耗的加权系数理论值为 2dB,d 为收发机的间距,X 和 Y 为衰落随机变量,加权系数和衰落随机变量的方差如表 9.2 所示[18]。

表 9.2　近距离参考模型参数

频率/GHz	U/dB	V/dB	X 的方差/dB	Y 的方差/dB
28	2.1	3.4	3.6	9.7
73	2.0	3.4	4.8	7.9

可变截距模式是基于测试数据的拟合传播模型,采用一阶线性函数,具体表示为[18]

$$[L] = \alpha + \beta \cdot 10\lg d + X \tag{9.10}$$

其中,α 为可变截距,β 为线性斜率,采用时延数据进行最小二乘拟合得出,X 为衰落随机变量,各参数在 28GHz 和 73.5GHz 的拟合数据如表 9.3 所示[18]。

表 9.3　可变截距参数

频率/GHz	α/dB	β/dB	X 的方差/dB
28	79.2	2.6	9.6
73.5	80.6	2.9	7.8

9.3　无线电台

无线电台是在无线电通信发展的早期就出现的即时通信设备,具有轻便、灵活、使用便捷等优点,是野外机动状态下保持通信联络的主要手段,在"动中通"和野外军民两用通信中广泛使用。早期的无线电台只能传输通话服务,后来又发展了数据传输和动态视频交互能力,通信的模式也从点对点、定频语音通信发展为提供集群动态组网通信、跳频通信、数据传输等复合业务。电台的业务新需求要求电台具有较宽的频率带宽、大动态工作能力、宽线性度、低噪声、频率捷变以及抗干扰等能力。新一代超短波战术电台以数据业务为主,具备数据和话音同传功能,用于构成战术互联网骨干网和高速子网,也可用于点对点业务传输,支持多种工作模式,具有较强的抗干扰、自组织、自恢复组网能力,能在战场移动条件下可靠、高效且安全地传输信息[19]。

无线电台按工作频段主要分为短波电台和超短波电台。短波电台频率为 $2\sim30\,\mathrm{MHz}$,主要用于传送话音、等幅报和移频报,短波在大地与电离层构成的传输通道间弹跳传输,具有地形绕射能力,还能利用地波进行中远距离通信。超短波电台还可细分为超高频(Very High Frequency,VHF)和甚高频(Ultra High Frequency,UHF)电台。VHF 电台主要工作于 $30\sim88\,\mathrm{MHz}$,以视距传播为主的,具有一定的地形绕射能力,在中等地形起伏的野战环境中,其信号覆盖范围仍可达到几十公里,相比短波通信,VHF 通信质量好、信道容量大、受昼夜和季节变化的影响小,通信性能稳定。UHF 电台频率覆盖 $108\sim512\,\mathrm{MHz}$,主要用于视距传播,受地形干扰较大,一般用于空空或空地数据和勤务传输,工作带宽可达数兆赫兹,能够支持视频、图像等高速数据传输,数据传输能力远超短波电台。更高频率电磁波的空间绕射能力差,只能进行视距通信,但高频传输带宽大,因此常用于卫星通信、遥测信号的回传或数据链的下行传输。

军用和民用电台工作波段仅有数百兆赫兹可用带宽,且广播电视频段穿插其中,该波段频谱占用已经相当拥挤,应用电磁环境十分复杂,别台的干扰信号幅度较强甚至高于有用信号。别台的干扰信号会降低本机通信质量,削弱接收系统的灵敏度,减少网络容量,减小接收系统的网络覆盖面积,甚至会导致接收系统瘫痪。为了实现信号有效接收,保障系统的稳健性,电台接收机需要在前端插入限幅器、预选滤波器等器件抑制较高幅度的背景噪声和干扰信号;另外为了提高电台抗恶意干扰的能力,陆续开发了扩频、跳频以及智能天线等抗干扰技术。扩频技术采用伪随机序列将信号频谱扩展至相当宽的频带,降低了单位带宽功率谱密度,降低了信息被截获的概率,保障了通信的安全性。例如采用 CDMA 技术的扩频通信技术,具有频谱隐蔽性和保密性,对窄带的强干扰不敏感。跳频技术通过快速地变换工作频率,通信双方通过相同的跳频图谱同步跳频,并具有干扰信号频谱监测功能,能够避开固定频窄带干扰或扫描式窄频干扰,同时网络内多个子网可采用正交跳频组网提高信道利用率,降低被敌方侦测的概率。跳频通信技术在超短波通信中广泛采用,随着技术的进步,超短波电台可拓展工作频率至 $30\sim2000\,\mathrm{MHz}$,跳频速率可达每秒 1000 跳,并陆续发展了自适应跳频、信号功率自适应、变速跳频、多射频通道、支持窄带和宽带通道同时工作能力等综合性抗干扰技术。智能天线也称为自适应阵列天线,采用算法控制天线阵形成特定方向的辐射波束,使其高效地服务特定用户,其受波束外的干扰源影响较小[20]。

电台射频电路部分由发射机、接收机和天线组成,射频发射机和接收机包含上下变频和跳频滤波器等电路模块,电路原理框图如图 9.6 所示。电台重要的技术指标有:系统跳频速度、发射机输出功率、发射机宽带噪声、接收机动态范围、接收机噪声系数等,以下就噪声相关问题进行讨论。

9.3.1 发射机宽带噪声

发射机在发射高功率射频信号时,信号载波附近的频谱噪声密度也会有所提升,有可能会对同机布置的邻近频段接收机造成干扰。发射机宽带噪声有两个来源,一是载波信号的相位噪声,二是发射机的宽带噪声。

发射机载波信号的相位噪声频谱如图 9.11 所示,在足够大的频率偏移(例如几兆赫以外)相位噪声降低至 −160dBm 以下(如图 9.11 中的 PN_1 所示,具体相位噪声抑制取决于晶振的品质以及锁相环路的参数)。例如若发射机输出功率 50dBm,那么载波的绝对相位噪声电平大约 −110dBm,已经接近或超过电台接收机的灵敏度电平,如果不加以抑制,将有可能抬高同机布置且频段邻近的接收机噪声电平,造成灵敏度恶化。发射机在链路中一般会插入若干带通滤波器,这些滤波器会对发射机远端相位噪声产生一定抑制,如图 9.11 中的 PN_2 所示。由于射频带通滤波器 Q 值有限,无法实现带宽足够窄的滤波波形,若同机的接收机频带与发射机频带过于接近,则射频滤波器无法有效提高射频隔离。因此这种情况下要求同机的接收机工作频段应远离发射机载波频率,这样才能充分利用发射机和接收机链路中的带通滤波器,实现对发射载波相位噪声的有效抑制。

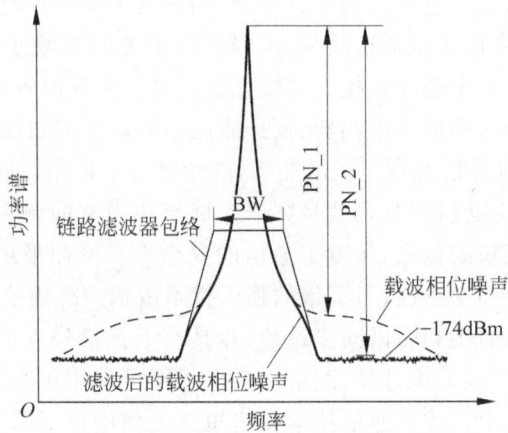

图 9.11 发射机载波信号的相位噪声频谱

发射机的宽带噪声包含由发射链路数字中频引入的基础噪声成分和发射机链路的自身噪声两种成分,这两种噪声成分同有用信号一起被射频链路放大,最终由发射天线输出,其噪声功率谱密度表达式为

$$[N_e'] = [N_{IF}'] + [G] + NF \tag{9.11}$$

其中,N_e' 为发射机宽带噪声密度,N_{IF}' 为发射机的中频端口噪声密度,由前端数字电路模块输入,G 为发射机的宽带增益,该增益是随频率变化的,已经包含射频链路中各放大器的频响以及各级滤波器的滤波曲线,NF 为发射机噪声系数,用于表示发射机电路自身的噪声功率叠加部分。

发射机噪声功率谱最终经滤波,滤波器带内的噪声会同信号一起发射,发射机的宽带噪声频谱如图 9.12 所示。发射机输入端的中频基础噪声一般来说比 290K 匹配负载的噪声(即 −174dBm)要大,经放大链路增益的放大,同时还要叠加发射机的噪声系数,最终形成较高的噪声功率谱输出。对于射频发射机来说,在链路的中频、一中频和射频端的合适位置均插入射频滤波器,不仅能够滤除变频产生的组合频率分量、谐波和杂散信号,还能够抑制带外噪声,最终经天线发射的噪声功率谱包络为各级滤波器级联的综合包络形状。

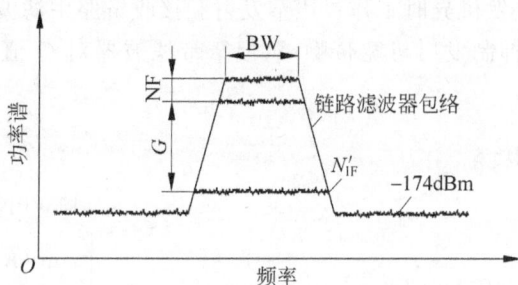

图 9.12 发射机宽带噪声频谱

发射机信号经发射天线向空间辐射,有用信号与发射机噪底经过相同幅度的路径衰减,再被接收机天线口面所截获,一般来说,发射机的宽带噪声功率经过路径衰减之后远低于接收机噪底,如图 9.13 所示,不会对接收机的正常接收造成影响,因而系统设计时一般不对发射机的链路噪声系数作要求。

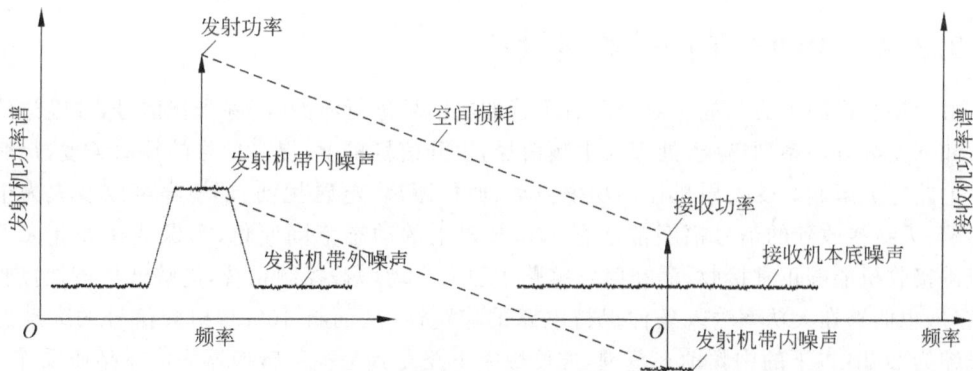

图 9.13 远距离通信状态下的发射机和接收机宽带噪声频谱

发射机滤波器对带内的噪声发射没有抑制作用,因此该宽带噪声会提升同机布置(多台发射机与多台接收机近距离布置在一个载具平台内,例如中继直升机、旗舰等指挥系统)的接收机噪底,若该接收机的调谐频率接近同机发射机频率,将会导致接收机灵敏度变差。如图 9.14 所示,发射机将抬高滤波器带内的噪底,如图中的接收频道 2 和频道 3 所示,若同机接收机落于发射滤波器带内,该接收机将承受较高的底噪,这将极大地降低接收机的系统灵敏度。接收机的频道 1 处于发射机频段带外,本机不会受到发射机噪底抬高的影响,接收机前端的频段预选滤波器也较容易将发射机的噪声和发射信号滤除,因而不会受到严重影响。频道 2 位于发射机频段的边缘,接收机的噪底抬高,同时接收机前级预选滤波器对发射信号抑制不足,使得接收机受到发射信号的阻塞影响,不仅系统灵敏度变差,还会导致接收机前级饱和、中间级自动增益电路降低增益,最终导致系统对有用信号的接收动态范围变差。频道 3 与发射机同频,发射机信号直接耦合进入同机的接收机,将使接收机前级放大器进入严重饱和状态,极有可能损坏接收机,因此多台同机的情况下要求本地收发频率相互规避,若发生频率碰撞,需保证收发机异时工作。压窄发射和接收链路中滤波器带宽、提高链路中滤波器的矩形系数有利于抑制发射机宽带噪声,但窄带滤波器对 Q 值要求高,并且低频集总原件滤波器难以实现。

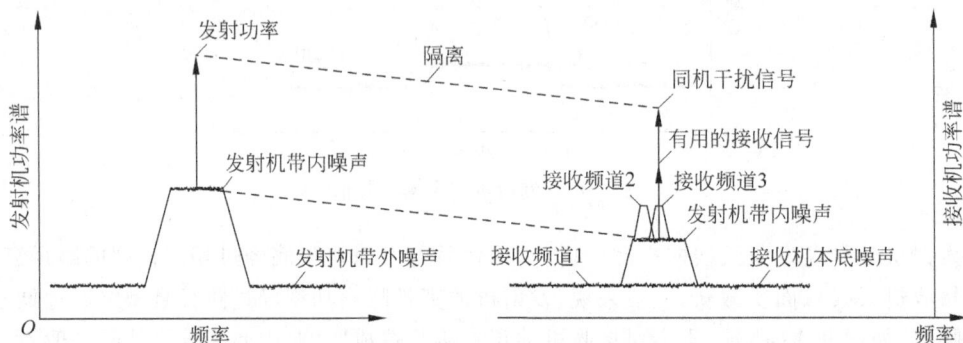

图 9.14　本地多台同机状态下的发射机和接收机宽带噪声频谱

9.3.2　大动态范围接收机设计

射频接收机的主要功能是对微弱有干扰的电信号进行滤波,滤除干扰信号,并经过信号放大和下变频等一系列措施,处理为中频信号,提升信号幅度,提高信号的频谱纯度,最终由数字电路完成解调。受发射机输出功率波动、通信距离、电磁扰动、环境噪声以及人为干扰的影响,天线接收到的信号幅度常常有 100dB 以上的动态范围变化,为保证在如此大的动态范围接收机能够正常接收,需在射频链路中引入自动增益控制系统,能够低噪声地接收微弱信号,也能够在大功率输入条件保持电路的稳定性,从而将 100dB 射频信号的大动态范围压缩为 20dB 以下的中频动态范围,方便数字电路尤其是模数转换器完成高品质采样。

电台接收机选用高灵敏的低噪声放大器芯片能够实现最低 -120dBm 微弱信号的有效接收,但一般高灵敏放大器能够耐受的最高功率一般为 $-20\sim0$dBm,无法实现对 $0\sim20$dBm 大信号的线性接收,这导致接收机的动态范围为 $100\sim120$dB。为实现大功率信号的线性接收,通常有两种办法:①采用双栅极低噪声放大芯片,能够根据输入信号的幅度自动调整放大器的偏置状态,小信号时实现高增益低噪声接收,大信号时实现低增益线性接收;②采用分路放大,根据输入信号功率大小选择接收链路,具体见图9.15。当输入信号功率微弱,例如 $-120\sim-60$dBm 时,信号选通高增益低噪声放大链路;当信号功率较小,例如

−60～−30dBm 时,信号选通中等增益常规放大链路;当信号功率较大,例如 −30～
−10dBm 时,选通中等动态衰减器;当输入信号很强,位于 −10～20dBm 区间时,信号选通
高动态衰减器。信号输入端采用高阻值电阻耦合出一定射频功率进行场强检测,使用较大
的电阻是为了降低主路的损耗,以免影响噪声系数。场强检测采用均方值对数检波器实现,
检出的模拟电压经 A/D 转换并经数字处理后生成射频开关的控制信号,使其能够根据当前
信号的幅度进行电路选通,完成前级信号的功率处理。经过分路处理,接收机的动态范围由
输入端的 140dB 转化为输出端的 80dB,后端再采用常规多级自动增益控制(AGC)电路即
可完成进一步的动态范围压缩。

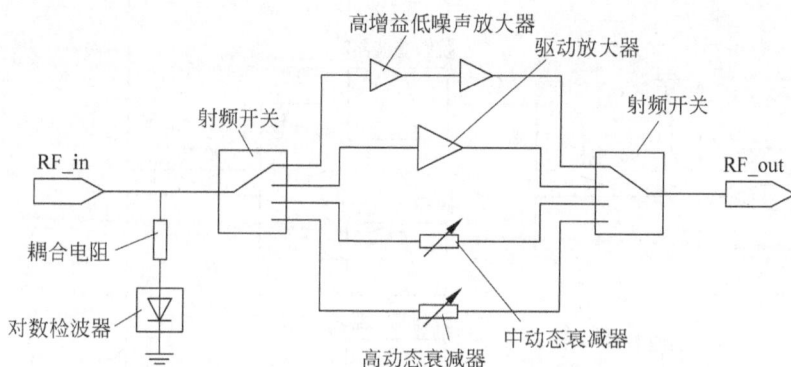

图 9.15　大动态电台射频前端电路设计

9.3.3　多电台合路

　　在军事保密通信、陆地通信指挥设备、大型舰艇通信应用中,出于保密和抗干扰的目的,
要求电台射频频率可调,不仅要求收发载波频率可调,配置的射频滤波器也要具有可调谐能
力,能够根据通信系统的工作频率自行调整滤波频带,实现动态滤波。在多电台组网应用
中,要求多个电台收发机共用一个天线,这涉及跳频收发机的多路合路设计。对于跳频电台
的多路合路来说,有多种实现方式,每种方法均采用多组跳频滤波器以及相应的辅助射频器
件。合路后各路信号互不影响,可以独立发射和接收,同时保持滤波器的带外抑制和矩形系
数等滤波性能。

　　采用电桥设计异频多电台合路方案如图 9.16 所示,第一个电台需采用 90°电桥功分为
两路,两路采用同一滤波码(滤波器频带相同)的跳频滤波器进行滤波,最后再由 90°电桥合
为一路,最终由天线输出。第二个电台输出经过相同的 90°电桥功分、滤波、合路后接入第
一路合路电桥的隔离端口,由于滤波器 1 的滤波状态与电台 2 不同,因此电台 2 的信号经电
台 1 合路电桥的隔离端口后被跳频滤波器 1 全反射,从而再次经过电桥合路从天线端口输
出。电台 3 的合路信号经过滤波器 2 和滤波器 1 两次全反射,最终由天线输出。由于电台
2 的信号的行进路径相比于电台 1 经过更多的器件,因此损耗较电台 1 大,同理电台 3 的损
耗比电台 2 大,因此这种合路形式对远端的电台损耗较大,一般合路级数不超过 4 个。另外

为保证电桥合路的效率,要求电桥损耗降低,且具有较低的功率不平衡性和相位不平衡性,同时要求同一电台所属的两个跳频滤波器具有完全一致的幅频和相频响应特性。

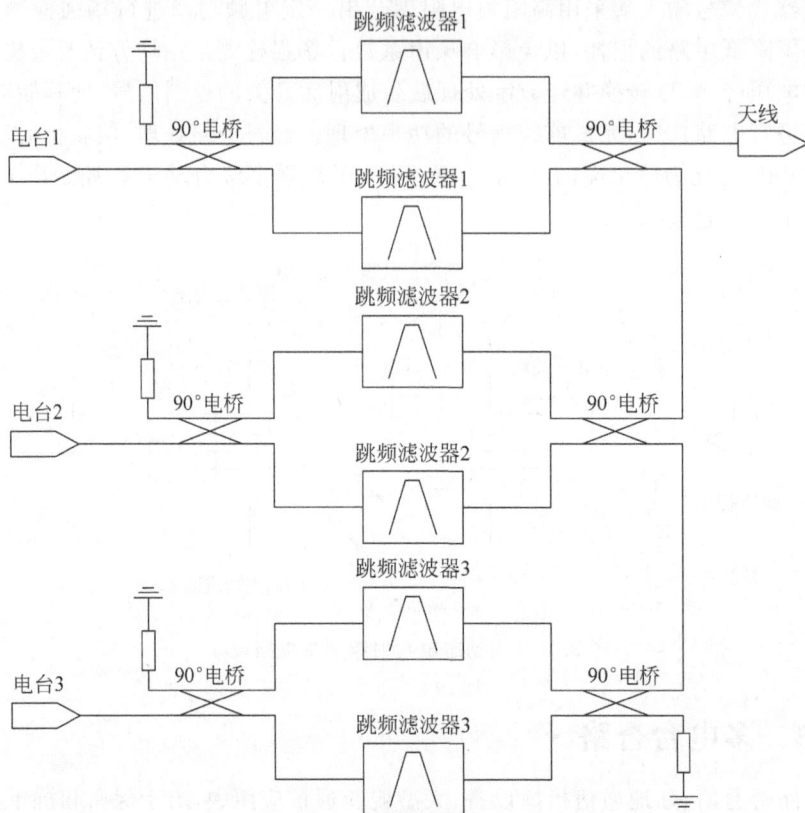

图 9.16　采用电桥设计异频多电台合路

　　采用环形器设计异频多电台合路方案如图 9.17 所示,由宽带环形器和跳频滤波器实现多路合路,与 90°耦合器多工方式相比,每一路电台只需要一个跳频滤波器,成本和复杂性降低。但环形器方式也存在远端电台损耗大的问题,一般合路不超过 4 路。

　　固定频率的多个发射机还可采用多工器实现合路。多工器由多个不同频率的滤波器星型连接而成,通过调节每个滤波器与星型连接点的电长度即可实现良好匹配。多个不同频率的发射功率可通过多工器合并为一路,再由天线发射,彼此不会相互影响。同时多工器也可以实现多个频率接收信号的分离,彼此也互不影响。类似地,跳频合路也可采用类似多工器的设计方法,这种多工器称为配相多工器。配相多工合路器模拟固定频多工器设计,通过调相汇接网络为每个跳频滤波器配置特定的相位,然后将输出端汇接为一点,由天线输出。

　　以双路多工合路为例,双路多工合路也称为双路异频合路器,其网络示意图如图 9.18 所示,对于双工器中的第一路滤波器(后面简称"滤波器 1")来说,第二路滤波器(后面简称"滤波器 2")作为电抗元件加载于汇接点处,为了使滤波器 2 不影响滤波器 1 的传输和反射

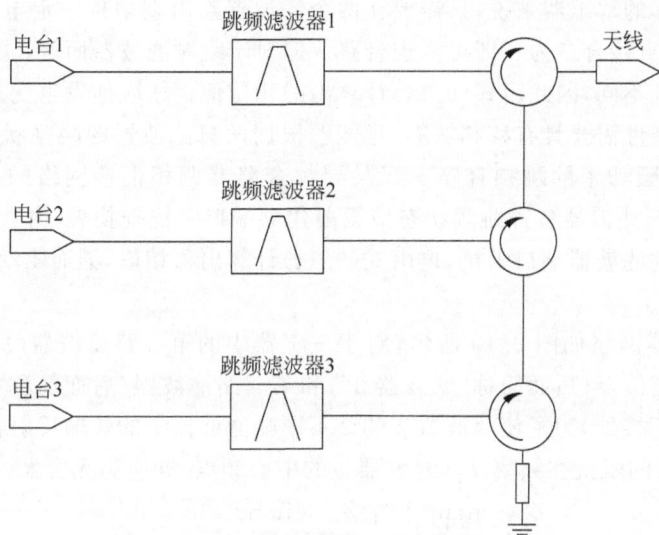

图 9.17　采用环形器设计异频多电台合路

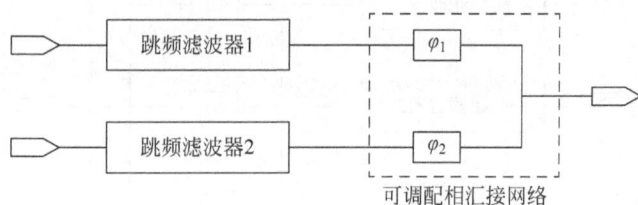

图 9.18　双路异频合路器网络

性能,滤波器 2 在汇接点处的阻抗在频率 f_1(滤波器 1 的中心频点)处应为无穷大,即

$$\frac{Z_2 + j\tan\varphi_2}{1 + jZ_2\tan\varphi_2}\big|_{f_1} = \infty \tag{9.12}$$

其中,Z_2 为滤波器 2 的输出阻抗(相对于特征阻抗归一化),φ_2 为连接滤波器 2 与汇接点的传输线的电长度。相似地,对滤波器 2 来说,滤波器 1 作为电抗加载在总端口,若不影响滤波器 2 传输反射特性,滤波器 1 在总端口处的阻抗在频率 f_2 处(滤波器 2 的中心频点)应为无穷大,即

$$\frac{Z_1 + j\tan\varphi_1}{1 + jZ_1\tan\varphi_1}\big|_{f_2} = \infty \tag{9.13}$$

其中,Z_1 为滤波器 1 的归一化输出阻抗,φ_1 为连接滤波器 1 与汇接点的传输线的电长度。从式(9.12)和式(9.13)可以解出 φ_1 和 φ_2 的表达式为

$$\begin{cases} \varphi_1 = \dfrac{\pi}{2} - \arctan(\mathrm{im}(Z_1))\big|_{f_2} \\ \varphi_2 = \dfrac{\pi}{2} - \arctan(\mathrm{im}(Z_2))\big|_{f_1} \end{cases} \tag{9.14}$$

对于固定频率的双工器来说,只需要在两个滤波器输出端串接一定电长度的射频传输线,将传输线末端直接合二为一即可实现合路。但对于跳频滤波器而言,滤波器在不同的跳频状态下输出阻抗不同,因此由式(9.14)计算出的相位值也相应地发生变化,因此插入于滤波器与汇接点的器件需要具有移相功能,且能够根据两只滤波器的跳频状态自主调节相位值,才能够实现异频功率的跳频合路。双路异频合路器调相汇接网络的插入移相范围为0°~180°即可,跳频滤波器各种跳频状态应提前建立端口阻抗查找表,由数字控制电路根据当前跳频状态查询滤波器端口阻抗,再由式(9.14)计算出移相值,继而驱动移相器实现跳频配相合路。

异频三合路器网络如图9.19所示,对于三工器中的第一路滤波器(后面简称"滤波器1")来说,第二路滤波器(后面简称"滤波器2")和第三路滤波器(后面简称"滤波器3")作为电抗元件加载于汇接处,为了使滤波器2和3不影响滤波器1的传输反射特性,滤波器2和3在总端口处并联的阻抗在频率f_1(滤波器1的中心频点)处应为无穷大,即

$$\left. \frac{Z_2 + \mathrm{j}\tan\varphi_2}{1 + \mathrm{j}Z_2\tan\varphi_2} \middle\| \frac{Z_3 + \mathrm{j}\tan\varphi_3}{1 + \mathrm{j}Z_3\tan\varphi_3} \right|_{f_1} = \infty \tag{9.15}$$

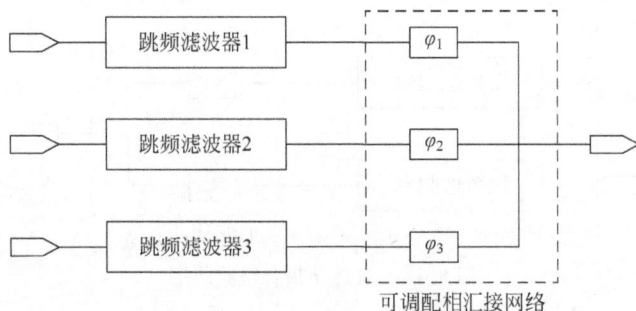

图 9.19　异频三合路器网络

其中,$Z_1 \sim Z_3$分别为滤波器1~3输入端口的阻抗函数;φ_1、φ_2、φ_3分别为滤波器1~3的端口附加电长度(即相移);$Z_1 \sim Z_3$,$\varphi_1 \sim \varphi_3$均为频率的函数。同理,对滤波器2通道来说,在频点f_2处,滤波器1和3的阻抗并联值应为无穷大;对滤波器3通道来说,在频点f_3处,滤波器1和2的阻抗并联值应为无穷大,因此有

$$\left. \frac{Z_1 + \mathrm{j}\tan\varphi_1}{1 + \mathrm{j}Z_1\tan\varphi_1} \middle\| \frac{Z_3 + \mathrm{j}\tan\varphi_3}{1 + \mathrm{j}Z_3\tan\varphi_3} \right|_{f_2} = \infty \tag{9.16}$$

$$\left. \frac{Z_1 + \mathrm{j}\tan\varphi_1}{1 + \mathrm{j}Z_1\tan\varphi_1} \middle\| \frac{Z_2 + \mathrm{j}\tan\varphi_2}{1 + \mathrm{j}Z_2\tan\varphi_2} \right|_{f_3} = \infty \tag{9.17}$$

式(9.15)~式(9.17)简化后可得到方程组如下

$$\begin{cases} x_2 + x_3 + \varphi_2 + \varphi_3 \,|_{f_1} = k_1\pi \\ x_1 + x_3 + \varphi_1 + \varphi_3 \,|_{f_2} = k_2\pi \\ x_1 + x_2 + \varphi_1 + \varphi_2 \,|_{f_3} = k_3\pi \end{cases} \tag{9.18}$$

其中，$x_i = \arctan(\mathrm{im}(Z_i))$ 为输入端阻抗的等效电相位，k_i 为任意整数，解该方程组可以计算电长度 φ_1、φ_2、φ_3（解不唯一）。如果数字电路能够根据跳频滤波器的跳频状态查找阻抗列表，按照式（9.18）计算出移相值，即可实现三只跳频滤波器的多路合成，即能在不改变单个通道滤波器的前提下实现了三个滤波器的功率合成。同异频双路合路器一样，三合路器每一路移相器的移相范围满足 0°～180°即可。

9.3.4　短波电台前端衰减网络

当电台接收天线受到较大背景噪声干扰的情况下，在前端插入衰减网络也能够提高接收机的动态范围。如图 9.20 所示的接收网络，天线的阻抗和噪声温度分别为 300Ω 和 3000K，天线采用 Ⅱ 形衰减器网络，经过衰减网络的匹配，天线的阻抗变为 $R_A' = 50\Omega$。根据 Pierce 功率分配定律，容易计算出 R_A、R_1、R_2、R_3 的比例系数分别为 $\beta_A = 0.06$、$\beta_1 = 0.06$、$\beta_2 = 0.08$、$\beta_3 = 0.8$。进而计算出天线网络输出端口的等效噪声温度为

$$T_e = (0.06 \times 3000 + 0.06 \times 290 + 0.08 \times 290 + 0.8 \times 290)\mathrm{K} = 452.6\mathrm{K} \quad (9.19)$$

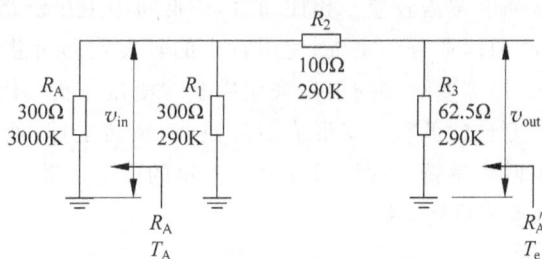

图 9.20　短波电台的前端衰减网络

输入信号功率为 $S_{in} = \dfrac{v_{in}^2}{R_A}$，输出信号功率为 $S_{out} = \dfrac{v_{out}^2}{R_A'} = \dfrac{3}{50} S_{in}$。按照噪声系数的定义式

$$F = \frac{\dfrac{S_{in}}{kT_A\Delta f}}{\dfrac{S_{out}}{kT_e\Delta f}} = \frac{T_e}{\beta_A T_A} = 2.514 \quad (9.20)$$

当天线的噪声温度为 300000K 时，R_A、R_1、R_2、R_3 的比例系数不变，从而网络等效噪声温度为

$$T_e = (0.06 \times 300000 + 0.06 \times 290 + 0.08 \times 290 + 0.8 \times 290)\mathrm{K} = 18272.6\mathrm{K} \quad (9.21)$$

噪声系数为

$$F = \frac{T_e}{\beta_A T_A} = 1.015 \quad (9.22)$$

由此可见，当天线的噪声温度较高时，经过衰减网络，天线的噪声和信号经过了衰减，虽然噪声系数有一定的恶化，但接收机的有源电路不易进入饱和状态，从而保证了接收机的动态范围。从上述例子还可以看出，当天线的噪声温度极高时，衰减网络带来的噪声系数较

低,信噪比恶化几乎可忽略不计。

9.4 卫星通信

卫星作为通信中继模块能够接收地球站的上行信号,经透明转发或再生处理再次下行传输给另一地面站,实现无线电信息的蛙跳方式传播。卫星通信范围大,一次中继即可跨越一万公里的地面距离,从而实现两个或多个地球站超远距离非视距通信。通信卫星按轨道高度分为地球同步轨道(GEO),中轨道(MEO)和低轨道卫星(LEO)。静止地球轨道(GEO)卫星轨道高度大约为 3.6 万千米,成圆形轨道,绕地球一周时间恰好与地球自转周期一致,与地球的关系相对静止,因此称为地球同步卫星。理论上只需要三颗 120°的均匀分布卫星就可以覆盖全球,易于实现越洋和洲际通信。早期静止轨道卫星通信的频率采用 X 以下频段,新一代则逐渐采用 Ku 和 Ka 等高频段。静止轨道卫星实施移动通信业务具有覆盖面积大、技术相对成熟等优点,但是卫星轨道高,通话时延长、链路损耗大、手持终端复杂、且两极附近通信信号强度覆盖较差。相比而言,中低轨道卫星链路损耗小、时延短、有利于地面终端的简化和实时通信业务的实现,使用较小的转发器即可获得较高的信息传送速率,卫星的发射成本较低,但需要更多的卫星来完成全球覆盖。新一代的移动通信拟以低轨卫星为通信基站,将数以万计的低轨卫星形成卫星星座,覆盖全球,地面各处的终端机都能够随遇接入,地面上任何两个手持终端均可在低轨卫星的中继协助下实现数据的高速、低时延传输,这即是 6G 移动通信的基本构想。

相比于与其他通信方式,卫星通信具有以下特点:①通信距离远,利用静止轨道卫星,一次卫星中继最大的通信距离可达 1.8 万千米;②通信容量大,C 和 Ku 频段的卫星带宽可达 500~800MHz,而 Ka 频段带宽可达几吉赫,更适合高数据率传输;③卫星移动通信具有无缝覆盖能力,不受地理环境、气候条件和时间的限制,可建立覆盖全球性的海、陆、空一体化通信系统;④安全可靠,在发生大规模自然灾害时,地面其他通信方式可能面临断网断电的局面,野外以及海难救援时常规通信无法覆盖的场合,卫星通信具有无可比拟的优势[24-32]。

9.4.1 卫星通信环境

卫星通信链路需要跨越全部的大气层,大气各种成分以及大气中蕴含的各种天线现象会给电磁波的传输带来一定影响,同时由于卫星身处宇宙空间,会受到宇宙高能粒子、太阳风以及太阳活动的干扰,造成通信灵敏度变差、误码率升高,严重时还会造成通信中断。

地面站接收系统在正常通信时,需对准天空中的卫星,若此时宇宙空间中的某个辐射源恰好与卫星处于同一天球位置,则该辐射源的电磁辐射信号会进入地面站接收机频带。宇宙空间中大部分射电辐射源具有白噪声特征,侵入接收机的辐射源噪声会提高卫星下行通信的噪底,带来信噪比恶化,当信号载干比恶化到一定阈值时,通信将因误码率大幅提高而性能降低甚至中断。在卫星通信应用中,最严重的空间辐射源干扰来自太阳,每年春分和秋分时期,地球的赤道面与地球公转的轨道面重合,地球站所在区域中午的一段时间内,卫星与太阳位置重合,此时也称为日凌现象。太阳作为卫星的背景,其宽谱辐射极大地提高了地面站天线的接收噪声温度,天线的噪声温度将从几十开尔文飙升至几千开尔文,通信链路的噪底抬升达30dB,造成卫星下行通信灵敏度恶化,最终导致通信中断。太阳活动剧烈时,会发射大量紫外线、X射线和高能粒子,极端情况下部分高能粒子会穿透卫星元器件,从而改变卫星数字电路的存储单元状态,产生伪指令和误操作,或给卫星的电子器件带来不可逆的物理损伤。

宇宙辐射和射线干扰一般只存在与于卫星通信的空间段,在大气层内,大气各种成分以及多种天气现象会对电磁波的传输造成影响。例如大气中悬浮的水滴对电磁波具有一定的吸收和散射作用,会导致信道中电磁波信号幅度的衰减,当电磁波频率高于10GHz时,水汽和水滴的衰减较大,在做链路预算时必须预留水汽衰减的余量。水滴还存在电磁波去极化作用,由于重力的影响水滴呈扁椭球形,长、短轴对电磁波分量产生的相移和衰减不同,从而导致电磁波极化的变化。其次,大气中的电离粒子会对电磁波的传输产生影响,由于电离层结构不均匀以及随着阳光辐射而产生随机变化,导致电磁波的幅度、相位以及到达角度等参数产生随机变化,从而产生电离层闪烁现象。电磁波的线极化波通过电离层时还会产生法拉第旋转效应,导致极化偏离,造成交叉隔离度的降低。另外,大气密度随高度升高而减小,其折射率也会随高度的升高而减小,电磁波斜向穿越大气时会产生发散,从而带来功率损耗,同时由于对流层扰动带来大气折射率的起伏,导致到达天线口面的信号强度有比较大的衰落,这种现象称为大气闪烁。

除了自然环境噪声会给卫星通信带来干扰,某些人为干扰也会影响正常通信的进行,主要包括邻星干扰、邻站干扰、互调干扰噪声、邻频道干扰噪声、交叉极化干扰噪声等。

9.4.2　卫星中继转发

通信卫星的主要功能是中继转发,实现地面站之间的跳跃式通信。根据卫星对地面站上行信号是否进行基带处理,可将转发器分为"透明"转发器和"处理"转发器。透明转发器收到地面发来的信号,仅在模拟域进行低噪声放大、变频、功率放大,不对基带数据进行任何加工处理,即将信号通过下行链路发射出去。透明转发器对工作频带内的任何信号都是直通的。处理转发器除了模拟域的放大和变频处理以外,还具有信号处理功能,即对数字域基带信号进行解调再生、进行信号变换和处理,同时对多波束信号进行星上切换和处理。经过再生式处理转发器,信噪比能够恢复,良好的纠错码功能也能够将误码率清零。

星间链路可在多个卫星之间形成通信链路,卫星中继通信即为星间链路的实用形式,该组网方式能够降低卫星通信时延,能够将信息快速传输至地球任意角落。为提高系统抗干扰性能以及通信的保密性,系统采用扩频或跳频等低截获技术,并采用高增益低副瓣的大口径抛物面天线。

9.4.3　卫星链路计算

如果发射机的发射功率为P_T,发射天线增益为G_T,则在天线指向方向上距离发射天

线 R 的位置处,信号的功率密度为

$$P' = \frac{P_T G_T}{4\pi R^2} \qquad (9.23)$$

很显然信号的功率密度与发射机功率和发射天线增益成正比,与距离平方成反比。如果换成发射机发射功率为 $P_T G_T$,而天线为全向辐射(即天线增益为1),则在距离发射天线为 R 的地方可以产生同样的功率密度,因而称发射功率和天线增益的乘积为有效全向辐射功率(EIRP),具体定义表达式为

$$EIRP = P_T G_T \qquad (9.24)$$

如果发射机和天线之间的馈线损耗为 L,则式(9.24)可改写为

$$EIRP = P_T G_T / L \qquad (9.25)$$

利用有效全向辐射功率这个概念可以计算空间某一点的微波功率密度,进而可以得出口径面积为 A_R 的接收天线所截获的功率为

$$P_R = \frac{EIRP}{4\pi R^2} A_R = \frac{EIRP}{4\pi R^2} G_R \frac{\lambda^2}{4\pi} \qquad (9.26)$$

其中,天线口径面积与天线增益的关系为 $G_R = 4\pi A_R / \lambda^2$。式(9.26)写成对数形式为

$$[P_R] = [EIRP] + [G_R] - 20\lg\left(\frac{4\pi R}{\lambda}\right) \qquad (9.27)$$

定义自由空间单程传播损耗(FSL)为

$$[FSL] = 20\lg\left(\frac{4\pi R}{\lambda}\right) = 32.44 + 20\lg(f) + 20\lg(R) \qquad (9.28)$$

其中,f 和 R 的单位分别为 GHz、m 或 MHz、km。

由于接收天线材料的非理想性,天线效率无法做到 100%,即天线口面截获的功率不能完全传输到馈线端口。如果天线增益是由天线口径定义的,那么计算天线增益就需要乘上天线效率;但如果天线增益为测定值,则不需要考虑天线效率对增益的影响。天线与接收机之间需要靠微波传输线连接,因此不可避免地会产生一定馈线损耗,馈线损耗会等效计入接收机的噪声温度,最终同天线噪声温度相加,作为接收系统工作噪声温度。接收天线和发射天线的极化如果出现偏差则会引入极化损耗,极化偏差多是由电离层自由电子对电磁波产生的法拉第旋转造成的,也可能是雨雾以及冰晶对电磁波产生去极化造成的,将极化偏差带来的损耗定义为[RFL]。电磁波在传输过程中产生各种吸收、反射以及散射所导致的损耗,统一定义为[FA]。因此总的电磁波传输损耗可以写为

$$[LOSS] = [FSL] + [RFL] + [FA] \qquad (9.29)$$

9.4.4 载噪比

若天线的噪声温度为 T_A,接收机的噪声温度为 T_e,则系统的工作噪声温度两者之和,即

$$T_{op} = T_A + T_e \qquad (9.30)$$

接收天线和接收机之间若由馈线连接,馈线损耗带来的额外噪声功率要么计入天线噪声温度,要么计入接收机噪声温度。接收机输入点的噪声功率密度为

$$N_0 = P'_N = kT_{op} = k(T_A + T_e) \qquad (9.31)$$

接收系统载噪比定义为接收信号功率与噪声功率的比值,即 $\dfrac{C}{N_0} = \dfrac{P_R}{N_0}$,写成对数格式为

$$\left[\frac{C}{N_0}\right] = [\mathrm{EIRP}] + \left[\frac{G_R}{T_{op}}\right] - [\mathrm{LOSS}] - [k] \qquad (9.32)$$

例如若发射机[EIRP]=48dBW,接收机$[G_R/T]$=20dB/K,自由空间损耗为247dB,其他损耗总计为3dB,可计算得到载噪比CNR=46(dBHz)。

式(9.32)为理想情况下载噪比计算公式,载噪比与发射端的等效辐射功率、自由空间损耗、大气衰减、系统噪声温度、接收天线增益等相关。实际情况下卫星通信的载噪比还要考虑位于载波带内的干扰所带来的恶化,此时载噪比须改写为

$$\left(\frac{C}{N_0}\right)_{\mathrm{Total}}^{-1} = \left(\frac{C}{N_0}\right)^{-1} + \left(\frac{C}{I_{\mathrm{Total}}}\right)^{-1} \qquad (9.33)$$

其中,$\left(\dfrac{C}{N_0}\right)_{\mathrm{Total}}$ 为实际载噪比,$\dfrac{C}{N_0}$ 为理论链路载噪比,$\dfrac{C}{I_{\mathrm{Total}}}$ 为载干比,I_{Total} 为总的信道干扰叠加值。载干比与系统容量(即信道数)、码片速率、话音占比以及相邻小区干扰因子有关。无论上行还是下行通信,星地链路的载噪比计算公式均可以采用式(9.33)。实际载噪比参数值决定信号是否能够正常解调以及误码率高低,一旦载噪比和信号的调制形式确定,便可以计算星地数据传输的误码率,反之,也可根据预置的误码率门限反向计算信号的载噪比预算,进而按需要将载噪比分配给链路中各个模块。

载噪比与比特噪声比的关系为

$$\left[\frac{C}{N_0}\right] = \left[\frac{E_b}{N_0}\right] + [R_b] \qquad (9.34)$$

比特噪声比应该至少不低于可解调的比特噪声比门限,即

$$\left[\frac{E_b}{N_0}\right] = \left[\frac{E_{b\_min}}{N_0}\right] + [M] \qquad (9.35)$$

其中,R_b 为传输数据率,E_b/N_0 为比特噪声比,E_{b_min}/N_0 为解调最低比特噪声比,M 为大气衰减余量。

9.4.5　中继系统的载噪比

卫星中继通信,也可扩展为卫星与航天器、航天器与航天器之间的中继通信,这样有助于减小星地跳数和通信延迟。在中继通信系统应用中,中继卫星既是上一个链路的接收机,也是下一个链路的发射机,每一个链路都有各自的载噪比,如果将两个链路简化为一个系统,则系统载噪比可由各个链路载噪比推导,根据载噪比定义,两个链路的载噪比表达式分别为

$$\begin{cases} \mathrm{CNR}_1 = \dfrac{P_{\mathrm{R1}}}{P_{\mathrm{N1}}} \\[3mm] \mathrm{CNR}_2 = \dfrac{P_{\mathrm{R2}}}{P_{\mathrm{N2}}} \end{cases} \tag{9.36}$$

其中,P_{R1} 和 P_{R2} 分别为中继接收机和末端接收机接收的信号功率,P_{N1} 和 P_{N2} 分别为中继接收机和末端接收机的噪声功率密度,从式(9.36)出发可以得到

$$\mathrm{CNR}_2 = \frac{P_{\mathrm{R2}}}{P_{\mathrm{N2}}} = \frac{P_{\mathrm{R2}}}{P_{\mathrm{N}} - G P_{\mathrm{N1}}} \tag{9.37}$$

其中,G 为中继系统放大器与第二链路传播损耗合并后的总增益,如图 9.21 所示。末端接收机总的噪声功率 P_{N} 包含两个部分,一部分是该接收机(包括天线)自身产生的噪声功率,即 P_{N2},由 P_{N2} 可以计算该单段链路的载噪比;另一部分为中继发射带来的噪声,也就是第一链路的噪声经过中继放大并传输给末端接收机,该部分噪声功率表示为 $G P_{\mathrm{N1}}$。另外末端接收机的载波功率表达式为

$$P_{\mathrm{R2}} = G P_{\mathrm{R1}} \tag{9.38}$$

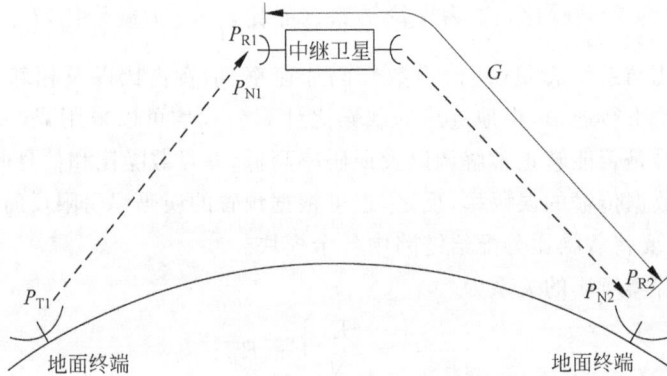

图 9.21 卫星中继的载噪比计算示意图

所以式(9.37)可以简化为

$$\mathrm{CNR}_2 = \frac{P_{\mathrm{R2}}}{P_{\mathrm{N}} - G P_{\mathrm{N1}}} = \frac{1}{\dfrac{P_{\mathrm{N}}}{P_{\mathrm{R2}}} - \dfrac{G P_{\mathrm{N1}}}{G P_{\mathrm{R1}}}} = \frac{1}{\dfrac{1}{\mathrm{CNR}} - \dfrac{1}{\mathrm{CNR}_1}} \tag{9.39}$$

因而总的链路载噪比可以表示为

$$\frac{1}{\mathrm{CNR}} = \frac{1}{\mathrm{CNR}_1} + \frac{1}{\mathrm{CNR}_2} \tag{9.40}$$

以此类推,对于任意中继次数的中继系统,总的链路载噪比可以表示为

$$\frac{1}{\mathrm{CNR}} = \sum_{i=1}^{N} \frac{1}{\mathrm{CNR}_i} \tag{9.41}$$

应用式(9.39)～式(9.41)时,如果载噪比是对数值,则需要转换为自然数值才能计算。

9.4.6 卫星通信链路余量设计

卫星地面通信链路包含地面站收发机和星载收发机,上行和下行链路的载噪比均由式(9.32)计算。但需要注意的是一般地面站的发射机并非总工作在最大功率下,地面站发射机链路设计时需要考虑在极端天气环境下需要保留一定的雨雾衰减余量以及大气衰落余量,同时发射机常工作在多载波状态下,为减小互调失真影响,发射机输出功率需要回退若干分贝以保证其足够的线性度,另外为保证卫星接收机不至于输入过大信号而饱和,地面发射机不能工作在单载波最大输出功率下。因此式(9.24)所示的等效辐射功率需要在最大功率基础上减去回退的分贝数,即

$$[EIRP_{Back}] = [EIRP] - [Back] \tag{9.42}$$

对于如图9.22所示的双地面站和双卫星中继系统来说,首先地面站 A 将信号发给卫星 B,卫星 B 将信号接收后再放大发送给卫星 C,卫星 C 再将信号传给地面站 D。中继链路中各个接收机的处理信号不能过大以至于饱和,且要保证多载波时的线性度,各发射机的发射功率也要做一定的回退。因此可以得到中继通信的各段载噪比计算公式如下

$$\begin{cases} [CNR_{AB}] = [EIRP_A] - [Back_A] + [G/T_B] - [LOSS_{AB}] - [k] \\ [CNR_{BC}] = [EIRP_B] - [Back_B] + [G/T_C] - [LOSS_{BC}] - [k] \\ [CNR_{CD}] = [EIRP_C] - [Back_C] + [G/T_D] - [LOSS_{CD}] - [k] \end{cases} \tag{9.43}$$

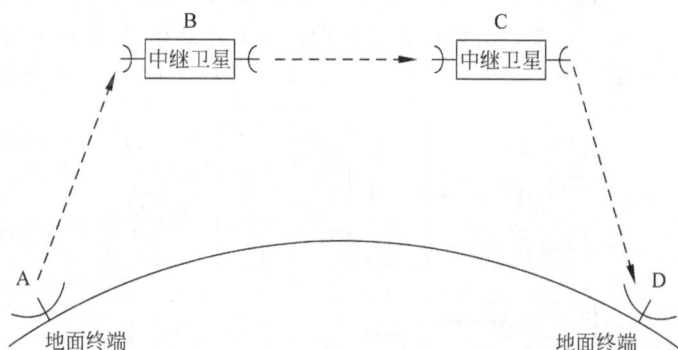

图 9.22 双地面站和双卫星中继系统示意图

总的系统载噪比,根据式(9.41)得到

$$CNR = \cfrac{1}{\cfrac{1}{CNR_{AB}} + \cfrac{1}{CNR_{BC}} + \cfrac{1}{CNR_{CD}}} \tag{9.44}$$

9.5　深空通信

　　深空探测是指人类对距离地球 200 万千米以远的宇宙空间进行的探测,探测目标包含太阳系各大行星及其卫星、小行星、彗星以及银河系乃至整个宇宙。深空探测的目的在于开发和利用空间资源、发展空间技术、进行科学研究、探索生命和宇宙的起源,扩展人类的生存空间,为人类社会的长期可持续发展服务。在探索深空宇宙空间的过程中,为确保地球与航天器之间良好的信息传输,必须建设有效且可靠的深空通信网络。深空无线通信是以航天器为对象的超远程宇宙通信,通常包含航天器间的通信、地球站与航天器的通信、通过卫星转发的地球与航天器中继通信等多种类型。

　　典型的深空通信系统由深空探测地面站和航天器两大部分组成,互为信源和信宿。地面站通过上行链路向航天器传送控制指令信息,实现航天器的控制与引导,上行链路也称为遥控,其特点是指令简短、数据速率较低、容量较小,但对信息的传输质量要求极高,必须确保极小的传输误差,以避免指令的漏接收、误判决和误操作。航天器通过下行链路回传科学探测数据、影像数据以及航天器自身运行状态等工程数据,下行链路也称为遥测。科学数据包含航天器上科学试验信息,影像数据为天体的探测信息,其数据容量中等,但科研价值很高,下行传输要求有较高的传输质量;航天器工程数据反映了航天仪器和系统的工作状态,其数据量低但要求传输具有极高的可靠性高。深空通信还需实现航天器的跟踪与测量功能,一方面能够及时地调整地面站和航天器的收发天线指向,使其实现相互对准,保证无线电信号的最优传输;另一方面地面指挥需实时把握航天器的坐标、速度和加速度,实现轨道监控和航天器精准导航。典型的深空通信数据传输系统框图如图 9.23 所示。

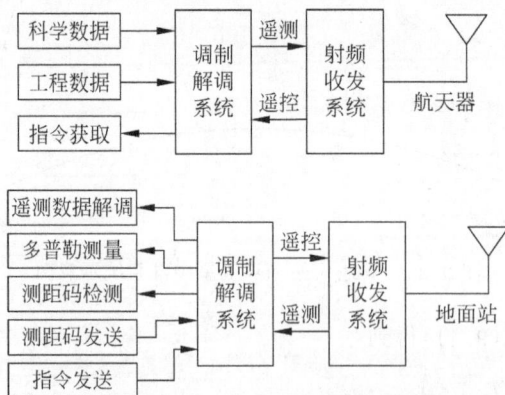

图 9.23　典型的深空通信数据传输系统框图

9.5.1　深空通信电磁环境

　　天地通信按照通信机距离地面站的距离划分,可分为大气层内通信、近空通信和深空通信。无论是哪种通信形式,电磁波天地传输都需要经过大气层,大气环境对电磁波的影响主要源自大气中的水蒸气和氧气以及云雾、降雨等对电磁波造成的射频吸收与散射,电磁波衰减的同时还会叠加相应比例的大气热噪声。当电磁波频率接近或正处于水蒸气或氧气的谐振频率时,大气会产生强烈的吸收作用,导致电磁波衰减极大,几乎无法完成正常通信。大气吸收峰之间的具有较低吸收率的频段称为频率窗,为降低传输损耗,天地通信的通信频段均在频率窗内选择。

　　深空通信典型的应用场景为地面站与航天器的通信,与大气层内通信和近空通信相比,深空通信具有传输距离远、信噪比极低、传输时延大等特点。深空通信过程中,电磁波传输不仅要经过大气环境,还需要经过近地环境和深空环境,地球大气、地球磁场、太阳活动、星际离子、辐射粒子、其他行星大气都有可能对射频信号的传输造成影响,使得深空无线通信环境十分复杂,极有可能出现间歇式通信中断甚至完全中断的现象。例如太阳内部时刻都在进行着剧烈的热核活动,释放大量的光和热以及覆盖几乎全波段的无线电波,同时太阳耀斑还会喷射大量高能粒子。太阳本质上就是一台全波段高功率噪声源,辐射的无线电波为白噪声,且具有数千开尔文的等效噪声温度。太阳辐射的高能粒子还会破坏地球大气的电离层结构,当太阳处于活动周期时,太阳风抛洒出来的大量电粒子将给无线电信号带来严重的闪烁现象,导致传输误码率增高,接收性能下降,严重时导致近空通信和深空通信中断。太阳辐射是深空通信中最大的噪声干扰源,在行星聚合期间,地球、航天器(或卫星)与太阳位列一条直线时,太阳的高功率噪声将淹没正常通信信号,导致通信中断。另外,源于太阳喷射的带电粒子和宇宙高能粒子会在地球磁场的作用下形成地球辐射带,辐射带会受太阳活动影响,使带电粒子的能量高达几万电子伏特至几十万电子伏特,若侵入航天器电路,会造成微电子器件材料产生电离现象,造成即单粒子翻转和锁定效应,进而使逻辑功能出现混乱。

9.5.2　深空通信的技术难点

　　深空通信最突出的技术难点在于信号传输的距离极远,以及信道中存在的各种干扰因素影响,导致通信链路的损耗极大、接收信号的信噪比极低,给信号接收与检测带来巨大困难。地球距离太阳系内典型各天体距离均为百万千米级别,因此根据该尺度将电磁波单程传输的链路损耗改写为

$$\text{LOSS} = 212.44 + 20\lg(R) + 20\lg(f) \tag{9.45}$$

其中,R 的单位为百万千米,f 的单位为 GHz。在通信载波频率为 10GHz 情况下地球到各个星体的距离和空间损耗如表 9.4 所示。

表 9.4　地球到各行星星体的距离和空间损耗(载波为 10GHz)

星体	距离地球最近距离/10^6 km	距离地球最远距离/10^6 km	最小空间损耗/dB	最大空间损耗/dB
水星	101.1	221.90	272.54	279.36
金星	29.6	261.00	261.87	280.77
月球	0.36	0.41	223.57	224.60

星体	距离地球最近距离/10^6km	距离地球最远距离/10^6km	最小空间损耗/dB	最大空间损耗/dB
火星	59.6	401.30	267.94	284.51
木星	593.7	968.00	287.91	292.16
土星	1199.7	1659.00	294.02	296.84
天王星	2592	3155.00	300.71	302.42
海王星	4305	4694.00	305.12	305.87

例如在火星探测任务中,地球距离火星的距离最远距离约为 4 亿千米,最近距离约为 0.6 亿千米,X 波段信号路径衰减最大约为 285dB。若地面天线口径约为 35m(增益可达 68dB),航天器天线孔径约为 2m(增益约为 44dB),未来深空探测天线口径可达十几米甚至是数十米,天线增益会再增加 10～20dB。假设发射机输出功率为 50dBm,则经过空间链路损耗,接收机接收的信号幅度为

$$[P_R] = [P_T] + [G_T] - [LOSS] + [G_R]$$
$$= 50 + 68 - 285 + 44 = -123(dBm)$$

在通信距离一定的前提下,提高接收信号功率的措施主要包含:①提高发射机发射功率;②提高发射天线增益;③提高接收天线增益;④提高载波频率。前三条接收功率的改善措施是容易理解的,下面解释下为什么提高载波频率有利于系统增益的提升。天线的增益与口径的关系如下

$$G = \rho \frac{4\pi A}{\lambda^2} = \rho \frac{4\pi A}{c^2} f^2 \tag{9.46}$$

其中,ρ 为天线的口径效率,一般对于抛物面天线来说 $\rho = 0.6$。将接收的信号功率均写为频率的函数

$$P_R = P_T \frac{G_T G_R}{LOSS} = P_T \rho_T \frac{4\pi A_T}{c^2} f^2 \frac{c^2}{(4\pi)^2 R^2 f^2} \rho_R \frac{4\pi A_R}{c^2} f^2 = P_T \rho_T \rho_R \frac{A_T A_R f^2}{c^2 R^2} \tag{9.47}$$

从式(9.47)可以看出,载波频率提高一倍,接收信号的强度增加 6dB。但是通信频率不能无限制的提升,因为随着频率的升高,射频前端的设计难度大大增加,尤其是大功率发射机、电大天线的设计与工艺制造难度增加、成本上升、可靠性和可维护性大幅下降,同时也对航天器姿态控制精度和天线指向精度提出了更高的要求。

遥远的通信距离带来的另一个问题是巨大的信号传输延迟,电磁波信号地月往返的传输时间约为 2.5s,地球与火星之间的信息传输往返时间约为 10min 到 40min,地球与木星之间信息往返时间约为 2h,地球与海王星之间信息往返时间约 8h。巨大的通信延迟使得实时通信、遥测、遥控变得不可能,这就要求发射的信号波形具有长时期的稳定性和健壮性,必须采用非常成熟可靠的信道编码和差错控制技术,同时还要配合具有极高灵敏度、极其可靠的接收系统。

在行星际空间的深空探测任务中,航天器的速度超过第二宇宙速度(11.2km/s)才能摆脱地球引力,高速度会给通信载波频率带来多普勒偏移,多普勒频移可以表示为

$$f_{d} = f\frac{v}{c}\cos\theta \tag{9.48}$$

其中,v 为航天器的飞行速度,θ 为航天器飞行方向与航天器地球连线的矢量夹角,$v\cos\theta$ 即为航天器相对于地球运行的径向速度。多普勒频移与信号的载波频率、航天器飞行速度以及矢量夹角余弦 $\cos\theta$ 成正比,对于以 X 波段为信号载波且以第二宇宙速度运行的航天器来说,多普勒频移分布在 $-300\sim300\mathrm{kHz}$。

为了摆脱其他行星引力或躲避宇宙中的小行星等物体,航天器在飞行过程中可能进行快速机动、变轨,进而产生较大的加速度,加之地球自转和公转所带来的速度差和加速度差,导致地面站和航天器之间产生相对的加速度。加速度会给多普勒频移带来时变特性,即多普勒频移具有在一定范围内波动的时间斜率,将式(9.48)微分可得多普勒频移随时间的斜率为

$$f'_{d} = f\frac{v'}{c}\cos\theta \tag{9.49}$$

加速度的存在导致通信多普勒频率产生快速漂移,对于常规通信来说,通信带宽可达几兆至几十兆赫兹,$-300\sim300\mathrm{kHz}$ 的多普勒频率分布和多普勒频率快速漂移不会对通信造成严重影响。但在深空通信系统中为了尽可能地提高接收信噪比,接收机仅使用几赫兹至几千赫兹的极窄带宽,较宽的多普勒频率分布和多普勒频率漂移将使实际接收的信号频率远远偏出接收机的有效接收频带之外,导致信号接收失败。为了解决多普勒频移的问题,工程上采用锁相反馈环路自动地捕捉深空接收信号频率,使得接收机的频率接收窗口实时对准深空接收信号,达到消除多普勒频移的目的。

9.5.3　深空通信系统

如前文所述,提高发射机功率、提高收发天线的增益、提高载波频率、降低接收系统的噪声温度、降低通信的数据速率(即降低接收系统带宽)等方法可以提高接收信噪比。提高地面站的发射机功率是可行的,但航天器由于体积和功耗限制,发射机的输出功率不可能无限制增大。收发天线可通过增大口径、提高载波频率方式来提高增益,下行信号数据率较高、带宽大,对信噪比要求相对于上行信号更高,但恰好在地球上建造大口径反射面天线或者天线阵列来提高接收天线的增益是可行的,事实上深空通信地面站正是采用大面积的阵列天线接收以及地球尺度长基线接收技术来提高接收信噪比。降低接收系统的噪声温度、降低通信带宽等措施从另一个角度来提高接收信噪比,接收系统工作噪声温度主要取决于接收机的噪声系数,采用先进的半导体低噪声器件、并使用先进的制冷技术,均可以有效地降低接收机系统噪声温度。

深空通信技术与常规通信原理相同,基本任务是发送遥控指令、预报航天器位置、获取探测器状态和探测数据。中国的深空通信系统使用 S 波段(上行:2025～2120MHz,下行:2200～2300MHz)、X 波段(上行:7145～7190MHz,下行:8400～8450MHz)和 Ka 波段(上行:34.2～34.7GHz,下行:31.8～32.3GHz)。典型的深空探测器射频通信系统组成如图 9.24 所示,为提高系统的可靠性,采用多级冗余备份结构。射频收发机配置两套相同的设备,接收和发射链路各有两套,其中发射机只有一套在工作,两套接收则同时工作,发射机通过 3dB 电桥馈通给功率放大器,功率放大器也只有一台在工作,两个功率放大器输出通过两组双刀双掷开关可选通送往高增益天线、中增益天线或低增益天线。信号接收通过高增益天线或低增益天线完成,两路接收信号通过双工器并通过双刀双掷开关送往接收机,由于两台接收机同时工作,因此高低增益天线接收回的信号可同时处理[82]。

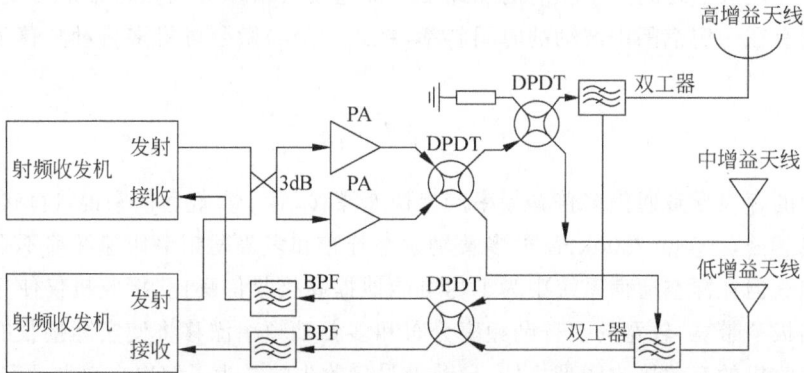

图 9.24 典型的深空探测器射频通信系统示意图

低增益天线为收发共用天线,一般安装于深空探测器两端,用于近距离探测器在较宽的姿态方向内接收遥控指令和发射遥测数据。中增益天线为发射专用,用于远距离应急遥测数据发送。高增益天线为收发共用天线,用于远距离探测器与地面站高数据率传输[82]。

地面站通信设备与深空探测器通信设备相似,不同的是地面站天线一般采用大口径反射面天线,单口径地面天线直径可达 32～70m。大口径天线具有极高的天线增益,同时配合低温制冷接收机,可使地面接收系统具有较高的 G/T 值。根据低温电子学的相关理论,半导体器件在低温环境下具有极低的噪声温度,使得接收机灵敏度大大提高,低温 HEMT 器件可达 10K 左右的噪声温度。为进一步降低接收机的噪声功率水平,不仅低噪声放大器需要制冷,天线的极化器以及天线馈源部分也需要统一制冷,以降低天线与低噪声放大器之间的传输损耗,如图 9.25(a)所示。低温平台还可设置多个阶梯温区,如图 9.25(b)所示,设置有 77K 温区、20K 温区和 4K 温区,接收系统馈线部分放置于 77K 温区、预选滤波器等放置于 20K 温区、核心低噪声放大部分放置于 4K 温区。

(a) 接收机前端统一制冷

(b) 前端采用多个阶梯制冷温区

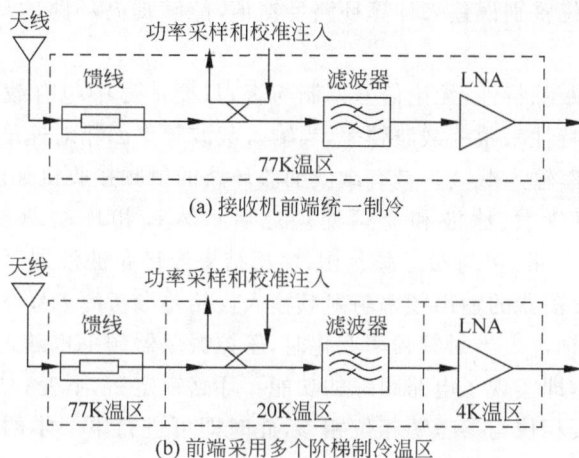

图 9.25 接收系统温区设置示意图

9.5.4 载波捕获技术

深空通信上行链路传输的信息多为指令信息,而下行链路则传输遥测信息、分析数据等信息,通常这些数据的信息量较大,下行链路的数据带宽要比上行链路高一个到两个数量级,因此下行链路的信息传输压力较大。同等硬件条件下,如果下行链路满足信息传输带宽,那么上行链路一定也满足带宽要求。深空通信技术与常规通信原理大体相同,不同之处在于深空通信面临长时延和巨大的空间损耗等问题,接收的信噪比越来越低,轻则导致误码率增加,重则无法完成信息解调而导致通信失败。深空探测和深空通信中,接收信号信噪比极低,典型信噪比为-20dB,且由于航天器运行的速度极高,还会伴随着几百千赫兹多普勒频率偏移,以及较高幅度的多普勒频移斜率变化,这些都对信号的接收和解调带来极大的挑战。

深空通信接收机通过将带宽压缩至千赫兹量级来提高信噪比,为了使这么窄的接收带宽能够在几百千赫兹的多普勒频移范围内被接收机识别和捕捉,需引入频率锁定电路,使得接收机能够实时跟踪接收信号的频率,这种载波实时跟踪技术也称为载波捕获技术。载波捕获技术采用频率跟踪环实现,具有高灵敏度、大动态信号的载波锁定能力,其本质上等效于带宽为赫兹量级的极窄带跳频滤波器,其信噪比提升能力极高,能够从噪声中提取出低至-20dB信噪比的微弱有用信号。载波捕获后再经过常规千赫兹量级窄带接收机处理,进行频率滤波和功率放大后,送入数字电路,从而实现信息的提取。

低数据率的信息传输多采用残留载波调制方式,而高数据率传输则采用抑制载波调制。当信号调制存在残留载波时,采用锁相环即可实现载波的相位跟踪,而当信号调制为抑制载波时,则需要采用科斯塔斯环恢复载波,再实现载波信号相位跟踪。载波跟踪环根据环路误差对象的不同,分为锁频环和锁相环两种电路形式,锁频环动态应力容忍度大于锁相环,而锁相环具有精度高的优点,因此跟踪环路常采用锁频环和锁相环相结合的组合模式,分别利用频率鉴别误差和相位鉴别误差来计算环路反馈值,能够提高环路的动态适应能力及跟踪精度。

　　锁相环具有载波跟踪特性,无论信号调制与否,只要信号中包有载波频率成分,就可利用锁相环的窄带跟踪特性来跟踪载波频率,当输入载波频率因相对速度发生多普勒漂移时,环路的输出仍能够跟踪输入载波。具有载波捕获环路的射频接收机如图 9.26 所示,接收到的信号经前端低噪声放大、滤波和变频处理之后送入锁相环路,该信号与压控振荡器(VCO)混频后取中频分量,再与参考源鉴相,鉴相结果经环路滤波器反馈控制压控振荡器。当环路锁定后,压控振荡器的输出频率与射频输入仅相差参考源的频率,即压控振荡器频率实现了与射频频率的锁定。当射频频率变化时,压控振荡器频率也随之发生改变,两者频率差始终为参考源频率,即实现了电路跟踪的功能。环路锁定后,下变频后的中频输出不再含有多普勒频移成分,其相位与参考源相位相参,此时即可进行下一步的信号解调,获得调制信息和测距信息,而压控振荡器的输出则含有多普勒频移,与标称频率相对比,即可获得多普勒频率,进而获得航天器径向速度信息。

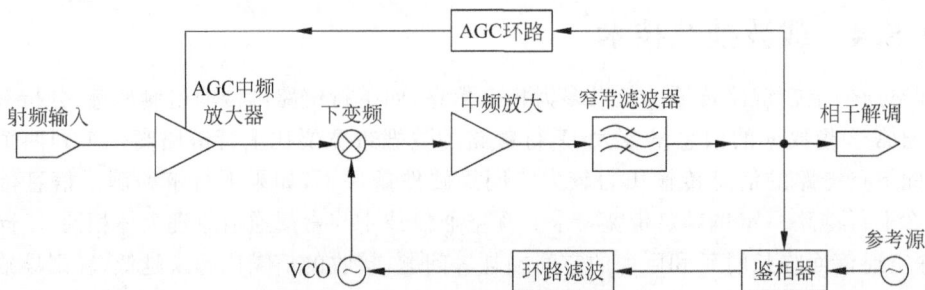

图 9.26　载波捕获环路射频接收机框图

　　锁相环电路主要包含鉴相器、环路滤波器和压控振荡器,假设输入信号经过带宽为 B_i 的带通滤波器滤波,噪声功率谱密度为 N_0,则输入噪声功率为 $B_i N_0$。假设输入有用信号为正弦波 $v_i(t) = v_i \sin(\omega t + \theta_i)$,输出信号为 $v_o(t) = v_o \sin(\omega t + \theta_o)$,两个信号经过鉴相后输出的低频信号幅度与相位差正弦呈正比,具体表示为

$$v_d = K_d v_i v_o \sin(\theta_i - \theta_o) \tag{9.50}$$

其中 K_d 为鉴相系数。若输入信号包含窄带噪声,即 $v_i(t) = v_i \sin(\omega t + \theta_i) + n(t)$,其中 $n(t) = n_c \cos\omega t - n_s \sin\omega t$,$n_c$ 和 n_s 均为白噪声,这两个噪声分量同 $n(t)$ 一样在窄带内的噪声谱功率密度为 N_0,则包含窄带噪声的输入信号相位随机抖动的均方值为

$$\overline{\theta_{ni}^2} = \frac{\overline{n^2(t)}}{\frac{1}{2}v_i^2} = \frac{B_i N_0}{P_{in}} \tag{9.51}$$

经过鉴相后输出为

$$v_{dn} = K_d v_i v_o \sin(\theta_i - \theta_o) + K_d v_o [n_c \cos\theta_o + n_s \sin\theta_o] \tag{9.52}$$

经过环路滤波器滤波,假设环路滤波器频率响应为 $H(j\omega)$ 的低通滤波波形,截止频率为 f_c,

直流附近的频率增益为 1,鉴相输出电压经过低通滤波后,式(9.52)第一项输出不变,而第二项大部被滤除,只有频率低于 f_c 的部分噪声留下,即

$$v_{\text{out}} = K_d v_i v_o \sin(\theta_i - \theta_o) + K_d v_o [n_c \cos\theta_o + n_s \sin\theta_o] * \text{IFT}(|H(\text{j}\omega)|^2) \quad (9.53)$$

式(9.52)第二项为噪声项,功率谱覆盖范围为 $\dfrac{-B_i}{2} \sim \dfrac{B_i}{2}$,噪声功率为 $B_i N_0$,经过环路滤波后,式(9.53)第二项对应的噪声功率变为

$$N_{\text{out}} = (K_d v_o)^2 f_c N_0 \quad (9.54)$$

输出的有用信号功率为 $P_{\text{out}} = \dfrac{1}{2}(K_d v_i v_o)^2$,进而得到输出信号相位随机抖动的均方值为

$$\overline{\theta_{\text{no}}^2} = \frac{N_{\text{out}}}{P_{\text{out}}} = \frac{(K_d v_o)^2 f_c N_0}{\frac{1}{2}(K_d v_i v_o)^2} = \frac{f_c N_0}{\frac{1}{2} v_i^2} \quad (9.55)$$

式(9.51)和式(9.55)所示的相位波动均方值分别为锁相环电路输入和输出信噪比的倒数,可见经过锁相环路滤波,输出的信噪比相对于输入提高了 B_i / f_c 倍,该比值也称为信噪比改善比,可见环路滤波器带宽越窄,信噪比提升越高,若 f_c 缩窄至赫兹量级,锁相环路很容易将信噪比提高几百甚至上千倍,即提高 $20 \sim 30\text{dB}$。

锁相环路的滤波带宽极窄,使得环路的输出信噪比远高于输入信号的信噪比,经验证明当环路的输出信噪比大于 6dB 时电路能够较好地完成载波信号的锁定。如果锁相环路的信噪比改善比为 30dB,那么只要输入信号的信噪比达到 −24dB 即可实现信号的锁定接收。理论上只要将环路带宽设计的足够窄,就可以把被噪声淹没、具有极低信噪比的有用信号提取出来,但一般通信信号均为调制信号,为确保锁相环路能够良好地跟踪输入信号相位,环路滤波器的带宽需要大于信号的调制频率。当信号的调制频率小于环路带宽时,鉴相器输出的交流成分即为调制信号。环路滤波器带宽较窄时,调制信号被环路滤波器部分滤除,锁相环的输出相位不再跟随输入相位变化,则环路不易锁定。为缩短环路锁定时间,提高锁相成功的概率,需采用环路滤波变带宽技术,先以较大的带宽引导锁相环锁定,再逐步缩小环路带宽,逐渐提高环路的信噪比。

锁相环的环路滤波器阶数决定了环路的跟踪性能,二阶环路能够良好地跟踪相位阶跃和频率阶跃信号,但对于具有频率斜率的信号会产生一定的跟踪误差,当多普勒频率的斜率变化剧烈,二阶滤波环路将无法有效地捕获到信号。此时需要采用三阶滤波环路,三阶锁相环能够在零稳态相差的情况下快速捕获频率斜升信号,适合应用于跟踪高动态多普勒信号。

9.5.5　深空信号的距离和速度提取

航天器与地面站的距离通过测量收发的时间差来计算,对于连续波来说收发的时间差不易测量,此时可测量收发信号的相位差,再通过相位差计算收发设备的距离,电磁波的单程距离、传输时间和收发相位差的关系具体表示为

$$R = c\tau = c\,\frac{\Delta\varphi}{2\pi f_0} = \lambda_0\,\frac{\Delta\varphi}{2\pi} \quad (9.56)$$

其中，f_0 和 λ_0 分别为载波的中心频率和波长，$\Delta\varphi$ 为收发相位差。$\Delta\varphi$ 的测量数值为 $0\sim$ 2π，与非卷叠的相位差真值还相差 2π 的若干整数倍 M，为了解模糊，需要采用多个频率共同测试收发的相位差，即求解出相位模糊数值 M。工程上采用侧音方法（即多组频率组合）来达到同时提高距离分辨率和提高无模糊距离的目的。除了侧音测距体制以外，还包含音码混合测距、方波序列测距以及伪随机码测距方法[97]。

接收机噪声会给测距带来误差，根据文献[97]，采用侧音测距体制或音码混合测距体制，接收机噪声引起的测距误差为

$$\sigma_R = \frac{\lambda_R}{2\sqrt{2}\pi}\sqrt{\frac{B_n N_0}{S}} \tag{9.57}$$

其中，λ_R 为主侧音波长（$\lambda_R = c/f_R$，主侧音频率 f_R 定义为主侧音与载波的频率差），S 为主侧音功率，B_n 为接收机锁相环路带宽，N_0 为锁相环路双边带噪声功率谱密度。

接收机噪声不仅会导致测距误差，也会导致测速误差，多普勒频率的测试误差表示为

$$\sigma_{dop} = \frac{1}{2\sqrt{2}\pi T}\sqrt{\rho\frac{B_c N_0}{S_c}} \tag{9.58}$$

其中，S_c 为载波功率，B_c 为接收机测速环路带宽，N_0 为锁相环路双边带噪声功率谱密度，ρ 为信噪比损失系数。当速度跟踪为残留载波模式时，$\rho=1$，采用非归零码数据调制时，调制数据在载波两边带形成对载波的干扰信号，造成信噪比损失，此时 $\rho=1+E_s/N_0$，其中 E_s 为一个码元的信号功率；当信号为抑制载波调制（例如 BPSK 调制）时，需采用科斯塔斯环路恢复载波，此时 $\rho=\frac{1}{k_c^2}\left(1+\frac{B_i}{2k_c^2}\frac{N_0}{S_c}\right)$，其中 k_c 为信号经过中频滤波器的损失因子，B_i 为载波锁定环的中频输入带宽；对于 QPSK 调制来说，$\rho=\frac{1}{k_c^2}\left[1+4.5\frac{B_i}{k_c^2}\frac{N_0}{S_c}+6\left(\frac{B_i}{k_c^2}\frac{N_0}{S_c}\right)^2+1.5\left(\frac{B_i}{k_c^2}\frac{N_0}{S_c}\right)^3\right]$。

9.6　雷达

雷达的基本任务是探测、识别和跟踪目标，并能够提取出目标的距离、方位和速度等信息。雷达的工作原理如下：首先发射机发射电磁波对周围空间进行照射，若目标处于电磁波的照射范围内，目标便会产生电磁波的散射和反射，散射波携带目标的特征信息，一部分后向散射电磁波能够沿原路返回，进而被雷达接收机接收和识别。接收到的回波信号经幅度放大、变频、滤波和解调后便可以从中提取目标信息，高分辨率雷达甚至可以实现目标的成像。相比于光学探测系统，雷达无论昼夜、还是雨雾环境下均可正常工作，具有全天候工作特性。雷达在目标探测、预警、目标跟踪、交通管制以及导航和自动驾驶等领域应用广泛，具有多种体制和实现架构。无论何种雷达，其基本组成模块基本相同，一般包含收发天线、

发射机、接收机、信号处理模块以及显控部分等。

雷达接收机是雷达系统的重要分系统之一,上启接收天线,下承信号处理模块,其频带宽窄、噪声水平、动态范围等指标直接影响雷达系统的接收灵敏度和雷达多功能适用性。雷达接收机将天线接收的微弱射频信号进行低噪声放大、滤波、下变频以及检波等处理,将高频弱信号转换成幅度足够高的中频信号,再送给后端信号处理模块。雷达接收机主要包含限幅器、射频放大器、射频开关、幅相控制、射频滤波器、变频器以及频率综合器等功能电路。

根据雷达方程,雷达的最大探测距离表示为

$$R_{\max} = \sqrt[4]{\frac{P_{T}G_{T}G_{R}\lambda^{2}\sigma}{(4\pi)^{3}S_{\min}}} \tag{9.59}$$

其中,P_T 为发射机功率,G_T 和 G_R 分别为发射天线和接收天线增益,σ 为目标雷达截面积,$S_{\min}$ 为接收机的接收灵敏度。接收机灵敏度直接决定了雷达的作用距离,关系到雷达系统的目标检测概率和虚警概率,接收机系统噪声系数以及雷达波形调制体制是决定接收灵敏度的最主要因素。

雷达接收机的主要技术指标与通信系统的接收机一样,主要包含增益、噪声系数、动态范围等参数。雷达接收机常包含多个接收通道,例如单脉冲雷达接收机具有测向功能,需要考虑和通道、俯仰差和方位差通道之间的隔离度,相控阵雷达需要考虑各个收发通道的幅度和相位一致性,军用雷达甚至还要保证以上所有指标在高低温以及各种恶劣环境条件下具有很高的性能稳定性。

雷达接收机按体制分为数字接收机和模拟接收机。数字接收机对仅经过简单滤波和放大的接收信号直接进行模数转换和数字信号处理,数字接收机使用大规模集成芯片,在缩减电路尺寸、减小功耗方面具有优势,但模数转换器和数字处理芯片工作频率不高,且价格昂贵,无法实现高频雷达信号的有效接收。模拟接收机采用混频体制,将射频信号下变频到频率较低的中频再进行数字信号处理,利用数字电路实现信号解调和同步,可以实现非常优良的性能。模拟接收机可进一步分为零中频接收机和外差接收机,零中频接收机的本振信号频率与射频信号频率一致,下变频之后直接得到基带信号。零中频接收机不存在镜频频率,并且不需使用中频滤波器和放大器等器件,只需在基带部分分配增益和选择信道,因此接收机结构设计较为简单。零中频接收机存在直流偏移、I/Q 失配和偶次谐波失真等缺点。外差接收机将接收到的射频信号进行滤波放大,再与本振信号下混频后得到中频信号,中频信号进一步滤波放大后再次进行下混频得到基带信号。中频滤波器成本很低,并且可以实现窄带滤波,实现极好的频率选择性,中频放大器的成本也较低,因此雷达接收机设计中可以将大部分增益和滤波放在中频频率进行。外差接收机由于采用多次变频架构,存在镜像频率干扰以及各种组合频率干扰,因而在链路设计中须在变频器前后插入滤波器用于滤除组合频率干扰信号。

雷达接收机需要鉴别有用的回波和无用的干扰信号,雷达的干扰不仅包含接收机自身的噪声,也包含诸如地物回波、大气噪声、宇宙噪声以及邻近频率的其他友方或敌方射频发射机的干扰。在雷达电子对抗领域,雷达还要区分真实目标和假目标或者从敌方的阻塞干扰中发现目标。

9.6.1　雷达接收机结构

典型的雷达接收机系统框图如图 9.27 所示,天线接收的射频信号首先经过限幅器和预选滤波器等保护电路处理后再进入低噪声放大器,放置于低噪声放大器前方的射频滤波器有助于提升雷达抗干扰和抗饱和攻击的能力,一般滤波器阶数不高、损耗不大,不会对系统噪声产生影响;低噪声放大器后方需采用高阶滤波器滤除带外信号特别是镜频干扰,射频信号经前端放大和滤波之后经一次或多次下变频后变为中频信号,每级中频信号均布置相应频段的放大器和滤波器,最终输出幅度足够高的中频信号送给信号处理模块。

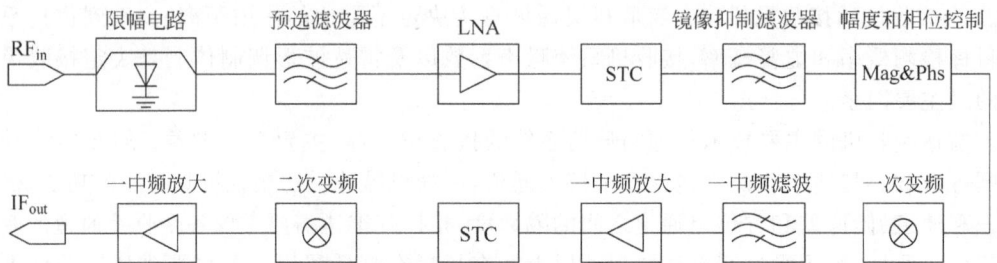

图 9.27　典型的雷达接收机系统框图

接收灵敏度表征雷达接收机处理微弱信号的能力,接收灵敏度越高,就能够探测更弱的信号,根据雷达方程可知,接收灵敏度越高雷达作用距离也就越远。接收机灵敏度表达式同通信接收机一致,表示如下

$$\mathrm{MDS} = -174\mathrm{dBm} + 10\lg(B) + \mathrm{NF} + \mathrm{SNR}_{\min} \tag{9.60}$$

根据噪声级联公式,如图 9.27 所示的接收机链路整机噪声系数和噪声温度表达式为

$$F = F_1 + \frac{F_2 - 1}{G_1} + \frac{F_3 - 1}{G_1 G_2} + \cdots + \frac{F_N - 1}{G_1 G_2 \cdots G_{N-1}} \tag{9.61}$$

$$T_e = T_1 + \frac{T_2}{G_1} + \frac{T_3}{G_1 G_2} + \cdots + \frac{T_N}{G_1 G_2 \cdots G_{N-1}} \tag{9.62}$$

注意,式(9.61)和式(9.62)的计算需采用自然数值,且有 $\mathrm{NF} = 10\lg(F)$。接收机噪声系数以及雷达体制决定了系统灵敏度,当信号功率低于系统灵敏度时,信号将淹没在噪声中无法有效识别。雷达接收机的噪声来源与通信用接收机一样,包含外部噪声和接收机内部噪声,外部噪声体现为天线的噪声温度,内部噪声体现为接收机的噪声系数或噪声温度,降低接收机的系统噪声温度就可以提高接收灵敏度。另外某些体制的雷达系统可以采用脉冲压缩技术或阵列天线接收技术等途径提高接收灵敏度。

线性调频信号在脉冲压缩时,在信号处理阶段可以获得额外的链路信噪比,进而提高接收机的灵敏度,脉冲压缩得到的信噪比提升(即灵敏度提升)可以写作

$$G_{PC} = 10\lg(B\tau) \tag{9.63}$$

其中，B 为线性调频的带宽，τ 为脉冲时长。

采用阵列天线接收技术(例如相控阵雷达接收机)也可以提高接收信噪比。使用 m 个单元的阵列天线，其合成信号较单个天线接收信号可得到的最大信噪比提升为

$$G_{AR} = 10\lg(m) \tag{9.64}$$

采用脉冲压缩和阵列天线双重体制的雷达接收机灵敏度表达式为

$$\text{MDS}_{\text{Total}} = \text{MDS} - G_{PC} - G_{AR} \tag{9.65}$$

接收机的输入 1dB 压缩点定为接收机允许的最大输入信号，输入 1dB 压缩点与 MDS 两者之差称为接收机的动态范围。接收机的设计需要考虑尽量大的动态范围，因为进入接收机的除了有用信号，还包含各种杂波和干扰信号，如果接收机动态范围过小，由于电路的非线性作用，有用信号和干扰信号的交调以及干扰信号间的互调将会产生额外的频谱成分，而这些频谱成分一旦超过信号检测门限，雷达将会产生虚警，如果人为调高检测门限降低虚警概率，又有可能出现有用弱信号的漏检。

提高接收机动态范围的方法具体包含三个方向，向上提高接收系统的线性范围，向下拓展系统弱信号的检测能力，或者采用具有动态增益调节能力的电路，大信号输入时能够降低系统增益，小信号输入则提高系统增益。第一种方法关键在于选择输入 1dB 压缩点高的器件，尤其是放大器等有源元件，也可采用 90° 电桥平衡放大器等电路形式提高动态范围，链路设计和预算要考虑各个指标的综合性能。第二种方法关键在于降低接收机的噪声系数，第一级放大器的噪声应尽量低，并且第一级放大器应尽量接近天线以减小馈线损耗，如果单路接收机噪声系数达到极限，可以考虑采用脉冲压缩和阵列接收的雷达体制，这样雷达总的动态范围可以写作

$$D_{\text{Total}} = D_{\text{Unit}} + G_{PC} + G_{AR} \tag{9.66}$$

第三种拓展动态范围的措施包含引入灵敏度时间控制(STC)电路和自动增益控制(AGC)两种方法。灵敏度时间控制，链路增益随时间变化，能够使接收机在时间(距离)近区增益低，远区增益高，有助于避免近区强地物回波堵塞接收机，同时保证远区目标搜索时具有良好的接收灵敏度。STC 电路一般采用数控衰减器完成，数控衰减器可设置在射频频率和各级中频频率，可极大地提高接收机的抗饱和能力，时间增益关系曲线的设定由电路内部算法和控制单元完成。自动增益控制能够自动拓展接收机的动态范围，当目标回波功率较大时，可通过幅度控制适当降低增益；而当目标回波较弱时，则提高系统增益。

9.6.2　相控阵雷达接收机

相控阵雷达采用大量雷达收发单元协同工作实现大口径雷达阵面，每个雷达单元均可独立地控制通道幅度和相位，实现天线雷达照射方位的电子扫描，也可同时驱动多个独立扫描的波束，实现多个独立目标的搜索、识别、跟踪、制导[38,40]。与传统机械扫描雷达相比较，在相同的天线口径和工作频率条件下，相控阵的扫描速度、目标更新频率、多目标探测能力、分辨率、多功能性、电子对抗能力等都遥遥领先。相控阵雷达的辐射单元少则几十个，多则

上万个,这些单元按照一定间距排列成线形、方形或圆形阵列,控制各个单元的发射和接收相位,实现波束的无惯性快速扫描。

相控阵雷达分为有源和无源两种类型。无源相控阵雷达仅有少数数量的主发射机和接收机,发射机的输出功率功分为多个支路,每个支路均可独立的控制幅度和相位,再通过天线单元发射;接收机则相反,天线单元接收到回波信号,先通过幅度和相位控制,再多路合路,进而由有源接收机进行接收,无源相控阵的架构如图 9.28 所示。无源相控阵的天线和有源收发机之间采用无源功分和幅相控制网络,损耗较大,直接影响发射机的发射效率以及接收灵敏度[40,43]。

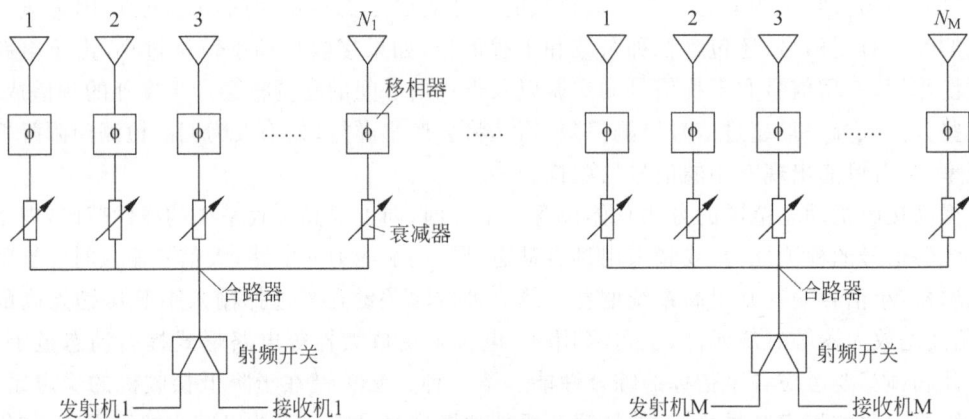

图 9.28　由无源衰减器和移相器搭建的相控阵雷达

有源相控阵雷达的每个天线单元都配装有源收发组件,每个组件都能独立发射、接收信号,在发射效率、接收动态范围、设计和使用灵活性等方面都比无源相控阵雷达有较大的进步,有源相控阵的架构如图 9.29 所示。随着微波集成电路工艺技术的快速发展,制作单芯片的射频收发组件成为可能,并能够和天线集成于一体,实现的具有独立雷达功能的收发组件尺寸仅几厘米甚至更小。借助这种高集成度收发组件实现二维相控阵扫描面阵,每个有源收发组件均可无限靠近天线单元,最大限度地提高发射效率和接收灵敏度,通过诸多天线单元合成实现高功率发射,降低了对单个收发组件的功率和散热压力,有助于降低成本并提高系统可靠性。

相控阵雷达具有以下优势:①相控阵雷达利用电子扫描的灵活性、快速性以及辐射口面分割功能实现多波束,可以边搜索边跟踪,能同时搜索、探测和跟踪不同方向和不同高度的多批目标;②相控阵雷达具有多功能性,能够同时形成多个独立控制的波束,分别用以执行搜索、探测、识别、跟踪、和导弹制导等多种功能,一部相控阵雷达能起到多部专用雷达的作用;③相控阵雷达不需要天线驱动系统、波束指向灵活,波束扫描无惯性,从而缩短了目标搜索、跟踪和发控准备时间,提高雷达的操作效率;④相控阵雷达抗干扰能力强,能够控制收发单元综合多种天线波瓣赋型,并能合理地管理辐射功率,可以根据不同方向上的具体需求分配不同的发射能量,实现自适应旁瓣抑制和自适应抗干扰能力,有利于发现远离目标和小雷达反射面目标,还可提高抗反辐射导弹的能力;⑤相控阵雷达的阵列单元较多,且为并联使用,同时每个收发单元处理的功率不高,部分组件出现故障或损坏仅会导致系统性能降低,不会导致系统失效,这样极大提升了系统可靠性[45,46]。

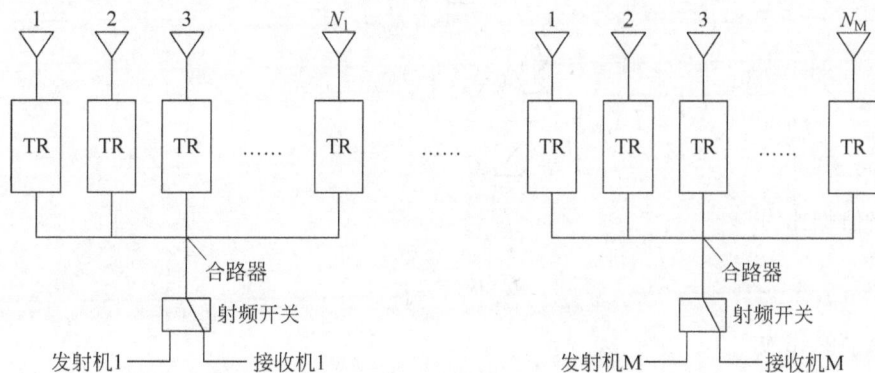

图 9.29 有源 TR 组件搭建的相控阵雷达

9.6.3 无源馈电相控阵雷达接收系统噪声分析

假设各个天线单元的天线噪声温度为 T_{A_i},接收的各路信号经有耗功率合成器合成后输出。用无损耗合成器级联衰减器 L 来代表有耗功率合成器,总的输入信号和输入噪声功率以及合成后的输出信号和输出噪声具体表示如下:

$$S_{in\_array} = \frac{\left| \sum_{i=1}^{N} \sqrt{S_{in\_i}} \, \alpha_i \, e^{j\varphi_i} \right|^2}{\sum_{i=1}^{N} \alpha_i^2} \tag{9.67}$$

$$N_{in\_array} = \frac{\sum_{i=1}^{N} N_{in\_i} \alpha_i^2}{\sum_{i=1}^{N} \alpha_i^2} \tag{9.68}$$

$$S_{out} = S_{in\_array} \frac{1}{L} \tag{9.69}$$

$$N_{out} = N_{in\_array} \frac{1}{L} + \left(1 - \frac{1}{L}\right) k T_L B \tag{9.70}$$

其中,S_{in_i} 是天线端口 i 的信号功率,α_i 为该路的幅度加权因子,φ_i 为该路的附加相位,N_{in_i} 为 i 端口的输入噪声,显然有

$$N_{in\_i} = k T_{A\_i} B \tag{9.71}$$

$$N_{\text{in\_array}} = \frac{\sum\limits_{i=1}^{N} kT_{A\_i}B\alpha_i^2}{\sum\limits_{i=1}^{N} \alpha_i^2} = kT_{\text{Aeff}}B \tag{9.72}$$

$$T_{\text{Aeff}} = \frac{\sum\limits_{i=1}^{N} T_{A\_i}\alpha_i^2}{\sum\limits_{i=1}^{N} \alpha_i^2} \tag{9.73}$$

定义单路信噪比为

$$\text{SNR}_i = \frac{S_{\text{in\_}i}}{N_{\text{in\_}i}} \tag{9.74}$$

定义合路信噪比为

$$\text{SNR}_{\text{array}} = \frac{S_{\text{out}}}{N_{\text{out}}} \tag{9.75}$$

定义单路噪声系数

$$F_i = \frac{S_{\text{in\_}i}/N_{\text{in\_}i}}{S_{\text{out}}/N_{\text{out}}} \tag{9.76}$$

定义合路噪声系数

$$F = \frac{S_{\text{in\_array}}/N_{\text{in\_array}}}{S_{\text{out}}/N_{\text{out}}} \tag{9.77}$$

在各单元天线接收的信号功率 $S_{\text{in\_}i}$ 都相等,各个单元的天线温度 T_{A_i} 都相等,幅度加权因子 $\alpha_i = 1$,各路附加相位都为 0 的条件下,单路信噪比和合路信噪比有以下结果:

$$S_{\text{in\_array}} = NS_{\text{in}} \tag{9.78}$$

$$N_{\text{in\_array}} = kT_A B \tag{9.79}$$

单路的输入信噪比为

$$\text{SNR}_i = \frac{S_{\text{in\_}i}}{kT_A B} \tag{9.80}$$

合路的输入信噪比为

$$\text{SNR}_{\text{array}} = N\frac{S_{\text{in\_}i}}{kT_A B} \tag{9.81}$$

可以看出,信号经等幅度合路后,合路信噪比比单路信噪比高 N 倍。由于合路的损耗值为 L,合路后的输出信噪比会有所下降,下降的比率的倒数就该系统的噪声系数。输出信噪比简化为

$$\text{SNR}_{\text{out}} = \frac{S_{\text{out}}}{N_{\text{out}}} = \frac{S_{\text{in\_array}}\dfrac{1}{L}}{N_{\text{in\_array}}\dfrac{1}{L} + \left(1-\dfrac{1}{L}\right)kT_L B} \tag{9.82}$$

定义合路噪声系数

$$F_i = \frac{1}{N}\left[1 + (L-1)\frac{T_L}{T_A}\right] \tag{9.83}$$

定义单路噪声系数

$$F_{array} = 1 + (L-1)\frac{T_L}{T_A} \tag{9.84}$$

当 $T_L = T_A$ 时,单路噪声系数就是功率合成器的损耗,而合路噪声系数则相对于合路噪声系数有 N 倍的改善。损耗 L 除了包含功率合成中不可避免的损耗以外,还包含移相器的衰减和环形器(或高频开关)的衰减,总的损耗约为 $7\sim 9\mathrm{dB}$,因此无论是单路噪声系数还是合路噪声系数,其数值都相当大。

9.6.4 有源相控阵雷达接收系统噪声分析

同样假设有源相控阵各个天线单元的天线噪声为 T_{A_i},接收的各路信号经环形器或高频开关送到低噪声放大器放大,然后经幅度加权和移相后再经有耗功率合成器合成后输出。低噪声放大器前的损耗用 L_1 表示,由于各 TR 单元的损耗以及放大器增益完全相同,所以不加下角标;低噪声放大器后的各路损耗用 L_2 表示。输入信号和输入噪声分析同式(9.67)和式(9.68),其输出的信号幅度和输出噪声功率如下

$$S_{out} = \frac{\left|\sum_{i=1}^{N}\sqrt{S_{in\_i}\frac{1}{L_1}G_{LNA}\frac{1}{L_2}}\alpha_i e^{j\varphi_i}\right|^2}{\sum_{i=1}^{N}\alpha_i^2} \tag{9.85}$$

$$N_{out} = \frac{\frac{1}{L_1}G_{LNA}\frac{1}{L_2}kB\sum_{i=1}^{N}(T_{A\_i}+T_{e\_i})\alpha_i^2}{\sum_{i=1}^{N}\alpha_i^2} \tag{9.86}$$

在各单元天线接收的信号功率 S_{in_i} 都相等,各个单元的天线温度 T_{A_i} 和有源接收机的噪声温度 T_{e_i} 都相等,幅度加权因子 $\alpha_i=1$,各路附加相位都为 0 的条件下,输出的信号幅度和噪声功率可简化为

$$S_{out} = N\frac{G_{LNA}}{L_1 L_2}S_{in} \tag{9.87}$$

$$N_{out} = \frac{G_{LNA}}{L_1 L_2}kB(T_A + T_e) \tag{9.88}$$

对于输出噪声,第 i 路输出噪声功率为

$$N_i = \frac{G_{LNA}}{L_1 L_2}kB(T_A + T_e) \tag{9.89}$$

单路噪声系数表示为

$$F_i = 1 + \frac{T_e}{T_A} \tag{9.90}$$

合路噪声系数表示为

$$F_{array} = \frac{1}{N}\left(1 + \frac{T_e}{T_A}\right) \tag{9.91}$$

因此合路后系统的噪声系数会有 N 倍的改善,噪声系数有可能会小于1。

9.7　电子对抗

　　电子对抗又称为电子战,是现在战争的重要形式之一,海陆空之后的第四战场。电子对抗使用电磁波进行无线交锋,早期的电子对抗频段集中于微波波段,目前已拓展至毫米波、太赫兹、红外和可见光频段[50,52]。电子对抗的目的在于侦察、干扰、削弱和破坏对方电子设备的使用效能,同时保障己方电子设备能够正常发挥作用。电子对抗对于制信息权的获取具有极其重要的作用。电子对抗按作战目标可分为电子对抗侦察、电子干扰和电子防御三种形式;按对抗具体设备可分为雷达对抗、无线电通信对抗、导航对抗、制导对抗等。电子侦察通过主动或被动的方式来搜集并分析敌方电子设备的电磁辐射信号,获取技术参数、目标方位等情报。电子干扰的目的是使敌方电子设备和系统降低或丧失效能,削弱或破坏敌方使用各种电子设备进行战场侦察、作战指挥、通信联络和兵器控制与制导的能力,同时隐蔽己方意图以及提高己方飞机、舰艇的生存能力。电子防御则是在敌方实施电子侵扰的情况下,采取防护措施保障己方电子设备和系统能够生存进而正常的发挥作用。

9.7.1　电子干扰理论

　　电子干扰是电子对抗的重要组成部分,通过阻断、阻塞、遮蔽以及欺骗等手段降低或阻绝敌方使用电磁频谱。实施电子干扰时,干扰信号同有用信号一并进入接收机,降低接收机的增益和信噪比、遮蔽有用信号,使得接收机无法识别或解调出有用信号,达到使敌方信息传输失败、雷达无法识别真目标等目的。

　　通信干扰可采用宽带高功率噪声源覆盖敌方宽带战术电台的所有通信频段,也可采用点频或窄频干扰敌方的遥测或遥控链路。雷达干扰除包含上述频谱覆盖式干扰手段以外,还包含目标欺骗、假目标释放、诱饵抛洒等手段。

1. 弗里斯传输损耗和雷达双程损耗

　　根据弗里斯传输公式,通信接收机的接收信号为

$$P_R = \frac{P_T G_T}{4\pi R^2} A_R = \frac{P_T G_T G_R}{(4\pi)^2 R^2 \lambda^2} = \frac{P_T G_T G_R}{\left(\frac{4\pi}{c}\right)^2 R^2 f^2} \tag{9.92}$$

弗里斯传输公式描述了电磁波单程传输衰减,弗里斯单程衰减因子为

$$L = \frac{1}{\left(\frac{4\pi}{c}\right)^2 R^2 f^2} \tag{9.93}$$

对于雷达的信号传输来说,信号从发射机输出、经目标反射再由雷达接收机接收,具有双程的路径衰减。因此可将雷达方程改写为两个独立的单程通信,首先定义发射机的等效辐射功率为 $\text{EIRP}_{\text{T}} = P_{\text{T}} G_{\text{T}}$,距离发射机为 R、频率为 f 的情况下,目标处的信号功率为

$$P_1 = \frac{\text{EIRP}_{\text{T}}}{\left(\frac{4\pi}{c}\right)^2 R^2 f^2} \tag{9.94}$$

P_1 表示增益为 1 的天线所接收的信号强度,单位为 W。根据天线口径与增益的关系,目标处的功率密度为

$$P_1' = P_1 \frac{4\pi}{\lambda^2} \tag{9.95}$$

假设目标的等效全向散射功率为 EIRP_{RCS},则雷达接收机截获的信号幅度为

$$P_{\text{R}} = \frac{\text{EIRP}_{\text{RCS}}}{\left(\frac{4\pi}{c}\right)^2 R^2 f^2} G_{\text{R}} \tag{9.96}$$

根据雷达方程

$$\begin{aligned}
P_{\text{R}} &= \frac{P_{\text{T}} G_{\text{T}}}{4\pi R^2} \sigma \frac{1}{4\pi R^2} A_{\text{R}} = \text{EIRP}_{\text{T}} \left[\frac{1}{\left(\frac{4\pi}{c}\right)^2 R^2 f^2}\right]^2 \left(\frac{4\pi f^2}{c^2}\right)^2 \sigma A_{\text{R}} \\
&= P_1 \frac{1}{\left(\frac{4\pi}{c}\right)^2 R^2 f^2} \frac{4\pi f^2}{c^2} \sigma \frac{4\pi f^2}{c^2} A_{\text{R}} \\
&= P_1 \frac{1}{\left(\frac{4\pi}{c}\right)^2 R^2 f^2} \frac{4\pi f^2}{c^2} \sigma G_{\text{R}} \tag{9.97}
\end{aligned}$$

其中,$\left[\dfrac{1}{\left(\frac{4\pi}{c}\right)^2 R^2 f^2}\right]^2$ 为双程路径损耗,σ 为雷达反射截面,单位为 m^2,$\text{RCS(dBsm)} = 10\lg(\sigma)$。定义目标反射截面对应的增益因子(即口径大小相当于 σ 的天线增益)为

$$G_{\text{RCS}} = \frac{4\pi f^2}{c^2} \sigma \tag{9.98}$$

其中,$\dfrac{4\pi f^2}{c^2}$ 称为目标反射信号的增益因子,写成对数形式为 $21.45\text{dB} + 20\lg(f)$,其中 f 的单位为 GHz。相当于目标反射信号的发射机功率为

$$P_2 = P_1 \tag{9.99}$$

式(9.98)和式(9.99)的乘积为 EIRP_{RCS},即

$$\mathrm{EIRP_{RCS}} = P_2 G_{RCS} = P_1 \frac{4\pi f^2}{c^2}\sigma = P'_1 \sigma \tag{9.100}$$

将式(9.92)写成对数形式,得到通信接收机的接收信号为

$$[S] = [P_T] + [G_T] - 32.44 - 20\lg(f) - 20\lg(d) + [G_R] \tag{9.101}$$

其中,中括号表示变量的单位为 dB,f 和 d 的单位分别为 GHz 和 m。

单基地雷达接收信号的对数形式为

$$[S] = [P_T] + [G_T] + [G_R] - 2[32.44 + 20\lg(f) + 20\lg(d)] + 21.45 + 20\lg(f) + \mathrm{RCS}$$

$$= [P_T] + [G_T] + [G_R] - 43.43 - 20\lg(f) - 40\lg(d) + \mathrm{RCS} \tag{9.102}$$

2. 通信和雷达接收到的干扰信号

干扰信号为单程传输,如图9.30所示,接收机的接收信号幅度表达式与常规通信信号类似,写为

$$[J] = [P_J] + [G_J] - 32.44 - 20\lg(f) - 20\lg(d_j) + [G_{RJ}] \tag{9.103}$$

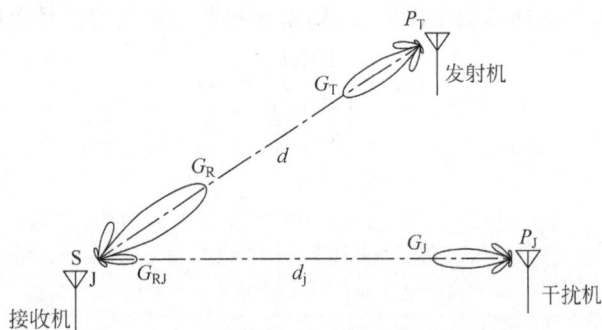

(a) 干扰机对雷达信号的干扰

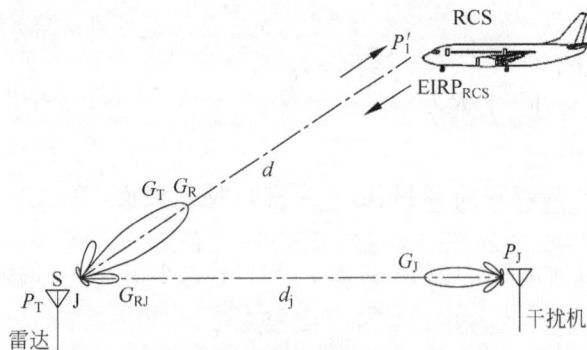

(b) 干扰机对单程通信信号的干扰

图 9.30 通信干扰和雷达干扰链路

对于宽带干扰来说,只有较窄频段干扰功率能够落在目标接收机的带宽内,因此 P_J 为干扰进入接收机接收带宽的功率,实际上干扰机辐射的总功率远大于 P_J。G_J 为干扰机天线的

增益，G_{RJ} 为接收机天线在干扰机方向的增益，一般视为接收天线副瓣的增益。

3. 干信比

干信比为干扰信号与正常接收信号的比值，可换算为式(9.101)式(9.102)与式(9.103)的差值。对于单程通信来说，干信比表达式为

$$[J/S]=[P_J]+[G_J]-([P_T]+[G_T])-20\lg(d_j)+20\lg(d)+[G_{RJ}]-[G_R]$$
(9.104)

对于雷达干扰机来说，干信比表达式为

$$[J/S]=11+[P_J]+[G_J]-([P_T]+[G_T]+[G_R])-20\lg(d_j)+40\lg(d)+$$
$$[G_{RJ}]-RCS$$
(9.105)

当干扰机与目标同机时，$d_j=d$，$G_{RJ}=G_R$，式(9.105)简化为

$$[J/S]=11+[P_J]+[G_J]-([P_T]+[G_T])+20\lg(d)-RCS$$
(9.106)

4. 烧穿

干信比达到一定阈值时，目标接收机的信噪比恶化，导致无法正常通信，这个阈值称为有效干扰值，根据有效干扰值参数可以计算干扰机对通信和雷达的有效干扰距离。在电子战领域，定义干扰机恰好能使目标接收机无法工作的距离为烧穿距离。

若设定干扰雷达的干信比阈值为 10dB，雷达发射机参数 $[P_T]=60$dBm、$G_T=G_R=30$dB，目标 RCS=10dBsm，干扰机参数 $[P_J]=60$dBm、$[G_J]=20$dB、$[G_{RJ}]=0$dB、干扰机距离雷达 $d_j=40$km，则雷达被有效干扰的距离范围可通过求解以下不等式

$$10\leqslant 11+[P_J]+[G_J]-([P_T]+[G_T]+[G_R])-20\lg(d_j)+40\lg(d)+[G_{RJ}]-RCS$$

得到

$$40\lg(d)\geqslant 141$$

即 $d\geqslant 3350$m，雷达将无法识别超过 3350m 的目标。

对于通信来说，若能够起到干扰作用的干信比阈值为 10dB，通信发射机参数 $[P_T]=30$dBm、$G_T=3$dB，通信接收机的天线增益 $[G_R]=3$dB，干扰机参数 $[P_J]=50$dBm、$[G_J]=20$dB、$[G_{RJ}]=0$dB、干扰机距离通信接收机 $d_j=40$km，则通信被有效干扰的距离范围可通过求解以下不等式

$$10\leqslant [P_J]+[G_J]-([P_T]+[G_T])-20\lg(d_j)+20\lg(d)+[G_{RJ}]-[G_R]$$

得到

$$20\lg(d)\geqslant 68$$

即 $d\geqslant 2511$m，当通信的发射机和接收机距离超过 2511m 时，通信将无法进行。

9.7.2　低截获信号设计

低截获信号设计的目的是保障信息的安全传输，不被窃听或干扰，具体实现手段主要有天线窄波束通信、低有效辐射功率、跳频、线性调频、短有效时间通信、扩频等。窄波束天线具有高增益和低副瓣特点，可将通信信号高效地从信源传输至信宿，信号被截获或干扰的概

率大大降低。跳频通信的载波频率在频段范围内按照跳频图谱随机跳动,如图 9.31(a)所示,若信宿不具备相同的跳频图谱,则探测、截获以及定位和干扰的难度将大大增大。线性调频在全频段扫频,但每次扫描的起始时间是随机的,如图 9.31(b)所示,每次扫描携带有效信息的时间段(频率段)也是随机的,确保有效信息不易被截获。扩频也是保密通信和抗干扰通信的重要手段,扩频通信采用伪随机序列将通信频谱均匀扩展到很宽的频段,单位带宽的功率谱密度很低,甚至低于白噪声底噪,因而很难被侦测。扩频接收机采用同样的伪随机序列对扩频信号进行解扩,从而恢复原始窄带通信信号,且保持较高的信噪比。对于常规的单频瞄准式干扰以及宽带白噪声干扰,经接收机的解扩后均形成宽带白噪声,通过窄带滤波器滤除即可保证接收的信噪比不受影响,保证了通信的有效性。扩频所使用的伪随机序列具有多组正交集合,正交码扩频可共用频谱而互不干扰,从而实现码的分集传输。扩频通信的扩频频谱和解扩频谱分别如图 9.32(a)和图 9.32(b)所示。跳频、线性调频和扩频是三种常用的低截获信号形式,均要求接收机和发射机具有某种同步机制,才能使接收机能够正确地解调发射机的信号,从而有效地传输信号、抑制干扰,获得较高信噪比。

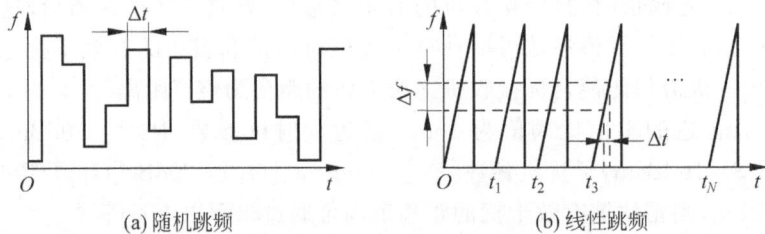

(a) 随机跳频　　　　　　　(b) 线性跳频

图 9.31　跳频通信和线性调频通信

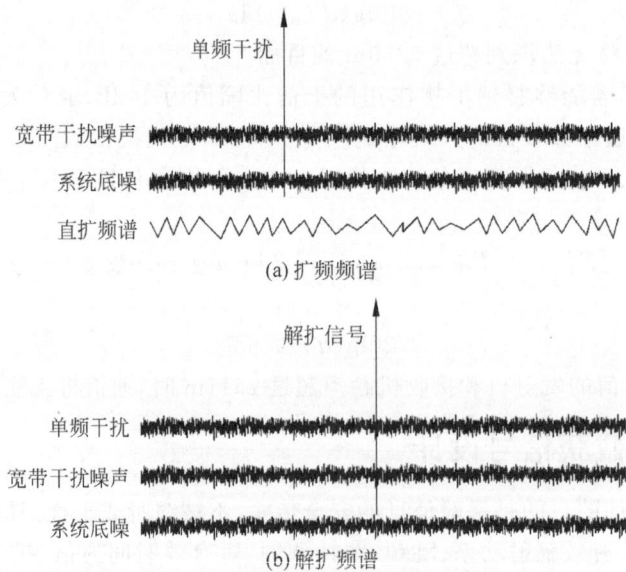

(a) 扩频频谱

(b) 解扩频谱

图 9.32　扩频频谱和解扩后频谱示意图

9.7.3　干扰机的工作原理

电子干扰属于电磁战场的进攻模式，是电子对抗的重要组成部分。电子干扰可分为有源干扰和无源干扰，有源干扰通过辐射高功率噪声、杂波或虚假目标使得敌方电子系统出现饱和、恶化的电磁环境以及大量虚假目标，从而干扰其发挥正常性能。干扰模式主要包括点频干扰、扫频干扰、跳频干扰和阻断干扰四种模式。点频干扰应用于已知敌方通信频率的场合，通过发射大功率连续波或窄带频谱噪声阻塞信道来破坏敌方通信或降低敌方通信效果，点频干扰方式功率集中，干扰频带较窄，有较好的干扰效果，也被称为瞄准式干扰。扫频干扰、跳频干扰采用窄带频谱噪声，通过扫频或随机跳频的方式覆盖可疑的通信频带，从而阻塞敌方宽带多信道通信或跳频通信频谱；跳频干扰须事先了解干扰对象频点从而进行针对性设置，或须通过侦察敌方通信频率进而指导己方射频进行频率跟随干扰。拦阻式干扰是在可疑频带内均匀发射高功率白噪声，提高信道底噪，使得敌方通信信噪比恶化而降低或阻断其正常通信。阻断干扰不需要引导干扰的侦测设备，能够同时压制频段内的多个信号，但是干扰功率会分散在整个频带范围内并且其噪声谱密度不高，干扰距离相比点频大大降低，且会干扰己方的信号传输。

假设干扰信号的频率和带宽分别为 f_j 和 Δf_j，接收机的中心频率和带宽分别为 f_s 和 Δf_s，根据干扰信号的频点和带宽设置，干扰可分为瞄准式干扰、阻塞式干扰以及扫频式干扰。瞄准式干扰要使得干扰机的频率实时对准接收机的中心频率，即 $f_j = f_s$，且为保证干扰效果，干扰信号的带宽应大于接收机带宽的若干倍，即 $\Delta f_j = (2 \sim 5) \Delta f_s$，已知对方频率的前提下，瞄准式干扰效率最佳。阻塞式干扰的中心频率不需对准，但要求干扰带宽 $\Delta f_j \gg 5 \Delta f_s$，以确保通信频率落于干扰信号频带内，对于大带宽的通信系统来说，单位频宽的干扰功率较低，干扰信号的效率较低。扫频式干扰的频率 f_j 按线性递增或随机周期性扫描来覆盖全信道频谱，干扰带宽 $\Delta f_j = (2 \sim 5) \Delta f_s$，在发生频率碰撞时强干扰会导致目标接收机正常通信中断。

连续噪声干扰按照调制模式分为调幅、调频和调相，调制干扰表达式分别为

$$J(t) = [U_0 + u_n(t)] \cos(\omega_j t + \varphi) \tag{9.107}$$

$$J(t) = U_0 \cos\left(\omega_j t + 2\pi K \int_0^t u_n(\tau) d\tau + \varphi\right) \tag{9.108}$$

$$J(t) = U_0 \cos(\omega_j t + K u_n(\tau) + \varphi) \tag{9.109}$$

其中 $u_n(t)$ 表示零均值宽带平稳随机过程，即为具有一定功率且宽带的白噪声信号。

1. 干扰压制系数

对敌方目标实施噪声干扰的核心在于提升信道的噪声功率，降低通信信噪比，干扰的实施效能采用通信干扰压制系数来评估。通信干扰压制系数定义为使得敌方通信误码率达到一定程度时，通信接收机输入端的干扰功率与信号功率的比值，即干信比，表示为

$$K_J(\varepsilon) = \frac{P_{RJ}}{P_R} \Big|_\varepsilon \tag{9.110}$$

其中，P_{RJ} 为接收机接收到的干扰信号功率，P_R 为接收机接收到的正常信号功率，ε 为误码

率。接收机接收到的干扰信号功率和正常信号功率分别为

$$P_{RJ} = \frac{P_J G_J G_R(\theta)\lambda^2}{(4\pi R_J)^2} \qquad (9.111)$$

$$P_R = \frac{P_T G_T G_R(0)\lambda^2}{(4\pi R)^2} \qquad (9.112)$$

其中,P_J 为干扰机发射功率,P_T 为正常信号发射机的输出功率,G_J 为干扰机天线增益,G_T 为发射机天线增益,$G_R(\theta)$ 为接收机天线方向图函数。正常的通信收发天线对准,收发偏离角为 0,因此以 $G_R(0)$ 表示对准的接收天线增益,干扰信号的天线增益表示为 $G_R(\theta)$,θ 为干扰机与接收天线轴线方向的夹角,R 和 R_J 分别为正常通信距离和干扰距离。因此式(9.110)可以进一步写为

$$K_J(\varepsilon) = \frac{P_J G_J G_R(\theta) R_J^2}{P_T G_T G_R(0) R^2}\bigg|_\varepsilon \qquad (9.113)$$

干扰信号远高于正常通信的信道噪声,因此干扰的功率取代正常信道的噪声水平,使得信噪比变差,式(9.113)定义为干扰信号比,其实就是信噪比的倒数,当信噪比低于某个阈值时,正常的信号将无法解调,从而达到干扰目的。接收信号写成对数形式为

$$[P_R] = [P_T] + [G_T] + [G_R] - \text{Loss}(R) \qquad (9.114)$$

干扰信号写成对数形式为

$$[P_J] = [P_J] + [G_J] + [G_R(\theta)] - \text{Loss}(R_J) - L_{\text{fading}} \qquad (9.115)$$

L_{fading} 为通信多径衰落余量,为确保干扰的有效性,正常信号不考虑衰落,而干扰信号考虑衰落,确保最差的情况下也能对信号造成有效干扰。多径衰落余量受地形和地表附着物影响较大,多径衰落余量预留越大,其有效覆盖面积 p 越大,具体表示为

$$L_{\text{fading}} = 10.94(\sqrt{-2\ln(1-p)} - 1.18) \qquad (9.116)$$

如果 P_R 和 P_J 的差值低于最低解调信噪比,信号将无法完成正确解调,即干扰发挥了效用。

2. 干扰机设计

高功率噪声源是电子干扰的系统核心,噪声源发射的宽频带干扰信号以电磁波或声波的形式辐射和转发出去,抬高敌方接收通信系统的底噪,从而达到阻塞、阻断甚至破坏对方电子设备的目的。干扰机包含干扰源模块、频谱搬移模块以及功率放大和发射模块,其中干扰源模块按实现形式有数字基带干扰源、雪崩二极管噪声源等实现方式,当干扰源频率较低或干扰频带较窄时,需采用变频等频谱搬移方式将干扰频率搬移到预设频段。为提高干扰信号的功率,还需将干扰信号进行功率放大,然后再通过全向或定向天线发射,从而实现对目标通信链路的压制。

典型的数字基带干扰源由 FPGA 和高速数模转换器构成,如图 9.33 所示,由 FPGA 内置的 DDS 时钟驱动产生多路窄带的数字干扰噪声,通过并串转换变为高速的数字码流,再由高速 DAC 转换为模拟信号。由 DAC 输出的模拟干扰信号带宽为基带干扰带宽的 N 倍,数字式干扰源不仅可以实现白噪声输出,还可以实现调制模式和数据率的灵活配置,实现特

定频率、特定带宽和特定调制方式的干扰基带信号输出。

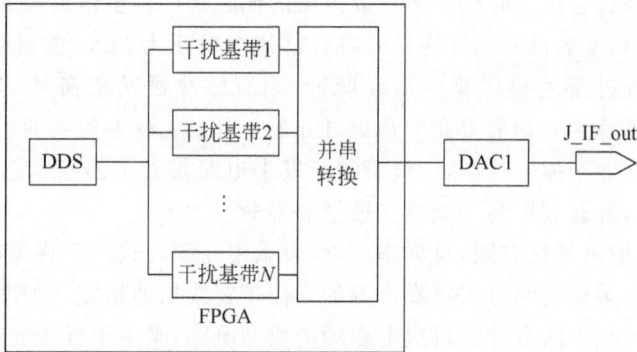

图 9.33 典型的数字基带干扰源

利用半导体散粒噪声制成的噪声源是干扰源的重要实现方式,散粒噪声具有白噪声特性,频谱可用范围宽。常规的二极管正向导通所产生的散粒噪声功率密度较低,直流成分较高,而反向击穿则会产生较高功率的噪声输出。业界的噪声源多采用雪崩二极管实现,其噪声频带一般覆盖几兆赫兹至 Ka 波段,散粒噪声频谱强度与二极管的击穿电流成正比。为保证噪声源信号输出功率的稳定,首先应保证流过二极管的电流幅度稳定,因此需设计恒流源电路为二极管提供偏置,二极管噪声源电路和其恒流源电路如图 9.34(a)和图 9.34(b)所

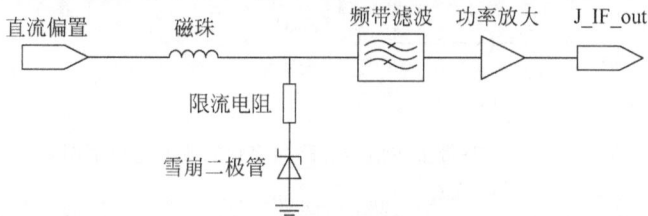

(a) 二极管噪声源电路

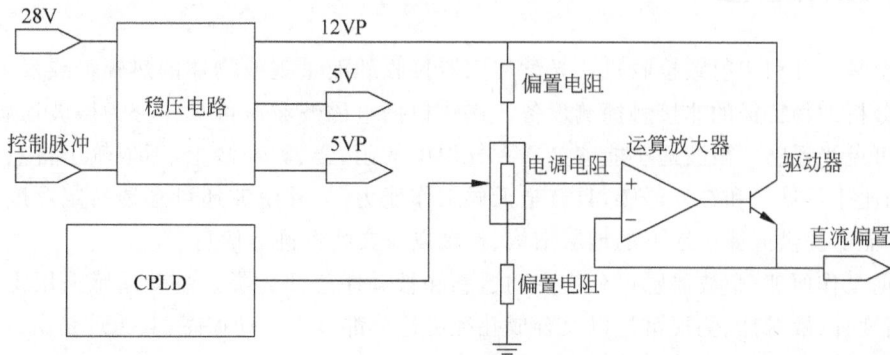

(b) 噪声源的恒流源电路

图 9.34 雪崩二极管噪声源框图

示。恒流源以 CPLD 为核心监控噪声源的输出功率幅度、模块温度,进而反馈控制运算放大器的数调偏置电阻,通过实时改变运算放大器的偏置条件调整恒流源的输出电流,达到稳定噪声信号源输出功率的目的。噪声信号源外部供电电压为 28V,通过稳压电路生成 12V 和 5V 等电源,另外外部还提供噪声启动脉冲,当有脉冲触发来临时,直流电压 12VP 和 5VP 开启,噪声源的噪声二极管和射频电路才正常工作;无脉冲触发时,只有常规 5V 正常供电,12VP 和 5VP 处于掉电状态,二极管噪声发生电路均处于静默状态,这样实现了噪声源的脉冲调制输出,且有效提高了噪声二极管的寿命。

基带噪声源的输出频宽有限,且频率较低,可采用变频方式将干扰噪声的频率提升至更高频段,也可以采用多路变频方式将噪声源的工作带宽成倍地拓宽。如图 9.35 所示为基带噪声源经多路上变频、多路合并后再次上变频的典型电路,噪声干扰源的带宽拓展 N 倍,同时频率大幅提升。高频干扰噪声源经过频带滤波和功率放大后由天线发射。

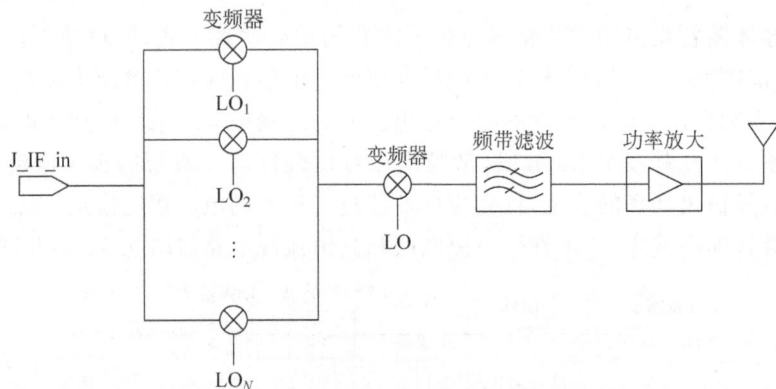

图 9.35 基带干扰信号合路和变频的典型电路框图

9.8 微波遥感

遥感是一种利用射频接收机或光学传感器接收地面景观或物体的热辐射或反射信号,识别和分析地物特征的非接触探测设备。遥感根据电磁波波段可具体分为微波遥感、红外遥感和可见光遥感。微波遥感能够穿透大气层中的雨、云、雾和沙尘,不依赖于自然光线的照明,相比于可见光和红外遥感,具有全天候工作能力,另外微波还可穿透一定厚度的土壤和岩层,能够提供掩埋于地下的地层结构、矿藏以及文物古迹等信息[66]。

根据工作原理,微波遥感可分为主动遥感和被动遥感两大类。主动遥感采用雷达工作体制,高度计、散射计、侧视雷达以及合成孔径雷达等都属于主动遥感,其原理是由发射机辐射大功率微波信号,电磁波在传播的过程中遇到目标后被反射和散射,目标的散射特性及方位等信息就包含在回波信号中,回波被接收机接收后,通过相关算法处理就可以得到相应的场景信息及目标的散射或反射特性。被动遥感系统主要指微波辐射计,这种观察设备利用高灵敏度接收机接收目标场景自身的电磁波谱辐射能量。由于不同类型物体辐射的电磁波谱不同，可以通过算法对电磁波谱进行分析，从而实现对目标的探测和识别。与主动遥感相比较，微波辐射计在工作过程中不需要向目标辐射射频功率，因而具有隐蔽性，但被动遥感分辨率很低。主动遥感可以提供定量的分析依据，能够精确测量目标的微波后向散射，从而判别目标的种类，并推断其性质和变化规律。微波辐射计、侧视雷达以及合成孔径雷达等可用于目标物体的微波成像[67]。

9.8.1　高度计

雷达高度计是一种测量飞行器或航天器距离地面高度的遥感测试装置，基本原理是通过测量发射脉冲与回波信号之间的双程延迟时间来计算飞行载体距离地面或者海平面高度。高度计作为重要的机载或弹载探测设备，在载具飞行过程中实时探测和记录飞行轨迹对应的高度信息，能够协助导航系统完成地形匹配、地形跟踪等任务，在海洋、陆地、水体、冰盖等测绘领域以及巡航导弹地形匹配应用中得到广泛的应用，目前已衍生出激光雷达高度计、脉冲高度计、合成孔径高度计、合成孔径雷达干涉高度计等类型[70]。雷达高度计可分为非跟踪式和跟踪式两种：非跟踪式的高度计通过直接测量基准脉冲与回波信号的时间差来计算高度；而跟踪式的高度计包含搜索和跟踪两个工作状态，首先高度计在开环状态对高度进行搜索，捕获目标后即转入自动跟踪状态，此时高度计处于闭环工作状态[71]。

根据雷达方程，在高度计辐射天线的足迹范围内，由面积为 dA 的面反射单元所产生的后向散射并被接收天线截获的功率为

$$dP_R = P_T \frac{G_T(\theta,\varphi)G_R(\theta,\varphi)}{(4\pi)^3 R^4}\sigma_0 dA \tag{9.117}$$

其中，$G_T(\theta,\varphi)$ 和 $G_R(\theta,\varphi)$ 为收发天线的增益方向图，σ_0 为单位面积的雷达反射截面系数，$\sigma_0 dA$ 为面积为 dA 的雷达散射截面积。高度计天线增益足够高时，天线足迹尺度较小，一般可认为足迹内地面目标的雷达反射截面系数为常数值，在此条件下式(9.117)在天线足迹内积分得到

$$dP_R = \frac{P_T\sigma_0}{(4\pi)^3 R^4}\int G_T(\theta,\varphi)G_R(\theta,\varphi)dA \tag{9.118}$$

可定义 $\int G_T(\theta,\varphi)G_R(\theta,\varphi)dA = G_T G_R A_{eff}$，其中 G_T、G_R 为天线增益值，A_{eff} 为等效足印面积。对于连续波体制的高度计来说，等效足印面积约等于高度计天线 3dB 辐射波束的覆盖面积，具体表示为

$$A_{eff} = \pi\left[R\tan\left(\frac{\theta}{2}\right)\right]^2 \tag{9.119}$$

其中，θ 为高度计天线 3dB 辐射波束宽度，在此假设天线波束界面为圆形，R 为高度计距离地面的高度。

对于脉冲调制的高度计来说，等效足印面积表达式有所不同。如图 9.36 所示，高度计

辐射时宽为 τ 的脉冲信号,当脉冲的前缘开始接触地面时,等效足印面积从 0 开始逐渐增大。图 9.36(a)所示为天线辐射角较小、脉冲时宽较宽的例子,脉冲的前缘开始接触地面之后脉冲前缘在短时间内(t_{inc})迅速铺满 3dB 辐射面积,即式(9.119)所示的圆形面积,达到足印面积的最大值。足印面积保持最大值直到脉冲后缘接触地面,这时圆形的足印面积中间出现空洞,该空洞迅速扩大,在 t_{dec} 时间内足印面积变为 0,足印面积变化曲线如图 9.36(a)右图所示。足印面积的上升时间和下降时间表示为

$$t_{inc} = t_{dec} = \frac{R}{c}\left(\frac{1}{\cos\frac{\theta}{2}} - 1\right) \tag{9.120}$$

足印面积的平台时间表示为

$$t_{flat} = \tau - \frac{R}{c}\left(\frac{1}{\cos\frac{\theta}{2}} - 1\right) \tag{9.121}$$

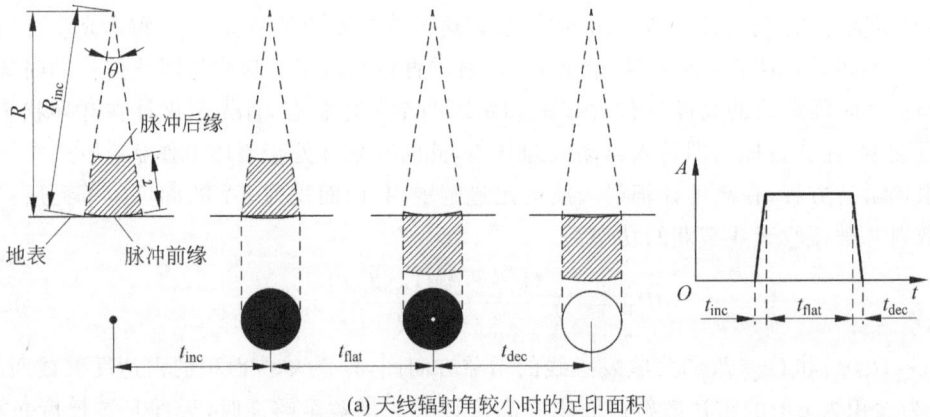

(a) 天线辐射角较小时的足印面积

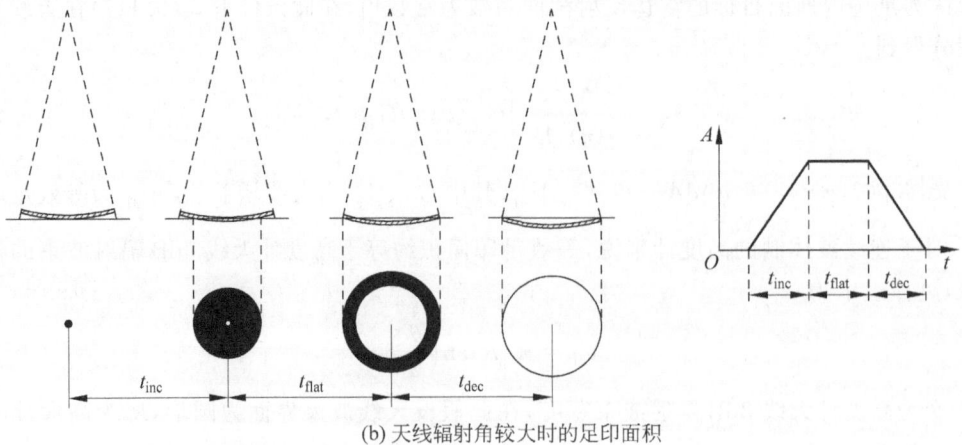

(b) 天线辐射角较大时的足印面积

图 9.36　高度计的足印面积

在天线波束较宽或脉冲时间较短的情况下,如图9.36(b)所示,脉冲的前缘开始接触地面之后足印面积迅速增大,但未及铺满天线的3dB辐射面积时脉冲后缘已经接触地面,在前缘形成的圆形足印面积中间出现空洞。当后缘刚接触地面时,足印面积和上升时间表示为

$$A_{\mathrm{eff}} = \pi\left[2Rc\tau + (c\tau)^2\right] \tag{9.122}$$

$$t_{\mathrm{inc}} = \tau \tag{9.123}$$

随着脉冲的推进,该圆环的外径和内径随时间张大,圆环足印面积表示为

$$A_{\mathrm{eff}} = \pi\left[2Rc\tau + 2c^2\tau t + (c\tau)^2\right] \tag{9.124}$$

其中,t为内缘接触地面开始计算的时间。由式(9.124)可见,足印面积略有上升,由于脉冲时间τ较小,足印面积在t_{flat}时间段内基本保持平坦。当脉冲前缘抵达3dB边界后,圆环的外径不再增加,而内径继续增大挤压圆环的面积,足印面积在时间τ内消失,足印面积变化曲线如图9.36(b)右图所示。

9.8.2　散射计

微波散射计是一种斜视观测的主动式微波探测装置,属于遥感测量的一种。散射计通过向目标发射电磁波辐射信号,电磁波与目标物质相互作用,其反射波或散射波便携带了目标的特征信息,最终由散射计接收,从而完成对目标散射系数等信息的提取,能够精确地测量目标的电磁波散射和反射强度。不同物质组成的目标由于表面粗糙度与物质介电特性的不同,散射计测量得到的后向散射系数也不相同,因而散射计能够根据目标散射系数观测图谱观测和识别不同类型的目标。散射测量系统同高度计一样采用雷达体制,同常规雷达的结构和原理基本相同,主要包含微波接收机、微波发射器、天线、检波器和数字处理电路等模块[72]。

微波散射计本质上为单基地雷达,电磁波的传输经过双程空间衰减,根据雷达方程,散射计接收到的信号功率为

$$P_R = \frac{P_T G_T G_R \lambda^2}{(4\pi)^3 R^4}\sigma \tag{9.125}$$

因此目标的雷达散射截面表示为

$$\sigma = \frac{P_R (4\pi)^3 R^4}{P_T G_T G_R \lambda^2} \tag{9.126}$$

σ的量纲为平方米。

如图9.37所示,天线波束辐射的足印面积为椭圆,椭圆的面积为

$$A = \frac{\pi}{4}\frac{\theta_A \theta_E R^2}{\cos\varphi} \tag{9.127}$$

其中,θ_E和θ_A为辐射计天线在俯仰和方位面的3dB波瓣宽度,φ为倾斜角。当擦地角(90°$-\varphi$)较小或电磁波脉冲宽度较窄时,单个脉冲不足以覆盖整个椭圆,其侧向覆盖的距离为$c\tau/2\sin\varphi$,因而此时天线辐射的足印面积为

$$A = \theta_E R \frac{c\tau}{2\sin\varphi} \tag{9.128}$$

因此天线辐射的足印面积可统一表示为式(9.127)和式(9.128)两者的较小值。若散射计天线波束辐射的足印面积为 A，则目标单位面积的归一化散射系数(也称为后向散射系数)表示为 $\sigma_0 = \sigma/A$。

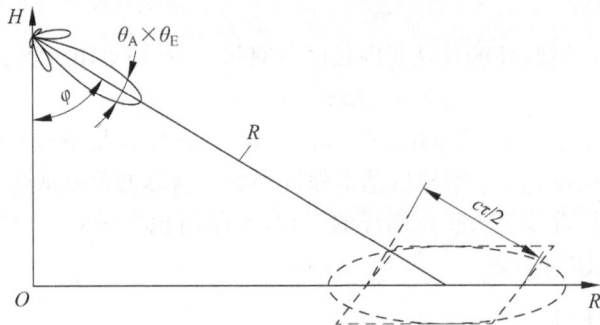

图 9.37 散射计的足印面积

9.8.3 微波遥感和辐射计

根据普朗克热辐射理论，任何物体只要物理温度高于 0K 都可被视为辐射源，热辐射产生的噪声功率谱覆盖全部电磁频谱。热辐射功率谱在各个频段的分布不是平坦的，在某些频段较为集中，谱分布曲线与物体材料特性和物理温度相关，当物体的物理温度在 100～1000K 时，热辐射的功率谱集中于微波波段，微波遥感即工作于这个频段。微波遥感采用的频率范围为 300MHz～300GHz，微波可以穿透云雾、降雨、植被以及地表土层，不需要光照，可以采用主动和非主动电磁波照射，具有全天候、全天时的工作能力，可短时、多次、高效地探测广大的国土范围。微波遥感按其工作原理可分为主动遥感和被动遥感两类。主动遥感属于雷达体制，如前文所述的高度计和散射计均属于主动遥感。被动遥感则是利用微波辐射计等传感器来接收自然状况下地物目标反射或发的微波波段频谱功率，提供与可见光、红外遥感和主动微波遥感不同物性信息。早期的辐射计应用于射电天文望远镜，主要用来探测来自银河系等外太空的宇宙噪声。近些年随着技术的发展，辐射计的工作频段也从早期的射频频段辐射计，发展到毫米波、亚毫米波，甚至太赫兹频段，应用领域也逐渐从天文探测拓展至军事预警、气象观测、矿藏探查、农林等领域。

热辐射产生的功率谱本质上为随机噪声，其幅度很低，往往比有源接收机自身的噪声低一两个数量级，因此为了能够有效检测热辐射噪声信号，需采用特殊形式的微波接收机，这种接收机称为微波辐射计。辐射计要求具有高增益和高灵敏度，采用长时间积分、相干、合成孔径等方式提高系统的信噪比，实现对极微弱幅度信号的有效检出。微波辐射计被动地接收目标及环境发射的随机微波辐射噪声，当辐射计天线主波束指向目标时，天线将会接收到目标的辐射、散射以及传播介质的附加辐射能量，这将引起天线视在亮温的变化。天线接收的噪声信号经过辐射计电路放大、滤波、检波后,即能得到所观测目标的亮温。辐射计所观测到的视在亮温值包含目标物体和传播介质两者的贡献,通过定标校准可以扣除传播介质的影响,得到目标的真实亮温。

典型的超外差式微波辐射计接收机的基本结构如图 9.38 所示,与通信接收机类似,采用多级变频结构将射频频段的接收信号下变频至中频,所不同的是辐射计接收的信号为等效温度为 T_A 的噪声功率,因此中频检波需采用均方值检波器(平方率检波),而不能采用幅度检波(包络检波)。双极化微波辐射计采用两路相同的接收机结构,分别处理天线接收到的垂直和水平极化信号。而全极化辐射计不仅能有效接收两个极化的信号分量,还能够在双极化辐射计的基础上在中频频段进行极化信号的复相关器计算,产生对偶的交叉极化输出。

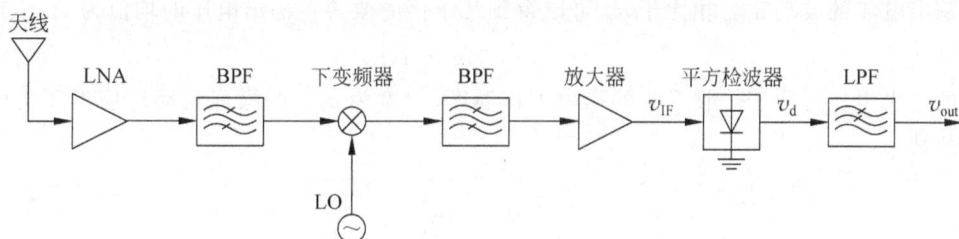

图 9.38 超外差式辐射计接收机的基本结构

辐射计输入端的射频信号功率为 $P_{RF}=kT_AB$,其中 B 为射频链路的有效接收带宽。若接收机噪声温度为 T_e,则经过链路处理后中频输出的信号强度为 $P_{IF}=k(T_A+T_e)GB$,其中 G 为射频链路增益,T_A 与 T_e 之和为接收系统的工作噪声温度 T_{op},T_A 与 T_{op} 之比即为辐射计接收系统的信噪比。

辐射计的输入信号为目标物体的热噪声辐射,其幅度满足高斯分布,根据文献[67],中频输出的瞬时电压包络满足瑞利分布,即

$$p(v_{IF})=\frac{v_{IF}}{\sigma^2}e^{-v_{IF}^2/2\sigma^2} \tag{9.129}$$

其中,v_{IF} 为中频包络电压,σ^2 为输入信号的分布方差。根据式(9.129)可以得到中频包络的电压均方值为

$$\overline{v_{IF}^2}=2\sigma^2 \tag{9.130}$$

若对中频进行平方率检波,并假设检波器的功率检波灵敏度为 C_d,则得到检波电压为

$$v_d=C_dv_{IF}^2 \tag{9.131}$$

检波电压 v_d 遵循指数概率分布,即 $p(v_d)=\frac{1}{2C_d\sigma^2}e^{-v_D/2C_d\sigma^2}$,其均值和方差分别为

$$\begin{cases} \overline{v_d}=C_d\overline{v_{IF}^2}=2C_d\sigma^2 \\ \sigma_d=2C_d\sigma^2 \end{cases} \tag{9.132}$$

根据随机变量理论,均方根误差为随机变量在均值周围的波动范围,由式(9.132)可见,均值为 $2C_d\sigma^2$ 的随机变量,波动范围也为 $2C_d\sigma^2$,这显然不能满足精确的测量要求。为压低随机变量的波动范围,可采用低通滤波器或积分器滤除随机变量的高频分量,例如在检波电压后端插入低通滤波器,假设低通滤波器通带具有单位增益且其有效带宽为 B_{IF},则检波电压经过滤波,其波动降低至

$$\sigma_{out} = \frac{\sigma_d}{\sqrt{\dfrac{B}{B_{IF}}}} \tag{9.133}$$

由于低通滤波器具有单位增益,因此 v_{out} 的均值与 v_d 相同。若低通滤波器的积分时间足够长(积分时间与滤波器通带带宽呈反比,$\tau=1/B_{LF}$),其通带带宽可达赫兹量级甚至更低,因而输出电压的波动 σ_{out} 相比于 σ_d 可以得到几千倍的改善。输出电压的均值为

$$\overline{v_{out}} = \overline{v_d} = C_d k T_{op} GB Z_0 \tag{9.134}$$

最终的输出电压正比于接收系统的噪声工作温度,幅度为 σ_{out} 的噪声波动对应的工作噪声温度波动为

$$\Delta T_{op} = \frac{T_{op}}{\sqrt{\dfrac{B}{B_{IF}}}} \tag{9.135}$$

因此 ΔT_{op} 的物理意义为辐射计所能识别的最小温度变化,当目标的温度变化小于 ΔT_{op} 时,其对应的电压输出波动将淹没于辐射计自身的噪声波动中而无法识别。ΔT_{op} 称为辐射计的辐射测量灵敏度,为了提高辐射计的灵敏度,由式(9.135)出发,可采用以下措施实现:①降低接收机的系统工作温度 T_{op},具体来说即采用低噪声器件和合适的链路来降低接收机噪声;②增加射频链路的系统带宽 B,使得更高功率的目标辐射热噪声能够进入辐射计的射频系统;③增加低通滤波器的积分时间,积分时间越长则低通滤波器的通带带宽 B_{IF} 越窄。

如图9.38所示的超外差式接收机是辐射计最基本的一种形式,其缺点是无法识别检波电压输出的波动是来自天线噪声的波动(即真正的目标波动)还是来自链路自身的增益波动,若链路自身的增益波动较大,则会极大地降低辐射计的灵敏度。例如若射频链路的系统增益波动 ΔG,带来的系统工作噪声温度波动为

$$\Delta T_{\Delta G} = T_{op} \frac{\Delta G}{G} \tag{9.136}$$

因此结合噪声不确定性和增益波动带来的影响,即式(9.135)和式(9.136),定义总的不确定性(测试灵敏度)如下[68]

$$\Delta T = T_{op} \sqrt{\frac{B_{IF}}{B} + \left(\frac{\Delta G}{G}\right)^2} \tag{9.137}$$

0.1dB 的增益波动造成辐射计测量的温度波动达到 2.5%,而采用较宽的射频链路带宽(例如 100MHz),同时采用窄带的检波电压低通滤波器(例如 100Hz),会使辐射计的温度

波动达到 0.001 量级,可见这种情况下接收机链路的增益波动带来的测量误差远大于系统噪声误差。为了使得接收机链路增益波动也达到 0.001 量级,要求接收机增益稳定性达到 0.01dB 量级甚至更低,这对于射频、微波甚至是毫米波电路是难以实现的。为了规避射频链路增益稳定性的固有局限,迪克在 1946 年提出了利用标准噪声源实时校准增益的调制技术,采用射频开关交替输入天线噪声功率和标准噪声源功率,这样辐射计接收机将交替的输出天线噪声功率对应的检波电压和标准噪声源对应的检波电压,如图 9.39(a)所示。若射频开关的切换速率远高于射频链路增益的波动速率,则开关切换前后相邻两个状态的时间极短,链路增益波动极小,如图 9.39(b)所示。这样,利用标准噪声源高频切换实现了链路增益的实时校准,以此来降低增益波动对测量结果的影响。

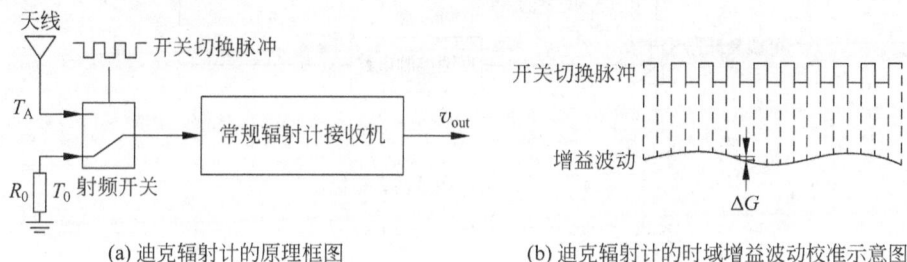

(a) 迪克辐射计的原理框图　　　　(b) 迪克辐射计的时域增益波动校准示意图

图 9.39　迪克辐射计校准结构

迪克辐射计的输入端开关由脉冲控制,每个脉冲周期交替地切换天线输入和标准噪声源输入,其中标准噪声源由恒温于 T_{REF} 的匹配电阻构成(或等效噪声温度为 T_{REF} 的标准噪声源),辐射计在接通天线与接通噪声源各自半个周期内的检波输出分别为

$$\begin{cases} \overline{v_{\text{dA}}} = C_{\text{d}}k(T_{\text{A}} + T_{\text{e}})GB \\ \overline{v_{\text{dR}}} = C_{\text{d}}k(T_{\text{REF}} + T_{\text{e}})GB \end{cases} \quad (9.138)$$

辐射计末端采用同步检波计算两个半周期检波的差值,并经过时长为 τ 的积分,得到

$$\bar{v}_{\text{out}} = \int_0^\tau C_{\text{d}}kGB(T_{\text{A}} - T_{\text{REF}})\mathrm{d}t \quad (9.139)$$

长时间积分滤除了检波电压的交流分量,消除脉冲调制带来的交流分量和高次谐波,并且同步检波输出电压与接收机本机噪声无关。根据文献[67],迪克辐射计的辐射测量灵敏度表示为

$$\Delta T = \sqrt{2\frac{(T_{\text{A}} + T_{\text{e}})^2 + (T_{\text{REF}} + T_{\text{e}})}{B\tau} + \left(\frac{\Delta G}{G}\right)^2 (T_{\text{A}} - T_{\text{REF}})^2} \quad (9.140)$$

当 $T_{\text{A}} = T_{\text{REF}}$ 时,系统的增益波动完全不产生检波的波动,此时 ΔT 简化为 $2T_{\text{op}}\sqrt{1/B\tau}$,其中积分时间 τ 一般等于低通滤波器通带带宽的倒数,因此迪克辐射计灵敏度数值为式(9.121)的两倍。迪克辐射计观测只用了一半时间,另一半时间用于校准,因此灵敏度相比于理想无增益波动的全功率辐射计下降一半。

传统迪克辐射计所使用的标准噪声源一般为常温匹配负载,为了使标准噪声源的等效噪声温度能够跟随天线噪声温度变化,改变迪克辐射计的噪声注入模式,使用反馈电路控制噪声源的输出功率,进而形成自动跟踪环路。保持 $T_A = T_{REF}$ 的迪克辐射计称为平衡迪克辐射计,几种典型的噪声注入式自动跟踪环路如图 9.40 所示,其中图 9.40(a)为开关式注入,图 9.40(b)为定向耦合器式注入,图 9.40(c)为脉宽调制式注入,三种噪声注入方式均采用

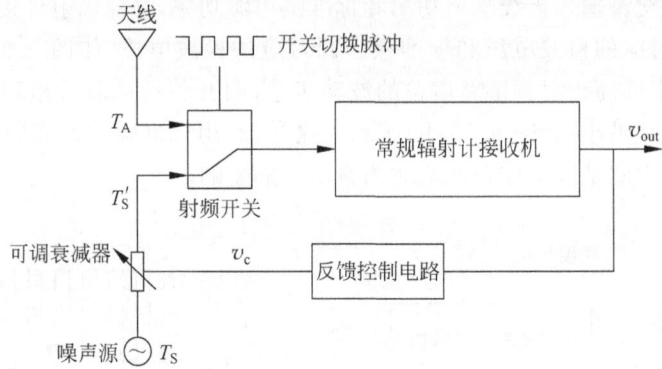

(a) 开关式注入定标

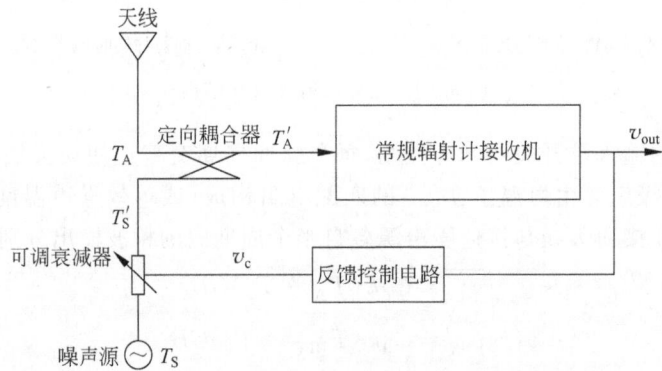

(b) 定向耦合器式注入定标

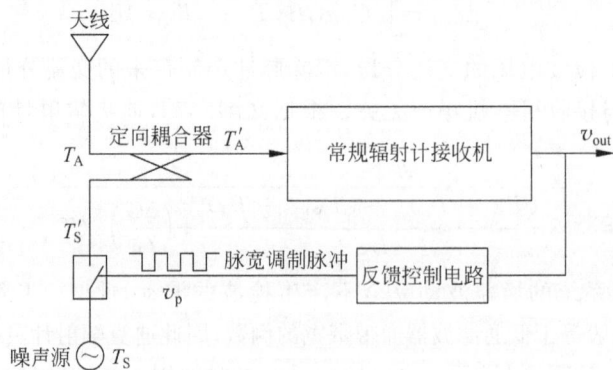

(c) 脉宽调制式注入定标

图 9.40　噪声注入式辐射计接收机的几种典型分类

反馈电路来控制衰减器、开关等器件,调制注入辐射计的噪声源功率,使得辐射计接收机对噪声源的响应与对天线接收信号响应幅值相同,那么此时进入辐射计的噪声源功率等于天线噪声温度,达到平衡的目的。反馈控制电压 v_c 或 v_p 即反映了当前天线噪声的幅度,记录 v_c 或 v_p 的曲线即得到了天线噪声温度的图谱。

图 9.40(a)中进入辐射计的天线噪声温度为 T_A,注入的参考噪声的噪声温度表示为

$$T_{\mathrm{REF}} = T'_{\mathrm{S}} = \left(1 - \frac{1}{L}\right)T_0 + \frac{1}{L}T_{\mathrm{S}} \tag{9.141}$$

其中,T'_{S} 为噪声源经过衰减后的等效噪声温度,T_{S} 为标准噪声源的噪声温度,L 为可调衰减器的衰减值,T_0 为衰减器的物理温度,在这里忽略了射频开关的插损。

如图 9.40(b)和图 9.40(c)所示的定向耦合器噪声注入模式,考虑到耦合器的直通损耗和耦合度,计算进入辐射计的天线噪声温度和噪声源的噪声温度分别为

$$\begin{cases} T'_{\mathrm{A}} = \left(1 - \frac{1}{L_{\mathrm{C}}}\right)T_0 + \frac{1}{L_{\mathrm{C}}}T_{\mathrm{A}} \\ T_{\mathrm{REF}} = \left(1 - \frac{1}{C_{\mathrm{C}}}\right)T_0 + \frac{1}{C_{\mathrm{C}}}T'_{\mathrm{s}} \end{cases} \tag{9.142}$$

其中,T'_{A} 为天线噪声温度经过耦合器衰减后的噪声温度,L_{C} 为耦合器的直通衰减,C_{C} 为耦合器的耦合系数,T_0 为耦合器的物理温度。图 9.40(b)的 T'_{S} 表达式与式(9.141)相同,图 9.40(c)的 T'_{S} 为经过脉冲宽度调制后的等效噪声温度,具体表示为

$$T'_{\mathrm{S}} = (1 - p_{\mathrm{on}})T_0 + p_{\mathrm{on}}T_{\mathrm{S}} \tag{9.143}$$

其中 p_{on} 为开关闭合的时间占比,可通过调控脉冲的占空比控制进入辐射计的噪声功率大小,只要脉冲频率足够高,辐射计后端的低通滤波器容易滤除该控制信号的脉冲波动。

9.8.4　辐射计定标

辐射计的用途在于根据最终输出的测试电压反演遥远目标的热(电磁)辐射场,为达到这个目的需首先确定两组函数关系:①测试电压与天线温度的函数关系,称为辐射计定标;②天线温度与目标亮温的函数关系,称为天线温度定标。

理想的辐射计其输出检波电压与输入天线温度呈严格线性关系,两者函数关系为一条直线,理论上只需要两个参考定标点即可完全确定该直线。为了保证辐射计定标的准确性和适用范围,两个定标点应覆盖辐射计所有潜在探测目标的亮温范围。例如星载对地观测的辐射计输入亮温值范围为 200~350K,因此理想的高温定标点可设为 373K(一个大气压下的沸水温度),理想的低温定标点亮温应可设为 77K(液氮的沸点)。高温定标点获取较为简便,而例如液氮等低温定标点由浸入液氮制冷杜瓦结构的微波黑体构成,其体积大、质量重、维护不便,无法应用于野外、机载、星载环境,因此有些微波辐射计仅采用常温定标点(273K)和高温定标点进行定标,有些辐射计将天线转向宇宙空间的冷空区域,将冷空的亮温作为低温定标点。

天线温度与最终检波输出电压一般认为呈一阶线性函数,即 $v = aT + b$,辐射计定标实

际上就是确定一阶函数的两个系数。校准过程采用冷热噪声源交替与辐射计接收机连接，分别测试得到噪声输出电压，即

$$\begin{cases} v_H = aT_H + b \\ v_C = aT_C + b \end{cases} \tag{9.144}$$

进而可以计算出参数 a 和 b。建立了天线温度与最终检波输出电压的函数关系，即可根据辐射计接收机测得电压反推目标的亮度温度，标定函数越准确，天线温度的测量精度越高。根据当前的检波电压以及两点定标原理计算出的天线视在温度为

$$T'_A = \frac{v_A - v_H}{v_H - v_C}(T_H - T_C) + T_H \tag{9.145}$$

当定标源存在误差时，带来的天线视在温度测试误差为

$$\Delta T'_A = \sqrt{\left(\frac{v_A - v_H}{v_H - v_C}\right)^2 \Delta T_C^2 + \left(\frac{v_A - v_C}{v_H - v_C}\right)^2 \Delta T_H^2} \tag{9.146}$$

其中，ΔT_C 和 ΔT_H 分别为低温定标参考和高温定标参考的不确定度。从式(9.146)可以看出，高、低温定标参考间隔越大，两者的不确定度引起的定标误差就会越小。因此，选取高温定标参考时，应尽量使高温定标参考接近或者超出观测场景辐射的最大值，低温定标参考应接近或者低于其最小值，高低温定标参考应尽可能地涵盖或者接近微波辐射计观测场景的动态范围。

在工程应用中，由于存在电路非线性等不理想因素，天线温度与检波电压常常偏离线性函数关系，尤其当待观测亮温温度超出两定标点温度范围时，亮温测试将产生较大的误差。当辐射计系统非线性较为严重或辐射计观测的亮温范围极大时，采用多点定标方法可以有效改善辐射计系统定标曲线的准确性，即分段的标定各区间温度曲线，每段曲线仍为线性，以多段线来逼近真实的温度电压曲线。辐射计多点定标示意图如图 9.41(a)所示，包含高温、常温、低温等 3 组标准温度噪声源，可在温度电压曲线上标定三点，另外天线还可对准宇宙空间的冷空区域，实现第四点标定。辐射计多点标定曲线如图 9.41(b)所示，真实的天线温度只要处于最高标定温度和最低标定温度之间，即可实现较高的天线温度测试精度。

辐射计定标专指接收机链路系统的校准，除此之外为了能够根据辐射计输出反演出观测场景的亮温，还需要建立天线温度 T'_A 与天线主瓣温度 T_m 的精确对应关系，这个过程称为天线校准。辐射计天线口面的噪声温度包含主瓣贡献和副瓣贡献两部分，即

$$T_A = a_m T_m + (1 - a_m) T_{sl} \tag{9.147}$$

其中，a_m 为主瓣效率，T_m 和 T_{sl} 分别为主瓣和副瓣内的亮度温度平均值。天线的馈线输出端噪声温度还应考虑天线效率的影响，即

$$T'_A = \eta T_A + (1 - \eta) T_0 \tag{9.148}$$

其中，η 为天线效率，表征天线自身的损耗大小，T_0 为天线的物理温度。天线的主瓣效率表示为

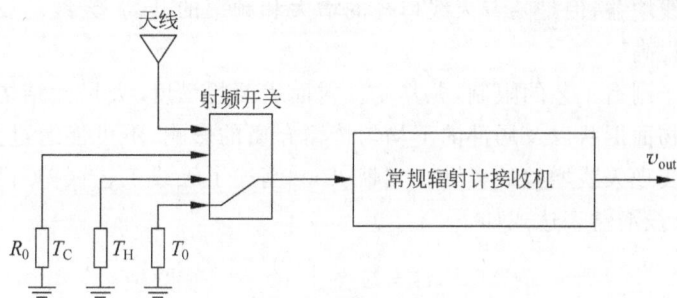

(a) 辐射计多点定标示意图

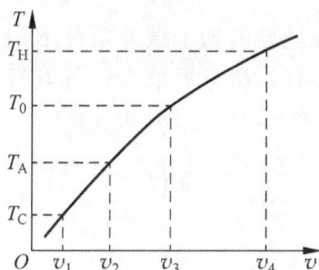

(b) 辐射计多点定标曲线

图 9.41　辐射计的标校

$$a_m = \frac{\int_{ml} F_n(\theta, \varphi) d\Omega}{\int_{4\pi} F_n(\theta, \varphi) d\Omega} \tag{9.149}$$

其中，ml 表示天线的主瓣辐射范围。天线辐射效率表示为天线增益与指向性的比值，即

$$\eta = \frac{4\pi G_0}{\int_{4\pi} F_n(\theta, \varphi) d\Omega} \tag{9.150}$$

其中，G_0 为天线的增益，$F_n(\theta, \varphi)$ 为归一化辐射方向图。天线温度的校准，即根据天线温度 T_A' 准确地估计 a_m、T_{sl}、η，并计算出 T_m。

9.9　大口径天线、天线阵列以及长基线接收

9.9.1　大口径天线

　　提高接收系统的 G/T 值可以有效地提高接收系统灵敏度、改善通信质量、增加通信数据率，在卫星通信和深空通信应用中地面站常采用十几米甚至几十米的大口径天线，通过接收天线增益的提高来提升 G/T 值，最终达到提高接收信号信噪比的目的。根据天线增益公式，天线增益与口径面积成正比，与频率平方成正比，因而常通过增大口径、提高载波频率

来获得更大的天线增益,但是随着天线口径的增大和频率的升高,天线的设计成本、制造工艺难度也指数型提高。

大型天线由于制造工艺的限制,尤其受反射面表面粗糙度、大尺寸结构机械变形、反射面偏离理想的抛物面形状以及局部的不均匀传输介质的影响,不可能通过无限制地增加天线口径和频率来实现天线增益的提升。文献[100]阐述了天线工艺误差所导致天线增益的损失,修正后的天线增益表达式如下

$$G = G_0 e^{-\left(\frac{4\pi\sigma}{\lambda}\right)^2} \tag{9.151}$$

其中,$G_0 = \eta \dfrac{4\pi A_p}{\lambda^2}$,$\eta$ 为天线孔径效率,A_p 为天线物理孔径面积,λ 为天线工作波长,σ 为天线反射面加工误差的均方根,在同样的加工误差条件下,若波长相对于 σ 变得越来越小时,天线的增益下降很快。对式(9.151)微分后取零点可以得到天线最大可达增益以及达到该增益的频率

$$\frac{dG}{df} = \frac{2G}{f}\left(1 - \left(\frac{4\pi\sigma}{\lambda}\right)^2\right) \tag{9.152}$$

令该微分等于零得到

$$\lambda_{max} = 4\pi\sigma \tag{9.153}$$

$$G_{max} = \eta \frac{A_p}{4\pi\sigma^2 e} \tag{9.154}$$

其中,λ_{max} 称为大孔径天线工作波长的下限,G_{max} 称为天线最大可达增益,当天线的应用频率更高时,天线的增益将不再随频率的升高而提升。

9.9.2　阵列天线

高性能低噪声接收机的设计已接近物理极限,目前增加接收系统 G/T 值的主要手段是通过增加天线口径面积来实现。单天线的建造费用随着口径的增加成指数型增长,而天线效能与口径呈线性关系,单个大天线的建设费用太高而天线效能增加不明显。为了克服这个问题可以采用多个小口径天线组成天线阵列来等效一个大口径天线,这样可以在保证相同接收性能的条件下大大地降低天线的建设成本,这个方案也可充分利用现有已建成的中小口径天线,避免重复投资。组阵后的天线系统维护灵活性更高,单个天线发生故障仅降低系统性能,而不会导致系统失效,也可建造一定数量的冗余天线单元来提供备份或轮替维护。天线阵列系统能够根据任务需求,选择使用全阵中某个单元或若干个单元天线组合来完成信号接收任务。

多个大口径天线形成阵列,通过相干接收可以提高接收天线的增益,阵列天线综合 G/T 值为各个单元接收 G/T 值之和,即

$$\left(\frac{G}{T}\right)_{array} = \sum_{i=1}^{N} \frac{G_i}{T_i} \tag{9.155}$$

当阵列为均匀阵且各个接收系统工作噪声温度都相等时,式(9.155)简化为

$$\left(\frac{G}{T}\right)_{\text{array}} = N\,\frac{G}{T} \tag{9.156}$$

其中,N 为阵列个数,也称为阵列增益。例如一个 70m 直径的天线与两个 35m 直径天线组成阵列,假设其接收机工作噪声温度相同,由于 35m 直径天线的增益为 70m 天线的 1/4,因而根据式(9.155)其阵列系统灵敏度为一个 70m 天线系统灵敏度的 1.5 倍,接收灵敏度大约改善了 0.76dB。

9.9.3　双路信号的相干接收

对于射频接收机来说天线接收到的信号 $f(t)$ 包含有用信号 $s(t)$ 和噪声信号 $n(t)$,即

$$f(t) = s(t) + n(t) \tag{9.157}$$

该信号的自相关函数为

$$R(\tau) = R_{\text{ss}}(\tau) + R_{\text{nn}}(\tau) + R_{\text{ns}}(\tau) + R_{\text{sn}}(\tau) \tag{9.158}$$

一般来说 $s(t)$ 和 $n(t)$ 互不相关,因此式(9.158)可以简化写作

$$R(\tau) = R_{\text{ss}}(\tau) + R_{\text{nn}}(\tau) \tag{9.159}$$

当 τ 较大时,噪声的自相关函数趋于 0,因此式(9.159)可进一步简化为

$$R(\tau) = R_{\text{ss}}(\tau) \tag{9.160}$$

同样地,也可对于双路信号进行互相关分析,两路输入信号分别表达为

$$\begin{cases} f_1(t) = s_1(t) + n_1(t) \\ f_2(t) = s_2(t) + n_2(t) \end{cases} \tag{9.161}$$

计算 $f_1(t)$ 和 $f_2(t)$ 的互相关函数,并考虑到信号与噪声互不相关,有

$$R_{12}(\tau) = R_{\text{s1s2}}(\tau) + R_{\text{n2s1}}(\tau) + R_{\text{n1s2}}(\tau) + R_{\text{n1n2}}(\tau) = R_{\text{s1s2}}(\tau) \tag{9.162}$$

可见通过相干接收,有噪声信号经过互相关计算后消除了噪声的影响。

采用两个独立天线共同指向接收远场同一信号源,接收机输出的自相关函数表示为

$$r(\tau) = \lim_{T \to \infty} \frac{1}{2T} \int_{-T}^{T} v(t)v(t+\tau)\,dt \tag{9.163}$$

假设 $v(t)$ 是输入信号 $s(t)$ 经过冲击响应为 $h(t)$ 系统的输出,则信号可表示为 $v(t) = s(t) * h(t) = \int_{-\infty}^{\infty} S(f)H(f)e^{j2\pi ft}\,df$,将式(9.163)中 $v(t)$ 和 $v(t+\tau)$ 均替换为输入信号频谱 $S(f)$ 的函数,得到

$$r(\tau) = \lim_{T \to \infty} \frac{1}{2T} \int_{-T}^{T} \int_{-\infty}^{\infty} S(f_1)H(f_1)e^{j2\pi f_1 t}\,df_1 \int_{-\infty}^{\infty} S(f_2)H(f_2)e^{j2\pi f_2(t+\tau)}\,df_2\,dt$$

$$= \lim_{T \to \infty} \frac{1}{2T} \int_{-\infty}^{\infty} \int_{-\infty}^{\infty} S(f_1)H(f_1)S(f_2)H(f_2)e^{2\pi f_2 \tau} \int_{-T}^{T} e^{j2\pi(f_1+f_2)t}\,dt\,df_1\,df_2 \tag{9.164}$$

这里假设两路接收机具有相同的传输函数。当 T 足够大时,式(9.164)最内层对 t 的积分仅在 $f_1 + f_2 = 0$ 的时候不为零,即 $\int_{-T}^{T} e^{j2\pi(f_1+f_2)t}\,dt = 2T\delta(f_1+f_2)$,因此式(9.164)关于 f_1

和 f_2 的二重积分可进一步的缩减为一重积分,令 $f=f_1=-f_2$,式(9.164)简化为

$$r(\tau)=\int_{-\infty}^{\infty} S(f)S(-f)H(f)H(-f)e^{-2\pi f\tau}df \qquad (9.165)$$

由于 $s(t)$ 和 $h(t)$ 均为实数函数,因此其傅里叶变换厄米对称,即 $S(-f)=S^*(f)$,$H(-f)=H^*(f)$,并且对于空间中的辐射体来说,辐射信号在一定带宽内可认为是白噪声,一般接收机为窄带接收,因此可认为在接收带宽内辐射源的功率谱幅度与频率无关,因此定义 $A=|S(f)|^2$ 为辐射强度,将其从积分式中提取出来,则式(9.165)可简化为

$$r(\tau)=A\int_{-\infty}^{\infty}|H(f)|^2 e^{-2\pi f\tau}df \qquad (9.166)$$

接收链路的传递函数 $H(f)$ 具有带通形式的频率响应,对于白噪声性质的信号输入来说,接收的信号经过相干接收机处理,其输出信号的功率谱为窄带信号,且具有接收链路传递函数 $H(f)$ 的包络形状。

9.9.4　合成孔径和长基线相干接收

除了阵列天线可以提高接收信噪比以外,还可以采用地球尺度的长基线干涉来提高接收信噪比。长基线干涉测量技术最早应用于天文学,后来也应用于深空探测领域,用于提高航天器的轨道测量能力。典型的长基线干涉接收机架构如图9.42(a)或图9.42(b)所示。图9.42(a)中两路接收机的输出信号分别为 $v\cdot\sin[2\pi f(t-\tau_g)]$ 和 $v\cdot\sin(2\pi ft)$,其中 τ_g 为链路延迟时间,具体表示为

$$\tau_g=D\sin\theta/c \qquad (9.167)$$

其中,D 为两接收天线的物理间距,θ 为天顶角,一般取值范围为 $[-\pi/2,\pi/2]$,c 为光速。两路信号相加后经平方率检波器检波得到的输出电压为

$$v_{sq}=v^2(\sin[2\pi f(t-\tau_g)]+\sin(2\pi ft))^2 \qquad (9.168)$$

采用低通滤波器滤除频率为 $2f$ 的高频分量后,得到

$$v_{out}=v^2(1+\cos(2\pi f\tau_g)) \qquad (9.169)$$

如图9.42(b)所示为相位开关形式的相干电路,第二路信号通过脉冲控制在一个周期内实现 $0°$ 和 $180°$ 交替相位,平方检波器在前半周期检波与后半周期检波的输出分别为

$$\begin{cases} v_{out1}=v^2(1+\cos(2\pi f\tau_g)) \\ v_{out2}=v^2(1-\cos(2\pi f\tau_g)) \end{cases} \qquad (9.170)$$

输出采用同步电路计算前半周期检波与后半周期检波的差值,其差值输出为

$$v_{out}=2v^2\cos(2\pi f\tau_g) \qquad (9.171)$$

相位开关以及同步检波电路实际上与图9.42(c)所示的乘法器相关电路是一致的,图9.42(c)的两路相关信号经乘法器后为

$$v_{mul}=v^2\sin(2\pi ft)\cdot\sin[2\pi f(t-\tau_g)] \qquad (9.172)$$

再经过低通滤波器(积分器)输出为

$$v_{out} = \frac{v^2}{2}\cos(2\pi f\tau_g) = \frac{v^2}{2}\cos\left(\frac{2\pi fD\sin\theta}{c}\right) \tag{9.173}$$

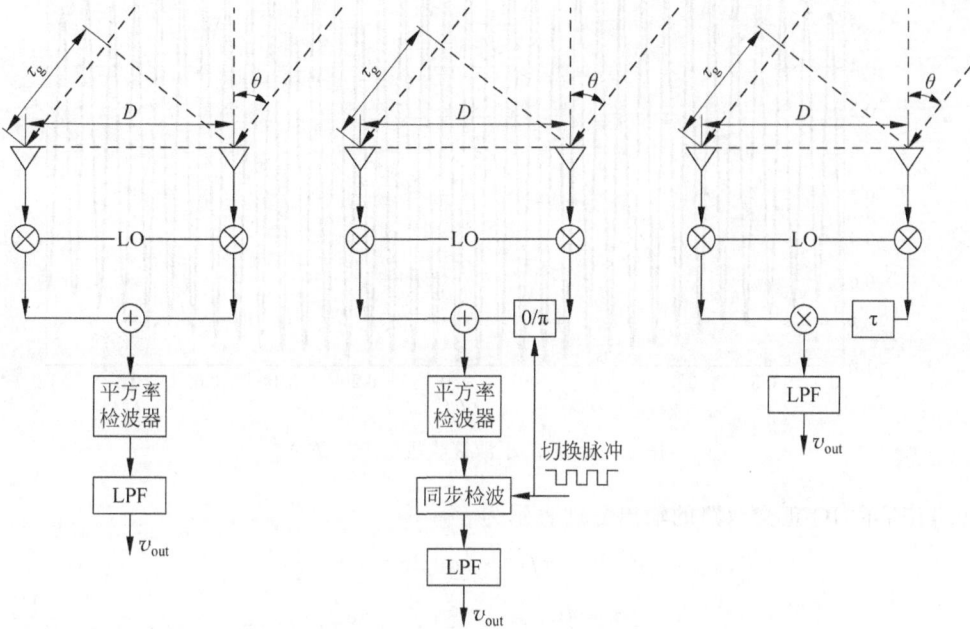

(a) 基本的双路平方检波干涉结构   (b) 双路同步检波结构   (c) 乘法器检波结构

图 9.42 长基线干涉接收机基本架构

利用长基线天线阵列组成相关干涉仪对射频信号进行接收,借助地球自转,目标射电源的夹角(天顶角 θ)一直变化,电磁波波前到达两个天线的时间差 τ_g 是不断改变的。当射电源位于天顶,此时两路接收信号同相,干涉输出最大,而当 $D\sin\theta = \lambda/2$ 时,干涉输出为 0,当 $B\sin\theta = \lambda$ 时,干涉输出再次达到极值,但由于接收天线在 θ 角存在一定的增益降低,此点为次峰值。以此类推每当 $B\sin\theta$ 数值为正数倍的波长时,干涉输出便会产生一个峰值。长基线的两个单元天线距离可达数千千米,较小的天顶角变化即可导致较大的时间差变化,这导致式(9.173)所示的干涉输出随着天顶角剧烈变化,这个变化曲线称为干涉条纹,具体如图 9.43 所示。各个峰值的包络曲线即为单元天线的辐射波瓣图。单元天线的波瓣图较宽而干涉条纹较窄,因此干涉接收具有极高的角度分辨率,相干接收的基线长度越长,产生的干涉条纹越窄,射电源的观测分辨率越高。图 9.43 显示了增益为 40dB 的天线波瓣图包络,其 3dB 波瓣宽度约 2°,因此单天线的角分辨率为 2°,无法分辨角度小于 2° 的双目标。而长基线干涉接收形成密集干涉条纹,单个条纹的 3dB 波段宽度被压窄,这也极大的提高天线的角度分辨率。DSN 的基线长度在 8000～10000km,在 10GHz 工作频率上,干涉条纹的角度分辨率约为数十纳度量级。

乘法器形式的干涉接收机可进一步引入 $\pi/2$ 移相实现 IQ 正交双路相干接收,电路如

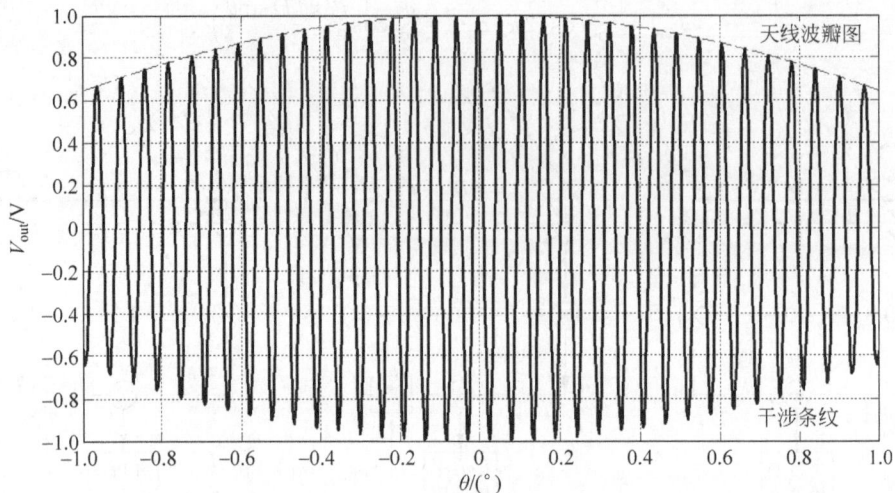

图 9.43 乘法干涉接收机的干涉条纹

图 9.44 所示,IQ 正交双路的输出分别表示为

$$
\begin{cases}
v_{I\_out} = v^2 \sin(2\pi ft) \cdot \sin[2\pi f(t - \tau_g)] \\
v_{Q\_out} = v^2 \sin\left(2\pi ft - \dfrac{\pi}{2}\right) \cdot \sin[2\pi f(t - \tau_g)]
\end{cases}
\tag{9.174}
$$

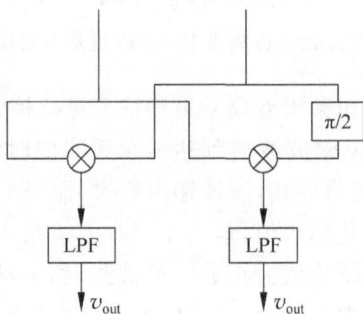

图 9.44 正交双路干涉接收机结构

经过低通滤波器(积分器)得到低频分量为

$$
\begin{cases}
v_{I\_out} = \dfrac{v^2}{2}\cos(2\pi f\tau_g) = \dfrac{v^2}{2}\cos\left[2\pi u \sin(\theta)\right] \\
v_{Q\_out} = \dfrac{v^2}{2}\sin(2\pi f\tau_g) = \dfrac{v^2}{2}\sin\left[2\pi u \sin(\theta)\right]
\end{cases}
\tag{9.175}
$$

IQ 正交双路的干涉条纹如图 9.45 所示。

对于宽角度接收来说,正交的干涉输出电压 v 是 θ 的函数,且应考虑天线方向图的影响,式(9.175)对 θ 在 $[-\pi/2, \pi/2]$ 积分有

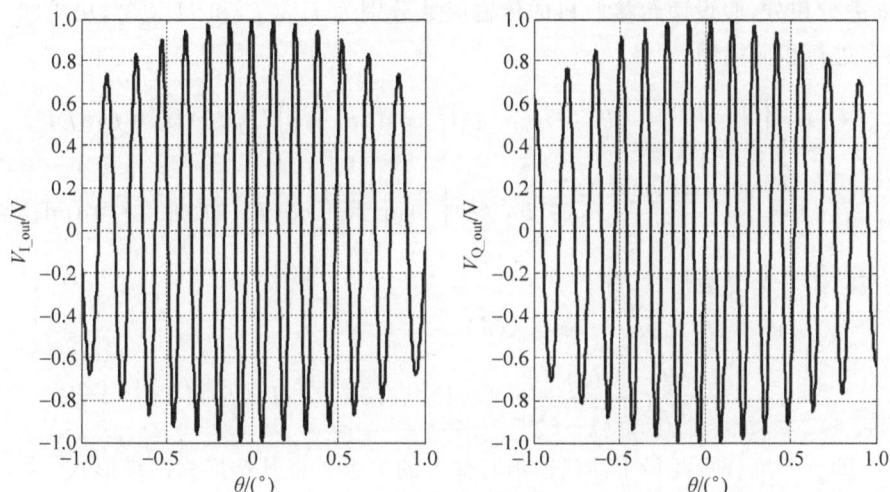

图 9.45 正交双路干涉接收机的干涉条纹

$$
\begin{cases}
v_{\mathrm{I\_out}} = \displaystyle\int_{-\pi/2}^{\pi/2} \frac{v(\theta)^2}{2} F_1(\theta) F_2^*(\theta) \cos\left[2\pi u \sin(\theta)\right] \mathrm{d}\theta \\[4mm]
v_{\mathrm{Q\_out}} = \displaystyle\int_{-\pi/2}^{\pi/2} \frac{v(\theta)^2}{2} F_1(\theta) F_2^*(\theta) \sin\left[2\pi u \sin(\theta)\right] \mathrm{d}\theta
\end{cases}
\tag{9.176}
$$

其中，$u = D/\lambda$，$F_1(\theta)$ 和 $F_2(\theta)$ 分别为两个天线的一维方向图。令 $\xi = \sin(\theta)$，$\mathrm{d}\theta = \dfrac{1}{\sqrt{1-\xi^2}}$ $\mathrm{d}\xi$，代入式(9.176)的积分有

$$
\begin{cases}
v_{\mathrm{I\_out}}(u) = \displaystyle\int_{-1}^{1} \frac{v(\xi)^2}{2\sqrt{1-\xi^2}} F_1(\xi) F_2^*(\xi) \cos(2\pi u\xi) \mathrm{d}\xi \\[4mm]
v_{\mathrm{Q\_out}}(u) = \displaystyle\int_{-1}^{1} \frac{v(\xi)^2}{2\sqrt{1-\xi^2}} F_1(\xi) F_2^*(\xi) \sin(2\pi u\xi) \mathrm{d}\xi
\end{cases}
\tag{9.177}
$$

式(9.177)分别为 $\dfrac{v(\xi)^2}{2\sqrt{1-\xi^2}}$ 傅里叶变换在频点 u 的实部和虚部分量，即对函数 $\dfrac{v(\xi)^2}{2\sqrt{1-\xi^2}}$ 在频率 u 处的一次采样，频点 u 是天线基线长度和波长的比值，对于固定天线和波长来说，u 也为固定值。若 u 能够大范围变化，或者较多数量的天线组阵从而能够生成不同数值且具有较大覆盖范围的 u 组合，即获得频域函数 $v_{\mathrm{I\_out}}(u)$ 和 $v_{\mathrm{Q\_out}}(u)$ 较多的频率采样点，如果采样点足够密，满足奈奎斯特定律，即可以获得准确的空域辐射值 $v(\theta)^2$。u 在大范围连续变化对应着合成孔径观测模式，可采用一个接收机沿一定路径运动，分时记录数据从而实现相干接收，获得不同 u 值的数据采样。而天线阵列的多基线组合则对应着大规模干涉接收模式，采用固定天线组阵，利用天线间的各种基线长度配对实现频域采样。

若接收机具有一定的处理带宽，则带内高频率和低频率对应的 u 不同，因此需要对不同的频率进行积分,假设两台接收机的传输函数分别为 $H_1(f)$ 和 $H_2(f)$,从式(9.177)出发,对频率进行积分得到

$$\begin{cases} v_{I\_out}(u) = \int_{-1}^{1} \frac{v(\xi)^2}{2\sqrt{1-\xi^2}} F_1(\xi) F_2^*(\xi) \int_0^\infty \cos\left(2\pi \frac{D}{c} f\xi\right) H_1(f) H_2^*(f) \mathrm{d}f \mathrm{d}\xi \\ v_{Q\_out}(u) = \int_{-1}^{1} \frac{v(\xi)^2}{2\sqrt{1-\xi^2}} F_1(\xi) F_2^*(\xi) \int_0^\infty \sin\left(2\pi \frac{D}{c} f\xi\right) H_1(f) H_2^*(f) \mathrm{d}f \mathrm{d}\xi \end{cases} \tag{9.178}$$

将式(9.178)组合为复数形式,即

$$v_{out}(u) = v_{I\_out}(u) - \mathrm{j} v_{Q\_out}(u)$$

$$= \int_{-1}^{1} \int_0^\infty \frac{v(\xi)^2}{2\sqrt{1-\xi^2}} F_1(\xi) F_2^*(\xi) \mathrm{e}^{-\mathrm{j}2\pi\frac{D}{c} f\xi} H_1(f) H_2^*(f) \mathrm{d}f \mathrm{d}\xi \tag{9.179}$$

式(9.179)即为一维合成孔径干涉仪输出与输入的关系。将其推广为二维形式[101],首先引入如下类似的符号:

$$\begin{cases} (\xi, \eta) = (\sin\theta\cos\varphi, \sin\theta\sin\varphi) \\ (u, v) = \left(\frac{D_x}{\lambda}, \frac{D_y}{\lambda}\right) \\ \tau = \frac{u\xi + v\eta}{f} \end{cases} \tag{9.180}$$

其中,θ 仍表示天顶角,φ 表示方位角,(u, v) 表示二维频域分量。二维合成孔径的干涉仪输出与输入 $v(\xi, \eta)$ 的关系为

$$v_{out}(u, v) = \int_{-1}^{1} \int_{-1}^{1} \int_0^\infty \frac{v(\xi, \eta)^2 F_1(\xi, \eta) F_2^*(\xi, \eta)}{2\sqrt{1-\xi^2-\eta^2}} \mathrm{e}^{-\mathrm{j}2\pi(u\xi+v\eta)} H_1(f) H_2^*(f) \mathrm{d}f \mathrm{d}\xi \mathrm{d}\eta$$

$$\tag{9.181}$$

9.10 射电天文学

9.10.1 射电天文方法

古代人们通过目视观察宇宙,近现代则使用望远镜进行天文观测,传统的天文学仅仅以光学手段观测宇宙中发光或反光的天体。光学的观测波长从 $0.4\mu m$(紫光)到 $0.7\mu m$(红光),该波长范围处于极低损耗的大气窗口。宇宙中除了发光的恒星外,还存在大量温度和亮度较低以及熄灭冷却的恒星、行云以及冷暗物质,这些天体由于不发光,无法通过光学望远镜观测到,因而人类长时间没有意识到这类宇宙天体的存在。由普朗克热辐射定律可知,只要天体的物理温度高于绝对零度,天体就会向四周空间辐射电磁波。低温的天体辐射亮度低,辐射波谱能力集中于远低于可见光的低频频段,如果天体的辐射波段恰好位于大气的微波传输窗口,便有可能被地面的射频接收机所感知,这便是射电天文学的理论基础。射电

天文学则利用的波长大致分布于 1mm～30m 的大气窗口来观测宇宙。宇宙空间存在背景噪声，被认为是宇宙大爆炸的遗迹，Penzias 和 Wilson[105] 发现宇宙背景辐射峰值位于 4050MHz，由 Mather 和 Smoot[106] 设计的宇宙微波背景辐射探测卫星证实宇宙背景辐射相当于物理温度为 2.73K 黑体辐射。宇宙中的各种天体，相当于镶嵌于宇宙噪声背景中具有一定亮温的点噪声源，理论上，只要宇宙中天体辐射的噪声温度高于背景温度，该天体就能够被探测和感知。

射电天文学采用大口径射频天线作为望远镜、采用高灵敏度射频接收机获取宇宙中天体的电磁波频谱能量，通过星体的电磁辐射特征来观测和研究宇宙天体。射电天文学起源于 20 世纪 30 年代，以 1933 年央斯基第一次观测到宇宙辐射电磁波为起点，经过近一个世纪的研究和发展，射电天文学频段已经覆盖 10MHz～1THz，单天线口径最大已达 500m 直径，并建立了基于地球尺寸的长基线天线阵列。射电天文陆续发现了类星体、脉冲星、星际分子和宇宙微波背景辐射，为现代天文学做出了重大贡献，已成为天文学和宇宙物理学的重要分支。

宇宙中天体活动往往伴随着强烈的电磁辐射，主要包括热辐射、谱线辐射、星际分子脉泽、辐射能等多种形式，这些辐射能量携带着天体的信息以电磁波的形式向空间传播，射电望远镜正是通过接收这些天体的辐射能量，从而达到发现天体的目的，从中还可分析和挖掘天体的物理特性、化学组成和结构演化信息。射电天文的观测对象遍及太阳系到银河系，甚至包含及其遥远、光学望远镜无法企及的外星系和宇宙空间中的冷暗物质。射电天文观测信号可以分为三类：①宽带辐射信号，宽带的辐射源在观测带宽上具有不变的功率谱密度，信号具有白噪声性质；②谱线信号，在天体表面以及星际区域中存在的原子或分子能够吸收或发射一系列的分立谱线，有些谱线落在射频频段，通过射频接收和谱线识别即可判断星际物质的成分，是分析星际物质的分布、结构和演化的重要手段，在射电天文研究中占据重要位置；③特殊类型的信号，宇宙中脉冲星等天体的辐射具有精确时间间隔特征，可通过其脉冲特征来发现和标记脉冲星。

射电天文方法就是精确测量天体无线电辐射的方法，被测的物理量包括天球特定方位、特定频率以及特定时间的辐射强度，具体表示为

$$I = I_p(\varphi, \theta, f, t) \tag{9.182}$$

其中，φ 和 θ 代表目标电磁波信号的辐射方位坐标，f 为电磁波频率，t 为时间坐标，p 为指定的电磁波偏振模式。射电天文测量包括以下几个方面：辐射强度测量、偏振度测量、频谱分布测量、时间演化测量、天体位置测量。

9.10.2 射电天文观测设备

射电望远镜是射电天文主要观测设备，主要包含大口径天线、射频接收机以及信号分析仪等模块。对于长基线天线阵来说，使用相干干涉仪可以充分利用天线间的基线长度，提高系统的分辨率。射电频谱仪按照功能侧重有辐射强度测试仪、偏振计、射电频谱仪、射电干涉仪、甚长基线干涉仪和综合孔径射电分析仪等类型。射电望远镜的主要指标有：灵敏度、

角分辨率、工作频率、带宽、谱分辨率、时间分辨率等指标。对于灵敏度来说,主要受天线口径、天线效率、接收系统噪声温度、谱分辨率和积分时间等影响。

射电望远镜天线大多数是单口面大口径抛物面天线,具有笔形波束方向图,伺服机构具有良好的指向精度。射频接收机通常为超外差接收机,具有极低的噪声系数和极高的灵敏度,配置的本地振荡器具有高度稳定性,且接收机具有良好的增益稳定度。信号分析仪对射频接收机变频下来的中频信号进行分析,具有极高的频率分辨率,对于非平稳随机信号还要求具有极高的时间分辨率。

射电望远镜的天线一般使用大型反射面天线,天线直径从几米至数百米不等。典型的大口径天线有英国洛弗尔射电望远镜,其直径为 76m,反射面的表面积约为 $5270m^2$,方位角上它的转动速度可达每分钟 $15°$,俯仰角每分钟转动 $10°$;德国埃费尔斯贝格望远镜口径直径为 100m,反射面由 2352 块反射板构成,表面精度小于 0.5mm,其俯仰角范围为 $7°\sim14°$,方位角范围为 $480°$,转动速度为 $30°/min$;美国 Green Bank 射电望远镜直径约 110m,工作频率在 $0.1\sim116GHz$,具有高成像能力,不仅作为单口径天线使用,还作为阿塔卡马大型毫米波天线阵、扩展甚大阵和甚长基线阵的重要组成单元;美国的阿雷西博射电望远镜曾是国外最大的单口射电望远镜,其口径的直径达到了 350m。我国较大口径的单天线射电望远镜包括国家天文台 50m 射电望远镜、上海天文台 65m 射电望远镜、新疆天文台 25m 射电望远镜、云南天文台 40m 射电望远镜等。刚竣工的贵州天眼 FAST(Five-hundred-meter Aperture Spherical radio Telescope,500 米口径球面射电望远镜)是目前全球最大单天线射电望远镜,其直径达 500m,采用一系列最新技术,能够在未来数十年保持世界一流地位。FAST 将用来观测宇宙边缘的中性氢,重现宇宙早期图像;发现新的脉冲星,建立脉冲星计时阵,参与未来脉冲星自主导航和引力波探测;主导国际甚长基线干涉接收网络,获得宇宙天体的超精细结构;进行高分辨率微波巡天,拓展微弱空间信号的检测能力;参与地外文明搜寻;参与子午链工程,提高非相干散射雷达接收机的系统性能;延伸深空通信的覆盖距离,提高深空数据接收能力。

射电望远镜工作于微波波段,工作波长约为光学望远镜的万倍量级,射电望远镜的分辨率若要达到光学望远镜的分辨率水平,其天线口径要达到光学望远镜的一万倍,即单射电望远镜口径达到数十千米级别才能获得常规米级口径光学望远镜的角分辨率,即便目前世界上口径最大的 500m 天眼 FAST 也不能提供足够高的角分辨率。因此基于天线阵列和长基线相干接收技术的射电望远镜应运而生。1960 年,英国剑桥大学卡文迪许实验室的 Martin 根据干涉原理,利用多个小天线组成了长基线天线阵列,借助地球的自转来增强阵列的覆盖率,间接地获得了极大口径综合天线,提高了射电望远镜的分辨率[113]。1981 年,美国建成的甚大天线阵由 27 台口径 25m 的射电望远镜组成 Y 形阵列,最高角分辨率可达 0.05 角秒,与地面大型光学望远镜的分辨率相当。平方公里阵的总接收面积将超过 1 平方千米,使用数千个高频反射面天线以及更多数量的中低频孔径阵列实现干涉接收,天线阵列按多个螺旋臂实现几何分布,组成多种组合的长基线干涉阵列,阵列中各个单元的间距被严格标定,每个接收机信号的时差也被精确的计算,再由中心处理计算机来组合这些阵列的接收信号,等效地实现大面积的天线口径,进行天文观测时可使用平方千米阵任意组合的一部分天线,也可以使用全部天线实现最大口径的望远镜,灵活性很高[114]。平方千米阵的建设目的在于检验广义相对论、探测脉冲星和黑洞的引力波、寻找地外文明等任务。甚长基线干涉接收的典型代表是美国深空通信网系统(DSN),三处地面面终端分别位于美国加利福尼亚、澳大利亚堪培拉和西班牙马德里,三地经度相隔约 120°,可以实现深空探测器的跟踪和测量,也能够执行射电天文学和雷达天文学对于太阳系和宇宙的观测[115]。每个地面站均配备若干单大口径天线,每个天线都具备高灵敏度的接收系统、大功率发射机、信号处理中心和通信网络系统等。经过半个世纪的发展,阵列天线的基线长度短则几千米,长则可达到地球的特征尺寸,长基线综合孔径射电天文望远镜在角分辨率和成像能力上可匹敌哈勃空间望远镜,而在灵敏度或探测深度则远远超过任何光学望远镜。

9.10.3　相控阵馈源技术

射电望远镜的大口径天线一般由反射面和馈源组成,反射面由金属旋转抛物面制成,用于将平面电磁波汇聚于焦点处的馈源,馈源将电磁波转换为电信号,通过射频传输线送给射频接收机。馈源是大口径抛物面天线的重要组成部分,直接决定天线的性能指标,进而影响射电望远镜等射频系统的总体性能。射电望远镜天线口径大,天线及其附属结构体积重量极大,伺服旋转慢且惯性大,为克服地球自转持续跟踪目标或完成观察角转换需要伺服机构驱动质量巨大的天线进行运动,为克服惯性,伺服的加速和减速所需时间很长。

为降低伺服机构的设计和控制难度,一个良好的解决方法是采用多波束技术,即使用单个波束分时扫描或多个波束同时观测目标。传统的多波束馈源采用多个频段的波纹喇叭天线阵列实现,但由于喇叭天线的物理尺寸和相隔必要的单元间距等原因,导致各天线波束距离较远,不能连续覆盖视场,仍需伺服机构配合扫描才能实现指定天区覆盖。另外由于多馈源偏焦,波束与馈源口面场失配,非轴线波束性能不佳。多波束馈源的另一个方案则采用电子波束扫描,相控阵馈源是电子多波束扫描的优秀解决方案。电子扫描切换波束的速度快且无惯性,能够实现连续的视场覆盖,对于偏离焦点的波束,可通过加权来改善非轴向波束的性能,从而使得望远镜能够接收大入射角的来波,扩大了望远镜的视场。

来自宇宙的电磁辐射,经抛物面反射后聚焦于焦点,被位于焦平面的相控阵馈源所接收,多组单元天线接收后经加权和移相,再矢量相加形成接收的射频信号被送往射频接收机,如图 9.46 所示。假设接收通道的数量是 n,n 个单元接收通道的输出电压矢量定义为 $\boldsymbol{v}$,可写为有效信号和噪声信号之和

$$\boldsymbol{v} = \boldsymbol{v}_\mathrm{s} + \boldsymbol{v}_\mathrm{n} \tag{9.183}$$

其中,$\boldsymbol{v}_\mathrm{s}$ 为信号电压,$\boldsymbol{v}_\mathrm{n}$ 为噪声电压,具体可表示为

$$\boldsymbol{v}_\mathrm{n} = \boldsymbol{v}_\mathrm{sp} + \boldsymbol{v}_\mathrm{sky} + \boldsymbol{v}_\mathrm{loss} + \boldsymbol{v}_\mathrm{rec} \tag{9.184}$$

其中,$\boldsymbol{v}_\mathrm{sp}$ 为反射面外的入射噪声电压,$\boldsymbol{v}_\mathrm{sky}$ 为天空噪声,$\boldsymbol{v}_\mathrm{loss}$ 为天线欧姆损耗带来的噪声,$\boldsymbol{v}_\mathrm{rec}$ 为接收机噪声。

对式(9.184)进行自相关运算,并考虑到各个分量之间互不相关,最终得到

$$R_v = R_{sig} + R_{sp} + R_{sky} + R_{loss} + R_{rec} \tag{9.185}$$

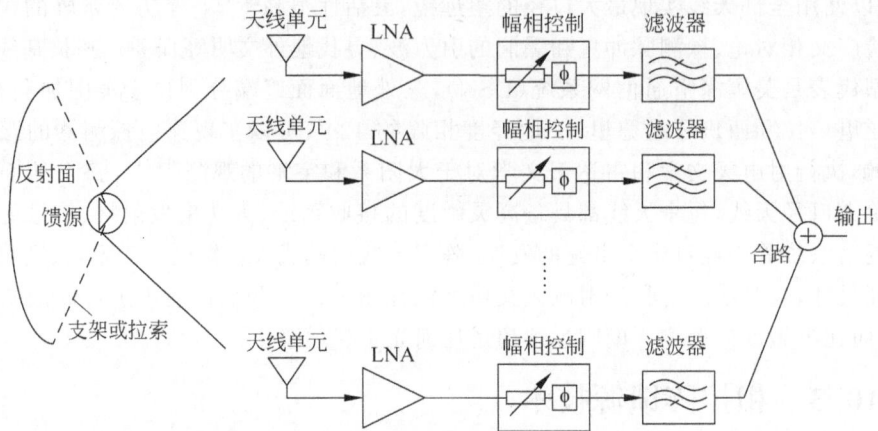

图 9.46　相控阵射电天文接收机系统

9.11　本章小结

　　利用电磁波进行无线通信和探测是 20 世纪最伟大的发明之一,电磁波促进了人际交流、拓展了人类视野。对于各种无线电应用来说,无论是通信还是目标探测都面临着相同的问题,即在噪声中提取有用的信号,噪声的幅度决定了无线通信的最大通信距离和雷达的探测威力,无线电波各种实践应用的发展历史即是人们与噪声做斗争的历史。本章介绍了各种典型无线电应用的原理,重点讲述了射频噪声在这些应用场合下扮演的角色,并介绍这些具体应用中射频接收机的基本架构、噪声抑制和信噪比提高的基本方法。

第 10 章

电 路 降 噪

　　干扰,从广义上讲是指通信系统中有用信号之外的信号,包含杂散和噪声两种形式。习惯上把周期性的、规律的有害信号称为杂散,而把无规律的有害信号称为噪声。电路中出现的杂散和噪声会使系统产生误判、恶化系统的灵敏度、提升雷达的虚警概率、压缩正常信号的增益、缩减系统的动态范围,大功率的干扰甚至能够阻塞系统以致有用信号完全无法被接收。干扰根据来源可分为自然和人为两种,自然干扰源包括太空噪声、大气噪声以及地物辐射等,人为干扰主要指各种设备和装置通过发射、转发、反射等方式带来的额外电磁辐射。人类进入 21 世纪以来,信息产业和航空航天产业加速发展,地面移动通信、无线网络的普及以及新一代卫星通信进入大众视野,地球从陆地到海洋、天空到太空无处不存在信息的传播。电磁波作为信息传输的载体,为人类提升科技水平,创造巨大财富的同时,也带来一定电磁污染危害,给敏感设备的正常运行带来隐患。研究和防治电磁污染成为环境保护以及电磁学科的重要分支。

　　20 世纪初无线电通信刚刚出现时,人们把导致无线电无法正常工作的罪魁祸首称为电磁干扰,同时也发现一个受干扰的通信系统往往也是干扰信号的释放源。一个良好的通信系统必须具有一定抗外界干扰的能力,同时也能约束自身发射的干扰低于其他易感设备的阈值。人们提出了多种能够提高系统抗干扰能力以及降低电磁干扰发射水平的措施,促进了电磁兼容技术的发展。电磁兼容(Electro-Magnetic Compatibility,EMC)分为电磁干扰(Electro-Magnetic Interference,EMI)和电磁耐受性(Electro-Magnetic Susceptibility,EMS)两个概念。电磁干扰又细分为传导干扰和辐射干扰,沿着导体传播的干扰称为传导干扰,其传播方式有电耦合、磁耦合和电磁耦合;通过空间以电磁波形式传播的干扰称为辐射干扰,其传播方式有近区场感应耦合和远区场辐射耦合。某些情况下还可能出现传导干扰与辐射干扰同时存在的复合干扰情况。系统内部电磁传导、电磁感应和电磁辐射等电磁干扰彼此关联,相互影响,在一定条件下会对运行的设备和操作人员造成干扰、影响和危害。电磁耐受性指系统能够在一定干扰强度下正常工作的能力,系统的电磁耐受性越强,其在复杂电磁环境下的生存能力越强,可用性越高,直接反映系统可靠性的高低。电磁兼容指标要求系统或设备在所处的电磁环境中能正常工作,同时不会因传导和辐射对其他系统和设备造成干扰。

电磁兼容学科主要研究电磁干扰的产生和传输机理,一方面通过采取对干扰源的源头进行抑制以及在传输路径进行隔离等措施降低电磁干扰的强度;另一方面通过电磁屏蔽、隔离以及滤波和去耦等措施提高易感电路的抗干扰能力。在此基础上合理地平衡技术和成本,对系统产生的干扰水平、抗干扰水平和抑制措施制定明确的规范,使处于同一电磁环境的设备都是相互兼容的,同时又不向该环境中的其他分系统引入超限的电磁扰动。本章将在电磁耦合、接地、平衡电路、电磁屏蔽以及信号完整性和电源完整性等方向展开论述,解释原理,并总结一些电路设计经验,指导电气工程师特别是高速、高频电路工程师完成可靠的电路设计。

10.1 电磁干扰和电磁防护

干扰源、干扰路径和易感电路是形成干扰的三个基本要素,抑制干扰、切断传播路径、对易感电路进行防护是本节研究的主要问题。

10.1.1 电磁干扰

干扰源是指能够产生任何形式振荡波形的元件、设备或系统,系统中存在电压剧变、电流剧变、多种物理量剧变的地方都有可能是潜在的干扰源。电磁干扰源种类繁多,按来源可分为自然干扰源和人为干扰源。自然干扰源又分为太空干扰源和大气干扰源,其中太空干扰源包含太阳噪声、行星噪声、银河噪声、星际噪声以及高强度的射电源等来源,大气噪声干扰包含电离层扰动、雷电火花放电、风暴、云雨等来源。人为干扰源指的是电气电子设备和其他人工装置产生的电磁干扰,涵盖无意干扰和有意干扰。任何电子设备都是潜在的干扰源,包含以下几种形式:①人体、设备的静电放电:静电电压可高达几万伏,以电晕或火花方式释放,产生强大的瞬间电流和电磁脉冲,会导致静电敏感器件及设备的损坏,静电放电属短时宽带脉冲干扰,频谱成分从直流一直覆盖到兆赫兹频段;②无线电发射设备:包括移动通信基站、卫星通信、广播、电视、雷达等设施,因发射的功率大,其基波信号可产生功能性干扰,其谐波、乱真发射以及宽带噪声都可能构成非功能性的无用信号干扰[1];③工业、科学、医疗设备:例如电磁感应加热设备、高频电焊机、X光机、核磁共振等设备,其高功率输出可通过空间辐射对其他设备产生干扰,也可通过电力网络等有线方式干扰远端设备;④电力设备:除了50Hz工频及其谐波等工频干扰外,高压输电线的电晕、因接触不良产生的微弧放电、伺服电机、电钻、继电器、电梯等设备因通断产生的电流剧变以及伴随的电火花均可成为干扰源;⑤汽车、内燃机的电火花点火系统,可产生数千赫兹到数百兆赫兹的干扰;⑥高速数字电子设备:包括计算机和高速以太网设备等,由于电子信号的高速运行,其波长与电路特征结构可比拟,当电路存在阻抗不匹配的情形,传输的信号极易反射,继而会以辐射的方式传导到空间中,干扰邻近的电路,同时由于电磁场的互易性,该电路也容易耦合外部干扰信号从而影响自身稳定性。

干扰路径指干扰从干扰源传播到敏感器件的通路或媒介,电磁干扰传播路径一般分为两种：即传导耦合方式和辐射耦合方式。传导方式必须在干扰源和敏感器之间有完整的电路连接，通常是干扰信号沿着导电体直接传输，具体的传输路径包括导线、设备的导电结构件、供电电源、公共阻抗、公共的接地平板、电阻、电感、电容和互感元件等。辐射耦合是通过非导电介质以电场、磁场或电磁波的形式传播，干扰能量遵从电磁场的规律向周围空间发射。常见的辐射耦合分为天线对天线的耦合、空间电磁场对线的耦合、平行导线之间的高频信号感应等三种形式。实际发生的传导和辐射干扰常常发生在多个设备之间，包含多种途径、反复交叉耦合，使得电磁干扰变得难以控制、不易根除[2]。

易感电路是指容易被电磁危害信号所影响，导致性能下降或失效的电路，易感电路包括低噪声射频前端、自动增益放大链路、频率综合器、A/D 和 D/A 变换器、中央处理器等具体电路形式。一个易感电路往往也是干扰源，因此针对干扰源的降噪措施也可应用于易感电路的防护。

10.1.2 电磁防护

针对干扰的三个基本要素，抗干扰设计的基本原则是：抑制和屏蔽干扰源、切断干扰传播路径、提高敏感器件的抗干扰性能或者对其进行有效的屏蔽防护[3]。

干扰源的抑制主要通过减小干扰源电压变化率和电流变化率实现，例如在干扰源两端并联电容可以降低电压变化率，在回路中串联电感或电阻并配合续流二极管可以减小电流变化率。具体的干扰抑制措施包括：①在电磁继电器接触点两端并接 RC 电路，抑制火花产生，电感线圈并联续流二极管，防止线圈突然断电产生强大的反向电动势；②给电机加滤波电路，电容、电感引线要尽量短；③每个芯片电源脚要并接多个纳法（nF）量级和微法（μF）量级电容，与磁珠组成 Π 型滤波网络，以隔离芯片与电源网络，防止其相互影响。电容应就近布置在芯片电源管脚附近，连线应尽量短且宽；④信号走线避免 90°或锐角折线，以减少高频噪声发射；⑤晶振与单片机引脚尽量靠近，时钟区应采用地环隔离，晶振外壳需要接地并良好固定；⑥采用良好的接地和屏蔽结构。

切断传播路径、同时对电磁辐射进行屏蔽可以有效地切断干扰途径。具体措施包含：①如果干扰噪声和有用信号的频带不同，可以通过在导线上串接滤波器滤除有害信号；②采用非接触式的光耦合器隔绝外部低频有害信号；③进出模块的电源和信号应做好滤波、防静电、限幅等工作，防止有害信号侵入，同时防止干扰信号溢出；④差分电路走线尽量等长、等阻抗，环路面积尽量小，尽量采用双绞线形式连接两个距离较远的模块；⑤电路壳体做好接地。提高敏感器件的抗干扰性能或者对其进行有效屏蔽防护的具体措施可参考对干扰源的抑制措施，抗干扰和防止对外干扰的措施是一致的。

本节定性分析了电磁干扰的产生和传输机理，并提出抑制干扰源、切断干扰路径等改善电磁干扰的措施。下一节将定量分析电磁干扰，计算电场、磁场以及电磁场等发射源在特定条件和特定参数下的干扰电平。

10.2　电磁耦合原理

不仅通信基站和雷达等设施会向空间辐射电磁波,一些常见的电器例如电子计算机、电视机、电梯以及汽车的点火器也会辐射电磁波。能够辐射电磁波的物体称为辐射源,通信机产生的电磁辐射能够完成通信以及探测等任务,但也可能干扰其他设备的正常运行。由于电磁场的互易性,能够对外辐射的电路也同样能够接收外来辐射,给自身工作造成干扰。

电磁辐射根据性质可分为电场辐射、磁场辐射以及电磁场辐射,电磁场是由高频电场和磁场交变产生的。纯电场辐射和磁场辐射随距离衰减很快,一般仅在辐射源附近具有较大影响,电磁场辐射空间衰减要小于纯电场或纯磁场,因此影响的距离也较远。电磁辐射区分为辐射近场区和远场区,两者的分界线为

$$R = \frac{2D^2}{\lambda} \tag{10.1}$$

其中,D 为辐射源的特征尺寸,λ 为辐射电磁波波长。辐射近场区内,电场强度与磁场强度幅值没有确定的比例关系,即其辐射阻抗并非恒定值。对于电压高、电流小的场源,例如偶极子天线,近场电场要比磁场强得多;对于电压低、电流大的场源,例如环形天线,近场磁场要比电场强得多。空间中的波阻抗定义为电场与磁场幅值的比值,即

$$Z_0 = E/H \tag{10.2}$$

当干扰源为电场时,电场强,磁场弱,波阻抗较高,随着距离 r 的变化近场电场以 $1/r^3$ 速率衰减,磁场以 $1/r^2$ 速率衰减,波阻抗随距离逐渐降低。当干扰源为磁场时,近场电场弱,磁场强,波阻抗较低,电场以 $1/r^2$ 速率衰减,磁场以 $1/r^3$ 速率衰减,波阻抗随距离逐渐升高。不管是电场干扰还是磁场干扰,距离干扰源越远,辐射干扰的幅度越小。在远场区域,波阻逐渐趋于恒定值 120π,远场区电场和磁场随距离衰减比率为 $1/r$。

10.2.1　电场耦合

如图 10.1 所示,C_{12} 代表导线 1 和 2 之间的耦合电容,C_1 和 C_2 分别为导线的对地电容,导线 1 传输的干扰电压为 V_1,则导线 2 的感应电压为

$$V_{2N} = V_1 \frac{j\omega C_{12}}{j\omega C_2 + j\omega C_{12} + \dfrac{1}{R}} \tag{10.3}$$

若 $j\omega C_2 + j\omega C_{12} \ll \dfrac{1}{R}$,式(10.3)可以简化为

$$V_{2N} = j\omega C_{12} R V_1 \tag{10.4}$$

可见跨线干扰等效为压控电流源,控制系数为 $j\omega C_{12}$,电流源幅值为 $j\omega C_{12} V_1$,如图 10.1(b)所示。

若 $j\omega C_2 + j\omega C_{12} \gg \dfrac{1}{R}$,式(10.3)可以简化为

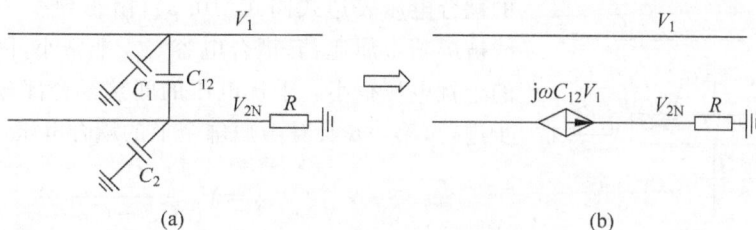

图 10.1　电场耦合电路

$$V_{2N} = V_1 \frac{C_{12}}{C_2 + C_{12}} \tag{10.5}$$

这就是简单的电容分压公式,注意电容分压公式与电阻分压公式不同。

　　减小 C_{12} 和增大 C_2 均可以减小电场耦合,具体措施包括:增大导线间距、导线排布应尽量垂直分布可有效减小 C_{12};选用介电常数高的电路板、增加导线的线宽、减小导线与地平面介质厚度可有效增大 C_2。

　　电阻 R 为 100Ω,C_{12} 分别为 1pF、5pF、10pF,C_2 分别为 1pF、5pF、10pF,仿真导线 2 的耦合电压在频率 DC~1000MHz 变化曲线如图 10.2 所示,每根曲线线性增加的部分为低频,近似由式(10.4)表示,高频处曲线增长率放缓,直至变为恒定值,与频率无关,与式(10.5)相符。曲线的 3dB 拐点频率为

$$\omega_p = \frac{1}{(C_2 + C_{12})R} \tag{10.6}$$

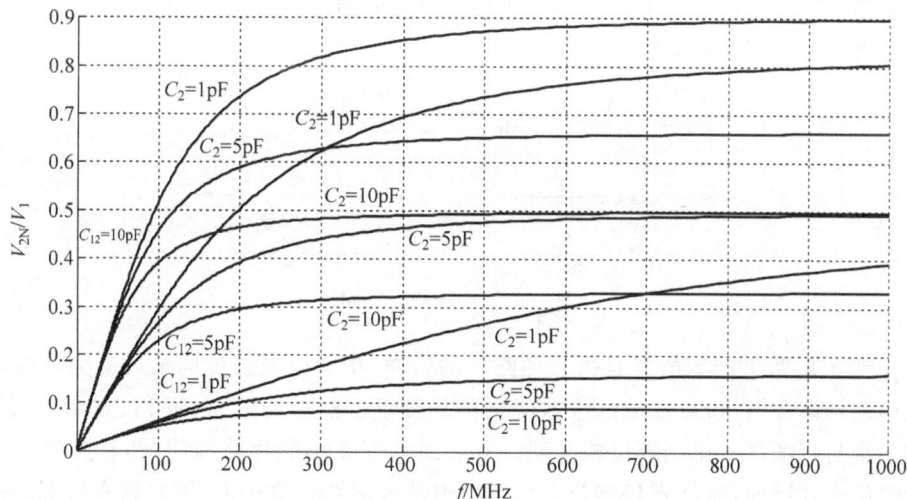

图 10.2　电场耦合的仿真结果

　　如图 10.3 所示,当导线 2 有封闭的金属屏蔽层时,导线 1 耦合进入导线 2 的干扰电压有两部分,分别是导线 1 直接耦合部分以及导线 1 通过屏蔽金属间接的耦合部分,直接部分

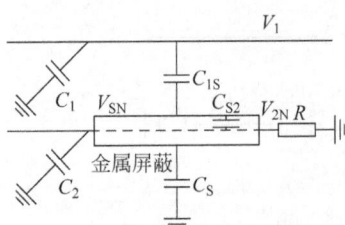

图 10.3　导线有金属屏蔽层时的电场耦合

的耦合电压表达式同式(10.3),由于导线 2 的大部分走线被屏蔽金属遮挡,耦合电容 C_{12} 非常小,因此直接耦合的干扰电压很小。干扰电压的间接耦合部分的分析分两步进行,第一步计算金属屏蔽上的耦合电压

$$V_{SN} = V_1 \frac{C_{1S}}{C_S + C_{1S}} \tag{10.7}$$

第二步计算金属屏蔽上的耦合电压对导线 2 的二次耦合,利用式(10.3)计算导线 2 的耦合电压为

$$V_{2SN} = V_{SN} \frac{j\omega C_{S2}}{j\omega C_2 + j\omega C_{S2} + \dfrac{1}{R}} \tag{10.8}$$

因此导线 2 总的耦合干扰电压为

$$V_{2N} = V_1 \frac{j\omega C_{12}}{j\omega C_2 + j\omega C_{12} + \dfrac{1}{R}} + V_{SN} \frac{j\omega C_{S2}}{j\omega C_2 + j\omega C_{S2} + \dfrac{1}{R}} \tag{10.9}$$

若屏蔽金属接地,则 $V_{SN} = 0$,导线 2 耦合电压仅由第一项决定,由于 C_{12} 非常小,因此金属屏蔽可有效防护电场对电路的干扰。当频率较高、金属屏蔽部分的电长度较长时,要采用多点接地,确保接地点之间的间距小于波长的 1/12。

10.2.2　磁场耦合

磁场耦合等效电路如图 10.4 所示,环路 1 中流动的电流会产生交变磁场,交变磁场落入环路 2 所引起的感应电动势为

$$V_N = -\frac{d}{dt}\psi_{12} = -\frac{d}{dt}\int \boldsymbol{B}\,d\boldsymbol{A} \tag{10.10}$$

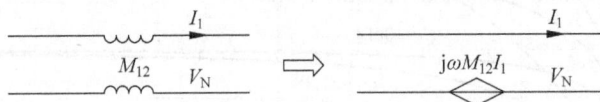

图 10.4　磁场耦合电路

其中,ψ_{12} 为由环路 1 产生的并且落入环路 2 的磁通,$\boldsymbol{B}$ 为磁场强度向量,$d\boldsymbol{A}$ 为环路面积向量。减小磁场耦合电压,可以通过采取降低磁场强度、减小环路 2 的面积、重新放置环路 2 使其面矢量与磁场强度正交等措施实现。双绞线具有极小的环路面积,并且其每一环的环路面积矢量交替反向,这样磁场耦合产生感应电动势能够正负抵消,因此具有较好的磁屏蔽效果。

式(10.10)可以写作互感的函数式为

$$V_N = -\frac{d}{dt}\psi_{12} = -\frac{d}{dt}(M_{12}I_1) \tag{10.11}$$

其中，M_{12} 为环路 1 和环路 2 的互感，I_1 为环路 1 的电流，一般认为 M_{12} 不随时间变化，因此互感可提取出来，式(10.11)可简化为

$$V_N = -M_{12} \frac{\mathrm{d}I_1}{\mathrm{d}t} \tag{10.12}$$

写成频域表达式为

$$V_N = \mathrm{j}\omega M_{12} I_1 \tag{10.13}$$

如图 10.5 所示，当导线 2 采用同轴电缆时，导体 2 被金属屏蔽体包覆，导线 1 和导线 2 的互感为 M_{12}，导线 1 和屏蔽导体的互感为 M_{1S}，导体 1 的干扰电流 I_1 耦合入导体 2 和屏蔽导体的噪声电动势分别为

$$V_{N2} = \mathrm{j}\omega M_{12} I_1 \tag{10.14}$$

$$V_{NS} = \mathrm{j}\omega M_{1S} I_1 \tag{10.15}$$

屏蔽导体单端接地或者不接地，噪声电动势 V_{NS} 不会产生电流，也不会进一步给导体 2 产生二次电动势，屏蔽导体对导体 1 的磁场干扰几乎不产生有效的屏蔽作用。当屏蔽导体双端接地时，导体内会产生电流，电流流动方向与 I_1 相反，对导体 2 产生二次电动势为

$$V_{NS2} = \mathrm{j}\omega M_{S2} I_S = \mathrm{j}\omega M_{S2} \frac{V_{NS}}{\mathrm{j}\omega L_S + R_S} \tag{10.16}$$

其中，L_S 为屏蔽导体的自感，R_S 为屏蔽导体接地的环路电阻，对于同轴电缆来说，$L_S = L_2 = M_{S2}$，因此式(10.16)可简化为

图 10.5　导线有金属屏蔽层时的磁场耦合等效电路

$$V_{NS2} = \mathrm{j}\omega M_{S2} I_S = V_{NS} \frac{\mathrm{j}\omega}{\mathrm{j}\omega + \dfrac{R_S}{L_S}} \tag{10.17}$$

屏蔽体的电流方向与导体 1 电流相反，屏蔽体电流在导体 2 中产生的二次耦合电动势也相反，总的电动势表达式为

$$V_2 = \mathrm{j}\omega M_{12} I_1 - V_{NS} \frac{\mathrm{j}\omega}{\mathrm{j}\omega + \dfrac{R_S}{L_S}} = \mathrm{j}\omega M_{12} I_1 - \mathrm{j}\omega M_{1S} I_1 \frac{\mathrm{j}\omega}{\mathrm{j}\omega + \dfrac{R_S}{L_S}} \tag{10.18}$$

若导体 1 距离导体 2 较远，则可认为 $M_{12} = M_{1S}$，式(10.18)可简化为

$$V_2 = \mathrm{j}\omega M_{12} I_1 \frac{R_S}{\mathrm{j}\omega L_S + R_S} \tag{10.19}$$

当频率很低时，式(10.19)可以简化为

$$V_2 = \mathrm{j}\omega M_{12} I_1 \tag{10.20}$$

等同于无屏蔽时的效果。当频率很高时，有

$$V_2 = \frac{M_{12}}{L_S} R_S I_1 \tag{10.21}$$

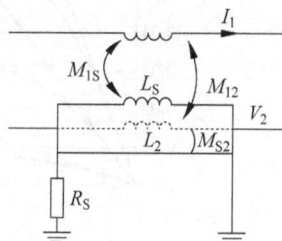

导体 2 的感应电动势随频率的变化如图 10.6 所示,图中屏蔽导体接地的环路电阻为 1Ω,导线 2 的自感为 100nH,导线间互感分别为 1nH、4nH、8nH。图 10.6 中可见,频率较低时感应电压与频率成正比,频率较高时感应电压增长趋势逐渐放缓最终趋近于常数。曲线的 3dB 拐点频率为

$$\omega = \frac{R_S}{L_S} \tag{10.22}$$

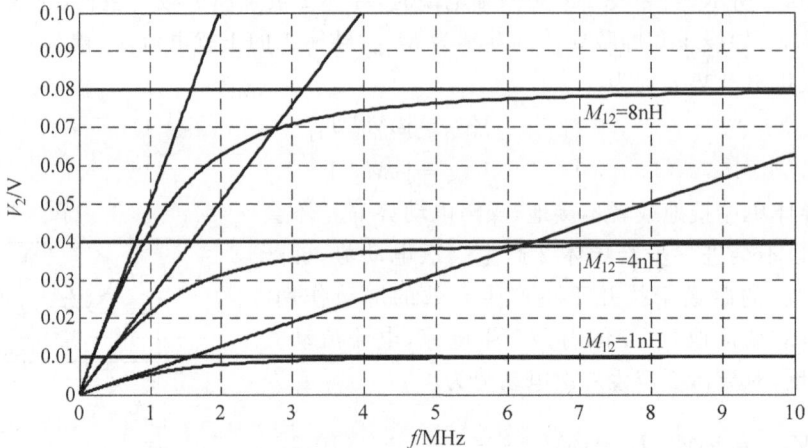

图 10.6 磁场耦合电动势随频率的变化曲线

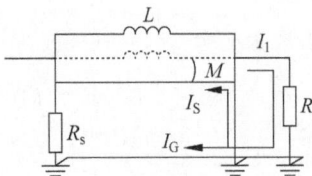

图 10.7 屏蔽同轴电缆的防
高频辐射性能

屏蔽电缆还具有防止自身信号向外辐射的性能,假设同轴电缆芯线流动的电流为 I_1,屏蔽层回流的电流为 I_S,地回路的分流为 I_G,如图 10.7 所示,即有

$$I_1 = I_S + I_G \tag{10.23}$$

$$I_S = \frac{j\omega M I_1}{j\omega L + R_s} \tag{10.24}$$

当频率足够高,并且考虑到 $M = L$,R_s 很小,式(10.24)可简化为

$$I_S = I_1 \tag{10.25}$$

即高频信号的回路电流几乎全部经屏蔽外壳回流,I_S 和 I_1 流向相反,外部总的辐射场为 0。高频时,双端接地可有效屏蔽内导体的辐射,但单端接地由于屏蔽层没有形成电流环路,电流不经过屏蔽层,因此无法形成反向电流抵消芯线的辐射磁场,根据电磁场的互易性,此时单端接地的屏蔽电缆在外界干扰磁场存在的情况下也无法对内导体实现有效屏蔽。

10.2.3 电磁场耦合

电磁场耦合发生在干扰源的远场区域,当有导体存在便会感应出与干扰源同频的电信号,其感应电动势正比于远场的电场强度,表达式如下

$$V = h_e E \tag{10.26}$$

其中，h_e 为导体的等效天线高度，E 为干扰源的远场辐射强度。在实际工程应用中使用的长导线包括电源线和信号线，都会接收到外界的电磁波从而感应出噪声电压。因此长距离传输的电缆一般需要采用金属屏蔽层隔离外界的电磁场干扰，易感的功能电路也应该封闭于金属盒体内，金属盒体应密封良好，外界的电磁干扰会在金属表面形成感应电流，如果金属盒体开缝，导致电流线被割断，那么产生的干扰电流也会辐射进金属盒体内部，造成屏蔽失效。对于不适用金属壳体的电路模块，应特别注意电路的接地和去耦功能，电路的特征尺寸，例如走线的长度，也应远小于潜在干扰源信号的波长[5]。

10.2.4　静电放电

静电放电是指具有不同静电电位的物体互相靠近或直接接触或摩擦引起的电荷转移，是一种常见的近场危害源，可形成高电压、强电场、瞬时大电流，并伴有强电磁辐射，形成静电放电电磁脉冲[6]。静电起电的主要原因是两种材料频繁接触和摩擦，此外还有剥离起电、破裂起电、电解起电、压电起电、热电起电、感应起电、吸附起电和喷射起电等原因。能够积累静电荷的物体来源广泛，人体、塑料制品、未良好接地的仪器设备以及电子元器件本身都有可能积累电荷，这些物体与大地之间的电容从几皮法到几百皮法不等，较少量的积累电荷即可呈现几千至数十万伏的静电势，碰触或邻近附近低电势物体即可产生静电放电现象[7-10]。

物体的静电起电、放电一般具有高电位、强电场和宽带电磁干扰等特点。静电放电会形成局部高温、高电压、强电场、瞬时大电流，若静电对电子元器件直接放电会引起电子器件微区熔化、PN 结击穿、金属连线烧毁等现象，静电也可通过电缆、地线耦合等方式侵入设备内部，造成敏感器件的损坏。静电放电电磁脉冲的典型上升时间约 1～15ns，衰减时间约 30～150ns，形成的电磁场辐射频谱覆盖 DC 至数百兆赫兹。静电放电电流产生的电磁场主要是由电荷激发的近场和电流微分产生的远场构成[14]。静电时域脉冲和频谱分布如图 10.8 所示[15]。

静电放电产生的尖峰电流以及电磁场辐射可以直接穿透设备外壳，或通过孔洞、缝隙、信号输入输出电缆等耦合到敏感电路，轻则干扰电路的正常工作，造成逻辑电路误判，重则击穿半导体芯片，造成永久损坏。随着微电子工艺的快速发展，集成电路集成度极高，半导体特征结构尺寸极小，对静电的耐受能力变弱，静电放电造成的器件失效已成为微电子器件失效的重要原因。按对系统的功能影响将静电损害分为 4 级：①半导体功能指标下降，但仍能正常工作；②功能短时丧失或降低，能自行恢复，不需人为干预；③功能暂时丧失或降低，需人为干预或系统复位才能恢复；④设备硬件或软件损坏，数据丢失，功能永久丧失且不能逆转。

为保证电路的可靠性和安全性，有必要在电路设计时考虑对静电放电的防护。静电防护可从以下几点考虑：①确保电路具有低的接地阻抗，静电放电易从低阻抗地回路接地；②电路板的地平面要与金属壳体(屏蔽盒)良好接触，金属壳体通过低阻抗地线接地，金属盒

(a) 静电放电的时域电流波形

(b) 静电放电电流的频谱

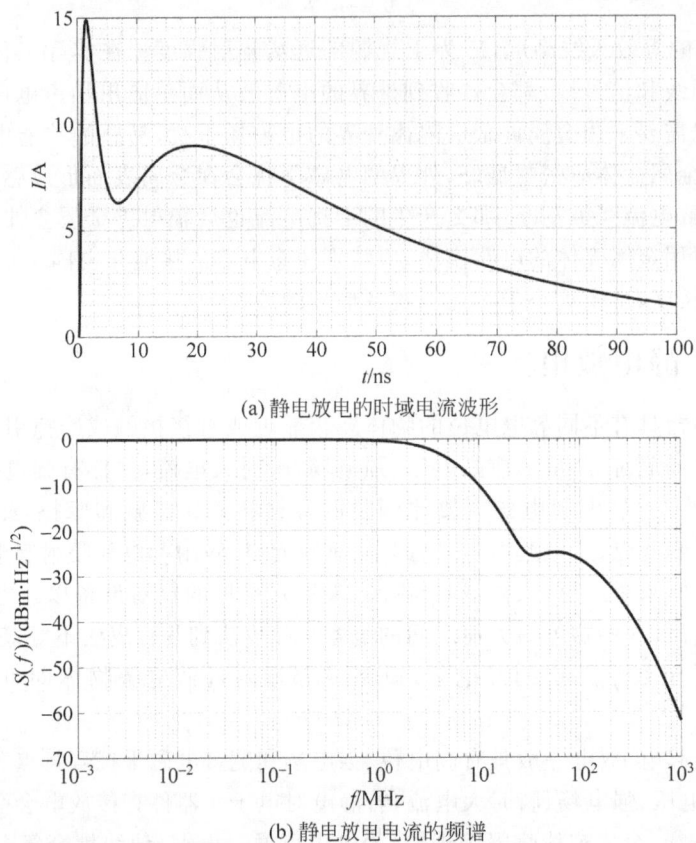

图 10.8　静电放电的时域波形和频谱

体要封闭良好,接缝处要确保导电性良好;③信号链路应旁路电容、瞬变抑制二极管
(Transient Voltage Suppressor,TVS)钳位输入电压,链路中还可串接限流电阻;对于射频
电路,除旁路 TVS 以外还可以旁路电感,使得低频放电电流直接接地,多种防静电电路措施
可复合使用;④为了有效地防护静电放电,静电保护器件的响应时间应小于静电脉冲的抬
升时间,选择合适响应时间的 TVS;⑤信号的差分输入输出接口可串接共模扼流环,抑制
静电放电对正常信号的干扰,非平衡的信号输出应采用同轴线形式,同轴线的屏蔽层应与金
属壳体良好焊接或压接。图 10.9 展示了以上几种主流的静电防护设计[11-12]。

　　静电防护常用的器件有齐纳二极管、瞬变抑制二极管、多层金属氧化物结构器件等。齐
纳二极管可钳位信号电压,也可抑制电源浪涌,但齐纳二极管通常寄生电容较大,不利于高
速信号传输。瞬变抑制二极管结面积大,能承受高压,可有效防护雷达和静电引起的高瞬态
电流。多层金属氧化物结构器件也称为压敏电阻,也可有效抑制瞬时高压冲击。

　　当动、静触头的电压压差较大,在触头即将接触或者分开时将发生短时间的电火花放
电,这种放电形成的电流较小。相比之下,电弧放电的电流较大。常大于 100mA,且能够持
续较长时间。电弧放电和电火花放电相比于静电放电来说,常伴随着高频电磁脉冲发射、光

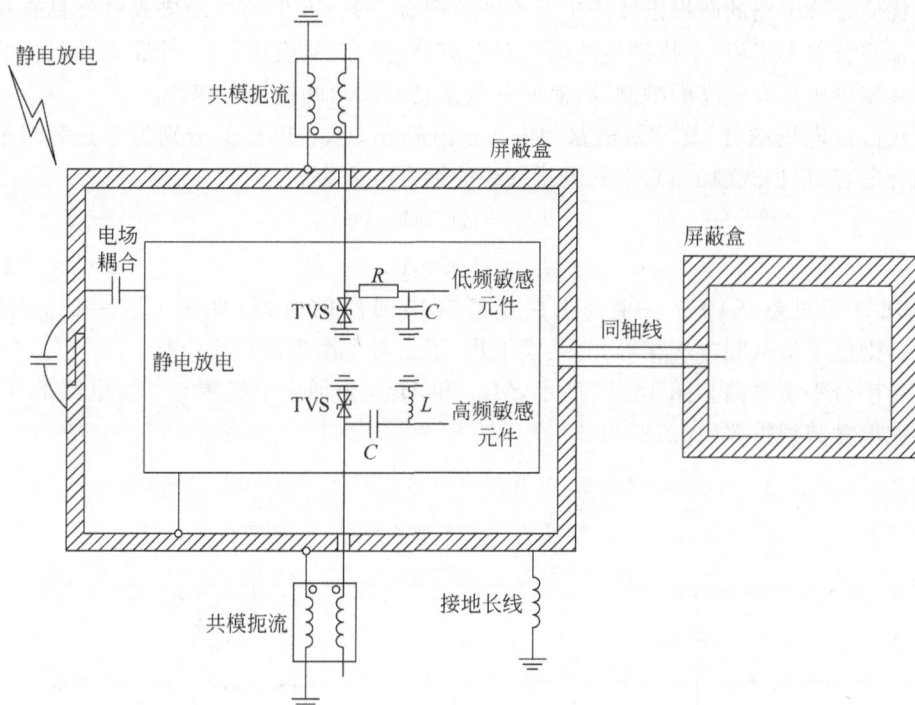

图 10.9 防静电电路设计

学辐射、红外辐射以及爆鸣等现象,放电效果强烈。电弧和电火花放电时释放强烈的电磁波辐射,瞬间能量很大,频率分量主要集中于高频,在相当宽的频谱范围内呈现高斯分布,频带覆盖 $50\mathrm{MHz}\sim1.5\mathrm{GHz}$,是一种强烈的电磁干扰源[13,14]。

电场、磁场以及电磁场干扰源可通过耦合通道进入电路形成干扰源,对于射频电路模块来说,模块的物理接缝、射频接口、电源和控制接口可能会成为电磁干扰的侵入通道。对于敏感的射频设备而言,采用精加工工艺和紧固工件能够良好地封闭模块的物理接缝,采用屏蔽层封闭良好的同轴电缆或波导结构也可实现射频接口的干扰阻断。由于电源和控制接口一般采用集成插件,插件内部混装了强电、弱电以及多种协议的控制线,而控制线往往来源于不同的上游设备,因此难以实现良好的屏蔽。10.3 节将介绍一种天然的不易感电路形式,即平衡电路,这种电路采用双线传输,由于双线对外部干扰产生相同的响应,如果能够实现双线的干扰相消,即能够实现信号的抗干扰。

10.3 平衡电路

平衡电路是指电路具有相同的电路器件、对称的走线和布局,两部分电路相对于地、电源以及负载具有相同的阻抗。差分电路是典型的平衡电路,在差分电路的两根走线中,信号的电流流向相反,电压为两路电压的差值,差分放大器对两个输入端电压的差值进行放大。

外界干扰使差分电路的两根走线产生无差别的耦合,耦合产生的电动势或电流具有相同方向。对于差分放大来说,干扰产生的电压和电流分量均为共模成分,一个良好设计的差分放大器对共模电压具有较高的抑制,因而差分电路具有天然的抗干扰特性。

干扰通过电场耦合,其等效电路如图 10.10 所示,C_{N1} 和 C_{N2} 分别为干扰源与平衡电路的耦合电容,根据式(10.4),平衡电路双线的耦合电流为

$$I_{N1} = j\omega C_{N1} V_N \tag{10.27}$$

$$I_{N2} = j\omega C_{N2} V_N \tag{10.28}$$

干扰源通过电场耦合在平衡电路中感应出同向的电流,如果 $C_{N1} = C_{N2}$,且负载 $R_1 = R_2$,则落于负载的电压相等,为共模干扰,不会对平衡电路产生干扰。

磁场耦合平衡电路如图 10.11 所示,M_{N1} 和 M_{N2} 分别为干扰源与平衡电路的互感,耦合的感应电动势根据式(10.13)为

$$V_{N1} = j\omega M_{N1} I_N \tag{10.29}$$

$$V_{N2} = j\omega M_{N2} I_N \tag{10.30}$$

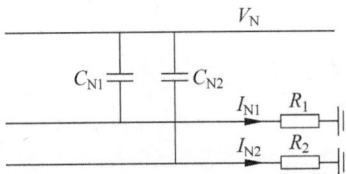

图 10.10　平衡电路电场耦合的等效电路图

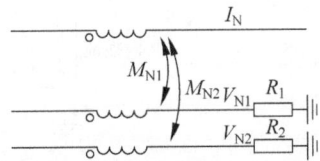

图 10.11　平衡电路磁场耦合的等效电路图

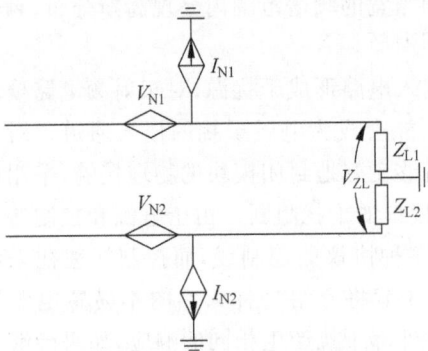

图 10.12　电磁场对平衡电路的干扰

干扰源通过磁场耦合在平衡电路中感应出同向的电压,如果 $M_{N1} = M_{N2}$,则落于负载的电压相等,也为共模干扰,不会对平衡电路产生干扰。

电场耦合相当于引入了噪声电流源,磁场耦合相当于引入了噪声电压源,当电场和磁场干扰都存在时,将同时引入噪声电流源和噪声电压源,其等效电路如图 10.12 所示。等效的干扰电压源和电流源具有相同的方向,属于共模干扰,若电路具有良好的平衡特性,则外界的电磁干扰对其影响较小。除了平衡电路以外,屏蔽线、隔离变压器、共模扼流圈、光电耦合器、光纤传输都可以有效的抑制共模干扰。RS232 为全双工通信,以电压方式传输,发送和接收均以信号地位参考,为非平衡电路,受共模干扰影响大,因此传输距离只有 15m。RS422 和 RS485 为差动电路,共模干扰在两根双绞线中感应的干扰电流相等,平衡传输可以减小干扰,其传输距离可达 1200m。

紧密缠绕的双绞线可以有效地防护电磁干扰,并且双绞线绕线越紧密,其抗干扰性能越

好。缠绕的双绞线具有很小的环路面积,两路电流流向相反、幅值相等,其发射和接收的磁通很小,并且双绞线相邻两个环的面法向相反,产生的磁通相互抵消,进一步强化了抗干扰性能。双绞线外加金属编织网可以有效克服其易受静电感应的缺点,双绞线和屏蔽双绞线适用于频率低于 100kHz 的屏蔽,高频时由于较大杂散电容的存在,两者将不再适用[17]。

控制和通信信号良好传输的关键在于双线平衡和阻抗匹配,使电路不易被外部环境干扰,而阻抗匹配能够实现信号低损耗的传输。同通信信号和控制信号一样,电源和地也是电路接插件的重要成分,阻抗匹配也是其设计关键,信号传输线要求阻抗匹配于 50Ω、100Ω 等典型值,而电源和地则要求阻抗匹配于 0Ω,即无论电源输出多大电流,地吸收多大电流,电源和地的电势不发生改变,这便是电源完整性的基本思想。10.4 节和 10.5 节将简要介绍射频电路的接地和电源设计。

10.4 接地

"地"是电源和信号的基准点,电路中任何电流或信号的流动,必有对应的地回路反向传输电流或信号。地回路的设计是电路设计的重要组成部分,地回路电流流通不畅,必然会导致信号传导不畅,造成信号反射、波形恶化、对外辐射等一系列问题。模拟电路和数字电路都需要良好的接地,本节将讨论模拟电路、数字电路以及混合信号环境的接地技术,并提炼出电路板的布局和布线等设计原则。

10.4.1 接地阻抗

对宽为 0.5mm 长为 1mm 的接地线而言,其等效电阻为 $0.5\text{m}\Omega$,寄生电感为 0.6nH,电感带来的电抗为

$$Z = 2\pi f_{\text{BW}} L \tag{10.31}$$

对上升沿为 1ns,相应带宽 f_{BW} 为 318MHz 的信号而言,电感带来的电抗为 1.19Ω。显然,对于高速变化的数字信号来说,1mm 长的接地线电抗已经远远大于其自身的电阻,更长的接地线势必电抗更大,这将严重阻碍电流的流通。电流快速变化,电感两端会出现感应电势差,这对电源和用电器件来说都是不可忽视的噪声,其基本解决措施有以下两点:①降低供电网络的阻抗,采用大面积供电平面或网格化供电网络供电;②减小突发用电对电源网络的冲击,在器件供电管脚旁路储能电容,瞬间的大电流由储能电容提供,这样流经电感的电流会较为平稳。对于储能电容来说,根据允许的电压波动计算电容值为

$$C = \frac{\mathrm{d}i\,\mathrm{d}t}{\mathrm{d}v} \tag{10.32}$$

其中,$\mathrm{d}i$ 为瞬间电流值,$\mathrm{d}t$ 为瞬间电流持续时间,$\mathrm{d}v$ 为电源电压允许的波动,或称之为耐受的电源噪声幅度,储能电容量值一般为数纳法(nF)至数微法(μF)。

旁路电容的存在还会减小供电环路的面积,减小因电流的高速变换而产生的辐射,同时也不容易受外部磁场的干扰。电源网络的储能电容要求具有较小的电感,电容的寄生电感

包含电路板的走线电感、电容引线电感和电容内部电感,降低前两者可通过修剪电容引线、就近焊接于电源和地平面来实现。电容内部电感由电容本身结构决定,铝电解电容使用镀铝膜的电容纸绕制,自身电感较大,而钽电容的工作介质是在钽金属表面生成的一层极薄的五氧化二钽膜,单位体积内具有非常高的工作电场强度,相同容量下,钽电容的自身电感比铝电解电容低一个数量级,因此钽电容具有更好的电源滤波效果。

去耦电容用于滤除供电线上的高频噪声,同时也可防止器件中产生的高频杂波倒灌至电源网络造成电源污染。去耦电容值不宜过大,由于有寄生电感的存在,电容存在自谐振频率的限制,当频率高于自谐振频率时,电容的阻抗斜率变为正向,频率越高,阻抗越大,此时已无法用作高频滤波的用途。去耦电容值越大,自谐振频率越低,对于射频、微波电路来说,去耦电容应在皮法(pF)量级。

电感与导线长度呈正比,减短导线的长度是降低电感最直接的措施。单位长度导线的电感值与导线的截面尺寸相关,具体表示如下

$$L \propto \ln \frac{1}{d} \tag{10.33}$$

$$L \propto \ln \frac{1}{w} \tag{10.34}$$

其中,d 为圆柱导线的直径,w 为带状导线的宽度。增大导线的截面尺寸会减小电感,但由于对数关系的存在,减小的程度有限。例如导线的截面尺寸增大至 2 倍,电感值仅降低 20%。采用多路导线并联的方式能够更有效地降低电感,不计互感的情况下,N 个等值电感并联后感值为单个电感的 $1/N$。当存在互感的情况下,两个电感并联的公式如下

$$L_{\mathrm{T}} = \frac{L_1 L_2 - M^2}{L_1 + L_2 - 2M} \tag{10.35}$$

当 $L_1 = L_2 = L$,且 $M = 0$,即无互感时,$L_{\mathrm{T}} = L/2$;当两个电感为紧耦合时,随着 $M \rightarrow L$,即互感与电感接近,此时有 $L_{\mathrm{T}} \rightarrow L$,互感较强时采用电感并联来降低感抗的效果逐渐消失。当导线仅线宽加倍时,由于并联的电感处于紧耦合状态,总的电感并非单倍线宽导线电感值的一半,因此通过并联方式减小电感,前提是电感间互感要足够小。间距为 D 的导线互感计算公式如下

$$M = 0.0025 \ln [1 + 2h/D^2] \tag{10.36}$$

其中,h 为导线距离地平面的高度。由此可见,D 越大,h 越小,对于减小互感越有利。

器件的供电线和接地线中流动的电流走向相反,形成了电流环路,环路的电感公式如下

$$L_{\mathrm{T}} = L_1 + L_2 - 2M \tag{10.37}$$

当 $L_1 = L_2 = L$,且 $M \rightarrow L$ 时,环路总的电感最小,电流流通最流畅。为保证 $M \rightarrow L$,使环路处于紧耦合状态,要求两根导线尽量接近,即尽量降低环路的面积,此时环路的电感最小,不易受外部磁场的影响,相互紧密缠绕的双绞线和包容式的同轴电缆是低环路面积的典型例子。

高速数字电路板的地平面要求具有低的阻抗,接地阻抗主要由接地导线的电感引起,电

子器件的接地管脚要求就近与地平面直接连接或者采用过孔连接。为降低地平面不同点间的电势差,要求采用完整的地平面或者采用网格化地平面,一般要求器件地管脚与地平面电势差的电压波动小于 200mV。

10.4.2 串行接地和并行接地

目前高速信号处理系统大量采用混合信号集成器件,例如模数转换器、数模转换器和数字信号处理器等。混合信号器件需要处理高速、宽动态范围的模拟信号,电路设计上要求采用合理的信号布线、电源去耦和良好接地措施,才能确保器件在恶劣的数字噪声环境下能够保持正常性能。合理的电路接地关键在于了解地电流的流动方式、电流的大小以及交变速率,下面介绍几种常见的接地方式。

星形接地,即多个芯片的地回路先汇接于地结点再通过地走线或过孔与地平面连接,如图 10.13 左图和中图所示。星型接地适合各个芯片回路电流均不大且速率不高的情况,如果某个芯片的回路电流较大或者交变速率较大,由于地走线或过孔存在电抗成分,地结点的电压将显著提高,影响所有共用该地结点的地参考电压,进而带来干扰噪声。当地回路电流为 I,信号速率为 ω,地走线或过孔存在电感为 L_G,电阻为 R_G 时,地结点电压为

$$V_G = (j\omega L_G + R_G)I \tag{10.38}$$

电源压降也可采用式(10.38)计算。另一个重要公式采用等效电感 L 和压摆率 $\Delta I/\Delta t$ 表示电压波动,具体写为

$$\Delta V = L \frac{\Delta I}{\Delta t} \tag{10.39}$$

对于大电流和高速的地回路电流,宜采用宽地线、多过孔接地,将电流均匀分布传输,获得高频电流下的低阻抗,如图 10.13 右图所示。

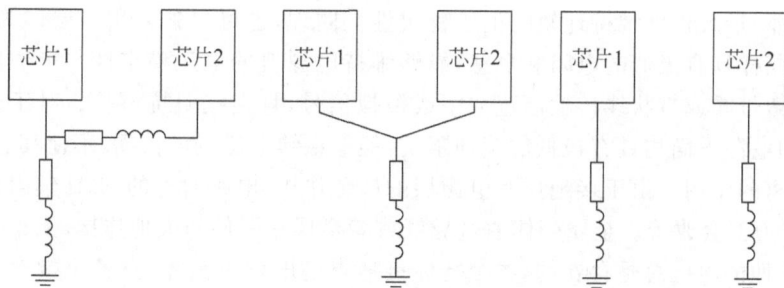

图 10.13 星形接地和独立接地

芯片接地管脚、地连线或地过孔不仅会影响电路有效接地,还会带来地平面反弹噪声[20]。地平面反弹噪声是指当电路中有大突发电流流动时(例如大量器件同时启动开关逻辑从一个状态跳变到另一个状态),由于芯片引脚电感电容等寄生参数的影响,导致地平面产生电压波动,进而在器件逻辑输入端产生毛刺现象。地平面反弹噪声会影响各个器件的动作,同时由于电源和地电平面的分割(例如地层被分割为数字地、模拟地、屏蔽地等),当数

字信号走到模拟地线区域时,就会产生地平面回流噪声。

图 10.13 左图所示的接地方式为串行接地,中图和右图为并行接地,无论采用何种接地方式,最终都需要采用过孔与大地连接。高频时过孔等效为电感,随着频率升高,电流增大,导致接地焊盘的电势提高,尤其当过孔的电长度接近 1/4 波长(或 1/4 波长的奇数倍)时,芯片的接地焊盘等效为开路,以致完全不能起到接地的作用,因此为确保过孔接地的性能,其电长度应控制在波长 1/12 以内。

电路有效接地的原则是消除公共阻抗,公共阻抗较小的走线路径可归结到某一处作单点接地,但在高速、高突发电流的情况下应采用多点接地方式。图 10.13 右图是多点接地的雏形,实际工程应用中采用一个完整的地平面或地网平面,每个芯片的多个地管脚就近通过地孔灵活多点接地。在某些特殊的应用中还可采用复合接地,如图 10.14 所示,左图提供了低频串行接地、高频多点接地模式,右图提供了低频多点接地、高频串行接地模式。

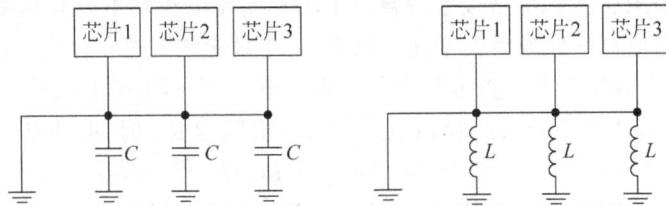

图 10.14　混合接地方式

PCB(Printed Circuit Board,印制电路板)在设计和布局条件允许的情况下,应预留完整的一层金属平面用作地平面或地网平面,方便多点接地,PCB 基板的内层或最底层可全部用来做地线,完整的金属层称为地平面,网状的金属层称为地网平面,接地平面与金属外壳良好电连接,如图 10.15 所示。地平面为大型扁平导体,具有极低的电阻和电感,能够提供最佳导电性能,最大程度维持地轨的电压稳定性。同理,也可单独采用一层作为电源平面,该电源平面同样具有极低的电阻和电感,能够维持电源轨的电压稳定性。接地层和电源层还允许使用微带线或带状线传输高速数字或模拟信号,且走线阻抗可控。对于射频走线而言,地平面和电源平面均具有极低的接地阻抗,能够束缚电磁场的传播,不使其逸散,具有电磁屏蔽和隔离的作用。由于接地层和电源层的屏蔽作用,电路对外的 EMI 辐射以及自身的 EMS 耐受能力都会改善。金属壳体通过导线或者金属紧固件与大地连接,无论采用什么材料和工艺,接地的阻抗总是存在的,各个壳体接地点的电位不为零,且各个接地点的电势各不相同。壳体与地有大电流流过时,壳体的电势将升高,有可能导致壳内电路尤其是逻辑电路的错误,因此减小壳体与地的连接阻抗,且多点、可靠、低阻抗接地是减小地网络电压波动的主要方式。

电路设计应独立布置模拟地和数字地,数字电路具有噪声,例如 TTL 和 CMOS 等逻辑电路在开关过程中会短暂地从电源吸入大电流或者向地平面释放大电流,由于逻辑芯片与电源和地平面之间的连接均具有一定的阻抗,导致芯片的电源轨和接地轨偏离正常值。逻辑电路芯片的电平抗扰度可达数百毫伏,因而对电源轨和接地轨的偏离不敏感,通常芯片对

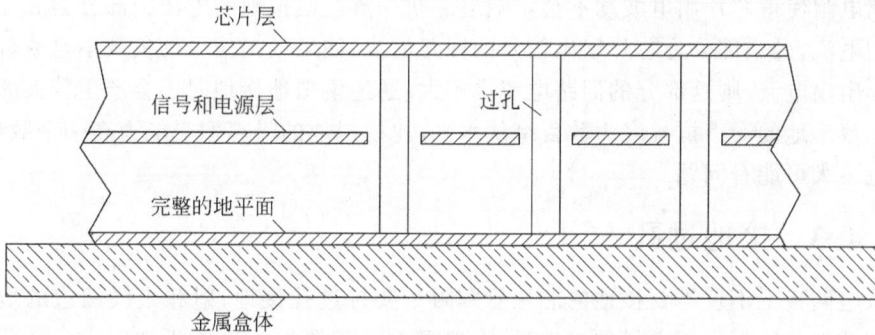

图 10.15 完整 PCB 地平面布局

电源去耦以及地回路的低阻抗要求不高。但是如果模拟电路同数字电路共用电源和地平面时,数字逻辑造成的电压轨和地电平偏离将会影响模拟电路的性能。为避免数字电路干扰模拟电路的情况出现,应该把模拟电路和数字电路分开,物理上将两部分电路分隔在电路板的不同位置,同时接地回路和电源也要分离配置。对于同时具有数字和模拟功能的混合信号芯片或系统而言,则必须在芯片周边布置单独的模拟地和数字地以及单独的模拟电源和数字电源,这些电源和地分别与芯片对应的模拟和数字电源和地焊盘连接。最终,系统中的模拟地和数字地必须在某个点相连,并采用小电阻、电感或磁珠隔离,确保数字地的干扰电流不会流入模拟地。

混合芯片的数字地和模拟地往往直接接到一起,如图 10.16 所示,芯片的电源通过 0.1μF 电容去耦,芯片电流波动产生的多余电荷或欠缺的电荷由去耦电容吸收或提供,同时

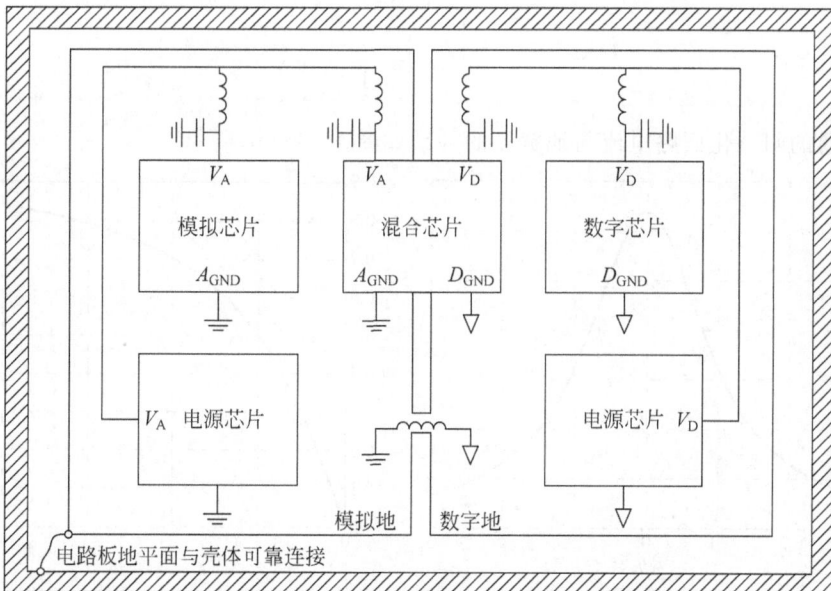

图 10.16 数字、模拟以及混合电路的接地设计

配合隔离电阻使得芯片用电波动不会影响电源轨。流经模拟地的电流一部分为芯片自身消耗的平均电流,另一部分为芯片扇出信号的回路电流,如果扇出信号的负载不重或者采用缓冲器减小扇出电流,则这部分的回路电流也不大,通过模拟地接地时不会产生较大的地轨电压波动。数字地的噪声抗扰度为数百毫伏水平,比模拟地的噪声耐受能力高一个数量级,因此一般也不太可能有问题。

10.4.3 接地过孔

射频电路板上不仅需要接地的芯片管脚附近要打过孔接地,射频走线两边的地覆盖层以及不同功能分区都采用大量的接地过孔,典型的微带线射频电路板如图 10.17 所示。电路板上的射频走线多采用 GSG 共面波导形式,微带线两边的地平面密集打孔,起到信号隔离的作用。微带线以地平面为参考,微带线上的信号电流与地平面的回路电流对应,地平面的电流密度与微带的电流强度关系如下(在此假设微带的电流为均匀分布)

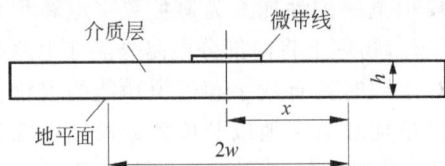

图 10.17 微带线结构

$$i'_{\mathrm{GND}} = \frac{i_{\mathrm{ms}}}{\pi} \frac{1}{1+\left(\dfrac{x}{h}\right)^2} \qquad (10.40)$$

其中,i_{ms} 为微带电流,x 为偏离微带中心的距离,h 为微带板的介质厚度。微带线地平面回路电流的密度分布如图 10.18(a)所示。电流分布在微带线的下方,且随着距离微带线正下方的距离越远,电流幅度越小。宽度为 $2w$ 的地平面回路电流为式(10.40)的积分,即

$$i_{\mathrm{GND}}(2w) = \int_{-w}^{w} \frac{i_{\mathrm{ms}}}{\pi} \frac{1}{1+\left(\dfrac{x}{h}\right)^2} \mathrm{d}x \qquad (10.41)$$

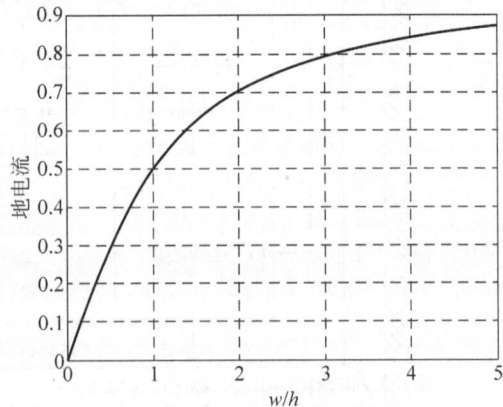

地平面流通的归一化回路电流与地宽度的关系如图 10.18(b)所示。

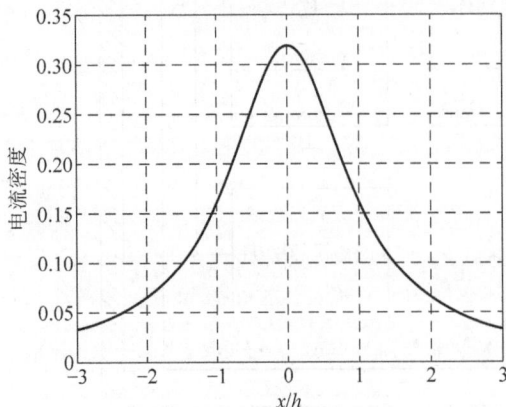

(a) 地面回路电流的密度分布　　　　(b) 地面回路电流与地宽度的关系

图 10.18　地回路电流分布曲线

两根微带线平行走线,如果间距比较近,就会有一部分地平面回路电流重叠。电流重叠会造成两路信号的串扰,如图10.19所示。为了降低串扰,要求重叠的地回路电流少于总回路电流的10%,根据图10.18(b)所示,可将两根微带线间距增大至5倍微带线线宽,如果电路尺寸受限,也可在两根微带线中间插入隔离地来增强隔离,隔离地需采用密集过孔与地平面连接,隔离地会阻断地回路电流的相互串扰,但仍无法阻隔电磁场在空间中的传播,两条平行线的空间电磁场耦合反而会因为地线条的存在而增强,导致平行线串扰增大。一般要求传输高速数字信号或射频信号的微带线避免大长度的平行走线,每路微带线两边一定距离需设置保护地,组成共面波导形式,且保护地设置密集过孔与上下层的地平面连接,一般原则上过孔的间距小于信号波长的1/20。为进一步隔绝空间耦合,共面波导的保护地应与金属壳配合形成电封闭通道,该空气通道只允许微带线的信号传输,且由空气通道组成的矩形波导腔的截止频率应高于微带线的传输信号频率。

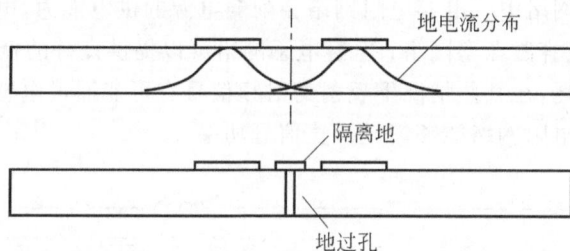

图10.19 平行微带线的地回路电流以及地电流重叠的解决办法

在给差分信号加保护地的时候,为了不破坏差分线之间的平衡关系,要求两边同时加地,而且要求地与差分线的距离至少要大于两倍差分线的间距,见图10.20。

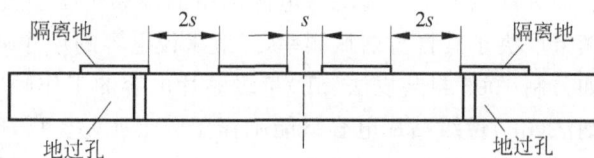

图10.20 差分线的保护地

10.5 电源

电源噪声是电磁干扰的一种来源,其传导噪声的频谱大致为10kHz～30MHz,最高可达150MHz。电源噪声,特别是瞬态噪声,其上升速度快、持续时间短、电压振幅度高、随机性强,对微机和数字电路易造成严重干扰。电源和电源分布网络并非理想的稳压源和零内阻网络,因此在大电流或者突发电流出现的情况下,电源电压轨会被拉低,突发的高频电流还会给电源网络带来周期性纹波,这些周期性或随机的波动会严重影响敏感电子器件的功能,并给整个电路带来干扰噪声。同时,电源网络有可能成为噪声串扰的通道,外部侵入的噪声以及电路内部产生的噪声可能通过电源网络污染整个系统,使用公共电源的各个模块都会受到电源噪声的危害,因此对电源进行滤波显得十分重要。

电源线上的干扰和噪声容易引起电路性能恶化,为抑制电源网络的波动噪声,每个芯片的电源管脚需采用去耦电容来消除电源干扰。实际上,由于电容寄生参数的影响,单个电容的噪声抑制带宽有限,因此工程上一般选用多个不同噪声抑制带宽的电容并联实现电源去耦,同时配合电阻或磁珠滤波网络来共同削弱电源网络给电路带来的干扰。电源去耦滤波网络为 Γ 形或 Π 形电容电阻网络以及 Γ 形或 Π 形电容电感网络,如图 10.21 所示。去耦电容需就近放置在芯片的电源脚附近,且电容的另一端就近接地,去耦电容与芯片管脚的电源连线以及电容地焊盘与接地过孔的连线应尽量短,以减少布线阻抗对滤波效果的影响。电源去耦滤波网络均为低通网络,一方面能够滤出纯净的直流电源,隔离电源中的高频干扰成分,减少电源干扰给芯片正常工作带来影响;另一方面也能够滤除芯片产生的干扰信号,使其不会泄漏到电源网络中。电容电阻网络会削弱电源的供电能力,电流较大时,电阻会消耗电压,因此宜选用电容磁珠率网络;电容电感网络可以提供良好的低通滤波性能,但对干扰信号仅反射而不消耗,在某些情况下反射的射频信号有可能通过电感线圈辐射,产生次生问题,相比之下,电容电阻网络能够消耗干扰信号功率。

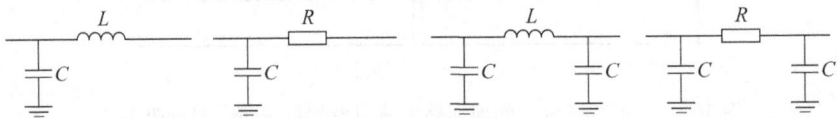

图 10.21　电源去耦网络

在电子电路中,旁路电容与去耦电容功能相似,都起到抗干扰的作用,旁路电容用于滤除信号线上高频杂波,而去耦电容主要指滤除电源网络的高频干扰。去耦电容多使用瓷片电容,其滤波的工作频带取决于其自身谐振频率,一般来说电容的尺寸越小、容值越小,其可工作的频段越高,例如公制 1005 封装皮法(pF)量级贴片电容的工作频率可达到数十吉赫,而公制 3216 封装的纳法(nF)量级贴片电容只能工作于数十兆赫。良好的电源去耦网络需采用多个高低容值配置的电容组,由 pF、nF 和 uF 量级的多个电容共同完成滤波和去耦功能。除了滤波功能以外,电容还有储能的作用。当芯片有突发电流需求时,首先由与电源并联的电容提供额外的电荷,在电容电荷被抽空之前,电源的电压不会产生较大幅度的波动,电路的突发电流需求量越大,持续时间越长,电源管脚处并联的电容也要相应地增大。储能电容容值计算公式如下

$$C = \frac{\Delta I}{\Delta V} t \qquad (10.42)$$

其中,ΔI 为突发电流的增量,t 为突发电流的持续时间,ΔV 为电源网络允许的最大压降。脉冲工作的功率放大器就是这种情况,在脉冲高电平区间,功率放大器全负荷工作,需求电流很大;在脉冲低电平区间,电流需求为 0,因此需要按式(10.42)计算储能电容容值,并留一定的设计余量。

　　低频旁路和电源滤波常采用铝电解电容器,电解电容容量大,能耐受的脉动电流幅度大。高速变化的突发电流不宜使用电解电容作为储能电容,因为电解电容是由两层导电薄膜与电解质卷叠而成,在高频工作时寄生电感成分会产生很大的电抗,严重影响电容的充放电速度。相比之下,钽电容或聚碳酸酯电容的寄生电感成分极小,适合高速工作,此外钽电容还具有耐高温、有自愈性能、长寿命和可靠性等优势。陶瓷电容器是一种小体积、高可靠和耐高温的新型电容器,其频率特性好、温度系数小、容量不大,一般作为电源终端去耦电容。穿心电容自电感较普通电容小得多,故而自谐振频率很高,属于低通高阻网络,可有效地防止高频信号从输入端直接耦合到输出端,在 1GHz 的频率范围内能提供极好的滤波效果。磁珠具有很高的高频电阻率和磁导率,专用于抑制信号线、电源线上的高频噪声和尖峰干扰,此外还具有吸收静电脉冲的能力。电感是一种储能元件,用于中低频的滤波电路,其应用频率范围不超过 50MHz。

　　电源去耦应使用低电感、表面贴装陶瓷电容,将电源引脚直接去耦至接地层。如果使用直插式的电容,其引脚长度应该小于 1mm。去耦电容应尽量靠近芯片电源引脚,电源噪声的滤波可能需要铁氧体磁珠,进出金属壳体的电源还需采用穿心电容进行滤波,敏感的电路需采用多重穿心电容配合磁珠对电源进行反复地滤波,电源网络在经过有较大幅度的辐射电磁场区域还应采用同轴电缆进行屏蔽,具体电源的滤波措施如图 10.22 所示。

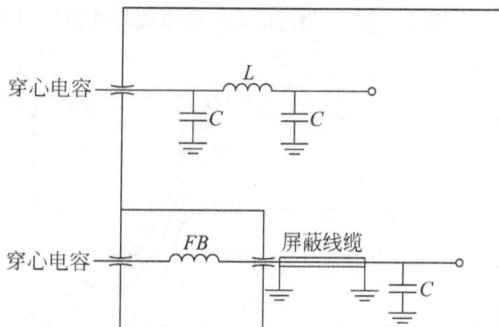

图 10.22　电路模块的电源示意图

　　瞬间电流变化带来的电压波动为

$$\Delta V = Z_0 \Delta I \tag{10.43}$$

其中 $Z_0 = \sqrt{L_T/C_T}$,因为良好的电源网络设计要求电源走线的特征阻抗 Z_0 要小,所以要求电源网络的分布电感 L_T 小、分布电容 C_T 大。通过拓宽电源传输导线的横截面面积、增大电源布线的面积、采用介电常数较高的 PCB 材料,可有效地减小 L_T 并增大 C_T。图 10.23 和图 10.24 分别表示板材 Rogers4350B(介电常数为 3.66)和 FR4(介电常数为 4.4)在不同板厚情况下微带线的特性阻抗与线宽的关系,图中可见线宽越宽,微带线的特征阻抗越低。

　　适当地处理电路模块的接缝、接口,可以使信号在进出模块过程中不被环境干扰而产生信号质量的降低,对于电路模块自身来说,还需要采用一种电磁保护壳,能够将环境中的电磁干扰隔绝,这种电磁保护壳称为屏蔽壳。针对电场、磁场以及电磁场的屏蔽原理和屏蔽措施将在 10.6 节描述。

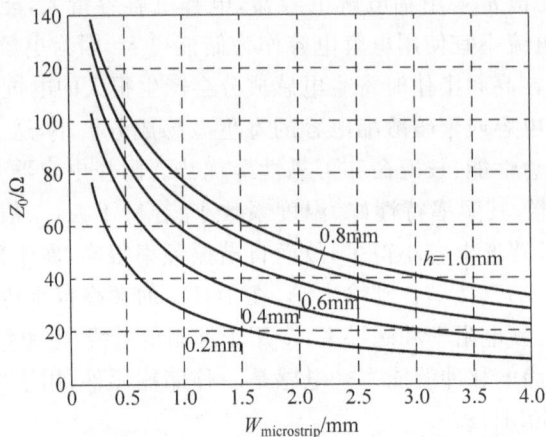

图 10.23　微带线特性阻抗与线宽的关系（Rogers4350B 板材）

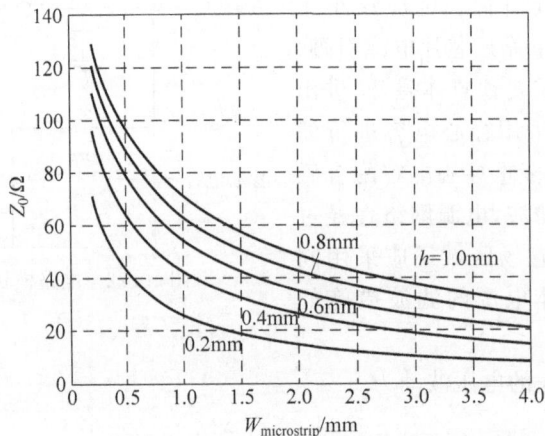

图 10.24　微带线特性阻抗与线宽的关系（FR4 板材）

10.6　屏蔽

　　电磁干扰源以及易感电路均可以采用电磁屏蔽措施改善其 EMC 指标，对于干扰源来说，电磁屏蔽将电磁干扰局限在有限的区域内，即便不能消除，也不会影响到外界设施；对于易感电路来说，屏蔽体是有效的防护层，确保有用的信号输入，而隔绝多余的噪声。电磁屏蔽也是切断电磁干扰路径的重要方式，从电磁干扰三个要素考虑，电磁屏蔽是有效增强 EMC 性能的手段。

　　电磁屏蔽的实施手段主要是采用屏蔽体包覆或隔绝干扰源、易感电路，依靠屏蔽体对电磁波的反射、吸收等方式阻止电磁透射，达到电磁隔离的作用。

10.6.1 静电场屏蔽

静电场屏蔽主要借助于封闭的金属达到屏蔽目的。在外界静电场的作用下,屏蔽导体的表面电荷将重新分布,表面电荷形成的二次电场与外加电场在屏蔽体内部相互抵消,导体内部总场强处处为零。屏蔽电场的封闭金属壳需要接地,金属壳把空间分割成壳内和壳外两个区域,金属壳维持在零电位,根据静电场的唯一性定理,金属壳内的电场仅由壳内的带电体和壳的电位所确定,与壳外的电荷分布无关。当壳外电荷分布变化时,壳层外表面上的电荷分布随之变化,以保证壳内电场分布不变。因此,金属壳对内部区域具有屏蔽作用。壳外的电场仅由壳外的带电体和金属壳的电位以及无限远处的电位所确定,与壳内电荷分布无关。当壳内电荷分布改变时,壳层内表面的电荷分布随之变化,以保证壳外电场分布不变,因此,接地的金属壳对外部区域也具有屏蔽作用。屏蔽体内外的电场线被金属隔断,彼此无联系,因此,导体壳有隔离壳内外静电相互作用的效应[22]。

如果金属壳未完全封闭,壳上开有孔或缝,对于静电场或低频电场也同样具有电场屏蔽作用。在外电场的作用下,电荷在导体上重新分布,在 10^{-19} s 量级时间内就可完成,因此对低频变化的电场,导体上的电荷有足够长的时间来保证内部场强为零,电场屏蔽装置对缓慢变化的电场也有屏蔽作用。为了提高对变化电场的屏蔽效果,屏蔽物的电导率应大,接地线要短,与地的接触要良好[22]。

10.6.2 静磁场屏蔽

静磁场屏蔽的目的是防止外界的静磁场和低频电流的磁场侵入某个需要保护的区域,须用磁性介质做外壳,利用铁、硅钢片、坡莫合金等制成屏蔽盒体。静磁场屏蔽依据的原理可借助并联磁路的概念来说明。把一高磁导率材料制成的球壳放在外磁场中,壳壁与空腔中的空气可以看成是并联的磁路。由于空气的磁导率接近于1,而铁壳的相对磁导率为几百至几千不等,所以空腔的磁阻比铁制屏蔽壳的磁阻大得多。这样一来,外磁场的磁感应通量中绝大部分被吸引至铁壳内传输,只有较小通量的磁场会泄漏至空腔内部,从而达到磁屏蔽的目的,如图 10.25 所示。磁性介质外壳的厚度和磁导率对屏蔽效果有很明显的影响,外壳越厚、磁导率越高,屏蔽的效果就越好。因此,在重量和体积受到限制的情况下,常常使用磁导率高达几万的坡莫合金来做屏蔽壳,而且壳的各个部分要尽量结合紧密,使磁路畅通。在外部磁场较强的情况下,磁性介质饱和会导致磁场隔离变差,此时需要根据磁场强度的梯度合理地选择磁性材料,例如屏蔽体的外层选用不易饱和的材料,如硅钢等材料,而内部由于磁场变弱,则可选用高导磁材料,如坡莫合金等。如果要屏蔽内部强磁场,则材料的排列次序要颠倒过来[24]。

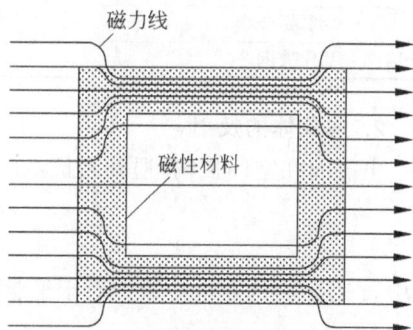

图 10.25 高导磁材料对磁力线的分流

对于高频磁场屏蔽,采用良导体屏蔽即可。在高频磁场作用下,金属产生涡流,进而形成反向磁通,与入射的磁场抵消。例如铝、钢、铁等金属,1MHz 左右的电磁波趋肤深度仅百分之几毫米,因此金属屏蔽层的厚度只要超过几倍趋肤深度即可以形成较好的磁场屏蔽。铁磁材料的磁导率很高,故对磁场的屏蔽效果特别好。磁场屏蔽金属不能随意开缝,若因缝隙切断了涡电流的通路,则屏蔽效果会变差。

10.6.3 高频电磁场屏蔽

1. 金属对电磁场的衰减

良导体是屏蔽高频电磁场的有效手段,当电磁场入射金属屏蔽体时,电磁波深入金属表面后,会在导体中感应出高频电流,进而激发二次电磁波辐射,该电磁波与入射电磁波相位相反,这引起电磁场能量的抵消,直接导致入射波场能的消耗,使得导体内部总的电磁场强度随深度的增加呈指数衰减。电磁场幅度衰减至 $1/e$ 的深度称为趋肤深度,趋肤深度表示为

$$\delta = \sqrt{\frac{2}{\omega\mu\sigma}} \tag{10.44}$$

其中,ω 为电磁波角频率,μ 为磁导率,σ 为金属电导率。频率越高、金属电导率越大,趋肤深度越小,同样厚度的金属对电磁场的屏蔽性能越好,当金属屏蔽体的厚度超过 5 倍的趋肤深度时,穿透的电磁波功率将低于原值的万分之一。

表 10.1 列出了常用金属相对于铜的电导率和磁导率,其中,铜的电导率为 $5.82 \times 10^7\,\text{S/m}$,真空中磁导率 $\mu_0 = 4\pi \times 10^{-7}\,\text{H/m}$。

表 10.1 金属相对电导率和磁导率

材 料	相对电导率/$(\text{S}\cdot\text{m}^{-1})$	相对磁导率/$(\text{H}\cdot\text{m}^{-1})$
银	1.05	1
纯铜	1.00	1
金	0.70	1
铝	0.61	1
黄铜	0.26	1
坡莫合金	0.03	25000
不锈钢	0.02	500

2. 屏蔽体的反射

电磁波在空间传输,遇到阻抗不匹配的地方将会产生反射。介质的特性阻抗定义如下

$$Z_C = \sqrt{\frac{j\omega\mu}{\sigma + j\omega\varepsilon}} \tag{10.45}$$

其中,ε 为介质的介电常数。对于绝缘体来说,电导率 $\sigma = 0$,因此绝缘体的特性阻抗可写为

$$Z_C = \sqrt{\frac{\mu}{\varepsilon}} = 120\pi\sqrt{\frac{\mu_r}{\varepsilon_r}} \tag{10.46}$$

其中，ε_r 和 μ_r 分别为相对介电常数和磁导率，对于空气和真空传输介质来说，相对介电常数和磁导率均为1，因此空间的特征阻抗为 120π。绝大部分材料为非铁磁材料，$\mu_r = 1$，且相对介电常数大于1，因此大部分绝缘体的特征阻抗均小于 120π。

当空气传播中电磁波遇到其他介质材料时，由于阻抗不一致，将在界面处发生电磁波反射，反射的电磁波强度表示为

$$\Gamma = \frac{120\pi - Z_C}{120\pi + Z_C} \tag{10.47}$$

扣除反射的功率，透射进介质的电磁波功率比例可表示为

$$T = \sqrt{1 - \left(\frac{120\pi - Z_C}{120\pi + Z_C}\right)^2} \tag{10.48}$$

将透射率表示为对数，即为传输损耗，也称为反射损耗或透射衰减，表示为

$$A = 20\lg T \tag{10.49}$$

对于金属材料来说，$\sigma \gg j\omega\varepsilon$，因此式(10.45)可简写为

$$Z_C = \sqrt{\frac{j\omega\mu}{\sigma}} \tag{10.50}$$

对于良导体来说，$\sigma \gg j\omega\mu$，因此 $Z_C \to 0$，电磁波在金属界面上几乎全反射，电磁波在金属界面上透射比率和透射衰减的严格计算仍可用式(10.48)和式(10.49)描述。图10.26为多种金属的透射衰减随频率变化的曲线，其中不锈钢由于磁导率远大于铜和铝等金属，具有较差的透射隔离性质。

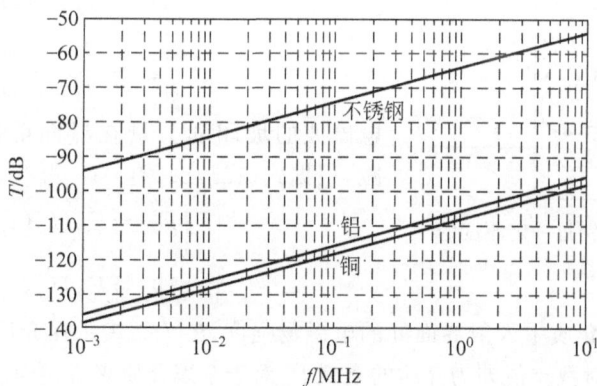

图 10.26 多种金属的反射损耗与频率的关系

除了金属反射带来损耗以外，电磁波在金属内部传输也产生损耗，该损耗与金属的厚度和电磁波的趋肤深度有关。在金属内部，电场和磁场的强度随金属深度的变化如下

$$E = E_0 e^{-t/\delta} \tag{10.51}$$

$$H = H_0 e^{-t/\delta} \tag{10.52}$$

其中，t 为电磁波透入金属层的深度，电磁波在金属内衰减的对数值表示为

$$R = 20\lg\left(e^{\frac{t}{\delta}}\right) = 8.685\frac{t}{\delta} \tag{10.53}$$

电磁波在金属中传输的损耗如图 10.27 所示,若屏蔽金属的厚度达到 5 倍的趋肤深度,其衰减值为 43.425dB。

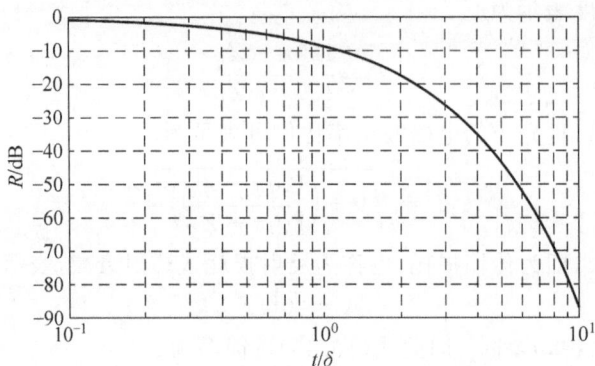

图 10.27　电磁场在金属中传输的损耗

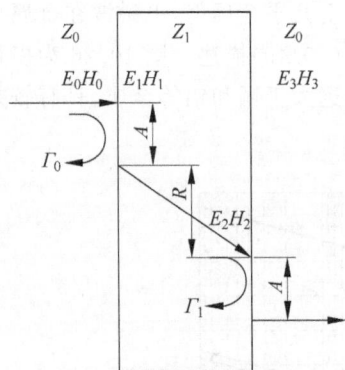

图 10.28　电磁波穿过一定厚度的
介质材料

金属屏蔽如图 10.28 所示,空气中传播的电磁波穿过一定厚度的金属材料时,将在两个边界面上产生反射。根据材料特征阻抗的定义,有

$$\begin{cases} Z_0 = \dfrac{E_0}{H_0} = \dfrac{E_3}{H_3} \\[2mm] Z_1 = \dfrac{E_1}{H_1} = \dfrac{E_2}{H_2} \end{cases} \tag{10.54}$$

电磁波的坡印廷矢量在界面前后之比即为透射衰减,根据式(10.48),有

$$\begin{cases} E_1 H_1 = E_0 H_0 (1 - \Gamma_0^2) \\[2mm] E_3 H_3 = E_2 H_2 (1 - \Gamma_1^2) \end{cases} \tag{10.55}$$

其中,$E_1 H_1$ 表示在介质中入射界面处的电磁场强度,$E_2 H_2$ 表示在介质出射界面处的电磁场强度,两者之间的对数差值即为介质的衰减 R,对于金属介质来说,衰减即为式(10.53)。

由式(10.56)和式(10.57)可以计算出反射界面前后的电磁场表达式为

$$\begin{cases} E_1 = \dfrac{2Z_1}{Z_0 + Z_1} E_0 \\[4mm] H_1 = \dfrac{2Z_0}{Z_0 + Z_1} H_0 \end{cases} \tag{10.56}$$

$$\begin{cases} E_3 = \dfrac{2Z_0}{Z_0 + Z_1} E_2 \\ H_3 = \dfrac{2Z_1}{Z_0 + Z_1} H_2 \end{cases} \tag{10.57}$$

金属屏蔽效果为屏蔽体的两次反射与吸收的总和,即

$$SL = 2A + R \tag{10.58}$$

图 10.29 为屏蔽总损耗及各损耗分量与频率的变化曲线示意图,当频率较低时,由金属内衰减所贡献的损耗较低,金属材料的屏蔽效果几乎由反射损耗决定;金属反射带来的损耗随频率增加而降低,吸收带来的损耗则随频率增加而迅速增加,金属的高频损耗由吸收损耗(传输衰减)所决定。

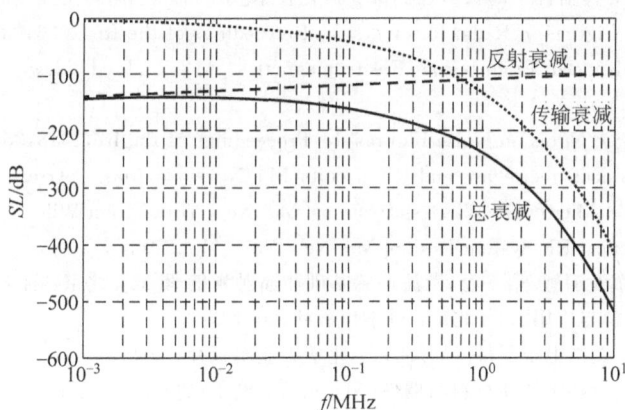

图 10.29　屏蔽总损耗及各损耗分量与频率的关系

本节主要介绍了屏蔽体对电场、磁场和电磁场屏蔽机理和屏蔽性能的定量表达。在实际应用中,由于电磁发射源层出不穷、电磁环境复杂多变,不能奢望采用理论公式进行简单的计算即能得到准确可靠的电磁屏蔽效果,而必须理论与实践结合,积极利用实验测试校验理论推导的准确性,找到偏差的本源,方能对电磁屏蔽的本质有深刻的理解。

10.7　本章小结

射频电路、模块和系统与普通的数字和模拟电路不同,由于其工作频率和灵敏度较高,电路尺寸与工作波长可比拟,导致射频电路容易对外辐射,干扰其他电路和设备,同时也易被其他电路的辐射功率所干扰。为了有效隔绝电路与外部环境,使得电路内外互不干扰或者降低电路内外的干扰强度,需采用相应的电磁屏蔽措施。本章介绍了屏蔽体对电场、磁场和电磁场的屏蔽机理和计算公式,业界也根据理论和实践经验总结出若干有关射频电路屏蔽的设计指导与操作准则,当实践中发现设计指导与电路的实际测试表现相左时,则需要运用本章所述的电磁屏蔽理论知识分析未知干扰源的位置、干扰途径,最终解决电磁屏蔽问题。

参 考 文 献

[1]   Wim E V. Introduction to Random Signals and Noise[M]. New York: John Wiley & Sons,2006.

[2]   Billingsley P. Convergence of Probability Measures[M]. New York: John Wiley & Sons,2008.

[3]   方志豪. 晶体管低噪声电路[M]. 北京: 科学出版社,1984.

[4]   Ziel A V D. Noise in Solid State Devices and Circuits[M]. New York: John Wiley & Sons,1986.

[5]   Ytterdal T,Cheng Y,Fjeldly T. Device Modeling for Analog and RF CMOS Circuit Design[M]. New York: John Wiley & Sons,2003.

[6]   Krishnan V. Elements of Matrix Algebra[M]. New York: John Wiley & Sons,2005.

[7]   汪志诚. 热力学统计物理学[M]. 北京: 高等教育出版社,2013.

[8]   庄奕琪,孙青. 半导体器件中的噪声及其低噪声化技术[M]. 北京: 国防工业出版社,1993.

[9]   Friis H T. Noise Figures of Radio Receivers[J]. Proceedings of the Ire,2006,32(7): 419-422.

[10]   Balanis C A. Advanced Engineering Electromagnetics [M],2nd ed. New York: John Wiley & Sons,2012.

[11]   Goldberg H. Some Notes on Noise Figures[J]. Proceedings of the Ire,1948,36(10): 1205-1214.

[12]   Maas S A. Nonlinear microwave and RF circuits[M]. Norwood,Mass: Artech House,2003.

[13]   Chang K. RF and Microwave Wireless Systems[M]. New York: John Wiley & Sons,2000.

[14]   Egan W F. Practical RF System Design[M]. New York: John Wiley & Sons,2003.

[15]   乌拉比·F T. 微波遥感. 第一卷,微波遥感基础和辐射测量学[M]. 北京: 科学出版社,1988.

[16]   姜景山. 空间科学与应用[M]. 北京: 科学出版社,2001.

[17]   姜岩峰,谢孟贤. 微纳电子器件[M]. 北京: 化学工业出版社,2005.

[18]   谢孟贤,刘诺. 化合物半导体材料与器件[M]. 成都: 电子科技大学出版社,2000.

[19]   Yngvesson S. Microwave semiconductor devices[M]. London: Pitman,1971.

[20]   David M P. 微波工程[M]. 北京: 电子工业出版社,2006.

[21]   高晋占. 微弱信号检测[M]. 北京: 清华大学出版社,2004.

[22]   蔡新泉. 高频、微波噪声的计量测试[M]. 北京: 中国计量出版社,1988.

[23]   高晋占. 电子噪声与低噪声设计[M]. 北京: 清华大学出版社,2016.

[24]   黄翠翠,叶磊. 高频电子线路[M]. 北京: 北京邮电大学出版社,2009.

[25]   董在望. 通信电路原理[M]. 北京: 高等教育出版社,2003.

[26]   康华光. 电子技术基础: 模拟部分[M]. 北京: 高等教育出版社,2003.

[27]   张光义. 相控阵雷达系统[M]. 北京: 国防工业出版社,1994.

[28]   丁鹭飞. 雷达原理[M]. 西安: 西北电讯工程学院出版社,1984.

[29]   吴伟仁,董光亮,李海涛. 深空测控通信系统工程与技术[M]. 北京: 科学出版社,2013.

[30]   于志坚. 深空测控通信系统[M]. 北京: 国防工业出版社,2009.

[31]   孙泽洲. 深空探测技术[M]. 北京: 人民邮电出版社,2018.

图 书 资 源 支 持

感谢您一直以来对清华大学出版社图书的支持和爱护。为了配合本书的使用，本书提供配套的资源，有需求的读者请扫描下方的"书圈"微信公众号二维码，在图书专区下载，也可以拨打电话或发送电子邮件咨询。

如果您在使用本书的过程中遇到了什么问题，或者有相关图书出版计划，也请您发邮件告诉我们，以便我们更好地为您服务。

我们的联系方式：

教学资源·教学样书·新书信息

地　　址：北京市海淀区双清路学研大厦 A 座 714

邮　　编：100084

人工智能科学与技术
人工智能|电子通信|自动控制

电　　话：010-83470236　　010-83470237

资料下载·样书申请

资源下载：http://www.tup.com.cn

客服邮箱：tupjsj@vip.163.com

QQ：2301891038（请写明您的单位和姓名）

书圈

用微信扫一扫右边的二维码,即可关注清华大学出版社公众号。